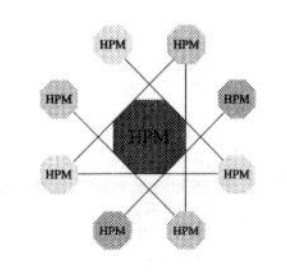

美英早期三角学教科书研究

汪晓勤 等 著

A STUDY OF EARLY AMERICAN AND BRITISH TRIGONOMETRY TEXTBOOKS

华东师范大学出版社
·上海·

图书在版编目(CIP)数据

美英早期三角学教科书研究/汪晓勤等著. —上海：华东师范大学出版社，2022
ISBN 978 - 7 - 5760 - 3610 - 7

Ⅰ. ①美… Ⅱ. ①汪… Ⅲ. ①三角—教材—研究—美国②三角—教材—研究—英国 Ⅳ. ①O124

中国国家版本馆 CIP 数据核字(2023)第 000271 号

美英早期三角学教科书研究
MEIYING ZAOQI SANJIAOXUE JIAOKESHU YANJIU

著　　者　汪晓勤　等
责任编辑　平　萍
责任校对　宋红广　时东明
装帧设计　刘怡霖

出版发行　华东师范大学出版社
社　　址　上海市中山北路 3663 号　邮编 200062
网　　址　www.ecnupress.com.cn
电　　话　021 - 60821666　行政传真 021 - 62572105
客服电话　021 - 62865537　门市(邮购) 电话 021 - 62869887
地　　址　上海市中山北路 3663 号华东师范大学校内先锋路口
网　　店　http://hdsdcbs.tmall.com

印 刷 者　上海中华商务联合印刷有限公司
开　　本　787 毫米×1092 毫米　1/16
印　　张　28.75
字　　数　458 千字
版　　次　2023 年 4 月第 1 版
印　　次　2023 年 4 月第 1 次
书　　号　ISBN 978 - 7 - 5760 - 3610 - 7
定　　价　118.00 元

出 版 人　王　焰

序 言

近年来，HPM视角①下的数学教学因其在落实立德树人方面的有效性而受到人们的普遍关注。HPM教学理念逐渐深入人心，HPM专业学习共同体悄然诞生，越来越多的教师开始尝试将数学史融入数学教学设计之中。就像具有特定风味的一道好菜离不开优质的食材一样，HPM视角下的一节好课离不开恰当的数学史材料，因而数学史素材的缺失是开展HPM课例研究的主要障碍。

在某一个数学主题上，要获得足够的数学史素材，就需要开展教育取向的历史研究，而教育取向的历史研究往往又有两条路径，其一是一般发展史，其二是教育史。以三角形内角和定理为例，从泰勒斯的发现，到毕达哥拉斯学派和欧几里得的证明，到普罗克拉斯避开平行线的尝试，到克莱罗的发生式设计，最终到提波特避开平行线的证明，构成了定理的一般发展历史，而该定理在18—20世纪几何教科书中的呈现，则属于它的教育史。当然，在很多情况下，一般发展史和教育史也并非泾渭分明，而是多有重叠和交叉。本套书采取后一条路径，对20世纪中叶以前出版的美英教科书（本套书称之为"美英早期教科书"）进行系统的研究。

本套书的研究对象并非某一年出版的某一种或几种教科书，而是一个世纪、一个半世纪，甚至两个世纪间出版的几十种、上百种，甚至两百余种教科书。研究者并不关心教科书的外在形式（如栏目、插图、篇幅等），而是聚焦于教科书中的数学内容，具体从两个方向展开研究：一是对概念的不同定义、定理和公式的不同证明或推导方法、法则的不同解释、定理的不同应用以及数学史料的呈现方式、教育价值观等进行分类统计；二是在研究对象所在的整个时间段内，分析不同定义、方法、应用等的演变规律。

对于我的研究生来说，研究早期教科书时会遇到三点困难。

一是文献数量庞大。尚未接受过文献研究系统训练的研究生，初次面对数以百计的文献，对其分析、总结、提炼能力提出很大的挑战。实际上，教科书研究还不能仅仅局限于教科书，正如读者将要看到的那样，某些主题还涉及出版时间更早的拉丁文和

---

① HPM原指"数学史与数学教学关系国际研究小组"(The International Study Group on the Relations between the History and Pedagogy of Mathematics)，现也泛指"数学史与数学教学之关系"这一研究领域。所谓"HPM视角"，是指融入数学史以优化教学目标、促进数学学习、改善教学效果的视角。

法文文献。

二是书籍版本复杂。同一作者的同一本书，其中部分内容往往随着时间的推移而有变化，如勒让德的《几何基础》先后有28个版本，后来的版本往往会对某些主题进行修订，比如，关于命题“在同圆或等圆中，相等的圆心角所对的弧相等”的证明，1861年及以前诸版本采用了叠合法，1863年及以后诸版本则抛弃了叠合法而采用弧弦关系（等弦对等弧）法。又如，关于线面垂直判定定理，普莱费尔《几何基础》的第1版（1795）完全沿用了欧几里得的证明，而1814年、1819年和1822年诸版本则改用勒让德的证明，1829年的美国版本又采用了新的等腰三角形证法。

三是历史知识缺失。教科书中所呈现的概念定义、定理证明、公式推导，有些属于编者的首创，有些却只是复制了更早时期数学家的定义、证明或推导方法。如果研究者对于一个主题的宏观历史缺乏了解，就会陷入“只见树木，不见森林”的境地，从而难以对教科书作出客观的评价。

尽管如此，早期教科书研究对于促进作为研究者的职前教师的专业发展却具有十分重要的意义。

首先，聚焦某个主题、带着特定问题去研究早期系列教科书，研究者需要祛除心中的浮气，练好坐冷板凳的功夫。忽略一种教科书，或浮光掠影、一目十行，都可能意味着与一种独特的定义、巧妙的方法或精彩的问题失之交臂，唯有潜下心来一本一本地细读，才能获得客观全面的结果。

其次，文献研究是任何一项学术研究的第一步，早期教科书研究为文献研究提供了良好的机会，可以提升研究者的文献驾驭能力和分析、总结、归纳、提炼能力，为未来的数学教育研究打下坚实的基础。

再次，尽管研究者受过大学数学教育，但由于大学和中学数学教育的脱节，他们对中学数学的认识往往停留在中学时代用过的数学教科书中，而中学时代以应试为目标的数学教学往往重程序性理解而轻关系性理解。超越刷题应试这个目标来研究一系列教科书，走进另一个时代、另一种文化中的编者的心灵之中，研究者必将能够跨越大学和中学数学知识之间的鸿沟，更加深刻地理解有关知识。

最后，只有走进历史的长河中，教师才能感悟自己所熟悉的某种数学教科书，和历史上任何一种教科书一样，都不可能是教科书的顶点和终点，都只不过是匆匆过客，随着时间的推移，旧教科书会被新教科书取代，而新教科书很快又会成为被取代的旧教科书。对早期教科书的系统研究，将增强研究者的历史感，开阔他们的视野，培育他们的远见卓识。

早期教科书研究，让未来教师更优秀！

本套书所呈现的研究结果，对数学教学有着丰富的参考价值。

其一，从一个世纪或两个世纪的漫长时间里，我们可以很清晰地看到教科书所呈现的数学概念从不完善到完善的演进过程。例如，无理数概念从“开不尽的根”到“无限不循环小数”，再到戴德金分割的发展；函数概念从“解析式”到“变量依赖关系”，到“变量对应关系”，再到“集合对应法则”的进化；棱柱概念从欧氏定义到改进的欧氏定义、从基于棱柱面的定义到基于棱柱空间的定义的演变；圆锥曲线从截线定义到几何性质定义、从焦半径定义到焦点-准线定义的更替；三角函数概念从锐角到钝角，再到任意角的扩充，这些正是人们认识概念曲折漫长过程的缩影，这种过程为今日教师预测学生认知、设计探究活动提供了重要参照。

其二，对于一个公式、定理或法则，不同时间出版的不同教科书往往给出不同的推导或证明，如几何中的圆面积和球体积公式的证明、代数中的一元二次方程和等差或等比数列前 n 项和的求解、解析几何中的点到直线的距离公式和椭圆标准方程的推导、平面三角中的正弦和余弦定理的证明等，通过对早期教科书的考察，可以对不同方法进行归类，并对方法的演变规律加以分析，为公式或命题的探究式教学提供参照，也为“古今对照”的评价方式提供依据。

其三，不同的教科书都有自己的逻辑体系，从整体上对其加以了解，可以帮助教师理解古今教科书的差异，从而更好地分析和把握现行教科书，进而提升教学水平。例如，关于“等腰三角形底角相等”这一定理，不同教科书的证明方法互有不同，有的采用作顶角平分线的方法，有的采用作底边上的高线的方法，有的则采用作底边上的中线的方法，不同方法的背后是不同的逻辑体系。

其四，对于早期教科书的研究，有助于教师建立不同知识点之间的联系，如几何中的三角形中位线定理与平行线分线段成比例定理、平行线等分线段定理、三角形一边平行线定理及其逆定理之间的联系，解析几何中的三种圆锥曲线的统一性，平面三角中的正弦定理、余弦定理、和角公式和射影公式之间的联系，等等。

其五，早期教科书（特别是 20 世纪 10 年代之后出版的教科书）留下了丰富多彩的数学文化素材，如数学价值观、数学的应用、数学的历史等，这些素材是今日教学的有益资源，也有助于教师树立正确的数学观。

华东师范大学出版社的副总编辑李文革先生对本套书的出版给予了鼎力支持和

重要指导，平萍、宋红广、时东明等多位编辑就本书中的有关行文、图片、数据等问题提出了宝贵的意见或建议，美编刘怡霖为本书的版式和封面作了精心设计。在此一并致谢。

汪晓勤

2021年12月1日

目　录

概念篇

公式篇

▫ 定理篇 ▫

▫ 文化篇 ▫

概 念 篇

1 锐角三角函数的引入

卢成娴[*] 汪晓勤[**]

1.1 引 言

近年来，将数学史融入数学教学受到一线教师的广泛关注，相关的教学案例也日渐增多。鉴于数学史"高评价、低应用"的现实，我们建立 HPM 专业学习共同体来开发 HPM 课例。由大学研究人员与中学一线教师组成的共同体的建立，使一线教师摆脱了教学资源匮乏的困境。大学研究人员通过文献研究，勾勒相关主题的历史发展脉络，并获得有关素材；中学教师利用这些素材进行初步的教学设计，经过交流、研讨、修正、试教，最终形成较为完善的设计。无疑，理想的 HPM 教学设计是建立在深入的历史研究和丰富的历史资料基础上的。

锐角三角函数是初中数学的重要内容之一，它既是直角三角形边角关系的进一步拓展，又为后面学习解三角形以及任意角的三角函数内容奠定基础。目前，大部分教科书都通过创设情境来引入锐角三角函数概念，但不同版本教科书所创设的情境互有不同。人教版教科书将正弦作为三角函数的切入点，通过"水管问题"，引导学生探索直角三角形中角的对边与斜边的关系；而北师大版、苏科版和沪教版教科书则以正切为切入点，分别利用梯子的倾斜程度、台阶的陡缓程度以及金字塔高度的测量引入概念。从现有文献来看，大部分教学设计都采用与教科书相似的情境来引入新课（陈可剑，2017；蒋小飞，2018；李津，2018；李兴，2018；沈威，2018；杨红芬，2018；周孝辉，2018；朱启州，李丽，2018），而一线教师希望能够看到 HPM 视角下的锐角三角函数教学设计。

为此，需要对锐角三角函数的历史进行深入研究。本章拟回答以下问题：历史上

---

* 杭州市第二中学教师。
** 华东师范大学教师教育学院教授、博士生导师。

的三角学教科书是如何引入锐角三角函数概念的？是如何揭示锐角三角函数的价值的？对今日教学有何启示？

1.2 教科书的选取

我们选取1900—1959年间出版的49种美英三角学教科书，对其中锐角三角函数的引入方式进行考察。在这49种教科书中，有46种出版于美国，3种出版于英国；有10种是中学教科书，39种是大学教科书。图1－1给出了这些教科书的出版时间分布情况。其中，对于同一作者再版的教科书，若内容无明显变化，则选择最早的版本；若内容有显著变化，则将其视为不同的教科书。①

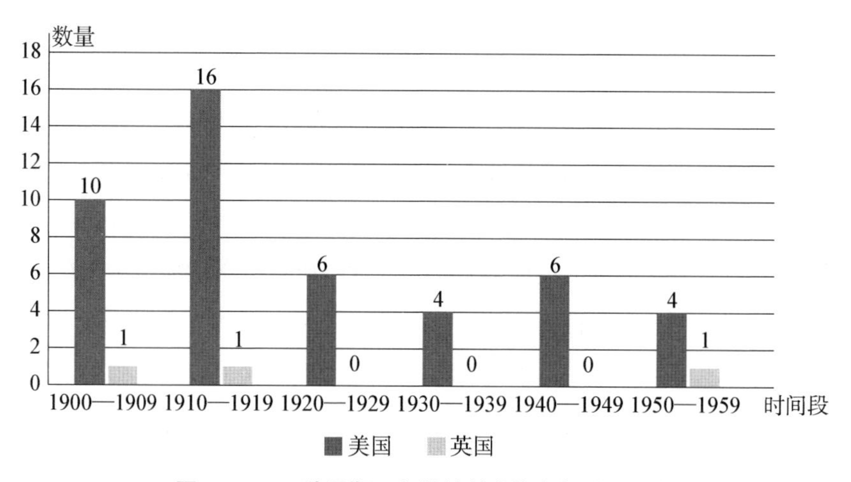

图1－1 49种早期三角学教科书的出版时间分布

1.3 锐角三角函数的引入

在49种教科书中，对于锐角三角函数的引入，大致可分为以下6类方式。

1.3.1 直接定义法

第一种，直接在一个直角三角形中定义锐角三角函数。(Rothrock, 1910, p.2)

① 以下各章对再版教科书的处理与此相同，不再赘述。

如图 1 - 2，设直角三角形的一个锐角为 θ，则定义：

$$\sin\theta=\frac{\text{对边}}{\text{斜边}}=\frac{y}{r},\ \csc\theta=\frac{\text{斜边}}{\text{对边}}=\frac{r}{y},$$

$$\cos\theta=\frac{\text{邻边}}{\text{斜边}}=\frac{x}{r},\ \sec\theta=\frac{\text{斜边}}{\text{邻边}}=\frac{r}{x},$$

$$\tan\theta=\frac{\text{对边}}{\text{邻边}}=\frac{y}{x},\ \cot\theta=\frac{\text{邻边}}{\text{对边}}=\frac{x}{y}。$$

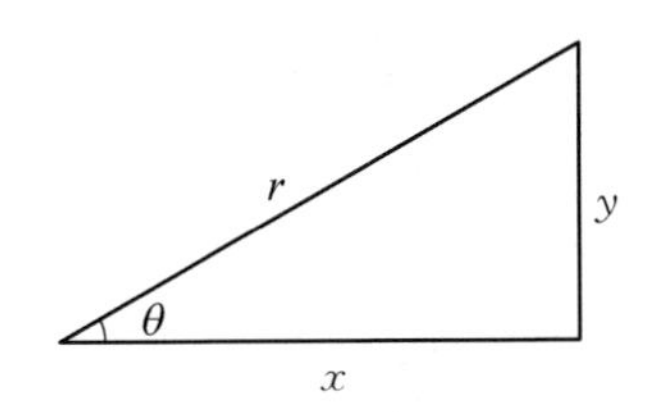

图 1 - 2　直角三角形中的比值定义

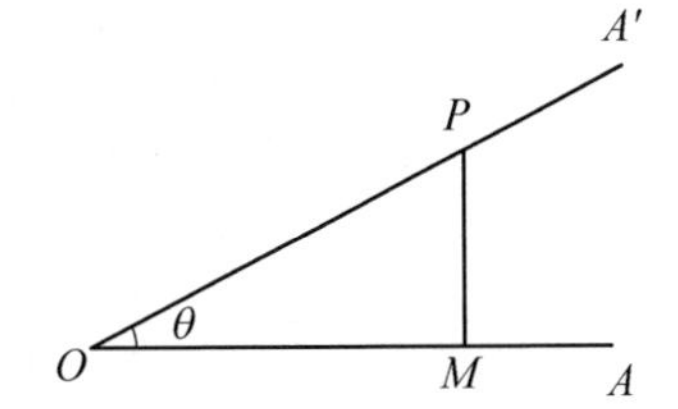

图 1 - 3　锐角终边定义

第二种，先构造直角三角形，再直接定义。(Conant，1909，p. 20)

如图 1 - 3，在锐角 $\angle AOA'$ 的一边上任取一点 P，过点 P 作另一边的垂线 PM，垂足为点 M。在 Rt$\triangle POM$ 中，设 $\angle AOA'=\theta$，则 θ 的三角函数定义如下：

$$\sin\theta=\frac{MP}{OP}=\frac{\text{对边}}{\text{斜边}},\ \cos\theta=\frac{OM}{OP}=\frac{\text{邻边}}{\text{斜边}},$$

$$\tan\theta=\frac{MP}{OM}=\frac{\text{对边}}{\text{邻边}},\ \cot\theta=\frac{OM}{MP}=\frac{\text{邻边}}{\text{对边}},$$

$$\sec\theta=\frac{OP}{OM}=\frac{\text{斜边}}{\text{邻边}},\ \csc\theta=\frac{OP}{MP}=\frac{\text{斜边}}{\text{对边}}。$$

1.3.2　任意角终边定义法

20 世纪的大多数教科书已经将角推广为任意角，因此，定义三角函数时针对的也是任意角。如图 1 - 4，先在四个象限中利用终边定义法定义任意角的三角函数(Passano，1918，pp. 4 - 5)。设 θ 为任意角，在其终边上任取一点 P，过点 P 作 $X'X$ 轴的垂线，垂足为点 A，设点 P 的坐标为 $(x,\ y)$，线段 OP 的长度为 r，则

$$\sin\theta=\frac{y}{r},\ \cos\theta=\frac{x}{r},\ \tan\theta=\frac{y}{x},\ \cot\theta=\frac{x}{y},\ \sec\theta=\frac{r}{x},\ \csc\theta=\frac{r}{y}。$$

当 θ 为锐角时，其终边落在第一象限，此时终边上点 P 的横坐标与纵坐标分别为 Rt$\triangle POA$ 中该角邻边和对边的长度。故

$$\sin\theta=\frac{y}{r}=\frac{\text{对边}}{\text{斜边}},\ \cos\theta=\frac{x}{r}=\frac{\text{邻边}}{\text{斜边}},$$

$$\tan\theta=\frac{y}{x}=\frac{\text{对边}}{\text{邻边}},\ \cot\theta=\frac{x}{y}=\frac{\text{邻边}}{\text{对边}},$$

$$\sec\theta=\frac{r}{x}=\frac{\text{斜边}}{\text{邻边}},\ \csc\theta=\frac{r}{y}=\frac{\text{斜边}}{\text{对边}}。$$

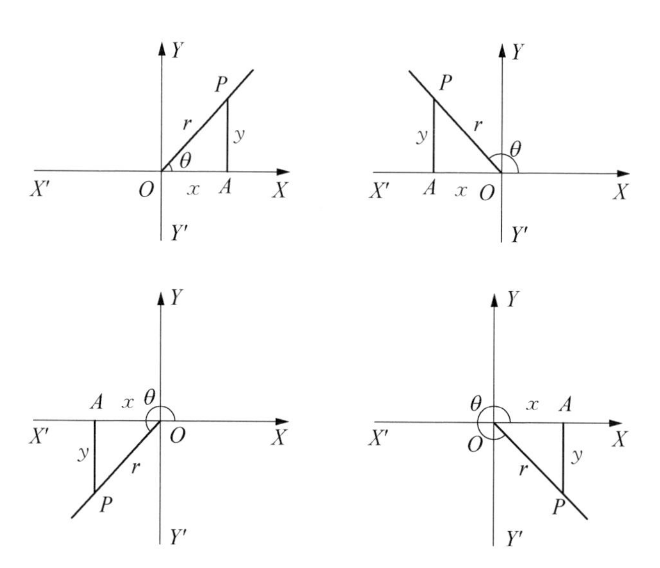

图 1-4　任意角三角函数之终边定义法

1.3.3　相似三角形法

第一种：直接给出 2 个相似或斜边相等的直角三角形，探究这几个三角形边与角的关系。(Durfee, 1900, pp. 11-13)

如图 1-5，$\triangle ABC$ 与 $\triangle A'B'C'$ 是一对相似直角三角形。根据相似三角形对应边成比例知

$$\frac{AC}{AB}=\frac{A'C'}{A'B'},\ \frac{BC}{AB}=\frac{B'C'}{A'B'},\ \frac{AC}{BC}=\frac{A'C'}{B'C'},\ \frac{BC}{AC}=\frac{B'C'}{A'C'},\ \frac{AB}{BC}=\frac{A'B'}{B'C'},\ \frac{AB}{AC}=\frac{A'B'}{A'C'}。$$

若确定了三角形中 $\angle B$ 的大小，则这 6 组比值也就唯一确定。

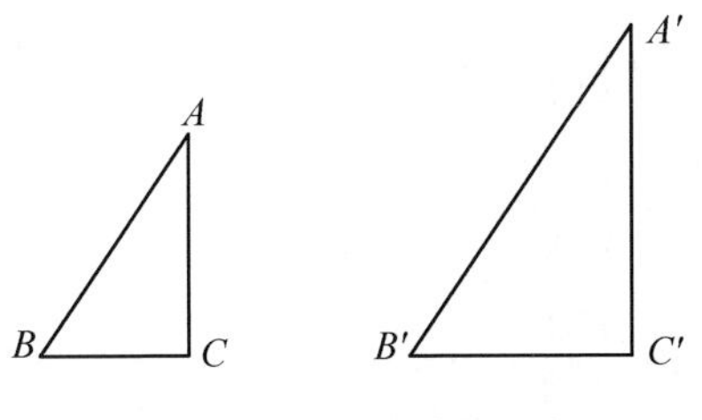

图 1－5　一对相似直角三角形

如图 1－6，若保持 Rt$\triangle ABC$ 的斜边长不变而改变$\angle B$ 的大小，得到 Rt$\triangle A''B''C''$，则如上面所列的 6 组比值相应发生变化。也就是说，这 6 组比值是关于$\angle B$ 的函数，因此，将这 6 组比值分别定义为$\angle B$ 的正弦、余弦、正切、余切、正割和余割，即

$$\sin B=\frac{AC}{AB},\ \cos B=\frac{BC}{AB},\ \tan B=\frac{AC}{BC},\ \cot B=\frac{BC}{AC},\ \sec\theta=\frac{AB}{BC},\ \csc\theta=\frac{AB}{AC}。$$

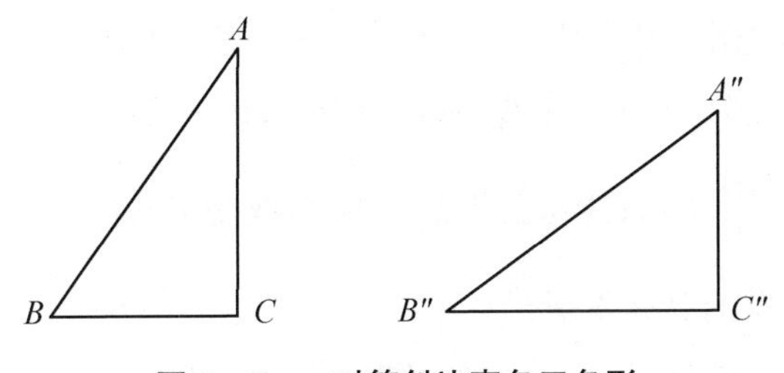

图 1－6　一对等斜边直角三角形

将$\triangle ABC$ 与$\triangle A'B'C'$以及$\triangle A''B''C''$进行对比，从函数的观点说明 6 组对应边的比值与$\angle B$ 的关系，有助于学生理解锐角三角比的函数本质。将斜边 AB 的长度固定，当$\angle B$ 变化时，6 组比值也随之变化。也有教科书将 $\triangle ABC$ 和 $\triangle A''B''C''$ 置于同一圆中，学生可以更清楚地看出比值的变化情况。

第二种：过角的一边上的多个点分别作另一边的垂线，构造多个两两相似的直角三角形，探究边的比值关系。（Wentworth & Smith, 1914, p. 3）

如图 1－7，若$\angle O$ 是任意一个锐角，在$\angle O$ 的一条边上任意取点 A、A'、A''等，过点 A、A'、A''等分别作另一条边的垂线 AB、$A'B'$、$A''B''$等，由相似三角形性质可知，

$$\frac{AB}{OA}=\frac{A'B'}{OA'}=\frac{A''B''}{OA''}=\cdots,$$

$$\frac{AB}{OB}=\frac{A'B'}{OB'}=\frac{A''B''}{OB''}=\cdots,$$

$$\frac{OA}{OB}=\frac{OA'}{OB'}=\frac{OA''}{OB''}=\cdots,$$

$$\frac{OB}{OA}=\frac{OB'}{OA'}=\frac{OB''}{OA''}=\cdots,$$

$$\frac{OB}{AB}=\frac{OB'}{A'B'}=\frac{OB''}{A''B''}=\cdots,$$

$$\frac{OA}{AB}=\frac{OA'}{A'B'}=\frac{OA''}{A''B''}=\cdots,$$

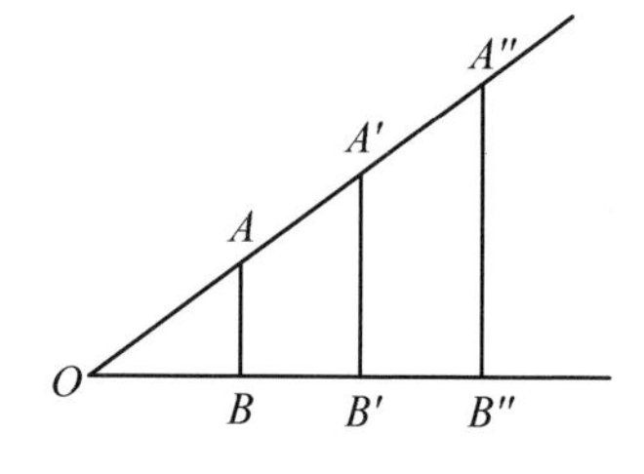

图 1-7　同一个角中的三组比值

当$\angle O$保持不变时，上面 6 组比值也保持不变；当$\angle O$变化时，6 组比值也随之变化。因此，每一组比值都是$\angle O$的函数。

由此引出六种三角函数的定义。

1.3.4　探究式引入

(1) 如图 1-8，先作一个 59°的$\angle O$，在$\angle O$的一条边上任取一点 A，过点 A 作另一条边的垂线，垂足为点 B，量出 AB、OB 的长度，并计算 $\frac{AB}{OB}$ 的值；改变点 A 的位置(设改变至点 C 处)，重复上述过程，你有什么发现？

(2) 再作一个 32°的角，重复(1)中的过程，(1)中所发现的结论是否依旧成立？

(3) 如果将一个角的度数固定，上述比值是否也随之确定呢？

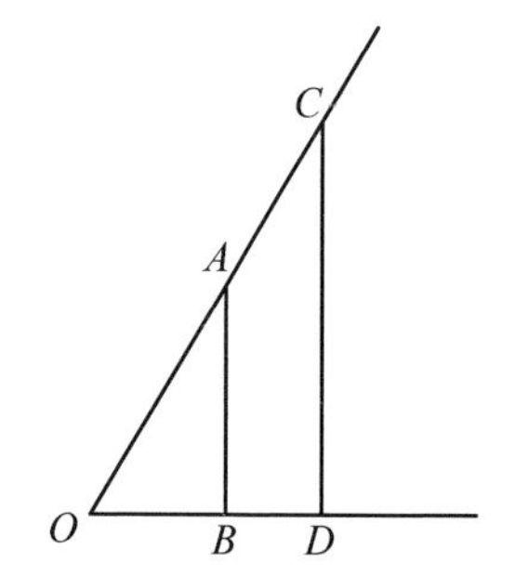

图 1-8　关于 59°角中的一类比值的探究

由上述探究过程可见，在直角三角形中，确定一个锐角，就确定了对边与邻边的比值。于是，将该比值定义为该锐角的正切函数。类似可得正弦函数和余弦函数的定义。(Hearley, 1942, pp. 30-45)

1.3.5　现实情境引入

部分三角学教科书通过创设现实情境来引入锐角三角函数概念，具体的情境大致可以分为三类。

(一) 情境 1：坡度刻画

如图 1-9，设 Rt$\triangle ABC$ 为一山坡截面。可以用两种方式来刻画山坡的倾斜程度：一是倾斜角$\angle ABC$的度数，二是坡面的垂直高度与水平宽度的比$\frac{AC}{BC}$。这两种方法实际上把角度与边长联系起来，若$\angle ABC$变化，则坡比$\frac{AC}{BC}$也随之发生变化，因此，坡比是角的函数。由此引出正切函数以及正弦函数、余弦函数。(Wilczynski, 1914, pp. 12 - 13)类似的情境还有铁轨的斜面、屋顶的斜面等。

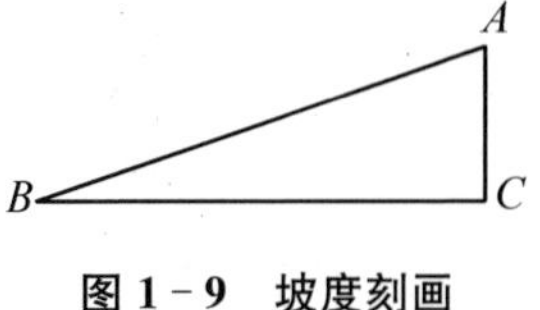

图 1 - 9　坡度刻画

（二）情境 2：以影推高

古人通常利用日影来测量高度。如图 1 - 10，要测塔高 h，先测得其影长为 122 英尺，并在塔的旁边垂直竖立一根长为 10 英尺的木竿，测得竿影长为 20 英尺。因光线可视为平行，故利用相似三角形的性质，得 $h : 122 = 10 : 20$，解得 $h = 61$(英尺)。(Dickson, 1922, p. 6)

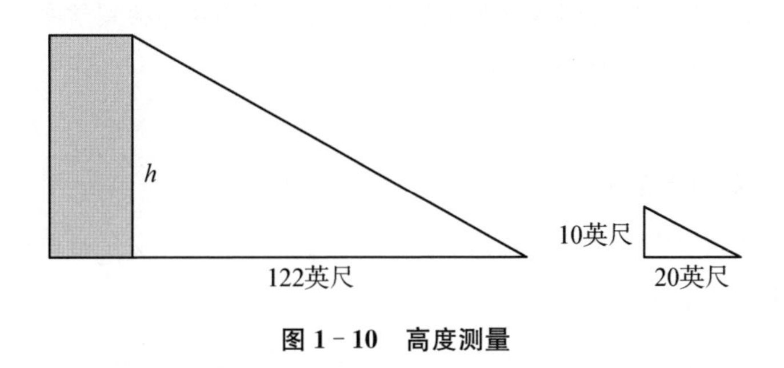

图 1 - 10　高度测量

公元前 6 世纪，古希腊哲学家泰勒斯(Thales，约前 624—约前 547)正是利用上述方法测得金字塔的高度。值得注意的是，塔的高度与竿的长度无关。只要太阳光照射角度不变，竿长和它的影长之比是一个定值。随着照射角度的变化，比值也随之变化。由此可知，这个比值是与太阳光照射角度有关的一个函数，由此得到锐角三角函数的定义。

多数教科书均含有利用日影测高的实例，如测云杉的高度、梯子的高度等，本质都是利用相似三角形的性质来探究边长与角度之间的关系。

（三）情境 3：水管求长

假设 A 处为水源，B 处为房屋，A、B 之间因为一片沼泽地分隔开来，现要用一根水管将 A 处的水流引到 B 处，请问需要多长的水管？(Durell, 1910, pp. 24 - 25)

若沼泽地的位置如图 1 - 11 所示，则能够另外找到一点 C，使得 $\angle ACB = 90°$，且 AC、BC 的长度均易于测量。测得 AC、BC 的长度，即可利用勾股定理计算 AB 的长度。

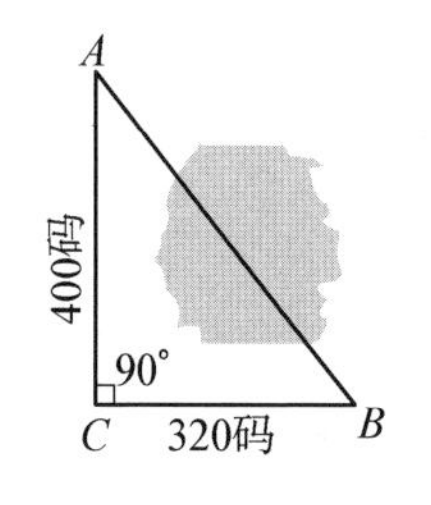

图 1-11 水管问题之一

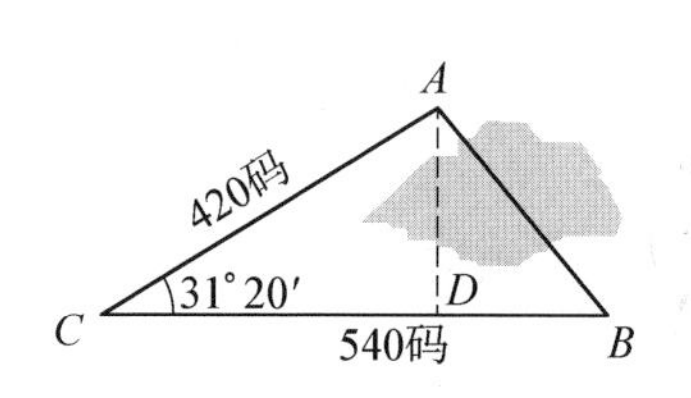

图 1-12 水管问题之二

但若沼泽地的位置如图 1-12 所示，此时，我们无法直接找到点 C 使得 $\angle ACB = 90°$。另一方面，我们可以测出 AC 和 BC 的长度以及 $\angle ACB$ 的度数，若能求得图中 AD 和 CD 的长度，即可求出 AB 的长度。于是，我们需要解决如下问题：已知直角三角形的斜边和一个锐角，如何求得直角边？我们需要引入新知——三角函数。有了三角函数，我们就可以根据直角三角形的一个锐角，求得其各条边之间的比值。

从学生熟悉的生活情境引入三角函数概念，可以让学生体会到学习三角函数的意义，从而激发他们的学习动机和兴趣。

1.3.6 三角学意义概述

部分教科书为了引入锐角三角函数概念，先对三角学的意义进行概述。

（一）三角学的应用价值

三角学源于天文学，是天文学家实施天文推算的工具。利用三角函数，不仅能够计算天体的质量与运行速度，还能根据已有的运行轨迹预测未来的运动。(Rider & Davis, 1923, p.3)三角学在其他应用领域也是不可或缺的。在现实生活中，利用三角学可以测量山高或河宽，解决不易直接测量的问题；在地理中，利用三角学可以测出某地的经度和纬度；在航海中，利用三角学可以确定舰船的航行路线；在军事中，飞机轰炸理论、海陆炮火的定向等都离不开三角学，海战中的测距仪正是利用了三角学原理。可以说，三角学是数学中最为实用的分支之一。(Hart & Hart, 1942, p.1)

（二）三角学与几何学的优劣比较

三角学可以完善三角形中边角关系理论。在直角三角形中，勾股定理告诉我们各边之间的关系，三角形内角和定理告诉我们各角之间的关系。利用第一个定理，已知直角三角形的两条边，可求出第三条边，但无法知道另外两个内角。几何学告诉我们，已知直角三角形的两条边，就能确定该直角三角形，即直角三角形的两个内角是唯一确定的。可见，直角三角形的边和角之间一定还存在某种关系，有待于我们去发现。(Wilczynski，1914，pp. 11－12)

另一方面，三角学可以提高测量结果的精确性。在实际测量中，对于某些测量问题，早期人们是通过几何作图的方法，利用全等或相似三角形性质进行计算。如图 1－13，要测量河两岸点 A 和点 B 之间的距离，过点 A 作 $AC \perp AB$，$AC=100$ 码，$\angle C=41°$。按照某个比例构造 Rt$\triangle CAB$，使得 $AC=100$ 码，$\angle C=41°$，直接量出 AB 的长度。(Rosenbach，Whitman & Moskovitz，1937，p. 4)这种方法虽然能为求解未知量提供一种有效的途径，但在实际作图时难免存在误差。为了获得任意精度，就需要引入三角学。

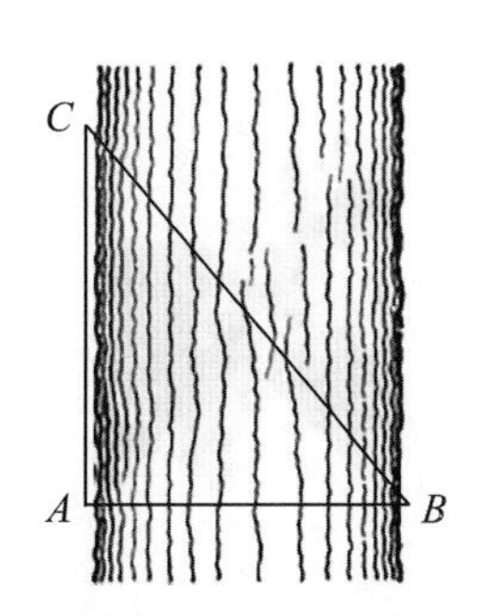

图 1－13　距离测量问题

1.4　各类引入方式的分布

图 1－14 给出了 6 类引入方式在 49 种教科书中的分布情况。图 1－15 则给出了各类引入方式的时间分布情况。

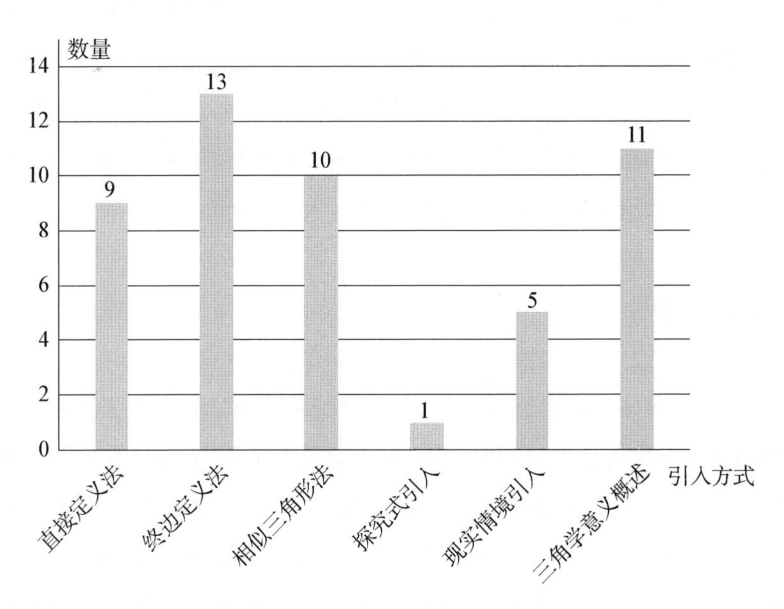

图 1－14　6 类引入方式的频数分布

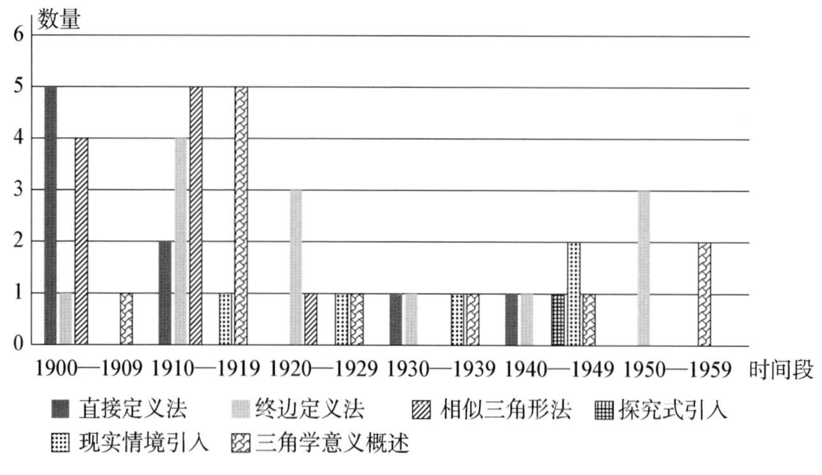

图 1－15　6 类引入方式的时间分布

由图 1－15 可知，随着时间的推移，"直接定义法"占比较 20 世纪初期有所减小，而"终边定义法"和"三角学意义概述"贯穿各个历史时期，且占比较大。另外，自 1910 年起，西方教科书中开始出现"现实情境引入法"。这一变化其实与当时的课程改革背景有着密切关系。受英国"培利运动"、德国数学家 F・克莱因(F. Klein，1849—1925)"数学实用"教育主张的影响，在 1908—1909 年，美国数学教育界设立"十五人委员会"制订几何课程大纲，旨在寻求"形式主义"和"实用主义"之间的平衡。(汪晓勤，2014；汪晓勤 & 洪燕君，2016)美国几何课程的改革对三角学课程产生了重要的影响。Durell (1910)指出，他编写此教科书的目的是在现有数学原理的基础上挖掘三角学的应用价值。此外，他还在书中专设一章讨论三角学的实际应用。由此可见，自课程改革后，越来越多的教科书编者开始关注数学的实际应用价值。

1.5　结论与启示

以上我们看到，本章所考察的 20 世纪上叶美英三角学教科书主要采用 6 类方式来引入锐角三角函数概念。20 世纪初期，多数教科书采用"直接定义法"与"相似三角形法"引入，后来受课程改革影响，"现实情境引入"与"三角学意义概述"开始占有一席之地。6 类引入方式各有特色，对 HPM 视角下的教学设计有一定的启示。

(1) 设计探究活动。教学中，可让学生作一个特定的角，引导他们探究比值与角度之间的关系。教师可以借助几何画板等软件对学生的探究结果加以检验。

(2) 强调函数本质。在“相似三角形法”中，除了说明“角固定，比值就唯一确定”外，还要让学生看到“角发生变化，比值就发生变化”，让学生感受到比值是角的函数。

(3) 展示实际应用。通过生活中的测量问题(如建筑物高度、山高、河宽等)，让学生体会“数学来源于生活，又服务于生活”的道理；通过揭示“仅有勾股定理等几何命题，不足以有效解决测量问题”，凸显三角学的必要性。另一方面，通过阐述三角学在天文、物理、地理、航海、军事等领域的广泛应用，展现三角学的重要性，进一步激发学生的学习动机。

(4) 挖掘学科联系。由三角学与几何学之间的关系入手，展示三角学的优越性：几何学只是定性地说明三角形边与角之间存在依赖关系，而三角学则定量地揭示了这种依赖关系；几何学告诉我们已知三角形的三边、两边及其夹角或两角一边时可以确定该三角形，而三角学则帮助我们计算出其余的边和角；几何学上的作图不可避免地会产生误差，而三角学能够提高结果的精确性。因此，三角学弥补了几何学的局限性。

参考文献

陈可剑(2017). 基于“三个理解”的数学概念教学——从锐角三角函数导入谈起. 上海中学数学，(5)：28 - 30.

蒋小飞(2018). 基于“陡”的描述—正切的教学设计. 数学教学通讯，(20)：22 - 24.

李津(2018). “锐角三角函数”教学设计. 中国数学教育，(6)：21 - 23＋25.

李兴(2018). “锐角三角函数”教学设计. 中国数学教育，(6)：15 - 18.

沈威(2018). 锐角三角函数的数学本质与教学过程设计. 中学数学教学参考(中旬)，(Z2)：131 - 135.

汪晓勤，洪燕君(2016). 20 世纪初美国数学教科书的几何应用——以建筑为例. 数学教育学报，25(2)：11 - 14.

汪晓勤(2014). 19 世纪末 20 世纪初美国几何教材中的勾股定理. 中学数学月刊，(6)：48 - 52.

杨红芬(2018). 基于过程教育的“锐角三角函数(第 1 课时)”课例及说明. 中学数学(初中)，(4)：22 - 25.

周孝辉(2018). 课例：锐角三角函数(第 1 课时). 中学数学教学参考(中旬)，(8)：26 - 28.

朱启州，李丽(2018). 基于培养学生逻辑思维能力的课例——以(沪科版)九年级(上)23.1 锐角三角函数教学为例. 中学数学(初中)，(4)：20 - 22.

Conant, L. L. (1909). *Plane and Spherical Trigonometry*. New York: American Book

Company.

Dickson, L. E. (1922). *Plane Trigonometry with Practical Applications*. Chicago: Benj H. Sanborn & Company.

Durell, F. (1910). *Plane and Spherical Trigonometry*. New York: Merrill.

Durfee, W. P. (1900). *The Elements of Plane Trigonometry*. Boston: Ginn & Company.

Hart, W. W. & Hart W. L. (1942). *Plane Trigonometry, Solid Geometry and Spherical Trigonometry*. Boston: D. C. Heath & Company.

Hearley, M. J. G. (1942). *Modern Trigonometry*. New York: The Ronald Press Company.

Passano, L. M. (1918). *Plane and Spherical Trigonometry*. New York: The Macmillan Company.

Rider, P. R. & Davis, A. (1923). *Plane Trigonometry*. New York: D. Van Nostrand Company.

Rosenbach, J. B., Whitman, E. A. & Moskovitz, D. (1937). *Plane Trigonometry*. Boston: Ginn & Company.

Rothrock, D. A. (1910). *Elements of Plane and Spherical Trigonometry*. New York: The Macmillan Company.

Wentworth, G. A. & Smith, D. E. (1914). *Plane Trigonometry*. Boston: Ginn & Company.

Wilczynski, E. J. (1914). *Plane Trigonometry and Applications*. Boston: Allyn & Bacon.

2 锐角三角函数概念

沈中宇* 汪晓勤**

2.1 引 言

锐角三角函数概念是初中三角函数学习的重要内容，在《义务教育数学课程标准(2022年版)》中要求：利用相似的直角三角形，探索并认识锐角三角函数(中华人民共和国教育部，2022)。人教版和苏科版教科书都从实际问题出发，引导学生探究：在直角三角形中，当任意一个锐角确定时，它的对边和斜边之比是否为固定值？从而利用直角三角形边长之比定义正弦、余弦和正切。

在教学实践中，许多教师对锐角三角函数的概念理解不清，不知道概念"从哪里来，到哪里去"，也不清楚"为何要在直角三角形中研究锐角三角函数"(金红江，2022)。同时，很多教师对锐角三角函数的概念理解不深刻，难以引领学生经历概念的抽象过程(曹建军，2021)。实际上，锐角三角函数概念有着悠久的历史，对其历史发展过程的考察有助于教师的理解和教学设计。

鉴于此，本章聚焦锐角三角函数概念，对17—20世纪的美英三角学教科书进行考察，尝试回答以下问题：早期美英三角学教科书中，锐角三角函数概念有哪些定义？这些定义是如何演变的？

2.2 研究方法

本章采用质性文本分析法作为研究方法，具体方法为主题分析法(Kuckartz，

* 苏州大学数学科学学院博士后。
** 华东师范大学教师教育学院教授、博士生导师。

2014)，包括文本选取、编码和分析过程。

2.2.1 文本选取

从18世纪10年代到20世纪40年代这240年间出版的美英三角学教科书中选取74种作为研究对象，其中42种出版于美国，32种出版于英国。以30年为一个时间段进行统计，这些教科书的出版时间分布情况如图2-1所示。

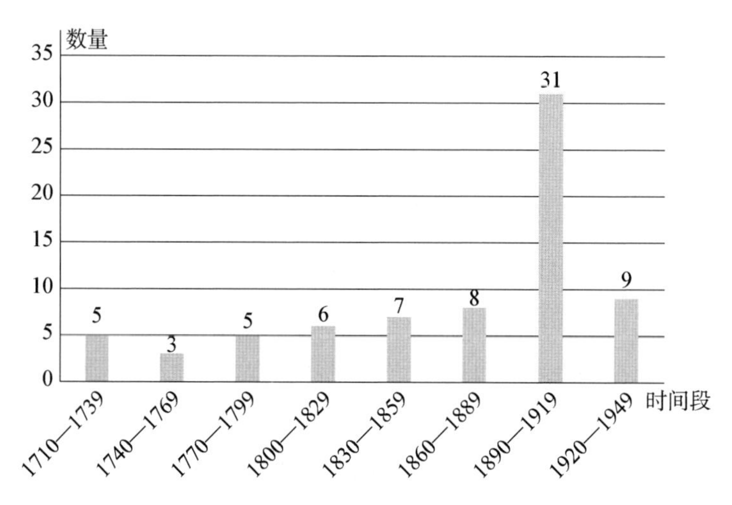

图2-1 74种早期三角学教科书的出版时间分布

2.2.2 文本编码

首先，基于选取的74种三角学教科书中相关的记录单位，对其提到的锐角三角函数的定义进行编码，确定主题类目。接着，根据主题类目得到锐角三角函数定义的分类。然后，分析同一主题类目中的所有文本段，归纳创建每一主题类目下的子类目，从而得到每一类定义的子类别。

2.2.3 文本分析

在文本编码完成后，开始文本分析。首先呈现主题类目及其子类目的分类结果，从而回答第一个研究问题。其次，分析主题类目之间的关联性，根据时间顺序，对其时间上的分布情况进行统计和分析，从而得到锐角三角函数定义的演变过程，由此回答第二个研究问题。

2.3 锐角三角函数定义

通过统计分析，可以将三角学教科书中的锐角三角函数定义分为3类，分别为圆弧定义、直角三角形定义和直角坐标系定义。

统计发现，74种三角学教科书中涉及锐角三角函数定义的编码共76条，其分布如图2-2所示。由此可见，提到最多的直角三角形定义，约占68.4%；其次是圆弧定义，占25.0%；直角坐标系定义最少，约占6.6%。

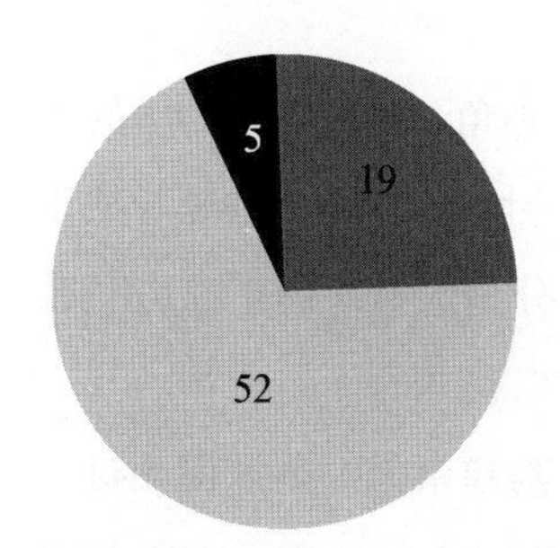

图2-2 74种三角学教科书中锐角三角函数3类定义的频数分布

下面我们对这3类定义作具体的分析。

2.3.1 圆弧定义

三角函数起源于古希腊，数学家往往通过圆弧中的弦来定义三角函数。但是，16世纪以前，三角函数似乎并未统一在同一个圆上。

古希腊天文学家喜帕恰斯(Hipparchus，约前190—前120)、梅涅劳斯(Menelaus，公元1世纪)和托勒密(C. Ptolemy，公元2世纪)因为天文学的需要而相继制作了弦表，相当于计算半角正弦的两倍。公元6世纪，印度数学家阿耶波多(Aryabhata，476—550)使用了半弦，我们今天所说的"正弦"即源于此。而余弦源于"余角的正弦"，也为阿耶波多所用。

中世纪阿拉伯天文学家经常使用"横影"和"竖影"(图2-3)，今日的"余切"和"正切"即源于此。阿拉伯天文学家阿布·卡米尔(Abu-Kamil，9世纪)、阿尔·巴塔尼(Al-Battani，

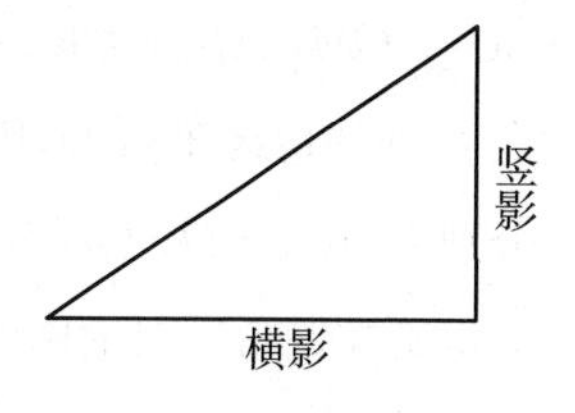

图2-3 横影和竖影

850? —929)、阿布·韦发(Abu'l-Wefa, 940—998)相继制作了正切表和余切表。

阿布·韦发最早使用正割和余割,但没有给出其名称。16 世纪奥地利天文学家雷提库斯(G. J. Rheticus, 1514—1574)制作了正割表和余割表,并称之为直角三角形的斜边(Smith, 1925)。

(一) 锐角圆弧

17 世纪,数学家开始在同一个圆上定义各种三角函数,但仍局限于锐角的情形。

荷兰数学家斯内尔(W. Snell, 1580—1626)的《三角学》、法国数学家奥泽南(J. Ozanam, 1640—1717)的《新三角学》只涉及锐角所对圆弧的三角函数(Snell, 1627; Ozanam, 1697)。

如图 2-4,$\angle AOB$ 为圆心角,过点 A 作 OB 的垂线,垂足为点 C;过点 B 作圆的切线,交 OA 的延长线于点 D,则 AC、DB、OD、CB 分别为 $\overset{\frown}{AB}$ 的正弦、正切、正割和正矢,AF 为 $\overset{\frown}{AB}$ 的余弦。

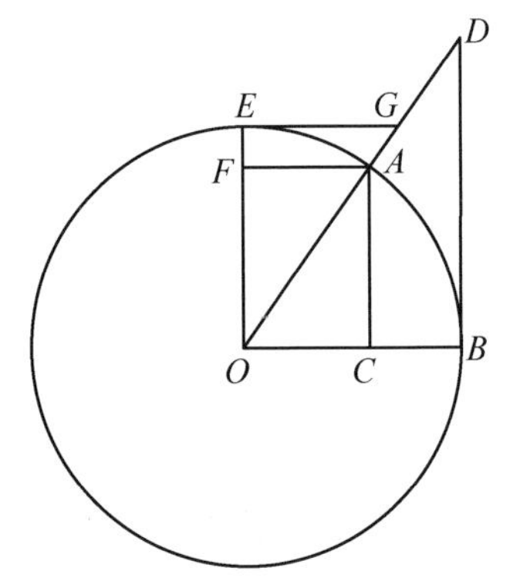

图 2-4 锐角的三角函数定义

斯内尔没有提及余切、余割和余矢。奥泽南则进一步定义了这三种三角函数。图 2-4 中,$OE \perp OB$,过点 E 作 $\odot O$ 的切线,交 OA 的延长线于点 G。又过点 A 作 OE 的垂线,垂足为点 F,则 $\overset{\frown}{AB}$ 的余切、余割和余矢分别为 EG、OG 和 EF。

17 世纪三角学教科书中的三角函数仅仅局限于锐角所对的圆弧,圆的半径可以是任意的,而圆弧的三角函数均为与圆相关的线段。

(二) 钝角圆弧

18 世纪的三角学教科书沿用了 17 世纪的三角函数定义,但部分教科书将三角函数从锐角所对圆弧扩展到了钝角所对圆弧。Wells(1714)即为其中之一。

如图 2-5,MB 为 $\odot O$ 的直径,$\angle AOB$ 为钝角,作 $AC \perp OM$, $AF \perp OE$,垂足分别为点 C 和 F;延长 AO,交点 B 处的切线于点 D,则 $\overset{\frown}{AEB}$ 的正弦、正切、正割和正矢分别为 AC、BD、OD 和 BC。而余弦、余切、余割、余矢则只定义在锐角所对的圆弧上:一个角的余角所对弧的正弦、正切、正割、正矢即为该角所对弧的余弦、余切、余割和余

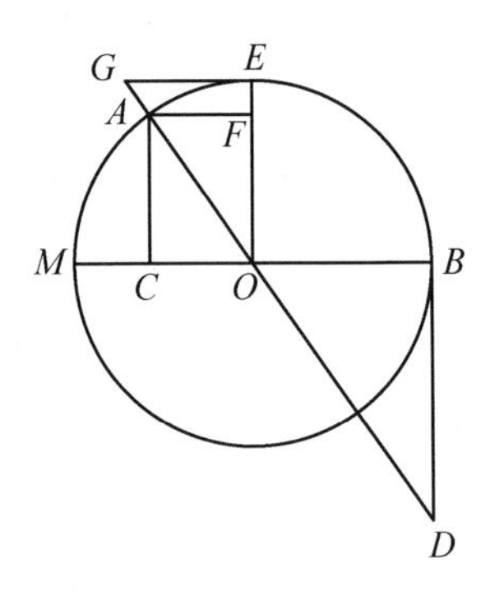

图 2-5 钝角的三角函数定义

矢。注意，这个时期，三角函数仍然定义在角所对应的圆弧上。

Heynes(1716)将余弦定义为从圆心到正弦的线段，从而使余弦摆脱了锐角的限制。

到了18世纪末，英国数学家辛普森(T. Simpson，1710—1761)在其《平面和球面三角学》中开始考虑钝角所对弧的三角函数的正负问题，并指出：钝角所对弧的余弦是负的(Simpson，1799，p. 5)。

（三） 周角以内角所对的圆弧

19世纪的部分教科书进一步将三角函数扩展到了周角以内任意角所对的圆弧。Young(1833)讨论了这种情形。

如图2-6，在⊙O中，$ES \perp MB$，$\overset{\frown}{AMB}$所对的圆心角为$\angle AOB$，作$AC \perp OB$，$AF \perp OS$，垂足分别为点C和F；延长OA，交点B处的切线于点D，延长AO，交点E处的切线于点G，则$\overset{\frown}{AMB}$的正弦、余弦、正切、余切、正割和余割分别为AC、AF、BD、EG、OD和OG。

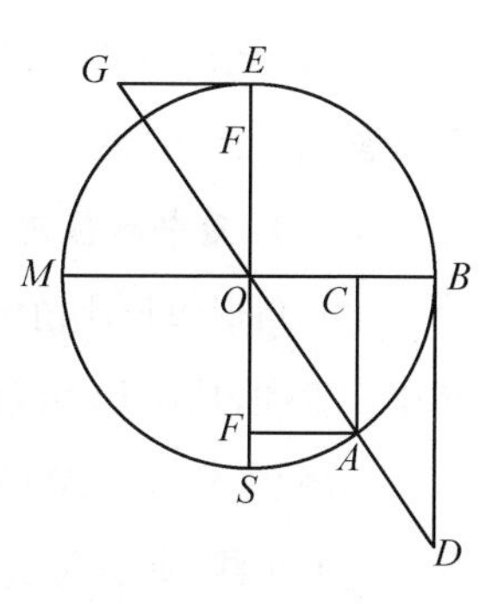

图2-6 周角以内角所对弧的三角函数定义

值得注意的是，与余弦类似，余切和余割等三角函数的定义也逐渐从锐角扩展到整个周角的范围，同时，教科书编者对整个圆周范围三角函数的正负问题也进行了相应的讨论。

2.3.2 直角三角形定义

在16世纪之前的三角学教科书中，三角函数都被定义为某一固定半径的圆中依赖于某一给定弧的线段的长度。然而，雷提库斯在他的著作中，把直角三角形的一边长度固定为某一较大数值，直接用三角形的角定义三角函数。因此，三角函数首次被定义为角而不是弧的函数。

16世纪末，德国数学家毕蒂克斯(Pitiscus，1561—1613)创用“三角学”(trigonometry)一词，他给自己的著作起名为《三角学，或三角形测量之书》，书中讨论了如何测量三角形，由于毕蒂克斯将三角函数值定义为特定圆的某些线段的长度，他必须经常调整自己的计算，因此，现今通用的三角比便呼之欲出了。(Katz，2009，p. 440)

（一） 三角形边长比值定义

到了19世纪，教科书开始在直角三角形中定义各种三角函数。这类定义用比值取代了线段，以角取代了圆弧，但只局限于锐角。美国数学家哈斯勒(F. R. Hassler，1770—1843)在《平面与球面解析三角学基础》中采用了上述定义(Hassler，1826，pp. 15 - 20)。

如图 2 - 7，在 Rt$\triangle ABC$ 中，$\angle A$ 的六种三角函数定义如下：

$$\sin A=\frac{BC}{AB},\ \cos A=\frac{AC}{AB},\ \tan A=\frac{BC}{AC},$$

$$\cot A=\frac{AC}{BC},\ \sec A=\frac{AB}{AC},\ \csc A=\frac{AB}{BC}。$$

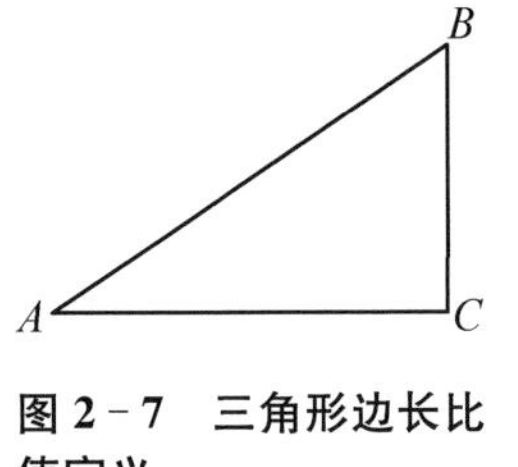

图 2 - 7　三角形边长比值定义

Chauvenet (1850)利用相似三角形论证了直角三角形三边两两之比只与角度有关，而与三角形的边长无关，从而进一步说明了三角形边长比值定义的合理性。

(二) 角中比值定义

与三角形边长比值定义类似，在早期三角学教科书中，也有数学家直接在一个锐角中作垂线，从而利用线段比定义各类三角函数。Taylor (1904)采用了上述定义。

如图 2 - 8，在$\angle AOB$ 中，从角的一条边上任意一点 P 作另一边的垂线，垂足为点 M，则$\angle AOB$ 的六种三角函数定义如下：

$$\sin\angle AOB=\frac{MP}{OP},\ \cos\angle AOB=\frac{OM}{OP},\ \tan\angle AOB=\frac{MP}{OM},$$

$$\cot\angle AOB=\frac{OM}{MP},\ \sec\angle AOB=\frac{OP}{OM},\ \csc\angle AOB=\frac{OP}{MP}。$$

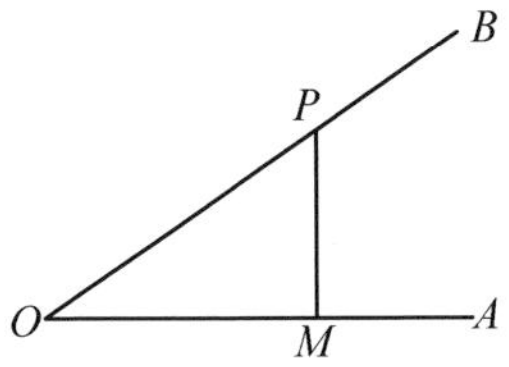

图 2 - 8　角中比值定义

角中比值定义是直角三角形定义的一般化，早期三角学教科书往往先给出这类定义，在此基础上再给出直角三角形定义。

2.3.3　直角坐标系定义

随着 17 世纪解析几何的发展，更多的分析方法被引入三角学之中。到了 19 世纪，三角学逐渐成为一门分析科学。

(一) 锐角

Kenyon & Ingold (1913)利用平面直角坐标系定义了锐角三角函数。如图 2 - 9，将锐角 $\angle XOB=\theta$ 置于直角坐标系的第一象限中，其中顶点 O 与坐标原点重合，一条

边落在 X 轴上，另一条边落在第一象限，在这条边上任取一点 $P(x, y)$，从点 P 向 X 轴引垂线，垂足为点 A。设 $OP=r$，则定义：

$$\sin\theta=\frac{y}{r},\ \cos\theta=\frac{x}{r},\ \tan\theta=\frac{x}{y},$$

$$\cot\theta=\frac{y}{x},\ \sec\theta=\frac{r}{x},\ \csc\theta=\frac{r}{y}。$$

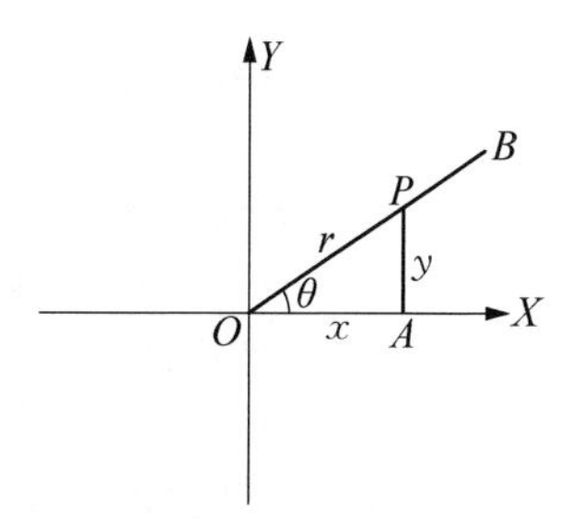

图 2-9 锐角三角函数的直角坐标系定义

（二）钝角

Moritz (1915)还定义了直角坐标系中的钝角三角函数。如图 2-10，设 $\angle XOB=\theta$ 为小于 $180°$的角，以 O 为原点，以直线 OX 为横轴，$OY\perp OX$，则 OB 将会在第一象限或第二象限内，从而$\angle XOB$ 为锐角或钝角，在角的终边上任取一点 $P(x, y)$，r 为点 P 到原点的距离，则定义：

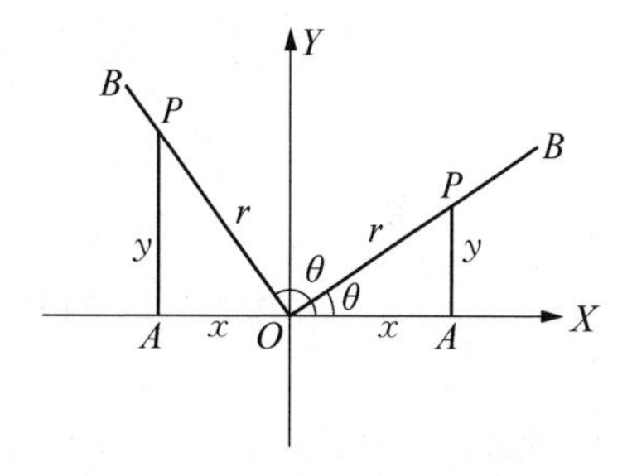

图 2-10 钝角三角函数的直角坐标系定义

$$\sin\theta=\frac{y}{r},\ \cos\theta=\frac{x}{r},\ \tan\theta=\frac{x}{y},$$

$$\cot\theta=\frac{1}{\tan\theta},\ \sec\theta=\frac{1}{\cos\theta},\ \csc\theta=\frac{1}{\sin\theta}。$$

这里，编者直接利用倒数关系来定义余切、正割和余割。

2.4 锐角三角函数定义的演变

以 30 年为一个时间段，对上面提到的锐角三角函数的 3 类定义：圆弧定义、直角三角形定义、直角坐标系定义进行统计，从 18 世纪 10 年代到 20 世纪 40 年代这 240 年间 3 类定义的时间分布情况如图 2-11 所示。

从图 2-11 中可见，圆弧定义主要活跃于 18 世纪，从 19 世纪开始逐渐减少直至消失。直角三角形定义则出现于 19 世纪初期，其后逐渐增多，直到 19 世纪中叶之后开始居于统治地位。直角坐标系定义出现最晚，直到 19 世纪中叶以后开始崭露头角，其后保持稳定。总体而言，18 世纪的三角学教科书中主要采用圆弧定义，在 19 世纪早期，圆弧定义和直角三角形定义平分秋色，到了 19 世纪中叶以后，直角三角形定义

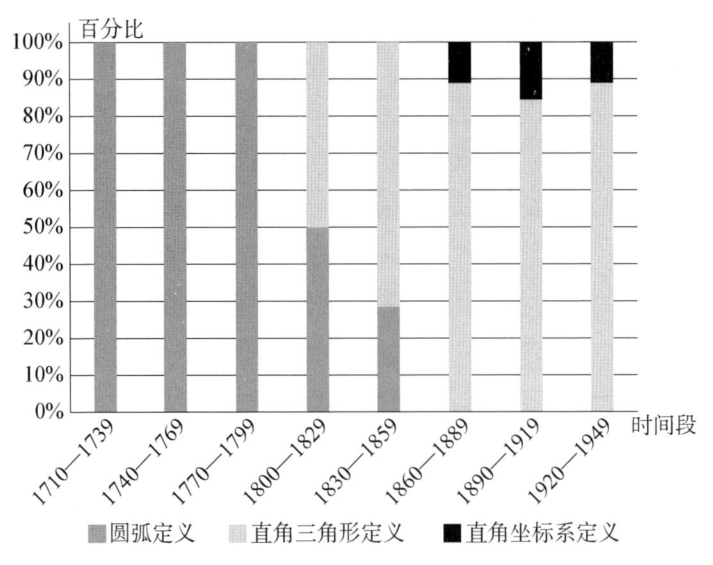

图 2－11　74 种教科书中锐角三角函数 3 类定义的演变

一统天下，圆弧定义销声匿迹，而直角坐标系定义则偶有出现。

实际上，锐角三角函数定义的演变过程与三角学的演变过程基本类似，三角学起源于天文学，在此背景下，天文学家将三角函数定义在圆弧之中，便于天文现象的研究。其后，三角学被更多地用于土地测量等实际问题中，因此，三角函数的直角三角形定义就自然而然地开始出现，最后，三角学逐渐成为分析学的一个分支，在直角坐标系中定义三角函数更加有利于研究其函数特性，直角坐标系定义应运而生。

2.5　结论与启示

综上所述，美英早期三角学教科书对锐角三角函数的定义可以分成 3 类，分别是圆弧定义、直角三角形定义和直角坐标系定义。其中，圆弧定义主要活跃于 18 世纪，到了 19 世纪早期，圆弧定义和直角三角形定义开始平分秋色，到了 19 世纪中叶以后，直角三角形定义一统天下，同时，直角坐标系定义开始出现。基于以上分析，得到如下启示。

（1）了解来龙去脉，认识概念本质

从美英早期三角学教科书中的锐角三角函数定义可以发现，三角函数最早被定义在圆弧上，表现为与圆相关的若干线段，其后才被定义在直角三角形中，从而与三角形建立了紧密的联系。从中可见，三角函数与圆、三角形等几何图形都有紧密的联系，欧拉将三角函数称为圆函数。因此,三角函数的本质是一种特殊的函数关系,并不只在直角三角形中才能做研究。

在教学过程中,从学生的认知基础出发,基于直角三角形认识三角函数是一个很好的切入点。同时,教师也需要进一步明确三角函数的函数本质,并且说明用直角三角形定义三角函数有利于更好地解决现实生活中的测量问题,从而阐明此定义的优越性。

(2) 厘清发展历程,设计探究活动

回顾锐角三角函数的发展历程,可以发现锐角三角函数的概念经历了逐步抽象的过程,从与圆相关的线段到直角三角形边长比再到直角坐标系中的坐标之比,在概念变得更加一般化的同时,也增加了概念的抽象程度。由于线段之比具有一定的抽象性,因此,给学生认识三角函数带来了一定的障碍。

在实际教学中,可以借鉴锐角三角函数的历史发展过程设计探究活动。首先,从固定斜边的直角三角形出发,随着角度的变化,观察直角边的长度变化情况,从而首先让学生体会到直角三角形的角与直角边之间的关系。然后,通过实际测量问题,让学生发现不同直角三角形中不同的斜边长给计算带来了障碍,从而进一步给出锐角三角函数的比值定义。

(3) 树立动态观念,渗透学科德育

从锐角三角函数的历史发展过程中可以发现,锐角三角函数与一般的数学概念发展过程类似,经历了从简单到复杂、从具体到抽象的动态发展过程。同时,锐角三角函数的发展也离不开历史上不同时期数学家的不懈努力与艰苦探索,因此,其中蕴含了丰富的德育元素,为数学课堂教学中的德育渗透提供了较好的机会。

在教学实践中,教师可以在给出锐角三角函数的定义之后,利用微视频的形式向学生展示锐角三角函数的漫长发展历史,让学生感受到数学的演进性。同时,教师可以进一步强调不同时期数学家在锐角三角函数发展过程中的理性思考与刻苦钻研,从而鼓励学生在此基础上进一步探索三角函数中蕴含的奥秘。

参考文献

曹建军(2021).让学生经历概念抽象的深度思考过程——锐角三角函数概念“真探索”的教学设计改进与思考.中国数学教育(初中版),(Z3):7-12.

金红江(2022).理清知识逻辑,经历概念抽象的思考过程——以锐角三角函数概念教学为例.中学数学,(04):29－31.

中华人民共和国教育部(2022).义务教育数学课程标准(2022年版).北京:人民教育出版社.

Chauvenet, W. (1850). *A Treatise on Plane and Spherical Trigonometry*. Philadelphia: Hogan, Perkins & Company.

Hassler, F. R. (1826). *Elements of Analytic Trigonometry, Plane and Spherical*. New York: James Bloomfield.

Heynes, S. (1716). *A Treatise of Trigonometry, Plane and Spherical, Theoretical & Practical*. London: R. & W. Mount & T. Page.

Katz, V. (2009). *A History of Mathematics: an Introduction*. Massachusetts: Addison-Wesley.

Kenyon, A. M. & Ingold, L. (1913). *Trigonometry*. New York: The Macmillan Company.

Kuckartz, U. (2014). *Qualitative Text Analysis: A Guide to Methods, Practice and Using Software*. California: Sage Publications Ltd.

Moritz, R. E. (1915). *Elements of Plane Trigonometry*. New York: John Wiley & Sons.

Ozanam, J. (1697). *Nouvelle Trigonométrie*. Paris: Jean Jombert.

Simpson, T. (1799). *Trigonometry, Plane and Spherical*. London: F. Wingrave.

Smith, D. E. (1925). *History of Mathematics* (Vol. 2). Boston: Ginn & Company.

Snell, W. (1627). *Doctrinae Triangulorum Canonicae*. Lugduni Batavorum: Ioannis Maire.

Taylor, J. M. (1904). *Plane Trigonometry*. Boston: Ginn & Company.

Wells, E. (1714). *The Young Gentleman's Trigonometry, Mechanicks and Opticks*. London: James Kuapton.

Young, J. R. (1833). *Elements of Plane and Spherical Trigonometry*. London: John Souter.

3 特殊角的三角函数

朱轶萱[*]

3.1 引 言

三角学萌芽于人类对天文现象的研究，比如从定性到定量地刻画恒星或行星的位置等，由此产生了一系列天文数值计算问题，如通过制定三角函数表以求弧所对的弦长。公元2世纪，托勒密在其著作《天文学大成》中绘制了现存最早的、有明确构造原理的弦表，从特殊角，如36°、60°、72°及90°弧所对的弦长入手，运用和角、差角、半角公式推导更一般的角的弦长(姚芳等，2008)。可见，求特殊角的三角函数值是三角学早期研究的重要问题之一。

《义务教育数学课程标准(2022年版)》要求学生"知道30°、45°、60°角的三角函数值"，对其余锐角只要求"会使用计算器由已知锐角求它们的三角函数值"(中华人民共和国教育部，2022)。教学实践中，大部分教师止步于带领学生通过构造特殊三角形探索30°、45°、60°角的三角函数值，忽略了36°、72°等其余特殊角。事实上，从古人的工作中不难窥见，不少特殊角三角函数值的求解过程充分体现了推导方法的多样性、定理应用的灵活性和几何构造的直观性，若加以整理定能成为初中乃至高中数学课程的有益补充。

鉴于此，本章聚焦特殊角的三角函数，对18世纪中叶至20世纪中叶的美英三角学教科书进行考察，试图回答以下问题：早期三角学教科书中出现了哪些特殊角？如何推导其三角函数值？特殊角的三角函数有何应用？

---

* 华东师范大学教师教育学院硕士研究生。

3.2 教科书的选取

本章选取1749—1955年间出版的111种美英三角学教科书作为研究对象，以20年为一个时间段进行统计，这些教科书的出版时间分布情况如图3-1所示。

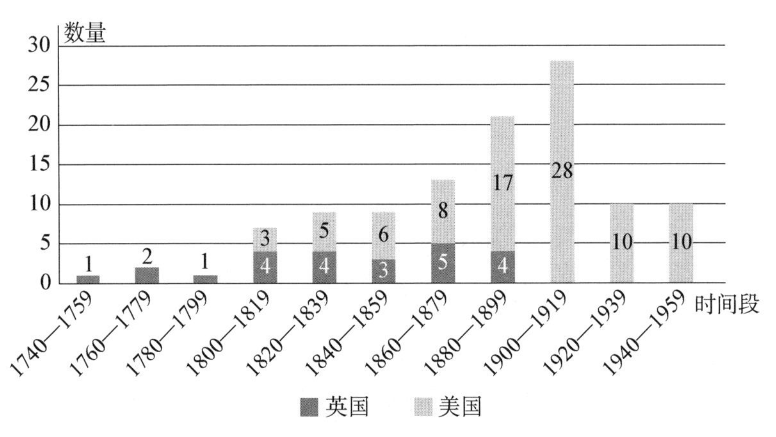

图3-1　111种早期三角学教科书的出版时间分布

进一步，本章梳理了美英早期三角学教科书中具有完整三角函数值推求过程的特殊角及其出现频率，得到3°、9°、15°、18°、30°、36°、45°、54°、60°、72°、75°共11个特殊角①，它们的出现频率分布见图3-2。

3.3 特殊角的三角函数值推导

3.3.1 30°、45°和60°角

在所考察的111种三角学教科书中，107种计算了30°、45°、60°角的三角函数值，它们在18—19世纪的教科书中大多被穿插在知识点之间，以例题或练习的形式出现；进入20世纪，教科书中“特殊角的三角函数值”内容逐渐被单列成节，它们也随之成为独立的知识点。

就推导方法而言，绝大多数教科书不约而同地采用了几何推导方法：借助特殊三

① 通过诱导公式可将任意角的三角函数转化为锐角三角函数，因此本章只统计了锐角出现的频率。

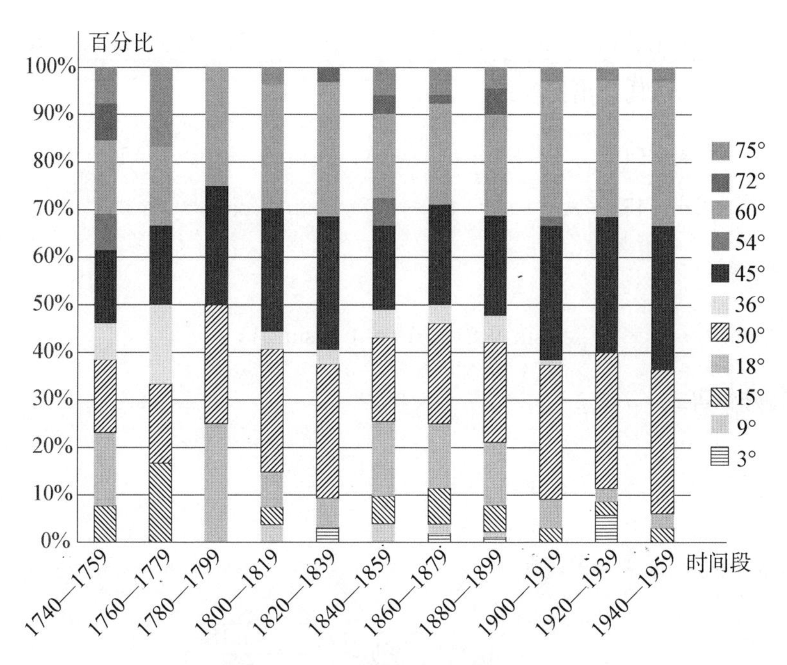

图 3－2　特殊角的出现频率分布

角形与勾股定理得到它们的三角函数值，这与当今教科书的处理方式相同，简单直观。Lardner (1826)另辟蹊径，给出了一种代数推导方法：利用 45°与自身互余，结合同角三角关系得到 $\sin^2 45° + \sin^2(90° - 45°) = 1$；利用二倍角公式 $\sin 60° = 2\sin 30° \cos 30°$，借助 30°角与 60°角的互余关系，得 $\sin 60° = 2\cos 60° \sin 60°$，从而求得三个特殊角的三角函数值。这种方法虽巧妙，但与当今教科书的编排顺序相悖。

3.3.2　18°角

41 种教科书讨论了 18°角的三角函数值，频数仅次于最常见的三个特殊角，且在 19 世纪出现最为频繁。推导方法可以分为几何方法和代数方法两类，其中 28 种教科书采用了代数方法，15 种采用了几何方法，2 种同时采用了两类方法。部分教科书还进一步推导出与其相关的 9°、36°等特殊角的三角函数值。

（一）代数方法

方法一：利用特殊恒等式

最早涉及 18°角的两种教科书均利用特殊恒等式

$$\sin(45° - A) = \sqrt{\frac{1 - \sin 2A}{2}}$$

求解 18°角的三角函数值。Emerson (1749)首先根据和差角公式、同角三角函数基本关系和二倍角公式，构造出恒等式

$$\sin^2(45°+A)+\sin^2(45°-A)=\sin^2 A+\cos^2 A=1,$$
$$\sin^2(45°+A)-\sin^2(45°-A)=2\sin A\cos A=\sin 2A,$$

两式相减，得

$$2\sin^2(45°-A)=1-\sin 2A,$$

即得到特殊恒等式

$$\sin(45°-A)=\sqrt{\frac{1-\sin 2A}{2}}。$$

一方面，令上式中的 $A=9°$，则

$$\sin 36°=\sin(45°-9°)=\sqrt{\frac{1-\sin 18°}{2}};$$

另一方面，由二倍角公式 $\sin 36°=2\sin 18°\cos 18°$，可得关于 $\sin 18°$ 的方程

$$2\sin 18°\sqrt{1-\sin^2 18°}=\sqrt{\frac{1-\sin 18°}{2}},$$

即

$$8\sin^3 18°+8\sin^2 18°-1=0,$$

上述三次方程唯一的正根 $\sin 18°=\frac{\sqrt{5}-1}{4}$ 即为所求。

方法二：利用二倍角及三倍角公式

26 种教科书用到了三倍角公式。具体而言，首先由 18°的二倍角 36°和三倍角 54°互余，可得 $\sin 36°=\cos 54°$；然后两边分别应用二倍角公式和三倍角公式，展开得

$$2\sin 18°\cos 18°=4\cos^3 18°-3\cos 18°。$$

因 $\cos 18°\neq 0$，故上式可化简为

$$2\sin 18°=4\cos^2 18°-3=1-4\sin^2 18°,$$

即 $\sin 18°$ 是方程

$$4x^2+2x-1=0$$

的正根,解得 $\sin 18°=\dfrac{\sqrt{5}-1}{4}$。部分教科书利用 $\cos 36°=\sin 54°$,与上同理,两边分别应用二倍角公式和三倍角公式,可得 $\sin 18°$ 是方程

$$4x^3-2x^2-3x+1=0$$

的正根。

两种方法虽无本质差别,但从方程次数来看,后者需要解三次方程,前者只需解二次方程。Nixon (1892)注意到了更一般的情况:由 $(m+n)\alpha=\dfrac{\pi}{2}$,可得 $\sin m\alpha=\cos n\alpha$ 或 $\cos m\alpha=\sin n\alpha$,两边应用多倍角公式,可得关于 $\sin\alpha$ 的方程。若 $m+n$ 为奇数,则 m、n 必为一奇一偶,不妨设 m 为奇数,n 为偶数,则由 $\cos m\alpha=\sin n\alpha$ 得到关于 $\sin\alpha$ 的方程比由 $\sin m\alpha=\cos n\alpha$ 得到的方程次数更低,更便于计算。

方法三:利用五倍角及半角公式

Thomson (1825)利用正弦形式的五倍角公式

$$\sin 5A=16\sin^5 A-20\sin^3 A+5\sin A,$$

由 $\sin(5\times 36°)=\sin(5\times 72°)=0$,可知方程

$$16\sin^5 A-20\sin^3 A+5\sin A=0$$

的两个正根 $\sin A=\dfrac{\sqrt{10-2\sqrt{5}}}{4}$ 与 $\sin A=\dfrac{\sqrt{10+2\sqrt{5}}}{4}$ 恰为 $\sin 36°$ 与 $\sin 72°$ 的值,54°角与 18°角的三角函数值随之易得。进一步利用半角公式还可求得

$$\sin 9°=\frac{1}{4}\sqrt{3+\sqrt{5}}-\frac{1}{4}\sqrt{5-\sqrt{5}}。$$

事实上,利用余弦形式的五倍角公式

$$\cos 5A=16\cos^5 A-20\cos^3 A+5\cos A$$

及 $\cos(5\times 18°)=\cos(5\times 54°)=0$,可以同理求得相关的三角函数值。

(二) 几何方法

方法一:黄金分割法

Galbraith (1863)和 Newcomb (1882)运用了"圆内接正十边形的边长等于将半径

作黄金分割后较长的一段”的结论，这一结论来源于欧几里得《几何原本》命题Ⅳ.10。证明这一命题需要借助《几何原本》命题Ⅲ.37和命题Ⅲ.32，实际上是切割线定理逆定理和弦切角定理，这里不再赘述，下面介绍《几何原本》命题Ⅳ.10的证明过程。

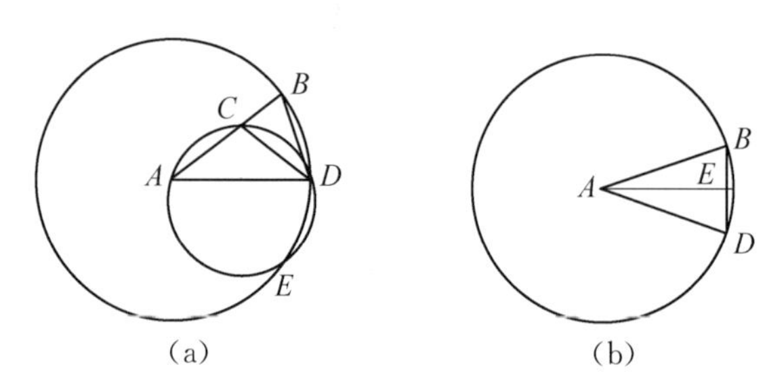

图3-3　黄金分割法

《几何原本》命题Ⅳ.10：求作一个等腰三角形，使它的每一个底角都是顶角的两倍。

如图3-3(a)，任取一条线段AB，将线段AB作黄金分割①，即取AB上一点C，使$AB\times BC=AC^2$，AC即为将AB作黄金分割后较长的一段。以点A为圆心、AB为半径作圆A，在圆上取一点D，使得$BD=AC$；连结AD、DC；作$\triangle ACD$的外接圆ACD。

由$AB\times BC=AC^2$，$BD=AC$，得$AB\times BC=BD^2$，由切割线定理的逆定理知，BD与圆ACD相切。又由弦切角定理知，$\angle BDC=\angle DAC$。由$\angle BDC+\angle CDA=\angle DAC+\angle CDA$，得$\angle BDA=\angle BCD$。又由$AD=AB$，知$\angle BDA=\angle DBA$，故$\angle DBA=\angle BCD=\angle BDA$，从而$BD=DC$。而已知$BD=AC$，故$AC=CD$，从而$\angle CDA=\angle DAC$，最终得到$\angle BCD=2\angle DAC=\angle BDA=\angle DBA$，于是所作的$\triangle ABD$满足条件。

由命题Ⅳ.10得到的$\triangle ABD$实为顶角为36°、两底角为72°的等腰三角形，又称“黄金三角形”。由此，易知图3-3(a)中的BD长等于圆内接正十边形的边长，即将圆半径作黄金分割后较长的一段，从而得$BD=\dfrac{\sqrt{5}-1}{2}AB$。如图3-3(b)，取$BD$的中点$E$，因为$\triangle ABD$是黄金三角形，故$\angle BAE=\dfrac{1}{2}\angle BAD=18^\circ$，$AE\perp BD$，从而得

$$\sin 18^\circ=\frac{BE}{AB}=\frac{\frac{1}{2}BD}{AB}=\frac{\sqrt{5}-1}{4}。$$

① 黄金分割的作图过程由《几何原本》命题Ⅱ.11给出。

方法二：黄金三角形法

12 种教科书利用相似三角形的性质构造黄金三角形以得到 $\sin 18^\circ$的值，这种方法较方法一而言更为简单直接。

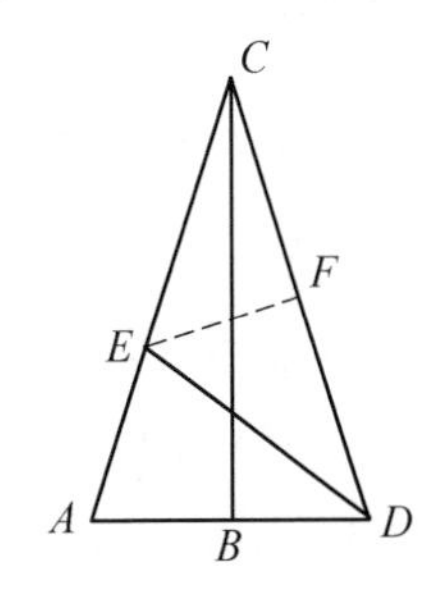

图 3-4　黄金三角形法

如图 3-4，构造黄金三角形 CAD，即 $\angle ACD = 36^\circ$，$\angle CAD = \angle CDA = 72^\circ$。作 $\angle ACD$ 的平分线 CB 交 AD 于点 B，由等腰三角形三线合一性质知 $CB \perp AD$。作 $\angle CDA$ 的平分线，交 AC 于点 E，故 $\angle EDA = 36^\circ$，$\angle AED = 72^\circ = \angle CAD$。于是 $AD = ED = EC$，且 $\triangle ACD \backsim \triangle ADE$。

设 $AC = b$，$\sin 18^\circ = x$，则 $AB = bx$，$AD = 2bx$，$AE = b - 2bx$。由 $\triangle ACD \backsim \triangle ADE$，得 $\dfrac{AC}{AD} = \dfrac{AD}{AE}$，即 $\dfrac{b}{2bx} = \dfrac{2bx}{b-2bx}$，化简得关于 x 的一元二次方程 $4x^2 + 2x - 1 = 0$，其唯一正根即为所求，即 $\sin 18^\circ = \dfrac{\sqrt{5}-1}{4}$。若过点 E 作 $EF \perp CD$ 于点 F，易在 $\mathrm{Rt}\triangle CFE$ 中获得 36°的三角函数值。

3.3.3　15°角

20 种教科书利用代数方法，在例题或习题中推求了 15°的三角函数值：利用已知的 30°、45°的三角函数值，借助半角公式或两角差的三角函数公式即可求得。值得注意的是，有 4 种教科书分别提出了求 15°角的三角函数值的不同几何方法。

（一）构造角平分线

Nixon (1892) 所用方法的关键步骤为构造 30°角的平分线。如图 3-5，在等腰$\triangle AOB$ 中，$OA = OB$，$\angle AOB = 30^\circ$，作 $\angle AOB$ 的平分线，交 AB 于点 M，则 $OM \perp AB$，且 M 为 AB 的中点。再作 $BL \perp OA$ 于点 L，$MN \perp OA$ 于点 N。不妨设 $BL = 1$，则 $OB = 2$，$MN = \dfrac{1}{2}BL = \dfrac{1}{2}$。

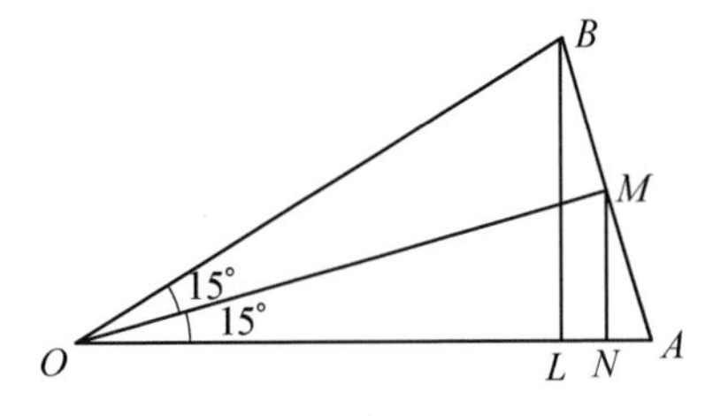

图 3-5　构造角平分线法

设 $BM = x$，$OM = y$，则 $\tan 15^\circ = \dfrac{x}{y}$。易知 $\triangle OMB \backsim \triangle ONM$，故 $\dfrac{BM}{OB} = \dfrac{MN}{OM}$，得 $\dfrac{x}{2} = \dfrac{\frac{1}{2}}{y}$，即 $xy = 1$。在 $\mathrm{Rt}\triangle OMB$ 中应用勾股定理，得 $x^2 + y^2 = 4$，从而 $\dfrac{x}{y} + \dfrac{y}{x} = 4$，

即 $\left(\frac{x}{y}\right)^2-4\left(\frac{x}{y}\right)+1=0$，又因 $\tan 15^\circ<1$，故 $\tan 15^\circ=2-\sqrt{3}$。

（二）构造圆周角

Loney (1893)利用圆周角定理给出了第二种证明。如图 3-6，在 $\odot C$ 中，OQ 为直径，作点 P 满足 $\angle PCQ=30^\circ$，$PN\perp OQ$ 于点 N。设 $CP=2a$，则 $PN=a$，$CN=\sqrt{3}a$，从而 $ON=OC+CN=(2+\sqrt{3})a$，$NQ=CQ-CN=(2-\sqrt{3})a$，由射影定理，得

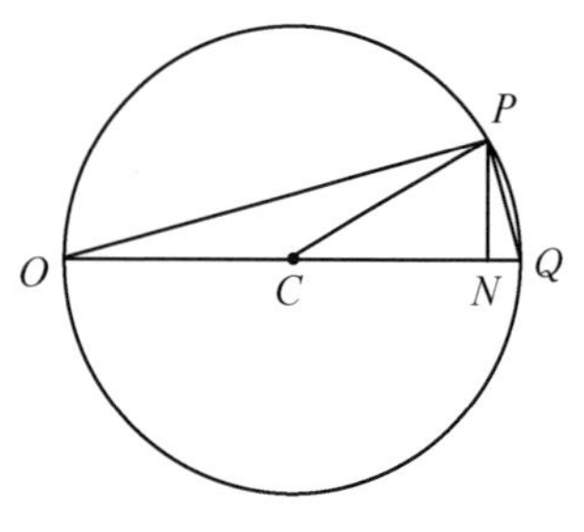

图 3-6 构造圆周角

$$OP^2=ON\times OQ=(2+\sqrt{3})a\times 4a,$$

即 $OP=\sqrt{2}(\sqrt{3}+1)a$，同理可得

$$PQ^2=QN\times QO=(2-\sqrt{3})a\times 4a,$$

即 $PQ=\sqrt{2}(\sqrt{3}-1)a$。根据圆周角定理，$\angle POQ=\frac{1}{2}\angle PCQ=15^\circ$，所以

$$\sin 15^\circ=\frac{PQ}{OQ}=\frac{\sqrt{2}(\sqrt{3}-1)a}{4a}=\frac{\sqrt{3}-1}{2\sqrt{2}},$$

$$\cos 15^\circ=\frac{OP}{OQ}=\frac{\sqrt{2}(\sqrt{3}+1)a}{4a}=\frac{\sqrt{3}+1}{2\sqrt{2}}。$$

（三）二次平分 60°

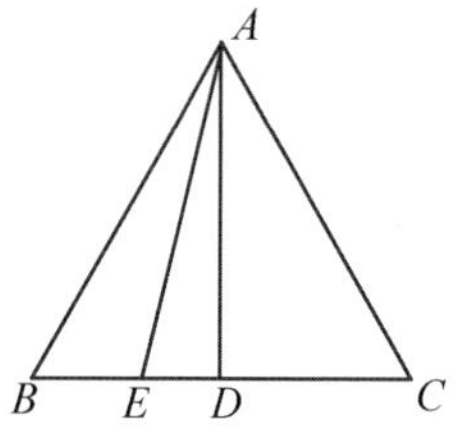

Hobson & Jessop (1896)想到 15°可通过两次平分 60°得到。如图 3-7，作等边三角形 ABC，AD 平分 $\angle BAC$，AE 平分 $\angle BAD$，则 $\angle BAE=15^\circ$。由角平分线定理，得 $\frac{DE}{EB}=\frac{DA}{AB}=\sin 60^\circ=\frac{\sqrt{3}}{2}$，因此 $\frac{BD}{DE}=1+\frac{EB}{DE}=1+\frac{2}{\sqrt{3}}$。因为 $\frac{DA}{DB}=\tan 60^\circ=\sqrt{3}$，所以 $\frac{BD}{DE}\times\frac{DA}{DB}=\frac{\sqrt{3}+2}{\sqrt{3}}\times\sqrt{3}$，故 $\cot 15^\circ=\frac{DA}{DE}=2+\sqrt{3}$。

图 3-7 二次平分法

（四）构造差角

Vance (1954)将 15°巧妙地构造为 60°和 45°的差。如图 3-8，在$\triangle ABC$ 中，$\angle A=$

30°，$\angle C=90^\circ$，在 AC 上取一点 D，使得 $DC=BC$，所以 $\angle CBD=45^\circ$，$\angle DBA=60^\circ-45^\circ=15^\circ$，不妨设 $BC=DC=a$，易知 $AD=AC-DC=(\sqrt{3}-1)a$，$DB=\sqrt{2}a$。作 $DK\perp AB$ 于点 K，则在 $\triangle AKD$ 中，$DK=AD\sin 30^\circ=\dfrac{(\sqrt{3}-1)a}{2}$，故

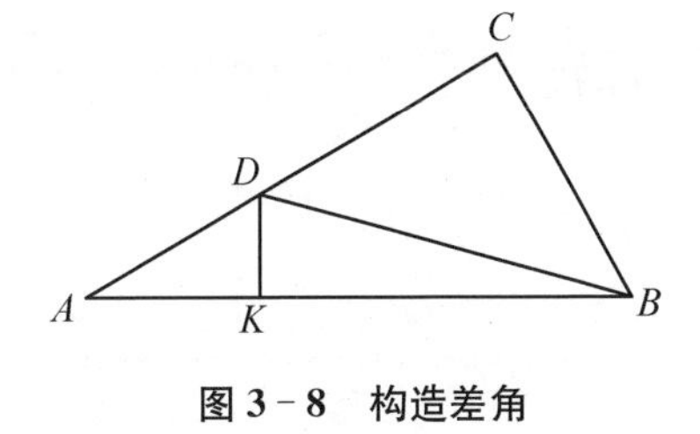

图 3-8 构造差角

$$\sin 15^\circ=\sin\angle DBK=\frac{DK}{DB}=\frac{\sqrt{6}-\sqrt{2}}{4}。$$

3.3.4 $(3n)^\circ$角$(n\in\mathbf{N}^*)$

9 种教科书在计算出 18° 与 15° 的三角函数值后指出，利用差角公式可求得

$$\begin{aligned}\sin 3^\circ&=\sin(18^\circ-15^\circ)=\sin 18^\circ\cos 15^\circ-\cos 18^\circ\sin\cos 15^\circ\\&=\frac{\sqrt{30}+\sqrt{10}-\sqrt{6}-\sqrt{2}-2\sqrt{15+3\sqrt{5}}+2\sqrt{5+\sqrt{5}}}{16},\end{aligned}$$

进而可以得到所有 3° 的整数倍角的三角函数值。(图 3-9)

Vance (1954)更得出一个有趣的结论：3° 的整数倍角度构成的集合恰为可以通过平面尺规作图得到的所有整数角度的集合。然而他并未给出这一结论的证明。

美国数学家波尔德(B. Bold)在《著名几何问题及其解法：尺规作图的历史》中简要说明了 3° 角是可以用尺规作图的最小整数度角："我们能用尺规作出正十二边形和正十五边形，因此能作出 30° 角与 24° 角，作这两个角的差，最后平分 6° 角以作出 3° 角。我们不能作 2° 角，这是因为如果能作 2° 角，那么将其平分即能作 1° 角，从而可以作任意整数度角。特别地，如果可以用尺规作出 40° 角，则与正九边形不能用尺规作图矛盾，从而假设不成立，即 3° 角是可以用尺规作图的最小整数度角。"(波尔德，2008，pp. 106-107)

3.4 特殊角三角函数的应用

随着时间的推移，特殊角三角函数的应用价值也历经演变：古希腊时期，特殊角对应的弦长在弦表编制时发挥重要作用；在 18—19 世纪的教科书中，特殊角的三角函数

(72.) Thus we have, by independent methods, the sines and cosines of 18°, 30°, 45°, 60°, 72°, and 90°. Also, we have, Art. (44.), if A be less than 45°,

$$\sin. A=\frac{1}{2}\left\{\sqrt{1+\sin. 2A}-\sqrt{1-\sin. 2A}\right\}$$

Let A = 15°

$$\sin. 15^\circ=\frac{1}{2}\left\{\sqrt{1+\sin. 30^\circ}-\sqrt{1-\sin. 30^\circ}\right\}$$
$$=\frac{1}{2}\left\{\sqrt{\tfrac{3}{2}}-\sqrt{\tfrac{1}{2}}\right\}$$
$$=\frac{1}{2\sqrt{2}}\left\{\sqrt{3}-1\right\}$$

By the same formula the sine of 9° may be calculated; and

$$\sin. 3^\circ=\sin. (18^\circ-15^\circ)$$
$$=\sin. 18^\circ \cos. 15^\circ-\cos. 18^\circ \sin. 15^\circ.$$

Whence sin. 3° is known; and in a similar manner we obtain the sines of every angle in the series 3°, 6°, 9°, 12°, &c., ...90°. The following table exhibits these values:

$$\sin. 3^\circ=\frac{\sqrt{3}+1}{8\sqrt{2}}(\sqrt{5}-1)-\frac{\sqrt{3}-1}{8}\sqrt{5+\sqrt{5}}$$
$$\sin. 6^\circ=-\frac{1}{8}(\sqrt{5}-1)+\frac{\sqrt{3}}{4\sqrt{2}}\sqrt{5-\sqrt{5}}$$
$$\sin. 9^\circ=\frac{1}{4\sqrt{2}}(\sqrt{5}+1)-\frac{1}{4}\sqrt{5-\sqrt{5}}$$
$$\sin. 12^\circ=-\frac{\sqrt{3}}{8}(\sqrt{5}-1)+\frac{1}{4\sqrt{2}}\sqrt{5+\sqrt{5}}$$
$$\sin. 15^\circ=\frac{1}{2\sqrt{2}}(\sqrt{3}-1)$$
$$\sin. 18^\circ=\frac{1}{4}(\sqrt{\ }-1)$$
$$\sin. 21^\circ=-\frac{\sqrt{3}-1}{8\sqrt{2}}(\sqrt{5}+1)+\frac{\sqrt{3}+1}{8}\sqrt{5-\sqrt{5}}$$
$$\sin. 24^\circ=\frac{\sqrt{3}}{8}(\sqrt{5}+1)-\frac{1}{4\sqrt{2}}\sqrt{5-\sqrt{5}}$$
$$\sin. 27^\circ=-\frac{1}{4\sqrt{2}}(\sqrt{5}-1)+\frac{1}{4}\sqrt{5+\sqrt{5}}$$
$$\sin. 30^\circ=\frac{1}{2}$$
$$\sin. 33^\circ=\frac{\sqrt{3}+1}{8\sqrt{2}}(\sqrt{5}-1)+\frac{\sqrt{3}-1}{8}\sqrt{5+\sqrt{5}}$$
$$\sin. 36^\circ=\ldots\ldots\frac{1}{2\sqrt{2}}\sqrt{5-\sqrt{5}}$$
$$\sin. 39^\circ=\frac{\sqrt{3}+1}{8\sqrt{2}}(\sqrt{5}+1)-\frac{\sqrt{3}-1}{8}\sqrt{5-\sqrt{5}}$$
$$\sin. 42^\circ=-\frac{1}{8}(\sqrt{5}-1)+\frac{\sqrt{3}}{4\sqrt{2}}\sqrt{5+\sqrt{5}}$$
$$\sin. 45^\circ=\frac{1}{\sqrt{2}}$$
$$\sin. 48^\circ=\frac{\sqrt{3}}{8}(\sqrt{5}-1)+\frac{1}{4\sqrt{2}}\sqrt{5+\sqrt{5}}$$
$$\sin. 51^\circ=\frac{\sqrt{3}-1}{8\sqrt{2}}(\sqrt{5}+1)+\frac{\sqrt{3}+1}{8}\sqrt{5-\sqrt{5}}$$
$$\sin. 54^\circ=\frac{1}{4}(\sqrt{5}+1)$$
$$\sin. 57^\circ=-\frac{\sqrt{3}-1}{8\sqrt{2}}(\sqrt{5}-1)+\frac{\sqrt{3}+1}{8}\sqrt{5+\sqrt{5}}$$
$$\sin. 60^\circ=\frac{\sqrt{3}}{2}$$
$$\sin. 63^\circ=\frac{1}{4\sqrt{2}}(\sqrt{5}-1)+\frac{1}{4}\sqrt{5+\sqrt{5}}$$
$$\sin. 66^\circ=\frac{1}{8}(\sqrt{5}+1)+\frac{\sqrt{3}}{4\sqrt{2}}\sqrt{5-\sqrt{5}}$$
$$\sin. 69^\circ=\frac{\sqrt{3}+1}{8\sqrt{2}}(\sqrt{5}+1)+\frac{\sqrt{3}-1}{8}\sqrt{5-\sqrt{5}}$$
$$\sin. 72^\circ=\ldots\ldots\frac{1}{2\sqrt{2}}\sqrt{5+\sqrt{5}}$$
$$\sin. 75^\circ=\frac{1}{2\sqrt{2}}(\sqrt{3}+1)$$
$$\sin. 78^\circ=\frac{1}{8}(\sqrt{5}-1)+\frac{\sqrt{3}}{4\sqrt{2}}\sqrt{5+\sqrt{5}}$$
$$\sin. 81^\circ=\frac{1}{4\sqrt{2}}(\sqrt{5}+1)+\frac{1}{4}\sqrt{5-\sqrt{5}}$$
$$\sin. 84^\circ=\frac{\sqrt{3}}{8}(\sqrt{5}+1)+\frac{1}{4\sqrt{2}}\sqrt{5-\sqrt{5}}$$
$$\sin. 87^\circ=\frac{\sqrt{3}-1}{8\sqrt{2}}(\sqrt{5}-1)+\frac{\sqrt{3}+1}{8}\sqrt{5+\sqrt{5}}$$
$$\sin. 90^\circ=1$$

图 3-9 Hopkins (1833)书影

多被应用于检验三角函数表的准确性；20 世纪之后，特殊角三角函数的实用性日渐式微。

公元 2 世纪，托勒密在喜帕恰斯工作的基础上，制作出一张记载了从 0°到 180°每隔半度圆心角所对弦长的弦表，其功能相当于从 0°到 90°每隔 $\left(\frac{1}{4}\right)^\circ$ 角的正弦函数表。他根据《几何原本》的逻辑体系，构造了圆内接正十边形、正六边形、正五边形等正多边形，先获得 36°、60°、72°等特殊角对应的弦长，进而推算出整个弦表。

一千多年后，即在所考察的 18—19 世纪的三角学教科书中，三角函数表的构造仍是重要话题之一。Woodhouse (1819)指出：三角函数表的构造是一个逐步推导的过程，倘若在某一步骤出现错误，则会像蝴蝶效应一般，不可避免地影响后续的所有结果，因此有必要对表格进行检验。

早期教科书中借助特殊角检验三角函数表的方法可以大致分为两类。有 11 种教科书介绍了第一类方法:先计算从 0°到 90°以 9°或 3°为间隔的角的三角函数值,它们能够用根号表示,从而可以计算得到足够精确的小数形式,再比较其与三角函数表中对应角度的三角函数值,以起到检验作用。然而这类方法只能检验部分特殊角的三角函数值,有一定的局限性。

有 19 种教科书介绍了第二类更普遍的方法:利用某些特殊角的三角函数,结合和差化积公式,得到不同角度三角函数值的关系式。这类方法只需要进行简单的加减运算,十分便捷。其中,应用最为广泛的一组检验公式的推导过程如下:已知 36°、72°角的三角函数值,利用和差化积公式可得到

$$\sin(36^\circ+A)-\sin(36^\circ-A)=2\cos 36^\circ\sin A=\frac{1+\sqrt{5}}{2}\sin A,$$

$$\sin(72^\circ+A)-\sin(72^\circ-A)=2\cos 72^\circ\sin A=\frac{-1+\sqrt{5}}{2}\sin A,$$

两式相减并化简,得

$$\sin A=\sin(36^\circ+A)-\sin(36^\circ-A)-\sin(72^\circ+A)+\sin(72^\circ-A)。$$

同理可得

$$\cos A=\cos(36^\circ+A)+\cos(36^\circ-A)-\cos(72^\circ+A)-\cos(72^\circ-A)。$$

这一组公式出现在瑞士数学家欧拉(L. Euler, 1707—1783)的《无穷分析引论》中,故多种教科书将其称为欧拉检验公式。如果将上述公式中的 A 用 $90^\circ-A$ 替代,它们也可以表示为

$$\sin A=\cos(54^\circ-A)-\cos(54^\circ+A)-\cos(18^\circ-A)+\cos(18^\circ+A),$$
$$\cos A=\sin(54^\circ-A)+\sin(54^\circ+A)-\sin(18^\circ-A)-\sin(18^\circ+A),$$

这组公式被称为勒让德检验公式。将具体角度值代入任一组检验公式,根据等式是否成立以检验三角函数表的正确性。也有部分教科书提及了由 60°、45°等其他特殊角的三角函数值推导出的检验公式,但无论是实用性还是美观性,它们都远不及以上两组。

20 世纪之后的教科书常常选择直接给出三角函数表供学生参考使用,特殊角三角函数值的实用性也随之减弱。

3.5 结论与启示

由上可见，与今日教科书相比，美英早期教科书中出现的特殊角类型更加丰富，推导方法兼顾几何与代数，精彩纷呈。尽管随着科学技术的发展，人们可以使用计算器便捷地计算任意角的三角函数值，但是，对于教师而言，一种数学知识的实用价值和教育价值是截然不同的，早期三角学教科书中关于特殊角三角函数的丰富内容依然能为今日教学提供诸多启示。

其一，融会贯通。特殊角三角函数值的推导囊括了三角学中的多个知识点：代数方法综合应用了多种三角恒等式，几何方法囊括了全等三角形、相似三角形、等腰三角形、角平分线定理、勾股定理等平面几何知识。教学实践中，教师应注重挖掘知识之间的联系，譬如将探究 18°角的三角函数值与黄金分割、正十边形的尺规作图等内容相结合，构建知识之谐，同时注重数学思想方法的引领，如由方程思想，结合三角恒等式巧设未知数，彰显方法之美。

其二，合理延伸。《义务教育数学课程标准(2022 年版)》明确提出“增加代数推理，加强几何直观”的主张，与《普通高中数学课程标准(2017 年版 2020 年修订)》的要求一致(史宁中，2022)。初中学段，教师可以在完成 30°、45°、60°角的三角函数教学后，组织高认知水平的探究活动，如鼓励学生通过构造不同的几何图形探索 15°角的三角函数值，拓展思维，培养几何直观素养，营造探究之乐。高中学段，巧妙的欧拉检验公式、勒让德检验公式及 Emerson(1749)在探索 18°角三角函数值时构造的特殊三角恒等式皆可补充为三角恒等式的教学素材；教师可以组织学生头脑风暴，充分发挥三角恒等式的构造作用，用代数方法计算 15°、18°、30°、45°、60°等特殊角的三角函数值，尝试对比、分析代数方法与几何方法的异同与优劣。特别地，教师可引导学生发现 15°三角函数值的不同几何求法中实则蕴含了半角、倍角、差角公式的几何意义，充分渗透数形转化的思想。

其三，回溯历史。历史揭示了特殊角三角函数值的计算是三角函数表不断完善、不断发展的重要因素，由此教师可以带领学生跨越时空，经历古人构造和检验三角函数表的过程，体验原始数学思维活动，感受特殊角三角函数的早期应用价值，提升逻辑推理、数学运算、直观想象等数学核心素养。还可以利用数学家坚持不懈的探索精神，鼓励学生追求创新，体会数学之理性精神，达成立德树人之效。

参考文献

B·波尔德(2008).著名几何问题及其解法:尺规作图的历史.北京:高等教育出版社.

史宁中(2022).《义务教育数学课程标准(2022 年版)》的修订与核心素养.教师教育学报,9(3):92-96.

姚芳,刘晓婷(2008).历史上最早构造的三角函数表——弦表.数学通报,47(11):23-26.

中华人民共和国教育部(2022).义务教育数学课程标准(2022 年版).北京:北京师范大学出版社.

Emerson, W. (1749). *The Elements of Trigonometry*. London: W. Innys.

Galbraith, J. A. (1863). *Manual of Plane Trigonometry*. London: Cassell, Petter & Galpin.

Hobson, E. W. & Jessop, C. M. (1896). *An Elementary Treatise on Plane Trigonometry*. Cambridge: The University Press.

Hopkins, W. (1833). *Elements of Trigonometry*. London: Baldwin & Cradock.

Lardner, D. (1826). *An Analytic Treatise on Plane and Spherical Trigonometry*. London: John Taylor.

Loney, S. L. (1893). *Plane Trigonometry*. Cambridge: The University Press.

Newcomb, S. (1882). *Elements of Plane and Spherical Trigonometry*. New York: Henry Holt & Company.

Nixon, R. C. J. (1892). *Elementary Plane Trigonometry*. Oxford: The Clarendon Press.

Thomson, J. (1825). *Elements of Plane and Spherical Trigonometry*. Belfast: Joseph Smyth.

Vance, E. P. (1954). *Trigonometry*. Cambridge: Addison-Wesley Publishing Company.

Whitaker, H. C. (1898). *Elements of Trigonometry*. Philadelphia: D. Anson Partridge.

Woodhouse, R. (1819). *A Treatise on Plane and Spherical Trigonometry*. Cambridge: J. Deighton & Sons.

4 任意角

严珮锦*

4.1 引 言

《普通高中数学课程标准(2017 年版 2020 年修订)》将“了解任意角的概念”作为三角函数模块学习的首则要求,凸显了任意角学习的奠基地位。(中华人民共和国教育部,2020)现行教科书遵循该原则,将任意角作为章节的起始课。任意角的内容在知识层面上占比虽不大,却不失统领三角学模块的基础性。具体而言,教科书基本借用了跳水及体操转体等运动、咬合旋转的双齿轮、松紧螺丝的扳手、调快或调慢的钟表指针、游乐园摩天轮等情境中的某几例引入任意角,从现实生活的发现引发学生对原有角的概念的认知转变,进而给出任意角的概念。有 7 种教科书(人教版 A 版及 B 版、沪教版、北师大版、苏教版、鄂教版、湘教版)对于任意角的旋转方向及正负规定不作更多探讨,统一规定为:按逆时针方向旋转所形成的角叫做正角,按顺时针方向旋转所形成的角叫做负角,且未对该规定加以注解。

任意角具有半抽象半具体的特征(孙四周,2021),如果其大小与方向被简单地一笔带过,将无法凸显概念生成的必要性、概念推广的合理性及概念规定的自然性。此三点在已有教科书中并没有得到完全的关注,更不论学生是如何体悟的了。实际上,多数教师在教学中同样会忽略让学生深入探索任意角出现的必要性,也未能解决学生在“正负角”规定上的认知冲突(饶彬,2017),这将导致学生无法将推广后的角进行应用以嵌入原有的认知结构中(张志勇,2020)。既如此,探查历史上数学家的思路,或可以古为鉴,寻得启示。

回顾三角学的发展史,16 世纪以前,数学家所研究的角度仅限于欧几里得所定义

* 苏州大学数学科学学院硕士研究生。

的平面角；而对任意角的研究，与圆周运动有直接关联，任意角三角函数的系统化直到18世纪才得以完成（章建跃，2007）。任意角的概念、性质与用途迥异于几何角，学生能否深刻领会概念推广的必要性及如何推广的符号规定（朱海桐，2015；曹瑞彬，2018），对三角函数章的学习至关重要。通过考察历史上不同教科书引入任意角概念的方式、对任意角方向的解释乃至任意角的运算法则，探求这些内容的演变规律，可为今日任意角的教学提供思想启迪。

4.2 教科书的选取

从相关数据库中选取1830—1955年出版的89种美英三角学教科书作为研究对象，以10年为一个时间段进行统计，这些教科书的出版时间分布情况如图4-1所示。

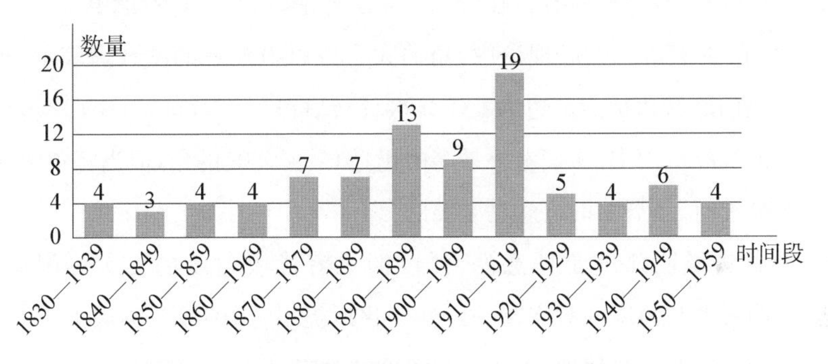

图4-1 89种早期三角学教科书的出版时间分布

本章的研究方法是：按年份依次检索上述89种早期三角学教科书，从中摘录出关于任意角相关概念界定及运算法则的所有原始文本，经内容分析，并结合现行教科书的内容处理，确定任意角引入方式、方向规定、运算法则的分类标准及相关习题，并将原始文本按标准归于不同类别，选择典型的代表进行呈示。最后，结合现行教科书及已有的任意角教学研究文献，为今日任意角教学提出几点启示。

4.3 任意角的引入

所考察的教科书从数学内部与生活实例两方面着手引入任意角的概念。

4.3.1 从数学内部引入

第一种做法是在数学情境——旋转中逐步扩角，当角的一边回到起始位置继续旋转后，所形成的角度超过了 360°，这种开放旋转量来扩充角度范围的方式与现行教科书对任意角的引入基本相似，在早期教科书中亦高频存在。

第二种做法是明确指出进一步研究三角学的需要。大多数教科书在给出任意角的定义之前会作出说明，即重新定义角的概念是新的数学分支——三角学区别于平面几何的研究需要。Nixon (1892)指出，现代发展的三角学是一门描述周期性现象的数学分支。呈周期性变化的量交替增大到最大值而后减小到最小值，并以这样的方式继续这一过程，即以相同的顺序，以相同的时间或空间间隔，不断地再现相同的值。这种变化是借助角度来实现的。而欧几里得对角的定义对于三角学的目的来说实为有限，那么必须对角进行重新说明。这与今天的教学意图一致。

Young (1833)更详细地指出，在研究三角学理论时，常常只考虑范围是 0° ～ 180° 的角或弧；但在关于角的一般理论中，角的大小可以由任意的度数来表示，超过 $n\times 360°$ 的角由角的旋转边从固定边出发作 n 次旋转后得到。Todhunter (1860)指出，虽然在三角学的实际应用中，人们考虑最多的仍是 0° ～ 180° 的角，但当三角学作为理论数学的一个分支时，扩展角的概念是必要的。

第三种做法说明弧度是任意的，弧度的无穷代表角度的无穷。例如，Abbatt (1841)在说明弧度与角度的对应及一致性变化后提出：当圆弧在圆周上不断重复时，不受任何圈数的限制。自然地，由弧度与角度的对应，角度被扩充为任意值。

第四种做法对任意角的引入不作过多注解，而是一语带过。Hymers (1841)在介绍三角函数的任意值之前直接说明角具有任意大小；Hann (1854)仅在介绍三角函数诱导公式时顺带说明角度可以超过 360°的限制，且有一类具有“－”号。这些编者只关注任意角的大小，不关注任意角的方向。

一言以蔽之，从数学内部引入任意角的主要目的是为任意角三角函数的研究做铺垫。

4.3.2 由生活实例启发

在早期教科书中，除了从数学内部引入作为三角学元素的任意角，还有一类方式，即从丰富的现实情境中发现任意角。

一类情境是以天文问题导入，与三角学创立之初的“量天”目的遥相呼应。

Newcomb (1882)指出,天体不断旋转会反复回到人们最初所观察到的相对于运动中心的同一位置。即在天文学中,天体通过绕轴连续旋转和绕轨道旋转,会产生大小不限的角度。要计量天体旋转的角度,需要角的一般度量方法。同时,编者采用画圆弧的方式,体现“任意弧”的概念,以“angle-arc”表示任意弧所对的任意角。

第二类情境属于体育背景,与学生的生活体验密切相关。Lock (1882)以环形跑道比赛问题举例,在这种情况下,已知任何一位参赛者相对于球场中心的角度,就可知其所在位置。如果要跑的距离是三圈,那么将每个选手与中心的连线必须经过 12 个直角。当我们注意到一名选手经过 6 个直角时,既记录了其当前位置,也可知悉他所走的总距离。同样地,Conant (1909)也列举了跑步者在环形赛道中的例子,用“假设一名跑步者在四分之一英里长的环形跑道上进行两英里的比赛”,言简意赅地使人感受角度大小与原有定义的冲突。类似地,假设画一条线,将跑步者的位置与赛道圆心连结,那么跑步者在任何时刻的位置皆可用这条线自比赛开始以来所旋转的角度大小来描述。完成比赛时,他与赛道中心的连线旋转了 $8\times360^\circ$,即 $2\,880^\circ$。

还有一类情境将普遍存在的机械运动进行具象化。Durfee (1900)考虑了时钟分针的运动:经过 1 小时,指针旋转了 360°;经过 1.5 小时,旋转了 540°;经过半天,旋转了 $4\,320^\circ$,以此类推。类似地,Wilczynski (1914)通过列出时钟的分针在 15 分钟内旋转了 90°,在 1 小时内旋转了 360°,在 5 小时 1 刻钟内旋转了 $1\,890^\circ$,指出尽管分针在任何一次完整的旋转后都指向时钟表面的同一位置,但忽略这些完整旋转的次数是错误的,因为这意味着忽略 1 点钟、2 点钟、3 点钟的区别,也等同于承认 360°等于 0°,或者 450°等于 90°。Bocher & Gaylord(1914)简单以使用螺丝刀时旋转 360°、720°、$1\,080^\circ$ 等及发动机的驱动轮 1 小时转动数千度的现象来说明大于 360°的角普遍存在。

上述编者以具体的实例在现实问题情境中提出或补充研究任意角的直观意义,具有一定的参考价值。

4.3.3 任意角引入方式的演变

根据任意角引入的方式,可分为“旋转扩角”“学科需要”“以弧代角”“直接引入”“天文情境”“体育背景”“机械运动”7 类。若同一种教科书涉及 2 类及以上的引入方式,将在不同类别下分别统计。89 种美英早期教科书中,任意角各类引入方式的频数分布如图 4-2 所示。

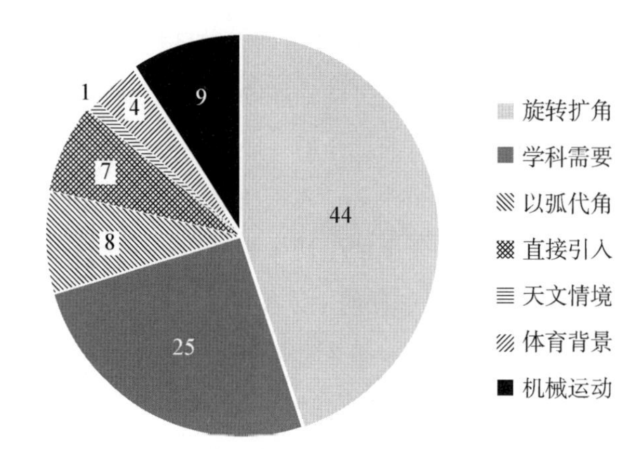

图 4-2　任意角各类引入方式的频数分布

图 4-3 给出了任意角各类引入方式的演变。

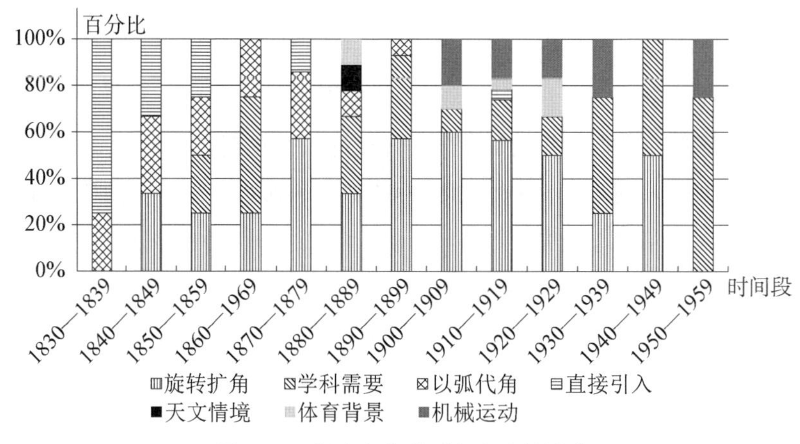

图 4-3　任意角各类引入方式的演变

由图 4-2 和图 4-3 可知，从现实情境中引入任意角的方式直到 19 世纪 80 年代才出现。其中，天文情境的引入只是短暂地出现在 19 世纪的 2 种教科书中，后逐渐被体育背景与机械运动所取代。相比于其他引入方式，后两种方式与学生的日常生活联系更为密切，如环形跑道上的多圈竞跑、时钟指针的不停转动等，是学生亲身所历、亲眼所见的，能够引发他们更直观的认知冲突。特别地，时钟的指针旋转具有明显的循环往复特征，时钟的记时功能体现规定方向和区别圈数的必要性，还可为后面任意角的方向规定做铺垫。直到如今，时钟依旧被主流教科书作为导入任意角的现实素材。

从数学内部引入任意角的方式中，直接引入的做法曾在19世纪上半叶十分普遍，却于19世纪70年代基本告别历史舞台。这意味着，教科书中对任意角的重视程度有所提高，开始有意识地向学生说明引入任意角的缘由与方式。类似地，在历史演变中逐渐退场的引入方式，还有以弧代角。这一做法频繁活跃在19世纪，直到20世纪才销声匿迹。考虑到现行教科书中，任意角先于弧度制出现，这一做法并不具有参照价值。纵观整个时间轴，常盛不衰的是旋转扩角和学科需要这两种引入方式。自从19世纪40年代、50年代分别崭露头角后，这两种方式几乎稳居其后的每一个时间段，成为任意角引入方式的新浪潮。旋转扩角的方式与现行教科书的设置一致，通过终边的继续旋转扩大角的范围，自发地进行概念的扩充。而学科需要的方式则常会指出，在三角学的研究中，角的扩充是必要的。在实际教学中，直接将这个意图呈现给学生可能会过于突然，但应该使学生在任意角的学习中感受角度变化的周期性。

4.4 任意角的方向

早期教科书中普遍规定以逆时针旋转方向为任意角的正方向，并进行解释；也存在零星教科书以顺时针旋转方向为任意角正方向的示例。

4.4.1 以逆时针旋转方向为正

尽管大部分早期教科书所言都与现行教科书一致，默认以逆时针旋转方向为正，但不同教科书对如此规定的注解却互有不同。

第一类观点遵循几何问题代数化的原则，将用代数符号表示线段方向的规定，推广到同为几何概念的角。Colenso (1859)借鉴确定线段方向正负的准则，即当它们用代数表示时，假设一个方向为正，则必须认为相反方向为负，尝试如此规定角的方向，将一个角明确记为 $+A$ 或 $-A$，以规避“所画的锐角被误作钝角”的可能。综上，由代数符号表达图形中线段和角的方向，其有效性在于排除纯粹几何学中同一问题的不同情形。

第二类观点指明，以某一确定方向为正，是为了区分两类不同的角。Wells (1883)将角度解释为移动半径的旋转量，认为哪个旋转方向是正方向并不重要，只是采用某个正方向后，随后的做法必须与之一致。形成一个角的两条线中的任何一条可以作为始线，另一条则是终线。因此，如图 4-4，存在由 OA 和 OB' 形成的正角 AOB' 大于 3

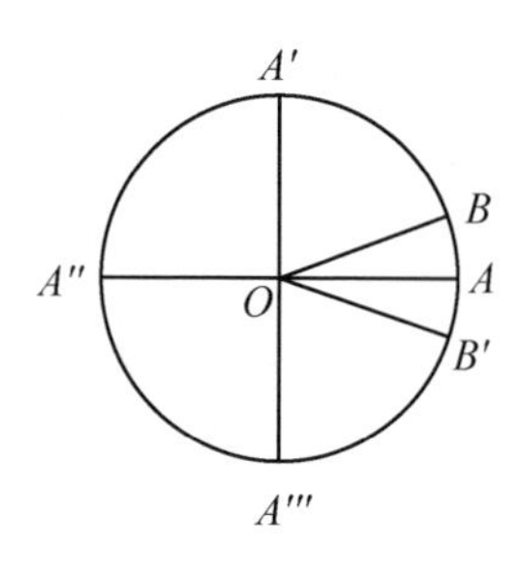

图 4-4　正角和负角 AOB'

个直角，负角 AOB' 小于 1 个直角，通过分别将这些角称为正角 AOB' 和负角 AOB' 来区分。

类似地，Bowser (1892) 补充说明，以钟表的时针方向为参照，可以区分从同一条固定线出发测量角度的两个方向。为了区别始边与终边相同但大小不同的角而引入正负符号，这种做法体现了数学的严谨性。

在原则不变的情况下，Lyman & Goddard(1899) 提醒学生注意，始线可能位于任何位置，并沿任一方向旋转。虽然通常认为逆时针旋转形成正角，但图 4-5 所示也可以是顺时针旋转形成的正角。通过将始线 OX 旋转到 OR 的位置，每个图形中的角度 XOR 都可以是一个正角。

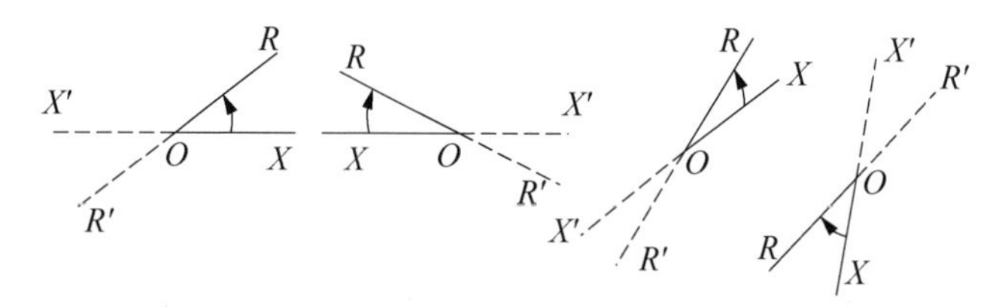

图 4-5　角 XOR

如果规则清楚，当读取角度 XOR 时，OX 被视为旋转到位置 OR 的正线，则不会导致混淆。对应地，OX' 和 OR' 是任何方向上的负线。这些概念的引入仅仅为了解决一致性问题，在特定情况下，一致性可以由问题的条件以及数学工作者是否普遍认可来确定。

还有教科书类比其他数学量对正负意义加以阐释。Hall & Frink(1910) 类比线段正负性的规定，通常选择直线上的一个方向作为正方向，另一个则称为负方向。如果一个方向为正，则相反方向为负。而区分角的两种旋转，正如区分直线上两个方向相反的运动一样，可通过对每个角的符号约束来实现。这类做法在早期教科书中较为常见。

Blakslee (1888) 类比线段的几何意义，指出点向右移动会产生一个 $a+$ 距离，但向左移动会破坏这个距离，而回到原点会产生一个 $a-$ 距离。如图 4-6，按象限Ⅰ、Ⅱ、Ⅲ、Ⅳ的顺序旋转的射线会产生一个角度，但反方向旋转会改变这个角度，回到始线会产生一个负角度。

Conant (1909) 称角度为生成线即矢径(radius vector)的旋转量。由矢径的移动方向决定角的正负，顺时针为正，逆时针为负，表示方向的箭头从始边指向终边。

以上几种教科书展示类比的思路，建立了数学内部知识的横向连结。

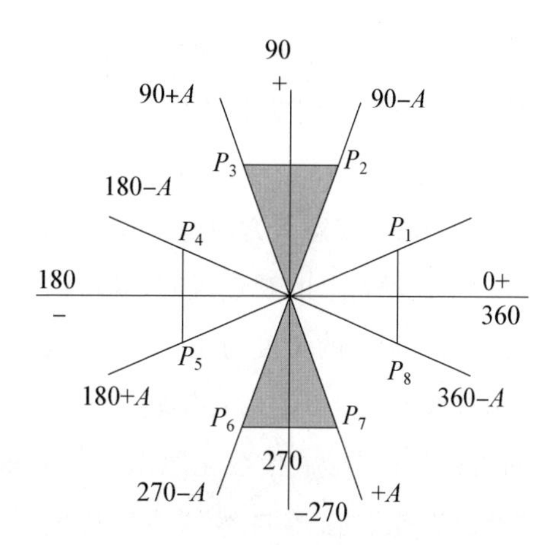

图 4-6　旋转任意直角后的角＋A 与－A

与上述出于数学严密性和符号同一性的考量不同，还有一类观点借鉴自然现象，验证角的方向规定。Seaver (1889)补充正角是逆着太阳旋转的角，这与时钟指针的运动相反；Kenyon & Ingold (1913)指出，想象当钟摆向右摆动时称为正角摆动，向左摆动时称为负角摆动；同样地，为便捷地处理问题，以仰角为正，俯角为负；Wood (1885)将角的正负规定与地理学上区分南北的做法联系起来，如北纬 42 度的城市被称为纬度＋42°，南纬 42 度的城市被称为纬度－42°。上述 3 种教科书丰富了角的正负规定的现实来源与意义。

4.4.2　以顺时针旋转方向为正

尽管以逆时针旋转方向为正的规定为主流，但在概念发展初期的 18 世纪上半叶，也出现了反其道而行之的观点。

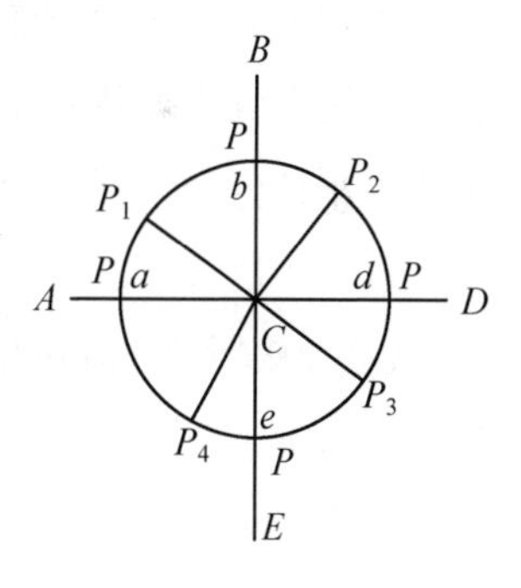

图 4-7　射线 *CP* 绕点 *C* 旋转形成的角

一种观点迥异于今天的象限顺序规定，重新界定角的方向。Scholfield (1845)通过以角的始边依次绕过四个象限的情形展示旋转扩角的经过。区别在于，如图 4-7，编者依次称 *ab*、*bd*、*de* 和 *ea* 为第一、第二、第三和第四象限，绕固定点 *C* 旋转的射线 *CP* 依次通过这四个象限，形成相应的角。

编者还指出，在简化的图 4-8 中，射线 *CA* 沿顺时针方向旋转形成的角 θ 被视为正，记作＋；沿逆时针方向旋转而形成的角 β 被视为负，记作－。

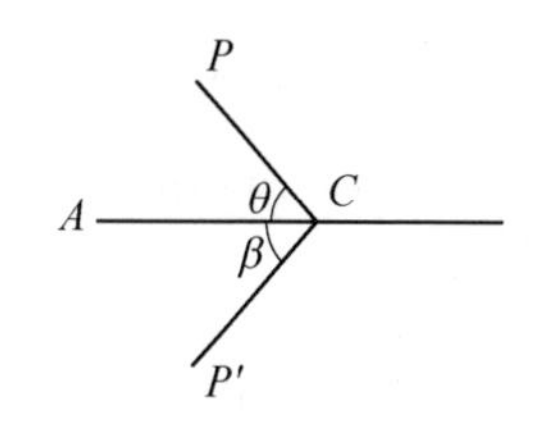

图 4-8　正角 θ 与负角 β

另一种观点则立足于航海中的实际应用，肯定了顺时针方向的便捷性。Brown (1913)指出，在确定船上罗盘的误差时，顺时针旋转形成的角被视为正角。不过，编者同样指出除非另有说明，否则应始终将正角视为逆时针方向旋转形成的角。

4.4.3 任意角方向解释方式的演变

上述教科书的观点说明，规定以逆时针方向旋转形成的角度为正，这一做法有据可循，有理可依。以逆时针旋转方向为正的呈现方式可以分为“代数化原则”“区分角度”“类比思想”“借鉴自然”“不加说明”5 种。“不加说明”蕴含直接指出“以逆时针旋转方向为正”与默认但不给出直接规定的情况。若同一种教科书涉及 2 种及以上的解释方式，将在不同类别下分别统计。具有相关内容的 83 种早期教科书中，各类解释方式的频数如图 4-9 所示。

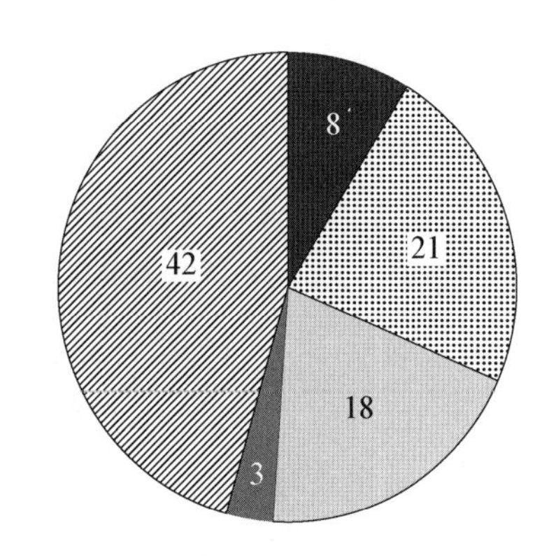

图 4-9 “以逆时针旋转方向为正”的解释方式的频数分布

由图可见，尽管不加解释地规定“以逆时针旋转方向为正”的做法十分常见，但是仍有超过半数的教科书对此规定作了各种解释。其中，区分角度和类比其他数学量的方式平分秋色，借鉴自然的做法则比较新颖。

进一步地，将“以顺时针旋转方向为正”的 2 种教科书一同纳入考察范围，内容分为“改变象限”与“实际应用”。85 种教科书中，两类方向规定及其解释方式的演变如图 4-10 所示。

由图 4-9 和图 4-10 可知，以顺时针旋转方向为正的规定只是短暂地出现于 19 世纪 40 年代和 20 世纪 10 年代，可作为体现数学探究开放性的素材。

以逆时针旋转方向为正的规定始终是各个历史阶段的主流。“不加说明”的做法几乎出现在各个阶段。有所区分的是，19 世纪上半叶处于初步探究任意角方向规定的阶段，此时“不加说明”的做法更多指不特意进行方向规定；20 世纪上半叶的教科书则往往会专门给出“以逆时针旋转方向为正”的规定，但为遵循惯例，对此规定不加解释。

此外，在 19 世纪 30 年代至 70 年代，陆续出现了其他 4 种解释方式。其中，区分角度的说法最早登场，并在 19 世纪 70 年代及以后各个阶段陆续出现，体现了历史的相似性。这也说明以解决问题为目的引入新数学量的方式,可能是最容易使学生接受的。借鉴自然的解释方式首次出现于19世纪40年代,此后露面次数并不多,却为当下的教学提供了更多元的情境素材。而将几何问题代数化的解释方式在19世纪后半叶出现得最为频繁,类比其他数学量的做法集中出现在19世纪70年代至20世纪30年代。代数化与类比这两种解释方式可为学生理解任意角方向规定的必要性提供从数学内部出发的多个新角度。

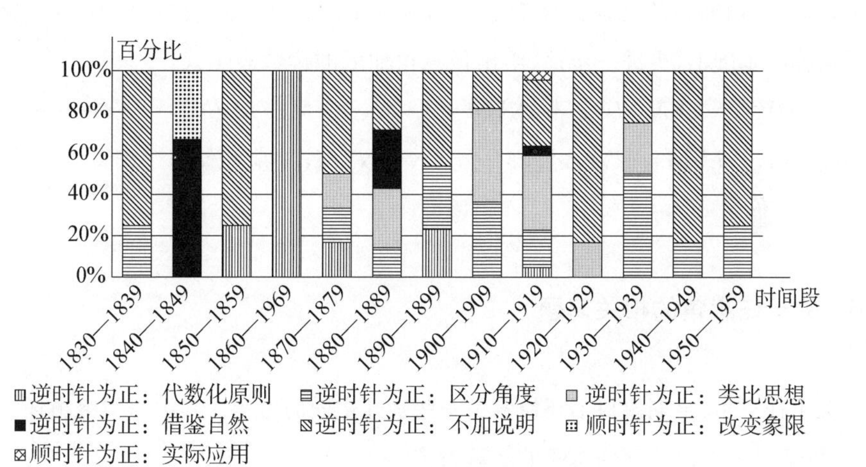

图4-10 两类方向规定及其解释方式的演变

4.5 任意角的运算

在任意角的运算中,早期教科书不仅采取了与现行教科书相同的做法——借助相反角,类比实数减法定义角的减法,再归结到角的加法,还做了其他尝试。

类比向量的运算是一种选择。Hun & MacInnes(1911)解释符号 XOP 可表示射线 OX 和 OP 形成的角度大小与从始边 OX 到终边 OP 的旋转方向,那么符号 $XOP+POQ$ 表示 OX 旋转到 OP 位置,再旋转到 OQ 位置。自然地参照向量的运算,有 $XOP+POQ=XOQ$,$XOP+POX=XOX=0$ 或 $XOP=-POX$。Murray(1899)也指出,XOQ 表示将 OX 向 OQ 旋转所形成的角度,QOX 表示将 OQ 向 OX 旋转所形成的角度。

用代数符号描述几何规律亦不失为另一尝试。Bohannan (1904)认为,要将角 A

加上角 B，可使角 A 的终边作为新的始边。在其上放置一个与角 B 大小相等且符号相同的角。角 A 的始边和角 B 的终边构成角 $A+B$ 的始边和终边。一般地，这适用于角 $\pm A+(+B)$ 和角 $\pm A+(-B)$。要从角 A 中减去角 B，可从角 A 的末端放置一个与角 B 大小相等但符号相反的角。角 A 的始边和角 B 的新终边构成角 $A-B$ 的始边和终边。这适用于角 $\pm A-(+B)$ 和角 $\pm A-(-B)$。

结合向量运算与代数表示更为一种新举。Durfee (1900) 认可 Bohannan (1904) 从几何角度对角的加减规则的理解，在类比向量运算的基础上，更进一步地，给出任意角加减的代数表示式：$LVM+MVN=LVN$，$LVN+NVM=LVM$，$LVN-MVN=LVM$，$LVN-LVM=MVN$，$LVM-LVN=NVM$，对应几何图形见图 4-11。

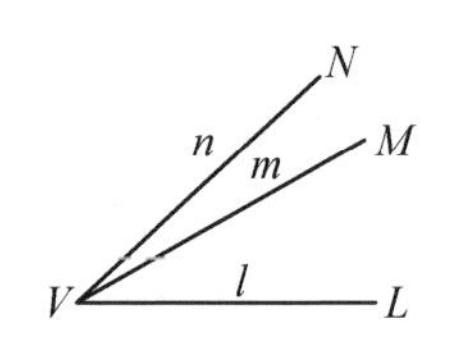

图 4-11 参与运算的角的示意图

4.6 关于任意角的相关习题

关于任意角，早期教科书还设置了一些别开生面的习题。其中一类突出任意角的概念理解，另一类以考察任意角的运算为主。

4.6.1 有关任意角概念的问题

一些教科书以机械运动为背景编制问题，旨在考查学生对任意角方向的理解，Wilczynski (1914) 编制了以下习题：

假设时钟的刻度盘是透明的，可以从两侧读取。两个人分别站在刻度盘的两侧，观察分针运动 15 分钟。通过比较记录，他们发现在这段时间内，分针旋转的角度并不一致。那么，两者的区别何在？

此题意在引导学生思考以不同的视角去看待角，其旋转方向会不一致，因此统一角度方向的规定能够规避数学表示或现实交流中的误解。正如，在北极上方俯视地球自转方向为逆时针，在南极上方判断则为顺时针，两种表示可以统一为地球自转的方向是自西向东。

Wilczynski (1914) 设计了彼此关联的一组习题。

(1) 如图 4-12，两个车轮 A 和 B 由皮带连结，A 的直径是 B 的两倍，A 沿逆时针方向运动。当 A 旋转 300° 时，B 的轮辐旋转了多少度？

(2) 如果两个车轮由交叉皮带连结，A 旋转 300°时，B 的轮辐旋转了多少度？

(3) 如果 n 个车轮通过齿轮连结，那么第一个车轮和最后一个车轮是在相同方向还是相反方向上旋转？

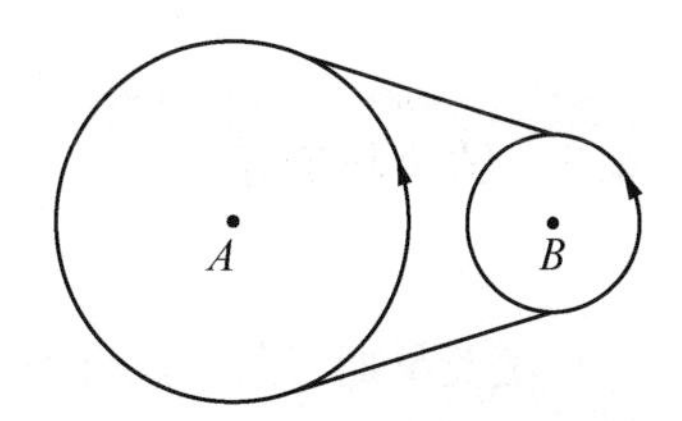

图 4-12 用皮带或齿轮连结的车轮 A 和 B

前两问区别了不同物理条件下从动轮旋转方向的变化，当主动轮与从动轮方向相反时，两种旋转方向被置于某时刻的同一情境下，学生不得不面对两种方向的区分，能够深切体会任意角方向及其正负规定的必要性；最后一问，更新了物理条件且将问题一般化，体现更高的逻辑推理要求。学生若想解决问题，必须将物理情境联合数学知识，符合当下学科融合的课程理念。

4.6.2 有关任意角运算的问题

早期教科书中亦出现了一批有别于当下纯数学情境、意在考查任意角运算的情境应用题。以下摘录其中涉及肢体运动、量天、测地的三类典例。

Newcomb (1882)给出问题：

两手臂从同一位置 OA 一起绕点 O 转动，一只手朝正方向转动，60 秒转一圈，另一只手朝相反的方向，36 秒转一圈。它们将在什么角度、什么时间会合？

此题以手臂相挥为问题背景，多数学生往往会边想象边挥手比划，此时学生无需借助如钟表盘、咬合齿轮这类额外的学具，便可自发地直观感受；题中的数值条件鼓励学生进行“精确比划”，对现实问题数学化，进而使其感受数学的抽象与严密；题中没必要指出哪只手的转动为正方向，需学生自己意识到分类讨论的必要性，再次强调数学的严谨性。

Wilczynski (1914)编制了两道应用题：

(1) 把车轮想象成在车轴上转动，而车厢却静止不动。当马车行驶 500 英尺时，直径为 3 英尺的车轮轮辐所转过的角度是多少？

(2) 地球每 365 天经过以太阳为中心的近似圆形轨道。在 415 天内，日地连线将转过多大的角度？

地面上行进马车的车轮位移与天体运动，多角度印证了任意角的应用价值，也呼应了三角学研究的测量初旨。

4.7 结论与启示

美英早期三角学教科书由数学内部和实际生活体验两个角度引入任意角概念，其中生活情境包括天文、体育和机械背景。在任意角方向的规定上，既从四个角度（几何问题代数化、区分两类角、类比其他数学量规定、借鉴自然事实）阐释以逆时针旋转方向为正的充分理由，也不否认以顺时针旋转方向为正的可能性与部分实用价值。在任意角的运算上，亦补充了类比向量运算的法则。上述种种，为今日教学带来诸多启示。

其一，创设基于学生体验、尽可能指向现实世界的情境。从数学学习的本质看，学生建构新知的过程，始终与知识赖以产生意义的背景及环境相关联（黄翔 & 李开慧，2006），因此，任意角的恰当引入是关键。相对于直接从数学内部的研究需求来说明角度推广的必要性，“现实问题数学化”的形式更易被学生接受。当然，此处的现实情境不应是人为编造或偏离学生生活体验的，而应来自学生熟知的生活现象，指向真实性、基础性和引导性。教师在进行主题导入时，可参照早期教科书中详实的现实生活情境，使学生直观感受以往定义的不足，进而体悟任意角引入是研究新事物的需要。在考察任意角知识时，也不妨尝试让学生解决具有现实背景的问题，使其在有意义的行动中完善对任意角的认知。

其二，发展整体教学的视野，展示数学逻辑的统一。新课改以发展学生数学核心素养为导向，要求教师将目光由关注单一的知识点转向关注数学单元整体，这体现数学内部的纵向连结。“任意角”作为三角函数章的起始课，应为一般三角函数的学习做铺垫。教师在教学过程中，可以通过终边相同的角体现角度变化的周期性。类似地，数学内部不同知识模块间的横向连结亦不容忽略。由早期教科书的启发，类比线段去研究角度，契合学生的已有经验，也可帮助他们深入对“正负角”规定的理解。

其三，秉持包容的态度，培养学生的探究意识。如果只是将任意角方向的规定不加解释地灌输给学生，将无法解决其对于如此行之的认知冲突。就一线教学的反馈而言，学生常会在综合性问题中忽略对任意角方向的关注，推测来看，学生可能并未完全认可“以逆时针旋转方向为正”的合理性。由此，教师在教学过程中，应包容地看待学生可能会有的疑惑，引导其在问题解决中意识到任意角方向规定的必要性。而后，再让学生开放式地探究如何区分任意角的方向，使其在参与的过程中体会“以逆时针旋转方向为正”的简洁性、实用性与统一性。学生头脑中的困惑具有历史相似性，借鉴数学家的研究，或可有助于学生对任意角方向规定的认可。

参考文献

曹瑞彬(2018)."任意角"的教学设计与反思.中学数学月刊,(04):1-3.

黄翔,李开慧(2006).关于数学课程的情境化设计.课程·教材·教法,26(09):39-43.

饶彬(2017)."任意角":从历史看必要性与规定.教育研究与评论(中学教育教学),(04):45-51.

孙四周(2021).现象教学视角下的任意角教学实录与反思.中学数学月刊,(02):7-10.

章建跃(2007).为什么用单位圆上点的坐标定义任意角的三角函数.数学通报,46(01):15-18.

张志勇(2020).于寻常之中发现不寻常——"任意角"的教学设计与反思.中学数学月刊,(08):1-5.

中华人民共和国教育部(2020).普通高中数学课程标准(2017年版2020年修订).北京:人民教育出版社.

朱海桐(2015).基于"演绎推理与合情推理并重"的教学设计与反思——任意角.数学教学通讯,(27):7-9.

Abbatt, R. (1841). *The Elements of Plane and Spherical Trigonometry*. London: Thomas Ostell & Company.

Blakslee, T. M. (1888). *Academic Trigonometry, Plane and Spherical*. Boston: Ginn & Company.

Bocher, M. & Gaylord, H. D. (1914). *Trigonometry*. New York: Henry Holt & Company.

Bohannan, R. D. (1904). *Plane Trigonometry*. Boston: Allyn & Bacon.

Bowser, E. A. (1892). *Elements of Plane and Spherical Trigonometry*. Boston: D. C. Heath & Company.

Brown, S. J. (1913). *Trigonometry and Stereographic Projections*. Baltimore: The Lord Baltimore Press.

Colenso, J. W. (1859). *Plane Trigonometry* (Pt. 1). London: Longmans, Green, & Company.

Conant, L. L. (1909). *Plane and Spherical Trigonometry*. New York: American Book Company.

Durfee, W. P. (1900). *The Elements of Plane Trigonometry*. Boston: Ginn & Company.

Hall, A. G. & Frink, F. G. (1910). *Plane and Spherical Trigonometry*. New York: Henry Holt & Company.

Hann, J. (1854). *The Elements of Plane Trigonometry*. London: John Weale.

Hun, J. G. & MacInnes, C. R. (1911). *The Elements of Plane and Spherical*

Trigonometry. New York: The Macmillan Company.

Hymers, J. (1841). *A Treatise on Trigonometry*. Cambridge: The University Press.

Kenyon, A. M. & Ingold, L. (1913). *Trigonometry*. New York: The Macmillan Company.

Lock, J. B. (1882). *A Treatise on Elementary Trigonometry*. London: Macmillan & Company.

Lyman, E. A. & Goddard, E. C. (1899). *Plane and Spherical Trigonometry*. Boston: Allyn & Bacon.

Murray, D. A. (1899). *Plane Trigonometry for Colleges and Secondary Schools*. New York: Longmans, Green, & Company.

Nixon, R. C. J. (1892). *Elementary Plane Trigonometry*. Oxford: The Clarendon Press.

Newcomb, S. (1882). *Elements of Plane and Spherical Trigonometry*. New York: Henry Holt & Company.

Scholfield, N. (1845). *Higher Geometry and Trigonometry*. New York: Collins, Brother & Company.

Seaver, E. P. (1889). *Elementary Trigonometry, Plane and Spherical*. New York: Taintor Brothers & Company.

Todhunter, I. (1860). *Plane Trigonometry*. Cambridge: Macmillan & Company.

Wells, W. (1883). *A Practical Textbook on Plane and Spherical Trigonometry*. Boston: Leach, Shewell & Sanborn.

Wilczynski, E. J. (1914). *Plane Trigonometry and Applications*. Boston: Allyn & Bacon.

Wood, D. V. (1885). *Trigonometry, Analytical, Plane and Spherical*. New York: John Wiley & Sons.

Young, J. R. (1833). *Elements of Plane and Spherical Trigonometry*. London: John Souter.

5 任意角的三角函数

沈中宇[*]　汪晓勤[**]

5.1 引　言

任意角三角函数概念承接初中锐角三角函数概念的学习，是高中函数学习中的重要内容。最新修订的《普通高中数学课程标准(2017 年版 2020 年修订)》要求：帮助学生在用锐角三角函数刻画直角三角形中边角关系的基础上，借助单位圆建立一般三角函数的概念(中华人民共和国教育部，2020)。人教版教科书从研究单位圆上的点的旋转出发，建立数学模型，直接引出任意角三角函数的定义。苏教版教科书则从用数学模型刻画(x, y)和(r, α)之间的关系出发，先考察α为锐角的情形，再引出任意角三角函数的定义。比较这两种教科书可以发现，人教版教科书采用了单位圆定义，苏教版教科书则采用了终边定义。

在教学实践中，教师发现存在以下问题：学生会自然地把任意角的三角函数看成锐角三角函数的推广，从而忽略三角函数的函数本质(王占军，田晓梅，2018)，如何解释三角函数的定义，使学生在教师的引导下，通过探索掌握三角函数的概念是一个难点(查文达，2021)。此外，大多数教师注重对任意角三角函数概念的建构，而忽略了数学文化的教学(刘晓乐，2020)。实际上，任意角的三角函数有着悠久的历史，通过对其历史的考察，有助于进一步认识任意角三角函数与锐角三角函数的联系，在教学中渗透数学文化，从而帮助学生理解三角函数的概念。

鉴于此，本章聚焦任意角的三角函数概念，对 19—20 世纪的美英三角学教科书进行考察，尝试回答以下问题：关于任意角的三角函数，美英早期三角学教科书采用了哪

---

* 苏州大学数学科学学院博士后。
** 华东师范大学教师教育学院教授、博士生导师。

些定义？这些定义是如何演变的？对今日教学有何启示？

5.2 研究方法

本章采用质性文本分析法作为研究方法，具体方法为主题分析法（Kuckartz，2014），涉及文本选取、编码和分析过程。

5.2.1 文本选取

从19世纪10年代到20世纪50年代这150年间出版的美英三角学教科书中选取93种作为研究对象，其中67种为美国教科书，26种为英国教科书。以20年为一个时间段进行统计，这些教科书的出版时间分布情况如图5-1所示。

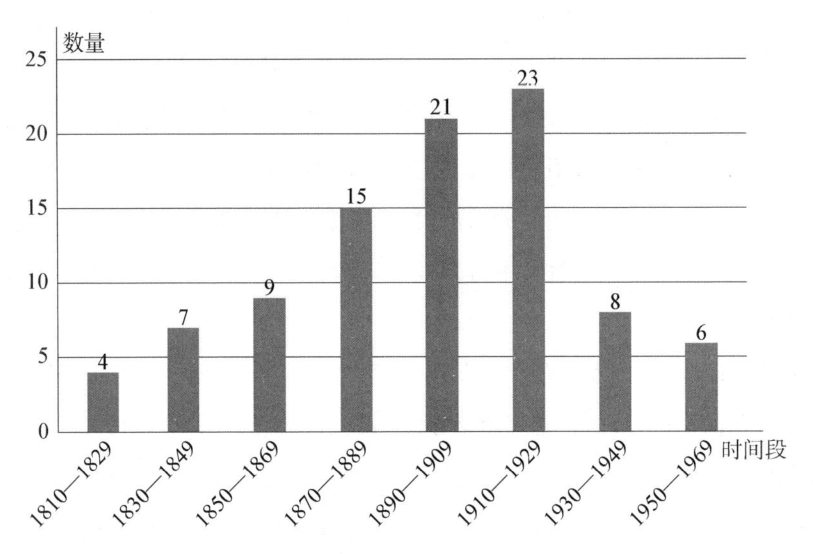

图5-1 93种早期三角学教科书的出版时间分布

5.2.2 文本编码

首先，基于选取的93种三角学教科书中相关的记录单位，对其提到的任意角三角函数的定义进行编码，确定主题类目。接着，根据主题类目得到任意角三角函数定义的分类。然后，分析同一主题类目中的所有文本段，归纳创建每一主题类目下的子类目，从而得到任意角三角函数各类定义的子类别。

5.2.3 文本分析

在文本编码完成后，开始文本分析。首先呈现主题类目及其子类目的分类结果，从而回答第一个研究问题；其次，分析主题类目之间的关联性，根据时间顺序，对其时间上的分布情况进行统计和分析，从而回答第二个研究问题。

5.3 任意角三角函数的定义

通过统计分析，可以将三角学教科书中的任意角三角函数定义分为3类，分别为圆弧定义、终边定义和单位圆定义。

统计发现，93种教科书中涉及任意角三角函数定义的编码共100条，其分布如图5-2所示。由此可见，出现最多的是终边定义，占74%；其次是圆弧定义和单位圆定义，均占13%。

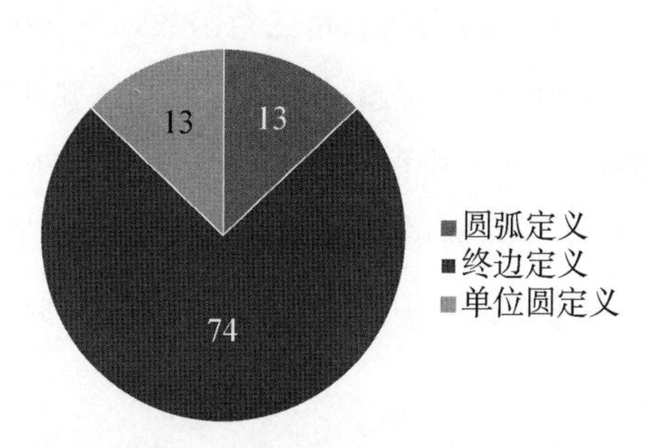

图5-2　93种教科书中任意角三角函数3类定义的频数分布

5.3.1 圆弧定义

古希腊数学家最早用圆弧所对的弦来定义三角函数，但仅限于锐角的情形，其后，在18世纪的部分三角学教科书中，开始将三角函数从锐角扩展到钝角所对的圆弧。19世纪的部分教科书进一步将其扩展到了周角以内的角所对的圆弧。在此基础上，有三角学教科书不再局限于周角以内的范围，进一步将三角函数扩展到了任意角所对的圆弧。Leslie (1811)即为其中之一。

如图5-3，在⊙O中，AF和CE为两条互相垂直的直径，任取圆弧$\overset{\frown}{AB}$，作半径OB，分别作BD、AH垂直于AF，BG、CI垂直于CE，则线段BD为正弦，BG或者

OD 为余弦，AD 为正矢，CG 为余矢，AH 为正切，CI 为余切，OH 为正割，OI 为余割。

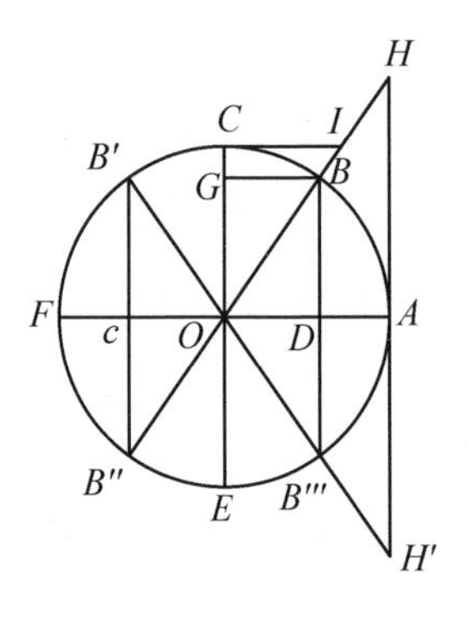

图 5-3　圆弧定义

接着，编者进一步将所定义的 8 种三角函数从圆弧$\overset{\frown}{AB}$扩展到了圆弧$\overset{\frown}{ABB'}$、圆弧$\overset{\frown}{ABB'B''}$和圆弧$\overset{\frown}{ABB'B''B'''}$。同时，进一步探讨了圆弧上的三角函数从 0°到 360°的变化趋势。接着，编者指出，当圆弧继续增大时，三角函数将会重复相同的变化趋势。设 m 为任意整数，则有 $\sin\alpha=\sin[(2m-1)180°-\alpha]$，其余三角函数也有类似规律。通过以上简单的类推，就得到了任意角的三角函数。

Abbatt (1841)进一步将角的范围从正角扩展到了负角。编者指出，如果一段圆弧或者一条线段在一个方向被视为正，则其反方向必须被视为负。基于以上原则，编者讨论了不同象限中三角函数的正负问题，同时讨论了正角三角函数与负角三角函数之间的关系。

至于为何将锐角三角函数扩展到任意角三角函数，Thomson (1825)指出，为了扩展三角公式的应用范围，必须经常考虑超过一整个圆周的弧所对的正弦、正切等三角函数。同时，为了让在第一象限中获得的三角公式也适用于其他象限，需要规定三角函数的正负性，编者举了一个例子说明了这一点，即在第一象限中有正矢公式 $\text{versin}\,\theta=1-\cos\theta$，为了在第二象限中此公式仍然成立，需要规定第二象限的余弦值为负数。

5.3.2　终边定义

在 19 世纪与 20 世纪的三角学教科书中，出现了三种终边定义的表现形式，分别为线段比值定义、坐标比值定义和投影比值定义。

（一）线段比值定义

在 19 世纪的三角学教科书中，数学家开始将直角三角形放入圆中，从而使得原先适用于锐角三角函数的直角三角形定义扩展为适用于任意角三角函数的线段比值定义。Chauvenet (1850)采用了该定义。

首先，编者在直角三角形中定义了锐角三角函数，接着，在圆中进一步将各类三角函数定义为线段之比，如图 5-4 所示，其各类三角函数的定义为

$$\sin\angle AOB=\frac{BC}{OB},$$

$$\tan\angle AOB=\frac{AT}{OA},$$

$$\sec\angle AOB=\frac{OT}{OA}。$$

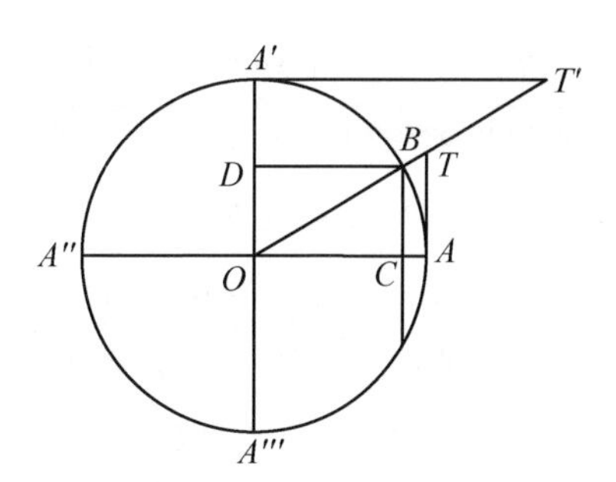

图 5-4 线段比值定义

其后，编者指出以上定义只是针对锐角，为了从更一般的观点看角度和函数从而便于计算，需要对以上定义进行推广。为此，编者使用了之前在锐角三角函数部分推导的三角公式：

$$\sin(x+y)=\sin x\cos y+\cos x\sin y,$$
$$\sin(x-y)=\sin x\cos y-\cos x\sin y,$$
$$\cos(x+y)=\cos x\cos y-\sin x\sin y,$$
$$\cos(x-y)=\cos x\cos y+\sin x\sin y。$$

编者首先利用以上公式得到了 0°、90°、180°、270°、360°等特殊角的三角函数，接着，在以上三角公式中令 x 等于 90°，得到

$$\sin(90^\circ+y)=\cos y,$$
$$\cos(90^\circ+y)=-\sin y,$$

从而得到大于 90°且小于 180°的三角函数值。类似地，分别令 x 等于 180°和 270°，得到大于 180°且小于 360°的三角函数值，最后，利用

$$\sin(360^\circ+y)=\sin y,$$
$$\cos(360^\circ+y)=\cos y,$$

发现所有大于 360°的角的三角函数值都和 360°以内相应角的三角函数值相同，从而将锐角三角函数扩展到任意角三角函数。

Scholfield (1845)也采用了线段比值定义，不同的是，其将顺时针方向旋转的角定义为正角。

有关将锐角三角函数扩展到任意角三角函数的动因，Young & Morgan (1919)认为，其主要原因是系统学习三角学的需要。Kenyon & Ingold (1913)将其原因归结为物理学中力或速度分解的需要，如当力的方向与运动方向的夹角超过 90°时，锐角三角

函数就不足以解决问题了，因此需要更一般的三角函数。Sharp (1958)进一步提到物理世界被周期活动所支配，为了建立描述物理世界的数学语言，需要使用三角函数。

（二） 坐标比值定义

随着解析几何的发展，19 世纪的数学家开始尝试将直角三角形放入直角坐标系中，从而得到任意角三角函数的坐标比值定义。De Morgan (1837)采用了该定义。

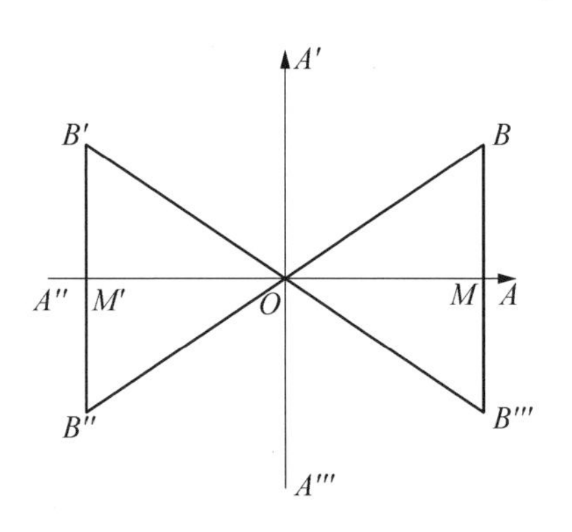

图 5－5　坐标比值定义

如图 5－5，分别以 $A''A$ 和 $A'''A'$ 为轴建立平面直角坐标系，首先考虑一个小于 90°的角，设为 $\angle AOB$，从其上任一点 B 作垂线 BM，交 $A''A$ 于点 M，则定义

$$\sin\angle AOB=\frac{BM}{OB},\ \cos\angle AOB=\frac{OM}{OB},\ \tan\angle AOB=\frac{BM}{OM},$$

$$\cot\angle AOB=\frac{OM}{MB},\ \sec\angle AOB=\frac{OB}{OM},\ \csc\angle AOB=\frac{OB}{BM}。$$

接着，编者继续用类似的方法定义第二象限、第三象限和第四象限中的 $\angle AOB'$、$\angle AOB''$ 和 $\angle AOB'''$ 的各类三角函数，同时利用线段方向说明了不同范围三角函数的正负性。值得注意的是，尽管编者利用平面直角坐标系定义了任意角的三角函数，但是并没有将其与坐标建立联系。

Wells (1887)在此基础上进一步用坐标定义了各类三角函数，如图 5－5，设点 B 的坐标为$(x,\ y)$，点 B 到点 O 的距离为 r，则各类三角函数可定义为 x、y 和 r 两两之间的比值，从而简化了坐标比值定义。

（三） 投影比值定义

到了 19 世纪末，数学家进一步简化了坐标比值定义，仅仅通过 x 轴来定义任意角的三角函数。Murray (1899)采用了该定义。

如图 5－6，若 $\angle XOP$ 以 OX 为始边、OP 为终边，点 P 为终边 OP 上任意一点，过点 P 作 $PM\perp OX$ 于点 M，则可定义 $\angle XOP$ 的各类三角函数如下：

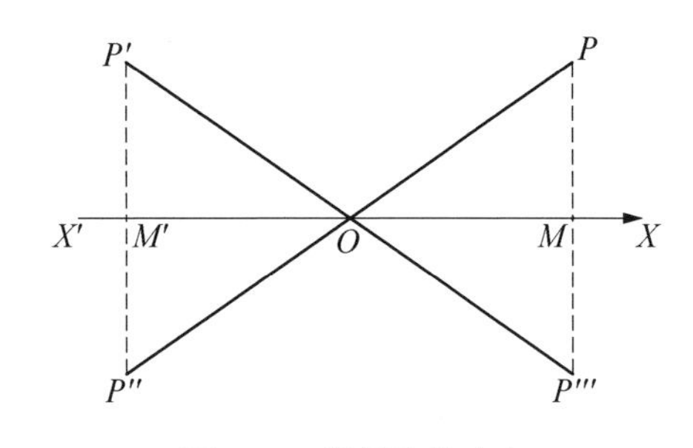

图 5－6　投影比值定义

$$\sin\angle XOP=\frac{MP}{OP},\ \cos\angle XOP=\frac{OM}{OP},$$

$$\tan\angle XOP=\frac{MP}{OM},\ \cot\angle XOP=\frac{OM}{MP},$$

$$\sec\angle XOP=\frac{OP}{OM},\ \csc\angle XOP=\frac{OP}{MP}。$$

接着，当$\angle XOP$逐渐旋转到第二象限、第三象限和第四象限的点P'、P''和P'''位置时，可以类似定义各类三角函数，从而获得任意角三角函数的定义。实际上，线段OM也可以看作线段OP在x轴上的投影，故将此定义称为投影比值定义。

5.3.3　单位圆定义

进入19世纪之后，数学家开始采用单位圆定义任意角的三角函数，其中出现了3种单位圆定义的表现形式，分别为线段定义、坐标定义和投影定义。

（一）线段定义

在19世纪的三角学教科书中，数学家开始采用单位圆定义任意角的三角函数，使得三角函数可以用单位圆中的线段表示。Lardner (1826)采用了该定义。

首先，Lardner (1826)介绍了锐角三角函数的直角三角形定义，接着，其指出通过直角三角形定义的各类三角函数是一个数值，而一般会用线段表示这些三角函数，如图5-7，以点O为圆心、单位长度OA为半径作圆，OP为另一条半径，过点P作$PM\perp OA$于点M，过点A作圆的切线，延长OP与此切线相交于点T。因此，可以将$\angle AOP$的正弦定义为：

$$\sin\angle AOP=\frac{PM}{OA}。$$

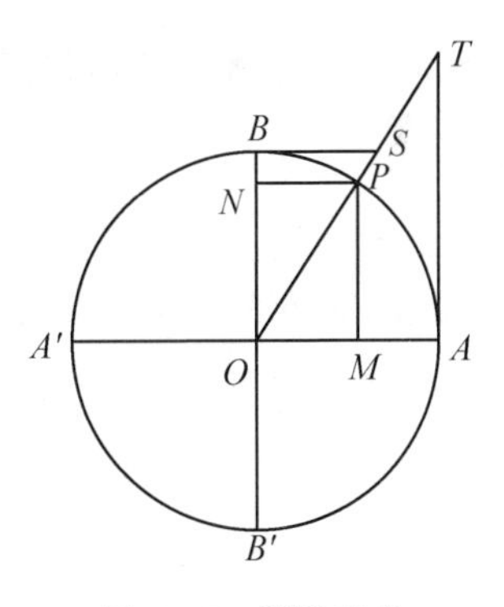

图5-7　线段定义

由于OA为单位长度，因此可以得到：

$$\sin\angle AOP=PM。$$

类似地，其他各类三角函数也可以用线段表示。

（二）坐标定义

进入20世纪之后，数学家将以上定义与直角坐标系相联系，直接用坐标来表示单位圆上线段的长度。如图 5－7，Wentworth（1902）先用类似于 Lardner（1826）的方法给出任意角三角函数的定义。

接着，编者进一步指出，一个角的正弦值即为角的终边与单位圆交点的纵坐标，一个角的余弦值即为角的终边与单位圆交点的横坐标。

（三）投影定义

有数学家结合单位圆与线段投影的概念，给出了新的单位圆定义。Wentworth（1891）给出了该定义。如图 5－7，首先给出一个单位圆，并将 AA' 称为横向直径、BB' 称为纵向直径、OP 称为移动半径。$\angle AOP$ 可以看作半径 OP 绕着点 O 从 OA 出发旋转而成，作 $PM \perp AA'$ 于点 M，则可以定义正弦函数和余弦函数为：

$$\sin\angle AOP = PM,\ \cos\angle AOP = OM。$$

接着，编者指出，$PM = ON$，而 ON 为半径 OP 在纵向直径 BB' 上的投影，OM 为半径 OP 在横向直径 AA' 上的投影，因此可以得到：

$\sin\angle AOP$ ＝移动半径在纵向直径上的投影，

$\cos\angle AOP$ ＝移动半径在横向直径上的投影。

5.4 任意角三角函数定义的演变

以 20 年为一个时间段，对 3 类定义进行统计，从 19 世纪 10 年代到 20 世纪 50 年代这 150 年间 3 类定义的时间分布情况如图 5－8 所示。

由图可见，圆弧定义出现于 19 世纪初期，从 19 世纪晚期到 20 世纪初期出现较多，而到了 20 世纪中叶逐渐消失。终边定义则出现于 19 世纪中叶，其后逐渐增多，直到 20 世纪中叶之后开始一枝独秀，占据统治地位。单位圆定义与圆弧定义一起出现于 19 世纪早期，其后一直并不多见，到了 20 世纪销声匿迹。总体而言，在 19 世纪早期，主要以圆弧定义为主，终边定义和单位圆定义时有出现，到了 20 世纪以后，终边定义开始一统天下，其他定义则退出历史舞台。

任意角三角函数定义的演变体现了数学家对任意角三角函数的认识逐渐深入的过程。圆弧定义主要脱胎于锐角三角函数的圆弧定义，注重用线段表示三角函数；终边定义则来源于锐角三角函数的直角三角形定义，关注线段之间的比值；单位圆定义则结合了圆弧定义和终边定义两方面的特点。同时，3 类定义都经历了从纯几何表示

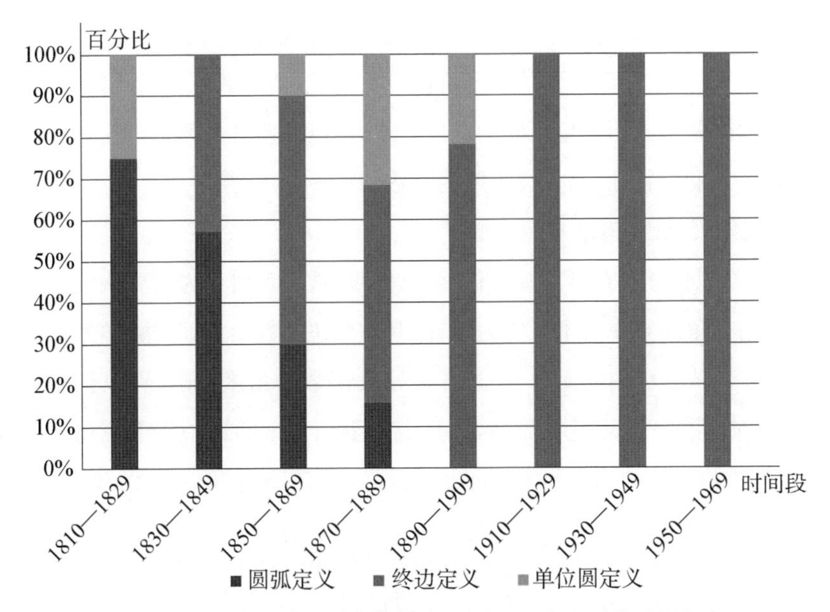

图 5-8　93 种教科书中任意角三角函数 3 类定义的时间分布

到与解析几何中的直角坐标系相结合的过程，从而使得正负性的讨论更加简单。总而言之，在历史发展过程中，数学家逐渐认识到了任意角三角函数的函数本质，并用不同的形式加以体现。

5.5　结论与启示

综上所述，美英早期三角学教科书中对任意角三角函数的定义可以分为圆弧定义、终边定义和单位圆定义 3 类。其中，圆弧定义和单位圆定义主要活跃于 19 世纪早期，从 19 世纪中期开始，终边定义逐渐增多并开始占据主流地位，20 世纪之后，终边定义开始一统天下。基于以上分析，得到如下启示。

(1) 探索历史发展，明晰概念本质。

从美英早期三角学教科书中任意角三角函数的各类定义中可以发现，早期的圆弧定义主要关注三角函数的几何特征；其后的终边定义则主要关注各类三角公式，强调三角函数的代数表示；单位圆定义则更加注重三角函数值的变化情况，更加凸显三角函数的函数特征。结合不同的定义，可以让我们对三角函数概念本质的理解更加透彻。

在教学过程中，教师可以借助探究活动让学生理解三角函数在数学中的不同作用，全面体会三角函数在数学中的重要价值。首先，三角函数脱胎于几何学，有利于解决不同的几何问题，同时，利用不同的三角公式，可以方便各种算术与代数运算，最后，三角函数具备周期性特征，是一类重要的函数。

（2）寻找发展动因，追求自然生成。

通过美英早期三角学教科书的研究可以发现，数学家对于为何要从锐角三角函数扩展到任意角三角函数作出了一定的解答，其理由包括数学内部与数学外部两个方面（参阅第 4 章）。从数学内部而言，通过扩展三角函数的角度范围，可以扩充三角公式的使用范围，使得公式的表达更简洁，并且有利于三角学的进一步系统化。从数学外部，有利于解决物理中的速度和力学问题以及描绘周期现象等。

在教学过程中，如何从初中的锐角三角函数过渡到高中的任意角三角函数是教学中的一个难点，任意角三角函数的历史发展动因可以为我们的教学提供启示。首先，教师可以从物理中力或速度的分解入手，提出需要从锐角三角函数过渡到钝角三角函数。接着，教师可以生活中的周期现象问题，引导学生进一步从钝角三角函数过渡到任意角三角函数。

（3）领会人文背景，渗透数学文化。

从美英早期三角学教科书中的任意角三角函数演变过程可以发现，任意角三角函数的历史发展和其他数学概念的历史发展是一样的，都体现了循序渐进的过程。早期的任意角圆弧定义建立在锐角三角函数的圆弧定义基础之上，终边定义则建立在锐角三角函数的直角三角形定义之上，单位圆定义则是结合以上两类定义所作出的创新。因此，数学的创新都是建立在前人研究的基础之上。

正如之前所提及的，如果太过关注任意角三角函数的建构过程，则会使得课堂教学缺乏数学文化的渗透，从而使得学生失去进一步体会数学概念发展规律的机会，而往往这些发展规律可以使得学生更好地理解数学概念。因此，可以在给出任意角三角函数的概念之后，通过一段 2～3 分钟的微视频让学生了解任意角三角函数概念的发展历史，渗透数学文化，从而打造富有文化特色的数学课堂。

参考文献

刘晓乐(2020). 数学文化视角下的概念课教学设计——以“任意角三角函数”的教学为例. 高中

数学教与学,(20):47-49.

王占军,田晓梅(2018). 创新教学设计 凸显函数本质——“任意角的三角函数”一课的教学思考与设计. 中国数学教育,(12):40-43.

查文达(2021). 数学史让数学教学更加生动——对“任意角的三角函数”教学的反思. 高中数学教与学,(02):17-19.

中华人民共和国教育部(2020). 普通高中数学课程标准(2017 年版 2020 年修订). 北京:人民教育出版社.

Abbatt, R. (1841). *The Elements of Plane and Spherical Trigonometry*. London: Thomas Ostell & Company.

Chauvenet, W. (1850). *A Treatise on Plane and Spherical Trigonometry*. Philadelphia: Hogan, Perkins & Company.

De Morgan, A. (1837). *Elements of Trigonometry and Trigonometry Analysis*. London: Taylor & Walton.

Kenyon, A. M. & Ingold, L. (1913). *Trigonometry*. New York: The Macmillan Company.

Kuckartz, U. (2014). *Qualitative Text Analysis: A Guide to Methods, Practice and Using Software*. California: Sage Publications Ltd.

Lardner, D. (1826). *An Analytic Treatise on Plane and Spherical Trigonometry*. London: John Taylor.

Leslie, J. (1811). *Elements of Geometry, Geometrical Analysis and Plane Trigonometry*. Edinburgh: Archibald Constable & Company.

Murray, D. A. (1899). *Plane Trigonometry for Colleges and Secondary Schools*. New York: Longmans, Green, & Company.

Scholfield, N. (1845). *Higher Geometry and Trigonometry*. New York: Collins, Brother & Company.

Sharp, H. (1958). *Elements of Plane Trigonometry*. New York: Prentice-Hall.

Thomson, J. (1825). *Elements of Plane and Spherical Trigonometry*. Belfast: Joseph Smyth.

Wells, W. (1887). *The Essentials of Plane and Spherical Trigonometry*. Boston & New York: Leach, Shewell & Sanborn.

Wentworth, G. A. (1891). *Plane Trigonometry*. Boston: Ginn & Company.

Wentworth, G. A. (1902). *Plane Trigonometry*. Boston: Ginn & Company.

Young, J. W. & Morgan, F. M. (1919). *Plane Trigonometry*. New York: The Macmillan Company.

6 弧度制

彭思维*

6.1 引　言

弧度制的基本思想是使圆的半径与周长有同一度量单位，用对应的弧长与半径来度量圆心角。古希腊时期，天文学家在制作弦表时就有弧度制思想的萌芽。6 世纪印度数学家和天文学家阿耶波多把圆周等分成 21 600 份，用其中的一份作为长度单位来度量半径，得到半径约为$\frac{21\,600}{2\times 3.141\,6}$，即 3 438 个长度单位。这表明，阿耶波多已经有了用同一度量单位来度量圆的半径和周长的思想。12 世纪印度数学家婆什迦罗(Bhaskara, 1114—1185)曾求得 $\sin 1^{\circ}=\frac{10}{573}$，他可能接受了阿耶波多以数值 3438 作为半径度量的做法，从而得到

$$\sin 1^{\circ} \approx \frac{1^{\circ}\text{ 所对的弧}}{\text{半径}} \approx \frac{1}{360} \times \frac{21\,600}{3\,438}=\frac{10}{573},$$

这意味着婆什迦罗已经有了弧长与半径之比的概念。(斯科特，2012，pp. 63 - 65)

弧度制作为角的度量方式，最早由英国数学家柯茨(R. Cotes，1682—1716)于 1714 年提出。1748 年，欧拉在其《无穷分析引论》中用 π 来表示单位圆上 180°所对的弧长，并将它用于数学分析的相关计算。英国数学家密尔(T. Muir，1844—1934)和物理学家汤姆逊(J. T. Thomson，1856—1940)商议后，决定用“radian”(弧度)一词作为“radial angle”(径向角)的复合词。(NCTM，1969，pp. 364 - 366)1873 年，该词首次出现在剑桥大学的数学试卷上。

弧度制的出现远迟于角度制，它从萌芽到提出，再到最终确立，经历了漫长的过

* 湖南省长沙市第一中学教师。

程。弧度制一直是高中数学教学的难点之一，很多人认为，它的引入是为了将角的集合与实数的集合建立起一一对应关系。但实际上，将角度制的六十进制换算成十进制，例如将 60°30′换算成 60.5°，也能将角的集合与实数的集合建立起一一对应关系，这不足以说明引入弧度制的必要性。

鉴于此，本章对 18 世纪至 20 世纪中叶 123 种美英三角学教科书中有关弧度制的内容进行考察。这 123 种教科书在 18、19 和 20 世纪的出版时间分布如图 6－1 所示。

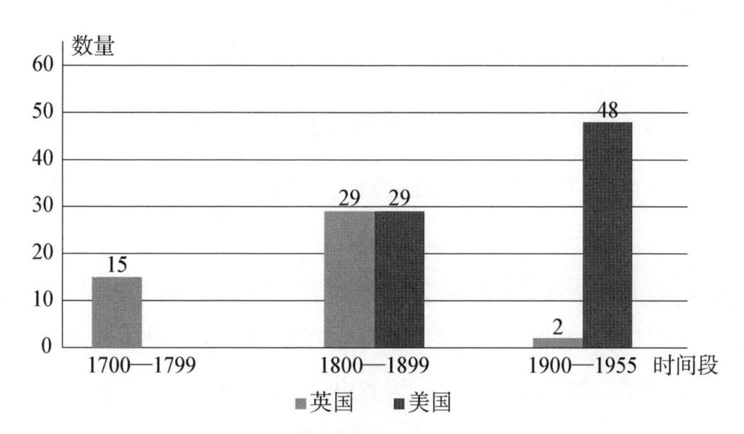

图 6－1 123 种早期三角学教科书的出版时间分布

考察时主要关注弧度制的引入方式、弧度制在教科书中的位置、弧度制的应用，期望为今日弧度制的教学提供参考。

6.2 角的度量方式

在早期三角学教科书中，关于角的度量方式可分为角度制和弧度制两类。在角度制中，以角的顶点为中心、任意长为半径作圆周，将圆周等分为若干个角的单位，则其他角的大小由单位角来度量。按照不同的划分方式，角度制又分为四种。

第一种方式将圆周等分成 360 份，其中每一份称为“1 度”，记作 1°；每 1 度又被等分成 60 份，每一份称为“1 分”，记作 1′；每 1 分又被等分成 60 份，每一份称为“1 秒”，记作 1″。

第二种方式将圆周等分成 12 份，其中每一份称为“宫”(sign)。该划分方式源于天文学中的“黄道十二宫”。

第三种方式将圆周等分成 400 份，其中每一份称为“1 度”，记作 1°；每 1 度又被等分成 100 份，每一份称为“1 分”，记作 $1'$；每 1 分又被等分成 100 份，每一份称为“1 秒”，记作 $1''$。尽管这种划分方式使得计算更方便，但人们还是习惯将圆周分成 360 等份，通常所说的 1 度代表圆心角所对的弧长占整个圆周的$\frac{1}{360}$。

第四种方式将圆周等分成 6 400 份，其中每一份称为 1 mil。炮兵部队出于瞄准角度的需要，采用了这种测量方式。

值得注意的是，大多数早期教科书在介绍角度制时会强调，圆心角的度量是由它所对的弧来决定的，1 度角代表 1°圆心角所对弧长是圆周的$\frac{1}{360}$。19 世纪早期的教科书在说到三角函数值时，往往都是针对圆弧而言，例如“sine of the arc AB”，即弧 AB 的正弦。

可见，角度制对于圆周的划分是多种多样的。事实上，Wylie (1955)明确指出：“因为 1 度的定义具有随意性和偶然性，所以它在数学理论中是很复杂的，因此，在高等数学中需要一个更自然的度量单位。”编者由此引出 1 弧度的定义。

6.3 弧度制

对早期三角学教科书的考察发现，虽然“radian”一词(我国早期译为“弪”)于 1873 年首次出现，但在此前，教科书中早已采用了弧度制，并将其称为“圆度量”(circular measure 或 π measure)。不同教科书引入弧度制的方式互有不同，与角度制的引入与呈现方式息息相关。

6.3.1 先介绍弧度制，再介绍角度制

Galbraith (1863)在介绍角的度量时，先介绍弧度制：为了表示角的度量，首先需要确定单位角度，把所对弧长等于半径的角叫做单位角。若$\angle A$ 所对的弧长为 l，则

$$\frac{A}{1}=\frac{l}{r}\text{，即 } A=\frac{l}{r}\text{。}$$

这种度量方式叫做圆度量(circular measure)。

接着，编者指出：“由于圆度量的单位角不是直角的整数倍，而且单位角太大，因此

设计了另一种测量角的方式——角度制。”(Galbraith, 1863, pp. 2 - 3)接着,编者介绍了角度制的相关内容。

今天的学生都是先接触角度制,再接触弧度制。因此,上述引入方式对于弧度制的引入并无借鉴意义。

6.3.2 同时介绍角度制与弧度制

英国数学家德摩根(A. De Morgan, 1806—1871)在《三角学基础》(1837)中同时介绍了角的两种度量制度。在引入角的度量之前,先得出两个不同角之间的比例关系。如图 6 - 2, $\angle AOB$ 和$\angle A'OB'$是在不同圆中的两个不同的圆心角,给定半径 $OA = rU$, $\overset{\frown}{AB} = sU$;半径$OA' = r'U$, $\overset{\frown}{A'B'} = s'U$(其中$U$ 为长度单位),则有

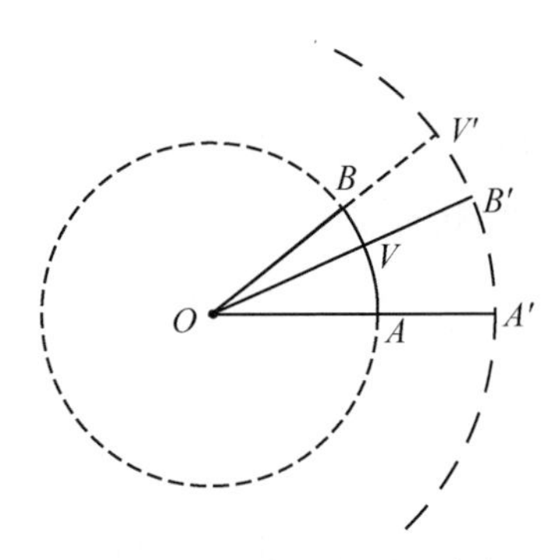

图 6 - 2 不同圆心角、半径与弧长之间的关系

$$\frac{\angle AOB}{\angle A'OB'} = \frac{\overset{\frown}{AB}}{\overset{\frown}{AV}}, \frac{OA}{OA'} = \frac{\overset{\frown}{AV}}{\overset{\frown}{A'B'}},$$

进而有

$$\frac{\angle AOB}{\angle A'OB'} = \frac{\overset{\frown}{AB}}{\overset{\frown}{A'B'}} \times \frac{\overset{\frown}{A'B'}}{\overset{\frown}{AV}} = \frac{\overset{\frown}{AB}}{\overset{\frown}{A'B'}} \times \frac{OA'}{OA},$$

若 Θ 为单位角,设 $\angle AOB = \theta\Theta$, $\angle A'OB' = \theta'\Theta$,则

$$\frac{\theta}{\theta'} = \frac{s}{s'} \times \frac{r'}{r}。 \tag{1}$$

得到(1)后,德摩根指出:“我们在研究对数时,已经知道自然对数适合于分析,而常用对数适合于计算。在角的度量中,也有这样的情况,一种单位角,适合在研究中使用;另一种单位角,适合在实际应用中使用。”(De Morgan, 1837, pp. 12 - 13)

适合在分析或理论中使用的单位角是所对的弧和半径相等的角。在(1)中,若$\angle AOB$ 为单位角,则 $s = r$, $\theta = 1$,于是任一角的度量为

$$\theta' = \frac{s'}{r'}。$$

适合在实际应用中度量角的方式称为角度制,即用度、分、秒来度量角。

Nixon (1892)等也将角度制和弧度制放在一起阐述："在三角学的实际应用方面，采用角度制；在三角学的理论研究方面，采用弧度制。"然后，编者分别介绍两种度量方式的单位角。

6.3.3 先介绍角度制，再介绍弧度制

大多数教科书的做法是先介绍角度制，在应用相关知识或者定义几种三角函数后，再引入弧度制。在介绍弧度制之前，部分教科书解释了引入弧度制的理由，这些理由可分为四类：角的"长度"、角的大小与线段的长度之间的关系、三角函数的图像、弧度制的合理性。

（一） 角的"长度"

在相同的圆中，如果一个圆心角为 60°，则它所对的弧长是 1°的圆心角所对弧长的 60 倍，那么这个圆中其他圆心角的度量可以看成是对圆心角所对弧长的度量。Colenso (1859)在介绍角度制时指出："在相同的圆中，圆心角的度量可以看成是对圆心角所对弧长的度量。由于圆的周长与半径之比为定值，所以在不同的圆中，相等的圆心角所对的弧长与半径之比为一个定值。圆周长与半径之比为 2π，因此，周长 $2\pi r$ 是 360°角的"长度"，πr 是 180°角的"长度"。又因半径经常被用作度量单位，故弧长可以被半径这个单位度量。"于是，360°角和 180°角的"长度"分别可以写成 2π 和 π。因此，当圆心角 $A°$所对的弧长为 θr 时，在以半径为单位的度量下，θ 可以用来度量弧，则 $\theta=\frac{\theta r}{r}=\frac{l}{r}$ 可以用来度量圆心角。

Lardner (1826)也采用类似方式引入弧度制。角度制虽然也用弧来度量角，但并没有指出弧的相对长度，$n°$只表明了它的弧长是整个圆周的$\frac{n}{360}$。几何学中我们知道，在不同圆中，1″圆心角所对的弧包含了相同数量的半径。半径的长度用弧来度量则为：

$$r=\frac{360° \times 60 \times 60}{2 \times 3.141\,592} \approx 2\,062\,645'',$$

此时半径和弧统一了度量单位，将半径看成单位时，对角的度量可以直接看成是以半径为单位的弧长的度量，这样的度量方式让我们能够知道弧长的相对长度，即圆心角所对的弧长是半径的多少倍。

两位编者都是从用弧长度量角入手，将弧长与半径统一单位后，得到用弧度度量

角的方式。

（二）角的大小与线段的长度之间的关系

Twisden(1860)通过角的大小与线段的长度之间的关系来引入弧度制："三角学的目的是研究三角形的边角关系以及这些关系的代数表达式。现有的测量方法使我们能够比较一条线段与另一条线段的长度、一个角与另一个角的大小，但并不能让我们将角的大小与线段的长度进行比较，因为两者的度量单位不同。当我们说到一个角(假设是57°角)时，它告诉我们这个角是什么，但并没有告诉我们如何将这个角的大小与给定的线段长度进行比较。因此，我们需要设计某种度量角的方式，用线段的长度或线段长度的比值来表示它们。"

如图6-3，已知$\odot A$的半径为r，$\overset{\frown}{BC}=l$，$\angle BAC=\theta$。我们知道：当r是一个常数时，l与θ的比值为定值；当θ是一个常数时，l与r的比值为定值；当θ和r同时变化时，l与$r\theta$的比值为定值。因此，θ与$\frac{l}{r}$的比值为定值。

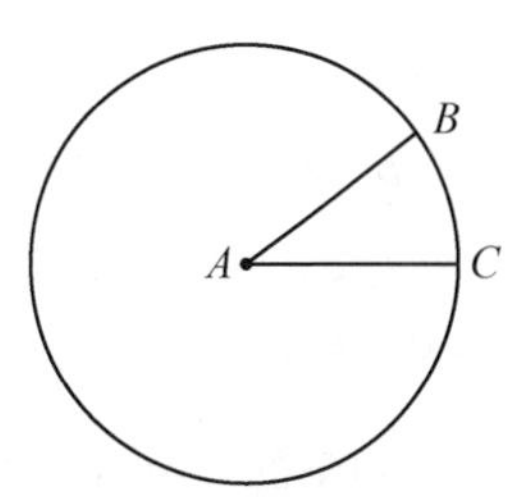

图6-3 弧长、半径与圆心角之间的关系

由此，我们可以用弧长与半径的比值来度量圆心角。如果长度等于半径长的圆弧所对的圆心角叫做单位角，则有$\theta=\frac{l}{r}$。在这种度量方式下，角可以通过弧和线段长度的比值来度量，当我们知道弧长与半径的长度时，就能计算出角的大小。

（三）三角函数的图像

Dickson(1922)通过三角函数的作图来引入弧度制。在角度制下，画正弦曲线时，在x轴上任取线段OA代表360°，在y轴上任取线段代表$\sin 90°$，也就是1。坐标轴上自变量和因变量的单位长度取法不同，因此会得到函数$y=\sin x$的不同图像，如图6-4所示。编者指出："我们希望任何两条正弦曲线都会有相同的形状，就像两个圆一样，

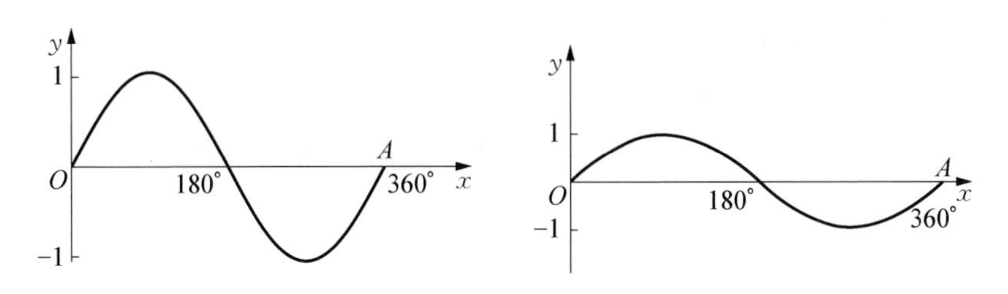

图6-4 正弦函数的两种不同图像

通过放大或缩小等变换，两圆能完全重合。为了简洁性和一致性，我们希望 x 轴和 y 轴有相同的单位长度。”(Dickson, 1922, pp. 157－158)怎样才能取得这种理想的结果呢？

我们在定义正弦值时，将圆的半径看成单位长度。因为圆心角所对的弧长与圆周长之比为一个定值，因此，也可以选择半径为单位长度来度量弧。这样，我们就让 x 轴(角的大小)和 y 轴(角所对应的正弦值)有相同的单位长度。然后给出 1 弧度角的定义：长度等于半径长的圆弧所对的圆心角称为 1 弧度的角。

20 世纪中叶早期的大多数教科书，例如 Wilczynski (1914)等，都将弧度制的引入放在讲解三角函数图像前，部分教科书总结：引入弧度制的一个优点便是统一弧的长度和三角函数值的单位，这样统一了三角函数自变量和函数值的单位，便于我们作三角函数的图像。

（四）弧度制的合理性

Lock (1882)直接介绍 1 弧度的定义，然后对 1 弧度作为单位的原因进行说明：所有的 1 弧度彼此相等，这是作为单位最重要的一个特点；简化了三角学中的许多公式。在三角学的理论研究部分，学生将会发现，使用弧度表示角的单位比使用其他任何单位更简洁。

大多数早期教科书都直接引入弧度制，在说明它的合理性时，采用了“弧度制可以简化公式”“弧度制在高等数学中经常使用”等说法。

6.4 弧度制的应用

在介绍完弧度制对角的度量方式后，有的教科书增加了“弧度制的应用”一节，说明弧度制的优点。主要涉及弧长公式与扇形面积公式、角速度、摆线方程、不等关系和两个重要极限。

6.4.1 弧长公式与扇形面积公式

采用弧度制度量圆心角后，弧长公式与扇形面积公式都可以得到简化。如图 6－5，在⊙A 中，半径为 r，$\angle BAC=\theta$，$\overset{\frown}{BC}=l$，扇形 BAC 的面积记为 S，则弧长公式和扇形面积公式为：

$$l=\theta r,\ S=\frac{r^2\theta}{2}。$$

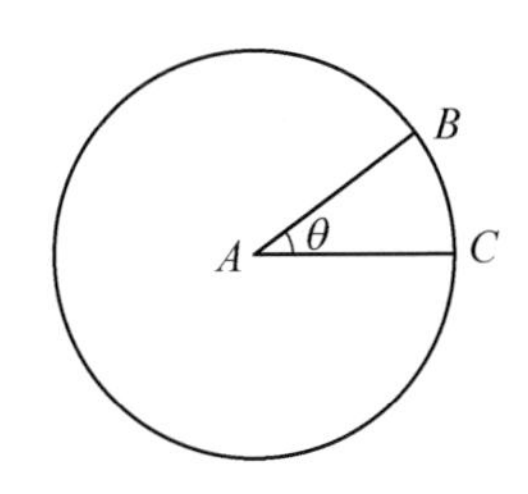

图 6－5　弧长与扇形面积

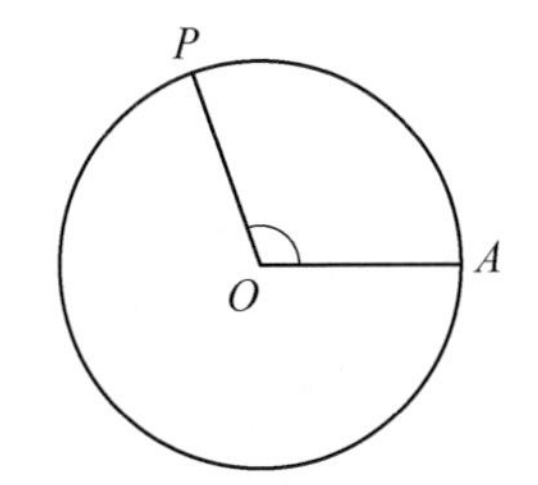

图 6－6　角速度与线速度

6.4.2　角速度

弧度制的使用还能让我们用最简洁的形式表达角速度与线速度的关系。如图 6－6，一点从 A 到 P 做匀速圆周运动，s 为该点在时间 t 内绕圆周走过的距离，$\angle AOP=\theta$，则有弧长公式：$s=r\theta$，两边同时除以时间 t，得

$$\frac{s}{t}=r\frac{\theta}{t},$$

即 $v=\omega r$，其中 v 为线速度，ω 为角速度。

工程师通常用每分转数或每秒转数来表示机器旋转部件的角速度。只要记住一圈等于 2π 弧度，就可以很容易地把它们简化为每分(或每秒)弧度。

6.4.3　摆线方程

Hardy (1938)指出："将弧度作为单位角的真正依据不是在三角学中，而是在微积分中。在微积分中，角度制就像三角学中的弧度一样笨拙和不自然。然而，有些关于轮子滚动的问题，使用弧度制可以得到简化。"随后编者举出了摆线方程的例子。

如图 6－7，如果一个半径为 R 的圆在一条直线 OX 上滚动而不打滑，其圆周上的任意一点 $P(x, y)$都能划出一条曲线，称为摆线。以 O 为原点、OX 为 x 轴、OY 为 y 轴建立平面直角坐标系。从图 6－7 可知：$x=OH=OA-PD$，$y=HP=AC-DC$。因 $OA=\overset{\frown}{AP}$，$PD=R\sin t$，$DC=R\cos t$，所以

$$x=\overset{\frown}{AP}-R\sin t,\ y=R-R\cos t。\tag{2}$$

若使用弧度制来度量角，则 $\overset{\frown}{AP}=Rt$，于是(2)变为

$$x=R(t-\sin t),\ y=R(1-\cos t)。$$

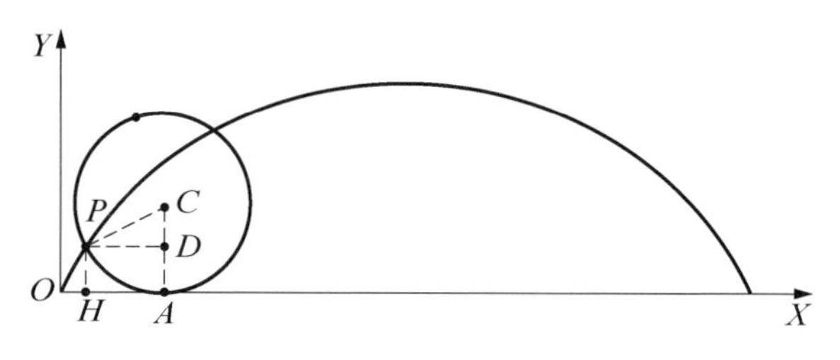

图 6-7　摆线

6.4.4　不等关系

如图 6-8，$\angle AOB=\theta$（用弧度度量的锐角），以点 O 为圆心、任意长为半径画弧，分别与 $\angle AOB$ 的两边交于 A、B 两点，并作⊙O 的切线 TB 与 OA 所在的直线交于点 T。作 $BN\perp OA$ 于点 N，延长 BN 使得 $BN=NC$。连结 OC、CT。易知 $\triangle ONB\cong\triangle ONC$，故有 $OB=OC$，于是 $\triangle BOT\cong\triangle COT$，$\angle OCT=\angle OBT=\frac{\pi}{2}$。因 $BC<\overset{\frown}{BAC}<BT+TC$，故 $BN<\overset{\frown}{AB}<BT$，于是有 $\frac{BN}{OB}<\frac{\overset{\frown}{AB}}{OB}<\frac{BT}{OB}$，从而得

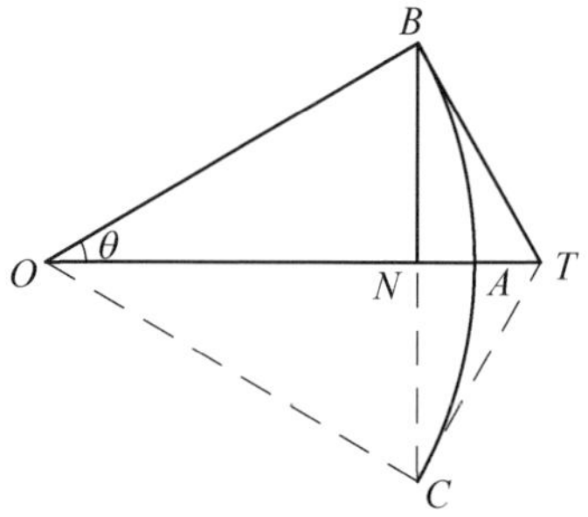

$$\sin\theta<\theta<\tan\theta。$$

图 6-8　正弦、正切与弧长之间的大小关系

6.4.5　两个重要的极限

若 θ 是用弧度度量的锐角，则由 6.4.4 节知 $\sin\theta<\theta<\tan\theta$，于是得

$$1<\frac{\theta}{\sin\theta}<\frac{\tan\theta}{\sin\theta}=\frac{1}{\cos\theta},$$

即

$$\cos\theta<\frac{\sin\theta}{\theta}<1。$$

因此有

$$\lim_{\theta\to 0}\frac{\sin\theta}{\theta}=1,$$

$$\lim_{\theta \to 0} \frac{\tan\theta}{\theta} = \lim_{\theta \to 0} \frac{\sin\theta}{\theta} \times \lim_{\theta \to 0} \frac{1}{\cos\theta} = 1。$$

6.5 结论与启示

引入弧度制的方式与角度制的引入以及呈现方式息息相关，大部分教科书都是先介绍角度制，再介绍弧度制。介绍角度制时，指出：在相同的圆中，对圆心角的度量可以看成是对圆心角所对弧长的度量，这为弧度制的介绍奠定了基础。大多数教科书都是直接给出1弧度的定义，然后阐述该定义的合理性。少数教科书中，采用度量“角”的长度、角的大小与弧长之间的关系、三角函数图像的一致性三种方式来引入。对于用弧度度量角的优点，教科书中的解释大都是简化公式，并列举了弧长公式、扇形面积公式、角速度、摆线方程、不等关系和两个重要极限公式进行说明。几乎所有教科书都指出：角度制和弧度制是度量角的两种方式，角度制在实际应用中使用，而弧度制在理论研究中使用。Taylor (1904)指出：这也就是为什么学生难以理解的原因，可能要等到学习高等数学时，学生才能更深刻地领会到弧度制的简洁性。

历史上三角学教科书中弧度制的呈现方式告诉我们，弧度制是教学的难点。无论是角度制还是弧度制，其本质都是对圆心角所对的弧进行度量，只是度量单位不同。在教学中，教师可以从回顾角度制开始，使学生意识到角度制的本质就是要度量圆心角所对的弧，然后再介绍弧度制。虽然需要等到学习高等数学时，才能让学生更清楚地理解弧度制的简洁性，但弧度制下推导出来的角速度与线速度的关系 $v=\omega r$，是学生在物理中常见的公式，而且工程师利用这个公式，能更简单地计算出机器旋转部件每分或每秒的旋转速度。用角度制和弧度制两种方式度量角，不同度量方式下计算机器的旋转速度，比较优劣，可以让学生感受弧度制的简洁性。除此之外，使用弧度制度量角，统一了三角函数自变量和函数值的单位也是弧度制的优点之一。总之，让学生经历弧度制演变的历史，了解其本质，并加以适当地实际应用，能帮助学生更好地理解弧度制及其优势。

参考文献

斯科特(2012). 数学史. 候德润，张兰译. 江苏：译林出版社.

Colenso, J. W. (1859). *Plane Trigonometry*. London: Longmans, Green, & Company.

De Morgan, A. (1837). *Elements of Trigonometry and Trigonometrical Analysis*. London: Taylor and Walton.

Dickson, L. E. (1922). *Plane Trigonometry with Practical Applications*. Chicago: Benj H. Sanborn & Company.

Galbraith, J. A. (1863). *Manual of Plane Trigonometry*. London: Cassell.

Gregory, O. (1816). *Elements of Plane and Spherical Trigonometry*. London: Baldwin, Cradock, & Joy.

Hardy, J. G. (1938). *A Short Course in Trigonometry*. New York: Macmillan Company.

Kenyon, A. M. & Ingold, L. (1913). *Trigonometry*. New York: The Macmillan Company.

Lardner, D. (1826). *An Analytical Treatise on Plane and Spherical Trigonometry*. London: John Taylor.

Lock, J. B. (1882). *A Treatise on Elementary Trigonometry*. London: Macmillan & Company.

McCarty, R. J. (1920). *Elements of Plane Trigonometry*. Chicago: American Technical Society.

NCTM (1969). *Historical Topics for the Mathematics Classroom*. Washington, D. C.: National Council of Teachers of Mathematics.

Nixon, R. C. J. (1892). *Elementary Plane Trigonometry*. Oxford: The Clarendon Press.

Taylor, J. M. (1904). *Plane Trigonometry*. Boston: Ginn & Company.

Twisden, J. F. (1860). *Plane Trigonometry, Mensuration and Spherical Trigonometry*. London: Richard Griffin & Company.

Wilczynski, E. J. (1914). *Plane Trigonometry and Applications*. Boston: Allyn & Bacon.

Wylie, C. R. (1955). *Plane Trigonometry*. New York: McGraw-Hill Book Company.

Young, J. W. & Morgan, F. M. (1919). *Plane Trigonometry*. New York: The Macmillan Company.

7 周期函数

韩　粟*

7.1 引　言

周期现象的研究起源于天文学，而函数的周期性是定量刻画周期现象的数学语言。《普通高中数学课程标准(2017 年版 2020 年修订)》(本章以下简称《课标》)要求：结合三角函数，了解周期性的概念和几何意义；用几何直观和代数运算的方法研究三角函数的周期性(中华人民共和国教育部，2020)。承袭《课标》的指导意见，人教版 A 版与沪教版教科书不约而同地由正弦曲线具有的周而复始的变化规律，结合正弦函数的诱导公式来引入函数的周期性，并称具有周期性的函数为周期函数，体现了数学中从特殊到一般的逻辑序。同时，有研究指出，这样的设计容易让学生陷入“只有三角函数才是周期函数”的误区(陈莎莎，2018)。北师大版教科书另辟蹊径，以周期变化作为三角函数一章的起始节，从水车运动、矩形波及锯齿波函数图像中抽象出周期函数的概念，再从一般到特殊，分析三角函数的周期性。

事实上，无论现行教科书采取何种编排顺序，都难以改变周期函数是高中数学难点概念的事实(阮晓明，王琴，2012)，以及学生对周期函数存在着诸多片面乃至错误理解的学情现状(陈君煜，2020)。因为现行教科书只是冰冷冷地向师生呈现了一个精致且完善的定义，教师按照教科书，不加诠释地教给学生，学生不加理解地接受概念，之后师生便匆忙地进入概念应用的操练，将概念及定义本身抛之脑后。如此教与学，概念的“细微之处”自然会被忽略，如周期函数定义域的无界性、周期的非零性、最小正周期的存在性等(韩粟，2021)。而这些细节，恰恰是学生理解的难点，也理应是教师教学的重点。随着定义的演变，它们不再显性地存在于现行教科书中，但我们可以通过对

* 华东师范大学教师教育学院硕士研究生。

历史上大量早期教科书的纵深分析，找出它们何时出现、何时被完善，并尽力挖掘出演变的过程和结果所揭示的对今日数学概念教学的价值。

鉴于此，本章聚焦周期函数概念，对 19 世纪初期至 20 世纪中期出版的美英三角学教科书进行考察，尝试回答以下问题：美英早期三角学教科书中，周期函数概念的发展分为哪几个阶段？如何定义周期函数？对今日教学有何启示？

7.2 教科书的选取

本章以相关数据库中 1800—1959 年出版的 70 种美英三角学教科书作为研究对象，以 20 年为一个时间段进行统计，这些教科书的出版时间分布情况如图 7－1 所示。

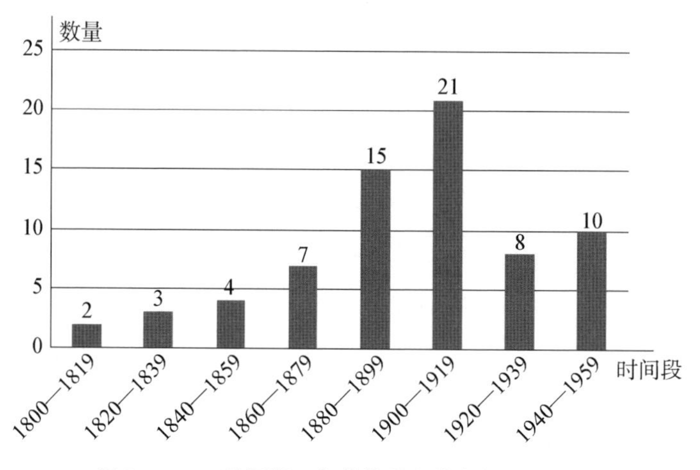

图 7－1　70 种早期三角学教科书的出版时间分布

为回答研究问题 1 和 2，按年份依次检索上述 70 种早期三角学教科书，从中摘录出周期函数概念的所有原始文本，经内容分析，并结合已有的周期函数历史研究文献，划分出早期教科书中周期函数概念的发展阶段，确定一般周期函数定义的分类标准，并将原始文本按标准归于不同类别，统计与分析不同类别定义的数量、时间分布及演变规律。最后，结合现行教科书及已有周期函数教学研究文献，回答研究问题 3。

7.3 周期函数概念的发展

根据对 70 种早期三角学教科书和已有的周期函数历史研究文献（陈莎莎，2018；

汪晓勤,沈中宇,2020, pp. 120 - 127;韩粟,2021)的考察,本章将周期函数概念的发展历史划分为 3 个阶段,分别为周期现象、三角函数的周期性和一般周期函数定义。

显然,一般周期函数定义的出现并不代表三角函数周期性的消亡,自前者诞生后,两者总是共存于同一种教科书中。对于这两者的编排,与现行教科书相同,早期教科书中也体现出从特殊的三角函数周期性到一般周期函数定义,或从一般到特殊两种逻辑顺序。

7.3.1 周期现象

昼夜交替,阴晴圆缺,潮涨潮落,春去秋来……这些按一定规律周而复始、循环往复的自然现象称为周期现象。19 世纪早期的 5 种教科书描述了天文问题中涉及的周期现象,周期是天体在运动过程中重复经历同一个位置的时间间隔。

以一日为尺度,Keith (1810)最早分别阐述了真太阳日(true solar day)和平太阳日(mean solar day)的定义,前者是任何一天离开子午线,直至第二天返回同一子午线的时间间隔,可以被观测到;后者是一个人工的时间间隔,不可以被自然观测到,设置的目的是"纠正"前者的不规则性。以一月为尺度,Bonnycastle (1818)分别给出了 4 种月份的定义,如朔望月(synodical month)①是月亮返回到太阳所需经历的周期,为 29 天 12 时 44 分 3 秒。以一年为尺度,Bonnycastle (1818)又分别给出了 3 种年份的定义,如回归年(tropical year)是太阳回到黄道上同一点所需经历的周期,为 365 天 5 时 48 分 5.6 秒。

7.3.2 三角函数的周期性

47 种教科书蕴含或明确了三角函数的周期性,"蕴含"是指教科书中虽未直接提及"周期"(period)、"周期的"(periodic)、"周期性"(periodicity)等字眼,但出于简化计算、分析函数性质等不同需求,隐性地表征了正弦函数等三角函数的周期性。根据表征方式,可以分为"三角级数""诱导公式""终边旋转""三角曲线""变量依赖"5 类。47 种教科书中,各类表征方式的频数如图 7 - 2 所示。

(一) 三角级数

Lardner (1826)在研究三角级数 $\sum \sin[A+(n-1)x]$ 时指出,如果弧度 x 与

① 此处为原文直译,朔望月的现代定义为月球连续两次合朔的时间间隔,合朔指太阳和月亮位于同一经度。

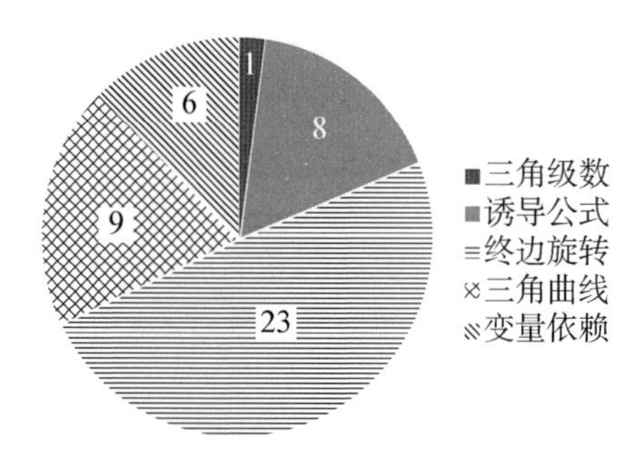

图 7-2　三角函数周期性的各类表征方式的频数分布

2π 可公度，即存在互素的两个整数 m_1、n_1，使得

$$\frac{x}{2\pi}=\frac{m_1}{n_1}, \tag{1}$$

则该级数是周期性的，也就是说，在一定数量的项之后，相同项将不断出现。

考虑该级数的第 n_1+1 项，由(1)有

$$\sin[A+(n_1+1-1)x]=\sin(A+n_1x)=\sin(A+2m_1\pi)=\sin A, \tag{2}$$

即第 n_1+1 项等于第 1 项。考虑下一项，即第 n_1+2 项

$$\sin[A+(n_1+1)x]=\sin[(A+x)+n_1x]=\sin[(A+x)+2m_1\pi]=\sin(A+x), \tag{3}$$

即第 n_1+2 项等于第 2 项。可以推得，第 n_1+1 到第 $2n_1$ 项中的每一项，都对应地和前 n_1 项中的一项相等，以此循环往复。

由(2)和(3)可见，三角级数的周期性源于三角函数的周期性。

（二）诱导公式

8 种教科书通过列举诱导公式来表征三角函数的周期性变化特征，推测编者可能受到了欧拉《无穷分析引论》的影响。在“来自圆的超越量”一章中，欧拉将两角和的正弦公式及余弦公式的一个角先依次替换成 $\frac{\pi}{2}$、π、$\frac{3}{2}\pi$ 和 2π，再一般化，即依次替换成 $\frac{\pi}{2}+2n\pi$、$\pi+2n\pi$、$\frac{3}{2}\pi+2n\pi$ 和 $2\pi+2n\pi$ $(n\in\mathbf{Z})$，得到一系列诱导公式(Euler, 1988, pp. 101-103)。

Greenleaf (1876)与欧拉的第一步做法几乎如出一辙，他先令两角和的正弦公式

及余弦公式中的一个角 $\alpha=360^\circ$，则有

$$\sin(360^\circ+\beta)=\sin\beta, \tag{4}$$

$$\cos(360^\circ+\beta)=\cos\beta, \tag{5}$$

(4) 和(5)说明，对于任意角 $\beta\in[0^\circ, 360^\circ]$，其加上 360°后的角的三角函数值都与之相等。反之，仅考虑三角函数值，则任意超过 360°的角，都可以用一个小于 360°的角来代替。不难发现，编者只论及正弦和余弦两个三角函数，且没有像欧拉一样，推广到一般情形，只停留在简化计算的层面。

相较而言，同时期的 Schuyler (1875)不仅指出了所有三角函数都具有形如(4)或(5)的公式，而且证明了：当 n 为正整数时，对任意的角 α、$\alpha+2n\pi$ 的任一三角函数值都与 α 相等。

（三）终边旋转

23 种教科书采用角的终边旋转若干圈后仍回到原来的位置这一最直观的证据，说明三角函数的周期性。

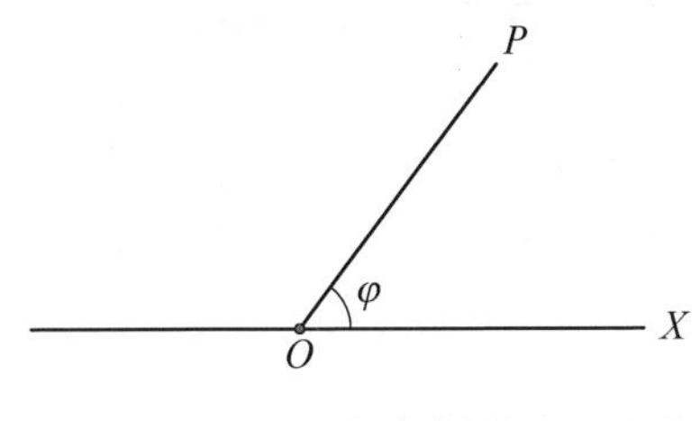

图 7-3　任意角 *XOP*

19 世纪中后期，周期函数(periodic function)一词面世。如图 7-3，Wheeler (1877)指出：设任意角 XOP 的角度为 φ，对任意(非零)整数 k、$\varphi\pm2k\pi$ 和 φ 对应角的所有三角函数值相等。这一性质使得三角函数又称为周期函数，周期为 2π。编者还注意到正切函数和余切函数有着更小的周期 π。

Oliver, Wait & Jones (1881)在"函数的周期性"一节给出了更详细的解释：若 k 取正整数，则 $+2\pi$，$+4\pi$，…，$+2k\pi$ 表示角 XOP 的终边 OP 逆时针转过 1，2，…，k 圈；若 k 取负整数，则 -2π，-4π，…，$-2k\pi$ 表示终边 OP 顺时针转过 1，2，…，k 圈。因此，角度 φ 和 $\varphi\pm2k\pi$ 对应的终边均为 OP，则它们对应的三角函数值相同，所以称三角函数为"角的周期函数"。

（四） 三角曲线

9种教科书根据三角曲线的重复性来表征三角函数的周期性。

Granville (1909)以正弦函数为例，分4步说明如何画出其函数图像，前3步分别为确定函数表达式 $y=\sin x$，对照正弦对数表计算函数值及对应地在坐标系中描点，最后一步为将这些点连结成一条平滑的曲线，便得到了 $x\in[-2\pi, 2\pi]$ 时 $y=\sin x$ 的图像，称为正弦曲线。[①]（图7-4）

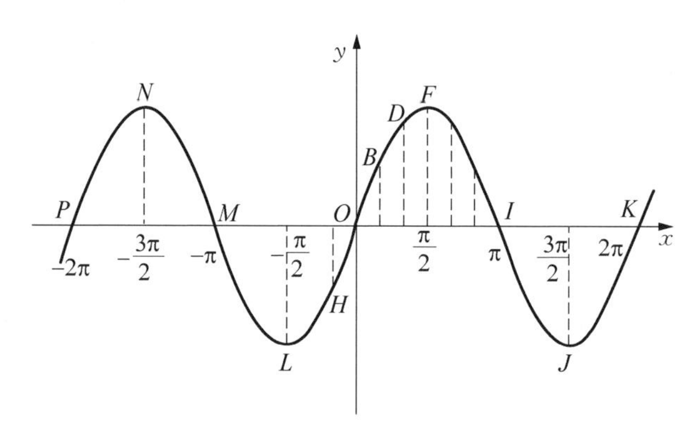

图7-4 正弦曲线

编者进一步指出，由 $y=\sin x=\sin(x\pm 2\pi)$，说明如果用 $x\pm 2\pi$ 替换 x，图像仍不变，而 $x\pm 2\pi$ 意味着图像上的每个点都向左或向右平移了 2π。这就表明，仅需要画出在长度为 2π 的区间上的一段曲线，如 $MLOFI$，整个正弦曲线正是由无穷多个这样能向左或向右延伸的曲线段组成。

基于以上讨论，在下一节“三角函数的周期性”中，编者即刻指出：2π 是正弦、余弦、正割和余割函数的周期，π 是正切和余切函数的周期。由于角匀速增大或减小时，每一个三角函数反复经过同样系列的值，故称其为周期函数。

（五） 变量依赖

6种教科书基于“变量依赖关系”来定义三角函数的周期性，这也是美英早期代数教科书中一般函数定义的主流(刘思璐，沈中宇，汪晓勤，2021)。

基于函数的观点，Clark (1888)指出：圆函数是周期性的，因为当 x 从0到无穷大时，相同的函数值以 2π 为间隔重复出现，即对任意整数 n、$x+2n\pi$ 对应的函数值和 x

---

① 在今天看来，这一说法并不准确。正弦曲线是指函数 $y=\sin x(x\in\mathbf{R})$ 的图像，而不是它在某个有限区间上的一段。

对应的函数值相等。Taylor (1904)给出如下定义：随着角度的增大，每一个三角函数反复出现相同系列的值，因此称三角函数为周期函数。虽然这还在用角度的变化描述自变量的取值变化，不如“变量依赖关系”定义抽象，但这一表述可以视为“变量依赖关系”中的“应变型”，即一个变量的值的变化导致另一个变量的值的变化；“变量依赖关系”定义可以视作“应变＋对应”型定义，因为其还补充说明了多个变量对应的值相等(刘思璐，沈中宇，汪晓勤，2021)。

(六) 讨论

图 7-5 展示了 47 种三角学教科书中三角函数周期性的表征方式的演变。

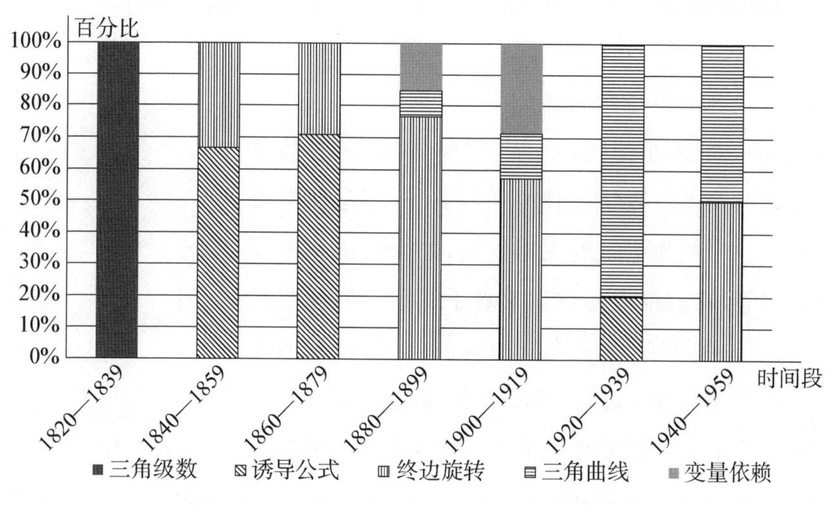

图 7-5 三角函数周期性的表征方式的演变

由图 7-5 并结合图 7-2 可知，三角级数这一表征只是短暂地出现在 19 世纪早期的 1 种教科书中。自 19 世纪中期起，诱导公式和终边旋转两种方式日渐成为三角函数周期性的主流表征方式，但前者主要用于简化计算，一般与其余几组诱导公式共同发挥作用，以将计算任意角的三角函数值转化为计算对应的锐角三角函数值，所以自 19 世纪 80 年代起，诱导公式与三角函数周期性两部分内容不再一同出现；后者主要用于将角的概念推广至任意角，平面直角坐标系中终边一圈又一圈地不断重合，非常直观地体现出任意角周而复始的变化规律。因此，直至 20 世纪中期，许多教科书仍然以终边旋转来引入三角函数的周期，进而定义其周期性。

三角曲线这一表征出现于 19 世纪末期，在 20 世纪初期到中期逐渐占据主要地位，相比于终边旋转的表征，三角曲线能够揭示出关于三角函数周期性，乃至单调性、奇偶性及最值等性质更丰富的信息，直至今日，由三角曲线引入对应三角函数性质的这一内容编排仍被许多主流教科书采用。

变量依赖的表征同样出现于19世纪末期，但很快消失于20世纪初期。Clark(1888)认为："到目前为止，用纯几何的方式处理三角函数略显局限，考虑到弧（或角）与函数值之间的关系可以用代数的方法来处理，因此三角学可以当作纯代数的一个分支。"Oliver, Wait & Jones(1881)更具体地指出，三角学可以定义为"处理周期函数的代数学分支"，用现代数学的眼光来看，此处用分析学或许比代数学更合理。以上表述均说明，周期性是三角函数被纳入分析学范畴的本质原因，而三角函数周期性的变量依赖表征的悄然谢幕，意味着更一般的周期函数概念的定义粉墨登场。

7.3.3 一般周期函数的定义

19世纪末至20世纪初，无论是物理学中对各种信号波形的处理引发了对数学工具的强烈需求，还是数学内部函数作为一门数学语言的飞速发展，如来自函数图像的直观证据等，它们都促使数学家着手探索一般周期函数的定义。70种美英早期三角学教科书中，有18种明确提出了一般周期函数的定义，可以分为"描述性定义""不完善的形式化定义""较完善的形式化定义"3类，各类定义的频数分布如图7-6所示。

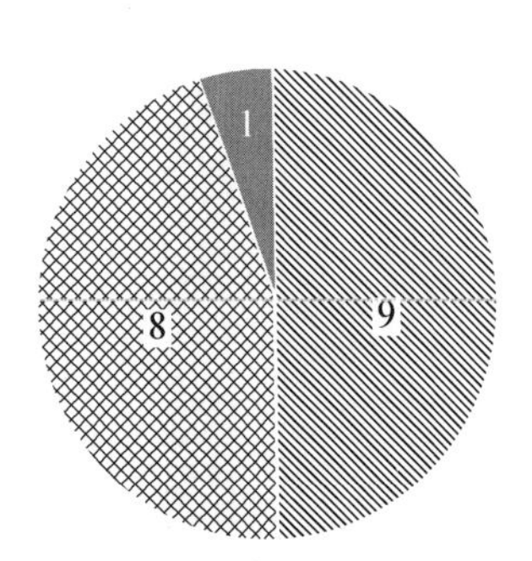

图7-6　一般周期函数3类定义的频数分布

（一）描述性定义

9种教科书采用自然语言描述一般周期函数的概念，Wood (1885)最早给出周期函数的描述性定义："以有规律的间隔重复自身的函数称为周期函数。"

进入20世纪，Durfee (1900)同时给出周期函数和周期的定义："当自变量或幅角增大时重复自身的函数称为周期函数。周期是使函数值发生重复的自变量的改变量。"而Palmer & Leigh(1914)给出的定义为："周期函数是指当自变量增加一个常量时值不变的函数。该常量的最小正值称为周期。"比较两定义，从"幅角"一词中可以看出前者尚未摆脱三角函数的影响，抽象程度较低，而后者尽管未使用函数的符号语言，但已初具雏形。按照Durfee (1900)的说法，周期应该有无数个，Palmer & Leigh(1914)却只取其中最小正值的一个作为周期。可以推测，20世纪初期的数学家对该如何定义周期存在分歧。

还有一种定义是基于函数的图像来描述周期性，如 Moritz (1915)先定义每隔一个确定区间重复自身的曲线为周期曲线，发生重复的区间为周期，然后称这种曲线所表示的函数即为周期函数。Gay (1935)的定义则为：若一个函数的图像由一系列形状完全相同的弧所构成，则称该函数为周期函数，x 轴上使曲线纵坐标取遍所有可能值的区间长度称为曲线的周期。

（二） 不完善的形式化定义

8 种教科书采用函数的符号语言给出了周期函数的定义，但尚不完善。最早，Murray (1899)给出的定义如下：“若函数 $f(x)$ 具有性质 $f(x)=f(x+T)$，其中 x 可取任意值，T 为常数，则称 $f(x)$ 为周期函数，而满足该等式的最小的数 T 称为该函数的周期。”

该定义可以视作现行教科书中定义的雏形，结合函数概念及其构成要素仔细推敲，发现还存在两点不足之处：

(1) 没有明确周期函数的定义域；

(2) 定义中仅取满足等式 $f(x)=f(x+T)$ 的最小的数 T 为函数的周期，认为所有三角函数都是单周期(singly periodic)函数，但同时表示高等数学的某些分支中具有含多个周期的函数，比如椭圆函数为双周期(doubly periodic)函数。

此后，早期教科书中关于周期的讨论延续不断。Rosenbach, Whitman & Moskovitz(1937)指出：周期的任意(整数)倍也是周期，但是一个周期函数的周期是指使 $f(x)=f(x+T)$ 成立的 T 的最小值。以正切函数为例，由 $\tan x=\tan(x+\pi)$，可得正切函数 $f(x)=\tan x$ 的一个周期为 π，而正切函数的最小周期也为 π，余切函数同理。但是，二者以外的其余三角函数的最小周期均为 2π。可见，编者已经认识到周期函数有无数个周期，而且都如三角函数一样，存在最小的一个周期。

Smail (1952)给出的定义为：“使 $f(x)=f(x+T)$ 成立的绝对值最小的常数 T 为原始周期或基本周期。”该定义加上“绝对值”一词为限制，语义上避免了 Murray (1899)定义或 Rosenbach, Whitman & Moskovitz (1937)定义中未声明正数导致可以取出至负无穷大的最小周期。但与此同时，新的矛盾又出现了，即基本周期不具有唯一性，仍以正切函数为例，按照 Smail (1952)定义，π 和 $-\pi$ 都是正切函数的基本周期。

除去上述关于最小周期正负的讨论，更易被忽视的是周期能否为零。直到周期函数的形式化定义诞生近 60 年后，才由 Wylie (1955)首次明确了周期的非零性。

虽然上述教科书给出的形式化定义并非尽善尽美，但符号语言的运用，使得周期性被确认为函数的重要性质之一，此时期的教科书中开始出现对函数周期性更深入的探讨。

Holmes (1951)认为周期性可应用于构造复杂连续函数的图像。以 $y=x+\sin x$ 为例，函数可以视作函数 $y_1=x$ 和 $y_2=\sin x$ 的叠加，反映到坐标系中，则函数 $y=x+\sin x$ 图像上的每一点 (x, y)，其纵坐标 y 等于其横坐标 x 对应的纵坐标 y_1 加上 y_2。当 $y_2=\sin x=0$ 时，$y=y_1$，表明函数 $y=x+\sin x$ 和 $y_1=x$ 的图像在 $y_2=\sin x=0$ 对应的横坐标为 $x=k\pi(k\in \mathbf{Z})$ 的无数个点处相交，如图 7 - 7 所示。

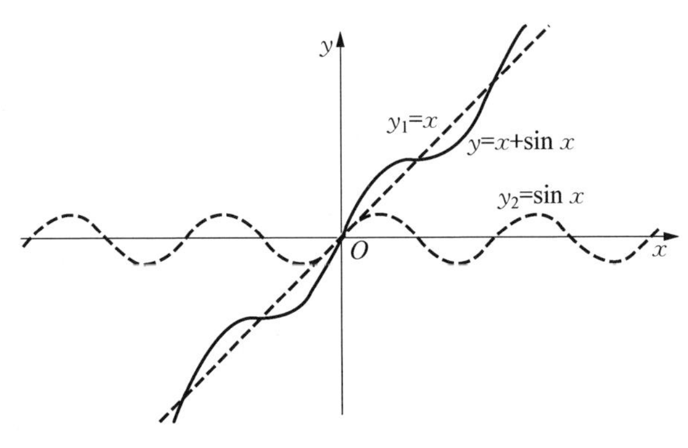

图 7 - 7　函数 $y=x+\sin x$ 的图像

同理可以构造函数 $y=\frac{x}{3}\cos x$ 的图像，如图 7 - 8 所示。

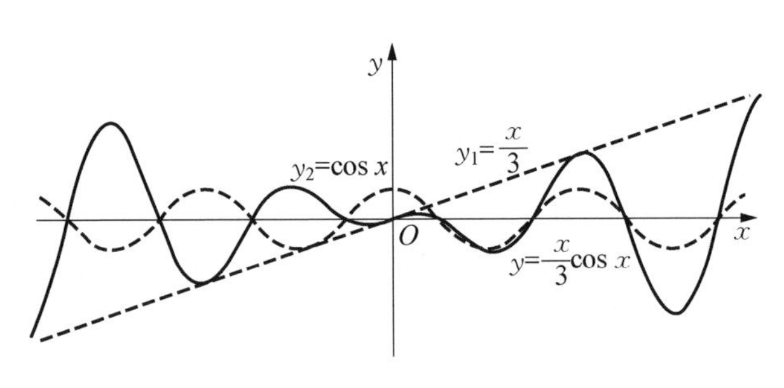

图 7 - 8　函数 $y=\frac{x}{3}\cos x$ 的图像

Wylie (1955)指出，任何周期函数都可以表示为一组适当加权的正弦或余弦函数的和，这在物理学、工程学等领域有着广泛应用。如图 7 - 9，电气工程中，每 π 秒交替开闭的单向脉冲电流，其函数便可以精确地展开为正弦级数或余弦级数，即现代数学中的傅里叶级数。

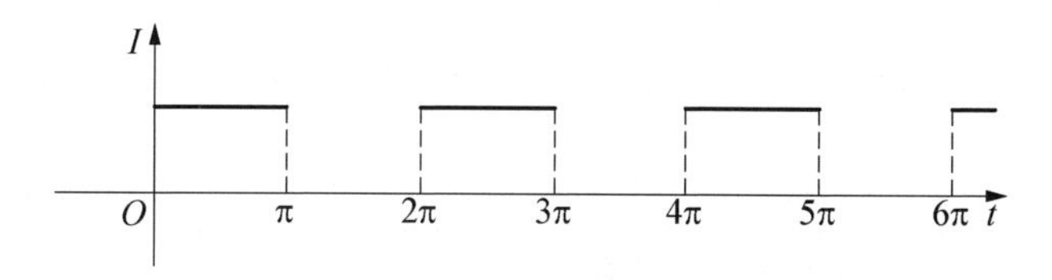

图 7－9 单向脉冲电流

（三）较完善的形式化定义

20 世纪中期，Sharp (1958)集前人之大成，给出了较完善的周期函数定义：设函数 $f(x)$ 的定义域为 D，T 为非零实数，当 $x \in D$ 时，$x \pm T \in D$。若对于 D 中 x 的每一个值，均有 $f(x)=f(x+T)$，则称 $f(x)$ 为周期函数，T 称为 $f(x)$ 的一个周期。

Sharp (1958)不仅在定义中明确了周期在非零实数集内取值，而且认定基本周期为周期中最小的正数，又称最小正周期，与现行教科书一致。那么，最小正周期一定存在吗？Sharp (1958)通过常值函数这一反例，简短有力地说明了周期函数不一定存在最小正周期。

此外，Sharp(1958)还阐述并证明了周期函数的若干定理：

定理 1 若周期函数 $f(x)$ 的周期为 T，则 T 的任意非零整数倍也是 $f(x)$ 的周期。

定理 2 若函数 $f(x)$ 是周期为 T 的周期函数，则对任意的非零实数 c，函数 $f(cx)$ 是周期为 $\frac{T}{c}$ 的周期函数(x 均为自变量)。

定理 3 若函数 $f(x)$ 和 $g(x)$ 均为周期为 T 的周期函数，则函数 $h_1(x)=f(x)+g(x)$、$h_2(x)=f(x)-g(x)$、$h_3(x)=f(x)\cdot g(x)$ 及 $h_4(x)=\frac{f(x)}{g(x)}(g(x)\neq 0)$ 仍为周期为 T 的周期函数。

编者强调，定理 3 中的周期不可与最小正周期一概而论，即不能由函数 $f(x)$ 和 $g(x)$ 的最小正周期均为 T 而推出上述任何一个函数 $h_i(x)(i=1, 2, 3, 4)$ 的最小正周期为 T。

最后，Sharp (1958)不加证明地给出了

定理 4 若周期函数 $f(x)$ 和 $g(x)$ 的最小正周期的比为(非零)有理数，则它们存

在一个共同的周期，且上述函数 $h_i(x)(i=1, 2, 3, 4)$ 仍为周期函数。

7.3.4 一般周期函数定义的演变

图 7-10 展示了 1880—1959 年间教科书中一般周期函数 3 类定义的演变。

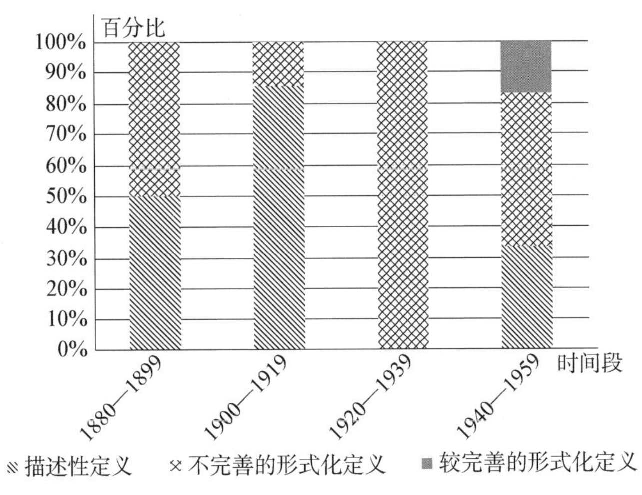

图 7-10 一般周期函数 3 类定义的演变

由图可见，描述性定义和不完善的形式化定义在 19 世纪末期平分秋色，到 20 世纪初期，前者成了主流，它适用于描述三角函数的周期性，但难以精准地刻画一般周期函数。比如按照基于函数图像描述周期性的 Moritz (1915)定义和 Gay (1935)定义，图 7-7 所示图像对应的函数 $y=x+\sin x$ 似乎也是周期函数，但按照两个定义得出的该函数的周期却大相径庭。事实上，通过构造含周期函数的复合函数，或更为简单的分段函数，能得到许许多多满足这类定义的函数图像，但它们对应的函数未必是周期函数，说明此类描述性定义未能清楚界定周期函数概念的内涵，自然语言的滥用又错误地放大了概念的外延，导致周期的定义也不甚明朗，尔后这类定义逐渐减少，如今已不再被采用。

另一类描述性定义可以视作形式化定义的前身。例如，虽然按时间线看，Murray (1899)定义早于 Palmer & Leigh(1914)定义，但仔细对照后不难发现，前者可视为后者经符号代数语言翻译后的版本。联系数学的严谨性和抽象性，周期函数概念的形式化定义的产生是必然的，但无论是数学抽象的过程还是结果，都不可能是一蹴而就的。7.3.3 节显示，在形式化定义的完善过程中，围绕周期产生了一系列问题。

一是周期的取值范围问题。在三角函数的周期性中，不会特意考虑将角的终边旋转 0 圈，即不旋转的情况，所以一般化后，极易忽略周期应当取非零值。

二是最小周期的概念界定问题。虽然联系原文上下文，可以推测编者一般意指正数，即现行教科书中的最小正周期，但未以文字明确，容易引出教师或学生关于最大或最小负周期的迷思。

最后，历时约 80 年，直至 20 世纪中期才终于由 Sharp (1958)给出了周期函数概念较完善的形式化定义，相比于前人的工作，这一定义的进步之处在于没有“顾此失彼”，既关注了函数的定义域，又关注了周期的非零性以及最小正周期的存在性。但之所以为 Sharp (1958)定义冠以“较完善”而非“完善”之名，是因为周期函数的形式化定义至今仍在发展之中，并无定论。如按照现行中学数学教科书中的定义，周期函数的定义域只需至少单侧无界，而按照现行高等数学教科书中的定义，周期函数的定义域必须双侧无界，Sharp (1958)定义亦如此，若取正弦函数的正半部分 $y=\sin x$，$x\in[0,+\infty)$，在此定义下它便不是周期函数。

两种定义孰对孰错？孰优孰劣？许多数学工作者就此问题屡屡产生争鸣。综合、辨析他们的观点(史嘉，陆学政，韦兴洲，2013；蔡悦，2018)，笔者认为：在高中阶段，学生只需理解周期函数的定义域是无界的，无需基于定义去考究其范围是至少单侧无界还是双侧无界，能针对具体问题情境作出具体分析即可。回到周期的起源，几乎所有具有周期性的自然现象都是从某一时刻开始的，如果采取后者，不承认仅单侧无界的函数的周期性，则大大削弱了周期函数的应用价值，也背离了运用三角函数构建事物周期变化的数学模型的出发点。考虑到初等数学与高等数学的衔接，或许数学工作者应当将周期函数的定义进行适当推广，如定义“弱周期函数”(潘劲松，童丽娟，2012)等，以消释现行两种周期函数定义的矛盾。

7.4　结论与启示

如图 7-11，美英早期三角学教科书中周期函数概念的发展可以划分为周期现象、三角函数的周期性和一般周期函数的定义 3 个阶段，三角函数周期性分别由三角级数、诱导公式、终边旋转、三角曲线及变量依赖 5 类方式表征，而一般周期函数的定义经历了从描述性定义、不完善的形式化定义到较完善的形式化定义的演变过程。以上种种，为今日教学带来了诸多启示。

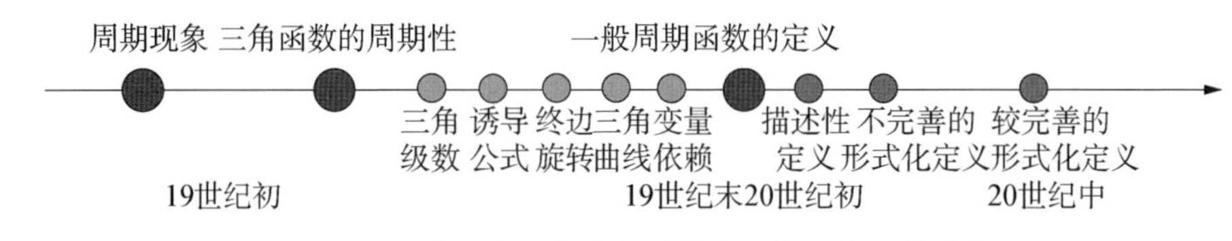

图 7-11　美英早期三角学教科书中周期函数概念的发展

其一，提供概念的多元表征。美国数学教师理事会(National Council of Teachers of Mathematics，简称 NCTM)《学校数学的原则与标准》指出：如果数学是“关于模式的科学”，表征即记录和分析那些模式的手段。一个新的数学概念的学习，往往要求学生能够灵活地转换概念的表征方式，例如选择特定的表征来理解特定的内涵等。按照现行教科书的编排，学生对周期函数概念的表征往往起步于正弦曲线，而结合对早期教科书的研究成果，教师可以适时补充更为丰富的关于三角函数周期性的多元表征，如终边旋转可作为图形表征，诱导公式可作为符号表征，变量依赖可作为文字表征。对于一般周期函数的定义，教师可以呈现简单分段函数作为图形表征，如由图像判断 $y=\left[\frac{x}{2}\right]$ 是否周期函数，并借助希沃白板等信息技术，让学生切实体会到引入符号语言构建概念定义的必要性。(徐洁岚，韩粟，2021)

其二，培养严密的数学抽象素养。数学抽象是数学的基本思想，而数学史让我们看到，人们正是从自然界中的周期现象中逐步抽象出周期函数的数学概念，最初过分依赖直观和经验让数学家走了一些弯路，但经过数代人的不懈努力，最终形成了较完善的形式化定义。以史为鉴，教师可以让学生在辨析历史中积累从具体到抽象的经验(李晓郁，韩粟，2021)，以新代旧，跨越历史，深刻地体会数学的严谨性与抽象性。

其三，开展跨学科的数学建模活动。人教版以我国古代发明的一种灌溉工具——筒车为例，由于筒车上盛水筒的运动具有周期性，因此可以用三角函数建立盛水筒运动的数学模型。放眼大千世界，天文学中的天体运动，物理学中的交变电流，医学中的心电图，艺术中的音调音色……这些无不呈现出周期变化的特点，可用于开展数学建模活动。为建立和检验模型，学生不仅需要数学中三角函数和周期函数的知识，还需要广泛调动其他学科的知识。在课时允许的情况下，数学教师可以与其他学科的教师合作，如走进校内的物理实验室(图 7-12)或者校外更广阔的实践天地，让数学建模素养的培育落地生根。

甲 家庭电路中的正弦式电流

乙 示波器中的锯齿形扫描电压

丙 电子电路中的矩形脉冲

图 7-12 几种交变电流的波形(人教版普通高中教科书物理 A 版选择性必修第二册)

其四,尝试高观点下的数学教学。曾有教师将证明数学史上的著名函数——狄利克雷函数的周期性呈现为课堂例题(徐洁岚,韩粟,2021),这实则是大学数学分析教科书中的习题,但令人惊喜的是,少数学生可以当堂给出完整的证明,在教师引导下,多数学生可以理解证明的过程和结论,无形间提升了逻辑推理素养。若有学生在经历了周期函数定义的演变后产生"现在书中的定义一定准确吗"等疑问,教师不妨呈现高等数学中的另一定义,引导他们辨析二者的异同,或许能对学生批判性思维的培养有所增益。

参考文献

蔡悦(2018). 不同版本周期函数概念的解析・比较・疑惑. 中学数学,(01):5-6.

陈君煜(2020). 高中生对于周期函数理解的调查研究——以上海市 J 中学为例. 上海:华东师范大学.

陈莎莎(2018). HPM 视角下周期函数的教学设计研究. 上海:华东师范大学.

韩粟(2021). 周期函数概念的历史. 中学数学月刊,(05):50-54.

李晓郁,韩粟(2021). "辨析"为跨越历史,"经历"促素养生根——HPM 视角下"周期函数"概念的教学. 中小学数学(高中版),(Z2):12-15.

刘思璐,沈中宇,汪晓勤(2021). 英美早期代数教科书中的函数概念. 数学教育学报,30(04):55-62.

潘劲松,童丽娟(2012). 关于周期函数定义的研究. 湖南师范大学自然科学学报,35(01):21-26.

阮晓明,王琴(2012). 高中数学十大难点概念的调查研究. 数学教育学报,21(05):29-33.

史嘉,陆学政,韦兴洲(2013). 评析问题 223. 数学通讯,(07):35-36.

汪晓勤,沈中宇(2020). 数学史与高中数学教学——理论、实践与案例. 上海:华东师范大学出版社.

徐洁岚，韩粟(2021).“函数的周期性”教学：基于相似性，重构数学史.教育研究与评论(中学教育教学)，13(07)：76－82.

中华人民共和国教育部(2020).普通高中数学课程标准(2017年版2020年修订).北京：人民教育出版社.

Bonnycastle, J. (1818). *A Treatise on Plane and Spherical Trigonometry*. London: Cadell & Davies.

Clarke, J. B. (1888). *Manual of Trigonometry*. Oakland: Pacific Press.

Durfee, W. P. (1900). *The Elements of Plane Trigonometry*. Boston: Ginn & Company.

Euler, L. (1988). *Introduction to Analysis of the Infinite*. Translated by John D. Blanton. New York: Springer-Verlag.

Gay, H. J. (1935). *Plane and Spherical Trigonometry*. Ann Arbor: Edwards Brothers.

Granville, W. A. (1909). *Plane and Spherical Trigonometry*. Boston: Ginn & Company.

Greenleaf, B. (1876). *Elements of Plane and Spherical Trigonometry*. Boston: Robert S. Davis & Company.

Holmes, C. T. (1951). *Trigonometry*. New York: McGraw-Hill Book Company.

Keith, T. (1810). *An Introduction to the Theory and Practice of Plane and Spherical Trigonometry*. London: T. Davison.

Lardner, D. (1826). *An Analytic Treatise on Plane and Spherical Trigonometry*. London: John Taylor.

Moritz, R. É. (1915). *Elements of Plane Trigonometry*. New York: John Wiley & Sons.

Murray, D. A. (1899). *Plane Trigonometry for Colleges and Secondary Schools*. New York: Longmans, Green, & Company.

National Council of Teachers of Mathematics (2000). *Principles and Standards for School Mathematics*. Reston: NCTM.

Oliver, J. E., Wait, L. A. & Jones, G. W. (1881). *A Treatise on Trigonometry*. Ithaca: Finch & Apgar.

Palmer, C. I. & Leigh, C. W. (1914). *Plane Trigonometry*. New York: McGraw-Hill Book Company.

Rosenbach, J. B., Whitman, E. A. & Moskovitz, D. (1937). *Plane Trigonometry*. Boston: Ginn & Company.

Schuyler, A. (1875). *Plane and Spherical Trigonometry and Mensuration*. New York: American Book Company.

Sharp, H. (1958). *Elements of Plane Trigonometry*. Englewood Cliffs: Prentice-Hall.

Smail, L. L. (1952). *Trigonometry, Plane and Spherical*. New York: McGraw-Hill Book Company.

Taylor, J. M. (1904). *Plane Trigonometry*. Boston: Ginn & Company.

Wheeler, H. N. (1877). *The Elements of Plane Trigonometry*. Boston: Ginn & Heath.

Wood, De V. (1885). *Trigonometry, Analytical, Plane and Spherical*. New York: John Wiley & Sons.

Wylie, C. R. (1955). *Plane Trigonometry*. New York: McGraw-Hill Book Company.

8 三角函数的图像

石　城*

8.1 引　言

三角函数作为基本初等函数之一，不仅是刻画周期性变化规律的基本数学模型，更是量化三角形边角关系、研究度量几何的基础。然而三角函数公式繁多、内容偏难，导致学生常常“谈三角色变”。《普通高中数学课程标准(2017 年版 2020 年修订)》指出，用几何直观和代数运算的方法研究三角函数的性质；借助单位圆理解三角函数的定义，能画出这些三角函数的图像，如借助单位圆的对称性，利用定义推导出诱导公式。(中华人民共和国教育部，2020)因此，为了完善学生的知识结构体系，培养学生的直观想象、逻辑推理等核心素养，教师需要引导学生从图像的角度感知公式的内在联系，而不是机械记忆。

现行人教版 A 版和沪教版教科书中主要是研究正弦函数、余弦函数、正切函数以及正弦型函数 $y=A\sin(\omega x+\varphi)$ 的图像。在图像的画法上，人教版 A 版和沪教版教科书都介绍了五点画图法和单位圆作图法。在已有的研究中，一半以上的学生能正确找到作图的关键点，但作图不够完整，数形结合能力不强；可以熟练掌握正弦型函数的性质和参数的意义，但只知道一种图像变换的方法，对于图像变换的本质了解不清。(甄天奇，2021，pp. 19－34)

已有研究主要涉及国内教科书中三角函数内容的变迁(张露露，2021)，但鲜有涉及国外，特别是历史上英美等国家的教科书。我国著名数学家和数学教育家张奠宙先生认为：“要对别人已经走过的数学道路有科学的分析和认识，才能在前人的基础上，有所创造，有所前进。”鉴于此，本章聚焦三角函数的图像，对美英早期三角学教科书进

* 华东师范大学教师教育学院硕士研究生。

行考察,试图回答以下问题:早期教科书中三角函数图像的画法有哪些?每种画法又有何优势和不足?

8.2 教科书的选取

本章选取1856—1955年间出版的63种美英三角学教科书作为研究对象,以20年为一个时间段进行统计,这些教科书的出版时间分布情况如图8-1所示。

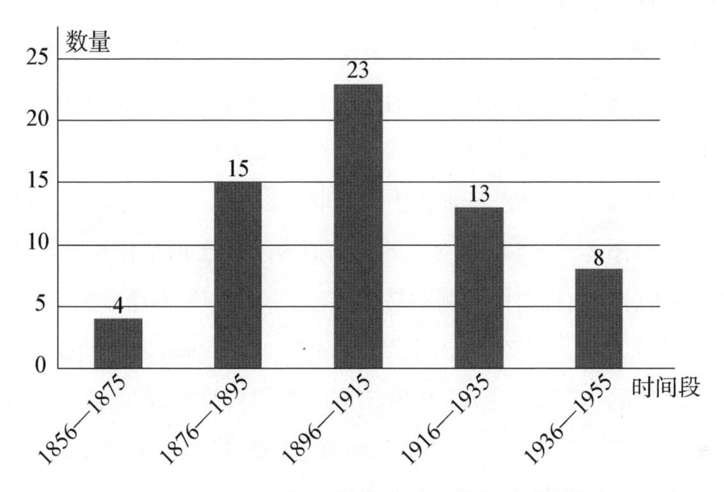

图8-1 63种早期三角学教科书的出版时间分布

随着时间的推移,美英早期教科书越来越关注内容的整体性和简洁性,该部分内容在编排顺序、结构体系、思想方法、主次之分等多方面逐渐趋于完善。

从编排顺序上看,早期教科书中三角函数图像的位置发生了改变,从零零散散到独立成章。从结构体系上看,早期教科书注重教学内容的完整性,增加了物理背景(如简谐运动)和现实应用,但也整合了部分教学内容,从最初的6种三角函数图像到4种,再到3种。从思想方法上看,早期教科书中呈现了多种三角函数图像的画法,所蕴含的数学思想方法越来越丰富,包括数形结合、联系与转化等。从主次之分上看,早期教科书突出正、余弦函数和正弦型函数的地位,详细讲解正弦型函数的应用。三角函数图像的研究日趋完善,既提供适合社会发展的教育,又突出了简洁性、实用性和严谨性。

8.3 三角函数图像的画法

8.3.1 正、余弦函数图像的画法

当三角函数线段定义占据主导，概念未能符号化时，很少有教科书通过图像来研究三角函数。而当用线段的比来定义三角函数时，教科书采用描点法、单位圆法、机械作图法、函数性质作图法和诱导公式法画出三角函数图像。下面以正、余弦函数为例进行总结，对于其他三角函数的图像不作赘述。

（一） 描点法

列表、描点、连线，是绘制函数图像的一般步骤，体现函数图像和定义的内在逻辑。

有 33 种教科书运用了描点法，占 52%。描点法从复杂到简便，可操作性逐渐提高。一开始教科书往往采用在 x 轴上任意选取一段对应一个周期 360°，然后将其等分，通常为四等分(图 8－2)，以 90°对应的正弦值为 y 轴上的单位长度，求出其余各点对应的纵坐标，十分复杂且图像比例不易把控。(Nixon，1892， pp. 42－47)后来，逐渐演变为在 0°和 360°之间每隔 30°取一个点(Hun & MacInnes，1911， pp. 21－23)，再到在 0°和 90°之间每隔 10°取一个点，利用三角函数的对称性延展至 360°(Wilczynski，1914， pp. 151－162)。Hardy (1938)为了选点的简便，将网格纸的分度值与角度值对应，选取格点，然后在网格纸上画图，操作起来方便不少。

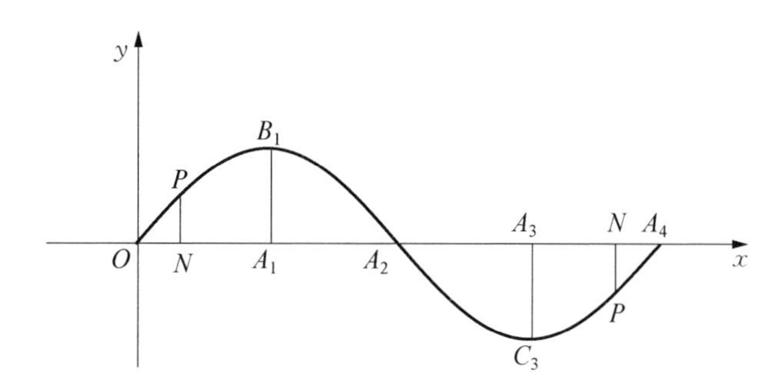

图 8－2 描点作图法

描点法从粗糙到精确，体现几何与代数的结合。早期没有引入弧度制之前，有 7 种教科书中 x 轴和 y 轴上的单位长度均各任意选取，导致图像比例失衡，即使后来的教科书中标注要求 y 轴上单位长度与 x 轴上 90°的长度之比应为 2∶3(Nixon，1892， pp. 42－47)，所得到的图像仍有不小的误差。当有了数值计算的相关知识后，可以更精确地绘

制图像,如用泰勒公式和辛普森方法较为精确地计算三角函数的值(Taylor,1904, pp. 110 - 114),制作便于查找的三角函数表,使得图像的横、纵坐标的比例更合理。

描点法从有限到无限,渗透极限思想。例如,Pendlebury (1895)在描出有限个点之后指出,若无限分割,将得到一条连续曲线。这说明,在一个周期内只需要取有限个点即可得到一个周期内的完整图像,而根据周期性将一个周期上的图像延拓到整个定义域,大大减少了描点法的工作量,使得其更利于推广。

但是早期教科书中的描点法仍有一定的局限性,一是对于正切、余切、正割及余割这类有间断点的不连续的函数图像,作图非常困难。例如正切函数在 90°、270°处无意义,没有对应的点,此时引入的渐近线使学生感到突兀,不利于接受。虽然后续教科书(如 Hun & MacInnes,1911)引入了极限思想,但在理解 $+\infty$、$-\infty$、∞ 三者的区别上仍有困难。二是描点个数不易把握。早期教科书中关于描点个数并不统一,并且很少有教科书解释为何选取这些点以及这样画图是否准确。三是教科书在编排上也有局限性。例如,一开始只计算 90°的整数倍的三角函数值(Nixon,1892, pp. 42 - 47),关于其他特殊角,如 30°、45°角的三角函数值都放在后续章节讨论,使得描点法的描点个数有限。后续的教科书借助诱导公式进行完善,将三角函数讨论从 90°的倍角延伸至负角乃至任意角。(Conant,1909, pp. 68 - 72)

(二) 单位圆法

有 25 种教科书运用了单位圆法,占 40%。单位圆法是指利用单位圆三角函数线来作图,以单位圆为脚手架,从三角函数的定义出发描出正弦函数图像上的对应点,这一方法比较精确,揭示了函数图像与三角函数定义之间的内在联系。

19 世纪的教科书主要采用以下画法:如图 8 - 3, Oliver, Wait & Jones (1881)先将单位圆 O 的圆周等分,分点为 P_1, P_2, P_3, P_4, …;画出弧 XP_1, XP_2, XP_3, XP_4, …的正弦线 A_1P_1, A_2P_2, A_3P_3, A_4P_4, …和圆的切线 XY,切点为 X。设想圆沿着直线 XY 滚动,B_1, B_2, B_3, B_4, …为 P_1, P_2, P_3, P_4, …在 XY 上所经过的

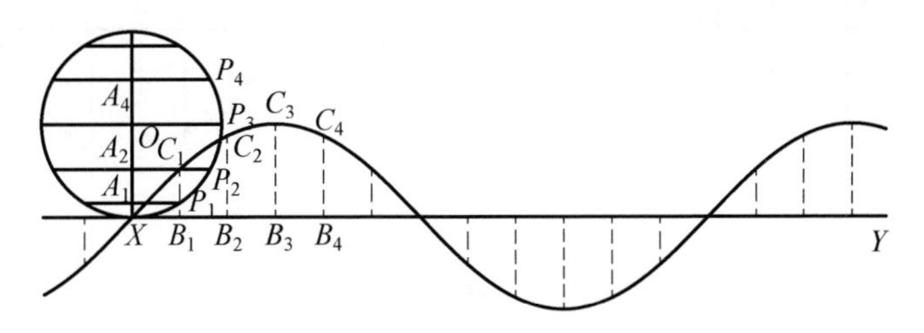

图 8 - 3 单位圆作图法之一

点，分别过点 B_1，B_2，B_3，…作 XY 的垂线段 $B_1C_1=A_1P_1$，$B_2C_2=A_2P_2$，…，于是可作出一条经过点 C_1，C_2，C_3，C_4，…的连续不断的光滑曲线，即为正弦曲线。

如图 8－4，Bohannan (1904)给出了画正弦函数图像的简易操作方法：在一张硬纸板上画一个任意大小的圆，取定圆的一条直径，在圆周上取一系列点，并从这些点向直径引垂线段。用剪刀把圆剪下来，沿着水平面上一条直线，竖着滚动该圆，当圆上的点到达直线上时，用铅笔在直线上描出该点，并在该点处作垂线段，与直径上的垂线段的长度和方向对应相同。将这些垂线段的末端用一条光滑曲线连结，就得到了正弦曲线。

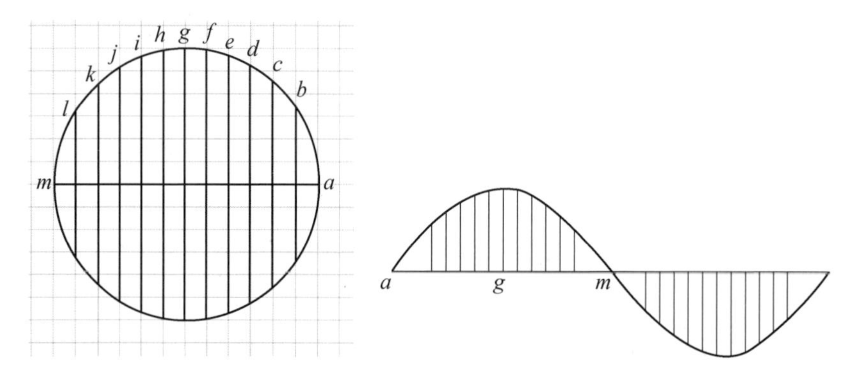

图 8－4　单位圆作图法之二

到了 20 世纪初，教科书普遍采用将单位圆 12 等分(图 8－5)，依次以各分点所对应的弧长为横坐标，在 Ox 轴上标出各点，在各点处画出长度等于正弦线的垂线段，将这些垂线段的另一端点用一条光滑的曲线连结，即得正弦函数图像。(Hall & Frink，1910，pp. 74－76)Rothrock (1910)进行了更细致的划分，如将单位圆 20 等分。

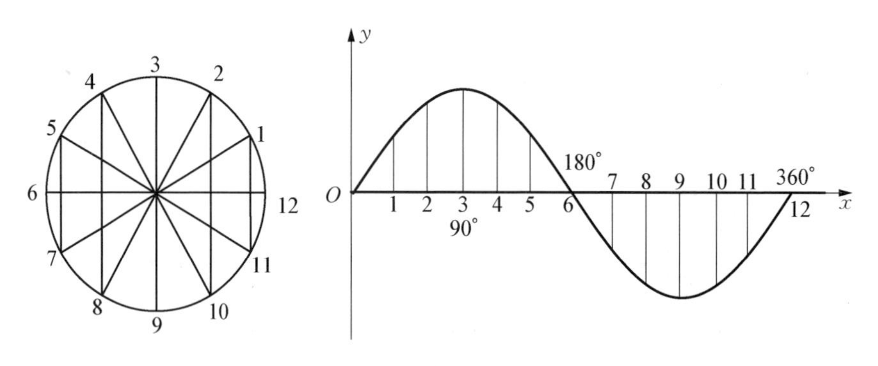

图 8－5　单位圆作图法之三

单位圆法具有三点优势：一是精准性，随着单位圆被分割的份数越多，所画出的三角函数图像就越精准（图 8 - 6）。此后教科书不断沿用，利用单位圆本身的“对称性”可以帮助学生深入理解“三角函数”的概念，使复杂问题简单化。二是直观性，单位圆法能够帮助学生理解三角函数的某些性质，如三角函数图像的对称性，描点法选取点数较少，不足以严谨地说明三角函数具有对称性，但单位圆法用单位圆的对称性来解释，通俗易懂。三是简便性，几何法可以避开角度制和弧度制之间的转化。Granville (1909)采用描点法，强调查找三角函数值时用角度制，画图时用弧度制。与描点法相比，Rothrock (1910)采用单位圆法，只需等分单位圆，以对应每一段的弧长划分 x 轴上的一个周期，不涉及弧度制和角度制之间的互化。

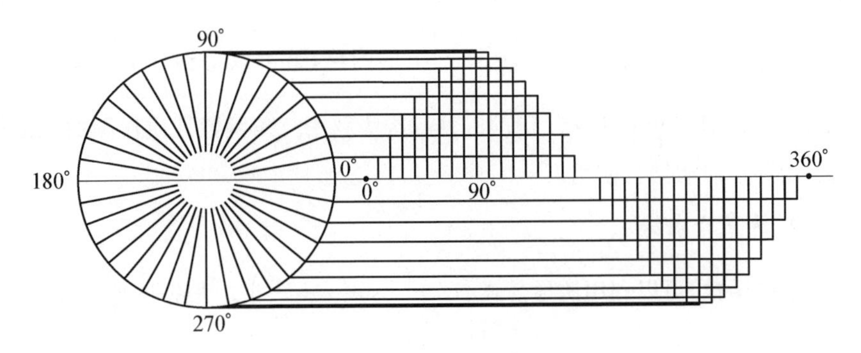

图 8 - 6　单位圆作图法之四

（三）机械作图法

为追求精准性，3 种教科书介绍了机械作图法（如 Moritz，1915），借助方格纸和量角器可以更精确地作出正弦函数的图像（图 8 - 7），仅通过测量长度就可以得到较准确

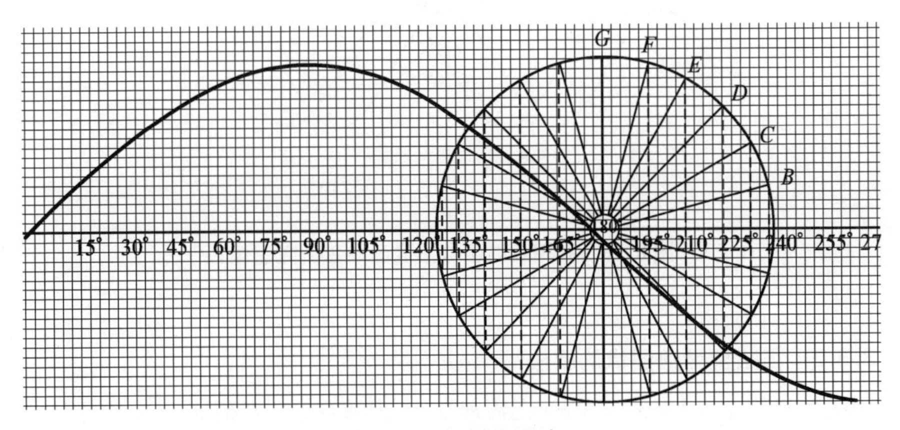

图 8 - 7　机械作图法

的正弦值。以 $\sin 51^\circ$ 为例，测量其纵坐标的长度为 23.3 个小方格，因为单位圆的半径为 30 个小方格，所以 $\sin 51^\circ=\frac{23.3}{30}=0.7766$，与三角函数表中的 $\sin 51^\circ=0.77715$ 相当接近。(Palmer & Leigh, 1916, pp. 75 - 77)这说明该方法已经较为完善，同时提供了一种衡量图像准确性的标准。

（四）函数性质作图法

5 种教科书先介绍了三角函数的性质，再利用性质作图。一是根据周期性作图，一开始利用三角函数的周期性，先完成一个周期的函数图像，通过左右平移，可以形成整个区间上的函数图像。(Conant, 1909, pp. 68 - 72)二是根据奇偶性作图，中期出现了利用函数奇偶性，只画正半轴图像的做法。(Davison, 1919, pp, 57 - 65)到了后期，根据函数图像的对称性，只需画出 $\left[0, \frac{\pi}{2}\right]$ 上的图像，就可以得到整个定义域上的图像。(Curtiss & Moulton, 1942, pp. 43 - 47)这些利用三角函数性质作图的方法往往要与描点法和几何法结合使用。

（五）诱导公式法

对于余弦函数，可以利用诱导公式 $\cos x=\sin\left(x+\frac{\pi}{2}\right)$。根据图像之间的关系，将正弦函数图像沿着 x 轴向左平移 $\frac{\pi}{2}$ 个单位长度，就可以得到余弦函数图像(图 8 - 8)。(Davis & Chambers, 1933, pp. 44 - 45)

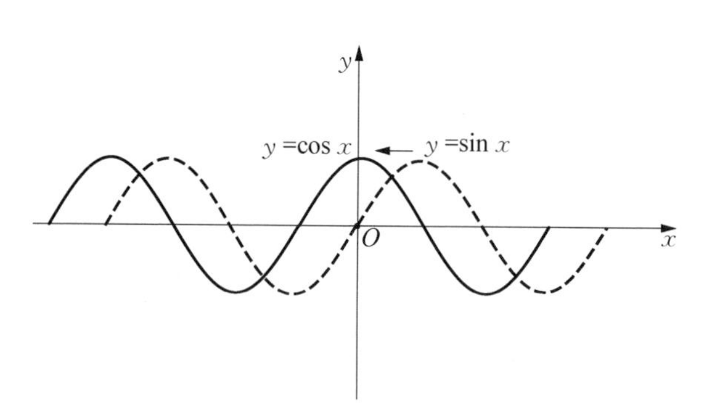

图 8 - 8　利用正弦函数图像画余弦函数图像

8.3.2　正弦型函数图像的画法

正弦型函数 $y=A\sin(\omega x+\varphi)$ 在物理学、工程学有着广泛的应用，如简谐运动、交变电流、音叉颤动、桥梁振动等。在20世纪的教科书中，共有13种教科书提到了正弦型函数。教科书中采用了平移伸缩法和五点画图法两种作图法。

10种教科书运用了平移伸缩法，对几个重要参数，包括振幅A、角频率ω、初相角φ进行了讨论，得出它们对图像的影响：函数$y=A\sin(\omega x+\varphi)$的周期为$\frac{2\pi}{|\omega|}$，与正弦函数$y=\sin x$的图像在水平方向上只相差$\left|\frac{\varphi}{\omega}\right|$个单位距离。于是，对正弦函数$y=\sin x$的图像进行左右平移和上下拉伸，得到$y=A\sin(\omega x+\varphi)$的图像。通过将函数$y=\sin x$的图像向左平移，根据$\sin\left(x+\frac{\pi}{2}\right)=\cos x$得到$y=\cos x$的函数图像，这揭示了余弦曲线也是正弦型曲线。(Moritz, 1915, pp. 253－260)Dresden (1921)还讨论了函数$y=\sin x$和$y=\sin(-x)$的图像关于x轴对称，进一步完善了平移伸缩法。

3种教科书运用了五点画图法，Gay (1935)以$y=3\sin\frac{\pi x}{4}$为例，先确定函数在一个周期上的3个零点，然后确定最高点和最低点，作出简图。这种方法需要学生熟悉正弦函数的图像，熟练计算振幅和周期，才能快速找到最高点和最低点的位置，故在早期教科书中较少提及。

8.3.3 复合的正弦函数图像的画法

Loney (1904)为研究函数而引入复合函数的画法。20世纪的2种教科书还介绍了更为一般的谐波曲线

$$y=a\sin x+b\cos x+c\sin 2x+d\cos 2x+\cdots\text{（其中 } a, b, c, d, \cdots \text{ 都是常数）。}$$

谐波曲线可以用来求解部分三角方程，如$\sin x+\sin\frac{x}{2}=0$。

Moritz (1915)提到，对于$y=\sin x+\cos x$，可以利用辅助角公式，转化为正弦型函数$y=\sqrt{2}\sin\left(x+\frac{\pi}{4}\right)$，再画出函数图像。

更一般地，Dickson (1922)讨论了函数

$$y=a_1\sin(b_1x+c_1)+a_2\sin(b_2x+c_2)$$

的图像。该函数是由两个正弦型函数$y_1=a_1\sin(b_1x+c_1)$和$y_2=a_2\sin(b_2x+c_2)$复合而成。对于任意给定的一点，其横坐标x所对应的纵坐标y都是由两条曲线的纵坐

标相加得到。特别地，若 $b_1 = b_2$，两个函数 y_1 和 y_2 有相同的周期，则同样使用辅助角公式，画出图像。Dickson (1922)还简单介绍了傅里叶(J. Fourier，1768—1830)的理论——任意的周期曲线总可以被看作一些简单的正弦型函数图像的复合，用公式表述为

$$y = a_1\sin(b_1x + c_1) + a_2\sin(b_2x + c_2) + \cdots。$$

8.3.4 讨论

由上述分析可见，早期教科书中三角函数的图像在内容设置、呈现形式上不断整合与完善。在内容设置上，早期教科书中出现的三角函数种类越来越丰富，图像画法日趋完善，同时又不重复赘余，教科书往往以正弦函数为例，将其余三角函数图像留作学生练习。内容的深度和广度渐增，如不仅增加了正弦型曲线，还增加了其背后丰富的物理背景，有助于拓宽学生的视野。在呈现形式上，19 世纪之前的教科书往往都是直接给出图像的单一画法，而 19 世纪末之后，部分教科书先由物理现象和现实生活引入，如 Murray (1899)的晴雨表，Wylie (1955)的弹簧悬挂重物，帮助学生先直观认识周期现象，再思考三角函数图像的变化趋势，最后利用单位圆来画函数图像。20 世纪起，7 种教科书从变量、函数讲起，由浅入深地全面介绍何为函数图像，再配合习题介绍多种三角函数图像的画法。(Barker，1917，pp. 35 - 39)

对比今日的人教版 A 版和沪教版教科书，五点画图法仍是三角函数图像的最重要画法之一。但对于为什么选择这五点却很少提及。早期教科书中五点画图法作为一种特殊的描点法，在 20 世纪中期才出现，在此之前描点法的描点个数并不统一，既有 Nixon (1892)的四点、Wilczynski (1914)的八点，也有多如 Taylor (1904)的十二点、Palmer & Leigh (1914)的十六点，最终统一为只取 $\frac{\pi}{4}$ 和 $\frac{\pi}{6}$ 的整倍数的点，如 $\frac{\pi}{3}$、$\frac{\pi}{2}$、$\frac{3\pi}{4}$ 等。五点画图法的优势不言而喻，在精度要求不高时，能够较快地作出三角函数的简图，反映曲线“波浪起伏”的特点，节省作图时间，提高作图效率。但对于初学者来说，仍需要更精确地认识三角函数的图像，故早期教科书在简洁性和准确性中建立平衡，增加了描点个数。笔者认为，在实际教学中，五点画图法或许可以适当后移，待学生掌握了三角函数图像的大致走向，再总结出画图所需的关键点。

8.4 结论与启示

由以上讨论可知，对美英早期教科书中三角函数图像的讨论经历了从部分到整体、从繁琐到简洁、从抽象到具体的过程。早期教科书共给出了5种正、余弦函数图像的画法，分别为描点法、单位圆法、机械作图法、函数性质作图法、诱导公式法以及2种作正弦型函数图像的方法——平移伸缩法和五点画图法。三角函数图像画法的多样化为我们今天的课堂教学提供了诸多启示。

(1) 一体化呈现。早期教科书中介绍了函数性质作图法和诱导公式法，源于教科书对章节的紧密安排。而现今的教科书，如沪教版，是采用先图像后性质的顺序，使得作出三角函数图像的方法局限于单位圆法和五点画图法，画图过程稍显繁琐。而在图像研究中穿插性质，会使得学生对图像有整体的认知，更利于掌握。如苏教版教科书从周期性到图像，最后再到其他性质的顺序，既让学生明白三角函数的特殊之处，又自然地把图像研究限定在一个周期之内，从而为五点画图法做铺垫。

(2) 多元化设计。早期教科书中有着多样化的三角函数图像画法，教师可以因材施教，根据所教学生的学情，在不同学习阶段呈现不同的画法，甚至可以交给学生自主选择。如果学生的直观想象素养很好，能深入理解图像的变换，可以重点掌握平移伸缩法；如果学生的代数运算功底扎实，可以重点掌握五点画图法。函数作图关注图像的基本形状和关键点的位置，因而教师若选择描点法，应该注重让学生体会如何选取点的个数和位置，适当经历历史上数学家对描点法的探索过程，从而更好地把握图像的单调性、凹凸性和对称性。在新授课中，教师可以以教材上的单位圆法和五点画图法等基本作图方法为教学重点，而在复习课中，可以拓展至机械作图法、函数性质作图法、诱导公式法，架起知识点之间的前后联系。

(3) 跨学科交互。对于刚开始学习三角函数的高中生来说，虽然章引言已经说明三角函数是刻画周期现象的函数，学生也了解生活中的一些周期现象，但他们对于函数的“周期性”仍然比较陌生。早期教科书中通过简谐运动等物理背景的引入，体现了数学与物理学的紧密联系。三角函数在物理学的其他领域，如力学、光学、电学中都有广泛应用，因此，在本章适当融入物理学的相关知识背景，以此为切入点研究三角函数的图像与性质，不仅能激发学生的学习兴趣，更有助于提高学生的数学应用意识和能力，提升数学建模素养。

参考文献

张露露(2021). 中国中学三角函数内容设置变迁研究(1950—2019). 呼和浩特:内蒙古师范大学.

甄天奇(2021). 高中生三角函数的性质与图像认知水平调查研究. 大连:辽宁师范大学.

中华人民共和国教育部(2020). 普通高中数学课程标准(2017 年版 2020 年修订). 北京:人民教育出版社.

Barker, E. H. (1917). *Plane Trigonometry*. Philadelphia: P. Blakiston's Son & Comapny.

Bauer, G. N. & Brooke, W. E. (1917). *Plane and Spherical Trigonometry*. Boston: D. C. Heath & Company.

Bohannan, R. D. (1904). *Plane Trigonometry*. Boston: Allyn & Bacon.

Conant. L. L. (1909). *Plane and Spherical Trigonometry*. New York: American Book Company.

Curtiss, D. R. & Moulton, E. J. (1942). *Essentials of Trigonometry with Applications*. Boston: D. C. Heath & Company.

Davis, H. A. & Chambers, L. H. (1933). *Brief Course in Plane and Spherical Trigonometry*. New York: American Book Company.

Davison, C. (1919). *Plane Trigonometry for Secondary Schools*. Cambridge: The University Press.

Dickson, L. E. (1922). *Plane Trigonometry*. Chicago: Benj H. Sanborn & Company.

Dresden, A. (1921). *Plane Trigonometry*. New York: John Wiley & Sons.

Gay, H. J. (1935). *Plane and Spherical Trigonometry*. Ann Arbor: Edwards Brothers.

Granville, W. A. (1909). *Plane and Spherical Trigonometry*. Boston: Ginn & Company.

Hall, A. G. & Frink, F. G. (1910). *Plane and Spherical Trigonometry*. New York: Henry Holt & Company.

Hardy, J. G. (1938). *A Short Course in Trigonometry*. New York: The Macmillan Company.

Hun, J. G. & MacInnes, C. R. (1911). *The Elements of Plane and Spherical Trigonometry*. New York: The Macmillan Company.

Loney, S. L. (1904). *The Elements of Trigonometry*. Cambridge: The University Press.

Moritz, R. E. (1915). *Elements of Plane Trigonometry*. New York: John Wiley & Sons.

Murray, D. A. (1899). *Plane Trigonemetry for Colleges and Secondary Schools*. New York: Longmans, Green, & Company.

Nixon, R. C. J. (1892). *Elementary Plane Trigonometry*. Oxford: The Clarendon Press.

Oliver, J. E., Wait, L. A. & Jones, G. W. (1881). *A Treatise on Trigonometry*. Ithaca: Finch & Apgar.

Palmer, C. I. & Leigh, C. W. (1914). *Plane Trigonometry*. Boston: Allyn & Bacon.

Palmer, C. I. & Leigh. C. W. (1916). *Plane and Spherical Trigonometry*. New York: McGraw-Hill Book Company.

Pendlebury, C. (1895). *Elementary Trigonometry*. London: George Bell & Sons.

Rothrock, D. A. (1910). *Elements of Plane and Spherical Trigonometry*. New York: The Macmillan Company.

Taylor, J. M. (1904). *Plane Trigonometry*. Boston: Ginn & Company.

Wilczynski, E. J. (1914). *Plane Trigonometry and Applications*. Boston: Allyn & Bacon.

Wylie, C. R. (1955). *Plane Trigonometry*. New York: McGraw-Hill Book Company.

9 三角函数的性质

石　城[*]

9.1 引　言

三角函数在中学数学中占有重要地位，其不仅联系着几何与代数，也是连结初等数学与高等数学的纽带。无论是初等数学中的平面向量、圆锥曲线等，还是高等数学中的傅里叶级数、欧拉公式等都离不开三角函数。

三角函数的性质作为高考数学全国卷中的必考内容，在教科书中也是重点编排的内容。在现行人教版A版和沪教版教科书中，三角函数的性质包括定义域、值域、周期性、奇偶性、单调性、对称性等。《普通高中数学课程标准(2017年版2020年修订)》要求用几何直观和代数运算的方法研究三角函数的性质，三角函数图像是对三角函数性质的直观表示，利用图像研究性质，蕴含着数形结合思想。因此，现行教科书中研究三角函数的性质，往往从图像出发。已有研究表明，学生在正、余弦函数单调性、周期性等性质的理解上存在问题，进而导致一系列的错误。(甄天奇，2021)

为了从HPM视角开展三角函数的教学研究，本章拟聚焦三角函数的性质，对1856—1955年间出版的63种美英三角学教科书进行考察，旨在回答以下问题：早期教科书呈现了三角函数的哪些性质？呈现方式有何变化？

9.2 三角函数的性质

三角函数有诸多性质，包括定义域、值域、周期性、单调性、对称性、奇偶性、连续性、渐近线、最值、有界性等。在63种教科书中出现的三角函数性质大致可分为5类，

* 华东师范大学教师教育学院硕士研究生。

即周期性、单调性和最值、连续性和渐近线、对称性和奇偶性以及其他性质。各类性质讨论的频数分布如图 9-1 所示。早期教科书中讨论最多的是三角函数的周期性、单调性和最值,编者或从几何观点切入,或从代数观点切入,来选择用何种工具研究三角函数的性质,如函数图像、单位圆及诱导公式等。

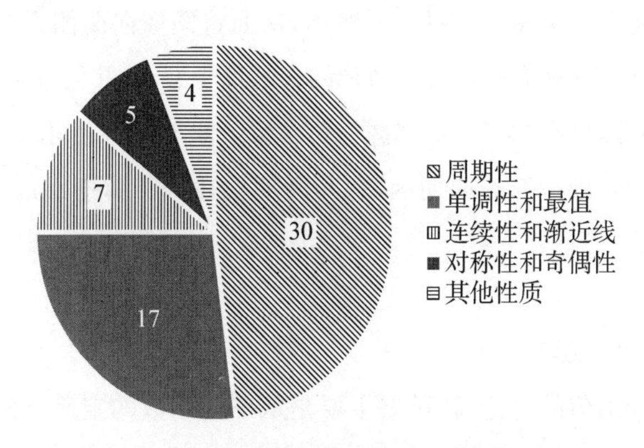

图 9-1　三角函数各类性质讨论的频数分布

9.2.1　周期性

周期性作为三角函数最特殊的性质,在教科书中出现的频率最高。正是由于三角函数的周期性,许多其他性质都可以限制在一个周期内进行讨论,这为其他性质的研究提供了便利。

早期教科书中讨论三角函数周期性的方法有 3 种。

第一种是通过任意角的定义。例如,Oliver, Wait & Jones (1881)对周期性描述为有相同终边的角的三角函数值相等,即 θ 与 $\theta+2n\pi$ (n 为任意整数)的函数值相等。这种文字描述的定义,缺乏几何直观和代数证明,适用范围较小,因而对三角函数的周期性刻画并不清晰。

第二种是观察函数值"周而复始"的规律。例如,Loney (1893)通过角的终边旋转,得到正弦函数的值从 0 递增到 1,再从 1 递减到 -1,最后才从 -1 递增回 0 的过程,如此循环往复。并且正弦函数经历这样的变化后,就会恢复初始值 0。Wilczynski (1914)观察动点 P 在单位圆上的运动,得到其纵坐标(即正弦函数值)在各象限的变化过程,随着点 P 在单位圆上旋转圈数的增加,函数值不断重复。第二种探究方法相较于第一种,突出了三角函数变化的过程,由特殊现象归纳推理出一般结论。

第三种是将代数工具和几何工具相结合，多角度说明周期性。Murray (1899)不仅仅从几何角度画出图像，观察到三角函数的周期性，还从代数意义上定义周期函数为 $f(x)=f(x+k)$ (x 是任意数，k 是常数)，并利用诱导公式 $\sin\theta=\sin(\theta+2n\pi)$，说明正弦函数的周期。Granville (1909)利用 $\sin x=\sin(x\pm 2\pi)$，不断将一个周期内三角函数图像上的每个点向左、右平移 2π 距离，从而将图像向两侧无限延拓，由此说明三角函数的周期性。这种方式体现了数形结合的思想方法，几何直观和代数推理可以相互补充，相互印证，更有利于学生掌握三角函数图像与性质之间的内在联系。

三角函数作为一种特殊的周期函数，其周期性在第 7 章中已经有更为详细的介绍，本章不再赘述。

9.2.2 单调性和最值

对于单调性和最值的讨论，教科书主要是从三角函数的定义、三角函数线和三角函数图像三个角度展开。

早期教科书主要采用前两种方式。例如，Whitaker (1898)直接根据三角函数直角三角形定义得出有界性和最值。Crockett (1896)则通过三角函数线得出最值，进而得出函数值变化的趋势。

19 世纪后期的教科书中鲜少涉及函数图像的研究，导致对单调性和最值的研究并不深入。例如，Olney (1870)只确定了三角函数在各象限的符号、何时取最值，没有研究函数值的变化过程。虽然通过三角函数线即可看出三角函数在各个象限内的增减情况，但无法对单调性作出整体性的刻画，利用函数图像可以弥补三角函数线的不足，同时可以更好地应用性质。Curtiss & Moulton (1942)利用正弦函数的单调性得到了两条推论：同一象限内的两个不同的角 θ 和 θ' 的正弦值不可能相等；一条介于 $y=-1$ 和 $y=1$ 之间的平行于 x 轴的直线与正弦函数在 $0^\circ\sim360^\circ$之间的图像最多只有两个交点。而当函数图像研究受到重视之后，单调性和最值都与图像紧密结合。三角函数的图像和性质本质是函数的几何表征和代数表征，早期教科书中，既有利用单调性和最值来画图像的(Bullard & Kiernan，1922，pp. 65 - 75)，也有利用图像来研究单调性和最值的(Davis & Chambers，1933，pp. 43 - 48)。

三角函数的单调性和最值不仅仅在内容上发生了较大变化，在形式上也有很大的改变。在呈现形式上，教科书以文字、表格和图形三种形式总结三角函数值的变化规律，其中文字形式占 50%，表格形式占 44.5%，图像形式占 5.5%。Harding & Turner

(1915)将讨论结果总结成表 9－1,表格能够清晰明了地展示各个象限内正弦函数的单调性和最值情况,利于学生从整体上加以把握。

表 9－1 三角函数在各象限的增减情况

	0°	0°～90°	90°	90°～180°	180°	180°～270°	270°	270°～360°	360°
sin	0	+,增	1	+,减	0	−,减	−1	−,增	0
cos	1	+,减	0	−,减	−1	−,增	0	+,增	1
tan	0	+,增	∞	−,增	0	+,增	∞	−,增	0

Bohannan (1904)借助示意图来帮助学生理解三角函数的变化过程,并在示意图旁边标注了"重复,前进,后退,永无止尽",并称函数单调性改变的点为转折点,这是今天极值点的雏形。

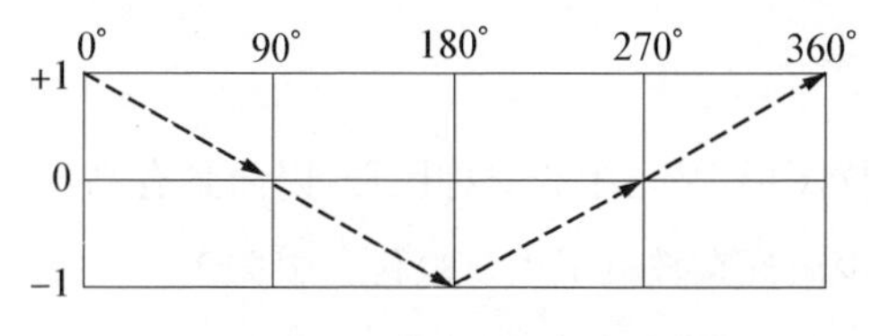

图 9－2 余弦函数变化的示意图

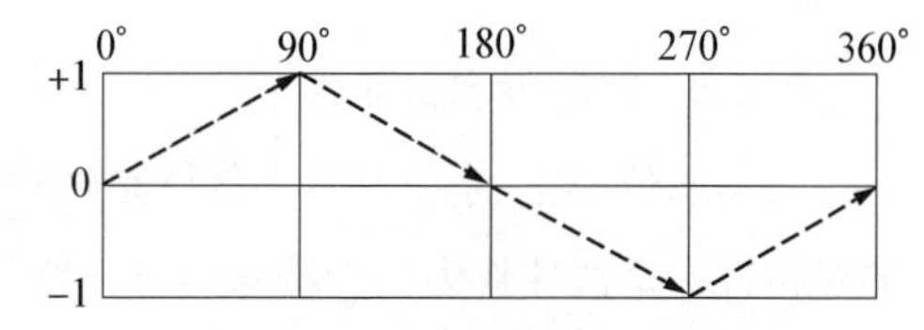

图 9－3 正弦函数变化的示意图

早期教科书不仅介绍三角函数的增减,还介绍了函数变化率的概念,即三角函数增减的快慢。Oliver, Wait & Jones (1881)关注了正弦函数的变化率问题,指出:正弦函数一开始减少得很慢,当接近半圆时越来越快。这表明,早期人们从整体上直观考虑函数的变化快慢。Lyman & Goddard (1900)则关注局部特殊值的变化率:" $\sin x$ 在 0°和 180°处变化很快,在 90°和 270°处变化很慢; $\cos x$ 在 0°和 180°处变化很慢,在 90°和 270°处变化很快; $\tan x$ 自始至终变化很快。"

9.2.3 连续性和渐近线

与今日大学教科书不同,早期教科书并未利用极限来定义函数的连续性,而是通过观察函数的图像有没有间断。在六种三角函数中,为了突出正、余弦函数和正切函数的不同,往往会将正、余弦曲线和正切曲线进行对比。由于 $\tan 90° = \infty$,故正切曲线在 $\frac{\pi}{2}$ 处是间断的。

Lyman & Goddard (1900)的描述如下:"对于角的变化的值,正弦和余弦都是连续的。……正切和余切分别在 $(2n+1)\frac{\pi}{2}$ 和 $n\pi(n\in\mathbf{Z})$ 处不连续。"Wilczynski (1914)想象用一支铅笔画曲线,正弦和余弦曲线是不间断的,而正切曲线在 $x=\frac{\pi}{2}$、$x=\frac{3\pi}{2}$ 等点处中断。Rosenbach, Whitman & Moskovitz (1937)还介绍了渐近线的概念以突出正切函数的无界性,渐近线将正切函数分成无数个分支。Hart & Hart (1942)画出了正切函数在$[0, 2\pi]$上的图像,指出了渐近线为 $x=\frac{\pi}{2}$ 和 $x=\frac{3\pi}{2}$,并介绍了渐近线的特点:曲线可以任意接近渐近线,但永远不能触及。

因为连续性的严格定义需要全面系统的极限理论支撑,如 $\varepsilon-\delta$ 语言、无穷大量与无穷小量等,所以早期三角学教科书中没有过多提及。

9.2.4 对称性和奇偶性

三角函数中正、余弦函数图像既是轴对称图形,又是中心对称图形,因而具有高度的对称性。奇偶性作为一种特殊的对称性,也出现在教科书中。教科书中关于三角函数对称性和奇偶性的探究过程,经历了从特殊到一般、从具体到抽象、从图像到符号的逻辑思维转换。

教科书先从特殊的奇偶性入手,借助几何直观感知,利用点的对称性来研究奇偶性。Wilczynski (1914)考虑正弦曲线上横坐标互为相反数的两点 P 和 P',它们的纵坐标互为相反数,即 $\sin(-x)=-\sin x$,故正弦函数是奇函数。Smail (1952)则先在单位圆中探究负角 $-\theta$ 和正角 θ 的三角函数值之间的关系,得到 $\sin(-\theta)=-\sin\theta$,$\cos(-\theta)=\cos\theta$,由此定义奇函数和偶函数。从代数角度来说,奇偶性就蕴含在特殊的等式之中。Bohannan (1904)通过泰勒展开式

$$\sin\theta=\theta-\frac{\theta^3}{3!}+\frac{\theta^5}{5!}-\frac{\theta^7}{7!}+\cdots$$

和

$$\cos\theta=1-\frac{\theta^2}{2!}+\frac{\theta^4}{4!}-\frac{\theta^6}{6!}+\cdots,$$

验证了

$$\sin(-\theta)=-\sin\theta \text{ 和 } \cos(-\theta)=\cos\theta,$$

证明了正弦函数是奇函数,余弦函数是偶函数。同时揭示了正、余弦函数都是超越函数,即无法用有限次基本运算得到。

为了深入研究三角函数的对称性,有教科书在奇偶性研究的基础上,一方面利用诱导公式找到三角函数图像的对称轴,如 Davison (1919)运用诱导公式 $\sin\left(\frac{\pi}{2}-z\right)=\sin\left(\frac{\pi}{2}+z\right)$ 和 $\sin\left(\frac{3}{2}\pi-z\right)=\sin\left(\frac{3}{2}\pi+z\right)$ 等,得到一个周期内三角函数的对称轴为 $x=\frac{\pi}{2}$ 和 $x=\frac{3\pi}{2}$;另一方面,用直线将三角函数图像分割成两部分,观察它们是否对称,如 Wilczynski (1914)考虑过点 $\left(\frac{\pi}{2}, 0\right)$ 作一条平行于 y 轴的直线将正弦曲线分成对称的两部分,在不同方向上与这条直线距离相等的两个点的纵坐标相等,从而得到正弦函数关于 $x=\frac{\pi}{2}$ 对称。早期教科书中很少提及中心对称。

通过几何观察和代数证明,包括利用周期性,都可以让学生了解到三角函数图像对称轴的不唯一性,帮助学生认识到对称性是图像的固有属性,和坐标系无关。

9.2.5 其他性质

早期教科书中还讨论过三角函数的零点问题。Perlin (1955)从定义出发,观察单位圆中当角的终边落在 x 轴上,即 $\theta=n\pi(n\in\mathbf{Z})$ 时,正弦函数值为 0。这样就找到了正弦函数的全部零点。Wylie (1955)画出图像,观察出函数与 x 轴的交点,从而得到零点。更进一步,教科书讨论了三角函数的“多对一”性质,即自变量多个值对应同一个函数值。如 Lyman & Goddard (1900)提到用平行于 y 轴的直线截三角函数图像,只有一个交点,而用平行于 x 轴的直线截三角函数图像,可以得到无数交点。

9.3 结论与启示

随着时间的推移,早期教科书中有关三角函数性质的内容逐渐丰富,语言表述逐渐规范化,呈现形式逐渐多样化。内容上,性质的种类从只有单一的周期性,到出现单调性、对称性、连续性、有界性，等等。所探究性质的数目也越来越多，覆盖面越来越广泛，涉及零点和极限理论，探究性质的工具也不再局限于某一种，而是通过多种途径探究，相互补充，相互印证。表达上，性质的描述也逐渐清晰规范，并且删繁就简。呈现形式上，从只有抽象的文字描述到完整的表格和示意图。早期教科书的探究为今日教学提供了诸多启示。

(1) 加强数学知识的关联性。早期教科书中推导三角函数性质的方式多种多样，利用的数学工具有单位圆、三角函数线、泰勒公式、极限理论等，不仅可以从多个角度印证性质的正确性，而且有利于串联起三角函数这一章前后知识的联系。按照奥苏伯尔(D. P. Ausubel，1918—2008)的有意义学习理论，教师可以在单元复习课中用不同方式推导同一性质，使得知识与学生原有认知结构产生实质性的联系。因此，教师在教学中可以交替使用多种数学工具来推导性质，有利于学生构建起知识的联系。

(2) 注重数学语言的严谨性。早期教科书中三角函数性质表述的发展也在提醒教师要注重学生的表达能力。《普通高中数学课程标准(2017 年版 2020 年修订)》中提出“三会”：会用数学眼光观察世界，会用数学思维思考世界，会用数学语言表达世界。因此，教师在三角函数性质的教学中，不仅要让学生在直观感知的基础上，系统、规范地认识函数的性质，更要让学生获得精准规范的表达，培养思维的严谨性。对于性质的文字表述，要注意术语的准确性。对于性质的符号语言，要注意适用范围。

(3) 体现呈现方式的多样性。早期教科书中对于性质的呈现方式多种多样，包括文字、公式、三角函数线、图像、示意图等。三角函数的性质众多，往往是学生记忆的难点。认知心理学认为，长期反复记忆相同形式的内容，大脑会产生疲劳，久而久之效果会逐渐下降，所以交叉记忆会刺激大脑，更利于高效记忆。课堂教学中，教师可以鼓励学生用自己喜欢的方式梳理性质，并不限于教科书中的形式，帮助学生理解和记忆各个性质，这样才能真正将所学内容结构化和意义化，让一个个知识点由原来的孤岛变成一个统一的整体。

参考文献

甄天奇(2021). 高中生三角函数的性质与图像认知水平调查研究. 大连：辽宁师范大学.

Bohannan, R. D. (1904). *Plane Trigonometry*. Boston: Allyn & Bacon, 1904.

Bullard, J. A. & Kiernan, A. (1922). *Plane and Spherical Trigonometry*. Boston: D. C.

Heath & Company.

Crockett, C. W. (1896). *Elements of Plane and Spherical Trigonometry*. New York: American Book Company.

Curtiss, D. R. & Moulton, E. J. (1942). *Essentials of Trigonometry with Applications*. Boston: D. C. Heath & Company.

Davis, H. A. & Chambers, L. H. (1933). *Brief Course in Plane and Spherical Trigonometry*. New York: American Book Company.

Davison, C. (1919). *Plane Trigonometry for Secondary Schools*. Cambridge: The University Press.

Granville, W. A. (1909). *Plane and Spherical Trigonometry*. Boston: Ginn & Company.

Harding, A. M. & Turner, J. S. (1915). *Plane Trigonometry*. New York: G. P. Putnam's Sons.

Hart, W. W. & Hart, W. L. (1942). *Plane Trigonometry, Solid Geometry & Spherical Trigonometry*. Boston: D. C. Heath & Company.

Loney, S. L. (1893). *Plane Trigonometry*. Cambridge: The University Press.

Lyman, E. A. & Goddard, E. C. (1900). *Plane and Spherical Trigonometry*. Boston & Chicago: Allyn & Bacon.

Murray, D. A. (1899). *Plane Trigonometry for Colleges and Secondary Schools*. New York: Longmans, Green, & Company.

Oliver, J. E., Wait L. A. & Jones, G. W. (1881). *A Treatise on Trigonometry*. Ithaca: Finch & Apgar.

Olney, E. (1870). *Elements of Trigonometry, Plane and Spherical*. New York: Sheldon & Company.

Perlin, I. E. (1955). *Trigonometry*. Scranton: International Textbook Company.

Rosenbach, J. B., Whitman E. A. & Moskovitz, D. (1937). *Plane Trigonometry*. Boston: Ginn & Company.

Smail, L. L. (1952). *Trigonometry, Plane and Spherical*. New York: McGraw-Hill Book Company.

Whitaker, H. C. (1898). *Elements of Trigonometry*. Philadelphia: D. Anson Partridge.

Wilczynski, E. J. (1914). *Plane Trigonometry and Applications*. Boston: Allyn & Bacon.

Wylie, C. R. (1955). *Plane Trigonometry*. New York: McGraw-Hill Book Company.

10 反三角函数

刘倩雯*

10.1 引 言

反三角函数的出现源于微积分的诞生。据史料记载,早在1669年以前,牛顿(I. Newton, 1643—1727)就已经提出了 $\sin^{-1}x$ 关于 $\sin x$ 的级数展开式,随后英国数学家格雷戈里(J. Gregory, 1638—1675)于1670年提出 $\tan^{-1}x$ 关于 $\tan x$ 的级数展开式(Durell,1910)。1729年,瑞士数学家丹尼尔·伯努利(D. Bernoulli, 1700—1782)最先给出反正弦函数的符号表示"A S."(Cajori,1993),此后,反三角函数的内容逐渐出现在三角学教科书中。

《普通高中数学课程标准(2017年版2020年修订)》并没有涉及反三角函数内容。从现行教科书来看,人教版A版及B版教科书均指出,可以利用科学计算器上的"SIN^{-1}"等键求出给定三角函数值在特定范围内对应的角,后者据此引入"$x=\arcsin y$"等记号;沪教版教科书在正文中引入反三角函数的记号,并在例题和习题中加以应用和拓广;苏教版和北师大版教科书则全无涉及。由此可见,反三角函数内容在高中教科书中所占篇幅不多,内容也较为简单。然而,考虑初等数学与高等数学的衔接,高中生有必要了解作为六种基本初等函数之一的反三角函数。已有研究表明,超过80%的高中教学教师在教学中几乎不会涉及反三角函数,大学数学教师却认为学生在高中已熟练掌握了反三角函数知识,这一强烈反差使得反三角函数成为学生从初等数学进阶到高等数学时遇到的衔接困难之一(高雪芬等,2010)。

目前对反三角函数的教学研究主要集中于概念及其应用,例如梁海华,马腾冰(2019)澄清了学生对反三角函数概念容易产生的理解误区,并借助例题说明反三角函

* 华东师范大学教师教育学院硕士研究生。

数的应用;刘春平,刘晓平(2015)应用三角函数在定义域内某个单调区间上的反三角函数的解析式解决了大学数学分析中的若干习题。但无论是中学还是大学阶段,都鲜有关于反三角函数定义演变的历史研究,致使教师很难基于知识本身的发生、发展去设计或重构教学,以突破学生的理解难点。鉴于此,本章对1837—1956年间出版的75种美英三角学教科书进行考察,试图回答以下问题:美英早期三角学教科书中是如何引入反三角函数的?定义的方式有哪些?

10.2 教科书的选取

以是否含有反三角函数内容为标准,本章从20世纪60年代之前出版的143种美英三角学教科书中筛选出75种作为研究对象,其中60种为美国教科书,15种为英国教科书。75种美英三角学教科书分布于1837—1956年间,以20年为一个时间段进行统计,这些教科书的出版时间分布情况如图10-1所示。

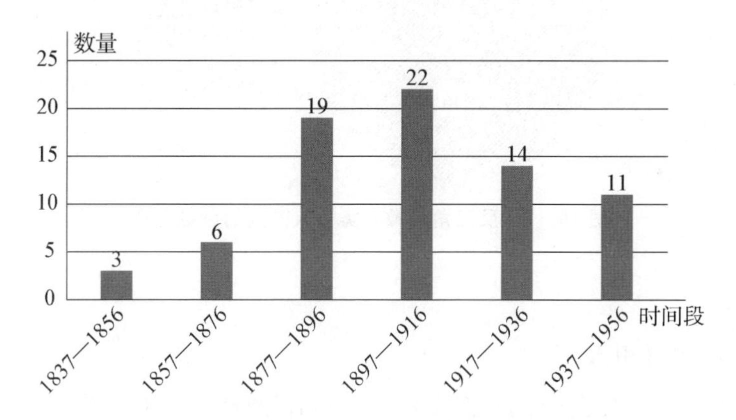

图10-1 75种早期三角学教科书的出版时间分布

75种三角学教科书中,反三角函数概念所在章大致可以分为5类:逆符号(inverse notation)、平面三角函数、反三角函数、基本原理与公式和三角方程与反三角函数,如表10-1所示。

表10-1 反三角函数概念在75种教科书中的章分布

所在章	逆符号	平面三角函数	反三角函数	基本原理与公式	三角方程与反三角函数
教科书数量	7	17	25	9	17

早期教科书中表示反三角函数的符号主要有两种，比如反正弦函数表示为：$\sin^{-1}$ 和 arcsin。由于符号“arc”使用更为普遍，若教科书无特殊说明，本章统一使用符号“arc”。

10.3 反三角函数概念的引入

75 种教科书中引入反三角函数概念的方式可以分为 6 类：直接引入、三角函数引入、反函数引入、函数概念引入、运算引入、符号引入，如图 10－2 所示。由图可见，三角函数引入占比最高。

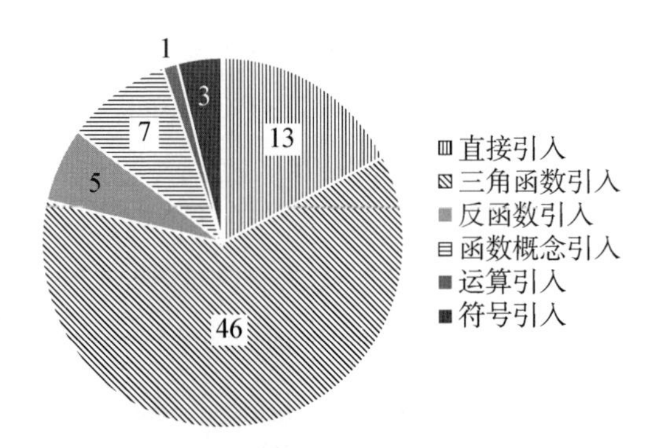

图 10－2 反三角函数 6 类引入方式的频数分布

10.3.1 直接引入

13 种教科书未做过多铺垫，直接引入反三角函数概念。部分教科书直接给出反三角函数的定义，也有教科书先定义反正弦函数，再用类比的方式推广至其余反三角函数。

10.3.2 三角函数引入

46 种教科书通过三角函数引入，在引入方式中占比最高，此引入方式又可细分为 4 类。

25 种教科书通过分析表达式 $y=\sin x$ 中的自变量 x 引入：“$y=\sin x$ 表示 y 是 x 的正弦值，那么 x 是 y 的什么？”分析可得 x 是正弦值为 y 的角，使用符号 $\arcsin y$ 来

表示角 x，称为反正弦函数。

13 种教科书通过分析与三角函数具有相同变量关系的不同表示方法进行引入。如 Moritz (1915)称："$y=\sin x$ 和 $x=\arcsin y$ 表示同种函数关系。由于 sine 和 arcsine 可相互抵消，因此称 $\arcsin x$ 为反正弦。"Chauvenet (1851)称："在表达式 $y=\sin x$ 中，y 是关于 x 的显函数，x 是关于 y 的隐函数，若将 x 表示为关于 y 的显函数，可以使用符号 $x=\arcsin y$ 表示 x 是正弦为 y 的角，并称 x 为 y 的反函数。"

5 种教科书利用给定三角函数值时有无数个与之对应的角这一特殊性质引出反三角函数。如 Kenyon & Ingold (1913)称："当表达式 $y=\sin x$ 中的 y 已知时，x 有无限多个角与之对应，其中任一角可记为 $x=\arcsin y$。"

3 种教科书通过逆向研究三角函数的必要性进行引入。如 Wilczynski (1914)称："基于目前的研究，我们称三角学是对于三角函数性质的讨论，但目前对于三角函数的讨论是单向性的，即正向考虑问题：给定角，求三角函数值。如今我们需要逆向考虑问题：给定三角函数值，求对应角。"Vance (1954)称："如果不呈现三角函数的反函数，那么对于三角函数的讨论将会是不完整的。一方面，反三角函数相当重要且广泛应用于高等数学中；另一方面，对反三角函数的研究有助于阐明三角函数的性质。"

10.3.3 反函数引入

5 种教科书通过函数与反函数的关系引入。如 Bohannan (1904)称："一般地，若 y 是 x 的函数，则 x 也是 y 的函数，两者互为对方的反函数。用符号表示即为：$y=F(x)$，$x=F^{-1}(y)$。因此 $y=\sin x$ 的反函数为 $x=\sin^{-1} y$。"

值得注意的是，即使到了 20 世纪初，反函数存在的条件仍未进入教科书编者的视野。

10.3.4 函数概念引入

7 种教科书通过函数的定义引入新函数类型——反三角函数。其中，2 种教科书采用"变量依赖关系"中的"应变型"定义方式(刘思璐等，2021)，如 Richards (1878)称："若存在两个变量，其中一个变量改变导致另一个变量也随之改变，则称后者是前者的函数。例如，$\sqrt{x}$ 是 x 的函数；圆的周长是关于半径的函数。对于表达式 $y=\sin x$，角的正弦是关于角的函数，但发现当正弦值改变时，角的大小也同样随之改变，因此，角也是关于正弦的函数，用 $x=\arcsin y$ 表示。"3 种教科书采用"变量依赖关系"中的"依赖型”定义方式(刘思璐等,2021),如 Taylor (1904)称:“一个变量的值取决于一个或多个其余变量时,它就被称为这些变量的函数。若 $y=\sin x$,则 $x=\arcsin y$, $\sin x$ 取决于角 x 的值, $\arcsin y$ 取决于正弦 y 的值,因此正弦是关于角的函数,角也是关于正弦的函数。”2 种教科书采用“变量对应关系”中的“无变化范围的变量对应”定义方式(刘思璐等,2021),如 Dresden (1921)称:“变量 x 和 y,若任一变量的任一值与另一个变量的一个或多个值对应,则称 x 是 y 的函数,且 y 是 x 的函数。$y=\sin x$ 建立了变量 x 和 y 之间的关系——每个 x 都有对应的 y,同时每个 y 也都有对应的 x。因此 x 是 y 的函数,称为反正弦函数。”

10.3.5 运算引入

Dickson (1922)从运算与逆运算的角度引入:“大多数运算都伴随着逆运算。例如平方运算 $y=x^2$,其逆运算为找到一个数使其满足平方后为数 y,可记为 $x=\pm\sqrt{y}$。同理,当我们考虑余弦为正运算,如 60°的余弦值为 $\frac{1}{2}$,若存在逆运算,则需要找到一个角,使其余弦值为 $\frac{1}{2}$。这样的角是存在的,且不唯一。我们用符号 $\arccos 60°$ 或 $\cos^{-1} 60°$ 来表示任意一个余弦值为$\frac{1}{2}$的角。若将正运算比作向北走 4 英里,逆运算则为向南走 4 英里,而非向北走$\frac{1}{4}$英里。因此 $\cos^{-1} x$ 中的符号‘-1’不是指数,不代表取倒数的含义。”

10.3.6 符号引入

3 种教科书通过强调符号的产生方式及由来引入反三角函数。Twisden (1860)称:“约翰·赫歇尔(J. Herschel,1792—1871)最先提出符号 $\tan^{-1}\theta$ 作为符号系统中的一部分。”Clarke (1888)通过类比引入反三角函数的符号:“若 $ab=m$,则记 $b=a^{-1}m$,通过类比,若 $\tan m=A$,则 $A=\tan^{-1}m$。” Bocher & Gaylord (1914)通过介绍符号 $\sin^2 x$ 和 $\sin^3 x$ 的含义引出特殊的 $\sin^{-1} x$。编者称:“我们常使用符号 $\sin^2 x$、$\sin^3 x$ 等表示 $\sin x$ 的平方、立方等。但此符号系统中有一个重要的例外—— $\sin^{-1} x$。$\sin^{-1} x$ 并不代表 $\sin x$ 的负一次方(即倒数),而是关于 x 的反正弦,代表一个正弦为 x 的角。”

10.3.7 小结

75 种教科书中反三角函数的引入方式丰富多彩。其中，17%的教科书直接给出反三角函数的定义或符号，虽然简洁明了，但对于反三角函数这类较复杂的概念，灌输式的引入方式可能会导致学生对概念的学习兴趣不高，理解不深刻。61%的教科书从三角函数进行引入，在引入方式中占比最高。究其原因，一方面，反三角函数与三角函数联系紧密；另一方面，在学习反三角函数前学生已掌握了三角函数的内容，此时通过已知的三角函数引入未知的反三角函数，可以为学生搭建概念学习的脚手架，有助于学生知识体系的构建。7%的教科书利用从一般到特殊的思想方法，先阐述函数与反函数的关系，再具体到三角函数的反函数进行引入。此方式强调反三角函数的本质，但也可能产生由于反函数概念较为抽象而导致学生较难理解的问题。9%的教科书根据函数的定义确定反三角函数为一种函数，从而进行引入，此引入方式学生较易理解，但也可能导致学生忽略其与三角函数的关系，将反三角函数视为一个完全独立的函数。个别教科书还通过介绍反三角函数符号的产生方式以及将反三角函数视为一种运算引入。

10.4 反三角函数的定义

75 种教科书中出现了 3 种关于反三角函数的术语：反三角比、反圆函数和反三角函数。其中，反三角函数是出现频率最高，也是目前最普遍使用的术语。由于三角函数又称为三角比和圆函数，因此对应出现了反三角比和反圆函数的术语，但早期教科书中仅有 8 种采用反圆函数的表述，其中，Crockett (1896)和 Olney (1870)甚至混淆了圆函数和反三角函数，如 Olney (1870)称："圆函数是角由正弦、余弦、正切或者其他三角比表示的函数，记作 $\arcsin y$、$\arccos x$、$\arctan z$。"由此可见，早期的部分教科书编者对反三角函数的概念尚未建立起清晰的认识。此外，在其余 6 种教科书中，有 2 种将反圆函数定义为限定区间内的反三角函数，是单值函数。这与《数学大辞典》中对反圆函数的解释一致："在实函数中一般只研究单值函数，只把定义在包含锐角的单调区间上的基本三角函数的反函数称为反三角函数，这时又称为反圆函数。"(王元，2017，p. 799)

75 种教科书中有 3 种未给出反三角函数的定义。在其余 72 种教科书中，根据定义的方式，可以分为形式定义、表示定义、关系定义、符号说明 4 类，具体频数分布如图 10－3 所示。

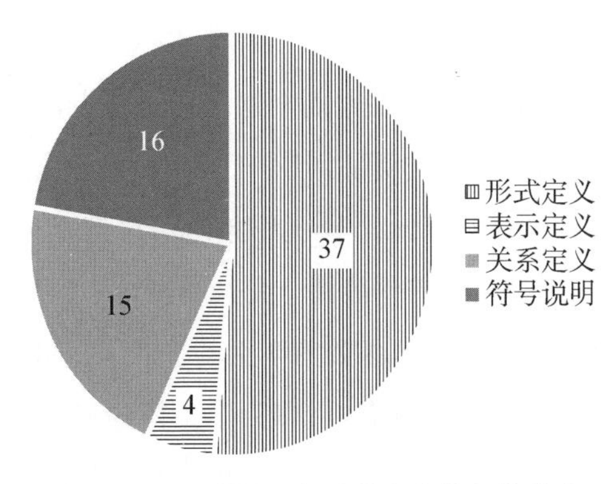

图 10-3　不同反三角函数定义的频数分布

10.4.1　形式定义

形式定义是根据反三角函数符号表示的形式来定义反三角函数，是早期教科书中占比最高的定义。如 Wheeler (1877)定义："$\arcsin x$、$\arccos y$、$\arctan z$ 等被称为反三角函数，分别读作正弦为 x 的角、余弦为 y 的角、正切为 z 的角。"Wells (1883)给出反正弦的形式定义："表达式 $\arcsin y$ 称为 y 的反正弦，它表示一个正弦为 y 的角。"

在形式定义中，不同教科书对于 $\arcsin x$、$\arccos y$、$\arctan z$ 的描述不尽相同。部分教科书称其为"符号"，也有教科书称其为"表达式""变量"或"函数"。

6 种教科书用"符号"来描述 $\arcsin x$、$\arccos y$、$\arctan z$ 等。Pendlebury (1895)解释："必须理解 $\arcsin x$、$\arccos y$、$\arctan z$ 等如 θ、α、A、B 一样，并非新的概念，只是一种符号。此符号代表着独特的含义，当其出现时，用相同的方式处理即可。"20 世纪之前的 2 种教科书均采用"notation"一词，20 世纪后，"symbol"一词出现，相较于前者，后者表示符号已具有固定含义。

12 种教科书用"表达式"来描述，表达式一般指变量、函数或常量、变量或函数的组合。大多数教科书中的表达式指变量，如 Richards (1878)给出如下定义："表达式 $\arcsin x$、$\arccos y$、$\arctan z$、$\operatorname{arcsec}\dfrac{a}{b}$ 等独立存在，被称为反三角函数。"也有教科书中的表达式指常量，如 Durfee (1900)给出如下定义："表达式 $\arccos\dfrac{2}{3}$、$\arctan\dfrac{3}{2}$、$\operatorname{arcsec}\dfrac{5}{3}$ 分别读作余弦为$\dfrac{2}{3}$的锐角、正切为$\dfrac{3}{2}$的锐角、正割为$\dfrac{5}{3}$的锐角。这些被称为反三角函数。"值得注意的是，Durfee (1900)实际上只定义了锐角反三角函数，并未推广至任意角。

5 种教科书用“量”来描述。如 Passano (1918)给出如下定义：“ $\arcsin x$、$\arccos x$、$\arctan x$、$\operatorname{arcsec} x$、$\operatorname{arccot} x$、$\operatorname{arccsc} x$ 这 6 个量被称为反三角函数。”

除此之外，Hun & MacInnes (1911)等 2 种教科书用“函数”来描述，给出如下定义：“函数 $\theta=\arcsin a$、$\theta=\arctan a$ 等称为反三角函数。对于任意角度 θ，三角函数唯一确定，但对于任一正弦值，角度有无数个，在所有值中最小正值为主值。”

10.4.2 表示定义

表示定义是用“三角函数值表示的角”来定义反三角函数，在定义方式中占比最低。不同教科书中的定义略有不同。如 Granville (1909)给出如下定义：“$30°$的角可以用‘正弦值为$\frac{1}{2}$的最小正角’表示，因此考虑此角是关于正弦的函数，被称为反三角函数，通过符号 $\arcsin x$ 来表示。”Nixon (1892)给出如下定义：“如果一个三角函数有一个定值，那么其对应的最小正角就称为相应的反三角函数。”此定义将反三角函数视为单值函数。

10.4.3 关系定义

关系定义是通过函数与反函数的关系来定义反三角函数，约占 20%。如 Bohannan (1904)给出如下定义：$y=\sin x$、$y=\cos x$、$y=\tan x$ 等，y 是关于 x 的函数，那么 x 也是关于 y 的函数，并分别用符号 $\arcsin x$、$\arccos x$、$\arctan x$ 表示。相应的两个函数互为反函数，称 x 是 y 的反三角函数。”

10.4.4 符号说明

16 种教科书未明确定义反三角函数，仅给出反正弦、反正切或反余切的符号说明。如 Dickson (1922)称：“已知余弦为$\frac{1}{2}$的角中有 $60°$的角，用符号 $\arccos\frac{1}{2}$ 来表示余弦为$\frac{1}{2}$的角，即 $60°\pm360°n$ 的角。”

10.5 反三角函数定义的演变

以 20 年为一个时间段进行统计，形式定义、表示定义、关系定义和符号说明的具体时间分布情况如图 10－4 所示。

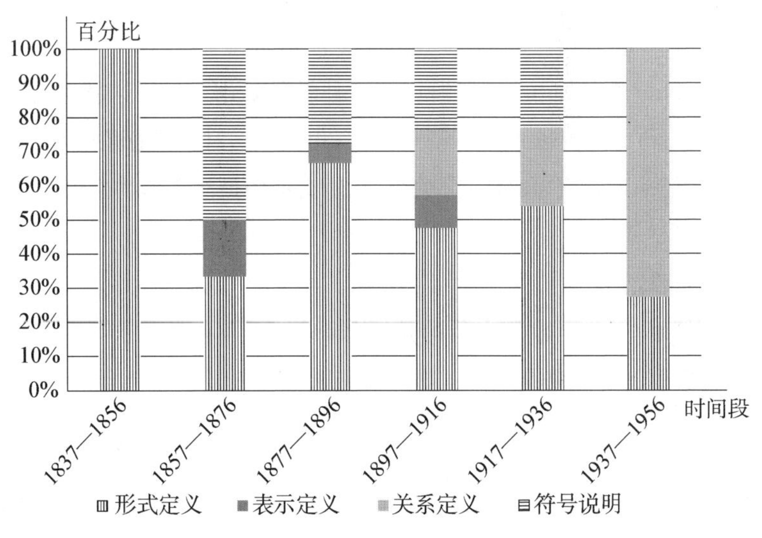

图 10－4　反三角函数定义的演变

形式定义强调反三角函数的表现形式，因其直观、简洁的优势，在每个时期均有出现，占据主流近一个世纪。表示定义体现了反三角函数诞生的意义，即用三角函数表示角，但这一定义较为笼统，因此所占比重相对较小，出现时期也较短。符号说明仅对符号进行了解释，未给出明确的定义，这侧面反映在三角学研究早期，反三角函数并非研究重点，因此部分教科书也并未对其过多展开。20 世纪以来，人们更多地使用关系定义，从一般的函数与反函数的关系出发，通过三角函数的反函数定义反三角函数，此定义中反三角函数不再是一个孤立的概念，而是与已有的较为完善的三角函数概念联系起来，同时又可以作为反函数的一个实例。由此不难理解现行教科书中的反三角函数定义为"三角函数的反函数"。《数学大辞典》中称："反三角函数是三角函数的反函数。由于基本三角函数具有周期性，故反三角函数是多值函数，这种多值的反三角函数包括反正弦函数、反余弦函数、反正切函数、反余切函数、反正割函数、反余割函数，分别记为 $\mathrm{Arcsin}\,x$、$\mathrm{Arccos}\,x$、$\mathrm{Arctan}\,x$、$\mathrm{Arccot}\,x$、$\mathrm{Arcsec}\,x$、$\mathrm{Arccsc}\,x$。 $\arcsin x$ 是 $\mathrm{Arcsin}\,x$ 的单值分支，满足条件 $-\frac{\pi}{2}\leqslant \arcsin x\leqslant \frac{\pi}{2}$。"（王元，2017，p. 799）值得注意的是，现行教科书将 $\mathrm{Arcsin}\,x$ 定义为通值，将 $\arcsin x$ 定义为主值，这一点在复变函数中也得到了验证，《复变函数论》中称："记号 $w=\mathrm{Arctan}\,z$ 指的是方程 $\tan w=z$ 的解的总体。”(钟玉泉,2004)但在早期教科书中,除了 Hall & Frink (1910)将 $\arcsin x$ 定义为主值,用 $\mathrm{Arcsin}\, x$ 表示所有正弦为 x 的角之外,其余教科书均将 $\arcsin x$ 定义为通值,而将 $\mathrm{Arcsin}\, x$ 定义为主值。可见,早期教科书中对 $\arcsin x$ 和 $\mathrm{Arcsin}\, x$ 的主流定义与当今的主流定义相反。

10.6 反三角函数的符号

75 种教科书中提及的符号有 $\sin^{-)}$、invsin、antisin、$\sin^{-1}$ 和 arcsin 5 类,其中 $\sin^{-)}$、invsin 和 antisin 都仅在 1 种教科书中出现,故暂且不予考虑。以 20 年为一个时间段进行统计,符号 $\sin^{-1}$ 和 arcsin 的时间分布情况如图 10-5 所示。

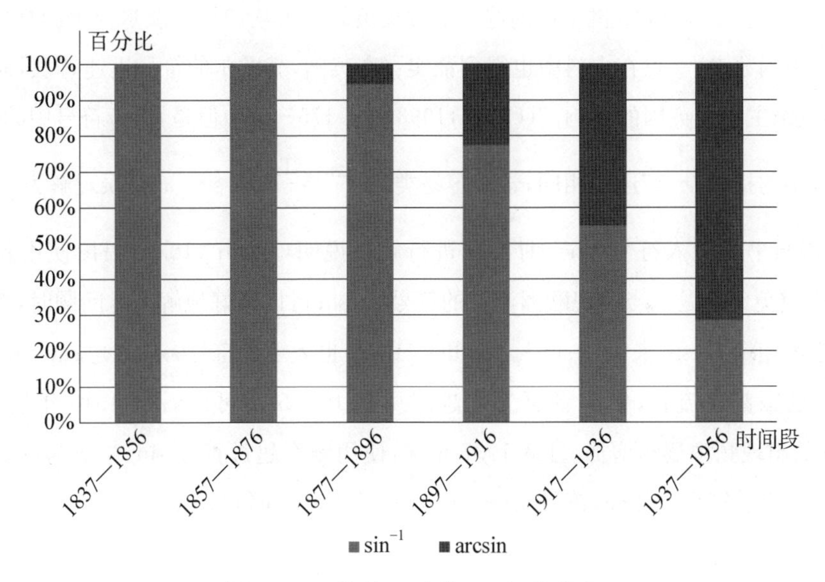

图 10-5 符号 $\sin^{-1}$ 和 arcsin 的分布

丹尼尔·伯努利于 1729 年使用符号 A S. 表示反正弦,这成为反三角函数的首个符号。18 世纪,反正弦符号经历的变化过程为:A S.、A sin、arc. sin、arc. sin.、Arc. sin.,反正切符号经历的变化过程为:A t、A $\overline{\text{tag}}$、arc. tang. /arc. tangent、Arc. Tang. (Cajori,1993)。

1813 年,英国科学家赫歇尔在《伦敦哲学学报》中提出使用符号 $\cos.^{-1}$ 来代替 arccos.,赫歇尔承认一些作者使用 $\cos.^{m}A$ 表示 $(\cos. A)^{m}$,但在微积分中,将 d 和 Δ

运算重复的次数作为指数附加在 d 和 Δ 上，具有简洁且清晰的优势，对于积分的逆运算，采取同样的方式添加负指数。因此定义 $\sin.^{-1}x=\mathrm{arc}(\sin.=x)$。赫歇尔在《有限差分法应用实例集》中给出了具体推导过程：$f(f(x))=f^2(x)$，$f(f(f(x)))=f^3(x)$。由此可以得到 $f^m f^n(x)=f^{m+n}(x)$。令 $n=0$，$m=1$，得到 $ff^0(x)=f(x)$，故 $f^0(x)=x$，再令 $n=-1$，$m=1$，得到 $ff^{-1}(x)=f^0(x)=x$，因此 $f^{-1}(x)$ 表示"函数值为 x 的量"，为 $f(x)$ 的反函数。这种表示方法不仅让反三角函数的符号更简便，还证明了此运算性质的普遍性，更在不引入新记号的前提下表示反函数（Herschel，1820）。事实上，最早提出符号 f^{-1} 的并非赫歇尔，而是德国分析学家布尔曼（H. Burmann，？—1817），但后者并未想到将其用于反三角函数（Cajori，1993，pp. 175 - 177）。

由图 10 - 5 可见，19 世纪以前绝大多数美英教科书均使用赫歇尔提出的符号来表示反三角函数，这一点在史料中也得到证实："在英国，赫歇尔的符号迅速普及，而美国在 19 世纪主要受英国的影响。"（Cajori，1993，pp. 175 - 177）但是，由于符号中的"-1"和代数中的指数"-1"形式相同，学生容易类比 $a^{-1}=\dfrac{1}{a}$，将 $\sin^{-1}x$ 错误理解为 $\dfrac{1}{\sin x}$。对此，教科书在引入符号 $\sin^{-1}$ 时必须进行解释说明，Wood（1885）提出使用新符号 $\sin^{-)}$ 来避免此问题。当发现欧洲流行的符号 arcsin 可以很好地解决此问题时，教科书编者逐渐使用 arcsin 来代替 $\sin^{-1}$。Miller（1891）也表示："符号 arcsin 与 $\sin^{-1}$ 等价，在德国和法国普遍流行，但前者更为优越。"从图 10 - 5 中可以看到 1916 年后，符号 arcsin 的出现频率逐渐增加，且从 1937 年起，使用频率超过符号 $\sin^{-1}$，成为反三角函数的主要表示符号。如今，符号 arcsin 和 $\sin^{-1}$ 均存在，而符号 $\sin^{-)}$、invsin、antisin 已销声匿迹。

10.7 结论与启示

1837—1956 年出版的 75 种美英三角学教科书共计给出了 6 类引入方式，其中三角函数引入的方式占比最高。早期教科书中，按照时间顺序，共出现了形式定义、表示定义、关系定义 3 类定义方式，而 21% 的教科书未明确定义反三角函数，仅给出反三角函数的符号说明。其中，形式定义在 20 世纪以前一直是早期教科书中的主流定义，20 世纪以来，关系定义逐渐兴起，代替形式定义成为主流定义。早期教科书中反三角函数的引入和定义及其演变过程，对今日教学与教科书的编写均有所启示。

其一，多样导入。早期教科书中的引入方式各有千秋，教师在设计课堂教学时，可以根据需要选择、融合不同的引入方式。比如从三角函数引入，可以通过设问“你认为正弦函数 $y=\sin x$ 中，x 是什么？”引入。教师可以借助问题让学生思考 x 是正弦为 y 的角，加深学生对反三角函数本质的理解。又如逆运算引入，可以先由学生已学的运算与逆运算切入，如平方的逆运算为开平方，那么正弦值的计算有逆运算吗？再具体举例 $\sin 30^\circ=\frac{1}{2}$，类比平方与开平方，引导学生发现此运算的逆为找到角，使其正弦值为 $\frac{1}{2}$，教师还可追问：“这样的角唯一吗？”，为后续反三角函数定义中的限定区间做铺垫。

其二，建立联系。反三角函数并非孤立的概念，它与三角函数密切相关，因此课堂教学需要建立其与三角函数的联系，并引导学生思考。尽管现行教科书是通过三角函数的反函数定义反三角函数，但由于反函数的内容在中学教科书中被简化，学生对反函数概念的理解存在一定的困难，故而常将反三角函数视为一种新函数，并以说明符号 $\arcsin x$、$\arctan x$ 代以严格定义反三角函数。在教学中，教师应强调三角函数与反三角函数的紧密联系，例如通过具体实例，让学生明确虽然两种函数的形式、图像均不同，但本质上表示相同的变量关系；也可通过介绍反三角函数概念的知识源流，帮助学生理解其诞生与三角函数密不可分。

其三，厘清主次。我们建议在中学阶段，无论是教科书编写还是课堂教学，都应该以 arcsin 等作为反三角函数的主要表示，辅以介绍符号 $\sin^{-1}$ 等。因为学生经历三角函数的学习后，往往已经熟练掌握 $\sin^2 x=(\sin x)^2$，很容易产生知识的负迁移，即将 $\sin^{-1}x$ 错误地理解为 $(\sin x)^{-1}$，即 $\frac{1}{\sin x}$，使用符号 arcsin 可以有效避免此问题。同时，考虑到 $\sin^{-1}$ 的用途，如计算器的按键为“SIN^{-1}”，因此对符号 $\sin^{-1}$ 的介绍也是必要的。此外，教师可以在教学中介绍反三角函数符号的产生及由来，让学生感悟数学中一个新概念、新符号的诞生是不易的，需要数学家前赴后继的努力与摸索，从而渗透德育之效。

其四，架构桥梁。重视反三角函数衔接初等数学和高等数学的桥梁作用。虽然反三角函数目前没有进入课程标准，但其重要性不言而喻，在编写教科书时不应简单略过反三角函数的内容，教师也可以在反三角函数的教学中巧妙设问、留白，为后续高等数学的学习埋下伏笔。例如，中学数学教科书将反三角函数定义为限定区间内三角函数的反函数，如果考虑完整的定义域，除去单值函数的限制，那么三角函数的反函数有何性质，图像又如何？我们能够精确求出的反三角函数值极少，例如，对于 $\arcsin\frac{1}{5}$，倘若没有计算器的辅助，我们能否得到其结果？历史上数学家利用反三角函数来求 π 的近似值，他们是如何做到的？思考上述问题，或将减少学生从初等数学过渡到高等数学时所遇到的衔接困难。

参考文献

高雪芬，王月芬，张建明(2010). 关于大学数学与高中衔接问题的研究. 浙江教育学院学报，(03)：30－36.

梁海华，马腾冰(2019). 关于反三角函数几个基本概念和性质的探讨. 中学数学研究(华南师范大学版)，(21)：20－22.

刘春平，刘晓平(2015). 反三角函数的解析式及其应用. 大学数学，31(01)：88－90.

刘思璐，沈中宇，汪晓勤(2021). 英美早期代数教科书中的函数概念. 数学教育学报，30(4)：55－62.

王元(2017). 数学大辞典(第二版). 北京：科学出版社.

钟玉泉(2004). 复变函数论(第三版). 北京：高等教育出版社.

Bocher, M. & Gaylord, H. D. (1914). *Trigonometry*. New York: Henry Holt & Company.

Bohannan, R. D. (1904). *Plane Trigonometry*. Boston: Allyn & Bacon.

Cajori, F. (1993). *A History of Mathematics Notations*. New York: Dover Publications, Inc.

Chauvenet, W. (1851). *A Treatise on Plane and Spherical Trigonometry*. Philadelphia: Hogan, Perkins & Company.

Clarke, J. B. (1888). *Manual of Trigonometry*. Oakland: Pacific Press.

Crockett, C. W. (1896). *Elements of Plane and Spherical Trigonometry*. New York: American Book Company.

Dickson, L. E. (1922). *Plane Trigonometry with Practical Applications*. Chicago: Benj H. Sanborn & Company.

Dresden, A. (1921). *Plane Trigonometry*. New York: John Wiley & Sons.

Durell, F. (1910). *Plane and Spherical Trigonometry*. New York: Merrill.

Durfee, W. P. (1900). *The Elements of Plane Trigonometry*. Boston: Ginn & Company.

Granville, W. A. (1909). *Plane and Spherical Trigonometry*. Boston: Ginn & Company.

Hall, A. G. & Frink, F. G. (1910). *Plane and Spherical Trigonometry*. New York: Henry Holt & Company.

Herschel, J. F. W. (1820). *A Collection of Examples of the Applications of the Calculus of Finite Differences*. Cambridge: J. Deighton & Sons.

Hun, J. G. & MacInnes, C. R. (1911). *The Elements of Plane and Spherical Trigonometry*. New York: The Macmillan Company.

Kenyon, A. M. & Ingold, L. (1913). *Trigonometry*. New York: The Macmillan Company.

Miller, E. (1891). *A Treatise on Plane and Spherical Trigonometry*. Boston: Leach, Shewell & Sanborn.

Moritz, R. E. (1915). *Elements of Plane Trigonometry*. New York: John Wiley & Sons.

Nixon, R. C. J. (1892). *Elementary Plane Trigonometry*. Oxford: The Clarendon Press.

Olney, E. (1870). *Elements of Trigonometry, Plane and Spherical*. New York & Chicago: Sheldon & Company.

Passano, L. M. (1918). *Plane and Spherical Trigonometry*. New York: The Macmillan Company.

Pendlebury, C. (1895). *Elementary Trigonometry*. London: George Bell & Sons.

Richards, E. L. (1878). *Elements of Plane Trigonometry*. New York: D. Appleton & Company.

Taylor, J. M. (1904). *Plane Trigonometry*. Boston: Ginn & Company.

Twisden, J. F. (1860). *Plane Trigonometry, Mensuration and Spherical Trigonometry*. London & Glasgow: Richard Griffin & Company.

Vance, E. P. (1954). *Trigonometry*. Cambridge: Addison-Wesley Publishing Company.

Wells, W. (1883). *A Practical Textbook on Plane and Spherical Trigonometry*. Boston & New York: Leach, Shewell & Sanborn.

Wheeler, H. N. (1877). *The Elements of Plane Trigonometry*. Boston: Ginn & Heath.

Wilczynski, E. J. (1914). *Plane Trigonometry and Applications*. Boston: Allyn & Bacon.

Wood, De V. (1885). *Trigonometry, Analytical, Plane and Spherical*. New York: John Wiley & Sons.

公式篇

11 同角三角函数的关系

陈泓媛*

11.1 引 言

三角学源于天文学，它是在研究天文问题的过程中发展起来的。常见的三角函数包括正弦函数、余弦函数和正切函数。在航海学、测绘学、工程学等领域中，还会用到余切函数、正割函数、余割函数、正矢函数、余矢函数等其他三角函数。搞清楚这些三角函数之间的关系是三角学的基本问题之一。

《义务教育数学课程标准(2022 年版)》和初中数学教科书并未对同角三角函数关系加以专门强调。苏科版教科书数学九年级下册在“锐角三角函数”章的“小结与思考”中提出思考题：探索锐角 α 的正弦、余弦、正切之间的关系。沪教版教科书数学九年级上册在“锐角的三角比”章中提到正切与余切间的倒数关系。《普通高中数学课程标准(2017 年版 2020 年修订)》要求学生“理解同角三角函数的基本关系式：$\sin^2 x+\cos^2 x=1$，$\frac{\sin x}{\cos x}=\tan x$”(中华人民共和国教育部，2022)。现行高中数学教科书通常在给出这两个基本关系式后通过例题的方式呈现它们的应用，例如，由某个角的一个三角函数值求该角的其他三角函数值、证明一些三角恒等式等，而沪教版教科书中多了 $\cot x=\frac{\cos x}{\sin x}$ 和 $\tan x\cot x=1$ 这两个基本关系式。

在实际教学中，部分教师轻视同角三角函数关系式的意义和推导过程，将教学重点放在计算和解题训练上，数学公式的教学变得十分功利。在这样的学习过程中，学生对公式的学习只有形式上的简单记忆，缺乏对公式的本质理解。这与同角三角函数关系的研究历程背道而驰，也不利于培养学生的数学核心素养。鉴于此，本章聚焦同

* 华东师范大学教师教育学院硕士研究生。

角三角函数的关系，对 18 世纪初期至 20 世纪中叶出版的美英三角学教科书进行考察，尝试回答以下问题：同角三角函数关系及其推导方法有哪些？同角三角函数关系有何应用？

11.2 教科书的选取

本章以相关数据库中 1714—1955 年出版的 115 种美英三角学教科书作为研究对象，以 20 年为一个时间段进行统计，这些教科书的出版时间分布情况如图 11 - 1 所示。

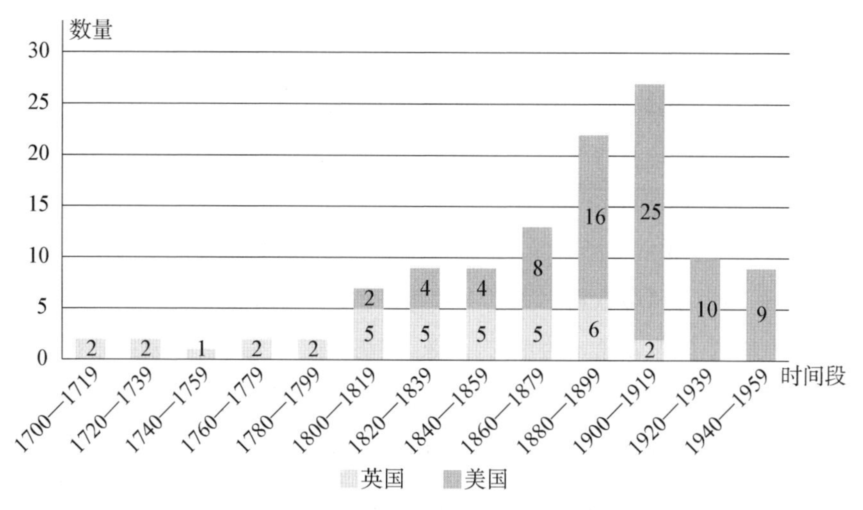

图 11 - 1　115 种早期三角学教科书的出版时间分布

为回答研究问题，本章按照年份依次检索上述 115 种美英早期三角学教科书，从中摘录出与同角三角函数关系相关的内容，经过整理，同角三角函数关系主要分布在"三角函数间的关系""恒等式与方程""三角恒等式""三角关系"等章中，通过内容分析，总结同角三角函数的关系式、推导方法和应用。

11.3 同角三角函数关系的发展

随着三角学的研究和发展，早期教科书中同角三角函数关系的相关内容也在不断演变。18 世纪，许多教科书没有专门强调或研究同角三角函数关系，如 Wells (1714)

在介绍各种三角函数的定义时对余弦和正矢的关系进行了注释。19 世纪开始，同角三角函数关系逐渐被教科书编者所重视（如图 11－2），并由锐角推广到任意角。

(35.) The preceding results, which are of considerable importance in all trigonometrical investigations, are collected in the following table. By the relations here given, any one of the trigonometrical terms may be expressed in terms of any of the others. This gives a variety of problems which are solved by mere elimination by the equations of this table.

TABLE II.

1. $\sin.^2\omega + \cos.^2\omega = 1.$
2. $\dfrac{\sin.\omega}{\cos.\omega} = \tan.\omega.$
3. $\dfrac{\cos.\omega}{\sin.\omega} = \cot.\omega.$
4. $\tan.\omega \cot.\omega = 1.$
5. $\sec.\omega \cos.\omega = 1.$
6. $\text{cosec}.\omega \sin.\omega = 1.$
7. $1 + \tan.^2\omega = \sec.^2\omega.$
8. $1 + \cot.^2\omega = \text{cosec}.^2\omega.$
9. $\text{ver. }\sin.\omega = 1 - \cos.\omega.$
10. $\text{cov. }\sin.\omega = 1 - \sin.\omega.$
11. $\text{suv. }\sin.\omega = 1 + \cos.\omega.$

By these equations, any one of the quantities, sin.ω, cos.ω, &c. being given, all the others may be determined.

These investigations will furnish a useful exercise for the student.

图 11－2 Lardner (1826)书影

Hassler (1826)是英语数学文献中最早引入三角比定义的教科书，编者将商数关系和倒数关系称为三角函数的“乘法表”。其中，商数关系共有如下 12 条之多：

$$\frac{\sin\alpha}{\cos\alpha}=\tan\alpha,\quad \frac{\cos\alpha}{\sin\alpha}=\cot\alpha,$$

$$\frac{\sin\alpha}{\tan\alpha}=\cos\alpha,\quad \frac{\tan\alpha}{\sin\alpha}=\sec\alpha,$$

$$\frac{\cos\alpha}{\cot\alpha}=\sin\alpha,\quad \frac{\cot\alpha}{\cos\alpha}=\csc\alpha,$$

$$\frac{\tan\alpha}{\sec\alpha}=\sin\alpha,\quad \frac{\sec\alpha}{\tan\alpha}=\csc\alpha,$$

$$\frac{\cot\alpha}{\csc\alpha}=\cos\alpha,\ \frac{\csc\alpha}{\cot\alpha}=\sec\alpha,$$

$$\frac{\sec\alpha}{\csc\alpha}=\tan\alpha,\ \frac{\csc\alpha}{\sec\alpha}=\cot\alpha。$$

由商数关系、倒数关系和平方关系，又导出了如下21个等式(其中α为锐角)：

(S1) $\sin\alpha=\cos\alpha\sqrt{\sec^2\alpha-1}$,

(S2) $\sin\alpha=\dfrac{1}{\sqrt{1+\cot^2\alpha}}$,

(S3) $\sin\alpha=\dfrac{\tan\alpha}{\sqrt{1+\tan^2\alpha}}$,

(S4) $\sin\alpha=\dfrac{\cos\alpha}{\sqrt{\csc^2\alpha-1}}$,

(S5) $\sin\alpha=\dfrac{\sqrt{\sec^2\alpha-1}}{\sec\alpha}$,

(S6) $\sin\alpha=\sqrt{1-\sin^2\alpha}\sqrt{\sec^2\alpha-1}$,

(S7) $\sin\alpha=\dfrac{\sqrt{\sec^2\alpha-1}}{\sqrt{1+\tan^2\alpha}}$,

(C1) $\cos\alpha=\sin\alpha\sqrt{\csc^2\alpha-1}$,

(C2) $\cos\alpha=\dfrac{1}{\sqrt{1+\tan^2\alpha}}$,

(C3) $\cos\alpha=\dfrac{\cot\alpha}{\sqrt{1+\cot^2\alpha}}$,

(C4) $\cos\alpha=\dfrac{\sin\alpha}{\sqrt{\sec^2\alpha-1}}$,

(C5) $\cos\alpha=\dfrac{\sqrt{\csc^2\alpha-1}}{\csc\alpha}$,

(C6) $\cos\alpha=\sqrt{1-\cos^2\alpha}\sqrt{\csc^2\alpha-1}$,

(C7) $\cos\alpha=\dfrac{\sqrt{\csc^2\alpha-1}}{\sqrt{1+\cot^2\alpha}}$,

(T1) $\tan\alpha=\dfrac{1}{\sqrt{\csc^2\alpha-1}}$,

(T2) $\tan\alpha=\sin\alpha\sqrt{1+\tan^2\alpha}$,

(T3) $\tan\alpha=\dfrac{\sin\alpha}{\sqrt{1-\sin^2\alpha}}$,

(T4) $\tan\alpha=\dfrac{\sqrt{1+\tan^2\alpha}}{\csc\alpha}$,

(T5) $\tan\alpha=\sqrt{1-\cos^2\alpha}\sqrt{1+\tan^2\alpha}$,

(T6) $\tan\alpha=\dfrac{\sqrt{1-\cos^2\alpha}}{\sqrt{1-\sin^2\alpha}}$,

(T7) $\tan\alpha=\dfrac{\sqrt{1+\tan^2\alpha}}{\sqrt{1+\cot^2\alpha}}$。

经过百余年的演变,同角三角函数关系由 19 世纪初杂乱无章的大量公式发展为成体系的 8 个基本关系式及其他恒等式。同角三角函数的 8 个基本关系式包括商数关系、倒数关系和平方关系,它们分别是:

$$\tan x=\frac{\sin x}{\cos x},\ \cot x=\frac{\cos x}{\sin x},$$

$$\sec x=\frac{1}{\cos x},\ \csc x=\frac{1}{\sin x},\ \cot x=\frac{1}{\tan x},$$

$$\sin^2x+\cos^2x=1,\ \tan^2x+1=\sec^2x,\ 1+\cot^2x=\csc^2x。$$

11.4 同角三角函数关系的推导

11.4.1 锐角的情形

(一) 利用相似三角形和勾股定理

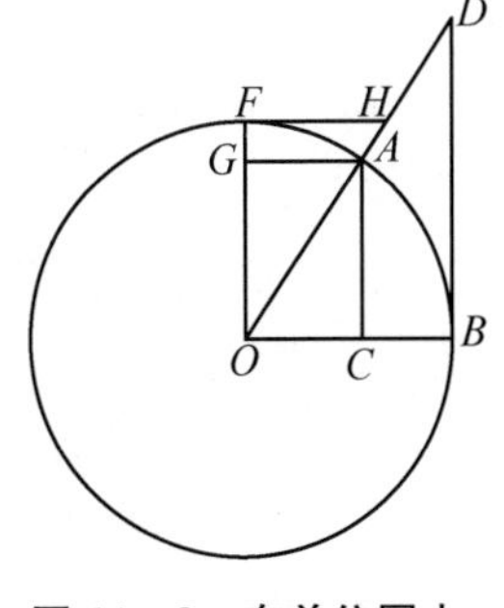

图 11-3 在单位圆中定义锐角三角函数

如图 11-3,设⊙O 的半径为 1,$\angle AOB$ 的正弦、正切、正割、余弦、余切和余割分别是 AC(或 OG)、DB、OD、AG(或 OC)、HF 和 OH。因$\triangle DOB\backsim\triangle AOC$,故 $\dfrac{DB}{OB}=\dfrac{AC}{OC}$,$\dfrac{OD}{OB}=\dfrac{OA}{OC}$,即

$$\tan x=\frac{\sin x}{\cos x},\ \sec x=\frac{1}{\cos x}。$$

因$\triangle HOF \backsim \triangle AOG$，故 $\dfrac{HF}{OF}=\dfrac{AG}{OG}$，$\dfrac{OH}{OF}=\dfrac{OA}{OG}$，即

$$\cot x=\frac{\cos x}{\sin x},\ \csc x=\frac{1}{\sin x}。$$

又因 $\triangle HOF \backsim \triangle ODB$，故 $\dfrac{HF}{OF}=\dfrac{OB}{DB}$，即

$$\cot x=\frac{1}{\tan x}。$$

在$\triangle AOC$、$\triangle DOB$ 与$\triangle HOF$ 中，由勾股定理，可得 $AC^2+OC^2=1$，$DB^2+OB^2=OD^2$，$OF^2+HF^2=OH^2$，即

$$\sin^2 x+\cos^2 x=1,\ \tan^2 x+1=\sec^2 x,\ 1+\cot^2 x=\csc^2 x。$$

（二）利用三角比定义和勾股定理

如图 11-4，在 $\mathrm{Rt}\triangle ABC$ 中，设 $BC=a$，$AC=b$，$AB=c$，$\angle A$ 的 6 种三角比定义如下：

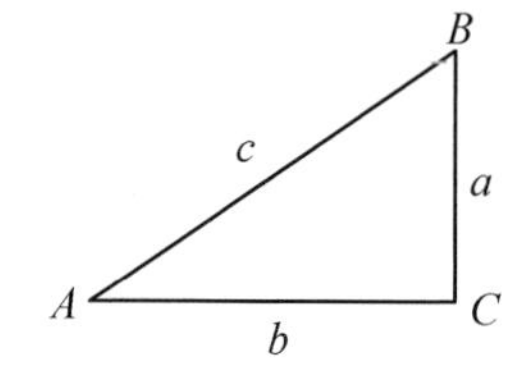

图 11-4　在直角三角形中定义锐角三角比

$$\sin A=\frac{BC}{AB}=\frac{a}{c},\ \cos A=\frac{AC}{AB}=\frac{b}{c},\ \tan A=\frac{BC}{AC}=\frac{a}{b},$$

$$\cot A=\frac{AC}{BC}=\frac{b}{a},\ \sec A=\frac{AB}{AC}=\frac{c}{b},\ \csc A=\frac{AB}{BC}=\frac{c}{a}。$$

由简单的比值关系及以上三角比定义可知，

$$\tan A=\frac{a}{b}=\frac{\frac{a}{c}}{\frac{b}{c}}=\frac{\sin A}{\cos A},$$

$$\cot A=\frac{b}{a}=\frac{\frac{b}{c}}{\frac{a}{c}}=\frac{\cos A}{\sin A},$$

$$\sec A=\frac{c}{b}=\frac{1}{\frac{b}{c}}=\frac{1}{\cos A},$$

$$\csc A=\frac{c}{a}=\frac{1}{\frac{a}{c}}=\frac{1}{\sin A},$$

$$\cot A=\frac{b}{a}=\frac{1}{\frac{a}{b}}=\frac{1}{\tan A}。$$

在 Rt$\triangle ABC$ 中,由勾股定理知 $c^2=a^2+b^2$,在等式两边分别除以 c^2、b^2 和 a^2,得

$$1=\left(\frac{a}{c}\right)^2+\left(\frac{b}{c}\right)^2,$$

$$\left(\frac{c}{b}\right)^2=\left(\frac{a}{b}\right)^2+1,$$

$$\left(\frac{c}{a}\right)^2=1+\left(\frac{b}{a}\right)^2,$$

即

$$\sin^2 A+\cos^2 A=1,$$

$$\tan^2 A+1=\sec^2 A,$$

$$1+\cot^2 A=\csc^2 A。$$

11.4.2　任意角的情形

（一）利用三角函数定义

如图 11 - 5,在任意角 α 的终边上任取异于原点的一点 P,设其坐标为$(x,\ y)$,并令 $|OP|=r$,则有 $r=\sqrt{x^2+y^2}>0$。角 α 的 6 种三角函数定义如下:

$$\sin\alpha=\frac{y}{r},\ \cos\alpha=\frac{x}{r},\ \tan\alpha=\frac{y}{x}(x\neq 0),$$

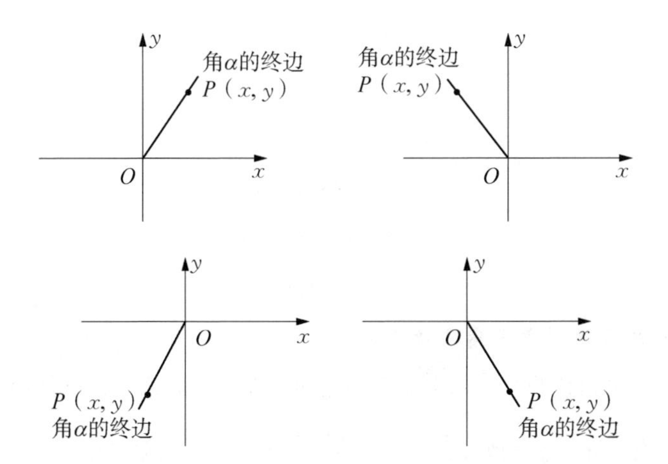

图 11 - 5　任意角三角函数的定义

$$\cot\alpha=\frac{x}{y}(y\neq 0),\ \sec\alpha=\frac{r}{x}(x\neq 0),\ \csc\alpha=\frac{r}{y}(y\neq 0)。$$

由简单的比值关系及以上任意角三角函数定义可知，

$$\tan\alpha=\frac{y}{x}=\frac{\frac{y}{r}}{\frac{x}{r}}=\frac{\sin\alpha}{\cos\alpha},$$

$$\cot\alpha=\frac{x}{y}=\frac{\frac{x}{r}}{\frac{y}{r}}=\frac{\cos\alpha}{\sin\alpha},$$

$$\sec\alpha=\frac{r}{x}=\frac{1}{\frac{x}{r}}=\frac{1}{\cos\alpha},$$

$$\csc\alpha=\frac{r}{y}=\frac{1}{\frac{y}{r}}=\frac{1}{\sin\alpha},$$

$$\cot\alpha=\frac{x}{y}=\frac{1}{\frac{y}{x}}=\frac{1}{\tan\alpha}。$$

由 $x^2+y^2=r^2$，在等式两边分别除以 r^2、x^2 和 y^2，得

$$\left(\frac{x}{r}\right)^2+\left(\frac{y}{r}\right)^2=1,$$

$$1+\left(\frac{y}{x}\right)^2=\left(\frac{r}{x}\right)^2,$$

$$\left(\frac{x}{y}\right)^2+1=\left(\frac{r}{y}\right)^2,$$

即

$$\sin^2\alpha+\cos^2\alpha=1,$$

$$1+\tan^2\alpha=\sec^2\alpha,$$

$$\cot^2\alpha+1=\csc^2\alpha。$$

（二）利用其他同角三角函数关系

由于同角三角函数的 8 个基本关系式之间存在一定联系，所以可以利用其中一些关系式推出其余关系式。例如，$\tan x=\dfrac{\sin x}{\cos x}$，$\cot x=\dfrac{\cos x}{\sin x}$ 和 $\cot x=\dfrac{1}{\tan x}$ 这 3 个公式

已知其中任意两个都可以推出第三个；在已知 $\tan x=\frac{\sin x}{\cos x}$ 和 $\sec x=\frac{1}{\cos x}$ 的情况下，$\sin^2 x+\cos^2 x=1$ 与 $\tan^2 x+1=\sec^2 x$ 之间可以互推；在已知 $\cot x=\frac{\cos x}{\sin x}$ 和 $\csc x=\frac{1}{\sin x}$ 的情况下，$\sin^2 x+\cos^2 x=1$ 与 $1+\cot^2 x=\csc^2 x$ 之间可以互推。

11.5 同角三角函数关系的应用

在美英早期三角学教科书中，同角三角函数关系的应用主要有 2 类，一类是由已知三角函数值求其他三角函数值，另一类是证明三角恒等式或化简三角表达式。

11.5.1 知一求五

19 世纪后期以来的许多教科书都含有“用已知三角函数表示其他任一三角函数”或“分别用其他 5 个三角函数表示每个三角函数”，根据同角三角函数的基本关系式导出三角函数两两之间的关系，结果见表 11 - 1(Carson, 1943, p. 201)，其中正负号要根据角的终边所在的象限来确定。

表 11 - 1 同角三角函数的互求

	sine	cosine	tangent	cotangent	secant	cosecant
$\sin\theta$	$\sin\theta$	$\pm\sqrt{1-\cos^2\theta}$	$\frac{\tan\theta}{\pm\sqrt{1+\tan^2\theta}}$	$\frac{1}{\pm\sqrt{1+\cot^2\theta}}$	$\frac{\pm\sqrt{\sec^2\theta-1}}{\sec\theta}$	$\frac{1}{\csc\theta}$
$\cos\theta$	$\pm\sqrt{1-\sin^2\theta}$	$\cos\theta$	$\frac{1}{\pm\sqrt{1+\tan^2\theta}}$	$\frac{\cot\theta}{\pm\sqrt{1+\cot^2\theta}}$	$\frac{1}{\sec\theta}$	$\frac{\pm\sqrt{\csc^2\theta-1}}{\csc\theta}$
$\tan\theta$	$\frac{\sin\theta}{\pm\sqrt{1-\sin^2\theta}}$	$\frac{\pm\sqrt{1-\cos^2\theta}}{\cos\theta}$	$\tan\theta$	$\frac{1}{\cot\theta}$	$\pm\sqrt{\sec^2\theta-1}$	$\frac{1}{\pm\sqrt{\csc^2\theta-1}}$
$\cot\theta$	$\frac{\pm\sqrt{1-\sin^2\theta}}{\sin\theta}$	$\frac{\cos\theta}{\pm\sqrt{1-\cos^2\theta}}$	$\frac{1}{\tan\theta}$	$\cot\theta$	$\frac{1}{\pm\sqrt{\sec^2\theta-1}}$	$\pm\sqrt{\csc^2\theta-1}$
$\sec\theta$	$\frac{1}{\pm\sqrt{1-\sin^2\theta}}$	$\frac{1}{\cos\theta}$	$\pm\sqrt{1+\tan^2\theta}$	$\frac{\pm\sqrt{1+\cot^2\theta}}{\cot\theta}$	$\sec\theta$	$\frac{\csc\theta}{\pm\sqrt{\csc^2\theta-1}}$
$\csc\theta$	$\frac{1}{\sin\theta}$	$\frac{1}{\pm\sqrt{1-\cos^2\theta}}$	$\frac{\pm\sqrt{1+\tan^2\theta}}{\tan\theta}$	$\pm\sqrt{1+\cot^2\theta}$	$\frac{\sec\theta}{\pm\sqrt{\sec^2\theta-1}}$	$\csc\theta$

利用上表，已知某个三角函数的值，可以求出其他三角函数的值。例如：已知 $\sin\alpha=-\frac{1}{2}$，则其他三角函数的值见表 11－2。（Perlin，1955，p. 43）

表 11－2　已知正弦值，求其他三角函数值

三角函数	α 为第三象限角	α 为第四象限角
$\cos\alpha$	$-\frac{\sqrt{3}}{2}$	$\frac{\sqrt{3}}{2}$
$\tan\alpha$	$\frac{\sqrt{3}}{3}$	$-\frac{\sqrt{3}}{3}$
$\cot\alpha$	$\sqrt{3}$	$-\sqrt{3}$
$\sec\alpha$	$-\frac{2\sqrt{3}}{3}$	$\frac{2\sqrt{3}}{3}$
$\csc\alpha$	-2	-2

11.5.2　恒等证明

19 世纪以来的美英三角学教科书中的例题和习题蕴含了大量同角三角函数的恒等式，这些恒等式均可通过 8 个基本关系式和简单的有理式运算得到。教科书中还给出了证明恒等式的几种一般方法，在面对待证的三角恒等式时需要选取合适的方法进行证明。

第一种方法是从等式的一边开始证明其等于另一边，通常从形式较为复杂的一边开始。例如，要证明恒等式 $(\tan^2 x+1)\cot^2 x=\csc^2 x$，我们从较复杂的左式入手，即

$$\begin{aligned}(\tan^2 x+1)\cot^2 x&=\tan^2 x\cot^2 x+\cot^2 x\\&=(\tan x\cot x)^2+\cot^2 x\\&=1+\cot^2 x\\&=\csc^2 x。\end{aligned}$$

类似的三角恒等式还有

$$(1-\cos^2 x)\sec^2 x=\tan^2 x,$$
$$(\sec^2 x-1)\csc^2 x=\sec^2 x,$$
$$(\csc^2 x-1)\sin^2 x=\cos^2 x,$$

等等。

第二种方法是分别证明等式两边等于同一个式子。例如,要证明恒等式 $\cot x + \tan x = \cot x \sec^2 x$,我们可以将左、右两式化为相同的表达式

$$\cot x + \tan x = \frac{\cos x}{\sin x} + \frac{\sin x}{\cos x} = \frac{\cos^2 x + \sin^2 x}{\sin x \cos x} = \frac{1}{\sin x \cos x},$$

$$\cot x \sec^2 x = \frac{\cos x}{\sin x} \cdot \frac{1}{\cos^2 x} = \frac{1}{\sin x \cos x},$$

证得 $\cot x + \tan x = \cot x \sec^2 x$。类似地,可用该方法证明三角恒等式

$$\sec x - \cos x = \cos x \tan^2 x,$$

$$\frac{1}{1+\cos x} + \frac{1}{1-\cos x} = 2(1+\cot^2 x),$$

等等。

对于上述两种方法,一些教科书还给出了具体策略,如:化成正弦和余弦、利用三角函数定义、化简分母、去根号等。

第三种方法是利用恒等式的"左式减右式为零"进行证明。例如,要证明恒等式 $\frac{\sin x}{1+\cos x} = \frac{1-\cos x}{\sin x}$,我们用左式减右式,得

$$\begin{aligned}
&\frac{\sin x}{1+\cos x} - \frac{1-\cos x}{\sin x} \\
&= \frac{\sin^2 x - (1-\cos x)(1+\cos x)}{(1+\cos x)\sin x} \\
&= \frac{\sin^2 x - (1-\cos^2 x)}{(1+\cos x)\sin x} \\
&= \frac{\sin^2 x - \sin^2 x}{(1+\cos x)\sin x} \\
&= 0,
\end{aligned}$$

所以原式成立。类似的三角恒等式还有

$$\frac{\sec x + 1}{\tan x} = \frac{\tan x}{\sec x - 1},$$

$$\frac{\csc x + 1}{\cot x} = \frac{\cot x}{\csc x - 1},$$

$$\frac{1+\csc x}{\csc x - 1} = \frac{1+\sin x}{1-\sin x},$$

$$\frac{1+\cot x}{\csc x}=\frac{1+\tan x}{\sec x},$$

$$\frac{2\tan x}{\tan^2 x-1}=\frac{2}{\tan x-\cot x},$$

等等。

部分三角恒等式除了可以通过代数方法进行推导外，还可以通过几何方法加以证明。Keith (1810)分别利用射影定理和切割线定理证明了

$$\frac{1+\cos x}{\sin x}=\frac{\sin x}{1-\cos x}$$

和

$$\frac{\sec x+1}{\tan x}=\frac{\tan x}{\sec x-1}。$$

如图 11－6，AB 是单位圆 O 的直径，C 为圆上一点，延长 CO，分别交⊙O 和点 B 处的切线于点 Q 和 P，$CD\perp AB$ 于点 D。由射影定理可知 $CD^2=AD\times BD$，即 $\frac{AD}{CD}=\frac{CD}{BD}$，而 $AD=AO+OD=1+\cos x$，$BD=OB-OD=1-\cos x$，故得

$$\frac{1+\cos x}{\sin x}=\frac{\sin x}{1-\cos x}。$$

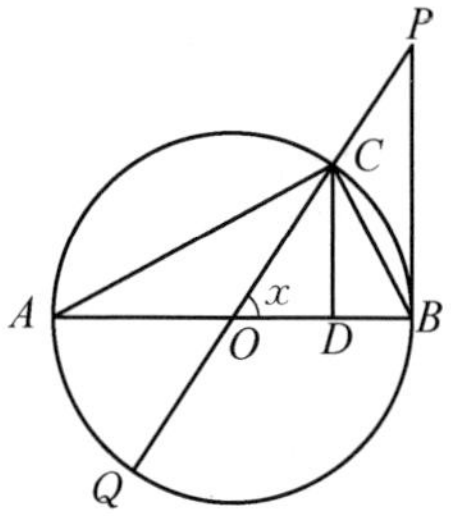

图 11－6　三角恒等式之几何证明

又由切割线定理可知 $PC\times PQ=PB^2$，即 $\frac{PQ}{PB}=\frac{PB}{PC}$，而 $PQ=PO+OQ=\sec x+1$，$PC=PO-OC=\sec x-1$，故得

$$\frac{\sec x+1}{\tan x}=\frac{\tan x}{\sec x-1}。$$

11.5.3　方程求解

三角方程可分为以下几种情形。

第一种情形是关于某一种三角函数的方程，如 $2\sin^2 x-\sin x-1=0$，$\sec^2 x-3\sec x+2=0$，等等，需求出三角函数的值，再求角。

第二种情形是方程中含有两种或两种以上的三角函数，如 $\tan^2 x+3\sec x+3=0$，

$\sin^2 x\sec x-2\sec x-\cos x=3\tan x$，等等，需利用同角三角函数关系式，将方程化为关于某一种三角函数的方程。

第三种情形是含参数的方程。如：已知 $\tan x+ab\cot x=a+b$，求 $\tan x$（Birchard，1892，p. 47）；已知 $\sin^2 x=a\cos x+b$，求 $\cos x$（Jeans，1872，p. 9）；已知 $a-b\tan x=(a-b)\sqrt{1+\tan^2 x}$，求 $\tan x$（Richards，1878，p. 84）；等等。

第四种情形是方程组。如：由 $\begin{cases}\sin x+\cos y=1,\\ \sin x\cos y=-\dfrac{1}{2},\end{cases}$ 求 $\sin x$ 和 $\sin y$，以及由 $\begin{cases}\sin x\cos y=\dfrac{1}{4},\\ \tan x\cot y=2,\end{cases}$ 求 $\sin x$、$\tan x$、$\sin y$、$\tan y$；（Wood，1885，p. 20）解方程组 $\begin{cases}\dfrac{\sin A}{\cos B}=\dfrac{\sqrt{3}}{\sqrt{2}},\\ \dfrac{\cos A}{\sin B}=\dfrac{1}{\sqrt{2}}\end{cases}$（Todhunter，1866，p. 20）；等等。

11.5.4 化简求值

已知某个三角函数值，求一个三角表达式的值，也是早期教科书所呈现的同角三角函数关系式的应用之一。主要分两种情形。

第一种情形是某个三角函数的值是具体数值。如：已知 $\tan\theta=\dfrac{1}{\sqrt{7}}$，求 $\dfrac{\csc^2\theta-\sec^2\theta}{\csc^2\theta+\sec^2\theta}$ 的值（Loney，1893，p. 32）；已知 $\cot\theta=\dfrac{4}{3}$，求 $\dfrac{\sin\theta+\cos\theta-\tan\theta}{\sec\theta+\csc\theta-\tan\theta}$ 的值（Bullard & Kiernan，1922，p. 47）；等等。

第二种情形是某个三角函数值用字母表示。如：已知 $\cot\theta=\dfrac{p}{q}$，求 $\dfrac{p\cos\theta-q\sin\theta}{p\cos\theta+q\sin\theta}$ 的值（Hall & Knight，1893，p. 23）；已知 $\tan\theta=\sqrt{\dfrac{b}{a}}$，求 $\dfrac{a}{\cos\theta}+\dfrac{b}{\sin\theta}$ 的值（Oliver，Wait & Jones，1881，p. 25）；已知 $\tan^3\phi=\dfrac{\alpha}{\beta}$，求证 $\alpha\csc\phi+\beta\sec\phi=(\alpha^{\frac{2}{3}}+\beta^{\frac{2}{3}})^{\frac{3}{2}}$（Nixon，1892，p. 31）；等等。

11.5.5 几何应用

Nixon(1892)提出了如下几何问题：如图 11 - 7，在矩形 $ABCD$ 中，过点 A 作对角线 BD 的垂线，垂足为 P，过点 P 分别作 BC 和 CD 的垂线，垂足为点 X 和 Y。试证明：$PX^{\frac{2}{3}}+PY^{\frac{2}{3}}=AC^{\frac{2}{3}}$。

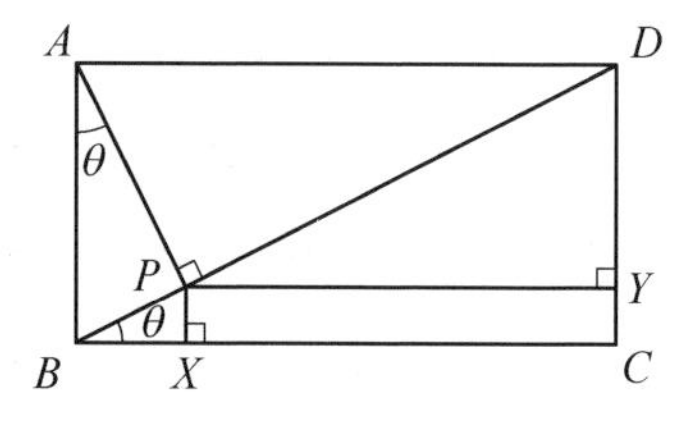

图 11 - 7 Nixon(1892)中的几何问题

事实上，设 $\angle BAP=\theta$，则易得 $PX=BD\sin^3\theta$，$PY=BD\cos^3\theta$，故可得结论。

早期教科书中，同角三角函数关系式的应用还有很多，如利用二角代换化简无理式、判断一个等式是不是恒等式、求函数的最值、推导半角公式等，限于篇幅，不再赘述。

11.6 若干启示

在美英早期三角学教科书中，同角三角函数关系经历了从无到有、从零散到系统、从杂乱到有序的发展过程，最终形成了 8 个基本关系式，这些关系式有着广泛的应用。早期教科书中关于同角三角函数关系的内容对当今教学有一定的启示。

其一，重视基本公式，建立内在联系。19 世纪初期的一些三角学教科书(Keith, 1810; Bonnycastle, 1818; Lardner, 1826)包含了大量同角三角函数关系式，却没有把最根本的公式精简出来，到 19 世纪中期才逐渐形成了“基本公式”“基本恒等式”等说法。若一下子面对各种关系式，学生必然缺乏学习动机。因此要让学生明白研究同角三角函数的基本关系式的原因所在，即这两个基本关系式是研究其他两两关系时最基本的关系，同角三角函数的其他许多关系式都能由基本关系式推出，这其中蕴含了公理化思想(丁益民，2018)。有了这样合理的逻辑支撑，学生对同角三角函数的基本关系式的理解就更加深刻了。

其二，设计留白活动，促进新知创获。早期三角学教科书在习题中呈现的三角恒等式数不胜数，一味地埋首证明，意义并不大，教师可以在讲解若干典型例子之后，让学生自己创造新的恒等式，在此过程中，进一步熟悉同角三角函数关系。教师也可以让学生总结三角恒等式的证明方法，如：要证明三角恒等式 $A\equiv B$，可以采用如图 11 - 8 所示的 3 种方法(Carson，1943， p. 209)。

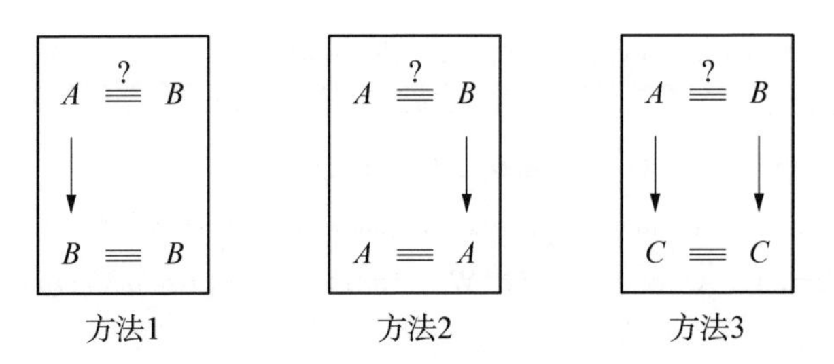

图 11－8 三角恒等式证明方法总结

其三，感悟数形结合，体会数学魅力。研究同角三角函数关系离不开图形的帮助，尤其是基本关系式中的平方关系。对同角三角函数的平方关系进行变形后可以得到一些分式恒等式或比例式，这些三角恒等式可以通过构造与圆相关的相似三角形来证明，可以引导学生思考和欣赏这一巧妙的做法，感受数学的魅力和有趣之处。

参考文献

丁益民(2018). 公式教学应重视对公式的本质理解——以“同角三角函数关系”为例. 中小学数学(高中版),(4):40－42.

中华人民共和国教育部(2020). 普通高中数学课程标准(2017 年版 2020 年修订). 北京:人民教育出版社.

Birchard, I. J. (1892). *Plane Trigonometry*. Toronto: William Briggs.

Bonnycastle, J. (1818). *A Treatise on Plane and Spherical Trigonometry*. London: Cadell & Davies, et al.

Bullard, J. A. & Kiernan, A. (1922). *Plane and Spherical Trigonometry*. Boston: D. C. Heath & Company.

Carson, A. B. (1943). *Plane Trigonometry Made Plain*. Chicago: American Technical Society.

Hall, H. S. & Knight, S. R. (1893). *Elementary Trigonometry*. Cambrige: Maemillan & Company.

Hassler, F. R. (1826). *Elements of Analytic Trigonometry, Plane and Spherical*. New York: James Bloomfield.

Keith, T. (1810). *An Introduction to the Theory and Practice of Plane and Spherical Trigonometry*. London: T. Davison.

Jeans, H. W. (1872). *Plane and Spherical Trigonometry* (Part 2). London: Longmans, Green, & Company.

Lardner, D. (1826). *An Analytic Treatise on Plane and Spherical Trigonometry*. London: John Taylor.

Loney, S. L. (1893). *Plane Trigonometry*. Cambridge: The University Press.

Nixon, R. C. J. (1892). *Elementary Plane Trigonometry*. Oxford: The Clarendon Press.

Oliver, J. E., Wait, L. A. & Jones, G. W. (1881). *A Treatise on Trigonomentry*. Ithaca: Finch & Apgar.

Perlin, I. E. (1955). *Trigonometry*. Scranton: International Textbook Company.

Richards, E. L. (1878). *Elements of Plane Trigonometry*. New York: D. Appleton & Company.

Todhunter, I. (1866). *Trigonometry for Beginners*. Cambridge: Macmillan & Company.

Wells, E. (1714). *The Young Gentleman's Trigonometry, Mechanicks, and Opticks*. London: James Kuapton.

Wood, D. V. (1885). *Trigonometry, Analytical, Plane and Spherical*. New York: John Wiley & Sons.

12 诱导公式

鲜宇骋*

12.1 引　言

诱导公式是平面三角学的重要公式,可用以将任意角的三角函数转化为锐角的三角函数,因而它们在历史上是人们计算三角函数值时不可或缺的重要工具。尽管今天借助计算器可以方便地得到任意角的三角函数值,诱导公式的计算功能日渐式微,但其对于学生思维的发展和科学探究精神的培养仍具有重要作用。另一方面,诱导公式也是人们认识三角函数周期性的重要工具,使三角学的功能从单纯的测量发展到对现实世界周期现象的研究,是三角学新、旧阶段之间的分水岭。

因此,诱导公式在今日高中数学课程中占有重要地位。《普通高中数学课程标准(2017 年版 2020 年修订)》要求学生能"借助单位圆的对称性,利用定义推导出诱导公式($\alpha \pm \frac{\pi}{2}$、$\alpha \pm \pi$ 的正弦、余弦、正切)"。由此可见,课程标准要求学生掌握诱导公式的推导思路和过程,借此发展学生的逻辑推理素养和数学运算素养。

教学实践中,部分教师往往会本末倒置,轻视诱导公式的来源、意义和推导过程,而偏重记忆和计算。这显然与诱导公式的研究历程背道而驰,也不利于学生数学核心素养的发展。鉴于此,本章聚焦诱导公式,对 18 世纪初期至 20 世纪中叶的美英三角学教科书进行考察,以期为今日教学提供思想启迪。

12.2 教科书的选取

本章选取 1771—1955 年间出版的 107 种美英三角学教科书作为研究对象,以 20

* 华东师范大学教师教育学院硕士研究生。

年为一个时间段进行统计，这些教科书的出版时间分布情况如图 12－1 所示。

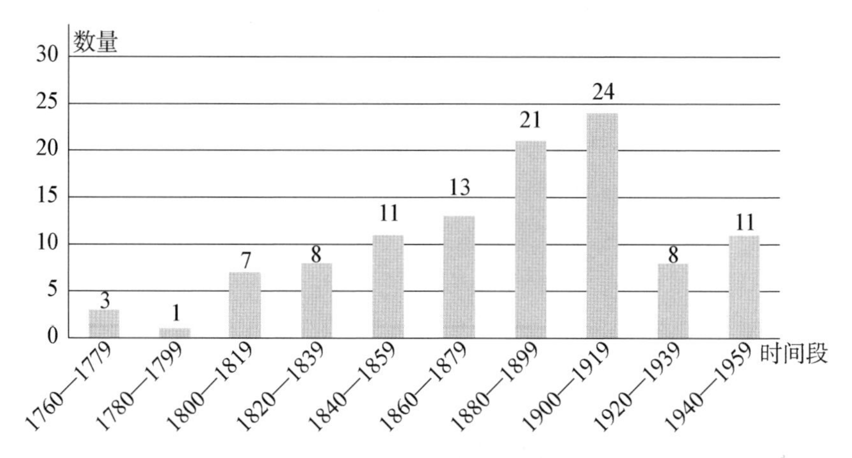

图 12－1　107 种早期三角学教科书的出版时间分布

本章将对这 107 种教科书中关于诱导公式的引入、推导方法和应用进行分析、归纳和总结，并考察其演变特点。

12.3　诱导公式的发展

随着时间的推移和三角学研究的发展，早期教科书中诱导公式的相关内容也在不断演变：概念不断完善，范围逐渐扩大，推导过程更具严谨性和多样性，应用更加广泛，相关的理论体系愈加成熟。诱导公式从形式上看，从一些特例演变成了通用公式；从范围上看，从直角三角形中的锐角推广到了任意角；从内容上看，从零散的部分公式发展到成体系且不重复的 6 组公式。

18 世纪初，诱导公式尚未成形，只是在一些教科书中观察、比较特定角的三角函数值时隐约体现出了诱导公式的思想，如 $\cos 1'=\sin 89°59'$ 等(Martin, 1736, p. 52)，这类等式直接运用余弦和余切函数的定义——“余角的正弦称为余弦，余角的正切称为余切”，可看作最早的诱导公式特例。

18 世纪中后期，教科书明确提出了更一般的结论：“一个锐角的余角的三角函数等于这个锐角的相应余函数。”(Wright, 1772, p. 6)该结论蕴含了关于 $\frac{\pi}{2}-z$ (z 为锐角)的诱导公式。还有教科书给出“某角的正弦等于其补角的正弦”等结论(Cagnoli,

1786,p. 17),不过该结论仅局限于特例,并未用一般公式表达出来。

1748 年,欧拉在其《无穷分析引论》中,利用两弧和与差的正、余弦公式,得到了关于 $\left(\frac{\pi}{2}\pm z\right)$、$(\pi\pm z)$ 等的部分诱导公式,进而得到关于 $\left(\frac{4k+1}{2}\pi\pm z\right)$、$\left(\frac{4k+2}{2}\pi\pm z\right)$ (k 为整数)等的更一般的诱导公式。《无穷分析引论》中的这组公式是三角学历史上最早明确给出的较为系统的诱导公式,但其推导过程仍不完善,而且缺乏正切、余切、正割、余割 4 种三角函数的相应公式。

19 世纪之前,角的概念尚未全面推广至任意角,人们研究的大多是 180°以内的角的三角函数,因此诱导公式也基本以 $(90^\circ+\alpha)$、$(90^\circ-\alpha)$、$(180^\circ-\alpha)$ 为主。

19 世纪开始,角的概念逐渐推广至任意角,诱导公式也得到了更大的发展。各种教科书经过不断完善,诱导公式逐渐形成体系。公式推导过程也趋于严密,且推导方法更加多元,有直接定义法、比较法、迭代法、归纳法、和差公式法和图像法等。

19 世纪中叶之后,教科书开始对诱导公式加以命名,最初给出的是"和或差为直角 n 倍的两角的三角函数关系"(Nixon,1892,p. 48)、"$90^\circ\pm\theta$、$180^\circ\pm\theta$ 的三角函数"(Rothrock,1910,pp. 34 - 37)等直观描述性名称;到了 20 世纪 40 年代,开始出现"转化公式"这样的专有名称(Hart & Hart,1942,p. 75),这一名称也直观地反映了其用途——将任意角的三角函数简化至锐角的三角函数,方便查表、计算。

经过百年来不断地发展,最终形成了如今的 6 组诱导公式[①]。各组公式均有角度制和弧度制两种表示方法,若采用弧度制,它们分别是:

第一组:$\sin(2k\pi+\alpha)=\sin\alpha$, $\cos(2k\pi+\alpha)=\cos\alpha$, $\tan(2k\pi+\alpha)=\tan\alpha$;

第二组:$\sin(\pi+\alpha)=-\sin\alpha$, $\cos(\pi+\alpha)=-\cos\alpha$, $\tan(\pi+\alpha)=\tan\alpha$;

第三组:$\sin(-\alpha)=-\sin\alpha$, $\cos(-\alpha)=\cos\alpha$, $\tan(-\alpha)=-\tan\alpha$;

第四组:$\sin(\pi-\alpha)=\sin\alpha$, $\cos(\pi-\alpha)=-\cos\alpha$, $\tan(\pi-\alpha)=-\tan\alpha$;

第五组:$\sin\left(\frac{\pi}{2}-\alpha\right)=\cos\alpha$, $\cos\left(\frac{\pi}{2}-\alpha\right)=\sin\alpha$, $\tan\left(\frac{\pi}{2}-\alpha\right)=\cot\alpha$;

---

① 为方便计算,诱导公式应力求全面,而这不可避免地会导致部分重复,因为不同组公式之间可相互推出。因此目前诱导公式有多种分组方法。本章选取现行 2019 年人教版普通高中数学教科书 A 版中的分组方法,共分为 6 组。由于余切、正割、余割分别是正切、余弦、正弦的倒数,得到关于后三者的公式后即可得到关于前三者的公式,故此后不再赘述前三者。

第六组：$\sin\left(\frac{\pi}{2}+\alpha\right)=\cos\alpha$，$\cos\left(\frac{\pi}{2}+\alpha\right)=-\sin\alpha$，$\tan\left(\frac{\pi}{2}+\alpha\right)=-\cot\alpha$。

通过观察、归纳可知，以上 6 组公式可用一个通用公式

$$F\left(n\cdot\frac{\pi}{2}\pm\alpha\right)=\begin{cases}\pm F(\alpha), & n\text{ 为偶数,}\\ \pm coF(\alpha), & n\text{ 为奇数}\end{cases}$$

来表达，其中 $F(\alpha)$ 表示 α 的 6 个三角函数中的某一个，$coF(\alpha)$ 表示 $F(\alpha)$ 对应的余函数，结果前的符号与将 α 视作锐角时原三角函数 $F\left(n\cdot\frac{\pi}{2}\pm\alpha\right)$ 的符号相同。这一通用公式也可用“奇变偶不变，符号看象限”这一口诀来表述。

12.4 诱导公式的推导

12.4.1 第一组公式

在所考察的 107 种美英三角学教科书中，共有 77 种或完整或部分地呈现了第一组公式，有的采用了符号语言，有的采用了文字语言。

第一组公式主要采用周期性质法来推得。例如，Loomis(1848)指出，任意角的终边顺时针或逆时针旋转若干整数圈，即 $2k\pi$ 弧度后与原角的终边重合。再根据任意角的三角函数定义，旋转前后两角的对应三角函数值相等，即 $F(2k\pi+\alpha)=F(\alpha)$。

77 种教科书中，有 66 种(占 85.7%)采用了上述方法。

12.4.2 后五组公式

107 种教科书中，共有 82 种或完整或部分地呈现了第二组公式，82 种呈现了第三组公式，91 种呈现了第四组公式，103 种呈现了第五组公式，75 种呈现了第六组公式。有的采用了符号语言，有的采用了文字语言。后五组公式的推导方法主要有比较法、和角与差角公式代入法、其他诱导公式推导法、图像法等。此外，由于在任意角概念引入之前，诱导公式大多局限在直角三角形中讨论，因此第五组公式还涉及直接定义法。

（一）比较法

定义 6 种三角函数之后，对线段和坐标进行比较，由此推导出有关诱导公式，这种方法称为比较法。共有 92 种教科书(占 86.0%)采用了该方法。

这里，我们仅以第三组公式为例。Wylie (1955)作任意角 α 和相应的负角 $-\alpha$，并

使它们的始边与 x 轴的正半轴重合。如图 12-2①,当终边不与坐标轴重合时,在二者的终边上分别任取一点 $P(x, y)$、$P'(x', y')$,并使 $|OP|=|OP'|=r$。分别过点 P、P'作 x 轴的垂线,垂足相同,设为点 A,则有 $|x|=|x'|=|OA|$。易证得 $\triangle OAP \cong \triangle OAP'$,故有 $|AP|=|AP'|$,即 $|y|=|y'|$。再由点 P、P'所处的象限,易知 $x=x'$, $y=-y'$。根据任意角三角函数的定义,有

$$\sin(-\alpha)=\frac{y'}{r}=\frac{-y}{r}=-\sin\alpha,$$

$$\cos(-\alpha)=\frac{x'}{r}=\frac{x}{r}=\cos\alpha,$$

$$\tan(-\alpha)=\frac{y'}{x'}=\frac{-y}{x}=-\tan\alpha。$$

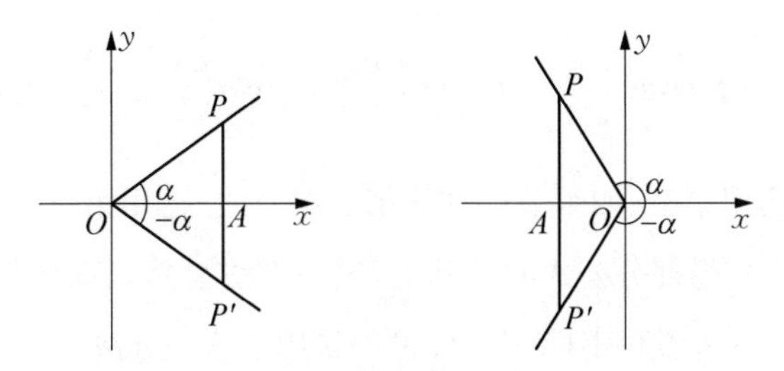

图 12-2 用比较法推导第三组公式

当 α 的终边与坐标轴重合时,可直接求出其函数值,从而证明第三组公式仍成立。综上所述,对于任意角 α,第三组公式都成立。

(二)和角与差角公式代入法

Clarke (1888)利用两角和与差的正、余弦公式

$$\sin(\alpha\pm\beta)=\sin\alpha\cos\beta\pm\cos\alpha\sin\beta,$$
$$\cos(\alpha\pm\beta)=\cos\alpha\cos\beta\mp\sin\alpha\sin\beta,$$

推导出 $\sin\left(\frac{\pi}{2}\pm\alpha\right)$、$\cos\left(\frac{\pi}{2}\pm\alpha\right)$、$\sin(\pi\pm\alpha)$、$\cos(\pi\pm\alpha)$ 的公式;再把相同项的正、余弦相除,便得到对应的正切公式。

推导和角与差角公式的过程较为繁琐,但利用这些公式,诱导公式的推导变得十

① 此处仅画出了 α 位于第一、二象限的情况,位于其余两个象限的情况与之类似,故不再画出。

分便捷。但若要完整、严谨地推导两任意角的和差公式，则需考虑多种特殊情况，而这时往往又会用到部分诱导公式(参阅第 13 章)，这一方法的局限性便在于此。共有 16 种教科书采用此法，占比约为 15.0%。

(三) 其他诱导公式推导法

由于 6 组诱导公式之间均互相关联，所以它们之间大多可以相互推出。例如，Wheeler (1877)两次运用第六组公式推导出了第二组公式，即在第六组公式中，将 α 替换为 $\frac{\pi}{2}+\alpha$，即可得到

$$\sin(\pi+\alpha)=\sin\left[\frac{\pi}{2}+\left(\frac{\pi}{2}+\alpha\right)\right]=\cos\left(\frac{\pi}{2}+\alpha\right)=-\sin\alpha,$$

$$\cos(\pi+\alpha)=\cos\left[\frac{\pi}{2}+\left(\frac{\pi}{2}+\alpha\right)\right]=-\sin\left(\frac{\pi}{2}+\alpha\right)=-\cos\alpha,$$

$$\tan(\pi+\alpha)=\tan\left[\frac{\pi}{2}+\left(\frac{\pi}{2}+\alpha\right)\right]=-\cot\left(\frac{\pi}{2}+\alpha\right)=\tan\alpha。$$

类似地，还可运用第三、四组公式推导第二组公式，运用第三、五组公式推导第六组公式，等等。在已获得部分公式的基础上，这一方法显然是推导其余公式最便捷又准确的方法。共有 16 种教科书(约占 15.0%)采用了这一方法。

(四) 图像法

图像法即根据不同三角函数图像之间的几何关系得出诱导公式的方法。首先需绘制出三角函数的图像。绘图方法主要有两种，第一种是先用描点法画出区间 $[0, 2\pi]$ 上的图像，再根据周期性，即第一组公式，画出整条曲线；第二种是先通过描点法或查表法画出区间 $\left[0, \frac{\pi}{2}\right]$ 上的图像，再依次根据第四、三组公式画出区间 $\left[\frac{\pi}{2}, \pi\right]$ 和 $[-\pi, 0]$ 上的图像，最后根据第一组公式画出$(-\infty, +\infty)$上的图像。(参阅第 8 章)完成绘图后，观察图像特点，归纳出部分诱导公式。

例如，Perlin (1955)观察到，将正弦曲线 $y=\sin x$ 向左平移$\frac{\pi}{2}$个单位长度后得到的图像与余弦曲线 $y=\cos x$ 重合，由此可知对任意角 α，均有

$$\sin\left(\frac{\pi}{2}+\alpha\right)=\cos\alpha。$$

图像法虽然简单直接,但主要通过观察得出结论,终究不太严谨;且在第二种绘图方法中也需用到部分诱导公式,不具有通用性。因此,只有6种教科书(约占5.6%)采用了这一方法。

(五) 直接定义法

直接定义法仅针对第五组公式而言,且基本出现在20世纪以前的教科书中。在这107种教科书中,共有21种采用了直接定义法,约占19.6%。这一方法直接定义某角的余弦是其余角的正弦,余切是其余角的正切,余割是其余角的正割,用公式表达即为

$$\cos\alpha=\sin\left(\frac{\pi}{2}-\alpha\right),\ \cot\alpha=\tan\left(\frac{\pi}{2}-\alpha\right),\ \csc\alpha=\sec\left(\frac{\pi}{2}-\alpha\right)。$$

12.5 诱导公式推导方法的演变

由上述分析可知,诱导公式的推导方法丰富多彩,各具特色。对于第一组公式来说,由于其本身就是反映三角函数周期性的公式,因此通过函数值的周期变化特点来推导它,无疑是最有效的方法。对于后五组公式来说,比较法从三角函数的定义出发,通过比较坐标的关系得出公式,逻辑清晰,过程严密,具有普适性;而其他方法在这一方面则略有瑕疵。例如,基于和角、差角公式和其他诱导公式的推导方法,需要以其他公式为基础,通用性不强;图像法仅通过观察得出结论,缺少代数运算推理过程,终究不具有较强的说服力。

为更好地研究早期三角学教科书对于诱导公式推导方法的倾向性,本章以20年为一个时间段,统计了107种教科书中采用不同方法的教科书的占比①,以此粗略地反映各种方法的使用频率。统计结果如图12-3、图12-4所示。

由图12-3可见,关于第一组公式,周期性质法一直是教科书使用最多的方法;由图12-4可见,关于后五组公式,比较法一直是教科书使用最多的方法,且其使用频率大致保持着上升的趋势。而其他方法的占比都很小。这表明,推导过程的逻辑性、严谨性、全面性、普遍性得到了越来越多的重视,显示了教科书的进步。

---

① 若某种教科书中既有周期性质法/比较法,又有其他方法,则计入周期性质法/比较法。

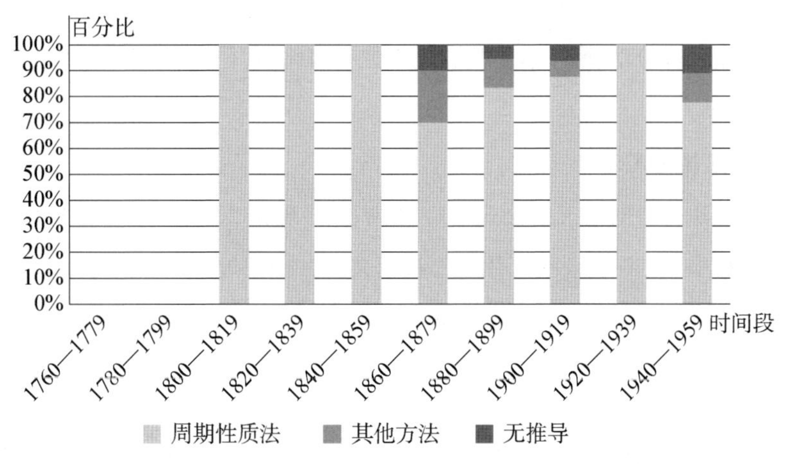

图 12-3　第一组公式各推导方法的使用频率变化图

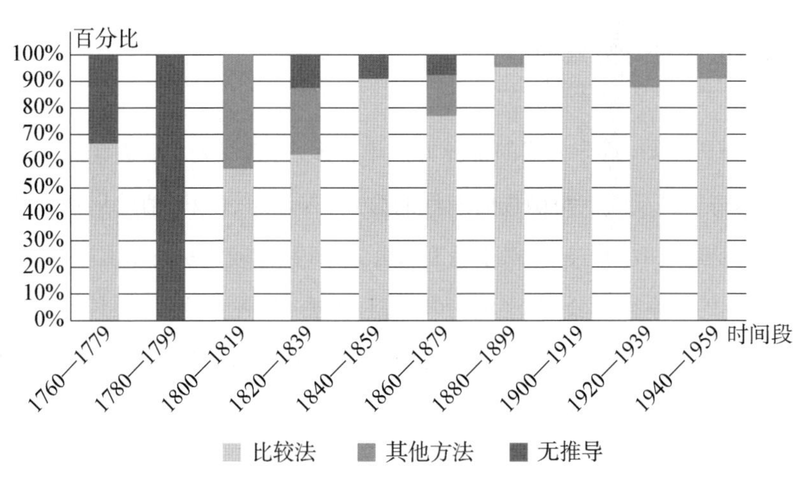

图 12-4　后五组公式各推导方法的使用频率变化图

12.6　诱导公式的应用

12.6.1　任意角三角函数的转化

在计算工具落后的年代，三角函数值往往只能通过查锐角或 0～45°角的三角函数表得到。因此，诱导公式最初的目的就在于将任意角的三角函数转化为锐角或 0～45°角的三角函数，转化流程大致如图 12-5 所示。

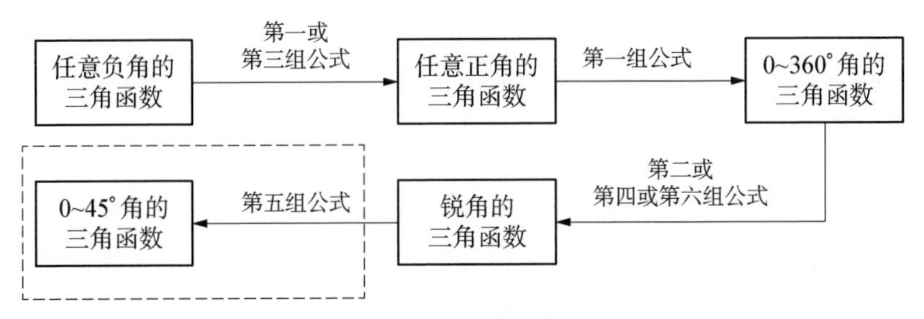

图 12-5 任意角三角函数转化流程图

12.6.2 函数值相等的角的集合

利用诱导公式，还可以方便地获得与已知角 α 具有相同三角函数值的任意角集合。107 种教科书中，共有 34 种详细介绍或简要提及了这一应用。

根据三角函数的坐标定义可知，终边上与顶点距离相等的点具有相同纵坐标的两角正弦值相等，所以在 $0\sim2\pi$ 范围内，与 α（设 $0\leqslant\alpha<2\pi$）正弦值相等的角有 α 和 $\pi-\alpha$；利用第一组公式，与 α 正弦值相等的任意角有 $2k\pi+\alpha$ 和 $2k\pi+\pi-\alpha$，可合并写为 $n\pi+(-1)^n\alpha$（n 为整数）。类似地，终边上与顶点距离相等的点具有相同横坐标的两角余弦值相等，故 $-\alpha$ 与 α 的余弦值相等；再利用第一组公式，与 α 余弦值相等的任意角有 $2k\pi+\alpha$ 和 $2k\pi-\alpha$，可合并写为 $2n\pi\pm\alpha$。在 $[0, 2\pi)$ 内，与 α 正切值相等的角有 α 和 $\pi+\alpha$；再利用第一组公式，与 α 正切值相等的任意角有 $2k\pi+\alpha$ 和 $2k\pi+\pi+\alpha$，可合并写为 $n\pi+\alpha$。上述结论也可用通用公式来表达（Davison，1919，pp. 112-119）：

$$\sin[n\pi+(-1)^n\alpha]=\sin\alpha,\ \cos(2n\pi\pm\alpha)=\cos\alpha,\ \tan(n\pi+\alpha)=\tan\alpha。$$

12.7 结论与启示

美英早期三角学教科书中，诱导公式经历了从无到有、从特例到公式、从归纳到推导、从零散到系统的发展历程，最终形成了如今的 6 组公式和 1 个全面的概括公式。百年来人们研究诱导公式的方法、思想和精神无疑是一种永不磨灭的宝贵财富，我们依然能从中吸取很多有关当今教学的启示。

（1）掌握知识与发展能力相统一。

爱因斯坦说过："发展独立思考和独立判断的一般能力，应当始终放在首位，而不应当把获得专业知识放在首位。"（爱因斯坦，2012）对中学生来说，并不是随时都能使用计算工具来计算三角函数值，因此，仍有必要掌握诱导公式并灵活运用。但在当今的中学数学教学和考试中，诱导公式的要求程度并不高，学生往往只需记忆和套用公式便可解题。这导致很多学生只关注结果而轻视其推导过程和其中蕴含的数学思想、方法。长此以往，学生的思维得不到锻炼，研究能力也难以提高。因此，教师在教学中可以通过引入数学史，来促进学生对于诱导公式推导过程与方法的重视，引导学生感受百年来诱导公式的发展过程，体会其实际意义和价值；更重要的是，要逐步培养学生的学习和研究能力，习得科学研究的基本方法和思想，为之后的学习、研究和工作打下坚实的基础。

（2）严谨性与量力性相统一。

严谨性是数学学科的基本特点之一，因此诱导公式的叙述必须精确，论证必须严格周密。所以，在教学实践中，教师不能只从部分情况就总结出全面的公式，而应该依照逻辑演绎推理。但诱导公式的完整推导是一个费时费力的过程，部分早期教科书也存在无推导过程或推导过程不完整的问题。因此，在如今有限的教学时间内往往难以照顾周全。而且受到身心发展水平的限制，学生往往难以在短时间内考虑全面，难以接受过多信息。所以在教学过程中一方面要严谨，另一方面也要量力而行，适应学生的现有水平，逐步深化，对于一些过于繁琐复杂的内容可以暂时用经验验证代替逻辑推理，做到严谨性与量力性相统一。

参考文献

爱因斯坦(2012). 爱因斯坦自述. 富强译. 北京：新世界出版社.

欧拉(2019). 无穷分析引论. 张延伦译. 哈尔滨：哈尔滨工业大学出版社.

中华人民共和国教育部(2020). 普通高中数学课程标准(2017 年版 2020 年修订). 北京：人民教育出版社.

中学数学课程教材研究开发中心(2019). 普通高中教科书　数学 A 版必修第一册. 北京：人民教育出版社.

Cagnoli, M. (1786). *Traité de Trigonométrie Rectiligne et Sphérique*. Paris: Didot.

Clarke, J. B. (1888). *Manual of Trigonometry*. Oakland: Pacific Press.

Davison, C. (1919). *Plane Trigonometry for Secondary Schools*. Cambridge: The University Press.

Hart, W. W & Hart, H. L. (1942). *Plane Trigonometry, Solid Geometry and Spherical

Trigonometry. Boston: D. C. Heath & Company.

Loomis, E. (1848). *Elements of Plane and Spherical Trigonometry*. New York: Happer & Brothers.

Martin, B. (1736). *The Young Trigonometer's Compleat Guide* (Vol. 1). London: J. Noon.

Nixon, R. C. J. (1892). *Elementary Plane Trigonometry*. Oxford: The Clarendon Press.

Perlin, I. E. (1955). *Trigonometry*. Scranton: International Textbook Company.

Rothrock, D. A. (1910). *Elements of Plane and Spherical Trigonometry*. New York: The Macmillan Company.

Wheeler, H. N. (1877). *The Elements of Plane Trigonometry*. Boston: Ginn & Heath.

Wright, J. (1772). *Elements of Trigonometry, Plane and Spherical*. Edinburgh: A. Murray & J. Cochran.

Wylie, C. R. (1955). *Plane Trigonometry*. New York: McGraw-Hill Book Company.

13 和角与差角的正、余弦公式

汪晓勤*

13.1 引言

两角和与差的正、余弦公式常常被称为平面三角学的基本公式，平面三角学中几乎所有其他公式，如和差化积公式、积化和差公式、倍角公式、半角公式等，都可以通过这些基本公式推导出来，因此，它们在今天的高中数学课程中仍然占据重要地位。

和角与差角公式对于弦表制作是不可或缺的，因而几乎伴随着三角学的诞生而诞生，16世纪以后，现代意义下的三角函数表的制作同样离不开这些公式。从古希腊开始，不同时代的数学家都对公式作过推导，本章作者曾对和角公式的历史作过考察（汪晓勤，2017），但仅仅涉及部分早期教科书，未能呈现所有的推导方法，且并未对推导方法的历史演进过程作出分析。

本章拟就和角与差角的正、余弦公式，对更多西方三角学文献进行考察，尽量全面地梳理公式的各种推导方法，并探讨推导方法的演进规律。

13.2 教科书的选取

本章选取1706—1955年间法、英、美、加拿大四国出版的151种三角学教科书（见本书附录）作为研究对象，以25年为一个时间段进行统计，这些教科书的出版时间分布情况如图13-1所示。

151种教科书中，出版于18、19和20世纪的分别有19、82和50种。这些教科书大多同时包含了平面三角学和球面三角学的内容，但随着时间的推移，仅涉及平面三

* 华东师范大学教师教育学院教授、博士生导师。

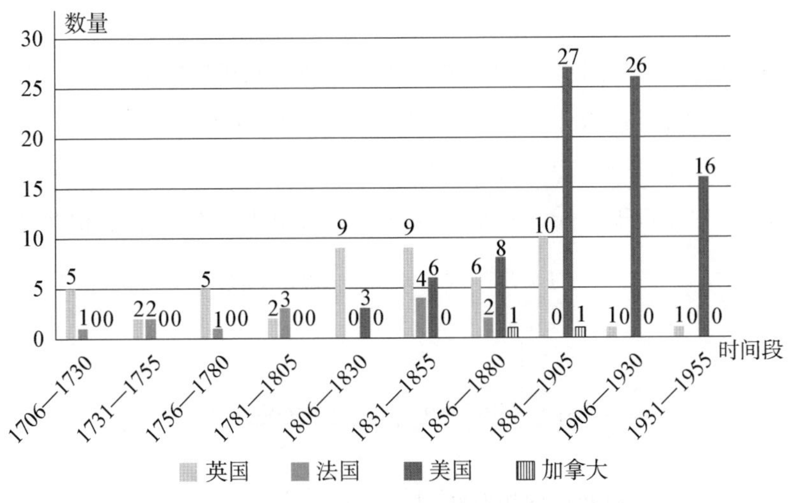

图 13－1　151 种早期三角学教科书的时间分布

角学内容的教科书逐渐增多。较常见的书名有《平面与球面三角学基础》《平面与球面三角学专论》《三角学基础》《平面三角学基础》《平面与球面三角学》《三角学》《平面三角学》等。

151 种教科书中，有 137 种推导了和角与差角的正、余弦公式，14 种未涉及和角或差角的正、余弦公式。通过对不同教科书中和角与差角的正、余弦公式的推导过程进行考察和分析，发现共有以下 11 种方法：圆弧模型、帕普斯模型、托勒密定理、正弦定理、射影公式与正弦定理、余弦定理、相似三角形、距离公式、向量投影法、三角形面积公式、复数。

在涉及和角与差角公式的教科书中，绝大多数采用一种方法来推导公式，而少数教科书则同时采用了 2 种或 3 种推导方法。

13.3　和角与差角正、余弦公式的推导

13.3.1　圆弧模型

如图 13－2，扇形 AOC 为 $\odot O$ 的一部分，其中 $\angle AOB=\alpha$，$\angle BOC=\beta$（$0^\circ<\beta<\alpha<90^\circ$），$OA=R$。过点 C 作 OB 的垂线，垂足为点 E，交 $\odot O$ 于点 D。过点 B、C 和 D 作 OA 的垂线，垂足分别为点 F、G 和 H；过点 D 和 E 作 CG 的垂线，垂足

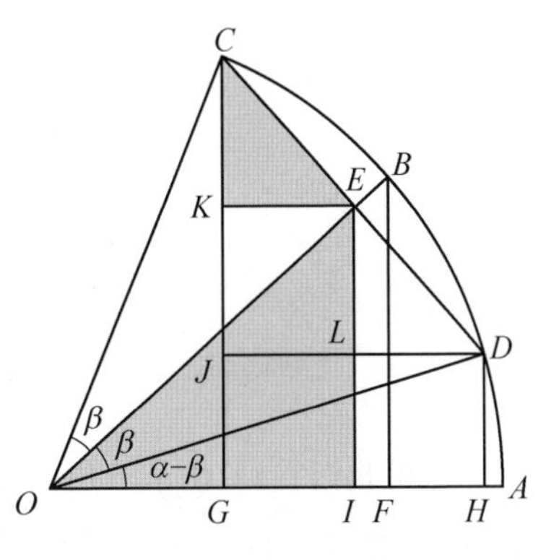

图 13－2　圆弧模型

分别为点 J 和 K，DJ 与 EI 交于点 L。

18 世纪和 19 世纪早期的三角学教科书往往将三角函数定义为与圆相关的线段（参阅第 2 章），圆的半径 R 取任意长度，三角函数的值与 R 相关。在图 13－2 中，$BF=\sin\alpha$，$OF=\cos\alpha$，$CE=ED=\sin\beta$，$OE=\cos\beta$，$CG=\sin(\alpha+\beta)$，$OG=\cos(\alpha+\beta)$，$DH=\sin(\alpha-\beta)$，$OH=\cos(\alpha-\beta)$。由 Rt$\triangle OIE$ 和 Rt$\triangle OFB$ 的相似性，得

$$EI : BF = OI : OF = OE : OB,$$

于是得

$$EI=\frac{\sin\alpha\cos\beta}{R},\ OI=\frac{\cos\alpha\cos\beta}{R}。$$

又由 Rt$\triangle CKE$ 和 Rt$\triangle OFB$ 的相似性，得

$$KE : BF = CK : OF = CE : OB,$$

于是得

$$KE=\frac{\sin\alpha\sin\beta}{R},\ CK=\frac{\cos\alpha\sin\beta}{R}。$$

因为

$$CG=KG+CK=EI+CK,\ OG=OI-GI=OI-KE,$$
$$DH=EI-EL=EI-CK,\ OH=OI+LD=OI+KE,$$

所以

$$\sin(\alpha+\beta)=\frac{\sin\alpha\cos\beta+\cos\alpha\sin\beta}{R},$$

$$\cos(\alpha+\beta)=\frac{\cos\alpha\cos\beta-\sin\alpha\sin\beta}{R},$$

$$\sin(\alpha-\beta)=\frac{\sin\alpha\cos\beta-\cos\alpha\sin\beta}{R},$$

$$\cos(\alpha-\beta)=\frac{\cos\alpha\cos\beta+\sin\alpha\sin\beta}{R}。$$

这里我们看到，由于三角函数值与 R 有关，因而和角与差角的正、余弦公式中也含有 R（图 13－3）。随着时间的推移，人们逐渐取 $R=1$，所得公式与今天人们耳熟能详的形式完全一致。在本章下文中，为了便于阅读，我们统一取 $R=1$。

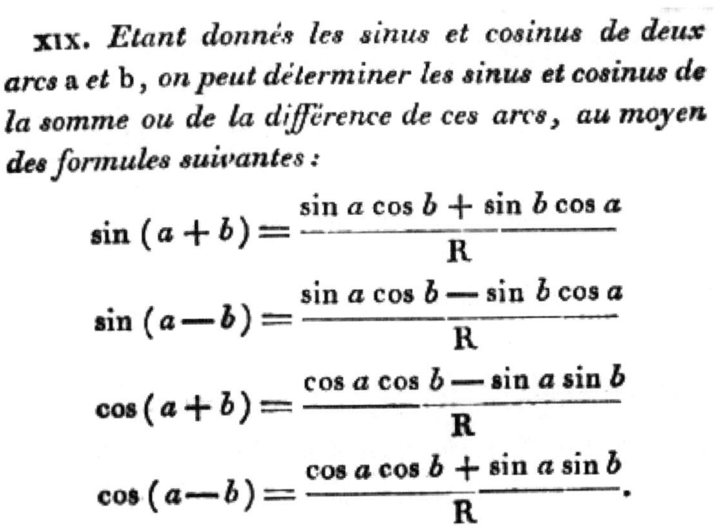

XIX. ***Etant donnés les sinus et cosinus de deux arcs* a *et* b, *on peut déterminer les sinus et cosinus de la somme ou de la différence de ces arcs, au moyen des formules suivantes :***

$$\sin(a+b)=\frac{\sin a\cos b+\sin b\cos a}{R}$$

$$\sin(a-b)=\frac{\sin a\cos b-\sin b\cos a}{R}$$

$$\cos(a+b)=\frac{\cos a\cos b-\sin a\sin b}{R}$$

$$\cos(a-b)=\frac{\cos a\cos b+\sin a\sin b}{R}.$$

图 13-3 勒让德《几何基础》书影(Legendre, 1800)

也有个别教科书,如 Nichols (1811),利用圆弧模型先推导积化和差公式,然后推导和角与差角的正、余弦公式。仍如图 13-2,因为

$$EI=\frac{CG+DH}{2},\ OI=\frac{OG+OH}{2},$$

$$KE=\frac{OH-OG}{2},\ CK=\frac{CG-DH}{2},$$

由 Rt$\triangle OIE$、Rt$\triangle CKE$ 和 Rt$\triangle OFB$ 的相似性,得

$$1:\cos\beta=\sin\alpha:\frac{\sin(\alpha+\beta)+\sin(\alpha-\beta)}{2},$$

$$1:\cos\alpha=\sin\beta:\frac{\sin(\alpha+\beta)-\sin(\alpha-\beta)}{2},$$

$$1:\cos\beta=\cos\alpha:\frac{\cos(\alpha+\beta)+\cos(\alpha-\beta)}{2},$$

$$1:\sin\alpha=\sin\beta:\frac{\cos(\alpha-\beta)-\cos(\alpha+\beta)}{2}。$$

即

$$\sin\alpha\cos\beta=\frac{1}{2}[\sin(\alpha+\beta)+\sin(\alpha-\beta)],$$

$$\cos\alpha\sin\beta=\frac{1}{2}[\sin(\alpha+\beta)-\sin(\alpha-\beta)],$$

$$\cos\alpha\cos\beta=\frac{1}{2}[\cos(\alpha+\beta)+\cos(\alpha-\beta)],$$

$$\sin\alpha\sin\beta=\frac{1}{2}[\cos(\alpha-\beta)-\cos(\alpha+\beta)]。$$

由上述 4 个等式,可得和角与差角的正、余弦公式。

13.3.2 帕普斯模型

到了 19 世纪 20 年代,随着三角函数定义由线段向比值的转变,教科书编者开始对圆弧模型进行简化,不再依赖圆与相似三角形。

(一) α 和 β 为锐角的情形

如图 13-4(1)和(2),$\angle AOB=\alpha$,$\angle BOC=\beta$,图 13-4(2)中限定 $\alpha>\beta$。在 OC 上任取一点 P,过点 P 作 OB 的垂线,垂足为点 Q,过点 P 和 Q 作 OA 的垂线,垂足分别为点 D 和 E,过点 Q 作 PD 的垂线,垂足为点 F。于是,在图 13-4(1)中有

$$\sin(\alpha+\beta)=\frac{PD}{OP}=\frac{QE+PF}{OP}=\frac{QE}{OQ}\times\frac{OQ}{OP}+\frac{PF}{PQ}\times\frac{PQ}{OP}=\sin\alpha\cos\beta+\cos\alpha\sin\beta,$$

$$\cos(\alpha+\beta)=\frac{OD}{OP}=\frac{OE-FQ}{OP}=\frac{OE}{OQ}\times\frac{OQ}{OP}-\frac{FQ}{PQ}\times\frac{PQ}{OP}=\cos\alpha\cos\beta-\sin\alpha\sin\beta。$$

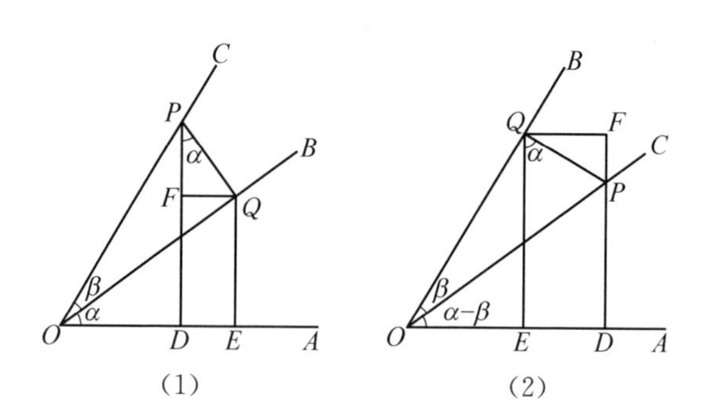

图 13-4 帕普斯模型

在图 13-4(2)中有

$$\sin(\alpha-\beta)=\frac{PD}{OP}=\frac{QE-PF}{OP}=\frac{QE}{OQ}\times\frac{OQ}{OP}-\frac{PF}{PQ}\times\frac{PQ}{OP}=\sin\alpha\cos\beta-\cos\alpha\sin\beta,$$

$$\cos(\alpha-\beta)=\frac{OD}{OP}=\frac{OE+FQ}{OP}=\frac{OE}{OQ}\times\frac{OQ}{OP}+\frac{FQ}{PQ}\times\frac{PQ}{OP}=\cos\alpha\cos\beta+\sin\alpha\sin\beta。$$

（二）对 $\alpha+\beta$ 进行分类

19 种教科书在用几何方法推导锐角情形下的和角与差角正、余弦公式后，往往利用诱导公式来说明公式对任意角均成立。到了 20 世纪，少数教科书将帕普斯模型用于更多情形的证明。例如，Lambert & Foering (1905)将 $\alpha+\beta$ 分为以下 6 种情形：

(1) $0°<\alpha<90°$, $0°<\beta<90°$, $0°<\alpha+\beta<90°$;

(2) $0°<\alpha<90°$, $0°<\beta<90°$, $90°<\alpha+\beta<180°$;

(3) $90°<\alpha<180°$, $0°<\beta<90°$, $90°<\alpha+\beta<180°$;

(4) $90°<\alpha<180°$, $0°<\beta<90°$, $180°<\alpha+\beta<270°$;

(5) $90°<\alpha<180°$, $90°<\beta<180°$, $180°<\alpha+\beta<270°$;

(6) $90°<\alpha<180°$, $90°<\beta<180°$, $270°<\alpha+\beta<360°$。

编者选择第四种情形进行证明。如图 13 - 5，在⊙O 中，$\angle AOB=\alpha$ ($90°<\alpha<180°$)，$\angle BOC=\beta$ ($0°<\beta<90°$)，过点 C 作 OB 的垂线，垂足为点 E，过点 C 和 E 作 OA 的垂线，垂足分别为点 D 和 F，又过点 E 作 CD 的垂线，垂足为点 G。于是有

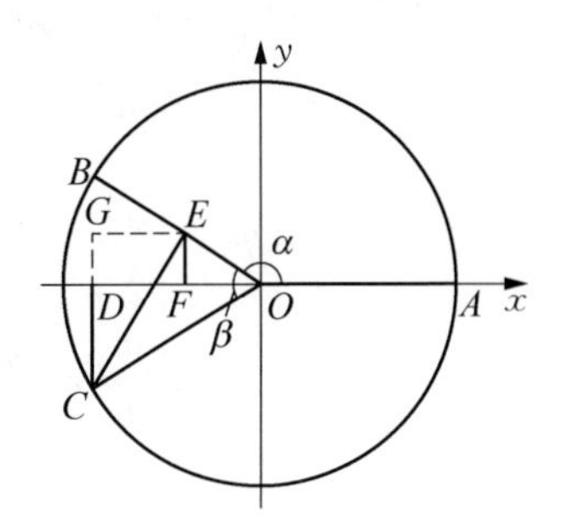

图 13 - 5　帕普斯模型的推广(Ⅰ)

$$\sin(\alpha+\beta)=-\frac{CD}{OC}=-\frac{CG-GD}{OC}=\frac{GD}{OC}-\frac{CG}{OC}$$
$$=\frac{EF}{OE}\times\frac{OE}{OC}-\frac{CG}{CE}\times\frac{CE}{OC}$$
$$=\sin\alpha\cos\beta+\cos\alpha\sin\beta,$$

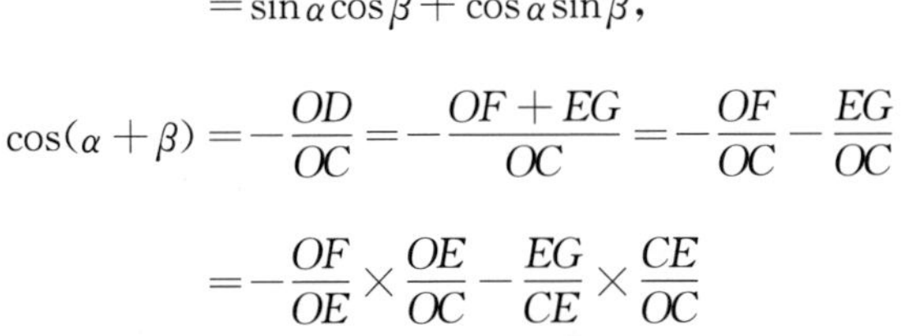

$$\cos(\alpha+\beta)=-\frac{OD}{OC}=-\frac{OF+EG}{OC}=-\frac{OF}{OC}-\frac{EG}{OC}$$
$$=-\frac{OF}{OE}\times\frac{OE}{OC}-\frac{EG}{CE}\times\frac{CE}{OC}$$
$$=\cos\alpha\cos\beta-\sin\alpha\sin\beta。$$

对于差角的正、余弦公式，编者也分以下 6 种情形进行讨论：

(1) $0°<\beta<\alpha<90°$;

(2) $90°<\alpha<180°$, $0°<\alpha-\beta<90°$;

(3) $90^\circ < \beta < \alpha < 180^\circ$；

(4) $180^\circ < \alpha < 270^\circ$，$90^\circ < \beta < 180^\circ$，$0^\circ < \alpha - \beta < 90^\circ$；

(5) $180^\circ < \alpha < 270^\circ$，$90^\circ < \beta < 180^\circ$，$90^\circ < \alpha - \beta < 180^\circ$；

(6) $270^\circ < \alpha < 360^\circ$，$90^\circ < \beta < 180^\circ$，$90^\circ < \alpha - \beta < 180^\circ$。

编者选择第三种情形进行证明。类似于和角的情形，在圆中构造角 $\alpha - \beta$，作相应的垂线段，如图 13-6 所示。于是有

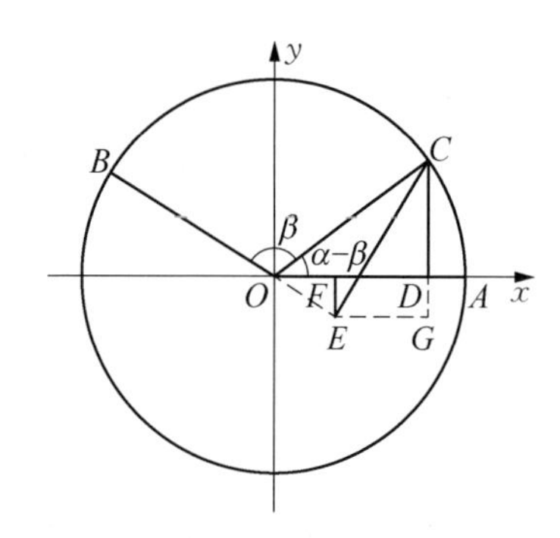

图 13-6　帕普斯模型的推广(Ⅱ)

$$\begin{aligned}\sin(\alpha-\beta) &= \frac{CD}{OC} = \frac{CG-EF}{OC} = \frac{CG}{OC} - \frac{EF}{OC} \\ &= \frac{CG}{CE} \times \frac{CE}{OC} - \frac{EF}{OE} \times \frac{OE}{OC} \\ &= -\cos\alpha\sin\beta + \sin\alpha\cos\beta \\ &= \sin\alpha\cos\beta - \cos\alpha\sin\beta,\end{aligned}$$

$$\begin{aligned}\cos(\alpha-\beta) &= \frac{OD}{OC} = \frac{OF+EG}{OC} = \frac{OF}{OC} + \frac{EG}{OC} \\ &= \frac{OF}{OE} \times \frac{OE}{OC} + \frac{EG}{CE} \times \frac{CE}{OC} \\ &= \cos\alpha\cos\beta + \sin\alpha\sin\beta。\end{aligned}$$

利用诱导公式，可以证明公式对于任意角 α 和 β 均成立。例如，当 $180^\circ < \alpha < 270^\circ$、$180^\circ < \beta < 270^\circ$ 时，可设 $\alpha' = \alpha - 180^\circ$，$\beta' = \beta - 180^\circ$，则 $0^\circ < \alpha' < 90^\circ$，$0^\circ < \beta' < 90^\circ$，于是

$$\begin{aligned}\sin(\alpha+\beta) &= \sin(360^\circ + \alpha' + \beta') \\ &= \sin(\alpha' + \beta') \\ &= \sin\alpha'\cos\beta' + \cos\alpha'\sin\beta' \\ &= \sin(180^\circ + \alpha')\cos(180^\circ + \beta') + \cos(180^\circ + \alpha')\sin(180^\circ + \beta') \\ &= \sin\alpha\cos\beta + \cos\alpha\sin\beta。\end{aligned}$$

13.3.3　托勒密定理

19 世纪，少数教科书采用托勒密定理来推导和角与差角的正、余弦公式，但圆内

接四边形的构造方式互有不同。

(一) 等邻边四边形

如图 13-7，Woodhouse (1819)构造两条邻边相等的单位圆内接四边形 $ABCD$，其中 $CD=AD$，$\angle BCD=\alpha$，$\angle ABD=\angle CBD=\beta$，由托勒密定理可得

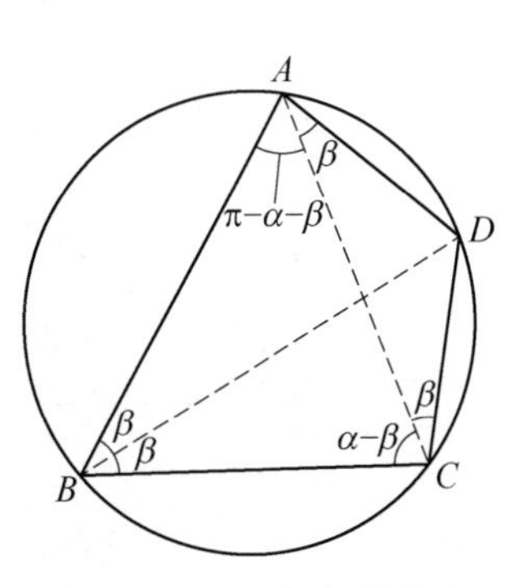

图 13-7　利用托勒密定理证明和角与差角公式(Ⅰ)

$$AB\times CD+BC\times AD=BD\times AC,$$

用正弦表示，得

$$[2\sin(\alpha-\beta)+2\sin(\alpha+\beta)]\times 2\sin\beta=2\sin\alpha\times 2\sin 2\beta,$$

即

$$[\sin(\alpha-\beta)+\sin(\alpha+\beta)]\sin\beta=\sin\alpha\sin 2\beta。$$

令 $\alpha=90°$，得

$$2\sin\beta\cos\beta=\sin 2\beta,$$

从而得

$$\sin(\alpha-\beta)+\sin(\alpha+\beta)=2\sin\alpha\cos\beta。\tag{1}$$

分别用 $90°+\alpha$ 和 $90°+\beta$ 代替 α 和 β，可得

$$\sin(\alpha-\beta)-\sin(\alpha+\beta)=-2\cos\alpha\sin\beta。\tag{2}$$

由(1)和(2)得和角与差角的正弦公式。

再利用诱导公式，推导和角与差角的余弦公式。

(二) 五点共圆

Luby (1825)利用五点共圆来推导和角与差角的正、余弦公式。如图 13-8(1)和图 13-8(2)，在单位圆 O 中，设 $\angle AOB=\alpha$，$\angle BOC=\beta$，过点 B 分别作 OA、OC 和 OD 的垂线，垂足分别为点 E、G 和 H，连结 GE、GH 和 EH。易知，点 B、G、H、O 和 E 五点共圆，Rt$\triangle CFO$ 和 Rt$\triangle EGH$ 全等，得 $EG=CF$。于是，由托勒密定理，得

$$OB\times EG=BE\times OG+BG\times OE\text{（图 13-8(1)）},$$

$$OB\times HG=HB\times OG-OH\times BG\text{（图 13-8(2)）}。$$

由此分别可得

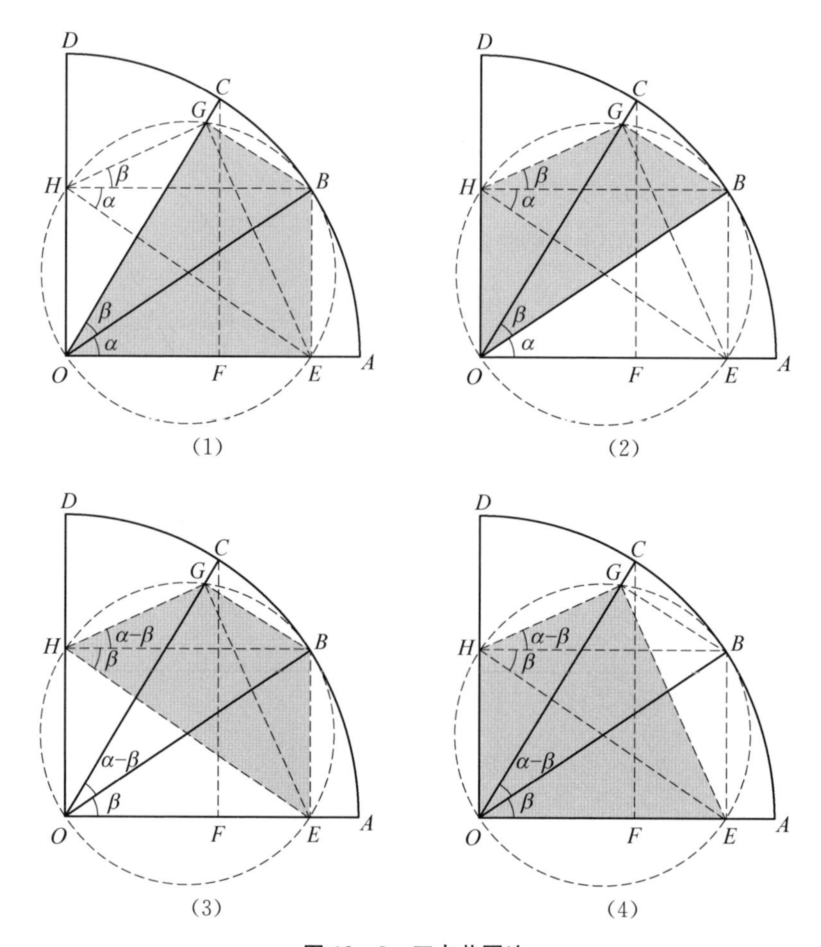

图 13-8　五点共圆法

$$\sin(\alpha+\beta)=\sin\alpha\cos\beta+\cos\alpha\sin\beta,$$
$$\cos(\alpha+\beta)=\cos\alpha\cos\beta-\sin\alpha\sin\beta。$$

类似地，如图 13-8(3)和图 13-8(4)，设 $\angle AOB=\beta$, $\angle AOC=\alpha$，由托勒密定理，可得

$$GB\times HE=GE\times HB-GH\times BE\text{ (图 13-8(3))},$$
$$OG\times HE=HG\times OE+OH\times GE\text{ (图 13-8(4))},$$

即

$$\sin(\alpha-\beta)=\sin\alpha\cos\beta-\cos\alpha\sin\beta,$$
$$\cos(\alpha-\beta)=\cos\alpha\cos\beta+\sin\alpha\sin\beta。$$

（三）垂径定理

Cirodde (1847)利用垂径定理构造圆内接四边形。如图 13－9，在单位圆 O 中，$\angle AOB=\alpha$，$\angle BOC=\beta$。过点 B 分别作 OA 和 OC 的垂线，垂足为点 D 和 E，交圆于点 F 和 G。由垂径定理，得 $BE=EG$，$BD=DF$。延长 BO，交⊙O 于点 H，连结 FH 和 GH。于是，在四边形 $GHFB$ 中有

$$BH=2,\ FG=2\sin(\alpha+\beta),\ BF=2\sin\alpha,$$
$$BG=2\sin\beta,\ HF=2\cos\alpha,\ GH=2\cos\beta。$$

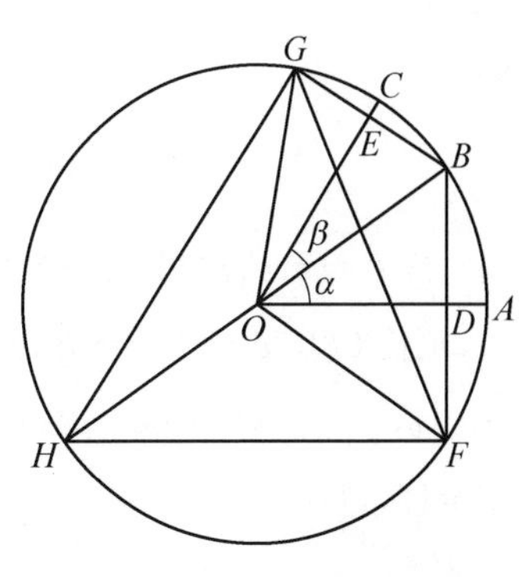

图 13－9　垂径定理法(Ⅰ)

由托勒密定理，得

$$BH\times GF=BF\times GH+BG\times HF,$$

于是得

$$4\sin(\alpha+\beta)=4\sin\alpha\cos\beta+4\cos\alpha\sin\beta。$$

如图 13－10，在图 13－9 中延长 FO，交⊙O 于点 I，连结 GI、BI 和 HI，则在四边形 $GIHB$ 中有

$$BH=2,\ GI=2\cos(\alpha+\beta),\ IH=BF=2\sin\alpha,$$
$$BG=2\sin\beta,\ IB=HF=2\cos\alpha,\ GH=2\cos\beta。$$

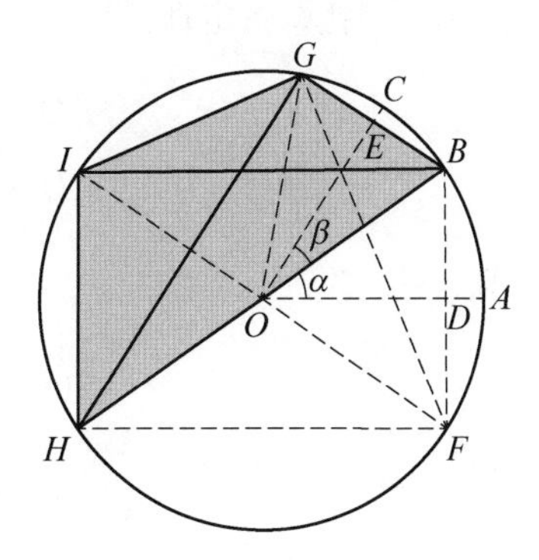

图 13－10　垂径定理法(Ⅱ)

因为

$$BH\times GI=BI\times GH-BG\times IH,$$

所以

$$4\cos(\alpha+\beta)=4\cos\alpha\cos\beta-4\sin\alpha\sin\beta。$$

接着，编者利用诱导公式说明公式对于任意角 α 和 β 都成立。用 $-\beta$ 代替 β，得到差角的正、余弦公式。

（四）圆周角

Wood (1885)通过在单位圆的直径两侧构造圆周角得到圆内接四边形。如图 13－11，AB 为⊙O 的直径，$\angle CAB=\alpha$，$\angle DAB=\beta$。易证 $CD=2\sin(\alpha+\beta)$，由托勒密定理，可得

$$AB \times CD = BC \times AD + AC \times BD,$$

即

$$4\sin(\alpha + \beta) = 4\sin\alpha\cos\beta + 4\cos\alpha\sin\beta。$$

编者没有给出另三个公式的推导，但不难构造相应的圆内接四边形。仍如图 13-11，延长 CO，交$\odot O$ 于点 E，连结 AE、DE 和 BE。在圆内接四边形 $AEDB$ 中，$DE = 2\cos(\alpha + \beta)$，$AE = BC = 2\sin\alpha$，$BD = 2\sin\beta$，$AD = 2\cos\beta$，$BE = AC = 2\cos\alpha$，由托勒密定理，得

$$DE \times AB = BE \times AD - AE \times BD,$$

由此可得

$$4\cos(\alpha + \beta) = 4\cos\alpha\cos\beta - 4\sin\alpha\sin\beta。$$

类似地，如图 13-12，设 $\angle CAD = \alpha$，$\angle CAB = \beta$，则在四边形 $EDBC$ 和 $AEDC$ 中分别应用托勒密定理，得

$$BD \times CE = CD \times BE - DE \times BC,$$
$$AD \times CE = ED \times AC + CD \times AE,$$

即

$$4\sin(\alpha - \beta) = 4\sin\alpha\cos\beta - 4\cos\alpha\sin\beta,$$
$$4\cos(\alpha - \beta) = 4\cos\alpha\cos\beta + 4\sin\alpha\sin\beta。$$

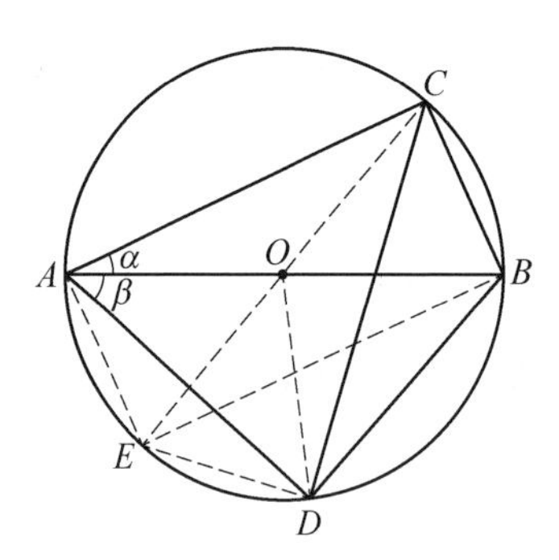

图 13-11　圆周角法(Ⅰ)

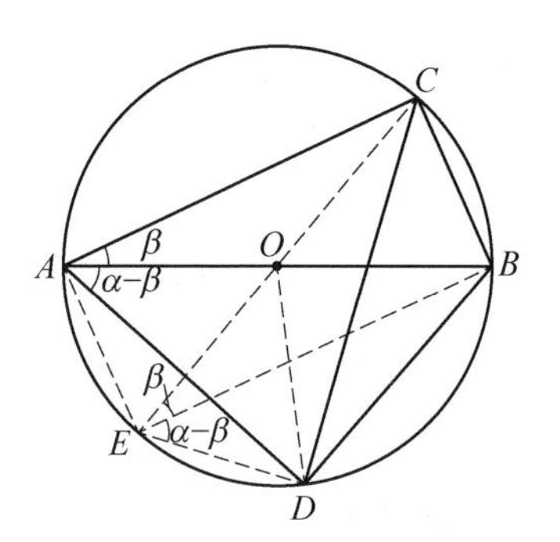

图 13-12　圆周角法(Ⅱ)

13.3.4 正弦定理

有 3 种教科书(Cagnoli，1786；Thomson，1825；Wilson，1831)采用正弦定理来推导和角的正、余弦公式。如图 13-13(1)，在$\triangle ABC$中，$\angle A$为锐角，过顶点C作底边AB的垂线，垂足为点D。由正弦定理，得

$$\frac{c}{\sin(A+B)}=\frac{c}{\sin C}=\frac{b}{\sin B},$$

于是得

$$\begin{aligned}\sin(A+B)&=\frac{c}{b}\sin B\\&=\frac{c}{b}\times\frac{CD}{a}\\&=\frac{CD\times BD+CD\times AD}{ab}\\&=\frac{CD}{b}\times\frac{BD}{a}+\frac{AD}{b}\times\frac{CD}{a}\\&=\sin A\cos B+\cos A\sin B。\end{aligned}$$

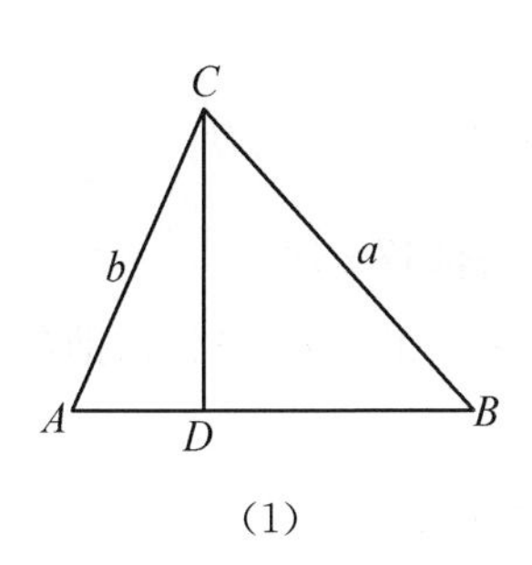

(1)

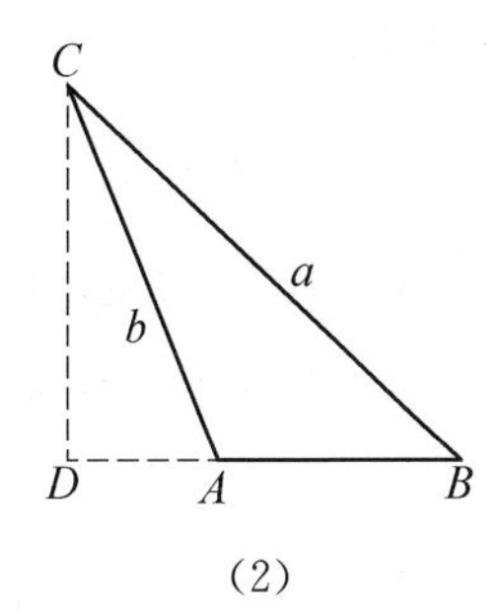

(2)

图 13-13 由正弦定理推导和角的正、余弦公式(Ⅰ)

如图 13-13(2)，在$\triangle ABC$中，$\angle A$为钝角，过顶点C作底边BA的延长线的垂线，垂足为点D，则由正弦定理，得

$$\frac{c}{\sin(\angle DAC-B)}=\frac{c}{\sin C}=\frac{b}{\sin B},$$

于是得

$$\begin{aligned}\sin(\angle DAC-B)&=\frac{c}{b}\sin B\\&=\frac{c}{b}\times\frac{CD}{a}\\&=\frac{BD\times CD-AD\times CD}{ab}\\&=\frac{CD}{b}\times\frac{BD}{a}-\frac{AD}{b}\times\frac{CD}{a}\\&=\sin\angle DAC\cos B-\cos\angle DAC\sin B。\end{aligned}$$

再由 $\cos^2(A\pm B)=1-\sin^2(A\pm B)$ 推导其余公式：

$$\begin{aligned}&\cos^2(A+B)\\&=1-\sin^2(A+B)\\&=1-(\sin A\cos B+\cos A\sin B)^2\\&=1-(\sin^2 A\cos^2 B+\cos^2 A\sin^2 B+2\sin A\cos A\sin B\cos B)\\&=1-(\sin^2 A-\sin^2 A\sin^2 B+\cos^2 A-\cos^2 A\cos^2 B+2\sin A\cos A\sin B\cos B)\\&=\sin^2 A\sin^2 B+\cos^2 A\cos^2 B-2\sin A\cos A\sin B\cos B\\&=(\cos A\cos B-\sin A\sin B)^2。\end{aligned}$$

考虑 $B=0^\circ$ 的情形，即知

$$\cos(A+B)=\cos A\cos B-\sin A\sin B。$$

类似可以推导 $\cos(A-B)$。(Cagnoli，1786，pp. 17 - 18)

Wilson (1831)在利用正弦定理推导出和角的正弦公式后，借助角的代换，得到其他公式。

Thompson (1825)则考虑一条腰的长度为 1 的三角形，如图 13 - 14 所示。在 Rt$\triangle ADC$ 中，$DC=\sin B\cot C=\dfrac{\sin B\cos C}{\sin C}$，由正弦定理，得

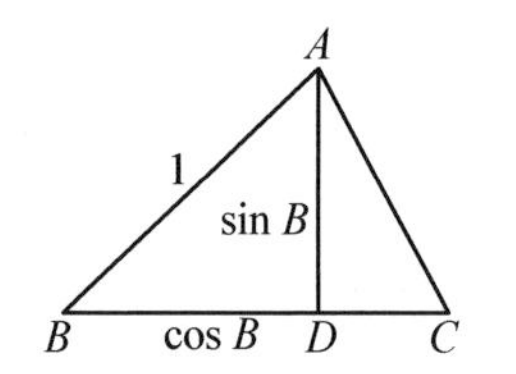

图 13 - 14　由正弦定理推导和角的正、余弦公式(Ⅱ)

$$\frac{\sin C}{1}=\frac{\sin(B+C)}{\cos B+\dfrac{\sin B\cos C}{\sin C}},$$

于是得

$$\sin(B+C)=\sin B\cos C+\cos B\sin C。$$

13.3.5 射影公式与正弦定理

Gregory (1816)、Scholfeld (1845)、Moritz (1915)、McCarty (1920)和 Dickson (1922)同时采用了射影公式与正弦定理来推导和角的正弦公式。

由射影公式,得

$$c=a\cos B+b\cos A,$$

即

$$1=\frac{a}{c}\cos B+\frac{b}{c}\cos A。$$

由正弦定理,得

$$1=\frac{\sin A}{\sin C}\cos B+\frac{\sin B}{\sin C}\cos A,$$

于是有

$$\sin(A+B)=\sin C=\sin A\cos B+\cos A\sin B。$$

Harding & Turner (1915)则利用了射影公式和拓展的正弦定理。因

$$c=a\cos B+b\cos A,$$

故有

$$2R\sin C=2R\sin A\cos B+2R\sin B\cos A,$$

于是得

$$\sin(A+B)=\sin A\cos B+\cos A\sin B。$$

对于其他公式,不同教科书的推导方法互有不同,主要有以下几种:

(1) 分别用 $\pi-A$、$\frac{\pi}{2}\pm A$ 代替 A,得出其他公式(Scholfield, 1845, pp. 45 - 47)。

(2) 利用平方关系,推导和角的余弦公式(Moritz, 1915, pp. 92 - 95)。

(3) 借助余弦定理和勾股定理,推导和角的余弦公式(McCarty, 1920, p. 49)。如图 13 - 15,因

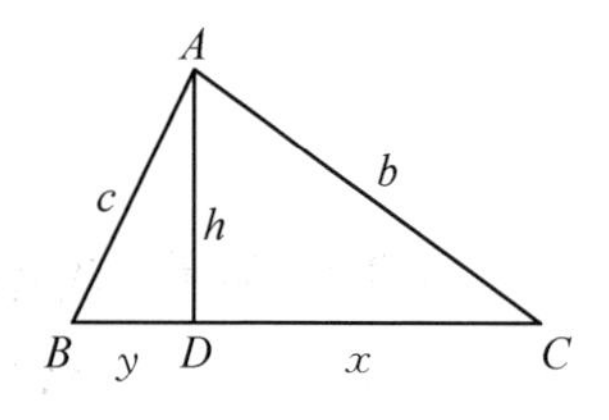

图 13-15　由余弦定理和勾股定理推导和角的余弦公式

$$\cos A = -\cos(B+C) = \frac{b^2+c^2-a^2}{2bc},$$

由勾股定理，得

$$\begin{aligned}-\cos(B+C) &= \frac{(h^2+x^2)+(h^2+y^2)-(x+y)^2}{2bc}\\ &= \frac{h^2-xy}{bc}\\ &= \frac{h}{c}\times\frac{h}{b}-\frac{y}{c}\times\frac{x}{b}\\ &= \sin B\sin C-\cos B\cos C,\end{aligned}$$

于是有

$$\cos(B+C)=\cos B\cos C-\sin B\sin C。$$

(4) 仍利用射影公式和正弦定理(Harding & Turner, 1915, pp. 105-111)。因

$$a = b\cos C + c\cos B,$$

故有

$$a = -b\cos(A+B)+(a\cos B+b\cos A)\cos B,$$

即

$$a\sin^2 B = -b\cos(A+B)+b\cos A\cos B,$$
$$b\cos(A+B)=b\cos A\cos B-a\sin^2 B。$$

由正弦定理，得

$$b\cos(A+B)=b\cos A\cos B-b\sin A\sin B,$$

于是得

$$\cos(A+B)=\cos A\cos B-\sin B\sin C。$$

也可以不用正弦定理，而仅仅利用射影公式来推导和角的余弦公式。将三个公式联立成关于 a、b 和 c 的三元一次方程组

$$\begin{cases} a\cos B + b\cos A - c = 0,\\ a\cos C - b + c\cos A = 0,\\ a - b\cos C - c\cos B = 0,\end{cases}$$

消去 a、b 和 c，得恒等式

$$\cos^2 A+\cos^2 B+\cos^2 C+2\cos A\cos B\cos C=1,$$

将上述等式分别视为关于 $\cos C$、$\cos B$ 和 $\cos A$ 的一元二次方程，解得

$$\cos C=-\cos A\cos B+\sin A\sin B,$$

$$\cos B=-\cos A\cos C+\sin A\sin C,$$

$$\cos A=-\cos B\cos C+\sin B\sin C,$$

即得和角的余弦公式。

13.3.6 余弦定理

除了利用托勒密定理，Woodhuose (1819)还利用余弦定理来推导和角的正、余弦公式。由余弦定理，得

$$\cos A=\frac{b^2+c^2-a^2}{2bc},$$

$$\cos B=\frac{a^2+c^2-b^2}{2ac},$$

$$\cos C=\frac{a^2+b^2-c^2}{2ab},$$

故得

$$\sin A=\frac{2\sqrt{p(p-a)(p-b)(p-c)}}{bc},$$

$$\sin B=\frac{2\sqrt{p(p-a)(p-b)(p-c)}}{ac},$$

$$\sin C=\frac{2\sqrt{p(p-a)(p-b)(p-c)}}{ab}。$$

其中 $p=\frac{a+b+c}{2}$。于是

$$\begin{aligned}\sin A\cos B+\cos A\sin B&=\frac{2\sqrt{p(p-a)(p-b)(p-c)}}{ab}\\&=\sin C=\sin(A+B)。\end{aligned}$$

类似可推导和角的余弦公式。

13.3.7 相似三角形

Hassler (1826)利用相似三角形来推导和角的正、余弦公式。如图 13－16(1)和图 13－16(2)，$\angle AOB=\alpha$，$\angle BOC=\beta$，在 OC 上任取一点 P，过点 P 作 OA 和 OB 的垂线，垂足分别为点 D 和 E，延长 PE 或 EP，交 OA 于点 F。因 Rt△PDF 和 Rt△OEF 相似，故得

$$\frac{PD}{EF\pm PE}=\frac{OE}{OF},\ \frac{OF-OD}{EF\pm PE}=\frac{EF}{OF},$$

于是得

$$PD=\frac{EF\times OE\pm PE\times OE}{OF},$$

$$OD=\frac{OE\times OE\mp PE\times EF}{OF},$$

故有

$$\sin(\alpha\pm\beta)=\frac{PD}{OP}=\frac{EF\times OE}{OF\times OP}\pm\frac{OE\times PE}{OF\times OP}=\sin\alpha\cos\beta\pm\cos\alpha\sin\beta,$$

$$\cos(\alpha\pm\beta)=\frac{OD}{OP}=\frac{OE\times OE}{OF\times OP}\mp\frac{EF\times PE}{OF\times OP}=\cos\alpha\cos\beta\mp\sin\alpha\sin\beta。$$

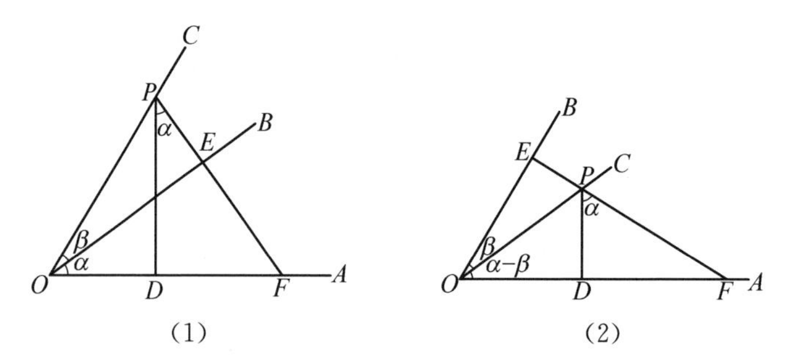

图 13－16　利用相似三角形推导和角与差角的正、余弦公式

Peirce (1835)采用同样的方法来推导和角公式，但对于差角公式，却采用了新的推导方法。如图 13－17，$\angle AOB=\alpha$，$\angle AOC=\beta$，在 OB 上任取一点 P，过点 P 作 OA 和 OC 的垂线，垂足分别为点 D 和 E，PD 和 OC 交于点 F。因 Rt△PEF 和 Rt△ODF

相似，故得

$$\frac{PE}{OD}=\frac{PF}{OF}=\frac{PD-FD}{OF},$$

$$\frac{PF}{FE}=\frac{PD-FD}{OE-OF}=\frac{OF}{FD},$$

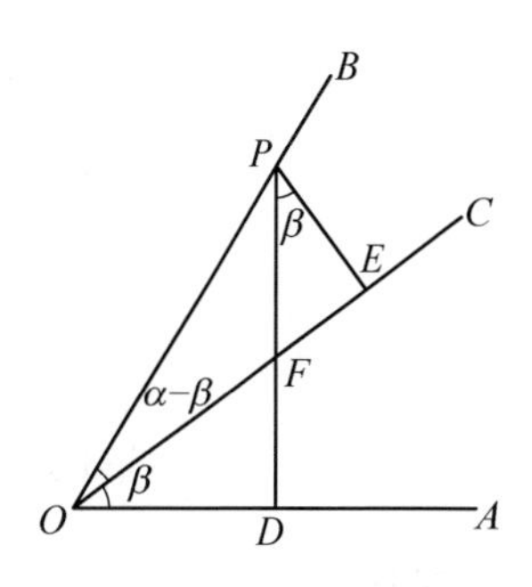

图 13 - 17　利用相似三角形推导差角的正、余弦公式

于是得

$$PE=\frac{PD\times OD-FD\times OD}{OF},$$

$$OE=\frac{OF^2-FD^2+PD\times FD}{OF}=\frac{OD^2+PD\times FD}{OF},$$

从而有

$$\begin{aligned}\sin(\alpha-\beta)&=\frac{PE}{OP}\\&=\frac{PD\times OD-FD\times OD}{OF\times OP}\\&=\frac{PD}{OP}\times\frac{OD}{OF}-\frac{OD}{OP}\times\frac{FD}{OF}\\&=\sin\alpha\cos\beta-\cos\alpha\sin\beta,\end{aligned}$$

$$\begin{aligned}\cos(\alpha-\beta)&=\frac{OE}{OP}\\&=\frac{OD\times OD+PD\times FD}{OF\times OP}\\&=\frac{OD}{OP}\times\frac{OD}{OF}+\frac{PD}{OP}\times\frac{FD}{OF}\\&=\cos\alpha\cos\beta+\sin\alpha\sin\beta。\end{aligned}$$

13.3.8　距离公式

有 7 种教科书采用距离公式来推导和角或差角的余弦公式，包含以下几种情形。

（一）未建立坐标系

Young (1833)仅利用几何定理来推导差角的余弦公式。如图 13 - 18，在单位圆 O 中，$\angle AOB=\alpha$，$\angle AOC=\beta$，则

$$\mathrm{Chd}^2(\alpha-\beta)=(\cos\beta-\cos\alpha)^2+(\sin\alpha-\sin\beta)^2$$
$$=2-2(\cos\alpha\cos\beta+\sin\alpha\sin\beta),\tag{3}$$

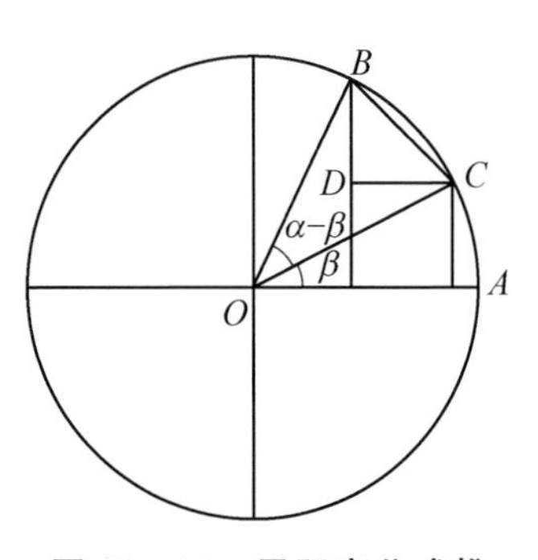

图 13 - 18　用距离公式推导差角的余弦公式(Ⅰ)

令 $\beta=0$，得

$$\mathrm{Chd}^2\alpha=2-2\cos\alpha,$$

从而有

$$\mathrm{Chd}^2(\alpha-\beta)=2-2\cos(\alpha-\beta)。\tag{4}$$

比较(3)和(4)，得

$$\cos(\alpha-\beta)=\cos\alpha\cos\beta+\sin\alpha\sin\beta,\tag{5}$$

用 $\alpha-\beta$ 代替(5)中的 β，得

$$\cos\beta=\cos\alpha\cos(\alpha-\beta)+\sin\alpha\sin(\alpha-\beta)$$
$$=\cos^2\alpha\cos\beta+\cos\alpha\sin\alpha\sin\beta+\sin\alpha\sin(\alpha-\beta),$$

即

$$\sin\alpha\sin(\alpha-\beta)=\sin^2\alpha\cos\beta-\cos\alpha\sin\alpha\sin\beta,$$

故得

$$\sin(\alpha-\beta)=\sin\alpha\cos\beta-\cos\alpha\sin\beta。\tag{6}$$

用 $\alpha+\beta$ 代替(5)和(6)中的 α，得

$$\cos\alpha=\cos(\alpha+\beta)\cos\beta+\sin(\alpha+\beta)\sin\beta,\tag{7}$$

$$\sin\alpha=\sin(\alpha+\beta)\cos\beta-\cos(\alpha+\beta)\sin\beta,\tag{8}$$

由(7)和(8)，可得

$$\sin(\alpha+\beta)=\sin\alpha\cos\beta+\cos\alpha\sin\beta,\tag{9}$$

$$\cos(\alpha+\beta)=\cos\alpha\cos\beta-\sin\alpha\sin\beta。\tag{10}$$

Hobson (1891)对上述方法作了改进。在图 13 - 18 中，延长 CO，交⊙O 于点 E，连结 BE，过点 B 作 OC 的垂线，垂足为点 F，如图 13 - 19 所示。因

$$|BC|^2=|BD|^2+|CD|^2=(\sin\alpha-\sin\beta)^2+(\cos\beta-\cos\alpha)^2,$$

$$|BC|^2 = |CF| \times |CE| = 2(1-\cos(\alpha-\beta)),$$

故得

$$\cos(\alpha-\beta) = \cos\alpha\cos\beta + \sin\alpha\sin\beta。$$

分别用 $-\beta$、$\frac{\pi}{2}\pm\beta$ 代替 β，即得另三个公式。

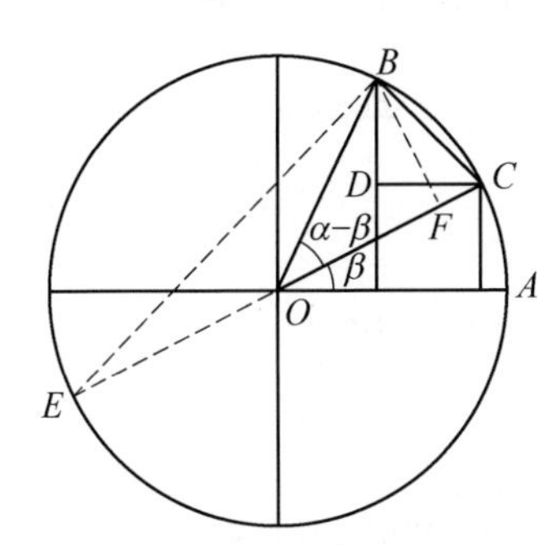

图 13－19 用距离公式推导差角的余弦公式（Ⅱ）

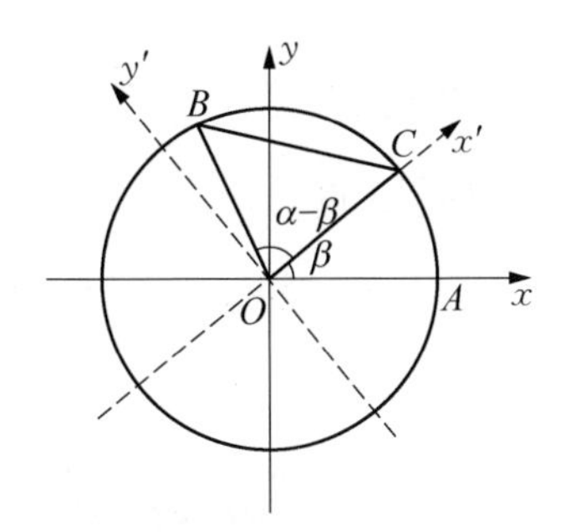

图 13－20 用距离公式推导差角的余弦公式（Ⅲ）

（二） 坐标轴的旋转变换

Holmes (1951)、Vance (1954)和 Perlin (1955)建立平面直角坐标系，通过坐标轴的旋转变换推导差角的余弦公式。如图 13－20，在平面直角坐标系中，以原点为圆心作单位圆，$\angle AOB=\alpha$，$\angle AOC=\beta$，则

$$\begin{aligned}|BC|^2 &= (\cos\alpha-\cos\beta)^2+(\sin\alpha-\sin\beta)^2\\ &= 2-2(\cos\alpha\cos\beta+\sin\alpha\sin\beta),\end{aligned}$$

而在平面直角坐标系 $x'Oy'$ 中，

$$\begin{aligned}|BC|^2 &= [\cos(\alpha-\beta)-1]^2+[\sin(\alpha-\beta)-0]^2\\ &= 2-2\cos(\alpha-\beta),\end{aligned}$$

于是有

$$\cos(\alpha-\beta) = \cos\alpha\cos\beta + \sin\alpha\sin\beta。$$

利用角的代换，可推导其他公式。

（三） 角的旋转

Wylie (1955)建立平面直角坐标系，在单位圆内构造圆心角，并将其适当旋转，利用距离公式计算旋转前后圆心角所对的弦长，从而推导和角的余弦公式。如图 13－21，$\angle AOB=\alpha$，$\angle BOC=\beta$，则

$$\begin{aligned}|AC|^2&=[\cos(\alpha+\beta)-1]^2+[\sin(\alpha+\beta)-0]^2\\&=2-2\cos(\alpha+\beta)。\end{aligned}$$

将圆心角$\angle AOC$沿顺时针方向旋转角度α得到圆心角$\angle DOE$，则有

$$|DE|^2=(\cos\beta-\cos\alpha)^2+[\sin\beta-(-\sin\alpha)]^2=2-2(\cos\alpha\cos\beta-\sin\alpha\sin\beta)。$$

由$|AC|=|DE|$，得

$$2-2\cos(\alpha+\beta)=2-2(\cos\alpha\cos\beta-\sin\alpha\sin\beta),$$

故得

$$\cos(\alpha+\beta)=\cos\alpha\cos\beta-\sin\alpha\sin\beta。$$

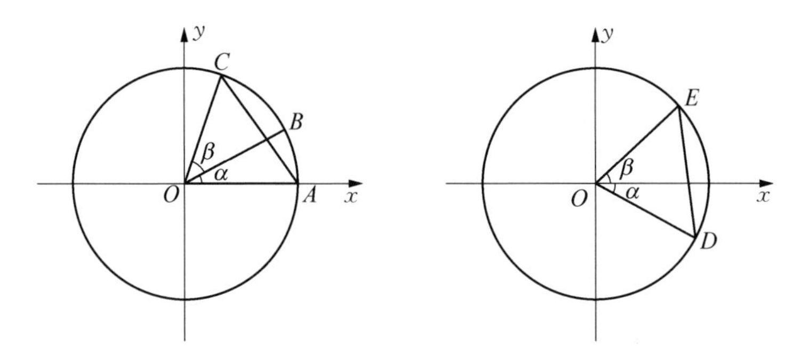

图 13－21　利用距离公式推导和角的余弦公式

用$-\beta$代换β，得差角的余弦公式；再利用诱导公式，推导差角的正弦公式。

13.3.9　向量投影法

有 18 种教科书采用了向量投影的方法，其中 Seaver (1889)最早采用了该方法①。

① 原书中并未出现“向量”“有向线段”之类的名称，但文中所述，实际上指的就是向量的投影。为便于读者阅读，我们采用了今天的记号。在早期教科书中，向量(或有向线段)的投影被定义为一个数量(可正可负)：若向量$\overrightarrow{AB}$的起点A的坐标为(x_A, y_A)，终点B的坐标为(x_B, y_B)，则$\overrightarrow{AB}$在x轴和y轴上的投影分别为：$\mathrm{Proj}_x\overrightarrow{AB}=x_B-x_A=|\overrightarrow{AB}|\cos\alpha$，$\mathrm{Proj}_y\overrightarrow{AB}=y_B-y_A=|\overrightarrow{AB}|\sin\alpha$，其中$\alpha$为向量$\overrightarrow{AB}$与$x$轴正方向所构成的角，称为向量的投影角(projecting angle)，$0\leqslant\alpha<2\pi$。向量投影有以下性质：和向量的投影等于向量投影的和。

如图 13－22，在平面直角坐标系 xOy 中，$\angle xOA=\alpha$，$\angle AOB=\beta$，在 OB 上任取一点 C，设 $|\overrightarrow{OC}|=R$。过点 C 作 OA 的垂线，垂足为点 E。则 $\overrightarrow{OE}$ 在 x 轴和 y 轴上的投影分别为

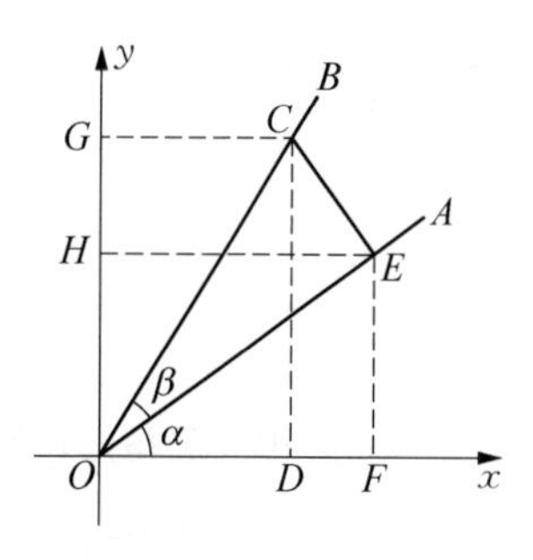

图 13－22　用向量投影法推导和角的正、余弦公式

$$\mathrm{Proj}_x\overrightarrow{OE}=|\overrightarrow{OE}|\cos\alpha=R\cos\alpha\cos\beta,$$
$$\mathrm{Proj}_y\overrightarrow{OE}=|\overrightarrow{OE}|\sin\alpha=R\sin\alpha\cos\beta;$$

$\overrightarrow{EC}$ 在 x 轴和 y 轴上的投影分别为

$$\mathrm{Proj}_x\overrightarrow{EC}=|\overrightarrow{EC}|\cos\left(\frac{\pi}{2}+\alpha\right)=-R\sin\alpha\sin\beta,$$
$$\mathrm{Proj}_y\overrightarrow{EC}=|\overrightarrow{EC}|\sin\left(\frac{\pi}{2}+\alpha\right)=R\cos\alpha\sin\beta。$$

根据向量投影的性质，有

$$\mathrm{Proj}_x\overrightarrow{OC}=\mathrm{Proj}_x\overrightarrow{OE}+\mathrm{Proj}_x\overrightarrow{EC},$$
$$\mathrm{Proj}_y\overrightarrow{OC}=\mathrm{Proj}_y\overrightarrow{OE}+\mathrm{Proj}_y\overrightarrow{EC},$$

故得

$$R\cos(\alpha+\beta)=R\cos\alpha\cos\beta-R\sin\alpha\sin\beta,$$
$$R\sin(\alpha+\beta)=R\sin\alpha\cos\beta+R\cos\alpha\sin\beta。$$

类似地，在图 13－23 中有

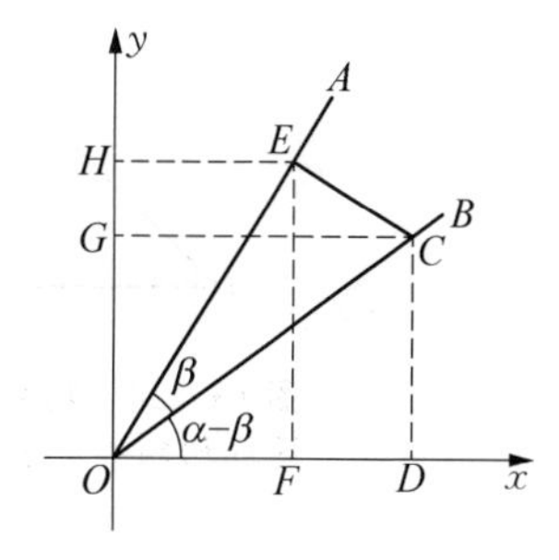

图 13－23　利用向量投影法推导差角的正、余弦公式

$$\mathrm{Proj}_x\overrightarrow{OE}=|\overrightarrow{OE}|\cos\alpha=R\cos\alpha\cos\beta,$$
$$\mathrm{Proj}_y\overrightarrow{OE}=|\overrightarrow{OE}|\sin\alpha=R\sin\alpha\cos\beta;$$
$$\mathrm{Proj}_x\overrightarrow{EC}=|\overrightarrow{EC}|\cos\left(\frac{3\pi}{2}+\alpha\right)=R\sin\alpha\sin\beta,$$
$$\mathrm{Proj}_y\overrightarrow{EC}=|\overrightarrow{EC}|\sin\left(\frac{3\pi}{2}+\alpha\right)=-R\cos\alpha\sin\beta。$$

因

$$\mathrm{Proj}_x\overrightarrow{OC}=\mathrm{Proj}_x\overrightarrow{OE}+\mathrm{Proj}_x\overrightarrow{EC},$$
$$\mathrm{Proj}_y\overrightarrow{OC}=\mathrm{Proj}_y\overrightarrow{OE}+\mathrm{Proj}_y\overrightarrow{EC},$$

故得

$$R\cos(\alpha-\beta)=R\cos\alpha\cos\beta+R\sin\alpha\sin\beta,$$
$$R\sin(\alpha-\beta)=R\sin\alpha\cos\beta-R\cos\alpha\sin\beta。$$

13.3.10 三角形面积公式

Hobson & Jessop (1896)最早利用三角形面积公式来推导和角的正、余弦公式。如图 13－24,$\triangle ABC$ 的面积为

$$S=\frac{1}{2}ab\sin(A+B)=\frac{1}{2}b\cos A\times a\sin B+\frac{1}{2}a\cos B\times b\sin A,$$

故得

$$\sin(A+B)=\sin A\cos B+\cos A\sin B。$$

Rosenbach, Whitman & Moskovitz (1937)则建立平面直角坐标系,先推导 $0<\alpha<90^\circ$ 和 $0<\beta<90^\circ$ 时和角的正、余弦公式。

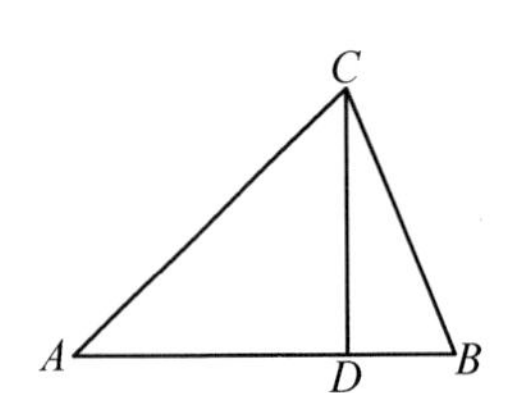

图 13－24 利用三角形面积推导和角的正弦公式(Ⅰ)

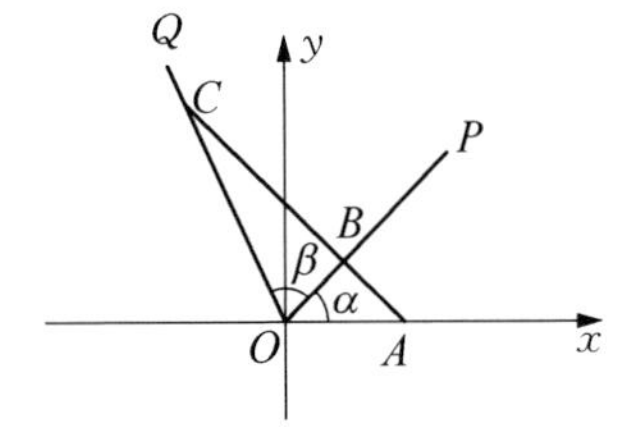

图 13－25 利用三角形面积推导和角的正弦公式(Ⅱ)

如图 13－25,$\angle xOP=\alpha$,$\angle POQ=\beta$,在 OQ 上任取异于原点的一点 C,过点 C 作 OP 的垂线,垂足为点 B,交 x 轴于点 A。于是

$$\frac{1}{2}OA\times OC\sin(\alpha+\beta)=\frac{1}{2}OA\times OB\sin\alpha+\frac{1}{2}OB\times OC\sin\beta,$$

于是得

$$\sin(\alpha+\beta)=\frac{OB}{OC}\sin\alpha+\frac{OB}{OA}\sin\beta,$$

即

$$\sin(\alpha+\beta)=\sin\alpha\cos\beta+\cos\alpha\sin\beta。$$

又由余弦定理，得

$$(AB+BC)^2=OA^2+OC^2-2OA\times OC\cos(\alpha+\beta),$$

即

$$2OA\times OC\cos(\alpha+\beta)=2OB^2-2AB\times BC,$$

于是得

$$\begin{aligned}\cos(\alpha+\beta)&=\frac{OB}{OA}\times\frac{OB}{OC}-\frac{AB}{OA}\times\frac{BC}{OC}\\&=\cos\alpha\cos\beta-\sin\alpha\sin\beta。\end{aligned}$$

接着，编者讨论了以下情形：

(1) 当 $\alpha=0°$ 或 $90°$、$\beta=0°$ 或 $90°$时，和角的正、余弦公式显然成立；

(2) 当 $\alpha=0°$ 或 $90°$、$0°<\beta<90°$，或 $\beta=0°$ 或 $90°$、$0°<\alpha<90°$ 时，和角的正、余弦公式仍然成立；

(3) 若和角的正、余弦公式对 α 和 β 成立，则对 $\alpha\pm90°$ 或 $\beta\pm90°$ 也成立。

由此说明，和角的正、余弦公式对于任意 α 和 β 均成立。

13.3.11 复数

Perlin (1955)利用复数运算来推导和角的正、余弦公式。设有非零复数 $a+b\mathrm{i}$ 和 $c+d\mathrm{i}$，其三角形式分别是

$$a+b\mathrm{i}=r_1(\cos\alpha+\mathrm{i}\sin\alpha),$$
$$c+d\mathrm{i}=r_2(\cos\beta+\mathrm{i}\sin\beta),$$

则根据复数三角形式的运算法则，有

$$(a+b\mathrm{i})(c+d\mathrm{i})=r_1r_2[\cos(\alpha+\beta)+\mathrm{i}\sin(\alpha+\beta)]。$$

另一方面，

$$(a+b\mathrm{i})(c+d\mathrm{i})=r_1r_2[(\cos\alpha\cos\beta-\sin\alpha\sin\beta)+\mathrm{i}(\sin\alpha\cos\beta+\cos\alpha\sin\beta)]。$$

比较两个结果，得

$$\cos(\alpha+\beta)=\cos\alpha\cos\beta-\sin\alpha\sin\beta,$$

$$\sin(\alpha+\beta)=\sin\alpha\cos\beta-\cos\alpha\sin\beta,$$

用 $-\beta$ 替换 β，得差角的正、余弦公式。

13.4 和角与差角正、余弦公式推导方法的演变

图 13-26 给出了各种方法在各时间段的分布情况。

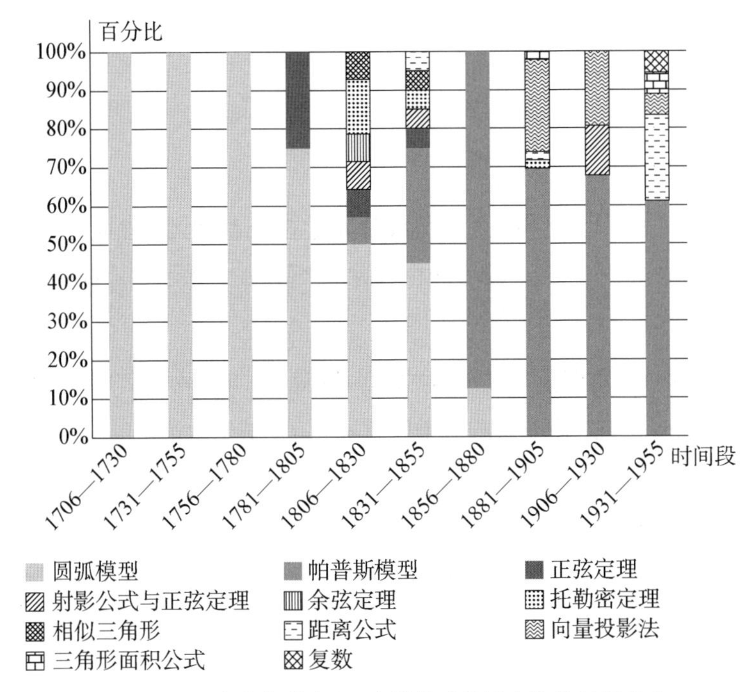

图 13-26 和角与差角正、余弦公式推导方法的时间分布

从图 13-26 中可以看出和角与差角正、余弦公式推导方法的一些特点。

（1）在两个半世纪里，圆弧模型和帕普斯模型最受青睐。

18 世纪，人们仅考虑弧的三角函数，弧的正弦被定义为“从弧的一个端点向经过另一个端点的直径所引的垂线段”，弧的正切被定义为“过弧的一个端点所作的切线在切点和从圆心出发经过弧的另一个端点的射线之间的线段”；余弦和余切分别被定义为“余弧的正弦”和“余弧的正切”。已知两条弧的正弦和余弦，教科书编者用圆弧模型来求它们的和与差的正弦和余弦。到了 19 世纪，角的三角函数逐渐取代了弧的

三角函数，比值定义逐渐登上历史舞台。于是，在求两个角的和与差的正弦和余弦时，人们不再需要圆弧模型中的圆，帕普斯模型应运而生。19 世纪上半叶，圆弧模型和帕普斯模型并存，但到了 19 世纪末，圆弧模型彻底退出了历史舞台，帕普斯模型成为主流。

(2) 19 世纪上半叶，推导方法趋向于多元化。

18 世纪，三角学往往被视为几何学的一个分支。Rivard (1747)指出："三角学是几何学的一部分，它教授的是，已知三角形的两角与一边、两边与一角或三边，求其他边和角。"Macgregor (1792)称："三角学是几何学的一部分，教授如何测量平面三角形的边和角。"Vince (1810)认为："三角学是与三角形相关的几何学的一部分，利用某些相关线段，处理边与角、弧与角之间的类比；利用该学科，在所有条件充分的情形中，已知三角形的三部分，可求得其余部分。"Nichols (1811)则强调："三角学是一般几何学的一个分支，它处理圆内、外某些线段的性质和相互关系，并教授如何计算三角形边和角的大小。"我们不难理解，18 世纪的三角学教科书中，三角学的所有公式和定理何以都是用几何方法加以推导或证明的。

然而，到了 19 世纪，三角学逐渐摆脱对几何的依赖，成为一门分析学科。Oliver, Wait & Jones (1881)指出："三角学是研究角与三角形的数值关系的数学分支，它在本质上具有代数的特征，但建立在几何基础之上。"在新、旧交替的时代，帕普斯模型不再是编者的唯一选择，其他几何法成为新选项；正弦定理、余弦定理、射影公式等与和角的正、余弦公式之间的密切联系导致代数方法的运用。

(3) 19 世纪后期，推导方法逐渐趋向完善。

18 世纪和 19 世纪初，人们主要局限于锐角或锐角所对的弧来研究三角函数，因此，在推导和角与差角的正、余弦公式时，基于圆弧模型和帕普斯模型的方法是完善的方法；但随着角的概念的推广，该模型因未能解决任意角的情形而存在明显的局限性。尽管以 Lambert & Foering (1905)为代表的教科书扩大了帕普斯模型的适用范围，但角 α 和 β 仍局限于 $0°$ 和 $180°$ 之间，最终仍需通过诱导公式来说明公式的普适性。其他方法，如托勒密定理、三角形面积公式、相似三角形、正弦定理、余弦定理、射影公式等都有其局限性。

距离法和向量投影法则是教科书编者为了规避已有方法的缺点而设计的方法。在这两种方法中，角 α 和 β 是任意取的，故不再需要借助诱导公式进行补充说明。事实上，若 $0° \leqslant \alpha < 360°$、$0° \leqslant \beta < 360°$、$\alpha' = n \times 360° + \alpha$、$\beta' = m \times 360° + \beta$($m$、$n \in$

N)，则 $\alpha'-\beta'=(n-m)\times360^\circ+(\alpha-\beta)$，故知 Holmes (1951)等所采用的距离方法完全不失一般性。

如图 13 - 27，设 α 和 β 分别是第一和第三象限角，于是类似于帕普斯模型，作有关垂线，则

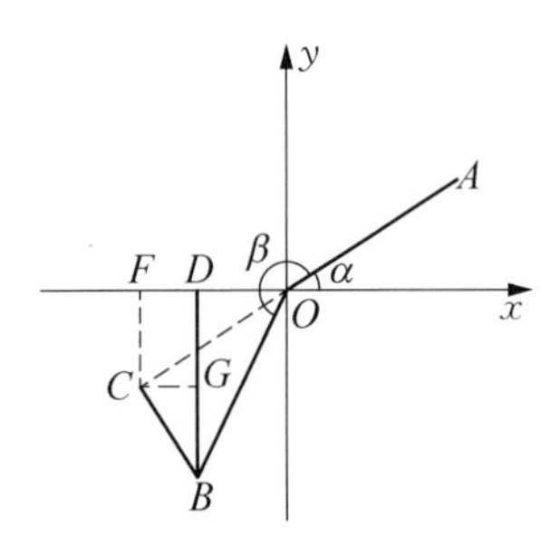

图 13 - 27 投影法的一般情形

$$\mathrm{Proj}_x\overrightarrow{OB}=|\overrightarrow{OB}|\cos(\alpha+\beta)=R\cos(\alpha+\beta),$$

$$\mathrm{Proj}_y\overrightarrow{OB}=|\overrightarrow{OB}|\sin(\alpha+\beta)=R\sin(\alpha+\beta),$$

$$\mathrm{Proj}_x\overrightarrow{OC}=|\overrightarrow{OC}|\cos(\pi+\alpha)=R\cos(\pi+\alpha)\cos(\beta-\pi)$$
$$=R\cos\alpha\cos\beta,$$

$$\mathrm{Proj}_y\overrightarrow{OC}=|\overrightarrow{OC}|\sin(\pi+\alpha)=R\sin(\pi+\alpha)\cos(\beta-\pi)=R\sin\alpha\cos\beta,$$

$$\mathrm{Proj}_x\overrightarrow{CB}=|\overrightarrow{CB}|\cos\left(\frac{3}{2}\pi+\alpha\right)=R\sin(\beta-\pi)\cos\left(\frac{3}{2}\pi+\alpha\right)=-R\sin\alpha\sin\beta,$$

$$\mathrm{Proj}_y\overrightarrow{CB}=|\overrightarrow{CB}|\sin\left(\frac{3}{2}\pi+\alpha\right)=R\sin(\beta-\pi)\sin\left(\frac{3}{2}\pi+\alpha\right)=R\cos\alpha\sin\beta,$$

由向量投影的性质即得和角的正、余弦公式。可见，向量投影法适用于任意角 α 和 β。

13.5 若干启示

以上我们看到，在和角与差角的正、余弦公式这个主题上，早期三角学教科书呈现了丰富多彩的推导方法，这些方法的背后既反映了三角函数概念的演变，也折射了三角学的发展，同时，还蕴含了数学家的创新精神，对今日教学有诸多启示。

其一，权衡利弊，合理选择。

尽管角的概念被推广之后，帕普斯模型在推导和角的正、余弦公式时存在局限性，但多数教科书仍选择它，究其原因，是它的直观性十分有助于学生对公式的理解，而距离公式和投影法虽然具有一般性，但缺乏直观性。教师在选择推导方法时，需要对利弊作出权衡；若要兼顾直观性和一般性，则需要采用不同的方法，彰显方法之美。

此外，教师可以设计探究任务，让学生就 $0\leqslant\alpha<360^\circ$、$0\leqslant\beta<360^\circ$ 的各种情形建立帕普斯模型，进而得到公式对于任意角均成立。

其二，完善旧法，推陈出新。

对于存在局限性的方法，可以作出适当的改进，使其适用于任意角的情形。例如，

Rosenbach，Whitman & Moskovitz (1937)的三角形面积法仅仅局限于锐角的情形，我们不妨设角 α 和 β 的终边分别位于第一和第三象限，如图 13-28，过角 β 的终边上任意一点 B，作 AO 的垂线，垂足为点 C，交 x 轴于点 D。于是，$\triangle BOD$ 的面积为

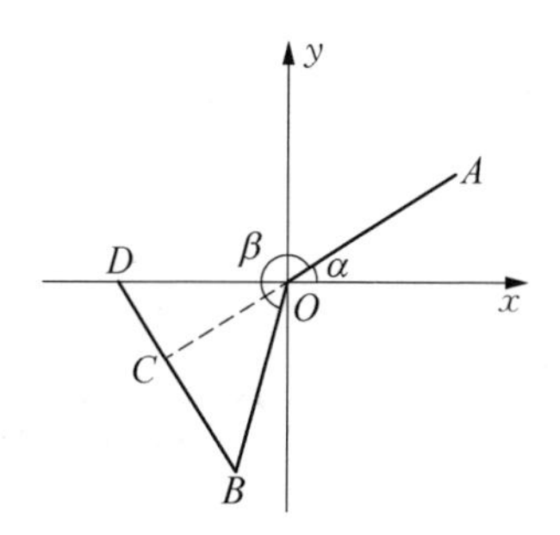

图 13-28　三角形面积法的一般情形

$$\begin{aligned} S &= \frac{1}{2} OB \times OD \times \sin(\alpha + \beta - \pi) \\ &= -\frac{1}{2} OB \times OD \times \sin(\alpha + \beta), \end{aligned}$$

又因

$$S = \frac{1}{2} DC \times OC + \frac{1}{2} BC \times OC,$$

故得

$$\begin{aligned} \sin(\alpha + \beta) &= -\frac{DC}{OD} \times \frac{OC}{OB} - \frac{OC}{OD} \times \frac{BC}{OB} \\ &= -\sin\alpha \times \cos(\beta - \pi) - \cos\alpha \times \sin(\beta - \pi) \\ &= \sin\alpha\cos\beta + \cos\alpha\sin\beta。 \end{aligned}$$

又如，Hobson & Jessop (1896)的三角形面积法仅涉及锐角的情形，也仅推导了和角的正弦公式。我们可以在平面直角坐标系中对其进行推广，解决任意角差角的正弦公式。如图 13-29，在 x 轴上任取线段 OA，以 x 轴为始边，以 A 和 O 为顶点，分别作任意角 α 和 β，终边交于点 B，不妨设角 β 的终边位于第三象限，则 $\triangle OAB$ 的面积为

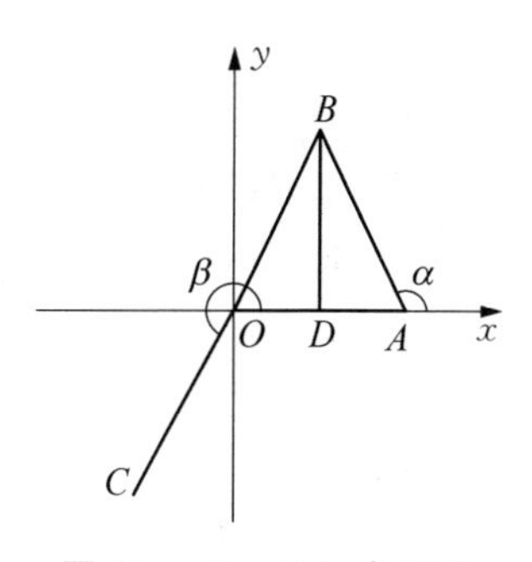

图 13-29　用三角形面积法推导差角公式

$$\begin{aligned} S &= \frac{1}{2} OB \times AB \times \sin(\alpha - (\beta - \pi)) \\ &= -\frac{1}{2} OB \times AB \times \sin(\alpha - \beta), \end{aligned}$$

又因

$$S=\frac{1}{2}OD\times BD+\frac{1}{2}DA\times BD,$$

故得

$$-OB\times AB\times\sin(\alpha-\beta)=OD\times BD+DA\times BD,$$

$$\begin{aligned}\sin(\alpha-\beta)&=-\frac{BD}{AB}\times\frac{OD}{OB}-\frac{DA}{AB}\times\frac{BD}{OB}\\&=-\sin(\pi-\alpha)\times\cos(\beta-\pi)-\cos(\pi-\alpha)\times\sin(\beta-\pi)\\&=\sin\alpha\times\cos\beta-\cos\alpha\times\sin\beta。\end{aligned}$$

教师可以设计探究任务，让学生讨论更多的情形，或者在平面直角坐标系中构造差角，推导差角的正弦公式。

其三，建立联系，促进理解。

从和角正、余弦公式的多种推导方法可见，和角正、余弦公式与正弦定理、余弦定理、射影公式、三角形面积公式、复数运算、向量投影等都有密切的联系，在三角学的单元复习课中，教师可以设计探究活动，让学生建立不同公式或定理之间的联系，不再将三角公式或定理看成是彼此独立的知识点，从而促进对三角知识的理解。

参考文献

汪晓勤(2017). HPM:数学史与数学教育. 北京:科学出版社.

Cagnoli, M. (1786). *Traité de Trigonométrie Rectiligne et Sphérique*. Paris: Didot.

Cirodde, P. L. (1847). *Eléments de Trigonométrie Rectiligne et Sphérique*. Paris: L. Hachette et Cie.

Dickson, L. E. (1922). *Plane Trigonometry*. Chicago: Benj H. Sanborn & Company.

Gregory, O. (1816). *Elements of Plane and Spherical Trigonometry*. London: Baldwin, Cradock & Joy.

Harding, A. M. & Turner, J. S. (1915). *Plane Trigonometry*. New York: G. P. Putnam's Sons.

Hassler, F. R. (1826). *Elements of Analytic Trigonometry, Plane and Spherical*. New York: James Bloomfield.

Hobson, E. W. (1891). *A Treatise on Plane Trigonometry*. Cambridge: The University Press.

Hobson, E. W. & Jessop, C. M. (1896). *An Elementary Treatise on Plane Trigonometry*.

Cambridge: The University Press.

Holmes, C. T. (1951). *Trigonometry*. New York: McGraw-Hill Book Company.

Lambert, P. A. & Foering, H. A. (1905). *Plane and Spherical Trigonometry*. New York: The Macmillan Company.

Lardner, D. (1826). *An Analytic Treatise on Plane and Spherical Trigonometry*. London: John Taylor.

Legendre, A. M. (1800). *Éléments de Géométrie*. Paris: Firmin Didot.

Luby, T. (1825). *An Elementary Treatise on Trigonometry*. Dublin: Hodges & Marthur.

Macgregor, J. (1792). *A Complete Treatise on Practical Mathematics*. Edinburgh: Bell & Bradsute.

McCarty, R. J. (1920). *Elements of Plane Trigonometry*. Chicago: American Technical Society.

Moritz, R. E. (1915). *Elements of Plane Trigonometry*. New York: John Wiley & Sons.

Nichols, F. (1811). *A Treatise on Plane and Spherical Trigonometry*. Philadelphia: F. Nichols.

Oliver, J. E., Wait, L. A. & Jones, G. W. (1881). *A Treatise on Trigonometry*. Ithaca: Finch & Apgar.

Peirce, B. (1835). *An Elementary Treatise on Plane Trigonometry*. Cambridge & Boston: James Munroe & Company.

Perlin, I. E. (1955). *Trigonometry*. Scranton: International Textbook Company.

Rivard, F. (1747). *Trigonométrie Rectiligne et Sphérique*. Paris: Ph. N. Lottin & J. H. Butard.

Rosenbach, J. B., Whitman, E. A. & Moskovitz, D. (1937). *Plane Trigonometry*. Boston: Ginn & Company.

Scholfield, N. (1845). *Higher Geometry and Trigonometry*. New York: Collins, Brother & Company.

Seaver, E. P. (1889). *Elementary Trigonometry, Plane and Spherical*. New York & Chicago: Taintor Brothers & Company.

Thomson, J. (1825). *Elements of Plane and Spherical Trigonometry*. Belfast: Joseph Smyth.

Vance, E. P. (1954). *Trigonometry*. Cambridge: Addison-Wesley Publishing Company.

Vince, S. (1810). *A Treatise on Plane and Spherical Trigonometry*. Cambridge: J. Deighton & J. Nicholson.

Wilson, R. (1831). *A System of Plane and Spherical Trigonometry*. Cambridge: J. & J. J. Deighton, T. Stevenson & R. Newby.

Wood, D. V. (1885). *Trigonometry, Analytical, Plane and Spherical*. New York: John Wiley & Sons.

Woodhouse, R. (1819). *A Treatise on Plane and Spherical Trigonometry*. Cambridge: J. Deighton & Sons.

Wylie, C. R. (1955). *Plane Trigonometry*. New York: McGraw-Hill Book Company.

Young, J. R. (1833). *Elements of Plane and Spherical Trigonometry*. London: John Souter.

14 和角的正切公式

汪晓勤*

14.1 引 言

众所周知,和角的正切公式可直接由和角的正、余弦公式推导出来,Hassler(1826)给出了四种形式:

$$\tan(\alpha+\beta)=\frac{1+\cot\alpha\tan\beta}{\cot\alpha-\tan\beta};$$

$$\tan(\alpha+\beta)=\frac{\tan\alpha\cot\beta+1}{\cot\beta-\tan\alpha};$$

$$\tan(\alpha+\beta)=\frac{\tan\alpha+\tan\beta}{1-\tan\alpha\tan\beta};$$

$$\tan(\alpha+\beta)=\frac{\cot\beta+\cot\alpha}{\cot\alpha\cot\beta-1}。$$

本章只考虑第三种形式。关于和角的三角公式,人们往往更关注正弦和余弦,但和角的正切公式对正切表的制作、有关三角恒等式的证明、与圆周率有关的公式(如马青公式)的建立等都有重要作用。由于早期的三角学依赖于几何学,早期三角学教科书呈现了和角正切公式的若干种几何证明,而现代数学教师却知之甚少。鉴于此,本章就该主题,对 151 种西方早期三角学教科书进行考察,从中梳理出各种证明,以期为今日课堂教学提供思想启迪。限于篇幅,本章对差角的正切公式不作赘述。

* 华东师范大学教师教育学院教授、博士生导师。

14.2 和角正切公式的证明

14.2.1 相似三角形法之一

Emerson (1749)给出的和角正切公式的形式为：

$$(1-\tan\alpha\tan\beta):1=(\tan\alpha+\tan\beta):\tan(\alpha+\beta)。\quad (1)$$

如图 14-1,在单位圆 O 中,$\angle AOB=\alpha$,$\angle BOC=\beta$,过点 A 作圆的切线,分别交 OB 和 OC 的延长线于点 E 和 D,又过点 E 作 OD 的垂线,垂足为点 F。于是,由 Rt$\triangle OAD$ 和 Rt$\triangle EFD$ 的相似性,可得

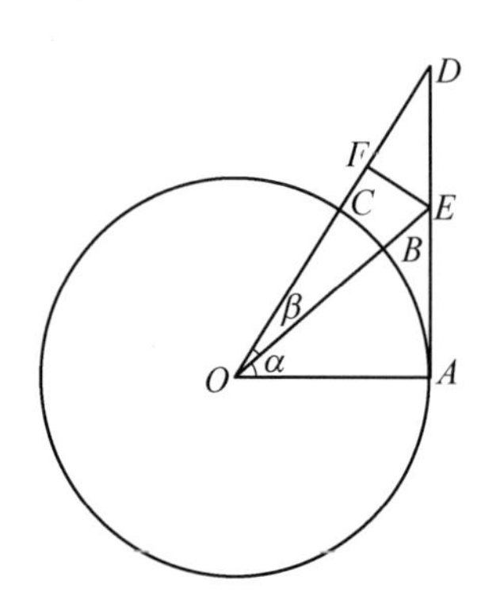

图 14-1　相似三角形法之一

$$\frac{DE}{DF}=\frac{OD}{DA},$$

于是得

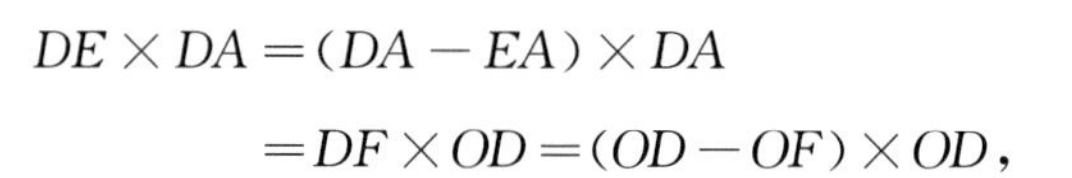

$$DE\times DA=(DA-EA)\times DA$$
$$=DF\times OD=(OD-OF)\times OD,$$

即

$$DA^2-DA\times EA=OD^2-OD\times OF,$$

故得

$$OD\times OF=OA^2+DA\times EA=1+\tan\alpha\tan(\alpha+\beta)。\quad (2)$$

又由 Rt$\triangle OAD$ 和 Rt$\triangle EFD$ 的相似性,可得

$$\frac{DE}{EF}=\frac{OD}{OA},$$

即

$$DE\times OA=(DA-EA)\times OA=OD\times EF,$$

故得

$$OD\times EF=\tan(\alpha+\beta)-\tan\alpha。\quad (3)$$

(2)和(3)两边分别相除，得

$$\tan\beta=\frac{\tan(\alpha+\beta)-\tan\alpha}{1+\tan\alpha\tan(\alpha+\beta)},$$

整理得(1)。19 世纪的一些教科书沿用了此方法。

14.2.2　正切表示法

Mauduit (1768)给出了另一种推导。如图 14－2，在单位圆 O 中，$\angle AOB=\alpha$，$\angle BOC=\beta$，过点 A 作$\odot O$ 的切线，分别交 OB 和 OC 的延长线于点 E 和 D；过点 B 作$\odot O$ 的切线，分别交 OA 和 OC 的延长线于点 G 和 F；又分别过点 B 和 F 作 OA 的垂线，垂足分别为点 H 和 I。于是，$AE=BG=\tan\alpha$，$BF=\tan\beta$，$AD=\tan(\alpha+\beta)$。由 Rt$\triangle OHB$ 和 Rt$\triangle OAE$ 的相似性，得

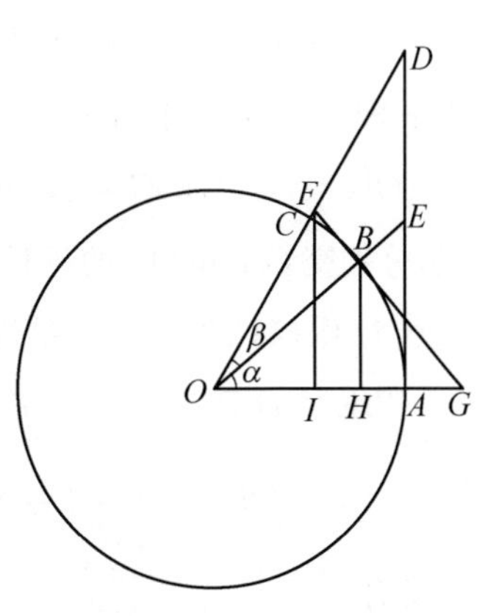

图 14－2　正切表示法

$$BH=\frac{AE}{OE}=\frac{\tan\alpha}{\sqrt{1+\tan^2\alpha}}。$$

又由 Rt$\triangle BHG$ 和 Rt$\triangle FIG$ 的相似性，得

$$FI=\frac{FG}{BG}\times BH=\frac{\tan\alpha+\tan\beta}{\tan\alpha}\times\frac{\tan\alpha}{\sqrt{1+\tan^2\alpha}}=\frac{\tan\alpha+\tan\beta}{\sqrt{1+\tan^2\alpha}}。$$

由射影定理，得

$$HG=\frac{\tan^2\alpha}{\sqrt{1+\tan^2\alpha}}。$$

再由 Rt$\triangle BHG$ 和 Rt$\triangle FIG$ 的相似性，得

$$IG=\frac{FG}{BG}\times HG=\frac{\tan\alpha(\tan\alpha+\tan\beta)}{\sqrt{1+\tan^2\alpha}},$$

进而得到

$$OI=OG-IG=\sqrt{1+\tan^2\alpha}-\frac{\tan\alpha(\tan\alpha+\tan\beta)}{\sqrt{1+\tan^2\alpha}}=\frac{1-\tan\alpha\tan\beta}{\sqrt{1+\tan^2\alpha}}。$$

最后由 Rt△OIF 和 Rt△OAD 的相似性，得

$$\tan(\alpha+\beta)=\frac{FI}{OI}=\frac{\tan\alpha+\tan\beta}{1-\tan\alpha\tan\beta}。$$

14.2.3 相似三角形法之二

Gregory (1816)和 De Fourcy (1836)给出以下推导方法。如图 14-3，在单位圆 O 中，$\angle AOB=\alpha$，$\angle BOC=\beta$，过点 B 作⊙O 的切线，分别交 OA 和 OC 的延长线于点 F 和 D；又过点 D 作 OA 的垂线，垂足为点 E，交 OB 于点 G。因 Rt△DEF∽Rt△OBF，故

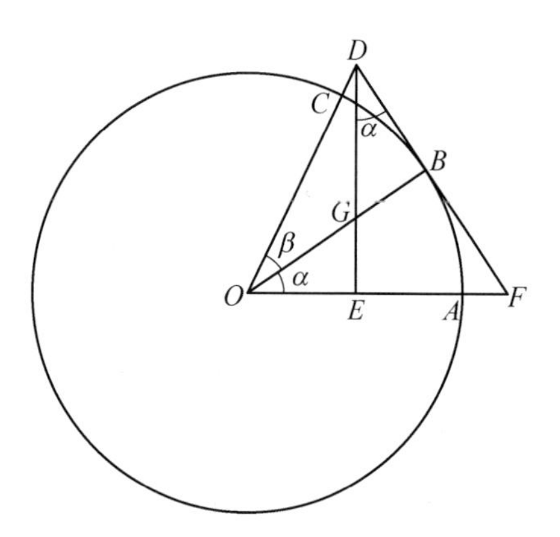

图 14-3 相似三角形法之二

$$DE\times OF=OB\times DF,$$

于是有

$$DE=\frac{\tan\alpha+\tan\beta}{OF}。\qquad(4)$$

又

$$BF\times DF=OF\times EF,$$

即

$$BF^2+BF\times DB=OF^2-OF\times OE,$$

于是有

$$OE=\frac{1-\tan\alpha\tan\beta}{OF}。\qquad(5)$$

由(4)和(5)即得

$$\tan(\alpha+\beta)=\frac{DE}{OE}①=\frac{\tan\alpha+\tan\beta}{1-\tan\alpha\tan\beta}。$$

---

① 编者采用的是正切的线段定义，这个比值是由相似三角形性质得出的。

14.2.4 帕普斯模型

Lock (1882)和 Hall & Knight (1893)利用帕普斯模型给出新的推导。如图 14-4，$\angle AOB=\alpha$，$\angle BOC=\beta$，过点 C 分别作 OB 和 OA 的垂线，垂足为点 B 和 D；过点 B 分别作 OA 和 CD 的垂线，垂足为点 A 和 E。由 $\mathrm{Rt}\triangle OAB$ 和 $\mathrm{Rt}\triangle CEB$ 的相似性，得

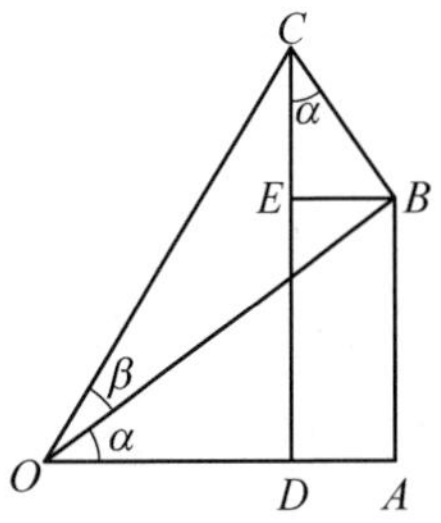

图 14-4 帕普斯模型

$$\frac{CE}{OA}=\frac{BE}{AB}=\frac{CB}{OB}=\tan\beta,$$

于是有

$$\tan(\alpha+\beta)=\frac{AB+CE}{OA-BE}=\frac{\dfrac{AB}{OA}+\dfrac{CE}{OA}}{1-\dfrac{BE}{OA}}=\frac{\tan\alpha+\tan\beta}{1-\dfrac{BE}{AB}\times\dfrac{AB}{OA}}=\frac{\tan\alpha+\tan\beta}{1-\tan\alpha\tan\beta}。$$

14.2.5 圆周角法

Hobson (1891)和 Hobson & Jessop (1896)给出了新的方法。如图 14-5，在$\odot O$ 中，$\angle BAC=\alpha$，$\angle BAD=\beta$，过点 C 作 AB 的垂线，垂足为点 E，交$\odot O$ 于点 D。又过点 D 作 AB 的平行线，交$\odot O$ 于点 F，过点 F 作 AB 的垂线，垂足为点 G。于是有

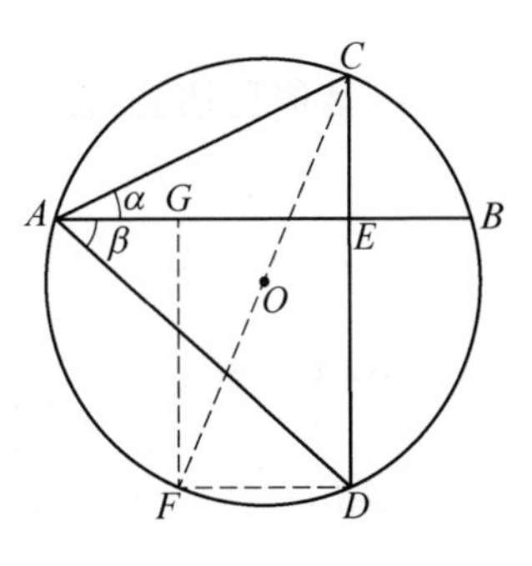

图 14-5 圆周角法

$$\begin{aligned}\tan(\alpha+\beta)&=\tan\angle CAD\\&=\tan\angle CFD=\frac{CD}{FD}=\frac{CE+ED}{AE-EB}\\&=\frac{\dfrac{CE}{AE}+\dfrac{ED}{AE}}{1-\dfrac{EB}{AE}}=\frac{\tan\alpha+\tan\beta}{1-\dfrac{AE\times EB}{AE^2}}\\&=\frac{\tan\alpha+\tan\beta}{1-\dfrac{CE\times ED}{AE^2}}=\frac{\tan\alpha+\tan\beta}{1-\tan\alpha\tan\beta}。\end{aligned}$$

14.2.6 相似三角形法之三

Smail (1952)在习题中对 18 世纪的相似三角形法进行改进，新方法不再依赖于圆。如图 14－6，在 Rt$\triangle OAE$ 中，$\angle AOB=\alpha$，$\angle BOE=\beta$，$OA=1$。过点 B 作 OB 的垂线，交 OE 于点 C。过点 C 作 OA 的平行线，交 AE 于点 D。由 Rt$\triangle OAB$ 和 Rt$\triangle BDC$ 的相似性知

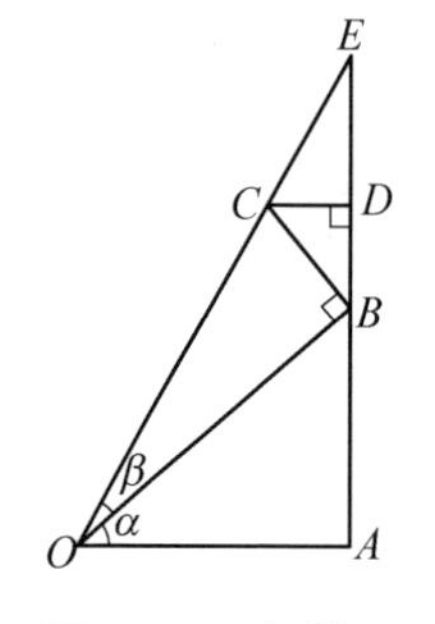

图 14－6 相似三角形法之三

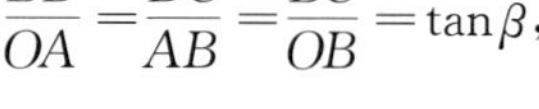

$$\frac{BD}{OA}=\frac{DC}{AB}=\frac{BC}{OB}=\tan\beta,$$

故得 $BD=\tan\beta$，$DC=\tan\alpha\tan\beta$，从而得

$$ED=CD\tan(\alpha+\beta)=\tan\alpha\tan\beta\tan(\alpha+\beta)。$$

于是有

$$\tan(\alpha+\beta)=AE=\tan\alpha+\tan\beta+\tan\alpha\tan\beta\tan(\alpha+\beta)。$$

整理得和角的正切公式。

14.3 其他正切公式的证明

Gregory (1816)还用几何法证明了许多与锐角正切函数相关的命题，兹举三例。

命题 1 $\tan\alpha+\tan\left(\frac{\pi}{4}-\frac{\alpha}{2}\right)=\sec\alpha$。

如图 14－7，AB 为单位圆 O 的切线，$\angle AOB=\alpha$，$OB=\sec\alpha$。延长 BA 至点 C，使得 $BC=OB$，连结 OC。设 $\angle AOC=\beta$，则 $\alpha+\beta=\angle C=\frac{\pi}{2}-\beta$，故得 $\beta=\frac{\pi}{4}-\frac{\alpha}{2}$。

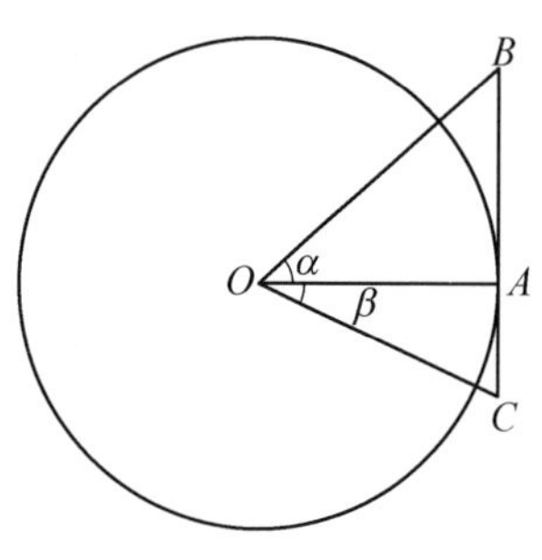

图 14－7 正切与正割关系之一

于是有

$$BC=\tan\alpha+\tan\left(\frac{\pi}{4}-\frac{\alpha}{2}\right),$$

故命题得证。

命题 2 $\tan\alpha+\sec\alpha=\tan\left(\frac{\pi}{4}+\frac{\alpha}{2}\right)$。

如图 14-8，AB 为单位圆 O 的切线，$\angle AOB=\alpha$，$OB=\sec\alpha$。延长 AB 至点 C，使得 $BC=OB$，连结 OC。设 $\angle BOC=\beta$，则 $\alpha+\beta=\frac{\pi}{2}-\beta$，故得 $\beta=\frac{\pi}{4}-\frac{\alpha}{2}$。于是有

$$AC=\tan\left[\alpha+\left(\frac{\pi}{4}-\frac{\alpha}{2}\right)\right]=\tan\left(\frac{\pi}{4}+\frac{\alpha}{2}\right),$$

因 $AC=AB+BC=AB+OB=\tan\alpha+\sec\alpha$，故命题得证。

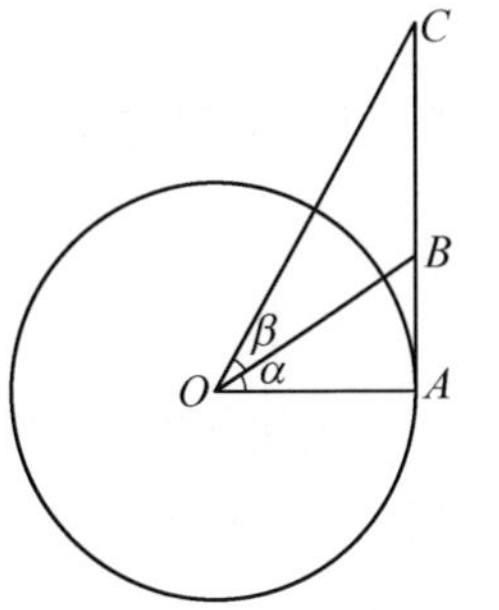

图 14-8　正切与正割关系之二

命题 3　$\dfrac{\tan\alpha+\tan\beta}{\tan\alpha-\tan\beta}=\dfrac{\sin(\alpha+\beta)}{\sin(\alpha-\beta)}$。

如图 14-9，AB 为单位圆 O 的切线，$\angle AOB=\alpha$，$\angle AOC=\angle AOD=\beta$。分别过点 C 和 D 作 OB 的垂线，垂足为点 E 和 F，于是有

$$\frac{BC}{BD}=\frac{CE}{DF}=\frac{\dfrac{CE}{OC}}{\dfrac{DF}{OD}},$$

故命题得证。

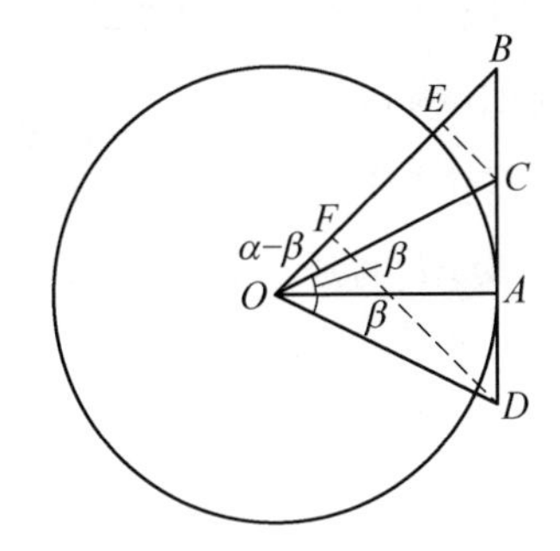

图 14-9　两角正切的和与差之比(一)

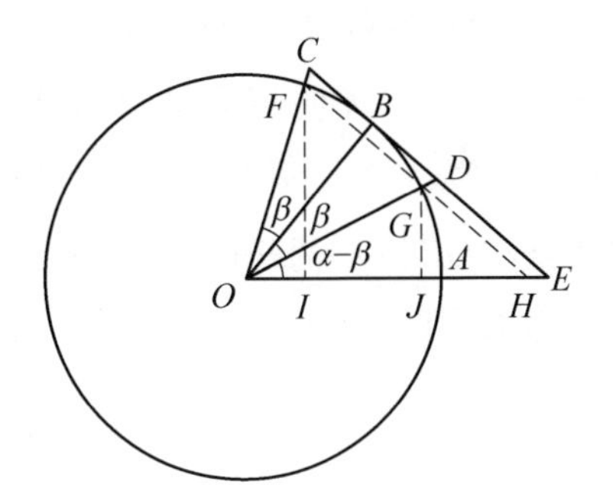

图 14-10　两角正切的和与差之比(二)

Keith (1810)则采用另一方法证明了上述命题。如图 14-10，CE 为单位圆 O 的切线，$\angle AOB=\alpha$，$\angle BOC=\angle BOD=\beta$。$OC$ 和 OD 分别与圆交于点 F 和 G，连结 FG 并延长，交 OE 于点 H。分别过点 F 和 G 作 OA 的垂线，垂足为点 I 和 J，于是有

$$\frac{CE}{DE}=\frac{FH}{GH}=\frac{FI}{GJ},$$

故命题得证。

14.4 若干启示

以上我们看到，与和角的正、余弦公式一样，和角的正切公式也有着丰富的几何背景。早期教科书中的证明，经历了从繁琐到简洁的过程，一方面反映了三角函数从线段定义到比值定义的演进；另一方面，也反映了数学家的创新精神。

这些几何证明也为我们今天的进一步探究提供了启示。

其一，对 Gregory (1816)等教科书中的相似三角形法进行简化，可以得到更直观、更精彩的方法：仍如图 14-3 所示，由 Rt$\triangle OEG$ 与 Rt$\triangle DEF$ 的相似性，得

$$\tan(\alpha+\beta)=\frac{DE}{OE}=\frac{DF}{OG}=\frac{DF}{1-BG}=\frac{\tan\alpha+\tan\beta}{1-\tan\alpha\tan\beta}。$$

其二，对 Smail (1952)的方法进行改进，可得到图 14-11 所示的证明：过点 C 作 OA 的垂线，垂足为点 F，于是

$$\tan(\alpha+\beta)=\frac{CF}{OF}=\frac{AB+BD}{OA-CD}=\frac{\tan\alpha+\tan\beta}{1-\tan\alpha\tan\beta}。$$

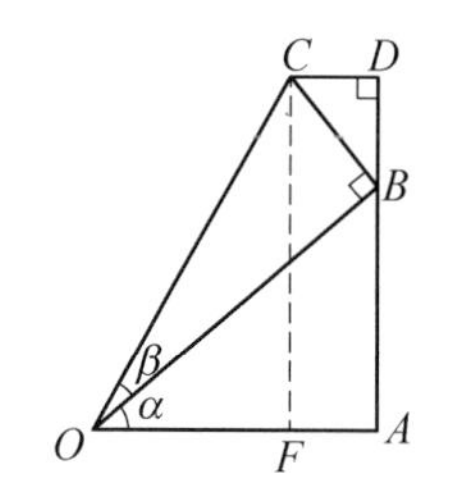

图 14-11　相似三角形法之三的简化

其三，早期教科书关于和角的正切公式或其他正切公式的几何证明也为我们证明更多的公式提供了借鉴。例如，构造如图 14-12 所示的单位圆 O，设 $\angle AOB=\angle BOC=\alpha$，$OE\perp OA$，$E$ 处的切线交 OB、OC 的延长线于点 F、G，作 $OD\perp OB$，交 FE 的延长线于点 D，于是有

$$DE=\tan\alpha，EF=\cot\alpha，OG=\csc 2\alpha，EG=\cot 2\alpha。$$

因 $OG=GF$，故 $OG=DG$，即 $DF=2OG$，从而有

$$\tan\alpha+\cot\alpha=2\csc 2\alpha。$$

又因 $EF-DE=(EG+GF)-DE=(EG+DG)-DE=2EG$，故得

$$\cot\alpha-\tan\alpha=2\cot 2\alpha。$$

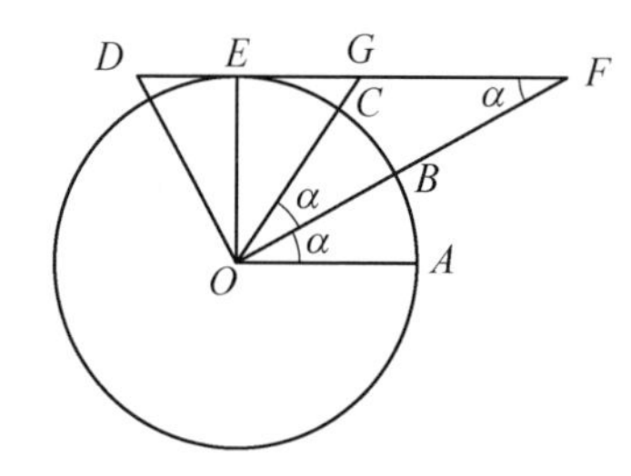

图 14-12　正、余切的和差公式之几何证明

我们有理由相信，每一个三角恒等式都是某种几何关系在三角学中的反映。

参考文献

De Fourcy, L. (1836). *Elémens de Trigonométrie*. Paris: Bachelier.

Emerson, W. (1749). *The Elements of Trigonometry*. London: W. Innys.

Gregory, O. (1816). *Elements of Plane and Spherical Trigonometry*. London: Baldwin, Cradock & Joy.

Hall, H. S. & Knight, S. R. (1893). *Elementary Trigonometry*. London: Macmillan & Company.

Hassler, F. R. (1826). *Elements of Analytic-Trigonometry, Plane and Spherical*. New York: James Bloomfield.

Hobson, E. W. (1891). *A Treatise on Plane Trigonometry*. Cambridge: The University Press.

Hobson, E. W. & Jessop, C. M. (1896). *An Elementary Treatise on Plane Trigonometry*. Cambridge: The University Press.

Keith, T. (1810). *An Introduction to the Theory and Practice of Plane and Spherical Trigonometry*. London: T. Davison.

Lock, J. B. (1882). *A Treatise on Elementary Trigonometry*. London: Macmillan & Company.

Mauduit, A. -R. (1768). *A New and Complete Treatise of Spherical Trigonometry*. London: W. Adlard.

Smail, L. L. (1952). *Trigonometry, Plane and Spherical*. New York: McGraw-Hill Book Company.

15 倍角公式

姚　瑶*

15.1 引　言

倍角公式是三角恒等变换中的重要公式，具体指把倍角三角函数用本角三角函数表示出来。在计算中可以用来化简计算式、减少求三角函数的次数，在工程中也有广泛运用。公元12世纪，印度数学家婆什迦罗就从和角公式的特殊情形中得到二倍角公式；1591年，法国数学家韦达(F. Viète, 1540—1603)获得了三倍角公式，他是将代数变换引入三角学的第一位数学家，也是最早研究 n 倍角正、余弦一般公式的人；17、18世纪开始，牛顿、棣莫弗(A. De Moivre, 1667—1754)、雅各·伯努利(Jacob Bernoulli, 1655—1705)、欧拉等著名数学家都通过不同方式得到了 n 倍角公式(汪晓勤，1998)。

《普通高中数学课程标准(2017年版2020年修订)》要求学生能从两角差的余弦公式推导出两角和与差的正弦、余弦、正切公式，二倍角的正弦、余弦、正切公式，了解它们的内在联系；能运用上述公式进行简单的恒等变换(中华人民共和国教育部，2020)。

在现行教科书中，苏教版、人教版、北师大版、沪教版教科书均在两角和的正弦、余弦、正切公式中令两个角相等来推导出二倍角公式。此外，除了沪教版教科书中的"二倍角公式"所在章名为"常用三角公式"，苏教版、人教版、北师大版教科书中的"二倍角公式"内容均在"三角恒等变换"章中。现行教科书中还特别标注了：这里的"倍角"实际上专指"二倍角"，遇到"三倍角"等名称时，"三"字等不能省去。

数学史告诉我们，任何公式都不是凭空出现的，都有其自然发展的过程。本章对

---

* 华东师范大学教师教育学院硕士研究生。

美英早期三角学教科书中所呈现的倍角公式相关内容进行考察，试图回答以下问题：早期教科书是如何推导倍角公式的？其推导方法有哪些？呈现什么样的变化规律？

15.2　教科书的选取

从有关数据库中选取 18 世纪初到 20 世纪中叶出版的 120 种美英三角学教科书作为研究对象，其中 77 种出版于美国，43 种出版于英国。

18 世纪的三角学教科书没有出现倍角公式的相关内容，因此本章对此类教科书不予考虑。本章的研究对象最终调整为：19 世纪初到 20 世纪中叶出版的 107 种美英三角学教科书，其中 77 种出版于美国，30 种出版于英国。以 20 年为一个时间段进行统计，这些教科书的出版时间分布情况如图 15－1 所示。

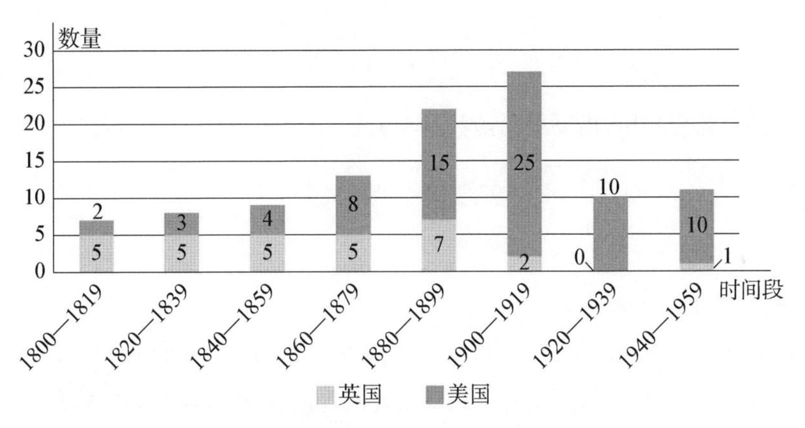

图 15－1　107 种早期三角学教科书的出版时间分布

本章采用的统计方法如下：首先，按照年份查找并摘录出研究对象中有关倍角公式的内容；然后，通过内容分析，确定倍角公式推导的分类标准，形成最终的分类框架；最后，依据此框架对公式推导方法进行分类与统计。

15.3　二倍角公式的推导

本章所考察的 107 种教科书中均给出了二倍角公式的证明，证明方法可归纳为代数法、几何法、推理法 3 类，并且同一种教科书常常使用了多种不同的方法。

15.3.1 代数法

（一）利用和角公式

在所有 107 种教科书中，有 100 种均给出了利用和角公式的方法来推导二倍角公式。在和角公式

$$\sin(\alpha+\beta)=\sin\alpha\cos\beta+\cos\alpha\sin\beta,$$

$$\cos(\alpha+\beta)=\cos\alpha\cos\beta-\sin\alpha\sin\beta,$$

$$\tan(\alpha+\beta)=\frac{\tan\alpha+\tan\beta}{1-\tan\alpha\tan\beta}$$

中令 $\alpha=\beta$，即可得二倍角公式：

$$\sin 2\alpha=2\sin\alpha\cos\alpha,$$

$$\cos 2\alpha=\cos^2\alpha-\sin^2\alpha,$$

$$\tan 2\alpha=\frac{2\tan\alpha}{1-\tan^2\alpha}。$$

在二倍角的余弦公式中，借助三角函数基本关系 $\sin^2\alpha+\cos^2\alpha=1$，可得另两种形式：

$$\cos 2\alpha=2\cos^2\alpha-1,$$

$$\cos 2\alpha=1-2\sin^2\alpha。$$

（二）利用半角公式

大部分教科书采用的是先利用和角公式得到二倍角公式，再通过换元法得到半角公式，而 Todhunter (1866)则是先得到半角公式，再通过换元法得到二倍角公式。

15.3.2 几何法

（一）半圆模型

有 10 种教科书通过此种几何方法来推导二倍角公式，其中 2 种教科书以习题的形式出现，以给读者充分的思考空间。

如图 15－2，P 是以点 O 为圆心、OR 为半径的半圆上的一点，设 $\angle ROP=2\alpha$，过点 P 作 $PM\perp LR$ 于点 M，又由于 $OL=OP$，故知 $\angle OLP=\frac{1}{2}\angle ROP=\alpha$。根据 $\angle MPR$、$\angle OLP$ 都是 $\angle MPL$ 的余角，得 $\angle MPR=\angle OLP=\alpha$，从而得

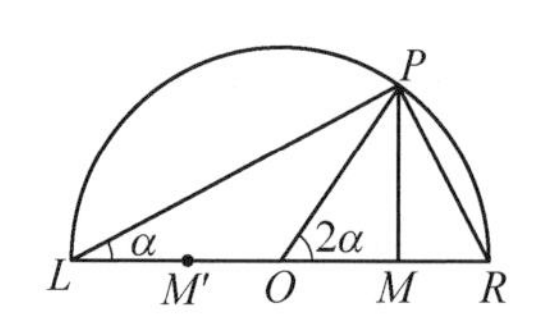

图 15－2　半圆模型

$$\sin 2\alpha=\frac{MP}{OP}=\frac{2MP}{2OP}=\frac{2MP}{LR}=2\frac{MP}{PR}\times\frac{PR}{LR}=2\sin\alpha\cos\alpha,$$

$$\cos 2\alpha=\frac{OM}{OP}=\frac{LM-LO}{OP}=\frac{2LM}{2OP}-\frac{LO}{OP}=2\frac{LM}{LP}\times\frac{LP}{LR}-1=2\cos^2\alpha-1。$$

在 OL 上取一点 M' 使得 $OM'=OM$，可知 $2OM=M'M=LM-LM'=LM-MR$，从而

$$\cos 2\alpha=\frac{2OM}{2OP}=\frac{LM-MR}{LR}=\frac{LM}{LR}-\frac{MR}{LR}=\frac{LM}{LP}\times\frac{LP}{LR}-\frac{MR}{PR}\times\frac{PR}{LR}=\cos^2\alpha-\sin^2\alpha,$$

$$\tan 2\alpha=\frac{2MP}{2OM}=\frac{2MP}{LM-MR}=\frac{\frac{2MP}{LM}}{\frac{LM}{LM}-\frac{MR}{LM}}=\frac{2\tan\alpha}{1-\frac{MR}{MP}\times\frac{MP}{ML}}=\frac{2\tan\alpha}{1-\tan^2\alpha},$$

即得二倍角公式。

（二）利用等腰三角形性质

有 3 种教科书给出了第二种几何证明，其中只有 Whitaker (1898)直接给出证明，Moritz (1915)和 Rider & Davis (1923)均是在习题中出现，留给读者自证。

如图 15－3，以点 O 为圆心构造单位圆，A、P 都为圆上的点，在 PA 上取一点 D，使 $\angle POD=\angle AOD=x$，过点 P 作 $PB\perp OA$ 于点 B，过点 D 作 $DC\perp OA$ 于点 C。借助平面几何知识，即可得二倍角公式：

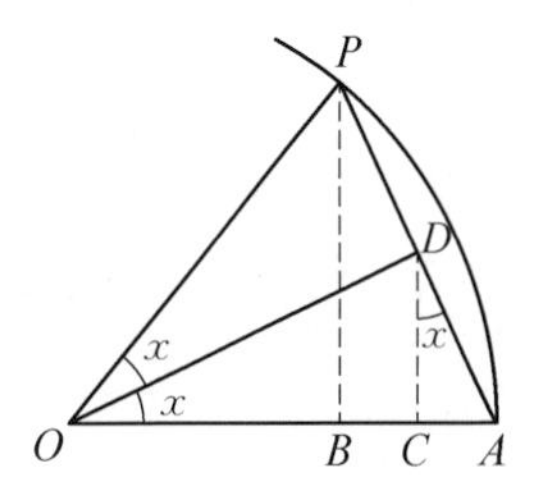

图 15－3　等腰三角形法

$$\begin{aligned}\sin 2x&=BP=2CD=2OD\sin x\\&=2OA\cos x\sin x=2\sin x\cos x,\end{aligned}$$

$$\begin{aligned}\cos 2x&=OB=OC-BC=OC-CA\\&=OD\cos x-AD\sin x=OA\cos^2x-OA\sin^2x\\&=\cos^2x-\sin^2x,\end{aligned}$$

$$\begin{aligned}\tan 2x&=\frac{BP}{OB}=\frac{2CD}{OC-CA}=\frac{2OC\tan x}{OC-CD\tan x}\\&=\frac{2OC\tan x}{OC-OC\tan^2x}=\frac{2\tan x}{1-\tan^2x}。\end{aligned}$$

（三）构造平行线法

Whitaker (1898)通过构造平行线推导出二倍角公式。如图 15－4，在 Rt$\triangle ABC$

中，令 $\angle DAB=x$，$\angle CAB=2x$，过点 B 作 $BE \parallel AD$，交 CA 的延长线于点 E，点 F 是 BE 的中点。

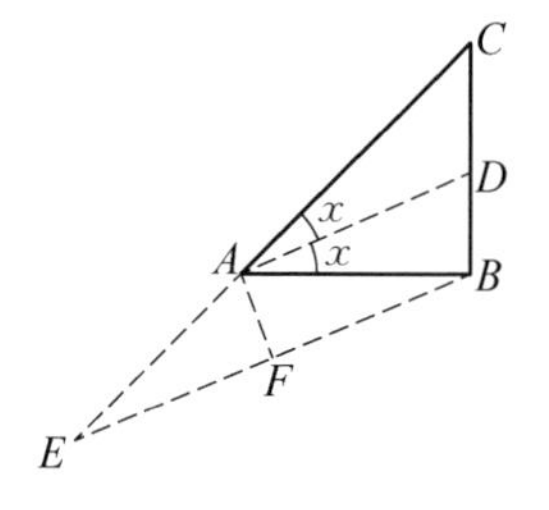

图 15－4　构造平行线法

由平行线可得 $\angle E=\angle ABE=x$，$AE=AB$，$\triangle CAD \backsim \triangle CEB$，从而可得比例关系

$$\frac{EB}{AD}=\frac{EC}{AC},\ \frac{BD}{EA}=\frac{BC}{EC},$$

两式相乘，得

$$\frac{EB}{AE}\times\frac{BD}{AD}=\frac{BC}{AC},$$

即有

$$2\cos x\sin x=\sin 2x。$$

又由比例关系

$$\frac{AB}{BD}=\frac{EA}{BD}=\frac{EC}{BC}=\frac{AC}{BC}+\frac{AB}{BC},$$

得到

$$\cot x=\csc 2x+\cot 2x=\frac{1+\cos 2x}{\sin 2x},\ \tan x=\frac{1-\cos 2x}{\sin 2x},$$

结合二倍角的正弦公式可将这两个等式化为

$$2\sin^2 x=1-\cos 2x,\ 2\cos^2 x=1+\cos 2x,$$

从而可推出二倍角的余弦公式：

$$\cos 2x=\cos^2 x-\sin^2 x。$$

（四）借助相似三角形

4 种教科书借助和差化积公式推导二倍角的正弦公式，考虑两个角大小的特殊关系——相等情况下的证明，其中 3 种教科书均出版于 19 世纪初。

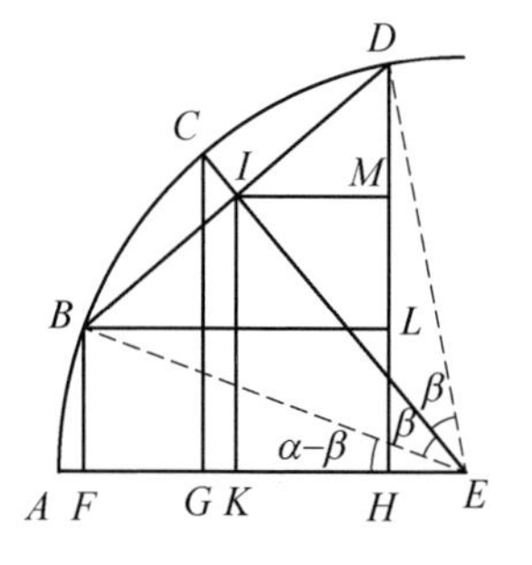

图 15－5　相似三角形法

如图 15－5，在以点 E 为圆心、R 为半径的圆弧上有 A、B、C、D 4 点，其中 C 是弧 BD 的中点，$\angle CEA=\alpha$，$\angle DEC=\angle CEB=\beta$。过点 B、C、I、D 分别向 AE 作垂

线，垂足为点 F、G、K、H，分别过点 B、I 向 DH 作垂线，垂足为 L、M。

由 $\triangle CGE \backsim \triangle IKE$，可得 $\dfrac{CE}{IE}=\dfrac{CG}{IK}$，而

$$IE=R\cos\beta,\ CG=R\sin\alpha,$$

$$IK=\frac{1}{2}(BF+DH)=\frac{1}{2}[\sin(\alpha-\beta)+\sin(\alpha+\beta)],$$

故得

$$\frac{1}{\cos\beta}=\frac{\sin\alpha}{\frac{1}{2}[\sin(\alpha-\beta)+\sin(\alpha+\beta)]},$$

即可推出三角函数的积化和差公式。

若点 B 与点 A 重合，则有 $\alpha=\beta$，那么上式即可化为二倍角的正弦公式：

$$\sin 2\alpha=2\sin\alpha\cos\alpha。$$

（五）利用角平分线定理

Todhunter (1866)还给出了半角公式的一种几何证明，将角度都扩大至两倍，即可利用角平分线定理证明二倍角公式。

如图 15 - 6，令 $\angle BOC=2\alpha$，过 OC 上一点 P 作 $PM\perp OB$ 于点 M，OQ 是 $\angle BOC$ 的平分线，设 $OP=R$。

根据条件可知，$PM=R\sin 2\alpha$，$OM=R\cos 2\alpha$，又由角平分线定理可得 $\triangle OPM$ 中的比例关系

$$\frac{PQ}{QM}=\frac{OP}{OM}。$$

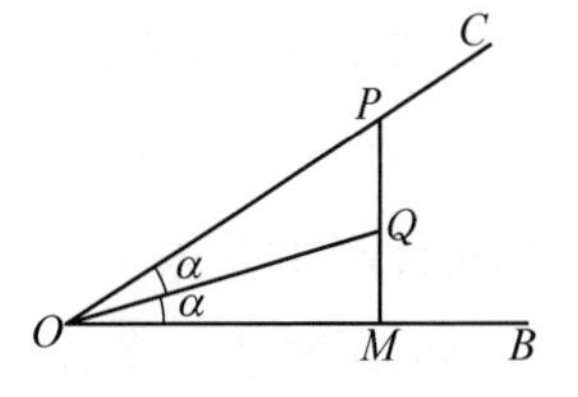

图 15 - 6 角平分线法

将 $\dfrac{OP}{OM}=\dfrac{1}{\cos 2\alpha}$ 代入上式可得

$$\frac{PM-QM}{QM}=\frac{1}{\cos 2\alpha},$$

再代入 PM 即可得到 $QM=\dfrac{R\sin 2\alpha\cos 2\alpha}{1+\cos 2\alpha}$，从而

$$\tan\alpha=\frac{QM}{OM}=\frac{\dfrac{R\sin 2\alpha\cos 2\alpha}{1+\cos 2\alpha}}{R\cos 2\alpha}=\frac{\sin 2\alpha}{1+\cos 2\alpha}。$$

利用同角三角函数关系依次可得

$$\tan^2\alpha=\frac{\sin^2 2\alpha}{(1+\cos 2\alpha)^2}=\frac{1-\cos^2 2\alpha}{(1+\cos 2\alpha)^2}=\frac{1-\cos 2\alpha}{1+\cos 2\alpha},$$

$$\sec^2\alpha=1+\tan^2\alpha=1+\frac{1-\cos 2\alpha}{1+\cos 2\alpha}=\frac{2}{1+\cos 2\alpha},$$

$$\cos^2\alpha=\frac{1+\cos 2\alpha}{2},$$

$$\sin^2\alpha=1-\cos^2\alpha=1-\frac{1+\cos 2\alpha}{2}=\frac{1-\cos 2\alpha}{2},$$

由此可得

$$\cos 2\alpha=2\cos^2\alpha-1,$$

$$\cos 2\alpha=1-2\sin^2\alpha,$$

$$\cos 2\alpha=\frac{1-\tan^2\alpha}{1+\tan^2\alpha},$$

$$\sin 2\alpha=(1+\cos 2\alpha)\tan\alpha=2\cos^2\alpha\,\frac{\sin\alpha}{\cos\alpha}=2\sin\alpha\cos\alpha。$$

15.3.3 推理法——由一般到特殊

34 种教科书给出了 n 倍角的正、余弦表达形式，其中 14 种教科书选择了先给出 n 倍角公式，再代入 $n=2, 3, 4, \cdots$ 得到二倍角公式、三倍角公式、四倍角公式等。这是一种演绎推理法，蕴含了由一般到特殊的数学思想方法。关于 n 倍角公式的具体推导方法将在下文作具体阐述。

15.4 n 倍角公式的推导

在 34 种给出 n 倍角公式的教科书中，共出现了 3 种推导 n 倍角公式的方法。

15.4.1 利用和角公式

Young (1833)利用和角的正、余弦公式，将 $n\alpha$ 分解为 $(n-1)\alpha$ 和 α 两个角，从而可用 $(n-1)\alpha$ 和 α 来表示 n 倍角的正、余弦公式，即

$$\sin n\alpha = \sin(n-1)\alpha\cos\alpha + \cos(n-1)\alpha\sin\alpha,$$

$$\cos n\alpha = \cos(n-1)\alpha\cos\alpha - \sin(n-1)\alpha\sin\alpha。$$

此外，Davison (1919)提出了更一般的方法，即先求出 n 个角之和的正、余弦公式，从而推出 n 倍角正、余弦的表达式。

设 $\alpha_1, \alpha_2, \cdots, \alpha_n$ 是任意 n 个角，记 ${}_nS_r$ 为 r 个角的正弦值与 $(n-r)$ 个角的余弦值之积的和。利用数学归纳法可证得

$$\sin(\alpha_1+\alpha_2+\cdots+\alpha_n) = {}_nS_1 - {}_nS_3 + {}_nS_5 - \cdots,$$

$$\cos(\alpha_1+\alpha_2+\cdots+\alpha_n) = {}_nS_0 - {}_nS_2 + {}_nS_4 - \cdots,$$

令 $\alpha_1 = \alpha_2 = \cdots = \alpha_n = \alpha$，则

$${}_nS_r = \frac{n(n-1)(n-2)\cdot\cdots\cdot(n-r+1)}{r!}\sin^r\alpha\cos^{n-r}\alpha,$$

从而

$$\sin n\alpha = n\sin\alpha\cos^{n-1}\alpha - \frac{n(n-1)(n-2)}{3!}\sin^3\alpha\cos^{n-3}\alpha + \frac{n(n-1)\cdot\cdots\cdot(n-4)}{5!}\sin^5\alpha\cos^{n-5}\alpha - \cdots。 \tag{1}$$

同理可得

$$\cos n\alpha = \cos^n\alpha - \frac{n(n-1)}{2!}\sin^2\alpha\cos^{n-2}\alpha + \frac{n(n-1)(n-2)(n-3)}{4!}\sin^4\alpha\cos^{n-4}\alpha - \cdots。 \tag{2}$$

按照类似方法也可推出 n 倍角的正切公式。

15.4.2 棣莫弗公式

28 种教科书提到了棣莫弗公式

$$(\cos\alpha + \mathrm{i}\sin\alpha)^n = \cos n\alpha + \mathrm{i}\sin n\alpha,$$

其中 18 种教科书具体介绍了如何用棣莫弗公式推导出 n 倍角的正、余弦公式。

根据棣莫弗公式，将等式左边用二项式定理展开，比较两边的实部和虚部，即可得(1)和(2)。

15.4.3 利用和差化积公式

1569 年，雷提库斯获得了 n 倍角公式（$n \geqslant 2$）的另一种表达，即用$(n-1)$、$(n-2)$倍角来表示的 n 倍角公式。

12 种教科书利用和差化积公式来推导雷提库斯的 n 倍角正、余弦公式，在等式

$$\sin(\alpha+\beta)+\sin(\alpha-\beta)=2\sin\alpha\cos\beta,$$
$$\cos(\alpha+\beta)+\cos(\alpha-\beta)=2\cos\alpha\cos\beta$$

中，令 $\alpha=(n-1)\beta$，可得

$$\sin n\beta=2\sin(n-1)\beta\cos\beta-\sin(n-2)\beta,$$
$$\cos n\beta=2\cos(n-1)\beta\cos\beta-\cos(n-2)\beta。$$

15.5 倍角公式推导方法的演变

15.5.1 二倍角公式推导方法的演变

以 40 年为一个时间段进行统计，图 15-7 给出了二倍角公式不同推导方法的时间分布情况。由图可见，二倍角公式的推导方法丰富多彩，但和角公式法从 19 世纪至 20 世纪中叶一直占据主流地位，在 4 个时间段均占比达到 70%，这一推导方法也是我国现行教科书中普遍采用的推导方法，它直观且便捷。

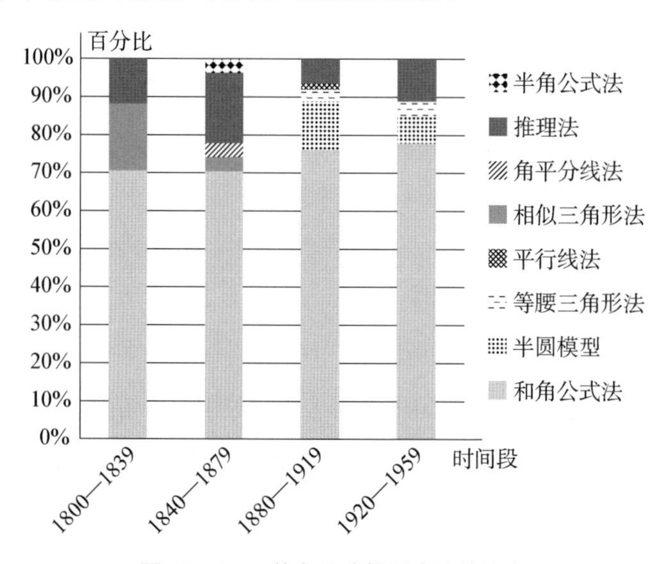

图 15-7 二倍角公式推导方法的演变

除了和角公式法，从一般到特殊的推理法也是每个时间段都采用的推导方法，这一方法有利于培养学生的数学抽象、逻辑推理素养。

在几何证明方面，相似三角形法在19世纪初较为普遍，随着时间的推移，在19世纪末和20世纪初，教科书更倾向于利用半圆模型进行证明，反映了编者对直观便捷的追求。

15.5.2 n 倍角公式推导方法的演变

以40年为一个时间段进行统计，图15-8给出了 n 倍角公式不同推导方法的时间分布情况。由图可见，3种不同推导方法在不同时间段的占比变化都较为明显。

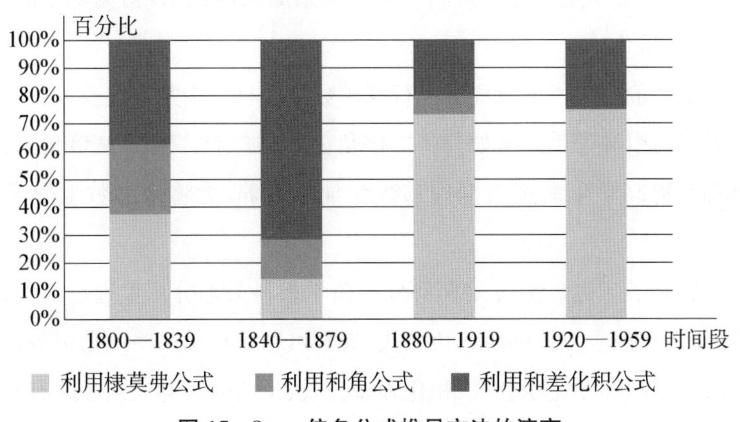

图15-8 n 倍角公式推导方法的演变

我们知道，利用和角公式大多仅能推导出 n 倍角和 $n-1$ 倍角三角函数之间的递推关系，同样，利用和差化积公式仅能推导出 n 倍角三角函数和 $n-1$、$n-2$ 倍角三角函数之间的递推关系。利用这两种方法并未能具体地用单角三角函数表示出 n 倍角三角函数，因此随着时间的推移，教科书中对于这两种方法的使用逐渐减少。

利用棣莫弗公式推导 n 倍角公式的方法逐渐占据主流。借助棣莫弗公式和二项式定理，可直接得到 n 倍角公式的具体表达式，且该形式的表达式在今后的数学发展中起到了重要作用，与泰勒公式、傅里叶级数等有着密不可分的联系，这一方法也对今后教科书的编写产生了深远影响。

15.6 若干启示

以上我们看到，倍角公式的推导主要分为二倍角公式和 n 倍角公式两个方面。美英早期三角学教科书中的倍角公式推导方法丰富多彩，充分结合了几何方法与代数方法，也体现了分类、转化、一般与特殊等重要数学思想；同时，美英早期三角学教科书中的倍角公式也有着主流的推导方法。早期教科书推导倍角公式的方法及其演变过程为今日倍角公式教学提供了如下启示。

其一，注重知识联系。在推导二倍角公式前，教师可以先让学生复习两角和的正弦、余弦、正切公式，引导学生考虑和角公式的特殊情形，从而推导出二倍角公式。充分利用知识点之间的关系，为学生建立三角函数恒等变换公式之间的联系。

其二，利用数形结合。虽然现行教科书中仅利用代数法的推导得到二倍角公式，但教师也应适当引导学生思考三角函数恒等关系的几何证明，拓宽学生的思路，做到代数与几何相互转化。

其三，探求一般公式。虽然我国现行高中数学教科书中并未涉及 n 倍角公式的相关知识，但教师可引导学生思考如何将二倍角公式推广至一般的 n 倍角公式，以拓展学生的知识面、提高学生的逻辑推理和数学抽象素养，为将来的数学学习提供经验基础。

其四，设置相关习题。美英早期部分三角学教科书十分注重通过对例题、习题的设置来巩固知识点的学习。利用倍角公式，通常可以推导出一些三角恒等式，同时，倍角公式与和角公式、和差化积公式、积化和差公式、半角公式等三角公式有密不可分的关系，因此教科书中通常会出现要求证明某个三角函数恒等式一类的题型。教师在教学过程中，要注意例题设置的层次性，并辅以相关习题供学生练习。

其五，融入历史素材。在教学过程中，可以尝试结合丰富的历史素材，使课堂充满历史文化气息，让学生体会到数学知识的悠久历史，从而激发学生兴趣，帮助学生突破重难点。

参考文献

汪晓勤(1998). n 倍角正、余弦公式史略. 中等数学,(01):24－26.

中华人民共和国教育部(2020). 普通高中数学课程标准(2017 年版 2020 年修订). 北京：人民教育出版社.

Davison, C. (1919). *Plane Trigonometry for Secondary Schools*. Cambridge: The University Press.

Moritz, R. E. (1915). *Elements of Plane Trigonometry*. New York: John Wiley & Sons.

Rider, P. R. & Davis. A. (1923). *Plane Trigonometry*. New York: D. Van Nostrand Company.

Todhunter, I. (1866). *Trigonometry for Beginners*. London: Macmillan & Company.

Whitaker, H. C. (1898). *Elements of Trigonometry*. Philadelphia: D. Anson Partridge.

Young, J. R. (1833). *Elements of Plane and Spherical Trigonometry*. London: John Souter.

16 半角公式

刘梦哲*

16.1 引 言

《普通高中数学课程标准(2017年版2020年修订)》要求学生能运用两角和与差的正弦、余弦、正切公式及二倍角的正弦、余弦、正切公式,推导出积化和差、和差化积、半角公式,这三组公式不要求记忆(中华人民共和国教育部,2020)。现行沪教版、人教版A版和苏教版教科书均从两角和与差的正弦、余弦、正切公式出发,推导出二倍角公式,再由二倍角公式推导出半角公式。半角公式作为三角变换中非常重要的公式,其在三角函数求值和恒等变换中具有不可替代的作用(鲁和平,2021)。

三角学是现代中学数学教育的重要内容,了解三角学的发展史,是中学数学教师应具备的素养。很多三角公式很早就为数学家所熟知,古希腊天文学家托勒密利用几何定理编制弦表,相当于用几何方法证明了和角与半角的正、余弦公式。由于数理天文学的需要,阿拉伯人继承并推进了希腊的三角术,比鲁尼(Al-Biruni, 973—1048)不仅利用二次插值法制定了正弦、正切函数表,还证明了和差化积公式、倍角公式和半角公式(李文林,2002, pp. 118 - 120)。1646年,波兰传教士穆尼阁(J. M. Smogulecki,1610—1656)来华,中国数学家薛凤祚(1599—1680)跟随他学习西方科学。穆尼阁去世后,薛凤祚据其所学,编成《历学会通》,此书中的数学内容主要有《比例对数表》《比例四线新表》和《三角算法》。其中,《三角算法》中介绍的平面三角与球面三角法比《崇祯历书》介绍得更完整,如平面三角中包含有半角公式、半弧公式、德氏比例式等(董杰,郭世荣,2007;董杰,2017)。

历史是过去的现实,现实是未来的历史。对历史的每一次回眸,都是一次初心的叩问、精神的洗礼、思想的升华。只有不忘来路,才能走好正路,才能开辟新路。本章

* 华东师范大学教师教育学院硕士研究生。

对美英早期三角学教科书中半角公式的内容进行考察，试图回答以下问题：关于半角公式，历史上除了运用二倍角公式，是否还有其他推导方法？可否利用几何方法推导半角公式？历史上出现的各种推导方法对今日教学有何启示？

16.2 教科书的选取

本章选取1811—1960年间出版的103种美英三角学教科书作为研究对象，以25年为一个时间段进行统计，这些教科书的出版时间分布情况如图16-1所示。

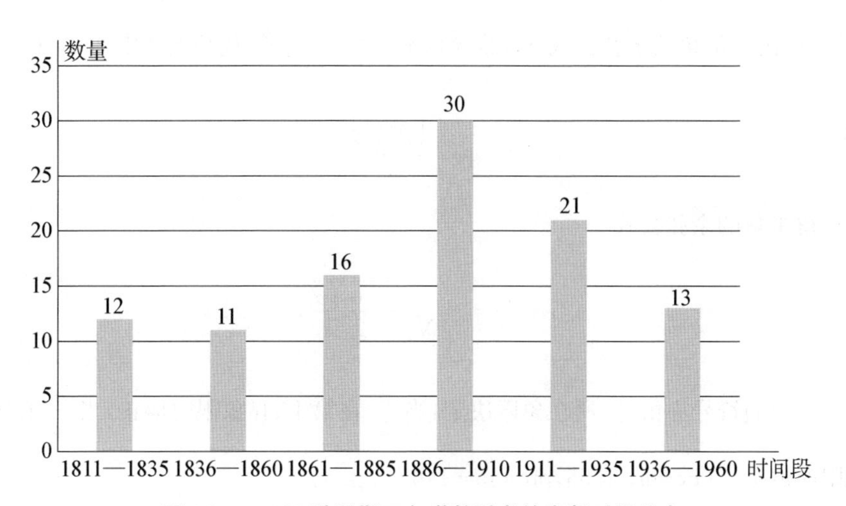

图16-1 103种早期三角学教科书的出版时间分布

为回答研究问题1和2，按年份依次检索上述103种早期教科书，从“两个或多个角的三角函数”“基本公式”“测角术”“斜三角形”等章中，分别摘录出半角的正弦、余弦、正切公式及三角形中半角公式的各种证明方法，再经内容分析，将其归于不同类别。最后，结合半角公式的不同证明方法，回答研究问题3。

16.3 半角公式的代数证法

16.3.1 半角的正弦和余弦公式

（一）从二倍角公式出发

由二倍角的余弦公式，得 $\sin^2\alpha=\dfrac{1-\cos 2\alpha}{2}$，用 $\dfrac{\alpha}{2}$ 代替上式中的 α，有

$$\sin^2\frac{\alpha}{2}=\frac{1-\cos\alpha}{2}, \tag{1}$$

化简可得半角的正弦公式

$$\sin\frac{\alpha}{2}=\pm\sqrt{\frac{1-\cos\alpha}{2}}, \tag{2}$$

其中,(2)中的符号由 $\frac{\alpha}{2}$ 所在象限决定,当 $\frac{\alpha}{2}$ 在第Ⅰ、Ⅱ象限时取正,当 $\frac{\alpha}{2}$ 在第Ⅲ、Ⅳ象限时取负。

同理,由二倍角的余弦公式 $\cos 2\alpha=2\cos^2\alpha-1$,用 $\frac{\alpha}{2}$ 代替上式中的 α,有

$$\cos^2\frac{\alpha}{2}=\frac{1+\cos\alpha}{2}, \tag{3}$$

同样可得半角的余弦公式

$$\cos\frac{\alpha}{2}=\pm\sqrt{\frac{1+\cos\alpha}{2}}, \tag{4}$$

其中,(4)中的符号亦由 $\frac{\alpha}{2}$ 所在象限决定,当 $\frac{\alpha}{2}$ 在第Ⅰ、Ⅳ象限时取正,当 $\frac{\alpha}{2}$ 在第Ⅱ、Ⅲ象限时取负。(Perlin, 1955, pp. 145 - 146)

(二) 从和角公式出发

Hymers (1841)利用和角公式

$$\cos(\beta+\gamma)=\cos\beta\cos\gamma-\sin\beta\sin\gamma,$$

令 $\beta=\gamma=\frac{\alpha}{2}$,可得

$$\cos\alpha=\cos^2\frac{\alpha}{2}-\sin^2\frac{\alpha}{2}, \tag{5}$$

结合三角恒等式

$$1=\cos^2\frac{\alpha}{2}+\sin^2\frac{\alpha}{2}, \tag{6}$$

于是,(6)减(5),化简可得(2);(6)加(5),化简可得(4)。

（三）从和差化积公式出发

Thomson (1825)利用和差化积公式

$$\sin\alpha+\sin\beta=2\sin\frac{\alpha+\beta}{2}\cos\frac{\alpha-\beta}{2}, \tag{7}$$

$$\sin\alpha-\sin\beta=2\cos\frac{\alpha+\beta}{2}\sin\frac{\alpha-\beta}{2}, \tag{8}$$

$$\cos\alpha+\cos\beta=2\cos\frac{\alpha+\beta}{2}\cos\frac{\alpha-\beta}{2}, \tag{9}$$

$$\cos\beta-\cos\alpha=2\sin\frac{\alpha+\beta}{2}\sin\frac{\alpha-\beta}{2}, \tag{10}$$

由(9)和(10)，令 $\beta=0$，化简可得(2)和(4)。

16.3.2 半角的正切公式

（一）从半角的正弦和余弦公式出发

对于半角的正切公式，由正弦、余弦和正切之间的关系知

$$\tan\frac{\alpha}{2}=\frac{\sin\frac{\alpha}{2}}{\cos\frac{\alpha}{2}}。 \tag{11}$$

将(2)和(4)代入(11)，可得

$$\tan\frac{\alpha}{2}=\pm\sqrt{\frac{1-\cos\alpha}{1+\cos\alpha}}, \tag{12}$$

其中，(12)中的符号亦由 $\frac{\alpha}{2}$ 所在象限决定，当 $\frac{\alpha}{2}$ 在第Ⅰ、Ⅲ象限时取正，当 $\frac{\alpha}{2}$ 在第Ⅱ、Ⅳ象限时取负。(Perlin, 1955, p. 146)此外，由二倍角的正弦公式知

$$\sin\alpha=2\sin\frac{\alpha}{2}\cos\frac{\alpha}{2}。 \tag{13}$$

Vance (1954)运用(1)和(13)，在(11)的分子、分母上同乘 $\sin\frac{\alpha}{2}$，可得

$$\tan\frac{\alpha}{2}=\frac{\sin^2\frac{\alpha}{2}}{\sin\frac{\alpha}{2}\cos\frac{\alpha}{2}}=\frac{\frac{1-\cos\alpha}{2}}{\frac{\sin\alpha}{2}}=\frac{1-\cos\alpha}{\sin\alpha}。\tag{14}$$

同理,运用(3)和(13),在(11)的分子、分母上同乘 $\cos\frac{\alpha}{2}$,可得

$$\tan\frac{\alpha}{2}=\frac{\sin\frac{\alpha}{2}\cos\frac{\alpha}{2}}{\cos^2\frac{\alpha}{2}}=\frac{\frac{\sin\alpha}{2}}{\frac{1+\cos\alpha}{2}}=\frac{\sin\alpha}{1+\cos\alpha}。\tag{15}$$

Palmer & Leigh (1916)分别在(12)的分子、分母上同乘 $\sqrt{1-\cos\alpha}$ 和 $\sqrt{1+\cos\alpha}$;Bohannan (1904)则用(1)除以(13)、(13)除以(3),两种方法化简后同样可得(14)和(15)。

(二) 从和差化积公式出发

Robinson (1873)亦从和差化积公式出发,由(7)除以(9)得

$$\tan\frac{\alpha+\beta}{2}=\frac{\sin\alpha+\sin\beta}{\cos\alpha+\cos\beta},\tag{16}$$

令 $\beta=0$,得

$$\tan\frac{\alpha}{2}=\frac{\sin\alpha}{1+\cos\alpha}。$$

若将(10)除以(7),得

$$\tan\frac{\alpha-\beta}{2}=\frac{\cos\beta-\cos\alpha}{\sin\alpha+\sin\beta},\tag{17}$$

令 $\beta=0$,则

$$\tan\frac{\alpha}{2}=\frac{1-\cos\alpha}{\sin\alpha}。$$

将(16)乘(17),得

$$\tan\frac{\alpha+\beta}{2}\tan\frac{\alpha-\beta}{2}=\frac{\cos\beta-\cos\alpha}{\cos\alpha+\cos\beta},$$

同样令 $\beta=0$,即得

$$\tan^2\frac{\alpha}{2}=\frac{1-\cos\alpha}{1+\cos\alpha},$$

化简可得(12)。

16.4 半角公式的几何证法

16.4.1 射影定理法

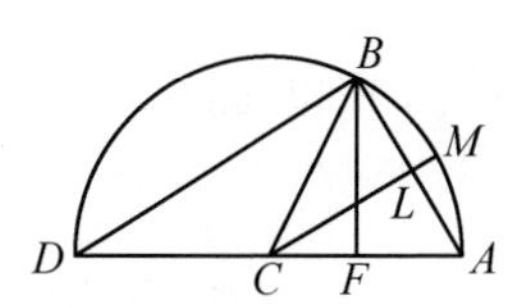

图 16－2 射影定理法之一

证法 1 如图 16－2，AD 是单位半圆 C 的直径，Nichols (1811)任取半圆上一点 B，设 $\angle ACB=\alpha$。过点 B 作 $BF\perp AD$，垂足为点 F，连结 BD、AB 及 BC。过点 C 作 $CL\perp AB$，垂足为点 L，延长 CL 交半圆于点 M。

在 Rt$\triangle ABD$ 中，由射影定理知 $AB^2=AF\times AD$，因为 $AB=2AL$ 及 $AD=2AC$，所以 $AF=\dfrac{2AL^2}{AC}=2AL^2$。又因 $\cos\alpha=CF=AC-AF=1-2AL^2$，且 $AL=\sin\dfrac{\alpha}{2}$，故

$$\cos\alpha=1-2\sin^2\frac{\alpha}{2},$$

当 $\alpha\in[0,\ \pi]$ 时，有

$$\sin\frac{\alpha}{2}=\sqrt{\frac{1-\cos\alpha}{2}}。$$

证法 2 Richards (1878)考虑了锐角和钝角两种情况。如图 16－3(a)，以点 A 为圆心、任意长 AC 为半径作半圆 BGD，交直线 AL 于点 D，交 LA 的延长线于点 B。任取圆上一点 C，使得$\angle DAC$ 是锐角，连结 BC、CD，过点 C 作 $CE\perp AD$，垂足为点 E。令$\angle DAC=\alpha$，因为 $\angle B=\dfrac{1}{2}\alpha$，所以 $\sin B=\sin\dfrac{\alpha}{2}=\dfrac{CE}{CB}$，于是

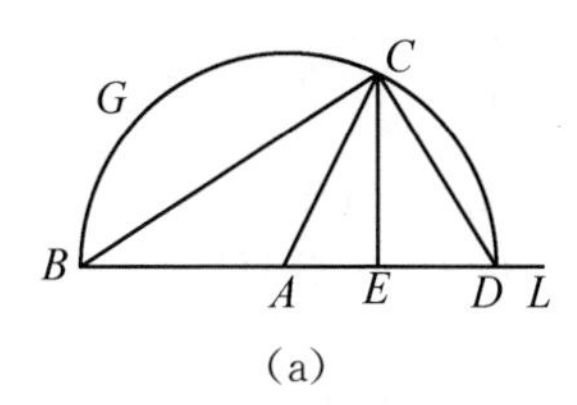

(a)

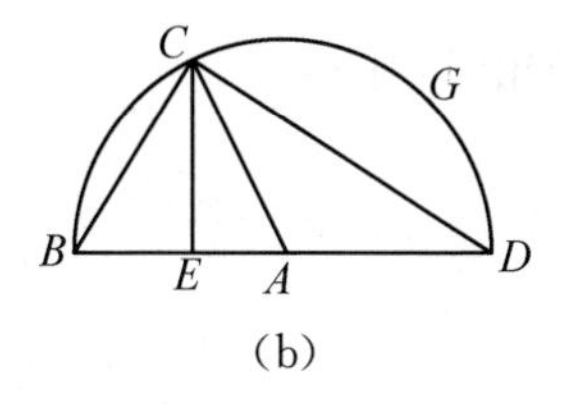

(b)

图 16－3 射影定理法之二

$$\sin^2 B=\frac{CE^2}{CB^2}=\frac{BE\times ED}{BE\times BD}=\frac{ED}{BD}=\frac{AD-AE}{2AD}=\frac{1}{2}\left(1-\frac{AE}{AC}\right)=\frac{1}{2}(1-\cos\alpha),$$

化简可得

$$\sin\frac{\alpha}{2}=\sqrt{\frac{1-\cos\alpha}{2}}。$$

若$\angle DAC$是钝角，按照同样的方式作图16-3(b)。令$\angle DAC=\alpha$，因为$\angle B=\frac{1}{2}\alpha$，所以$\sin B=\sin\frac{\alpha}{2}=\frac{CE}{CB}$，于是

$$\sin^2 B=\frac{CE^2}{CB^2}=\frac{BE\times ED}{BE\times BD}=\frac{ED}{BD}=\frac{AD+AE}{2AD}=\frac{1}{2}\left(1+\frac{AE}{AC}\right),$$

又因为$\frac{AE}{AC}=\cos\angle BAC=\cos(\pi-\alpha)=-\cos\alpha$，所以

$$\sin^2 B=\frac{1}{2}(1-\cos\alpha),$$

$$\sin\frac{\alpha}{2}=\sqrt{\frac{1-\cos\alpha}{2}}。$$

对于半角的余弦公式，利用图16-3同样可以完成证明。当$\angle DAC$为锐角时，因为$\cos B=\cos\frac{\alpha}{2}=\frac{BE}{BC}$，所以

$$\cos^2 B=\frac{BE^2}{BC^2}=\frac{BE^2}{BE\times BD}=\frac{BE}{BD}=\frac{AB+AE}{2AD}$$

$$=\frac{1}{2}\left(1+\frac{AE}{AC}\right)=\frac{1}{2}(1+\cos\alpha),$$

化简可得

$$\cos\frac{\alpha}{2}=\sqrt{\frac{1+\cos\alpha}{2}}。$$

当$\angle DAC$是钝角时，有

$$\cos^2 B=\frac{BE^2}{BC^2}=\frac{BE^2}{BE\times BD}=\frac{BE}{BD}=\frac{AB-AE}{2AD}$$

$$=\frac{1}{2}\left(1-\frac{AE}{AC}\right)=\frac{1}{2}(1+\cos\alpha),$$

化简后同样可得半角的余弦公式。

16.4.2　角平分线法

证法 1　如图 16－4，Todhunter（1866）构造任意角 $\angle BOC=\alpha$，在 OC 上任取一点 P，作 $PM\perp OB$，垂足为点 M。直线 OQ 是 $\angle BOC$ 的平分线，交直线 PM 于点 Q，则 $\angle QOM=\frac{1}{2}\alpha$。

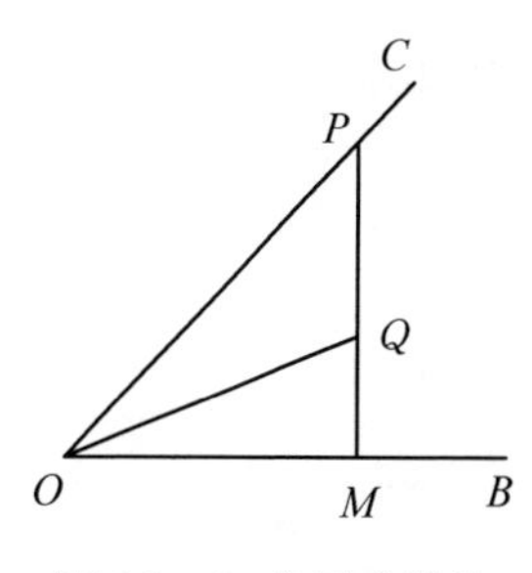

图 16－4　角平分线法之一

令 $OP=a$，则 $PM=a\sin\alpha$，$OM=a\cos\alpha$。由 $\frac{PQ}{QM}=\frac{OP}{OM}$，得

$$\frac{PQ}{QM}=\frac{OP}{OM}=\frac{a}{a\cos\alpha}=\frac{1}{\cos\alpha},$$

又由 $PQ=PM-QM$，得

$$\frac{PM-QM}{QM}=\frac{1}{\cos\alpha},$$

化简得

$$\frac{a\sin\alpha-QM}{QM}=\frac{1}{\cos\alpha},$$

故得

$$QM=\frac{a\sin\alpha\cos\alpha}{1+\cos\alpha},$$

于是有

$$\tan\frac{\alpha}{2}=\frac{QM}{OM}=\frac{\frac{a\sin\alpha\cos\alpha}{1+\cos\alpha}}{a\cos\alpha}=\frac{\sin\alpha}{1+\cos\alpha},$$

从而得

$$\tan^2\frac{\alpha}{2}=\frac{\sin^2\alpha}{(1+\cos\alpha)^2},$$

故得

$$\tan^2\frac{\alpha}{2}=\frac{1-\cos^2\alpha}{(1+\cos\alpha)^2}=\frac{(1+\cos\alpha)(1-\cos\alpha)}{(1+\cos\alpha)^2}=\frac{1-\cos\alpha}{1+\cos\alpha}。$$

又因为

$$\sec^2\frac{\alpha}{2}=1+\tan^2\frac{\alpha}{2}=\frac{2}{1+\cos\alpha},$$

所以

$$\cos^2\frac{\alpha}{2}=\frac{1+\cos\alpha}{2},$$

$$\sin^2\frac{\alpha}{2}=1-\cos^2\frac{\alpha}{2}=\frac{1-\cos\alpha}{2}。$$

证法 2 如图 16－5，Whitaker (1898)在 Rt△ABC 中作∠BAC 的平分线 AD，交直角边 BC 于点 D，过点 B 作 $BE/\!/AD$，交 CA 的延长线于点 E，过点 A 作 $AF\perp BE$，垂足为点 F。

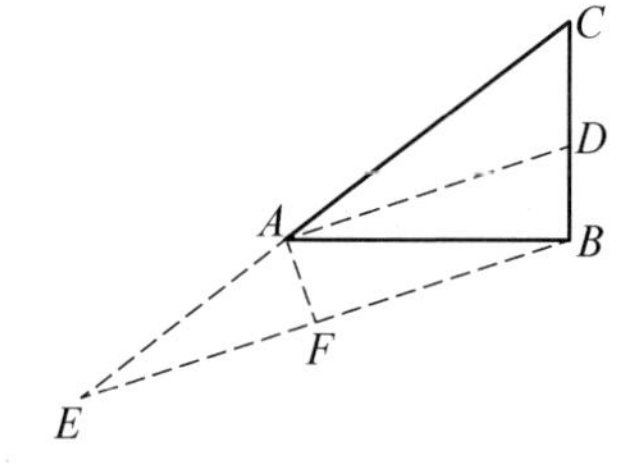

图 16－5 角平分线法之二

令∠$BAC=\alpha$，则∠E=∠ABE=∠$BAD=\frac{\alpha}{2}$。由勾股定理得 $BC^2=AC^2-AB^2$，两边同时除以 BC^2，可得

$$1=\csc^2\alpha-\cot^2\alpha。\tag{18}$$

由 $AE=AB$，得 $\frac{AB}{BD}=\frac{AE}{BD}=\frac{EC}{BC}=\frac{AC}{BC}+\frac{AB}{BC}$，于是

$$\cot\frac{\alpha}{2}=\csc\alpha+\cot\alpha=\frac{1+\cos\alpha}{\sin\alpha}。\tag{19}$$

又由 $\frac{EB}{AD}=\frac{EC}{AC}$ 及 $\frac{BD}{AE}=\frac{BC}{EC}$，两边相乘，得 $\frac{EB}{AD}\times\frac{BD}{AE}=\frac{BC}{AC}$，即 $2\frac{EF}{AE}\times\frac{BD}{AD}=\frac{BC}{AC}$，于是

$$2\cos\frac{\alpha}{2}\sin\frac{\alpha}{2}=\sin\alpha。\tag{20}$$

将(18)除以(19)，可得半角的正切公式

$$\tan\frac{\alpha}{2}=\csc\alpha-\cot\alpha=\frac{1-\cos\alpha}{\sin\alpha}。$$

将上式与(20)相乘,可得半角的正弦公式

$$2\sin^2\frac{\alpha}{2}=1-\cos\alpha;$$

将(19)乘以(20),可得半角的余弦公式

$$2\cos^2\frac{\alpha}{2}=1+\cos\alpha。$$

16.4.3　定义法

证法 1　如图 16-6,Wood (1885)以点 C 为圆心作单位圆,AB 是 $\odot C$ 的一条直径。任取圆上一点 D,连结 DA、DB、DC,过点 C 分别作 DA 和 DB 的垂线,垂足为点 E、G;过点 D 作 $DF\perp AB$,垂足为点 F。

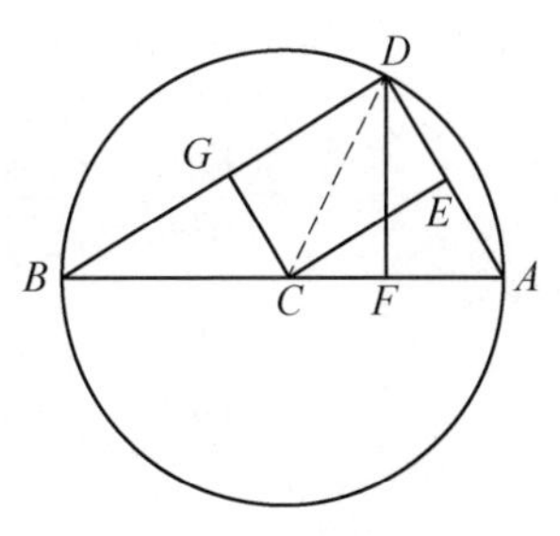

图 16-6　定义法

令 $\angle ACD=x$,则 $\angle ACE=\angle ABD=\angle ADF=\frac{x}{2}$。

由 $AE=\sin\frac{x}{2}$ 及 $CE=DG=\frac{1}{2}DB=\cos\frac{x}{2}$,且 $DF=\sin x$,$CF=\cos x$,$BF=1+\cos x$ 及 $FA=1-\cos x$,在 $\text{Rt}\triangle BFD$ 中,有

$$\cos\frac{x}{2}=\frac{BF}{BD}=\frac{1+\cos x}{2\cos\frac{x}{2}},$$

故得

$$\cos^2\frac{x}{2}=\frac{1+\cos x}{2}。$$

在 $\text{Rt}\triangle BFD$ 中,有

$$\tan\frac{x}{2}=\frac{DF}{BF}=\frac{\sin x}{1+\cos x};$$

在 $\text{Rt}\triangle AFD$ 中,有

$$\tan\frac{x}{2}=\frac{AF}{DF}=\frac{1-\cos x}{\sin x},$$

$$\sin\frac{x}{2}=\frac{AF}{AD}=\frac{1-\cos x}{2\sin\frac{x}{2}},$$

故得

$$\sin^2\frac{x}{2}=\frac{1-\cos x}{2}。$$

将以上两个半角的正切公式相乘，还可以得到半角的另一正切公式

$$\tan\frac{x}{2}=\sqrt{\frac{1-\cos x}{1+\cos x}}。$$

证法 2 Rider & Davis (1923)按照类似的方式作图 16-6。因为 $DF=\sin x$ 及 $BF=1+\cos x$，由勾股定理，可得 $BD=\sqrt{DF^2+BF^2}=\sqrt{2+2\cos x}$。由定义可知，

$$\sin\frac{x}{2}=\frac{DF}{BD}=\frac{\sin x}{\sqrt{2+2\cos x}}=\frac{\sin x\cdot\sqrt{1-\cos x}}{\sqrt{2+2\cos x}\cdot\sqrt{1-\cos x}}=\sqrt{\frac{1-\cos x}{2}},$$

$$\cos\frac{x}{2}=\frac{BF}{BD}=\frac{1+\cos x}{\sqrt{2+2\cos x}}=\sqrt{\frac{1+\cos x}{2}}。$$

16.4.4 余弦定理法

证法 1 Moritz (1915)按照同样的方式作图 16-3(a)。令 $\angle DAC=\alpha$ 及 $\odot A$ 的半径为 r，于是 $\angle B=\frac{1}{2}\alpha$。在 Rt$\triangle BCD$ 中，有 $\sin\frac{\alpha}{2}=\frac{CD}{2r}$ 及 $\cos\frac{\alpha}{2}=\frac{BC}{2r}$。在$\triangle ACD$ 及$\triangle ABC$ 中，由余弦定理，得

$$CD^2=AD^2+AC^2-2AD\times AC\cos\alpha,$$
$$BC^2=AB^2+AC^2-2AB\times AC\cos(\pi-\alpha),$$

即

$$CD^2=2r^2-2r^2\cos\alpha,$$
$$BC^2=2r^2+2r^2\cos\alpha,$$

于是得

$$\sin\frac{\alpha}{2}=\frac{\sqrt{2r^2-2r^2\cos\alpha}}{2r}=\sqrt{\frac{1-\cos\alpha}{2}},$$

$$\cos\frac{\alpha}{2}=\frac{\sqrt{2r^2+2r^2\cos\alpha}}{2r}=\sqrt{\frac{1+\cos\alpha}{2}}。$$

证法 2　如图 16－7，在△ABC 中，McCarty (1920)作 $\angle CAB$ 的平分线 AF，交 BC 于点 F，并过点 C 作 AF 的垂线，垂足为点 H，交 AB 于点 D。令 $\angle CAB=\alpha$，则 $\angle CAH=\angle HAD=\frac{1}{2}\alpha$。

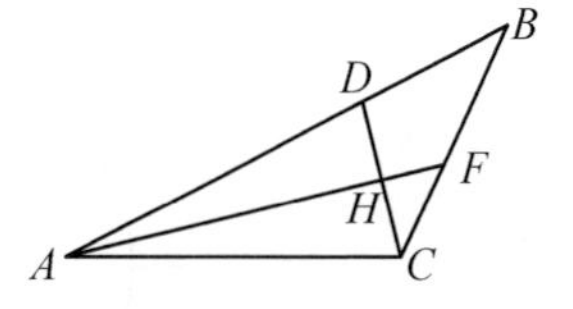

图 16－7　余弦定理法

在 Rt△AHC 中，有 $\sin\frac{\alpha}{2}=\frac{HC}{AC}=\frac{CD}{2AC}$，于是得 $\sin^2\frac{\alpha}{2}=\frac{CD^2}{4AC^2}$。在△$ADC$ 中，由余弦定理，得

$$CD^2=AC^2+AD^2-2AC\times AD\cos\alpha=2AC^2-2AC^2\cos\alpha,$$

故有

$$\sin^2\frac{\alpha}{2}=\frac{1-\cos\alpha}{2}。$$

16.4.5　解析法

如图 16－8(a)，Vance (1954)在单位圆 O 上任取一段弧 $\overset{\frown}{PP'}$，$\overset{\frown}{PP'}$ 所对圆心角的度数为 θ，点 A 是 $\overset{\frown}{PP'}$ 的中点。以 OA 为 x 轴、垂直于 OA 的直线为 y 轴，建立平面直角坐标系。由此可以写出点 P 和 P' 的坐标分别为 $P\left(\cos\frac{\theta}{2},\ \sin\frac{\theta}{2}\right)$、$P'\left(\cos\frac{\theta}{2},\ -\sin\frac{\theta}{2}\right)$，于是 $|PP'|=2\sin\frac{\theta}{2}$。因 $|OP|=|OP'|=1$ 及 $\angle POP'=\theta$，所以

$$|PP'|=\sqrt{|OP|^2+|OP'|^2-2|OP||OP'|\cos\theta}=\sqrt{2-2\cos\theta},$$

于是得

$$\sin\frac{\theta}{2}=\sqrt{\frac{1-\cos\theta}{2}}。$$

如图 16－8(b)，在单位圆 O 上任取一段弧 $\overset{\frown}{AP_1}$，$\overset{\frown}{AP_1}$ 所对圆心角的度数为 θ，点 P_2 是 $\overset{\frown}{AP_1}$ 的中点。以 OA 为 x 轴、垂直于 OA 的直线为 y 轴，建立平面直角坐标系。连结 BP_1、OP_1、AP_1 及 OP_2，AP_1 与 OP_2 交于点 D，过点 P_1、P_2 分别作 x 轴的垂

线，垂足为点 M、C。

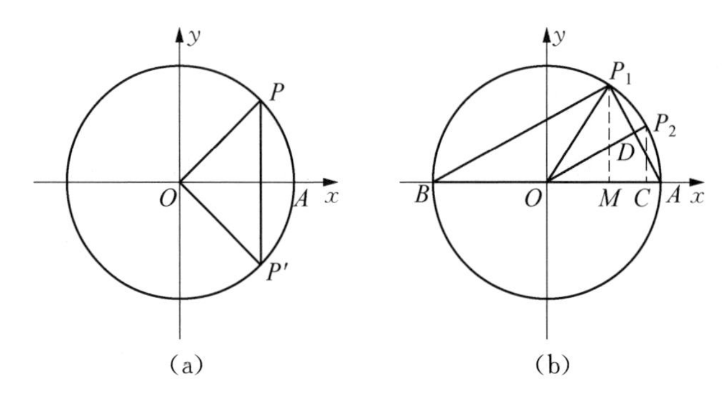

图 16-8 解析法

因为点 D 是线段 AP_1 的中点，且点 A 和点 P_1 的坐标分别为 $A(1, 0)$、$P_1(\cos\theta, \sin\theta)$，所以点 D 的坐标为 $D\left(\frac{1+\cos\theta}{2}, \frac{\sin\theta}{2}\right)$，由两点间的距离公式知，

$$|AD|=\sqrt{\left(\frac{\cos\theta-1}{2}\right)^2+\left(\frac{\sin\theta}{2}\right)^2}=\sqrt{\frac{1-\cos\theta}{2}}。$$

在 $\mathrm{Rt}\triangle OCP_2$ 和 $\mathrm{Rt}\triangle OAD$ 中，有 $\sin\frac{\theta}{2}=\frac{CP_2}{OP_2}=\frac{AD}{OA}$，故 $AD=CP_2$，又因为点 P_2 的坐标为 $P_2\left(\cos\frac{\theta}{2}, \sin\frac{\theta}{2}\right)$，所以

$$\sin\frac{\theta}{2}=\sqrt{\frac{1-\cos\theta}{2}}。$$

同理可得

$$|OD|=\sqrt{\left(\frac{\cos\theta+1}{2}\right)^2+\left(\frac{\sin\theta}{2}\right)^2}=\sqrt{\frac{1+\cos\theta}{2}},$$

由 $OC=OD$，得

$$\cos\frac{\theta}{2}=\sqrt{\frac{1+\cos\theta}{2}}。$$

此外，因为 O、D、P_2 三点共线，所以 $k_{OD}=k_{OP_2}$，即

$$\tan\frac{\theta}{2}=\frac{\sin\theta}{1+\cos\theta}。$$

16.5 三角形中的半角公式

在△ABC中,角 A、B、C 所对的边分别记为 a、b、c。由余弦定理可知,

$$1-\cos A=1-\frac{b^2+c^2-a^2}{2bc}=\frac{a^2-(b-c)^2}{2bc}=\frac{(a-b+c)(a+b-c)}{2bc},$$

由半角的正弦公式,得

$$\sin^2\frac{A}{2}=\frac{(a-b+c)(a+b-c)}{4bc}。$$

记 $p=\frac{a+b+c}{2}$,则有

$$\sin^2\frac{A}{2}=\frac{(p-b)(p-c)}{bc}。$$

因 $\frac{A}{2}\in\left(0,\ \frac{\pi}{2}\right)$,故得三角形中半角的正弦公式

$$\sin\frac{A}{2}=\sqrt{\frac{(p-b)(p-c)}{bc}}。\tag{21}$$

同理,由

$$\cos^2\frac{A}{2}=\frac{1+\cos A}{2}=\frac{1}{2}-\frac{b^2+c^2-a^2}{4bc}=\frac{(b+c-a)(b+c+a)}{4bc}=\frac{p(p-a)}{bc},$$

化简可得三角形中半角的余弦公式

$$\cos\frac{A}{2}=\sqrt{\frac{p(p-a)}{bc}}。\tag{22}$$

将(21)除以(22),可得三角形中半角的正切公式

$$\tan\frac{A}{2}=\sqrt{\frac{(p-b)(p-c)}{p(p-a)}}。\tag{23}$$

对于(23),进一步化简,可得

$$\tan\frac{A}{2}=\sqrt{\frac{(p-a)(p-b)(p-c)}{p(p-a)^2}}$$

$$=\frac{1}{p-a}\sqrt{\frac{(p-a)(p-b)(p-c)}{p}}$$

$$=\frac{r}{p-a},$$

其中

$$r=\sqrt{\frac{(p-a)(p-b)(p-c)}{p}},$$

表示三角形内切圆的半径。(Perlin, 1955, pp. 162 - 163)

Moritz (1915)通过构造三角形的内切圆,利用几何图形,也推导出三角形中的半角公式。如图 16 - 9,在$\triangle ABC$中,三条内角平分线交于一点 O,过点 O 分别作三边的垂线,垂足为点 D、E、F,于是 $OD=OE=OF$。以点 O 为圆心、OD 长为半径作圆,则 $\odot O$ 是$\triangle ABC$ 的内切圆。记 $p=\frac{a+b+c}{2}$ 及 $\odot O$ 的半径为 r。

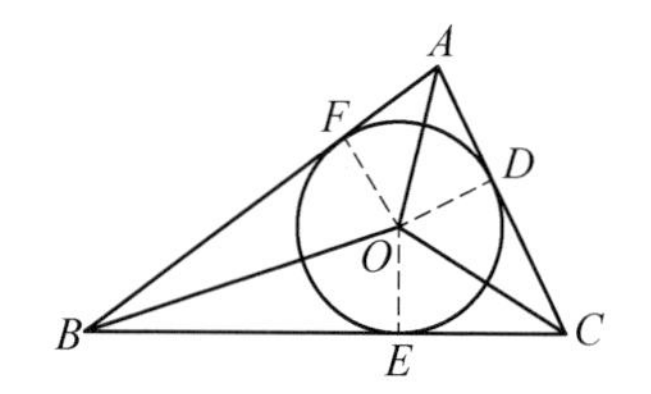

图 16 - 9 构造三角形内切圆

由

$$p=\frac{AF+FB+BE+EC+CD+CA}{2}=AF+BE+CD,$$

得

$$AF=p-(BE+CD)=p-(BE+CE)=p-a,$$

故得

$$\tan\frac{A}{2}=\frac{OF}{AF}=\frac{r}{p-a}。$$

又由勾股定理,得

$$|OA|^2=|AF|^2+|OF|^2=(p-a)^2+r^2$$

$$=(p-a)^2+\frac{(p-a)(p-b)(p-c)}{p}=\frac{bc(p-a)}{p},$$

于是可得

$$\sin\frac{A}{2}=\frac{OF}{OA}=\frac{r}{OA}=\sqrt{\frac{(p-b)(p-c)}{bc}},$$

$$\cos\frac{A}{2}=\frac{AF}{OA}=\frac{p-a}{OA}=\sqrt{\frac{p(p-a)}{bc}}。$$

Griffin (1875)通过构造半圆来推导三角形中半角的正切公式。如图 16－10,以点 A 为圆心、较长边 AC 长为半径作半圆,交直线 AB 于点 D、E。连结 CD、CE,并过点 C 作 DE 的垂线,垂足为点 H。令 $\angle BAC=\alpha$,则 $\angle BEC=\frac{1}{2}\alpha$。在 Rt$\triangle ECD$ 中,有

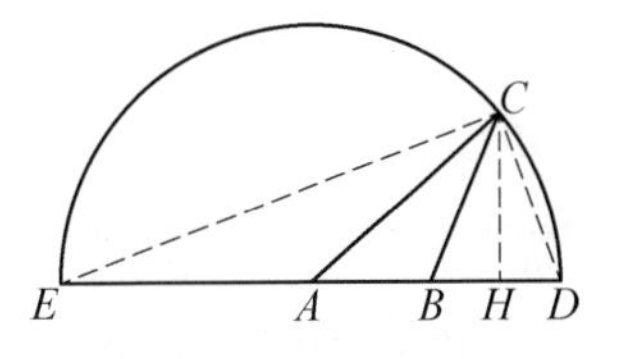

图 16－10 构造三角形外接半圆

$$\frac{CD^2}{CE^2}=\frac{DH\times DE}{EH\times ED}=\frac{DH}{EH}=\frac{BD-BH}{EB+BH}=\frac{(b-c)-BH}{(b+c)+BH}=\frac{2c(b-c)-2c\times BH}{2c(b+c)+2c\times BH},$$

在$\triangle ABC$ 中,由余弦定理,有

$$b^2=a^2+c^2+2ac\cos\angle CBH=a^2+c^2+2ac\times\frac{BH}{a}=a^2+c^2+2c\times BH,$$

于是得

$$\tan^2\frac{A}{2}=\frac{CD^2}{CE^2}=\frac{2c(b-c)-(b^2-a^2-c^2)}{2c(b+c)+(b^2-a^2-c^2)}=\frac{a^2-(b-c)^2}{(b+c)^2-a^2},$$

化简可得

$$\tan\frac{A}{2}=\sqrt{\frac{(a-b+c)(a+b-c)}{(a+b+c)(b+c-a)}}=\sqrt{\frac{(p-b)(p-c)}{p(p-a)}}。$$

16.6 若干启示

美英早期三角学教科书中所呈现的半角的正弦、余弦、正切公式及三角形中半角公式的各种证明方法,为今日半角公式的教学提供了诸多启示。

其一,数形结合,加深理解。数与形是数学中的两个最古老,也是最基本的研究对象。数是形的抽象概括,形是数的直观表达,它们在一定条件下可以相互转化。三角公式本身形式简洁、具有美感,在三角函数计算和应用等问题中有着重要应用,但因公式众多且过于抽象,因而学生在记忆和理解上存在困难。在实际教学中,为帮助学生深入理解公式,并在理解的基础上记忆公式,教师可以采用图形对有关公式进行解释。

以形辅数，在探究半角公式的过程中，不断进行数与形的交错，让学生在数与形的转换中不断进行思考，进一步发挥图形的直观作用。

其二，合作探究，激励创新。课堂不是教师自我展示的舞台，而是师生之间交流互动的舞台；课堂不是对学生进行应试教育的训练场所，而是引导学生全面发展的学习场所；课堂不只是传授知识的场所，更应该是探究知识的场所。数学课堂应“动静结合”，在学习半角公式时，不仅要让学生“动”起来，通过小组合作，从不同角度探究半角公式的各种证明方法，还要让学生“静”下来，针对讨论的结果进行思考和总结。探究的过程不仅有利于激发学生的创新意识，点燃学生心灵深处探究的火种，还能使每位学生获得成功的体验，体会数学探究与发现所带来的乐趣。

其三，渗透思想，培育素养。在证明半角公式时，学生已经学习过两角和与差的正弦、余弦、正切公式及二倍角公式，因此，教师可以引导学生从已学习过的公式出发，从代数的角度推导半角公式。此外，教师还可以引导学生另辟蹊径，利用几何方法来推导半角公式。构造几何图形，从而抽象出其中蕴含的数量关系，体现数形结合思想；为建立一个角与半角的关系构造直角三角形，体现化归思想。证明半角公式所用到的各种思想方法，无疑开阔了学生的视野，丰富了学生原有的证明方法，体会这些证明方法的巧妙之处，有助于提高学生的数学抽象、直观想象、逻辑推理等素养。

参考文献

董杰(2017). 清初平面三角形解法的精简与完善. 内蒙古师范大学学报(自然科学汉文版)，46(02)：282 - 286.

董杰，郭世荣(2007).《历学会通・正集》中三角函数造表法研究. 第十一届中国科学技术史国际学术研讨会论文集.

李文林(2002). 数学史概论(第二版). 北京：高等教育出版社.

中华人民共和国教育部(2020). 普通高中数学课程标准(2017 年版 2020 年修订). 北京：人民教育出版社.

Bohannan, R. D. (1904). *Plane Trigonometry*. Boston: Allyn & Bacon.

Griffin, W. N. (1875). *The Elements of Algebra and Trigonometry*. London: Longmans, Green, & Company.

Hymers, J. (1841). *A Treatise on Trigonometry*. Cambridge: The University Press.

McCarty, R. J. (1920). *Elements of Plane Trigonometry*. Chicago: American Technical Society.

Moritz, R. E. (1915). *Elements of Plane Trigonometry*. New York: John Wiley & Sons.

Nichols, F. (1811). *A Treatise on Plane and Spherical Trigonometry*. Philadelphia: F. Nichols.

Palmer, C. I. & Leigh, C. W. (1916). *Plane and Spherical Trigonometry*. New York: McGraw-Hill Book Company.

Perlin, I. E. (1955). *Trigonometry*. Scranton: International Textbook Company.

Richards, E. L. (1878). *Elements of Plane Trigonometry*. New York: D. Appleton & Company.

Rider, P. R. & Davis, A. (1923). *Plane Trigonometry*. New York: D. Van Nostrand Company.

Robinson, H. N. (1873). *Elements of Plane and Spherical Trigonometry*. New York & Chicago: Ivison, Blakeman, Taylor & Company.

Thomson, J. (1825). *Elements of Plane and Spherical Trigonometry*. Belfast: Joseph Smyth.

Todhunter, I. (1866). *Trigonometry for Beginners*. London & Cambridge: Macmillan & Company.

Whitaker, H. C. (1898). *Elements of Trigonometry*. Philadelphia: D. Anson Partridge.

Wood, De V. (1885). *Trigonometry, Analytical, Plane and Spherical*. New York: John Wiley & Sons.

Vance, E. P. (1954). *Trigonometry*. Cambridge: Addison-Wesley Publishing Company.

17 和差化积公式

陈雨晴*

17.1 引　言

和差化积公式是将三角函数的和与差转换为积的公式，常用于简化三角计算，是三角恒等变换的重要内容。《普通高中数学课程标准(2017 年版 2020 年修订)》要求学生能够推导和差化积公式，但是不需要记忆。经历推导过程后，学生将提高对知识的熟悉程度和理解水平，从而合理地运用公式。

数学学习中，在考虑数学内在逻辑力量的同时，考虑数学历史发展的文化力量，将有助于学习者清楚知识的形成过程和最终的形成结果。历史上，法国数学家韦达率先利用几何方法证明了 $\sin\alpha+\sin\beta=2\sin\frac{\alpha+\beta}{2}\cos\frac{\alpha-\beta}{2}$。而现行高中数学教科书多将积化和差公式作为上位知识，利用变量代换的换元思想，推导出和差化积公式，这种处理遵循了知识的逻辑序，却将公式置于抽象的认知起点，可能导致学生囿于形式化的符号变换而无法体会公式背后的深刻内涵。由于学生的认知障碍往往是数学史上数学家曾遇到的困难，因此和差化积公式在不同时期的证明中所蕴含的数学思想，是公式学习的核心，教师理应在教学中予以呈现。

通过对早期教科书进行梳理，找到和差化积公式在不同时期的证明方法和证明特点，发掘证明方法的演变过程，可以为今日教科书的编写和教学实践提供素材。鉴于此，本章聚焦和差化积公式，对美英早期三角学教科书进行考察，试图回答以下问题：和差化积公式的证明方法有哪些？常见推论有哪些？这些证明方法和推论对今日教学有何启示？

---

* 华东师范大学教师教育学院硕士研究生。

17.2　教科书的选取

从有关数据库中选取了1810—1955年出版的110种美英三角学教科书作为研究对象，以20年为一个时间段进行统计，这些教科书的出版时间分布情况如图17-1所示。

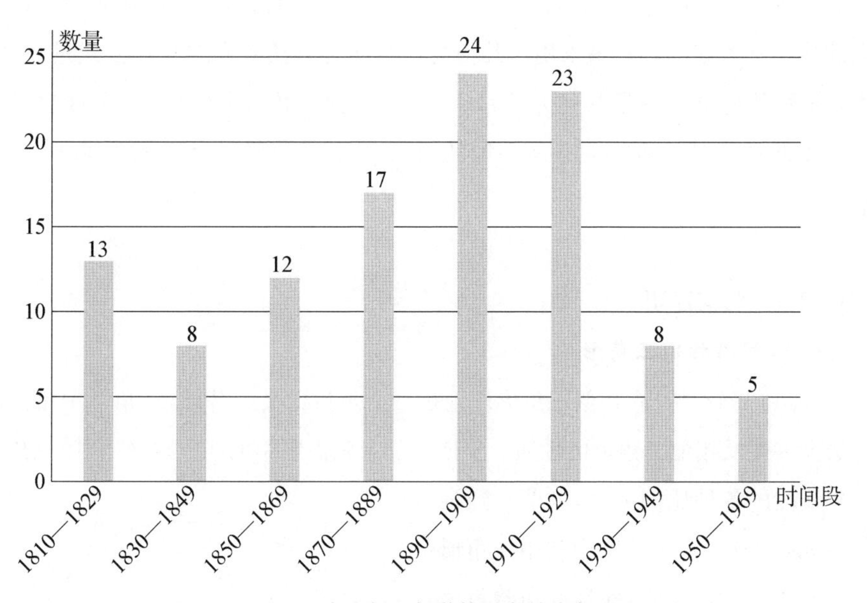

图17-1　110种早期三角学教科书的出版时间分布

为了回答研究问题1和2，本章按照年份依次检索了上述110种三角学教科书，从中摘录出与和差化积公式相关的所有内容，经整理，发现和差化积公式主要分布在“三角学定理”“三角函数表”“三角恒等式”等章中，通过文本分析，总结出和差化积公式的证明方法，并将110种教科书的相应内容划分到不同类别。最后，根据不同证明方法的思想和特点以及相关的文献回答研究问题3。

17.3　和差化积公式的证明

早期教科书中和差化积公式名称的演变能够体现其不断完善的过程，反映了数学家对公式的认识不断深入。最初，和差化积公式并没有专门的名称，仅作为和差角公式与积化和差公式的推论出现;接着,有教科书称之为"正、余弦和差公式"(Galbraith, 1863, p. 44)或"和差公式"(Rothrock,1910, pp. 56 - 57),名称指向运算的目的——计算正、余弦的和、差;最后,有教科书将其命名为"和化积公式"(Bowser,1892, p. 49)或"因式分解公式"(Hun & MacInnes,1911, p. 44),名称转而指向运算的结果——将正、余弦的和、差转换为乘积的形式。

上述名称的微言要义包含了教科书编者对公式的研究动机,而三角函数是圆的性质的解析表达,其"母体"是平面几何,就三角学教学而言,应该有几何和代数的视角做铺垫。所考察的教科书采用了几何与代数两种方法对和差化积公式进行证明,其中,14 种教科书采用了几何方法,108 种教科书采用了代数方法,12 种教科书同时采用了两种方法。此外,还有 2 种教科书采用了兼具几何与代数取向的证明方法。

17.3.1 几何证明

(一) 利用相似三角形

Carson (1942)指出,相似三角形理论是三角函数定义的基础,三角学中用到的几何方法大多涉及相似三角形的性质。早期,正、余弦由圆中的线段定义,利用三角形相似产生线段的各种比例关系,可谓水到渠成。Lewis (1844)在单位圆中利用三角形相似证明了和差角公式,并且以和差角公式的加减运算为起点证明了和差化积公式,具体解法如下[①]。

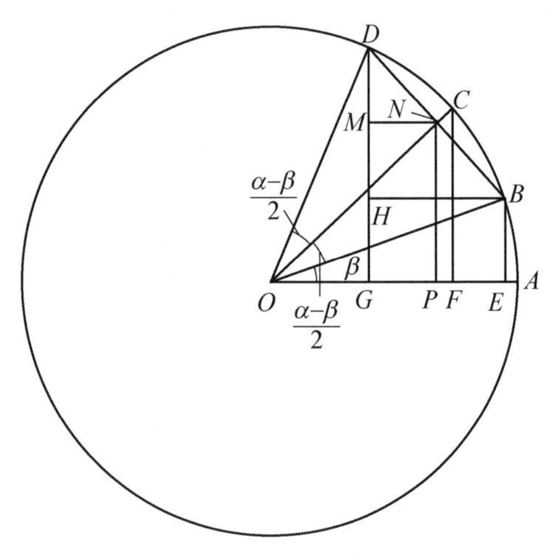

图 17 - 2 相似三角形法

如图 17 - 2,在单位圆 O 中,$\angle AOD=\alpha$,$\angle AOB=\beta$,过圆心 O 作 BD 的垂线,垂足为点 N,交$\odot O$ 于点 C。分别过点 B、C、D 作半径 OA 的垂线,垂足为点 E、F、G,过点 B 作 $BH\perp DG$,过点 N 分别作 OA 和 DG 的垂线,垂足为点 P 和 M,易知 $BN=DN$,$HM=DM$。于是有

① 原文中的正、余弦指的是"弧的正、余弦",为便于阅读,此处采用"角的正、余弦"说法。

$$CF=\sin\frac{\alpha+\beta}{2},\ OF=\cos\frac{\alpha+\beta}{2},\ ON=\cos\frac{\alpha-\beta}{2},\ DN=\sin\frac{\alpha-\beta}{2}。$$

由 $\triangle OCF \backsim \triangle ONP \backsim \triangle DNM$，得 $CF:OC=NP:ON=NM:DN$，$OF:OC=OP:ON=DM:DN$，从而得

$$NP=ON\sin\frac{\alpha+\beta}{2}=\sin\frac{\alpha+\beta}{2}\cos\frac{\alpha-\beta}{2},$$

$$OP=ON\cos\frac{\alpha+\beta}{2}=\cos\frac{\alpha+\beta}{2}\cos\frac{\alpha-\beta}{2},$$

$$NM=DN\sin\frac{\alpha+\beta}{2}=\sin\frac{\alpha+\beta}{2}\sin\frac{\alpha-\beta}{2},$$

$$DM=DN\cos\frac{\alpha+\beta}{2}=\cos\frac{\alpha+\beta}{2}\sin\frac{\alpha-\beta}{2}。$$

因 $BN=DN$，所以 $EP=PG=NM$。由 $DG+BE=2NP$，$DG-BE=2DM$，$OG+OE=2OP$，$OE-OG=2NM$，可得

$$\sin\alpha+\sin\beta=2\sin\frac{\alpha+\beta}{2}\cos\frac{\alpha-\beta}{2}, \tag{1}$$

$$\sin\alpha-\sin\beta=2\cos\frac{\alpha+\beta}{2}\sin\frac{\alpha-\beta}{2}, \tag{2}$$

$$\cos\alpha+\cos\beta=2\cos\frac{\alpha+\beta}{2}\cos\frac{\alpha-\beta}{2}, \tag{3}$$

$$\cos\alpha-\cos\beta=-2\sin\frac{\alpha+\beta}{2}\sin\frac{\alpha-\beta}{2}。 \tag{4}$$

（二）利用正弦定理

相似三角形描述的是两个及以上三角形的关系，而正弦定理描述的则是一个三角形中边和角的关系，也是产生比例的有力工具。Robinson(1873)利用正弦定理证明了和差化积公式，具体过程如下。

如图 17-3，在以 C 为圆心、AK 为直径的单位圆 C 上取 B、D、G 三点，满足 $\overset{\frown}{AB}>\overset{\frown}{AD}$，$\overset{\frown}{AB}=\overset{\frown}{AG}$，连结 BG，交 AK 于点 E，过点 D 作 BG 的垂线，垂足为点 N，交$\odot C$ 于点 F，连结 BD、BF、FG、DG，分别过点 C、D 作 FD、AK 的垂线，垂足为点 M、H。

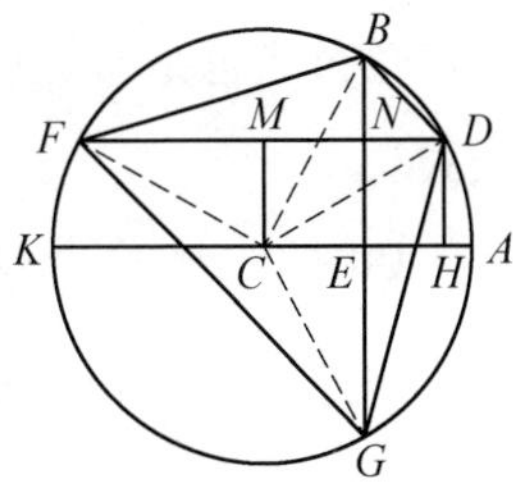

图 17-3 正弦定理法

设 $\angle ACB=\alpha$，$\angle ACD=\beta$，则 $\angle BCD=\alpha-\beta$，$\angle DCG=\alpha+\beta$，$BE=EG=\sin\alpha$，$EN=DH=\sin\beta$，$FM=MD=CH=\cos\beta$，$MN=CE=\cos\alpha$，由此可得

$$GN=\sin\alpha+\sin\beta,\ BN=\sin\alpha-\sin\beta,$$

$$FN=\cos\alpha+\cos\beta,\ ND=\cos\beta-\cos\alpha,$$

$$DG=2\sin\frac{\alpha+\beta}{2},$$

$$BF=2\sin\frac{\pi-\alpha-\beta}{2}=2\cos\frac{\alpha+\beta}{2},$$

$$\cos\angle NGD=\cos\frac{\angle BCD}{2}=\cos\frac{\alpha-\beta}{2},\ \sin\angle NGD=\sin\frac{\alpha-\beta}{2}。$$

在 $\triangle GND$ 中，$\sin\angle NDG=\cos\angle NGD$，$\sin\angle GND=\sin 90^\circ=1$，根据正弦定理，有 $\sin\angle GND : DG=\sin\angle NDG : GN$，因此有

$$1 : 2\sin\frac{\alpha+\beta}{2}=\cos\frac{\alpha-\beta}{2} : (\sin\alpha+\sin\beta),$$

将比例化为乘积的形式，可以得到公式(1)。同理，在 $\triangle FNB$、$\triangle GND$ 中，由正弦定理表示不同边、角之间的关系，可以推导出公式(2)～(4)。

同样利用图 17－3，Wood (1885)证明了公式(2)和公式(4)，但这是从正、余弦的比值定义出发，如：

$$\sin\angle NGD=\sin\frac{\alpha-\beta}{2}=\frac{ND}{GD}=\frac{EH}{GD}=\frac{\cos\beta-\cos\alpha}{2\sin\frac{\alpha+\beta}{2}},$$

即为公式(4)。

（三）利用线段和差

在平面几何中，线段之间除了可以产生比例，还可以进行加减，利用线段和差证明三角公式也是常见的几何方法。Lock (1882)利用线段的和差证明了和差化积公式。

如图 17－4，令 $\angle ROE=\alpha$，$\angle ROF=\beta$，则 $\angle FOE=\alpha-\beta$。OG 平分 $\angle EOF$，因此 $\angle FOG=\frac{\alpha-\beta}{2}$，$\angle ROG=\angle ROF+\angle FOG=\frac{\alpha+\beta}{2}$。在 OE 上任取一点 P，在 OF 上取点 Q，满足 $OP=OQ$，连结 PQ，交 OG 于点 K，则 $OG\perp PQ$，$PK=KQ$。过点 P、

K、Q 作 OR 的垂线，垂足分别为点 M、L、N，过点 K、Q 作 PM 的垂线，垂足分别为点 H、W，QW 交 KL 于点 V，又因为 K 为 PQ 中点，所以 $PH=HW$。由 $PM \parallel KL \parallel QN$，$K$ 为 PQ 中点，可得 $WV=VQ=ML=LN$，因此

$$\sin\alpha+\sin\beta=\frac{MP}{OP}+\frac{NQ}{OQ}=\frac{MP+NQ}{OQ}=\frac{2LK}{OQ}=2\frac{LK}{OK}\times\frac{OK}{OQ}=2\sin\frac{\alpha+\beta}{2}\cos\frac{\alpha-\beta}{2}。$$

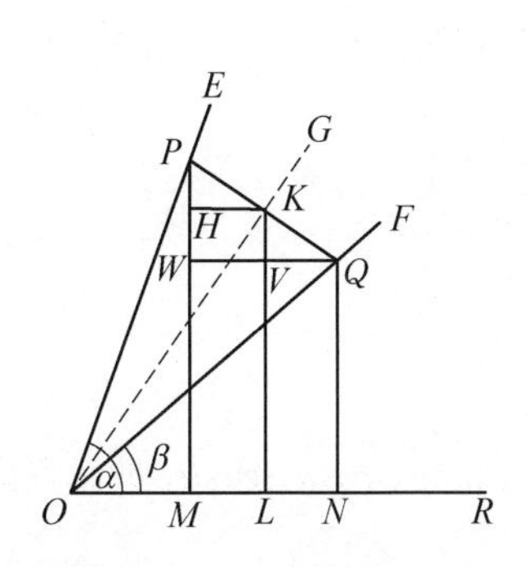

图 17-4 线段和差法之一

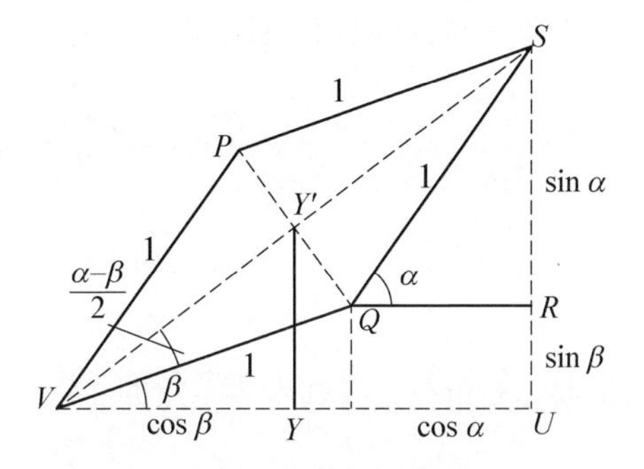

图 17-5 线段和差法之二

按照同样的思路，可以证明公式(2)～(4)。Crockett (1896)则将 OP、OQ 的长度设为 1，那么正、余弦便由线段表示，更凸显了构造线段和差的思想。Blakslee (1888)则是由图 17-5 证明了公式(1)，其本质也是线段加减，但是与图 17-4 的方法相比，运算的结果有了几何表征，如 $\sin\alpha+\sin\beta$ 即为线段 SU。后来数学家将角的范围进行推广，利用线段和差证明和差化积公式的做法同样适用于推广后的情形。

17.3.2 代数证明

（一）利用积化和差公式

积化和差公式与和差化积公式相互等价，利用积化和差公式证明和差化积公式是所考察教科书中常见的做法，涉及方程的思想和换元的方法。积化和差公式指的是

$$\sin\alpha\cos\beta=\frac{1}{2}[\sin(\alpha+\beta)+\sin(\alpha-\beta)], \tag{5}$$

$$\cos\alpha\sin\beta=\frac{1}{2}[\sin(\alpha+\beta)-\sin(\alpha-\beta)], \tag{6}$$

$$\cos\alpha\cos\beta=\frac{1}{2}[\cos(\alpha+\beta)+\cos(\alpha-\beta)], \tag{7}$$

$$\sin\alpha\sin\beta=\frac{1}{2}[\cos(\alpha-\beta)-\cos(\alpha+\beta)]。\tag{8}$$

令 $\alpha+\beta=\alpha'$，$\alpha-\beta=\beta'$，可得 $\alpha=\frac{\alpha'+\beta'}{2}$，$\beta=\frac{\alpha'-\beta'}{2}$，代入公式(5)～(8)，则可推导出公式(1)～(4)。

（二）利用和差角公式

在所考察的教科书中，利用和差角公式推导和差化积公式最常见的做法是令

$$\alpha=\frac{\alpha+\beta}{2}+\frac{\alpha-\beta}{2},$$

$$\beta=\frac{\alpha+\beta}{2}-\frac{\alpha-\beta}{2},$$

然后根据和差角公式得到由 $\frac{\alpha+\beta}{2}$、$\frac{\alpha-\beta}{2}$ 表示的 $\sin\alpha$、$\sin\beta$、$\cos\alpha$、$\cos\beta$，进而直接加减正、余弦便可得到公式(1)～(4)，这种变量变换的方法并非从天而降，而是暗含了"和差术"的思想，同时从几何上看，$\alpha=\frac{\alpha+\beta}{2}+\frac{\alpha-\beta}{2}$、$\beta=\frac{\alpha+\beta}{2}-\frac{\alpha-\beta}{2}$ 的表示方式刻画了 α 和 β 在数轴上关于中点 $\frac{\alpha+\beta}{2}$ 的对称性。因此无论是代数上利用"和差术"的变换技巧，还是几何上关于中点的位置对称，都能够解释 $\alpha=\frac{\alpha+\beta}{2}+\frac{\alpha-\beta}{2}$、$\beta=\frac{\alpha+\beta}{2}-\frac{\alpha-\beta}{2}$ 这种表示的合理性。此外，也有数学家直接从和差角公式出发，利用 $\sin(\alpha\pm\beta)$、$\cos(\alpha\mp\beta)$ 相乘得到和差化积公式(Cresswell, 1816, p. 184)，这种处理体现了和差角公式作为三角学中基本公式的重要地位。

（三）利用三角函数的复数表示

进入 19 世纪后期，多种教科书提到了利用复数的三角形式来证明三角公式。如 Blakslee (1888)指出，可以利用复数来证明公式(1)和(3)，并提到可以由图 17－5 来表征复数，从而利用复数的几何意义得到公式，但未给出详细证明。从现代数学的观点看，编者的证明思路涉及复平面上用点和向量表示复数。为了使公式推导过程更严谨，同时便于读者理解，用现代数学语言和表示方法将完整的证明过程补充如下①。

① 原文并未建立复平面，本文为方便读者理解，采用了复数的坐标表示。

令 $z_1=\cos\alpha+\mathrm{i}\sin\alpha$，$z_2=\cos\beta+\mathrm{i}\sin\beta$，则 z_1、z_2 在图 17-6 复平面中对应的点分别为 P、Q，将 z_1、z_2 相加，则所得结果 $z_3=(\cos\alpha+\cos\beta)+\mathrm{i}(\sin\alpha+\sin\beta)$ 在图 17-6 中的对应点为 $S(\cos\alpha+\cos\beta,\ \sin\alpha+\sin\beta)$。因 $OP=PS=SQ=QO=1$，故 Y' 是 OS 的中点。

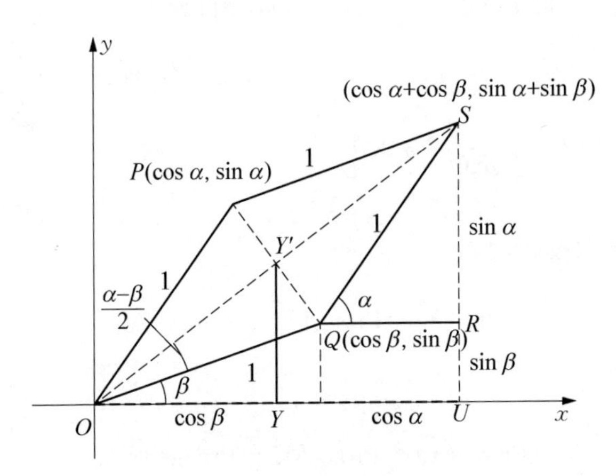

图 17-6　复数法

因

$$OY=OY'\cos\frac{\alpha+\beta}{2}=OQ\cos\frac{\alpha-\beta}{2}\cos\frac{\alpha+\beta}{2}=\cos\frac{\alpha-\beta}{2}\cos\frac{\alpha+\beta}{2},$$

$$YY'=OY'\sin\frac{\alpha+\beta}{2}=OQ\cos\frac{\alpha-\beta}{2}\sin\frac{\alpha+\beta}{2}=\cos\frac{\alpha-\beta}{2}\sin\frac{\alpha+\beta}{2},$$

故得 Y' 的坐标为 $\left(\cos\frac{\alpha+\beta}{2}\cos\frac{\alpha-\beta}{2},\ \sin\frac{\alpha+\beta}{2}\cos\frac{\alpha-\beta}{2}\right)$，于是得

$$\cos\alpha+\cos\beta=2\cos\frac{\alpha+\beta}{2}\cos\frac{\alpha-\beta}{2},$$

$$\sin\alpha+\sin\beta=2\sin\frac{\alpha+\beta}{2}\cos\frac{\alpha-\beta}{2}。$$

17.3.3　投影法——架设几何与代数方法的桥梁

投影在 19 世纪的教科书中是一个几何概念，如点或线段在直线上的投影也是点或线段，其本质是点、线段与一条直线上点、线段的对应关系。19 世纪末期有数学家利用投影证明和差化积公式，如 Pendlebury (1895)根据投影的几何意义，给出如下证明[①]：

如图 17-7，设 $\angle XOA=\alpha$，$\angle XOB=\beta$，在 OA、OB 上任取两点 P、Q，满足 $OP=OQ$，连结 PQ，延长 PQ 交 OX 于点 H，交 OY 于点 K。取 PQ 的中点 R，连结 OR，则 OR 平分 $\angle QOP$，$OR\perp PQ$，由此 $\angle ROP=\dfrac{\alpha-\beta}{2}$，$\angle XOR=\dfrac{\alpha+\beta}{2}$，$\angle QHO=90^\circ-\dfrac{\alpha+\beta}{2}$，$\angle QKO=\dfrac{\alpha+\beta}{2}$。

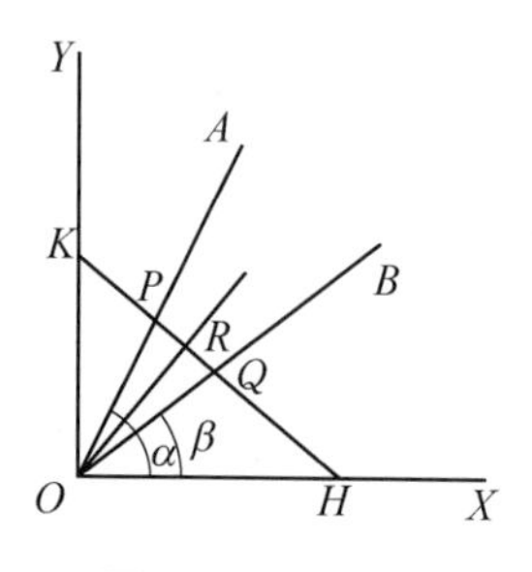

图 17-7　投影法

在直线 OX 上取投影，可得

$$\mathrm{Proj}_{OX}\overrightarrow{OQ}=\mathrm{Proj}_{OX}\overrightarrow{OR}+\mathrm{Proj}_{OX}\overrightarrow{RQ},$$

即

$$\mathrm{Proj}_{OX}\overrightarrow{OQ}-\mathrm{Proj}_{OX}\overrightarrow{RQ}=\mathrm{Proj}_{OX}\overrightarrow{OR},$$

而

$$\mathrm{Proj}_{OX}\overrightarrow{OP}+\mathrm{Proj}_{OX}\overrightarrow{PR}=\mathrm{Proj}_{OX}\overrightarrow{OR},$$

两式相加，可得

$$\mathrm{Proj}_{OX}\overrightarrow{OP}+\mathrm{Proj}_{OX}\overrightarrow{OQ}=2\times\mathrm{Proj}_{OX}\overrightarrow{OR},$$

因此

$$|\overrightarrow{OP}|\cos\angle XOP+|\overrightarrow{OQ}|\cos\angle XOQ=2|\overrightarrow{OR}|\cos\angle ROH,$$

即

$$|\overrightarrow{OP}|\cos\alpha+|\overrightarrow{OQ}|\cos\beta=2|\overrightarrow{OR}|\cos\frac{\alpha+\beta}{2},$$

可以推出公式(3)。同理，由

$$\mathrm{Proj}_{OX}\overrightarrow{OQ}=\mathrm{Proj}_{OX}\overrightarrow{OP}+\mathrm{Proj}_{OX}\overrightarrow{PQ},$$

可以推出公式(4)。

---

① 和第 13 章 13.3.9 节的做法一样，证明过程中采用了今天的向量符号。

在直线 OY 上取投影，可以推出

$$\mathrm{Proj}_{OY}\overrightarrow{OP}=\mathrm{Proj}_{OY}\overrightarrow{OR}+\mathrm{Proj}_{OY}\overrightarrow{RP},$$

$$\mathrm{Proj}_{OY}\overrightarrow{OP}=\mathrm{Proj}_{OY}\overrightarrow{OQ}+\mathrm{Proj}_{OY}\overrightarrow{QP},$$

由这两个式子可以推出公式(1)和(2)。

以向量为载体，投影的含义更加丰富，由几何线段的加减延伸至向量的运算，意味着投影不仅有了几何表征，还有了代数运算的特点，使得借助投影推导和差化积公式的方法脱离角的范围的限制，彰显了投影法的一般性。

17.4 和差化积公式的常见推论

通过对 110 种美英早期三角学教科书进行梳理，总结出如下两个常见推论。

17.4.1 推导正切定理

正切定理常用于解三角形，在所考察的教科书中，有编者认为，在利用对数解三角形的运算中，正切定理比正、余弦定理更方便。正切定理的证明并不复杂，利用正弦定理与和差化积公式可以给出一个简短、漂亮的证明：

$$\frac{a+b}{a-b}=\frac{\sin A+\sin B}{\sin A-\sin B}=\frac{2\sin\frac{A+B}{2}\cos\frac{A-B}{2}}{2\cos\frac{A+B}{2}\sin\frac{A-B}{2}}=\frac{\tan\frac{A+B}{2}}{\tan\frac{A-B}{2}}。$$

证明过程中和差化积公式起到了使分子、分母化简的关键作用。

17.4.2 推导三个角的正、余弦和差化积公式

对于任意三个角，其正、余弦的和差能得到什么结果呢？在所考察的教科书中，由和差化积公式得到了如下推论：

$$\sin\alpha+\sin\beta+\sin\gamma-\sin(\alpha+\beta+\gamma)=4\sin\frac{\beta+\gamma}{2}\sin\frac{\gamma+\alpha}{2}\sin\frac{\alpha+\beta}{2},\tag{9}$$

$$\cos\alpha+\cos\beta+\cos\gamma+\cos(\alpha+\beta+\gamma)=4\cos\frac{\beta+\gamma}{2}\cos\frac{\gamma+\alpha}{2}\cos\frac{\alpha+\beta}{2}。\tag{10}$$

下面将给出公式(9)的证明：

由

$$\sin\alpha-\sin(\alpha+\beta+\gamma)=-2\cos\frac{2\alpha+\beta+\gamma}{2}\sin\frac{\beta+\gamma}{2},$$

$$\sin\beta+\sin\gamma=2\sin\frac{\beta+\gamma}{2}\cos\frac{\beta-\gamma}{2},$$

可得

$$\begin{aligned}&\sin\alpha+\sin\beta+\sin\gamma-\sin(\alpha+\beta+\gamma)\\&=2\sin\frac{\beta+\gamma}{2}\cos\frac{\beta-\gamma}{2}-2\cos\frac{2\alpha+\beta+\gamma}{2}\sin\frac{\beta+\gamma}{2}\\&=2\sin\frac{\beta+\gamma}{2}\left(\cos\frac{\beta-\gamma}{2}-\cos\frac{2\alpha+\beta+\gamma}{2}\right)\\&=4\sin\frac{\beta+\gamma}{2}\sin\frac{\gamma+\alpha}{2}\sin\frac{\alpha+\beta}{2}。\end{aligned}$$

特别地，若 α、β、γ 为三角形的三个内角，则 $\alpha+\beta+\gamma=\pi$，代入公式(9)和公式(10)，即得

$$\sin\alpha+\sin\beta+\sin\gamma=4\sin\frac{\beta+\gamma}{2}\sin\frac{\gamma+\alpha}{2}\sin\frac{\alpha+\beta}{2}=4\cos\frac{\alpha}{2}\cos\frac{\beta}{2}\cos\frac{\gamma}{2},$$

$$\cos\alpha+\cos\beta+\cos\gamma=1+4\sin\frac{\alpha}{2}\sin\frac{\beta}{2}\sin\frac{\gamma}{2}。$$

公式(10)的证明方法同公式(9)，不再赘述。

17.5 结论与启示

110 种美英早期三角学教科书对和差化积公式的证明可分为几何方法和代数方法，此外还有兼具几何与代数特征的投影法。代数方法抽象，但是证明严谨、过程简洁；几何方法具象，但是证明过程往往限定了条件，公式在不同条件下的合理性需要进一步讨论；而投影法从最初的几何视角拓展至向量视角，兼具几何表征的形象和代数运算的简洁，19 世纪末期起常被不同的编者提起。和差化积公式在早期三角学教科书中的演变历史对今日教学有诸多启示。

（1）加强方法指导，渗透多元表征。早期教科书对和差化积公式的推导包含几何方法和代数方法，教师在教学中应当注重公式形式背后的几何渊源，为学生搭建数形结合的桥梁。比如利用线段和差方法中构造的图形，既在几何上为公式证明提供了模型，又在代数上为利用复数的三角形式证明和差化积公式提供了几何表征，可以作为教学中提升学生数形结合能力的切入点。此外，教师还要有意识地为学生提供知识的多元表征，如符号表征的公式(1)在利用线段和差的方法中可由线段表示，从而为抽象的符号找到图形表征，建立几何直观。

（2）注重知识迁移，培养数学直觉。从形式上看，和差化积公式实现了三角函数从和、差到积的转化，这种和、积转换思想已经渗透在对数的加法、因式分解等内容的学习中，公式的曾用名"因式分解公式"以及公式的作用之一"便于利用对数进行计算"也暗示着三角函数和、差与积之间的某种联系。教师在教学中可以让学生根据对数加法和因式分解涉及的和、积转换思想，猜想三角函数和、差运算结果的形式，潜移默化地培养学生的数学直觉。

（3）注重知识关联，设计探究应用。为了进一步凸显向量在平面几何中的应用性，现行人教版A版教科书将正弦定理和余弦定理放在平面向量的应用一节，而早期三角学教科书启示我们，和差化积公式也可以利用向量加以证明。教师可以在教学中设计向量在三角学中的应用课，既能够帮助学生挖掘知识之间的关联，巩固所学知识，又能够进一步展示向量在平面几何中的强大作用，让学生有意识地运用向量这一连结几何与代数的有力工具。

参考文献

中华人民共和国教育部(2020). 普通高中数学课程标准(2017年版2020年修订). 北京：人民教育出版社.

Blakslee, T. M. (1888). *Academic Trigonometry, Plane and Spherical*. Boston: Ginn & Company.

Bowser, E. A. (1892). *Elements of Plane and Spherical Trigonometry*. Boston: D. C. Heath & Company.

Carson, A. B. (1942). *Plane Trigonometry Made Plain*. Chicago: American Technical Society.

Cresswell, D. (1816). *A Treatise on Spherics*. Cambridge: J. Mawmar.

Crockett, C. W. (1896). *Elements of Plane and Spherical Trigonometry*. New York:

American Book Company.

Galbraith, J. A. (1863). *Manual of Plane Trigonometry*. London: Cassell, Petter & Galpin.

Hun, J. G. & MacInnes, C. R. (1911). *The Elements of Plane and Spherical Trigonometry*. New York: The Macmillan Company.

Lewis, E. (1844). *A Treatise on Plane and Spherical Trigonometry*. Philadelphia: H. Orr.

Lock, J. B. (1882). *A Treatise on Elementary Trigonometry*. London: Macmillan & Company.

Pendlebury, C. (1895). *Elementary Trigonometry*. London: George Bell & Sons.

Robinson, H. N. (1873). *Elements of Plane and Spherical Trigonometry*. New York & Chicago: Ivison, Blakeman, Taylor & Company.

Rothrock, D. A. (1910). *Elements of Plane and Spherical Trigonometry*. New York: The Macmillan Company.

Wood, D. V. (1885). *Trigonometry, Analytical, Plane and Spherical*. New York: John Wiley & Sons.

18 积化和差公式

陈雨晴*

18.1 引　言

积化和差公式是一组重要的三角恒等变换公式，它能够简化复杂的三角表达式，减少计算量。《普通高中数学课程标准(2017 年版 2020 年修订)》(本章以下简称《课标》)在三角恒等变换的内容要求中，明确提出要能运用两角和与差的正弦、余弦、正切公式等进行简单的恒等变换，包括推导出积化和差公式，但不要求记忆。推导积化和差公式可以有效帮助学生熟悉三角关系，熟练掌握和差角公式这一基本的三角学恒等式，经历推导过程后，学生可以基于理解运用公式，不会再因为"难记难背"而望而却步。翻开历史的画卷，我们发现积化和差公式有着丰富的现实背景，多样的证明方法，可谓生动而灵活。

早在 1510 年左右，德国天文学家维纳(J. Werner, 1468—1522)为了简化天文计算而率先使用了公式

$$\sin\alpha\sin\beta=\frac{1}{2}[\cos(\alpha-\beta)-\cos(\alpha+\beta)]。\tag{1}$$

1588 年，德国数学家乌尔索斯(N. Ursus, 1551—1600)给出了另一个公式

$$\cos\alpha\cos\beta=\frac{1}{2}[\cos(\alpha+\beta)+\cos(\alpha-\beta)]。\tag{2}$$

16 世纪丹麦天文学家第谷(Tycho Brahe, 1546—1601)利用公式(1)和(2)来简化天文计算，上述公式成了对数思想的源泉之一。后来的数学家和天文学家相继推导和利用了所有四个公式，并强调其在计算中的重要作用。在今天的三角教学中，对积化和差

* 华东师范大学教师教育学院硕士研究生。

公式的证明似乎桎梏在和差角公式里,少了几分往昔的光彩和想象力。

现行高中数学教科书均利用和差角公式来证明积化和差公式。但回望历史,积化和差公式的证明方法并不局限于此,我们可以通过对历史上早期教科书的梳理和分析,找到积化和差公式在不同时期的证明方法,以期为今日教学提供新的视角。鉴于此,本章聚焦积化和差公式,对美英早期三角学教科书进行考察,以试图回答以下问题:积化和差公式的证明方法有哪些?公式推导过程是怎样的?这些证明方法对今日教学有何启示?

18.2 教科书的选取

本章从有关数据库中选取了1810—1955年出版的104种美英三角学教科书作为研究对象,以20年为一个时间段进行统计,这些教科书的出版时间分布情况如图18-1所示。

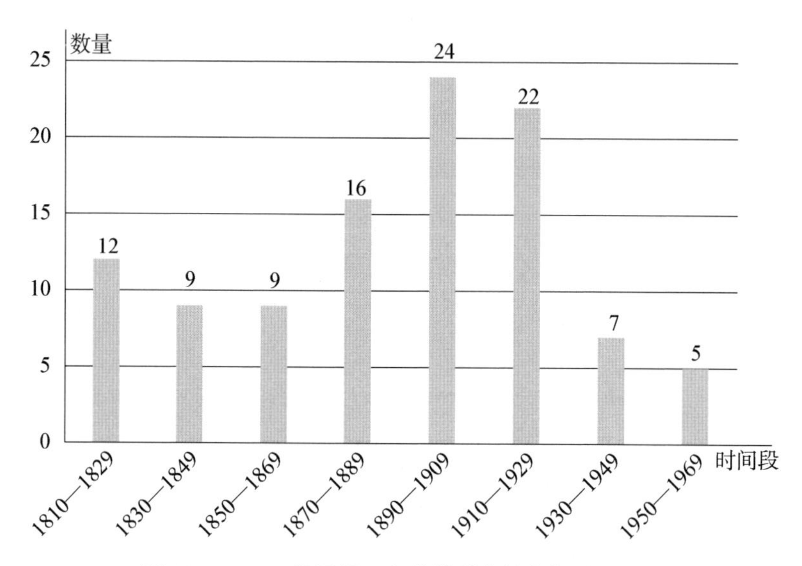

图18-1 104种早期三角学教科书的出版时间分布

为了回答研究问题1和2,本章按照年份依次检索了上述104种美英早期三角学教科书,并从中摘录出与积化和差公式相关的所有内容,经过整理和分析,发现积化和差公式主要分布在“三角学定理”“三角函数表”“三角恒等变换”“三角恒等式”等章中,通过内容分析,总结出几何与代数两类证明方法,并将104种教科书中的相关内容划分为不同类别。最后,结合相关证明方法的特点、思想,以及现行教科书的编排形式和已有的文献回答问题3。

18.3 积化和差公式的推导

英国数学家赫顿(C. Hutton, 1737—1823)曾经说过,三角学研究通常有两种方式,一种是几何的,另一种是代数的。几何方法能够直观、迅速地得到一些三角学的结论,但是对于更现代的科学来说就显得缓慢而迂回;相反,代数方法在基本理论的证明中有时显得迂回,但对于一些奇异而有趣的公式的证明则非常迅速和高效。(Hutton, 1811, pp. 53-54)所考察的教科书对积化和差公式的证明方法也大致吻合赫顿的分类,其中几何方法共有3种,集中出现在19世纪上半叶;代数方法主要有2种,贯穿19—20世纪。有4种教科书采用了几何方法,100种教科书采用了代数方法。

从早期教科书中积化和差公式名称的演变也能够窥见其不断完善的过程。最初,它仅作为和差角公式的推论,并没有一个专门的名称,之后,相继被称为"乘积转换公式"(Hall & Frink, 1910, p. 95)、"乘积公式"(Hart & Hart, 1942, p. 110),体现了积化和差公式的作用就是将正、余弦的积转换为正、余弦的和。有趣的是,多种教科书强调学生应该记忆这些公式,甚至还给出了帮助学生记忆的口诀(Pendlebury, 1895, p. 56; Hobson & Jessop, 1896, p. 91)。虽然这与《课标》和教科书的要求背道而驰,但同时也体现出历史上积化和差公式在三角学学习中的不可或缺。下面将给出美英早期三角学教科书中关于积化和差公式的不同推导方法。

18.3.1 几何证明

(一) 利用相似三角形

欧几里得在《几何原本》命题Ⅵ.33中证明了等圆中圆心角或圆周角之比等于它们所对的弧长之比。早期的三角学文献立足于该命题,以弧来度量角,正弦、余弦、正切表示的是与弧相关的直线段,从而也能够刻画角的一些关系,它们的大小显然与圆的半径有关,如图18-2,$\angle AOB=\angle COD=\alpha$,在小圆内有$\sin\alpha=AB$,$\cos\alpha=OA$,而在大圆内则有$\sin\alpha=CD$,$\cos\alpha=OC$。若$r_1$、$r_2$分别为大圆、小圆的半径,则满足

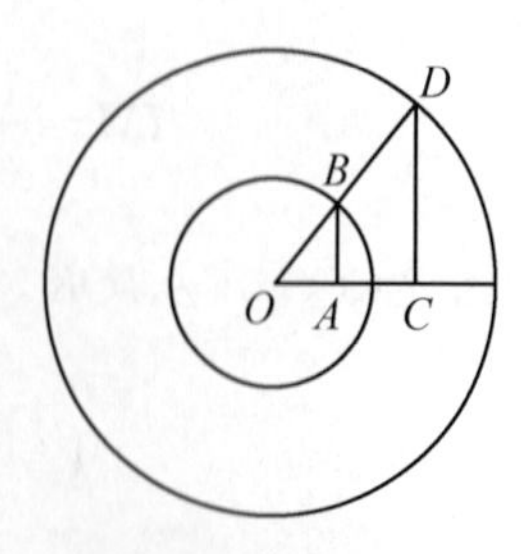

图18-2 线段表示角的正、余弦

$$\sin^2\alpha+\cos^2\alpha=r_1^2,\ \sin^2\alpha+\cos^2\alpha=r_2^2。$$

为了便于读者阅读和理解，本章仅考虑角的三角函数，且仅考虑单位圆。

由于早期的同角三角函数关系常常以比例的形式呈现，相似三角形则是产生比例最自然和直接的工具，当正、余弦以线段表示时，通过相似三角形之比，得到有关正、余弦的关系式也不足为奇。Nichols (1811)以圆中线段表示正、余弦，运用相似三角形的性质得到积化和差公式，并且指出公式在解决高等数学问题时的重要作用。具体的推导过程如下。

如图 18-3，在单位圆 O 中，$\angle AOC=\alpha$，$\angle COD=\beta$，过点 D 作 OC 的垂线，垂足为点 I，交$\odot O$ 于点 B。分别过点 B、C、D 作 OA 的垂线，垂足为点 F、G、H，则

$CG=\sin\alpha$，$OG=\cos\alpha$，

$BF=\sin(\alpha-\beta)$，$OF=\cos(\alpha-\beta)$，

$DH=\sin(\alpha+\beta)$，$OH=\cos(\alpha+\beta)$，

$DI=IB=\sin\beta$，$OI=\cos\beta$。

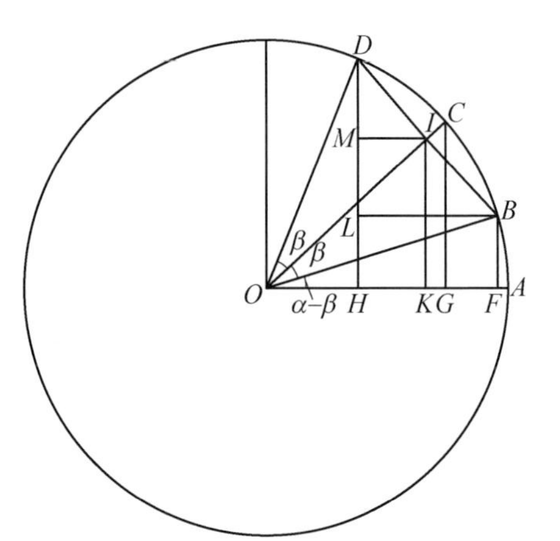

图 18-3　相似三角形法

过点 I 分别作 OA 和 DH 的垂线，垂足为点 K 和 M，于是得

$$IK=\frac{1}{2}(DH+BF)=\frac{1}{2}[\sin(\alpha+\beta)+\sin(\alpha-\beta)],$$

$$OK=\frac{1}{2}(OH+OF)=\frac{1}{2}[\cos(\alpha+\beta)+\cos(\alpha-\beta)],$$

$$DM=\frac{1}{2}(DH-BF)=\frac{1}{2}[\sin(\alpha+\beta)-\sin(\alpha-\beta)],$$

$$IM=\frac{1}{2}(OF-OH)=\frac{1}{2}[\cos(\alpha-\beta)-\cos(\alpha+\beta)]。$$

因 $\triangle COG\backsim\triangle IOK$，所以 $OC:OI=CG:IK=OG:OK$，于是得

$$1:\cos\beta=\sin\alpha:\frac{1}{2}[\sin(\alpha+\beta)+\sin(\alpha-\beta)],$$

$$1:\cos\beta=\cos\alpha:\frac{1}{2}[\cos(\alpha+\beta)+\cos(\alpha-\beta)],$$

即

$$\sin\alpha\cos\beta=\frac{1}{2}[\sin(\alpha+\beta)+\sin(\alpha-\beta)], \tag{3}$$

$$\cos\alpha\cos\beta=\frac{1}{2}[\cos(\alpha+\beta)+\cos(\alpha-\beta)]。$$

又因为$\triangle IDM \backsim \triangle COG$，所以$OC : DI = CG : IM = OG : DM$，于是得

$$1 : \sin\beta=\sin\alpha : \frac{1}{2}[\cos(\alpha-\beta)-\cos(\alpha+\beta)],$$

$$1 : \sin\beta=\cos\alpha : \frac{1}{2}[\sin(\alpha+\beta)-\sin(\alpha-\beta)],$$

即

$$\sin\alpha\sin\beta=\frac{1}{2}[\cos(\alpha-\beta)-\cos(\alpha+\beta)],$$

$$\cos\alpha\sin\beta=\frac{1}{2}[\sin(\alpha+\beta)-\sin(\alpha-\beta)]。 \tag{4}$$

利用公式(1)～(4)，Nichols (1811)还得到了和差角公式(参阅第 13 章 13.3.1 节)，这与今日教科书所呈现的顺序恰好相反。

（二）利用托勒密定理

Woodhouse (1819)在有两条邻边相等的单位圆内接四边形上运用托勒密定理，推导出积化和差公式，进而推导出和差角公式。(参阅第 13 章 13.3.3 节)

Woodhouse (1819)并未涉及公式(1)和(2)，但我们可以利用公式(3)和(4)，通过角的代换，得到完整的一组积化和差公式。

（三）利用线段和差

随着三角函数的线段定义被比值定义所取代，人们对图 18-3 进行了简化，不再需要圆。例如，Davison (1919)给出如下证明。

如图 18-4，令$\angle AOB=\alpha$，$\angle BOC=\angle BOD=\beta$。过$OC$上任一点$P$作$PQ$的垂线，垂足为点$Q$，交$OD$于点$R$，分别过点$P$、$Q$和$R$作$OA$的垂线，垂足为点$E$、$F$和$G$，再分别过点$Q$、$R$作$PE$的垂线，垂足为点$H$、$I$。于是有

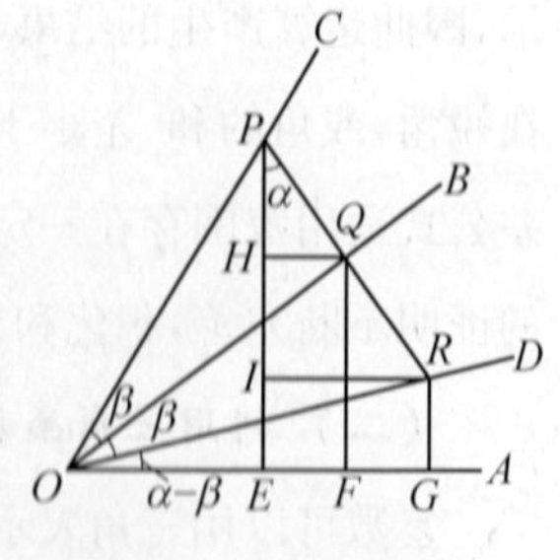

图 18-4 线段和差法

$$\sin(\alpha+\beta)+\sin(\alpha-\beta)=\frac{PE+RG}{OP}=\frac{2QF}{OP}=2\frac{QF}{OQ}\times\frac{OQ}{OP}=2\sin\alpha\cos\beta,$$

$$\sin(\alpha+\beta)-\sin(\alpha-\beta)=\frac{PE-RG}{OP}=\frac{2PH}{OP}=2\frac{PH}{PQ}\times\frac{PQ}{OP}=2\cos\alpha\sin\beta,$$

$$\cos(\alpha+\beta)+\cos(\alpha-\beta)=\frac{OE+OG}{OP}=\frac{2OF}{OP}=2\frac{OF}{OQ}\times\frac{OQ}{OP}=2\cos\alpha\cos\beta,$$

$$\cos(\alpha-\beta)-\cos(\alpha+\beta)=\frac{OG-OE}{OP}=\frac{2HQ}{OP}=2\frac{HQ}{PQ}\times\frac{PQ}{OP}=2\sin\alpha\sin\beta。$$

这种方法美中不足之处在于需要对角进行分类讨论。上述几何方法证明过程虽然直观,但只局限于锐角的情形,缺乏一般性。

18.3.2 代数证明

(一) 利用和差角公式

由基本公式运算产生新的结果是数学推论出现的重要方法。在所考察的 104 种三角学教科书中,编者常常利用和差角公式得到其他一系列重要的公式。本章涉及的和差角公式如下:

$$\cos(\alpha+\beta)=\cos\alpha\cos\beta-\sin\alpha\sin\beta, \tag{5}$$

$$\cos(\alpha-\beta)=\cos\alpha\cos\beta+\sin\alpha\sin\beta, \tag{6}$$

$$\sin(\alpha+\beta)=\sin\alpha\cos\beta+\cos\alpha\sin\beta, \tag{7}$$

$$\sin(\alpha-\beta)=\sin\alpha\cos\beta-\cos\alpha\sin\beta。 \tag{8}$$

由(7)±(8)、(5)±(6),即可推导出公式(1)~(4)。该方法成了 19—20 世纪三角学教科书中的主流。需要说明的是,此时期正、余弦仍然由与弧或角相关的直线段表示,因此运算产生的结果与半径有关。此外,早期对上述和差角公式的证明往往限定在锐角,或角的和、差小于 π,未对负角情况下公式的合理性进行阐述,这导致积化和差公式适用范围存在一定的局限性。随着比值定义和单位圆定义的出现,和差角公式的证明不断完善,积化和差公式的严谨性和适用性也进一步提升。

(二) 利用三角函数的复数表示

复数可以用三角表示,那三角自然也可以用复数来表示,从而正、余弦之间的运算可以被转换为复数之间的运算。19 世纪末,已经有教科书开始用复数定义三角函数,并说明可以通过复数运算得到一系列的三角公式。比如 Clarke (1888)提到,利用欧拉公式给出正、余弦的新定义后,所有的三角公式都可以通过分析的方法得到,因此三角学可以被看作代数的一支。Moritz (1915)给出了利用复数证明公式(3)的方法,具体过程如下:

$$\begin{aligned}2\sin\theta\cos\varphi&=2\,\frac{e^{i\theta}-e^{-i\theta}}{2i}\cdot\frac{e^{i\varphi}+e^{-i\varphi}}{2}\\&=\frac{e^{i(\theta+\varphi)}-e^{-i(\theta+\varphi)}+e^{i(\theta-\varphi)}-e^{-i(\theta-\varphi)}}{2i}\\&=\sin(\theta+\varphi)+\sin(\theta-\varphi)。\end{aligned}$$

早期的三角学教科书大多在例题或练习题中提到,可以利用三角函数的复数表示来证明除和差角公式之外的三角公式。从上述证明过程中我们不难看出,三角学与代数,特别是与分析学的紧密关联,利用分析学的相关知识对公式进行证明,展现了代数运算的重要性,虽然这更为抽象,但是也更简洁、严谨。

18.4 积化和差公式的常见推论

积化和差公式在早期教科书中被视为一组重要的公式,因为它们可以解决更为复杂、更为困难的问题。积化和差公式常见的推论有 3 种。

18.4.1 和差化积公式

和差化积公式与积化和差公式是等价的,Lock (1882)指出,学生应该对积化和差公式非常熟悉,它是和差化积公式的逆。

不妨令 $S=\alpha+\beta$, $T=\alpha-\beta$, 则

$$S+T=2\alpha,\ S-T=2\beta,\ \alpha=\frac{S+T}{2},\ \beta=\frac{S-T}{2},$$

则公式(1)~(4)可以写作

$$\sin S+\sin T=2\sin\frac{S+T}{2}\cos\frac{S-T}{2},$$

$$\sin S-\sin T=2\cos\frac{S+T}{2}\sin\frac{S-T}{2},$$

$$\cos S+\cos T=2\cos\frac{S+T}{2}\cos\frac{S-T}{2},$$

$$\cos S-\cos T=-2\sin\frac{S+T}{2}\sin\frac{S-T}{2}。$$

18.4.2 n 倍角的正、余弦递推公式

Chauvenet (1850)利用公式(1)～(4)推导出了 n 倍角的正、余弦公式。

由公式(3)和(4),可以得到

$$\sin(y+x)=2\sin y\cos x-\sin(y-x),$$

$$\sin(y+x)=2\cos y\sin x+\sin(y-x),$$

令 $y=(n-1)x$,则有

$$\sin nx=2\sin(n-1)x\cos x-\sin(n-2)x,$$

$$\sin nx=2\cos(n-1)x\sin x+\sin(n-2)x。$$

以上便是 n 倍角正弦的递推公式,同理,利用公式(1)和(2)可以得到 n 倍角余弦的递推公式

$$\cos nx=2\cos(n-1)x\cos x-\cos(n-2)x,$$

$$\cos nx=-2\sin(n-1)x\sin x+\cos(n-2)x。$$

书中还介绍了如何仅用 x 的正、余弦来表示 nx 的正、余弦,体现了化归思想。

18.4.3 $\alpha,\ \alpha+\beta,\ \alpha+2\beta,\ \cdots,\ \alpha+(n-1)\beta$ 的正、余弦求和

19 世纪中后期之后,美英三角学教科书关注了如何求一些三角级数,其中积化和差公式在求解过程中发挥了巨大作用。如,Loney (1893)利用积化和差公式,求得

$$\sin\alpha+\sin(\alpha+\beta)+\sin(\alpha+2\beta)+\cdots+\sin[\alpha+(n-1)\beta]$$

$$=\frac{\sin\left[\alpha+\left(\frac{n-1}{2}\right)\beta\right]\sin\frac{n\beta}{2}}{\sin\frac{\beta}{2}},$$

$$\cos\alpha+\cos(\alpha+\beta)+\cos(\alpha+2\beta)+\cdots+\cos[\alpha+(n-1)\beta]$$
$$=\frac{\cos\left[\alpha+\left(\frac{n-1}{2}\right)\beta\right]\sin\frac{n\beta}{2}}{\sin\frac{\beta}{2}}。$$

具体可参阅第 22 章。

18.5 结论与启示

梳理美英早期三角学教科书,发现积化和差公式的证明方法经历了由几何方法到代数方法,证明过程由不完善到完善的发展过程。几何方法将三角关系可视化,但是在角的范围上存在一定局限性,代数方法简洁严谨,但是缺少了对公式的形象表征。如果在教学中能够合理地串联几何方法与代数方法进行证明,那将有助于培养学生的直观想象和数学运算素养。美英早期三角学教科书中积化和差公式的内容对今日教学有着诸多启示。

(1) 揭示动因,激发兴趣。积化和差公式在历史上最早被称为"加减术",产生的动因是简化天文学中冗长复杂的运算,教师可以在授课时选择正、余弦乘积较为复杂的例子,以此例子的求解为学生创造学习动因,并适时补充数学史知识,激发学生的学习兴趣。

(2) 殊途同归,拓宽思维。现行教科书大多利用和差角公式的加减运算推导积化和差公式,这与历史上的主流方法一脉相承,但是也有数学家从积化和差公式的几何解法出发,推导和差角公式。为了加深学生对和差角公式与积化和差公式的印象,教师也可以尝试利用相似三角形等几何方法证明积化和差公式,再通过积化和差公式推导和差角公式,从而帮助学生真正实现所学内容的融会贯通。

(3) 以史为鉴,推陈出新。教师还可以设计探究任务,引导学生从三角形面积的角度来推导公式。例如,在图 18-6 所示的单位圆 O 中,$\angle AOB=\alpha$,$\angle AOC=\beta$(α 和 β 均为锐角,且 $\alpha>\beta$),过点 B 作 x 轴的垂线,交$\odot O$ 于点 D,连结 OD 和 CD;过点 C 作 x 轴的垂线,垂足为点 E,连结 BE,于是有

$$S_{\triangle BOC}=\frac{1}{2}\sin(\alpha+\beta),\ S_{\triangle COD}=\frac{1}{2}\sin(\alpha-\beta)。$$

因为

$$S_{\triangle BOC}+S_{\triangle COD}=S_{\triangle OBD}+S_{\triangle BCD}=S_{\triangle OBD}+S_{\triangle BED},$$

所以可得公式(3)。

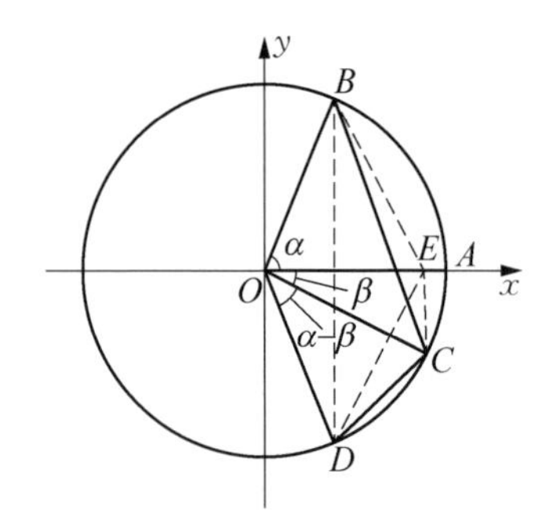

图 18-6　积化和差公式的面积证法

(4) 建立联系,深化理解。数学是一门不断发展的学科,正、余弦的定义不断演变,19 世纪中后期已经有教科书利用复数来定义正、余弦,并指出可以由此推导一系列三角公式。学习复数知识之后,反过来再利用复数推导这些三角公式,能够强化学生对复数的运用,加深他们对积化和差等公式的理解。这不仅串联了课程内容,还实现了对知识的多元表征,数学的发展性、文化性将在课堂中得以体现。同时,根据知识的固着点,教师还可以设计拓展课程,比如苏教版教科书在阅读材料中展现了利用托勒密定理证明和差角公式,而 Woodhouse (1819)却利用托勒密定理证明了积化和差公式,同一种方法,能够得到不同的结果,这便是数学变式的魅力,教师可以从托勒密定理出发设计拓展课,将不同的平面三角恒等式串联起来,帮助学生实现由知识"碎片化"到"整体化"的转变。

参考文献

汪晓勤,钱卫红. (2006). 关于积化和差公式的一个历史注记. 数学教学,(11):41-43.

中华人民共和国教育部. (2020). 普通高中数学课程标准(2017 年版 2020 年修订). 北京:人民教育出版社.

Chauvenet, W. (1850). *A Treatise on Plane and Spherical Trigonometry*. Philadelphia: J. B. Lippincott Company.

Clarke, J. B. (1888). *Manual of Trigonometry*. Oakland: Pacific Press.

Davison, C. (1919). *Plane Trigonometry for Secondary Schools*. Cambridge: The University Press.

Gregory, D. & Stone, E. (1765). *Euclid's Elements of Geometry*. London: J. Rivington.

Hall, A. G. & Frink, F. G. (1910). *Plane and Spherical Trigonometry*. New York: Henry Holt & Company.

Hart, W. W. & Hart, W. L. (1942). *Plane Trigonometry, Solid Geometry and Spherical Trigonometry*. Boston: D. C. Heath & Company.

Hutton, C. T. (1811). *A Course of Mathematics*. London: F. C. & J. Rivington.

Hobson, E. W. & Jessop, C. M. (1896). *An Elementary Treatise on Plane Trigonometry*. Cambridge: The University Press.

Lock, J. B. (1882). *A Treatise on Elementary Trigonometry*. London: Macmillan & Company.

Loney, S. L. (1893). *Plane Trigonometry*. Cambridge: The University Press.

Moritz, R. E. (1915). *Elements of Plane Trigonometry*. New York: John Wiley & Sons.

Nichols, F. (1811). *A Treatise of Plane and Spherical Trigonometry, in Theory and Practice*. Philadelphia: F. Nichols.

Pendlebury, C. (1895). *Elementary Trigonometry*. London: George Bell & Sons.

Woodhouse, R. (1819). *A Treatise on Plane and Spherical Trigonometry*. Cambridge: J. Deighton & Sons.

19 三角形的面积公式

钱益弘[*]

19.1 引　言

三角形是平面几何最基本的图形之一，其面积公式有着十分悠久的历史。古埃及和古巴比伦的数学文献中已记载了三角形面积公式。后来，古希腊数学家海伦(Heron，约公元1世纪)在他的《测地术》中给出了用三边表达的三角形面积公式。在我国，成书于东汉时期的《九章算术》记载了三角形面积公式，三国时期数学家刘徽利用出入相补原理对公式作了证明。伴随着三角学的发展和成熟，三角形的面积公式及其变形越来越多，推导方法也各不相同。

本章聚焦三角形面积公式，对美英早期三角学教科书进行考察和研究，试图回答以下问题：三角形面积公式及其推导方法有哪些？三角形面积公式的应用有哪些？这些内容对我们今日的教学有何启示？

19.2 教科书的选取

本章选取了1816—1955年间出版的108种美英三角学教科书作为研究对象，以20年为一个时间段进行统计，这些教科书的出版时间分布情况如图19-1所示。

在所考察的教科书中，三角形的面积公式主要出现在“解三角形”“斜三角形”“平面三角形的面积”等章节中，部分教科书也会将此内容放在“测量”“实际应用”等章节中介绍。

* 华东师范大学教师教育学院硕士研究生。

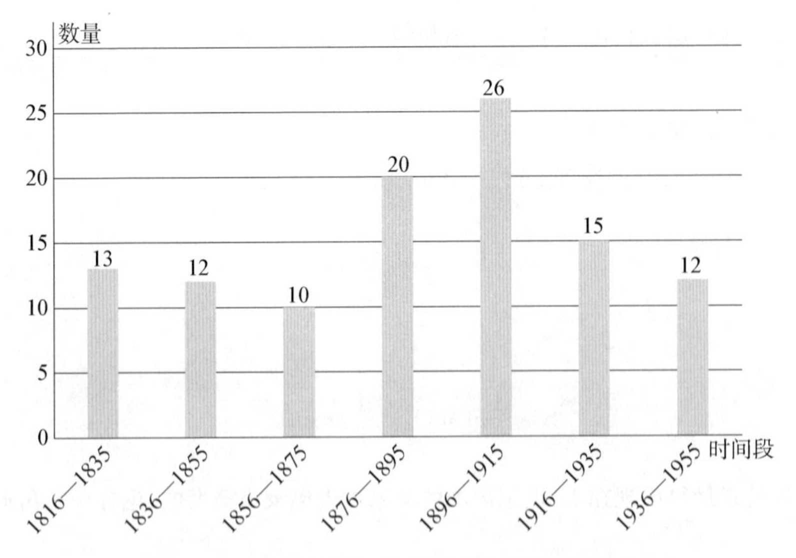

图 19－1　108 种早期三角学教科书的出版时间分布

19.3　三角形的面积公式

经考察，美英早期三角学教科书中三角形面积公式的形式多种多样，主要可分为以下 6 种。其中，除了海伦公式涉及 4 种不同证法（见 19.3.4 节）外，其他公式的证明方法基本一致。

19.3.1　已知底边与高

在美英早期三角学教科书中，三角形的面积公式 $S=\frac{1}{2}ch$ 常作为几何中的已知结论直接给出。也有教科书对其作了简单证明，如 Harding & Turner（1915）从矩形的面积出发，推导出任意三角形的面积公式。如图 19－2，在$\triangle ABC$ 的底边 AB 上作矩形 $ABEF$，记$\triangle ABC$ 的面积为 S，易知

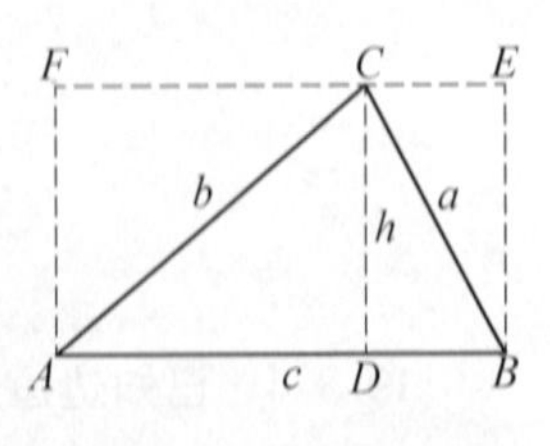

图 19－2　已知底边与高

$$S_{\triangle ABC}=S_{\triangle ACD}+S_{\triangle BCD}=\frac{1}{2}S_{\square ADCF}+\frac{1}{2}S_{\square DBEC}$$
$$=\frac{1}{2}S_{\square ABEF}=\frac{1}{2}ch。\tag{1}$$

上述公式已出现在古巴比伦、中国和印度的数学文献之中。

19.3.2 已知边角边

仍如图 19-2，由正弦定义知 $h=b\sin A$，代入(1)，得

$$S=\frac{1}{2}bc\sin A。\tag{2}$$

同理可得

$$S=\frac{1}{2}ac\sin B=\frac{1}{2}ab\sin C。$$

上述公式最早出现在 15 世纪德国数学家雷吉奥蒙塔努斯的《论各种三角形》中。

19.3.3 已知角边角或角角边

由正弦定理知 $b=\frac{c\sin B}{\sin C}$，代入(2)，得

$$S=\frac{c^2\sin A\sin B}{2\sin C}=\frac{c^2\sin A\sin B}{2\sin(A+B)}。\tag{3}$$

同理可得

$$S=\frac{a^2\sin B\sin C}{2\sin(B+C)}=\frac{b^2\sin A\sin C}{2\sin(A+C)}。$$

公式(3)也可以写成

$$S=\frac{c^2}{2(\cot A+\cot B)}。$$

19.3.4 已知边边边

已知三边，三角形的面积为

$$S=\sqrt{p(p-a)(p-b)(p-c)},\tag{4}$$

其中 $p=\frac{a+b+c}{2}$。公式(4)最早出现在古希腊数学家海伦的《测地术》中，海伦又在《测量仪器》和《度量数》中对其加以证明，故后人称之为海伦公式。

在早期三角学教科书中，关于海伦公式的证明主要有 4 种。

证法 1　利用勾股定理

Day (1815)用几何学知识详细证明了海伦公式。如图 19-3，设 $AD=d$，由勾股定理得

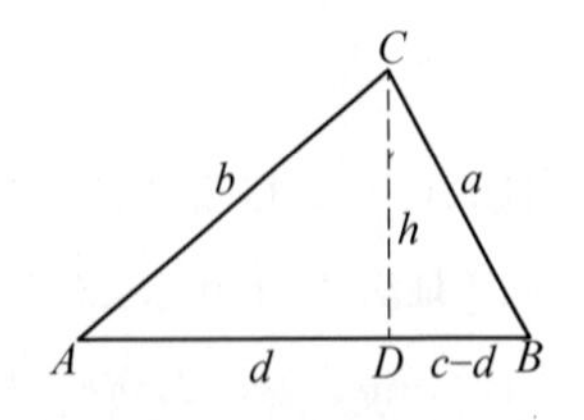

图 19-3　海伦公式证法 1

$$a^2=h^2+(c-d)^2=(b^2-d^2)+(c-d)^2=b^2+c^2-2cd,$$

于是得

$$d=\frac{b^2+c^2-a^2}{2c}。$$

再利用勾股定理，得

$$h^2=b^2-d^2=b^2-\left(\frac{b^2+c^2-a^2}{2c}\right)^2=\frac{4b^2c^2-(b^2+c^2-a^2)^2}{4c^2},$$

化简得

$$h=\frac{\sqrt{(a+b+c)(b+c-a)(a+c-b)(a+b-c)}}{2c},$$

代入(1)，得

$$S=\frac{1}{4}\sqrt{(a+b+c)(b+c-a)(a+c-b)(a+b-c)}。$$

令 $p=\dfrac{a+b+c}{2}$，即得公式(4)。

上述证明并未用到三角学的相关知识，只是反复利用勾股定理和公式(1)，故很少为早期三角学教科书所采用，到了 20 世纪，彻底被教科书所抛弃。

证法 2　利用半角公式和余弦定理

Rothrock (1910)利用半角公式和公式(2)，简洁地证明了海伦公式。美英早期大部分教科书都选用这种证明方法。

由倍角公式得

$$S=\frac{1}{2}bc\sin A=bc\sin\frac{A}{2}\cos\frac{A}{2}。\tag{5}$$

因 $0°<\dfrac{A}{2}<90°$，故 $\sin\dfrac{A}{2}>0$，由半角公式和余弦定理，可得(参阅第 16 章 16.5 节)

$$\sin\frac{A}{2}=\sqrt{\frac{1-\cos A}{2}}=\sqrt{\frac{(p-b)(p-c)}{bc}},\tag{6}$$

$$\cos\frac{A}{2}=\sqrt{\frac{1+\cos A}{2}}=\sqrt{\frac{p(p-a)}{bc}}。\tag{7}$$

代入(5),即得公式(4)。

证法3 利用余弦定理

Smail (1952)选择从公式(2)出发,直接利用余弦定理证明海伦公式。

将(2)两边平方,得

$$S^2=\frac{1}{4}b^2c^2\sin^2 A=\frac{1}{4}b^2c^2(1-\cos^2 A)=\frac{1}{4}b^2c^2(1+\cos A)(1-\cos A),$$

由余弦定理,得

$$\begin{aligned}S^2&=\frac{1}{4}b^2c^2\left(1+\frac{b^2+c^2-a^2}{2bc}\right)\left(1-\frac{b^2+c^2-a^2}{2bc}\right)\\&=\frac{1}{16}(a+b+c)(b+c-a)(a+c-b)(a+b-c)\\&=p(p-a)(p-b)(p-c),\end{aligned}$$

故得公式(4)。这里,教科书实际上得到了用三边表达的正弦公式

$$\sin A=\frac{2\sqrt{p(p-a)(p-b)(p-c)}}{bc}。$$

较之证法2,证法3本质上也是用三边表示出$\sin A$,只是推导过程略有不同,但采用的教科书较少,因为大多数教科书在面积公式的内容前都涉及半角公式,而很少利用余弦定理直接推导$\sin A$的表达式。

证法4 利用半径和正切公式

Kenyon & Ingold (1913)先推导三角形内切圆半径公式,进而推导出海伦公式。这种证明方法主要出现在20世纪的教科书中。

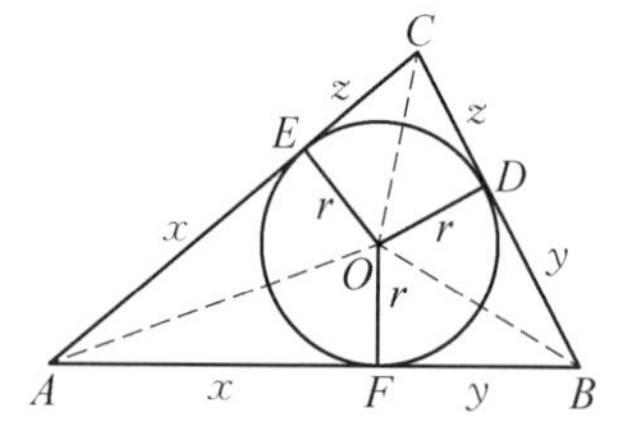

图19-4 海伦公式的证法4

如图19-4,作$\triangle ABC$的内切圆$\odot O$,过内心O作三边的垂线,垂足分别为点D、E和F。设$AE=AF=x$, $BD=BF=y$, $CD=CE=z$,内切圆的半径为r,则有

$$x+y+z=p,$$
$$x=p-(y+z)=p-a。$$

由图可知

$$\tan\frac{A}{2}=\frac{r}{x}=\frac{r}{p-a}, \tag{8}$$

又由(6)和(7),得

$$\tan\frac{A}{2}=\sqrt{\frac{(p-b)(p-c)}{p(p-a)}}=\frac{1}{p-a}\sqrt{\frac{(p-a)(p-b)(p-c)}{p}}, \tag{9}$$

比较(8)和(9),得

$$r=\sqrt{\frac{(p-a)(p-b)(p-c)}{p}}, \tag{10}$$

于是有

$$S=pr=\sqrt{p(p-a)(p-b)(p-c)}。$$

由此也可得到“三边一角”公式

$$S=p(p-a)\tan\frac{A}{2}。$$

19.3.5 已知三角或三边与外接圆或内切圆半径

Seaver (1889)在推导出公式(3)后,进一步对其进行变形。由正弦定理,知 $c=2R\sin C$,代入(3),得

$$S=2R^2\sin A\sin B\sin C, \tag{11}$$

从而得到以三个角与外接圆半径表达的面积公式。

类似地,编者还将 $\sin A=\frac{a}{2R}$ 代入公式(2),得到以三边和外接圆半径表达的面积公式

$$S=\frac{abc}{4R}。 \tag{12}$$

Hann(1854)从公式 $S=pr$ 出发,还得到另外两个公式:

$$S=Rr(\sin A+\sin B+\sin C),\tag{13}$$

$$S=r^2\cot\frac{A}{2}\cot\frac{B}{2}\cot\frac{C}{2}。\tag{14}$$

19.3.6 已知三边与三角

Miller (1891)利用半角公式的特点,给出了具有对称性质的三角形面积的三个公式。类似于公式(6),我们还可以得到

$$\sin\frac{B}{2}=\sqrt{\frac{(p-a)(p-c)}{ac}},$$

$$\sin\frac{C}{2}=\sqrt{\frac{(p-a)(p-b)}{ab}}。$$

于是得

$$\sin\frac{A}{2}\sin\frac{B}{2}\sin\frac{C}{2}=\sqrt{\frac{(p-b)(p-c)}{bc}}\sqrt{\frac{(p-a)(p-c)}{ac}}\sqrt{\frac{(p-a)(p-b)}{ab}}$$
$$=\frac{(p-a)(p-b)(p-c)}{abc},$$

由海伦公式,有

$$S^2=pabc\sin\frac{A}{2}\sin\frac{B}{2}\sin\frac{C}{2}。\tag{15}$$

同理可得

$$S=\frac{abc\cos\frac{A}{2}\cos\frac{B}{2}\cos\frac{C}{2}}{p},\tag{16}$$

$$S=p^2\tan\frac{A}{2}\tan\frac{B}{2}\tan\frac{C}{2},\tag{17}$$

Morrison(1880)给出了更多的“三边三角”公式:

$$S=\frac{2p^2\sin A\sin B\sin C}{(\sin A+\sin B+\sin C)^2};$$

$$S=\frac{p^2(\cos A+\cos B+\cos C-1)}{\sin A+\sin B+\sin C};$$

$$S=\frac{a^2b^2(\cot A+\cot B)}{2c^2\csc^2 C};$$

$$S=\frac{a^2+b^2-c^2}{4\tan\frac{1}{2}(A+B-C)};$$

$$S=\frac{a^2+b^2+c^2}{4(\cot A+\cot B+\cot C)};$$

$$S=\frac{(a+b+c)^2}{4\left(\cot\frac{A}{2}+\cot\frac{B}{2}+\cot\frac{C}{2}\right)};$$

$$S=\frac{ab+bc+ca}{2(\csc A+\csc B+\csc C)}。$$

此外，Morrison(1880)等还给出了“两边两角”或“两边三角”公式：

$$S=\frac{1}{2}(a^2-b^2)\frac{\sin A-\sin B}{\sin(A-B)};$$

$$S=\frac{1}{2}(b^2-c^2)\frac{\sin A\sin B\sin C}{\sin^2 B-\sin^2 C};$$

$$S=\frac{1}{2}(b^2+c^2)\frac{\sin A\sin B\sin C}{\sin^2 B+\sin^2 C};$$

$$S=\frac{1}{4}(a^2\sin 2B+b^2\sin 2A)。$$

19.4 三角形面积公式的应用

美英早期教科书中并没有对三角形面积公式的应用作出总结和归纳，主要在计算其他图形面积和三角形相关量时用到了三角形的面积公式。

19.4.1 求其他图形的面积

在计算其他多边形的面积时，经常使用的方法就是将图形分割成若干个三角形，然后利用三角形的面积公式分别进行计算后再求和,由此可以得到一些特别的面积公式。

例如,McCarty (1920)利用三角形的面积公式推导了一般正多边形的面积公式。如图19-5,对于正n边形,连结中心和n个顶点,将它分割成n个全等的等腰三角形。设正n边形的外接圆半径为r,面积为S,则由三角形的面积公式知

$$S_{\triangle ABC}=\frac{1}{2}r^2\sin\frac{360^\circ}{n},$$

求和得

$$S=nS_{\triangle ABC}=\frac{1}{2}r^2 n\sin\frac{360^\circ}{n}。\tag{18}$$

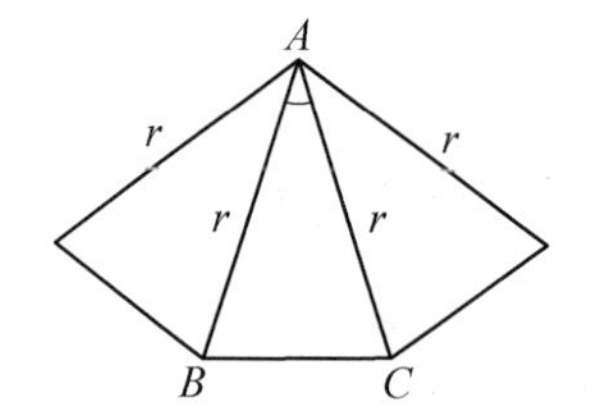

图19-5 求正多边形的面积

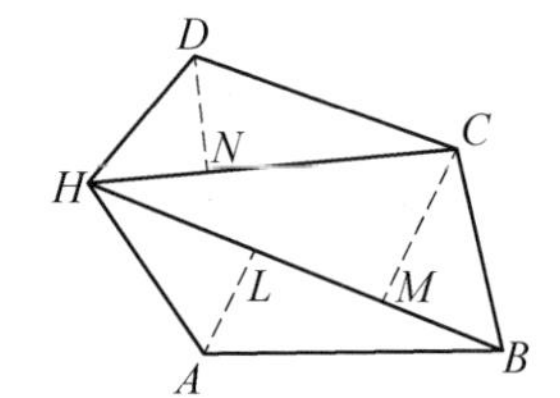

图19-6 分割法求不规则图形的面积

Day (1815)利用三角形面积公式计算不规则图形的面积。通过连结对角线的方法,将不规则多边形分成若干个三角形,则此图形的面积等于若干个三角形面积的和。如图19-6,对于多边形$ABCDH$,连结对角线CH、BH,以A、C、D为顶点分别作高AL、CM、DN。由底边与高公式,有

$$S=\frac{1}{2}HC\times DN+\frac{1}{2}HB(AL+CM)。$$

但是这种方法不太便于实际的测量和计算。Oliver, Wait & Jones (1881)利用极坐标计算不规则图形的面积。如图19-7,n边形$A_1A_2\cdots A_n$的顶点A_1, A_2, $\cdots$, A_n的极坐标分别为(r_1, θ_1), (r_2, θ_2), $\cdots$, (r_n, θ_n)。记不规则图形的面积为S,由等面积法,有

$$S=\frac{1}{2}[r_1r_2\sin(\theta_2-\theta_1)+\cdots+r_nr_1\sin(\theta_1-\theta_n)]。\tag{19}$$

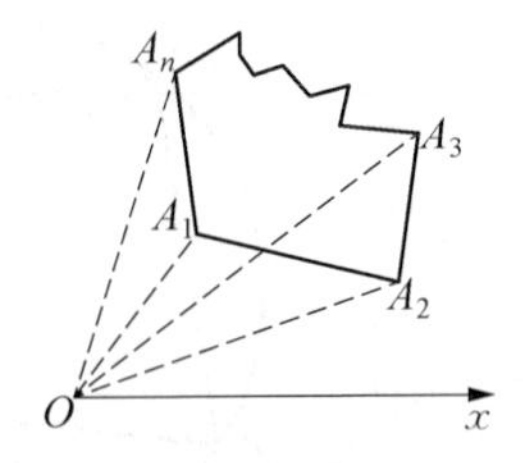

图 19-7 利用极坐标求不规则图形的面积

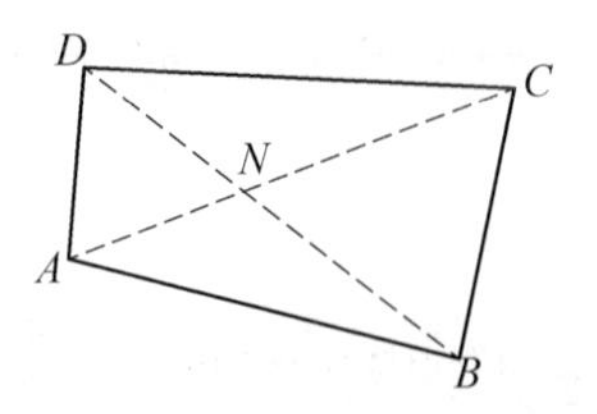

图 19-8 求一般四边形的面积

对于四边形，Day (1815)指出，可以利用对角线的长度计算它的面积。

如图 19-8，对于四边形 $ABCD$，连结对角线 AC、BD，交点为 N，相交所得的锐角或直角记为 α，记四边形的面积为 S。由"边角边"公式可知，

$$S_{\triangle ABN}=\frac{1}{2}AN\times BN\times\sin\alpha。$$

同理可得

$$S_{\triangle BCN}=\frac{1}{2}BN\times CN\times\sin\alpha,$$

$$S_{\triangle CDN}=\frac{1}{2}CN\times DN\times\sin\alpha,$$

$$S_{\triangle DAN}=\frac{1}{2}DN\times AN\times\sin\alpha。$$

于是可得

$$\begin{aligned}S&=S_{\triangle ABN}+S_{\triangle BCN}+S_{\triangle CDN}+S_{\triangle DAN}\\&=\frac{1}{2}(AN\times BN+BN\times CN+CN\times DN+DN\times AN)\times\sin\alpha\\&=\frac{1}{2}(BN\times AC+DN\times AC)\times\sin\alpha\\&=\frac{1}{2}AC\times BD\times\sin\alpha。\end{aligned}\tag{20}$$

更特别地，对于圆内接四边形，Lock (1882)利用三角形的面积公式和余弦定理推导出类似于海伦公式的面积公式。如图 19-9，四边形 $ABCD$ 是圆的内接四边形，四条边长依次记为 a、b、c、d，连结 BD，记四边形的面积为 S。由"边角边"公式，有

$$S_{\triangle ABD}=\frac{1}{2}ad\sin A,$$

$$S_{\triangle BCD}=\frac{1}{2}bc\sin C,$$

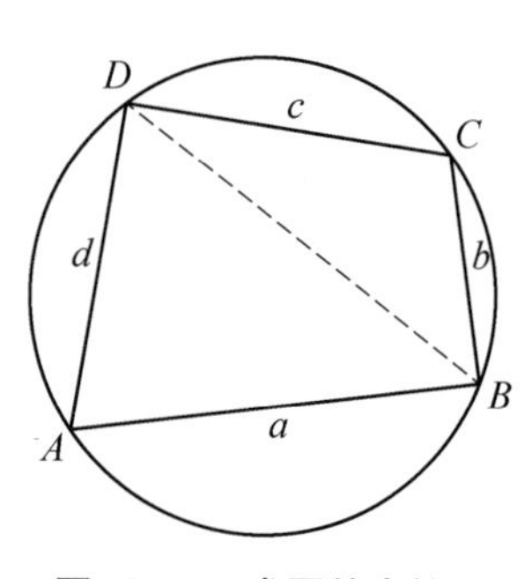

图 19－9　求圆的内接四边形的面积

则有

$$S=\frac{1}{2}(ad\sin A+bc\sin C)=\frac{1}{2}(ad+bc)\sin A。\quad(21)$$

利用余弦定理，得

$$\sin A=\frac{2\sqrt{(p-a)(p-b)(p-c)(p-d)}}{ad+bc},\quad(22)$$

其中，$p=\frac{a+b+c+d}{2}$。将(22)代入(21)，得

$$\begin{aligned}S&=\frac{1}{2}(ad+bc)\frac{2\sqrt{(p-a)(p-b)(p-c)(p-d)}}{ad+bc}\\&=\sqrt{(p-a)(p-b)(p-c)(p-d)}。\end{aligned}\quad(23)$$

19.4.2　求三角形的高

Chauvenet (1850)利用面积公式给出了三角形高的计算公式和一些性质。

设 h 是△ABC 边 AB 上的高，由底边与高公式，知

$$h=\frac{2S}{c}。\quad(24)$$

再由海伦公式知，三角形高的公式还可表示为

$$h=\frac{2\sqrt{p(p-a)(p-b)(p-c)}}{c}。\quad(25)$$

设三角形三边上的高分别为 h_1、h_2、h_3，由公式(24)，可得

$$\frac{1}{h_1}+\frac{1}{h_2}+\frac{1}{h_3}=\frac{a+b+c}{2S}=\frac{p}{S}。\quad(26)$$

19.4.3　求相关圆的半径

同样地，可以通过三角形的面积公式反过来推导相关圆的半径公式，主要包括内

切圆半径、外接圆半径和旁切圆半径。如，Hall & Frink (1910)先利用其他方法证明海伦公式，再结合公式 $S=pr$，反过来推导三角形内切圆半径 r 的公式

$$r=\frac{S}{p}=\sqrt{\frac{(p-a)(p-b)(p-c)}{p}}。\tag{27}$$

或者，Chauvenet (1850)结合公式 $S=pr$ 和公式(15)，得到了不一样的内切圆半径公式

$$r=p\tan\frac{A}{2}\tan\frac{B}{2}\tan\frac{C}{2}。\tag{28}$$

对于三角形的外接圆半径 R，由公式(12)反向推导，得

$$R=\frac{abc}{4S}。\tag{29}$$

对于公式(29)中的面积 S，可以代入不同的表达式，从而得到不同的半径公式。例如 Chauvenet (1850)进一步结合公式(16)，得到

$$R=\frac{p}{4\cos\frac{A}{2}\cos\frac{B}{2}\cos\frac{C}{2}}。\tag{30}$$

对于旁切圆的半径，Murray (1899)利用等面积法推导出旁切圆的半径。如图 19 - 10，$\triangle ABC$ 的与边 BC 相切的旁切圆半径记为 r_a，从圆心 Q 作三边或其延长线的垂线 QL、QM、QN。记$\triangle ABC$ 的面积为 S，则有

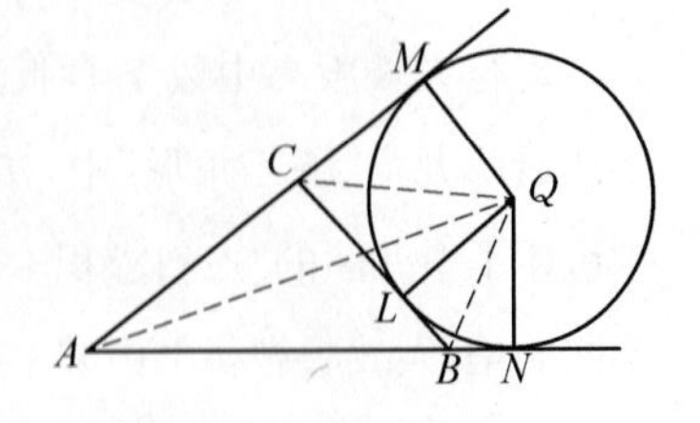

图 19 - 10 求旁切圆半径

$$S_{\triangle ABQ}+S_{\triangle ACQ}-S_{\triangle BCQ}=S。$$

由三角形的面积公式，有

$$\frac{1}{2}r_a c+\frac{1}{2}r_a b-\frac{1}{2}r_a a=S,$$

$$\frac{1}{2}(b+c-a)r_a=S,$$

$$(p-a)r_a=S,$$

则有

$$r_a=\frac{S}{p-a}。\tag{31}$$

同理可得

$$r_b=\frac{S}{p-b},\tag{32}$$

$$r_c=\frac{S}{p-c},\tag{33}$$

由(31)、(32)和(33)可得

$$\frac{1}{r_a}+\frac{1}{r_b}+\frac{1}{r_c}=\frac{p}{S}。\tag{34}$$

19.5 结论与启示

综上所述,美英早期三角学教科书中的三角形面积公式大致可以分为 6 种形式,分别是底与高、边角边、角边角或角角边、边边边、三边或三角与外接圆或内切圆半径、三边三角。特别地,三边公式称作海伦公式,证明方法也分成 4 种。关于三角形面积公式的应用,主要集中在求其他图形的面积、求三角形的高和求相关圆的半径三个方面。

现行人教版高中数学 B 版教科书中关于三角形面积公式的内容主要出现在必修第四册第九章“解三角形”中,在正弦定理的内容中证明了公式(2),并在拓展阅读模块中讲述了秦九韶的“三斜求积术”(化简后也称作海伦公式)。与美英早期三角学教科书不同的是,人教版教科书中并未提前引入半周长的概念,所以利用余弦定理,用三边表示 sin A,由此证明秦九韶“三斜求积术”,并且也没有化成海伦公式那样简单的形式。

现行沪教版高中数学教科书中三角形面积公式出现在必修第二册第六章“三角”的第三节“解三角形”中,内容基本与人教版一致:在学习正弦定理时证明了公式(2),并在探究与实践中补充了“海伦公式与‘三斜求积’公式”,稍有不同的是沪教版教科书给出了海伦公式的相关内容。从这两种教科书和美英早期三角学教科书的对比中也能发现,后者更关注公式的分类是否全面;而前者更关注公式的应用价值,所以舍弃了繁琐的公式,在解三角形的过程中发现求解三角形面积的情形都是可以相互转化的,所以,作为学生不需要记住所有的三角形面积公式,而是要了解公式推导的过程和公式的本质。

美英早期三角学教科书中的三角形面积公式为今日教学提供了丰富的材料和思想启迪。

(1) 将数学史融入课堂教学。通过梳理关于三角形面积的发展脉络，关键的人物、公式与著名的定理都能引起学生探究和学习的兴趣，在历史上，不同时期有很多数学家从不同的角度用不同的方法对公式进行证明，从而提出了很多不同的公式，但也有很多公式却因应用范围限制或者形式太过复杂而被舍弃。教师可以借助微视频或讲述的方式，让学生了解这一段探索改进、创新发展的历史，让学生感受到数学的思想与精神。从概念图(图 19－11)中可以看出，有了三角函数和相关定理，三角形面积公式变得丰富多彩，学生可在推导过程中提高对三角学知识的理解与应用能力。

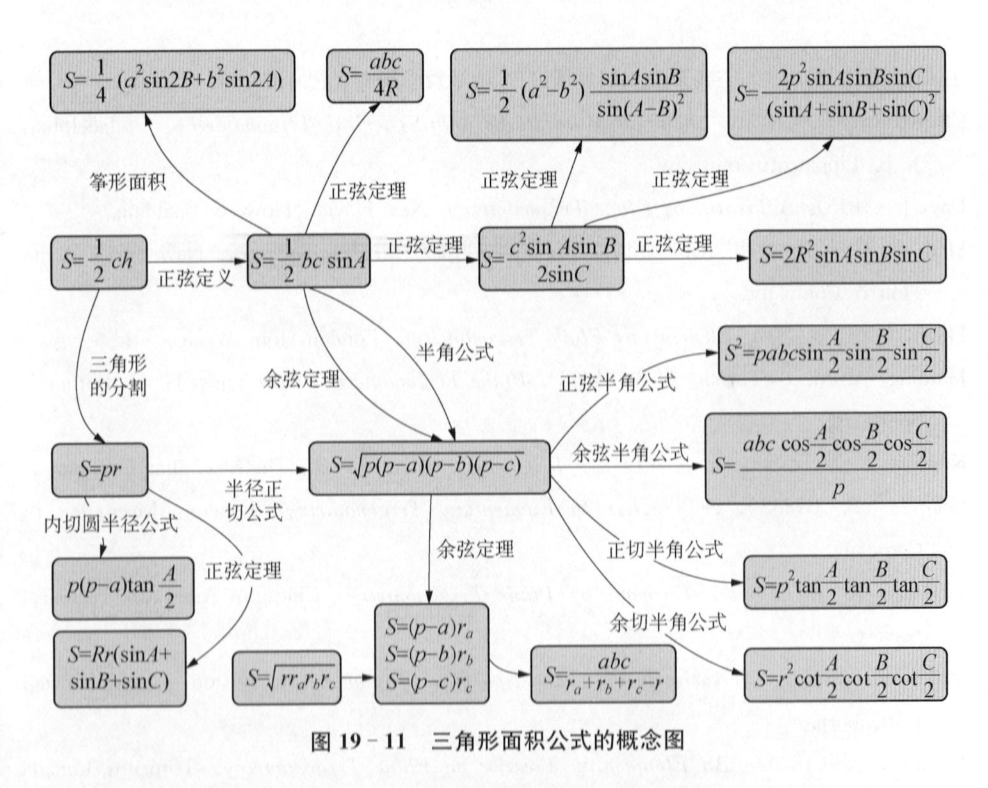

图 19－11　三角形面积公式的概念图

(2) 将公式分类思想运用于教学实践。在探究三角形面积公式时，可以在学习了正弦定理和余弦定理的基础上，先让学生自发地探究，然后教师再对学生发现的公式进行总结与补充。比如学生没有对已知三边的情形进行探究，就可以从边和角的角度去提示学生如何对公式所对应的情形进行分类：已知两边及其夹角的情形和已知两角和一边的情形都已经推导出来了，那么还有没有更多的情形？等等，这一过程有助于培养学生的逻辑思维能力。

(3) 将几何学与三角学相联系。对于海伦公式的证明,教师可以利用两种不同的证明方法。几何方法可以让学生感受到其推导证明过程的本质就是勾股定理的应用,运用熟悉的知识可以让学生更好地掌握公式和应用公式;利用三角学的知识进行证明可以将教科书中的前后知识联系起来,形成一个整体,有助于体现三角学定理的应用价值。与几何方法相比,后者的证明思路更加清晰和明确,有利于培养学生的逻辑推理能力,并让他们体会三角学的价值。

参考文献

王治盟,高桂凤(2020). 三角形面积的发展过程. 中学数学研究,(10):37-41.

Chauvenet, W. (1850). *A Treatise on Plane and Spherical Trigonometry*. Philadelphia: J. B. Lippincott Company.

Day, J. (1815). *A Treatise of Plane Trigonometry*. New Haven: Howe & Spalding.

Hall, A. G. & Frink, F. G. (1910). *Plane and Spherical Trigonometry*. New York: Henry Holt & Company.

Hann, J. (1854). *The Elements of Plane Trigonometry*. London: John Weale.

Harding, A. M. & Turner, J. S. (1915). *Plane Trigonometry*. New York: G. P. Putnam's Sons.

Kenyon, A. M. & Ingold, L. (1913). *Trigonometry*. New York: The Macmillan Company.

Lock, J. B. (1882). *A Treatise on Elementary Trigonometry*. London: Macmillan & Company.

McCarty, R. J. (1920). *Elements of Plane Trigonometry*. Chicago: American Technical Society.

Miller, E. (1891). *A Treatise on Plane and Spherical Trigonometry*. Boston: Leach, Shewell & Sanborn.

Morrison, J. (1880). *An Elementary Treatise on Plane Trigonometry*. Tororito: Canada Publishing Company.

Murray, D. A. (1899). *Plane Trigonometry for Colleges and Secondary Schools*. New York: Longmans, Green, & Company.

Oliver, J. E., Wait L. A. & Jones, G. W. (1881). *A Treatise on Trigonometry*. Ithaca: Finch & Apgar.

Rothrock, D. A. (1910). *Elements of Plane and Spherical Trigonometry*. New York: The

Macmillan Company.

Seaver, E. P. (1889). *Elementary Trigonometry, Plane and Spherical*. New York & Chicago: Taintor Brothers & Company.

Smail, L. L. (1952). *Trigonometry, Plane and Spherical*. New York: McGraw-Hill Book Company.

20 三角形内切圆和旁切圆的半径公式

刘梦哲*

20.1 引　言

“圆”是一个古老的课题，人类的生产、生活和它密切相关。在初中阶段，学生已经掌握了三角形四心的概念，并能作三角形的外接圆和内切圆。到了高中阶段，学生需要学习三角函数的知识，解三角形则是这一板块的重点和难点之一。借助三角函数的定义、三角恒等变换公式等内容，可以解决简单的实际问题，三角形内切圆的半径公式也可以用所学知识进行推导。

在倡导数学文化进课堂的今天，融入数学史的教学，努力让学生在学习数学的过程中接受文化熏陶，引起文化共鸣，提升数学的文化品位显得尤为重要。就三角形内切圆的半径公式而言，教师需要了解其背后更广阔的历史背景，掌握更为丰富的数学史素材。公元前3世纪，欧几里得在《几何原本》第4卷中，利用直尺和圆规作出了三角形的内切圆和外接圆，但没有给出三角形内切圆的半径公式。中国汉代《九章算术》勾股章中的“勾股容圆”问题即为求直角三角形内切圆直径的问题。

公式与定理固然是数学课程最重要的内容之一，而教科书中往往只呈现公式或定理的一种证明方法。翻开历史的画卷，古今中外，上下数千年的历史长河积淀了人类的思想精华(汪晓勤，2017，p.167)，这些精彩纷呈的思想方法正是今天培育核心素养、实施学科德育、落实立德树人的宝贵素材。鉴于此，本章对美英早期三角学教科书中三角形内切圆半径公式的内容进行考察，试图回答以下问题：历史上有哪些推导三角形内切圆半径公式的方法？这些推导方法是如何演变的？历史上出现的各种推导方法对今日教学有何启示？

---

* 华东师范大学教师教育学院硕士研究生。

20.2　教科书的选取

本章选取 1811—1960 年间出版的 106 种美英三角学教科书作为研究对象，以 25 年为一个时间段进行统计，这些教科书的出版时间分布情况如图 20－1 所示。

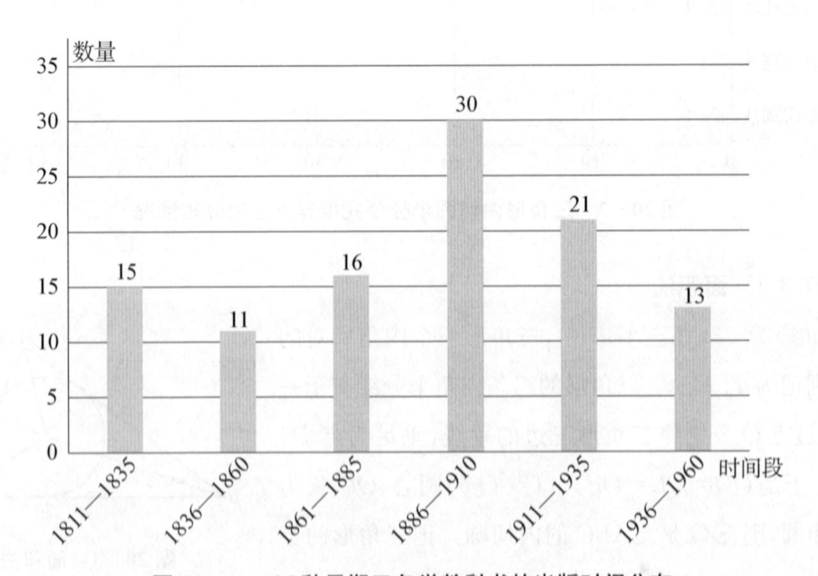

图 20－1　106 种早期三角学教科书的出版时间分布

为回答研究问题 1 和 2，按年份依次检索上述 106 种早期教科书，从“斜三角形”“解三角形”“解斜三角形”“三角形的性质”等章中，分别摘录出三角形内切圆半径公式的各种推导方法，再经内容分析，将其归于不同类别，并分析其演变过程。最后，结合所搜集的三角形内切圆半径公式的不同推导方法，回答研究问题 3。

20.3　三角形内切圆半径公式

在 106 种教科书中，有 71 种给出了三角形内切圆半径公式的推导方法，包括面积法、半角公式法、边角关系法、两角和的正切公式法、正弦定理法、正切定理法、旁切圆法 7 种，其中有 6 种教科书给出 2 种证明方法。具体分布情况如图 20－2 所示。

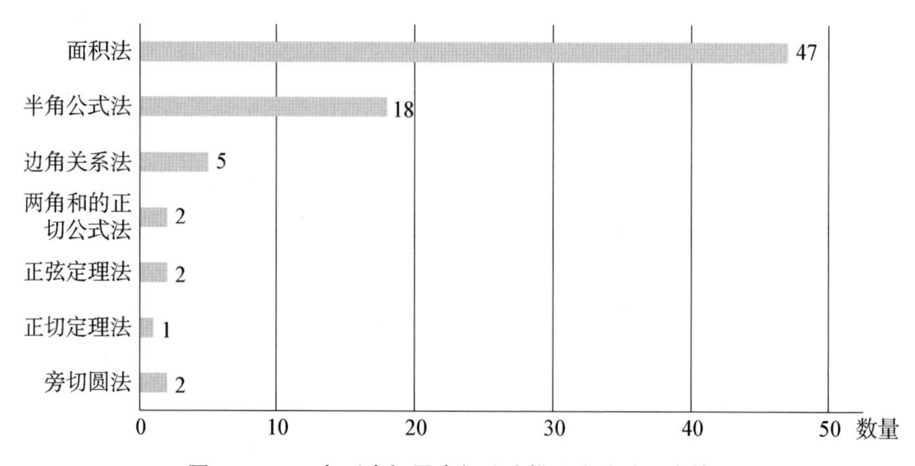

图 20-2　三角形内切圆半径公式推导方法的分布情况

20.3.1　面积法

如图 20-3，在$\triangle ABC$ 中，三角形三个内角所对的边分别记为 a、b、c。三角形的三条内角平分线交于一点 O，过点 O 分别作三角形三边的垂线，垂足为点 D、E、F，于是 $OD=OE=OF$。以点 O 为圆心、OD 长为半径作圆，则$\odot O$ 是$\triangle ABC$ 的内切圆。记三角形的半周长 $p=\dfrac{a+b+c}{2}$ 及$\odot O$ 的半径为 r。

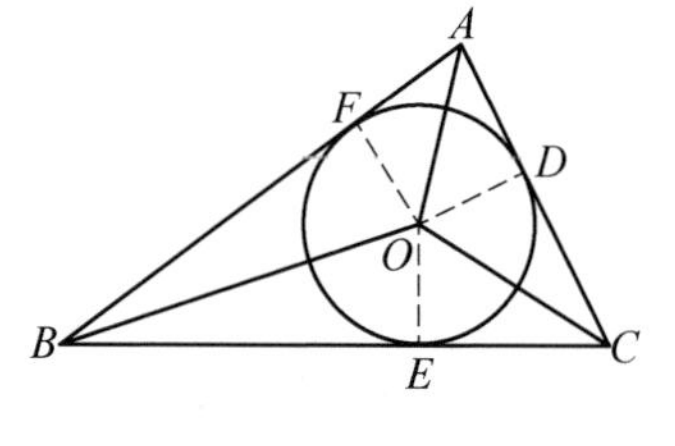

图 20-3　面积法

Perlin (1955)运用海伦公式推导三角形内切圆半径公式。如图 20-3，$\triangle ABC$ 的面积可表示为

$$S_{\triangle ABC}=\frac{1}{2}ar+\frac{1}{2}br+\frac{1}{2}cr=pr,$$

又由海伦公式可知

$$S_{\triangle ABC}=\sqrt{p(p-a)(p-b)(p-c)},$$

所以

$$pr=\sqrt{p(p-a)(p-b)(p-c)},$$

化简可得

$$r=\sqrt{\frac{(p-a)(p-b)(p-c)}{p}}。$$

Nixon (1892)运用边角边公式推导三角形内切圆半径公式。

因为 $S_{\triangle ABC}=\frac{1}{2}ab\sin C$，所以

$$r=\frac{S_{\triangle ABC}}{p}=\frac{ab\sin C}{a+b+c}=\frac{a\sin B\sin C}{\sin A+\sin B+\sin C},$$

又因为

$$\sin A+\sin B+\sin C=4\cos\frac{A}{2}\cos\frac{B}{2}\cos\frac{C}{2},$$

所以

$$r=\frac{4a\sin\frac{B}{2}\cos\frac{B}{2}\sin\frac{C}{2}\cos\frac{C}{2}}{4\cos\frac{A}{2}\cos\frac{B}{2}\cos\frac{C}{2}}=\frac{a\sin\frac{B}{2}\sin\frac{C}{2}}{\cos\frac{A}{2}}。$$

20.3.2 半角公式法

Wylie (1955)运用三角形中的半角公式推导三角形内切圆半径公式。

仍如图 20 - 3，由

$$p=AF+BE+CD,$$

得

$$AF=p-(BE+CD)=p-(BE+CE)=p-a,$$

于是

$$\tan\frac{A}{2}=\frac{OF}{AF}=\frac{r}{p-a}。$$

又因

$$\tan\frac{A}{2}=\frac{1}{p-a}\sqrt{\frac{(p-a)(p-b)(p-c)}{p}},$$

故得三角形内切圆半径为

$$r=\sqrt{\frac{(p-a)(p-b)(p-c)}{p}}。$$

将 $\tan\frac{A}{2}=\sqrt{\frac{(p-b)(p-c)}{p(p-a)}}$、$\tan\frac{B}{2}=\sqrt{\frac{(p-a)(p-c)}{p(p-b)}}$、$\tan\frac{C}{2}=\sqrt{\frac{(p-a)(p-b)}{p(p-c)}}$ 相乘,可得

$$\tan\frac{A}{2}\tan\frac{B}{2}\tan\frac{C}{2}=\frac{1}{p}\sqrt{\frac{(p-a)(p-b)(p-c)}{p}}。$$

于是,Crawley (1890)得到三角形内切圆半径的另一个公式

$$r=p\tan\frac{A}{2}\tan\frac{B}{2}\tan\frac{C}{2}。$$

20.3.3 边角关系法

Phillips & Strong (1926)运用三角形边和角的关系推导三角形内切圆半径公式。仍如图 20-3,因为 $a=BE+EC$,而 $BE=r\cot\frac{B}{2}$, $EC=r\cot\frac{C}{2}$,所以

$$a=r\cot\frac{B}{2}+r\cot\frac{C}{2}=r\left(\cot\frac{B}{2}+\cot\frac{C}{2}\right)。$$

又因

$$\cot\frac{B}{2}+\cot\frac{C}{2}=\frac{\sin\frac{C}{2}\cos\frac{B}{2}+\sin\frac{B}{2}\cos\frac{C}{2}}{\sin\frac{B}{2}\sin\frac{C}{2}}=\frac{\sin\frac{B+C}{2}}{\sin\frac{B}{2}\sin\frac{C}{2}}=\frac{\cos\frac{A}{2}}{\sin\frac{B}{2}\sin\frac{C}{2}},$$

故得

$$r=\frac{a}{\cot\frac{B}{2}+\cot\frac{C}{2}}=a\frac{\sin\frac{B}{2}\sin\frac{C}{2}}{\cos\frac{A}{2}}=a\sec\frac{A}{2}\sin\frac{B}{2}\sin\frac{C}{2}。$$

20.3.4 两角和的正切公式法

Lambert & Foering (1905)运用两角和的正切公式推导三角形内切圆半径公式。仍如图 20-3,记 $AD=AF=x$, $BE=BF=y$, $CD=CE=z$。因为三角形的内角和等

于 180°,所以 $\frac{A}{2}=90°-\frac{B+C}{2}$,于是

$$\tan\frac{A}{2}=\cot\frac{B+C}{2}=\frac{1}{\tan\left(\frac{B}{2}+\frac{C}{2}\right)}=\frac{1-\tan\frac{B}{2}\tan\frac{C}{2}}{\tan\frac{B}{2}+\tan\frac{C}{2}},\tag{1}$$

又因为 $\tan\frac{A}{2}=\frac{OF}{AF}=\frac{r}{x}$, $\tan\frac{B}{2}=\frac{OE}{BE}=\frac{r}{y}$, $\tan\frac{C}{2}=\frac{OD}{CD}=\frac{r}{z}$,代入(1),可得

$$\frac{r}{x}=\frac{1-\frac{r}{y}\times\frac{r}{z}}{\frac{r}{y}+\frac{r}{z}}=\frac{yz-r^2}{r(y+z)},$$

整理得

$$r^2(x+y+z)=xyz,$$

于是有

$$r=\sqrt{\frac{xyz}{x+y+z}}=\sqrt{\frac{(p-a)(p-b)(p-c)}{p}}。$$

20.3.5　正弦定理法

Davison (1919)引入三角形外接圆的半径来表示三角形内切圆的半径。

如图 20-3,因为 $S_{\triangle OBC}=\frac{1}{2}ar$,而 $S_{\triangle OBC}=\frac{1}{2}BO\times CO\sin\angle BOC$,所以 $ar=BO\times CO\sin\angle BOC$。又因为 $BO=r\csc\frac{B}{2}$, $CO=r\csc\frac{C}{2}$, $\sin\angle BOC=\sin\frac{B+C}{2}$,所以 $ar=r\csc\frac{B}{2}\cdot r\csc\frac{C}{2}\sin\frac{B+C}{2}$,则

$$r=\frac{a}{\csc\frac{B}{2}\csc\frac{C}{2}\cos\frac{A}{2}}=\frac{2R\sin A}{\csc\frac{B}{2}\csc\frac{C}{2}\cos\frac{A}{2}}=4R\sin\frac{A}{2}\sin\frac{B}{2}\sin\frac{C}{2}。$$

对于任意给定的$\triangle ABC$,边 BC 上的一条高为 $h=c\sin B$,由正弦定理可知 $c=a\frac{\sin C}{\sin A}$,代入可得

$$h=a\frac{\sin B\sin C}{\sin A}=a\frac{\sin B\sin C}{\sin(B+C)}。$$

仍如图 20－3，在$\triangle OBC$中，Chauvenet (1850)运用上述公式，得

$$r=OE=a\frac{\sin\frac{B}{2}\sin\frac{C}{2}}{\cos\frac{A}{2}}=a\sec\frac{A}{2}\sin\frac{B}{2}\sin\frac{C}{2}。$$

20.3.6 正切定理法

Kenyon & Ingold (1913)运用正切定理推导这一公式。如图 20－4，给定$\triangle ABC$，延长BA至点D，使得$AC=AD$。连结CD，记$\angle CAB=A$，$\angle BCA=C$。

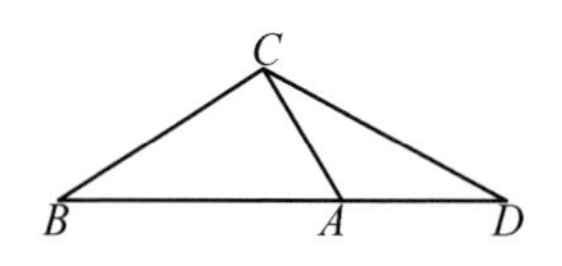

图 20－4　正切定理法

在$\triangle BCD$中，由$\angle ACD=\angle D=\frac{A}{2}$及在$\triangle BCD$中应用正切定理，得

$$\frac{\tan\frac{\angle BCD-\angle D}{2}}{\cot\frac{B}{2}}=\frac{BD-BC}{BD+BC},$$

即

$$\frac{\tan\frac{1}{2}\left[\left(C+\frac{A}{2}\right)-\frac{A}{2}\right]}{\cot\frac{B}{2}}=\frac{b+c-a}{b+c+a},$$

从而得

$$\frac{\tan\frac{C}{2}}{\cot\frac{B}{2}}=\frac{p-a}{p},$$

又因

$$\frac{\tan\frac{B}{2}}{\tan\frac{C}{2}}=\frac{p-c}{p-b},$$

两式相乘，可得

$$\frac{\tan\frac{B}{2}}{\cot\frac{B}{2}}=\tan^2\frac{B}{2}=\frac{(p-a)(p-c)}{p(p-b)}=\frac{(p-a)(p-b)(p-c)}{p(p-b)^2}。$$

又因为 $\tan^2\frac{B}{2}=\frac{r^2}{(p-b)^2}$，所以

$$r^2=\frac{(p-a)(p-b)(p-c)}{p},$$

即

$$r=\sqrt{\frac{(p-a)(p-b)(p-c)}{p}}。$$

20.3.7 旁切圆法

Kenyon & Ingold (1913)运用三角形的旁切圆推导三角形内切圆半径公式。如图 20-5，三角形的一个内角和另两个内角的外角平分线交于一点 I，过点 I 分别作三角形三边的垂线，垂足为点 Q、D、P，于是 $IQ=ID=IP$。以点 I 为圆心、IQ 长为半径作圆，则 $\odot I$ 是 $\triangle ABC$ 的旁切圆。

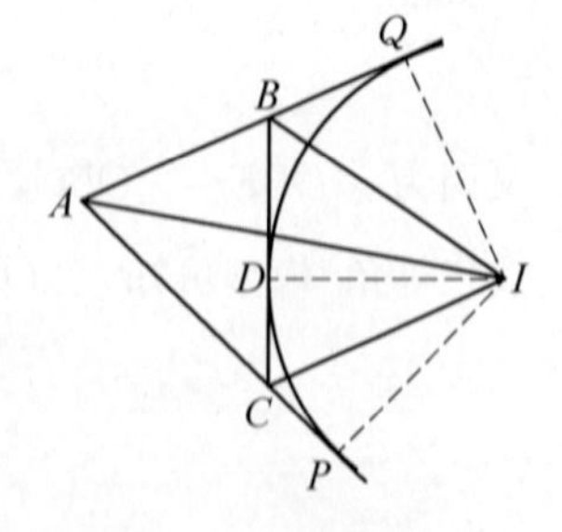

图 20-5 旁切圆法之一

记 $BD=BQ=h$，$CD=CP=k$，$\odot I$ 的半径为 r_a，因为 $AQ=AP$，且 $AQ=AB+BQ=AB+BD$ 及 $AP=AC+CP=AC+CD$，所以 $AB+BD=AC+CD$，即 $c+h=b+k$。又因为 $h+k=a$，所以

$$h=\frac{a+b-c}{2}=p-c，k=\frac{a-b+c}{2}=p-b。$$

在 Rt$\triangle API$ 中，有

$$\tan\frac{A}{2}=\frac{PI}{AP}=\frac{r_a}{b+k}=\frac{r_a}{p}=\frac{r}{p-a}; \tag{2}$$

在 Rt$\triangle BIQ$ 中，因为 $\angle IBQ=\frac{180^\circ-B}{2}$，所以 $\angle QIB=\frac{B}{2}$，于是

$$\tan\frac{B}{2}=\frac{BQ}{QI}=\frac{h}{r_a}=\frac{p-c}{r_a}=\frac{r}{p-b}。 \tag{3}$$

联立(2)和(3),消去 r_a,得

$$\frac{p-c}{p}=\frac{r^2}{(p-a)(p-b)},$$

于是

$$r=\sqrt{\frac{(p-a)(p-b)(p-c)}{p}}。$$

Whitaker (1898)同时构造三角形的内切圆和旁切圆,再运用比例线段即可推导三角形内切圆半径公式。如图 20－6,作$\triangle ABC$ 的内切圆 $\odot O$ 和旁切圆 $\odot I$,其半径分别记为 r 和 r_a。连结 AI、OB、IB,直线 AI 亦过内切圆圆心 O,过点 O、I 分别作直线 AB 的垂线,垂足为点 E、F。因为 $OE \parallel IF$,所以

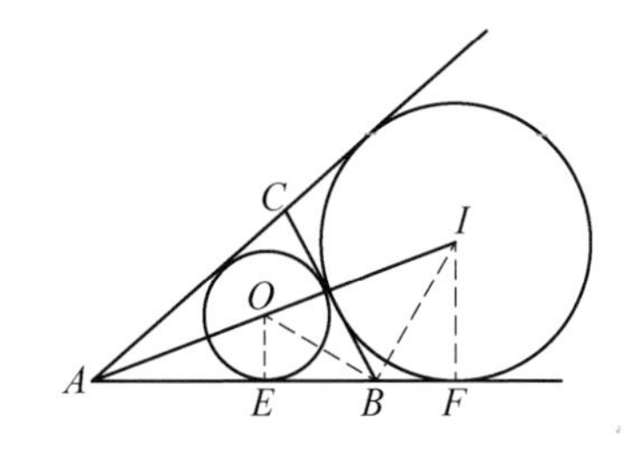

图 20－6 旁切圆法之二

$$\frac{r}{r_a}=\frac{p-a}{p}。\tag{4}$$

又因为 $\angle OBE=\angle OBC$, $\angle IBC=\angle IBF$,所以$\angle OBI=\angle OBC+\angle IBC=90^\circ$,由“一线三等角”模型可知,$\triangle OEB \backsim \triangle BFI$,于是

$$\frac{r}{p-c}=\frac{p-b}{r_a}。\tag{5}$$

联立(4)和(5),消去 r_a,得

$$r=\sqrt{\frac{(p-a)(p-b)(p-c)}{p}}。$$

20.4 三角形内切圆半径公式推导方法的演变

以 25 年为一个时间段进行统计,图 20－7 给出了三角形内切圆半径公式推导方法的时间分布情况。由图可见,19 世纪上半叶,大部分教科书编者更关注诸如正弦定理、正切定理、余弦定理等一些解三角形方面的定理或公式,而对三角形的性质,如三角形面积公式、三角形内切圆及外接圆半径公式等内容关注较少,因而没有在教科书

中设置此内容。此后，随着教科书的不断完善，越来越多的教科书给出了三角形内切圆半径公式的1种或2种推导方法。

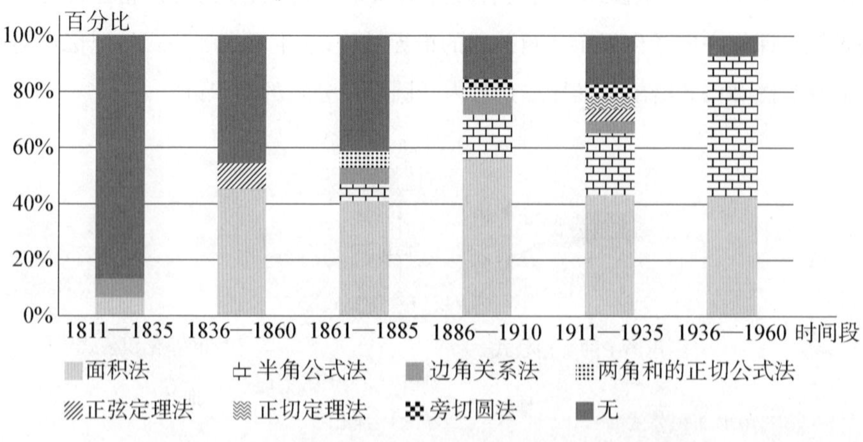

图 20－7　三角形内切圆半径公式推导方法的时间分布

教科书往往是按照"三角形面积公式""三角形内切圆及外接圆半径公式"的顺序编排内容，可见，运用三角形面积公式推导三角形内切圆半径公式，既符合教科书序，也可以让学生运用刚刚所学的知识推导新公式，符合学生的心理序。因此，面积法在美英早期教科书中始终占据主流。

与此同时，在所考察的教科书中，半角公式法于1860年首次出现在教科书中。解三角形问题是早期三角学教科书关注的焦点之一，为了解给定三边的三角形，学生需要运用三角形中的半角公式。在推导半角公式的过程中，通过进一步化简，即可发现三角形内切圆半径公式，因而半角公式法会在19世纪下半叶起逐渐受到教科书编者的青睐，并在1936—1960年间的占比首次达到50%。总体来说，证明方法呈现出从单一走向多元，再从多元走向单一的局面。

20.5　若干启示

综上所述，历史上出现了多种推导三角形内切圆半径公式的方法，为今日三角形内切圆半径公式的教学提供了诸多启示。

其一，建立数学知识的联系。数学知识之间具有较强的系统性，一些新知识正是在已有知识的基础上形成和发展起来的。可以说，前面的知识是后者的基础，后面的知识是前者的发展,数学知识之间相互联系、相互依存,从而形成数学知识的整体性和连续性。在学习三角函数时,部分学生认为三角公式太多,从而对公式的记忆存在一定的障碍。事实上,三角公式之间具有较强的联系性,它们之间可以相互推导。如果教师重视在课堂中向学生展示三角公式的推导过程,学生对众多公式的记忆难题即可迎刃而解。图 20-8 给出了推导三角形内切圆半径公式的知识链。

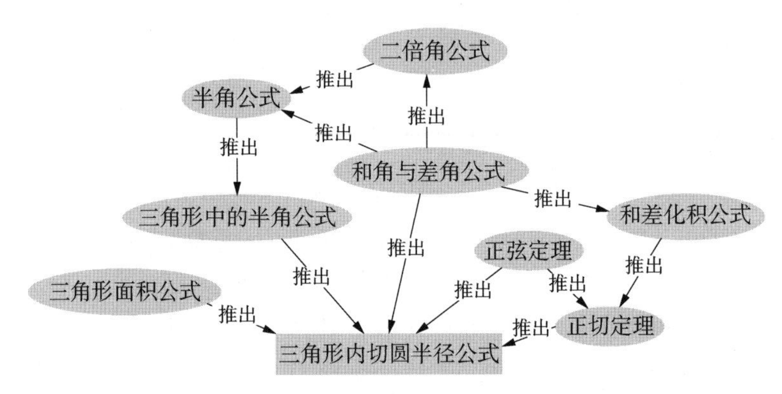

图 20-8　三角形内切圆半径公式的知识链

举例来说,从和角与差角公式出发,可推出二倍角公式,进而推出半角公式,再结合所学习的余弦定理,又可推出三角形中的半角公式,最后利用这一公式,即可推出三角形内切圆半径公式。这就是一条非常清晰的三角公式记忆链条,记住一个核心的三角公式,其余三角公式便可“遍地开花”。

其二,落实数学素养的培育。在三角形内切圆半径公式的教学中,可以看到推导这一公式的方法丰富多彩。教师可以此为契机,通过知识的横向与纵向联系,培养学生的发散性思维,提高学生的变通能力与综合运用知识的能力,促进学生的智能与思维的发展。此外,数学知识、数学思想、数学方法作为一个有机整体,数学思想既是数学的灵魂,又是数学方法的理论基础。因此,教师应该把数学方法、数学思想的培养贯穿于日常教学的始终,这对于培养学生的数学素养起到了至关重要的作用。

其三,注重数学基本活动经验的积累。教学,不是教师一个人的“舞台秀”,而是学生展现自我的舞台。在公式教学中,教师可以先为学生呈现一种或两种证明方法,再引导学生通过类比,以小组合作的方式给出不同的证明方法。学生由被动变为主动,更能突出学生的主体地位,培养其主动参与的意识,激发学生的创造潜能。与此同时,在讨论的过程中,学生还可以积累数学基本活动经验,这不仅可以加深学生对知识的理解、培养学生的综合应用能力，还可以发展学生的数学感，让学生的数学学习实现从感性到理性的飞跃。

参考文献

汪晓勤(2017). HPM:数学史与数学教育. 北京:科学出版社.

Chauvenet, W. (1850). *A Treatise on Plane and Spherical Trigonometry*. Philadelphia: J. B. Lippincott Company.

Crawley, E. S. (1890). *Elements of Plane and Spherical Trigonometry*. Philadelphia: J. B. Lippincott Company.

Davison, C. (1919). *Plane Trigonometry for Secondary Schools*. Cambridge: The University Press.

Kenyon, A. M. & Ingold, L. (1913). *Trigonometry*. New York: The Macmillan Company.

Lambert, P. A. & Foering, H. A. (1905). *Plane and Spherical Trigonometry*. New York: The Macmillan Company.

Nixon, R. C. J. (1892). *Elementary Plane Trigonometry*. Oxford: The Clarendon Press.

Perlin, I. E. (1955). *Trigonometry*. Scranton: International Textbook Company.

Phillips, A. W. & Strong, W. M. (1926). *Elements of Trigonometry, Plane and Spherical*. New York: American Book Company.

Whitaker, H. C. (1898). *Elements of Trigonometry*. Philadelphia: D. Anson Partridge.

Wylie, C. R. (1955). *Plane Trigonometry*. New York: McGraw-Hill Book Company.

21 三角形中的三角恒等式

姚　瑶*

21.1 引　言

三角恒等式是平面三角学的重要内容,高中数学教学中常见的三角恒等变换公式包括基本诱导公式、两角和差公式、和差化积公式、积化和差公式、倍角公式、半角公式等。而三角形中的三角恒等式,作为一种特殊的三角恒等式,指的是同一三角形中三个角的三角函数之间成立的恒等关系,是上述常见的三角恒等变换公式在三角形条件下的推论。

《普通高中数学课程标准(2017 年版 2020 年修订)》要求学生能运用常见的三角恒等式进行简单的恒等变换,推导出其他三角恒等式;要求教师在三角恒等变换的教学中,可以采用不同的方式得到三角恒等变换基本公式(中华人民共和国教育部,2020)。

在现行教科书中,沪教版教科书以例题形式求证一个三角形中与正切相关的三角恒等式,并于"三角"一章的复习题 B 组中设置了一个三角形中三角恒等式的证明问题;苏教版教科书在"几个三角恒等式"一节的习题中设置了三角形的三个角正弦和、余弦和恒等式的证明问题。

三角形中的三角恒等式多应用于不等式的证明,在常见三角恒等式的相关练习中,也不可避免地会涉及相关问题,这一方面可以考查学生对基本三角恒等式的掌握程度,另一方面也可作为其推广进行拓展应用。鉴于目前较少有对三角形中的三角恒等式的系统研究,本章聚焦该主题,对美英早期三角学教科书进行梳理与分析,试图回答以下问题:美英早期三角学教科书中有哪些三角形中的三角恒等式? 常见三角形中

---

* 华东师范大学教师教育学院硕士研究生。

的三角恒等式有哪些证明方法？

21.2　教科书的选取

从相关数据库中选取 19 世纪至 20 世纪中叶出版的 108 种美英三角学教科书进行考察，发现其中有 56 种涉及三角形中的三角恒等式。以 20 年为一个时间段进行统计，这些教科书的出版时间分布情况如图 21－1 所示。

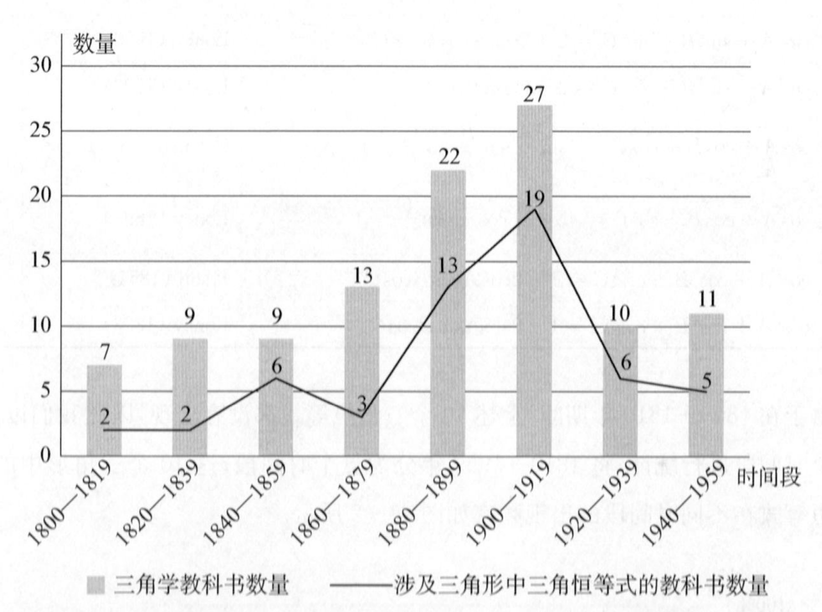

图 21－1　108 种早期三角学教科书与其中涉及三角形中三角恒等式的教科书的出版时间分布

对 56 种三角学教科书中的有关恒等式及其证明进行分类和分析，以回答本章的研究问题。

21.3　三角形中的常见三角恒等式及其演变

通过对美英早期三角学教科书的梳理，将三角形中的常见三角恒等式进行汇总，如表 21－1 所示。

表 21-1　三角形中的常见三角恒等式

序号	三角形中的常见三角恒等式	代表性教科书	数量
①	$\tan A+\tan B+\tan C=\tan A\tan B\tan C$	Young (1833)	42
②	$\tan\frac{A}{2}\tan\frac{B}{2}+\tan\frac{B}{2}\tan\frac{C}{2}+\tan\frac{C}{2}\tan\frac{A}{2}=1$	Pendlebury (1895)	12
③	$\sin A+\sin B+\sin C=4\cos\frac{A}{2}\cos\frac{B}{2}\cos\frac{C}{2}$	Hann (1854)	36
④	$\sin A+\sin B-\sin C=4\sin\frac{A}{2}\sin\frac{B}{2}\cos\frac{C}{2}$	Shute, Shink & Forter (1942)	20
⑤	$\sin^2 A+\sin^2 B+\sin^2 C=2+2\cos A\cos B\cos C$	Loney (1893)	10
⑥	$\sin^2 A+\sin^2 B-\sin^2 C=2\sin A\sin B\cos C$	Loney (1893)	5
⑦	$\cos A+\cos B+\cos C=4\sin\frac{A}{2}\sin\frac{B}{2}\sin\frac{C}{2}+1$	Colenso (1859)	35
⑧	$\cos A+\cos B-\cos C=4\cos\frac{A}{2}\cos\frac{B}{2}\sin\frac{C}{2}-1$	Loney (1893)	13
⑨	$\cos^2 A+\cos^2 B+\cos^2 C=1-2\cos A\cos B\cos C$	Hann (1854)	12
⑩	$\cos^2 A+\cos^2 B-\cos^2 C=1-2\sin A\sin B\cos C$	Loney (1893)	4

由于在 1800—1810 年期间，上述 10 个三角恒等式都没有出现，因此我们以 30 年为一个时间段进行统计，将 1810—1959 年分为五个时间段，这 10 个三角形中的常见三角恒等式在不同时间段的出现频率如图 21-2 所示。

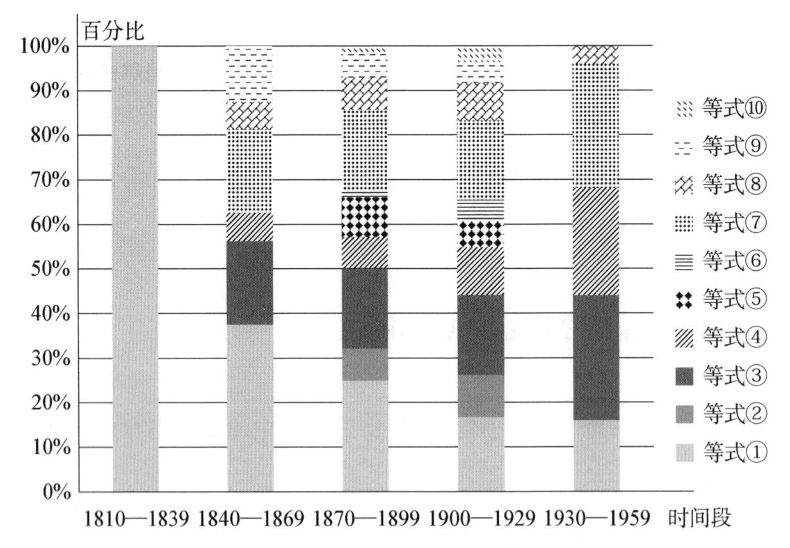

图 21-2　三角形中的常见三角恒等式在不同时间段的分布情况

在1810—1839年，仅有恒等式①出现，且随着时间的推移，出现的恒等式越来越多，故而恒等式①的占比越来越小。在后面4个时间段，分别有6、10、10、5种常见恒等式出现，可见在1870—1899年、1900—1929年时间段的三角学教科书中呈现的恒等式更加丰富。其中，恒等式③、④、⑩的占比呈现逐渐增长趋势，其余恒等式占比较小且浮动不大。到1930—1959年时间段，恒等式①、③、④、⑦逐渐成为美英教科书中的主流三角恒等式。

下文将恒等式①、②归为与正切相关的三角恒等式，将恒等式③、④、⑤、⑥归为与正弦相关的三角恒等式，将恒等式⑦、⑧、⑨、⑩归为与余弦相关的三角恒等式。

21.4 与正切相关的三角恒等式

21.4.1 正切和的恒等式及其推论

42种教科书涉及正切和的恒等式①，其中有20种教科书给出了该恒等式的证明，所用方法有4种。

证法1 利用两角和与第三角的关系

在给出该恒等式证明的20种教科书中，有10种利用了三角形中两角和与第三角的正切值关系进行证明，具体过程如下：

在$\triangle ABC$中，由$A+B=180^\circ-C$，可得

$$\tan C=-\tan(A+B)=-\frac{\tan A+\tan B}{1-\tan A\tan B},$$

将上式进行化简整理，得

$$\tan A+\tan B=\tan A\tan B\tan C-\tan C,$$

即

$$\tan A+\tan B+\tan C=\tan A\tan B\tan C。$$

证法2 直接利用三角之和的正切公式

有11种教科书利用三角之和的正切公式直接进行证明。

$$\tan(A+B+C)=\frac{\tan(A+B)+\tan C}{1-\tan(A+B)\tan C}=\frac{\dfrac{\tan A+\tan B}{1-\tan A\tan B}+\tan C}{1-\dfrac{\tan A+\tan B}{1-\tan A\tan B}\tan C}$$

$$=\frac{\tan A+\tan B+\tan C-\tan A\tan B\tan C}{1-\tan A\tan B-\tan A\tan C-\tan B\tan C}。$$

在 $\triangle ABC$ 中，由 $A+B+C=180^\circ$ 可知，$\tan(A+B+C)=0$，即上式的分子为 0，故得恒等式①。

证法 3　利用三角和的正弦公式

有 2 种教科书利用三角之和的正弦公式证明恒等式①。因

$$\begin{aligned}&\sin(A+B+C)\\=&\sin A\cos B\cos C+\cos A\sin B\cos C+\cos A\cos B\sin C-\sin A\sin B\sin C,\end{aligned}$$

故得

$$\sin A\cos B\cos C+\cos A\sin B\cos C+\cos A\cos B\sin C=\sin A\sin B\sin C,$$

两边同除以 $\cos A\cos B\cos C$，即得恒等式①。

证法 4　利用半角余切和的恒等式

Whitaker (1898)利用以下恒等式来推导恒等式①：

$$\cot\frac{A}{2}+\cot\frac{B}{2}+\cot\frac{C}{2}=\cot\frac{A}{2}\cot\frac{B}{2}\cot\frac{C}{2}。$$

该恒等式的具体证明见 21.4.2 节。因 $A+B+C=180^\circ$，而

$$(180^\circ-2A)+(180^\circ-2B)+(180^\circ-2C)=180^\circ,$$

分别用 $180^\circ-2A$、$180^\circ-2B$、$180^\circ-2C$ 替换 A、B、C，可得

$$\cot(90^\circ-A)+\cot(90^\circ-B)+\cot(90^\circ-C)=\cot(90^\circ-A)\cot(90^\circ-B)\cot(90^\circ-C),$$

由诱导公式，可得

$$\tan A+\tan B+\tan C=\tan A\tan B\tan C。$$

在恒等式①两边同除以 $\tan A\tan B\tan C$，即得

推论　$\cot A\cot B+\cot B\cot C+\cot A\cot C=1$。

21.4.2　半角正切的恒等式及其推论

12 种教科书涉及半角正切的恒等式②，其中，Pendlebury (1895)给出了如下证明：

在 $\triangle ABC$ 中，$\frac{A}{2}+\frac{B}{2}=90^\circ-\frac{C}{2}$，故

$$\tan\left(\frac{A}{2}+\frac{B}{2}\right)=\tan\left(90^\circ-\frac{C}{2}\right)=\cot\frac{C}{2},$$

展开可得

$$\frac{\tan\frac{A}{2}+\tan\frac{B}{2}}{1-\tan\frac{A}{2}\tan\frac{B}{2}}=\frac{1}{\tan\frac{C}{2}},$$

化简即可证得

$$\tan\frac{A}{2}\tan\frac{B}{2}+\tan\frac{B}{2}\tan\frac{C}{2}+\tan\frac{C}{2}\tan\frac{A}{2}=1。$$

两边同除以 $\tan\frac{A}{2}\tan\frac{B}{2}\tan\frac{C}{2}$，得

推论 $\cot\frac{A}{2}+\cot\frac{B}{2}+\cot\frac{C}{2}=\cot\frac{A}{2}\cot\frac{B}{2}\cot\frac{C}{2}$。

17 种教科书给出了上述推论，其中 Whitaker (1898)利用三角形内切圆半径公式和半角余切公式证明了该推论。因

$$r=\sqrt{\frac{(p-a)(p-b)(p-c)}{p}},$$

$$\cot\frac{A}{2}=\frac{p-a}{r},$$

$$\cot\frac{B}{2}=\frac{p-b}{r},$$

$$\cot\frac{C}{2}=\frac{p-c}{r},$$

其中，$p=\frac{a+b+c}{2}$，r 为三角形内切圆的半径，故有

$$\cot\frac{A}{2}+\cot\frac{B}{2}+\cot\frac{C}{2}=\frac{3p-(a+b+c)}{r}=\frac{p}{r},$$

$$\cot\frac{A}{2}\cot\frac{B}{2}\cot\frac{C}{2}=\frac{(p-a)(p-b)(p-c)}{r^3}=\frac{r^2p}{r^3}=\frac{p}{r},$$

故知

$$\cot\frac{A}{2}+\cot\frac{B}{2}+\cot\frac{C}{2}=\cot\frac{A}{2}\cot\frac{B}{2}\cot\frac{C}{2}。$$

21.4.3 其他与正切相关的恒等式

部分教科书在习题中还给出了与正切相关的其他三角恒等式，例如：

$$\cot A+\cot B+\cot C=\cot A\cot B\cot C+\csc A+\csc B+\csc C,$$

$$\tan\frac{A}{2}+\tan\frac{B}{2}+\tan\frac{C}{2}=\tan\frac{A}{2}\tan\frac{B}{2}\tan\frac{C}{2}+\sec\frac{A}{2}\sec\frac{B}{2}\sec\frac{C}{2},$$

$$\left(\tan\frac{A}{2}+\tan\frac{B}{2}+\tan\frac{C}{2}\right)\left(\cot\frac{A}{2}+\cot\frac{B}{2}+\cot\frac{C}{2}\right)=1+\csc\frac{A}{2}\csc\frac{B}{2}\csc\frac{C}{2}。$$

21.5 与正弦相关的三角恒等式

21.5.1 正弦和的恒等式及其推论

36 种教科书涉及恒等式③，其中有 14 种教科书给出了证明，证法有以下 3 种。

证法 1 利用和差化积公式

有 13 种教科书利用了和差化积公式，具体过程如下：

在 $\triangle ABC$ 中，$\frac{A+B}{2}=90^\circ-\frac{C}{2}$，故 $\sin\frac{A+B}{2}=\cos\frac{C}{2}$，由二倍角公式可得

$$\sin C=\sin(A+B)=2\sin\frac{A+B}{2}\cos\frac{A+B}{2}=2\cos\frac{C}{2}\cos\frac{A+B}{2},$$

借助和差化积公式，有

$$\sin A+\sin B=2\sin\frac{A+B}{2}\cos\frac{A-B}{2}=2\cos\frac{C}{2}\cos\frac{A-B}{2},$$

从而

$$\sin A+\sin B+\sin C=2\cos\frac{C}{2}\left(\cos\frac{A+B}{2}+\cos\frac{A-B}{2}\right),$$

再次利用和差化积公式，即得

$$\sin A+\sin B+\sin C=2\cos\frac{C}{2}\cdot 2\cos\frac{A}{2}\cos\frac{B}{2}=4\cos\frac{A}{2}\cos\frac{B}{2}\cos\frac{C}{2}。$$

证法 2　借助二倍角公式

Hann (1854)借助二倍角公式来证明恒等式③，即

$$\begin{aligned}&\sin A+\sin B+\sin C\\=&2\sin\frac{A}{2}\cos\frac{A}{2}+2\sin\frac{B}{2}\cos\frac{B}{2}+2\sin\frac{C}{2}\cos\frac{C}{2}\\=&2\cos\frac{A}{2}\cos\left(\frac{B}{2}+\frac{C}{2}\right)+2\sin\frac{B}{2}\sin\left(\frac{A}{2}+\frac{C}{2}\right)+2\cos\frac{C}{2}\cos\left(\frac{A}{2}+\frac{B}{2}\right)\\=&2\cos\frac{A}{2}\cos\frac{B}{2}\cos\frac{C}{2}-2\sin\frac{B}{2}\sin\frac{C}{2}\cos\frac{A}{2}+2\cos\frac{A}{2}\cos\frac{B}{2}\cos\frac{C}{2}\\&-2\sin\frac{B}{2}\sin\frac{A}{2}\cos\frac{C}{2}+2\sin\frac{B}{2}\sin\frac{A}{2}\cos\frac{C}{2}+2\sin\frac{B}{2}\sin\frac{C}{2}\cos\frac{A}{2}\\=&4\cos\frac{A}{2}\cos\frac{B}{2}\cos\frac{C}{2}。\end{aligned}$$

证法 3　利用三角形半周长与外接圆半径的相关结论

Whitaker (1898)利用了三角形中关于半周长的相关结论进行证明，具体如下：因

$$R(\sin A+\sin B+\sin C)=p,$$
$$p=4R\cos\frac{A}{2}\cos\frac{B}{2}\cos\frac{C}{2},$$

其中 R 为 $\triangle ABC$ 外接圆的半径，$p=\frac{1}{2}(a+b+c)$，故得恒等式③。

推论 1　$\sin 2A+\sin 2B+\sin 2C=4\sin A\sin B\sin C$。

证法 1　构造法

Chauvenet (1850)构造了如下 4 个等式：

$$\begin{aligned}&\sin(A+B-C)=\sin(\pi-2C)=\sin 2C,\\&\sin(A+B+C)=0,\\&\sin(A-B+C)=\sin(\pi-2B)=\sin 2B,\\&\sin(-A+B+C)=\sin(\pi-2A)=\sin 2A,\end{aligned}$$

将上面 4 个等式全部相加，并展开，即得所证。

证法 2　借助二倍角公式

Hann (1854)借助二倍角公式来证明，即

$$\begin{aligned}&\sin 2A+\sin 2B+\sin 2C\\=&2\sin A\cos A+2\sin B\cos B+2\sin C\cos C\\=&-2\sin A\cos(B+C)+2\cos B\sin(A+C)-2\sin C\cos(A+B),\end{aligned}$$

上式右边展开，即得推论 1。

证法 3　利用和差化积公式和倍角公式

有 8 种教科书利用和差化积公式和倍角公式完成证明，即

$$\begin{aligned}&\sin 2A+\sin 2B+\sin 2C\\=&2\sin A\cos A+2\sin(B+C)\cos(B-C)\\=&2\sin A[\cos(B-C)-\cos(B+C)]\\=&4\sin A\sin B\sin C。\end{aligned}$$

证法 4　替换法

Whitaker (1898)对恒等式③中的角进行替换，进而证明推论 1。由于 $A+B+C=180°$，且 $(180°-2A)+(180°-2B)+(180°-2C)=180°$，故在恒等式③中分别用 $180°-2A$、$180°-2B$、$180°-2C$ 替换 A、B、C，即得推论 1。

推论 2　$\sin 3A+\sin 3B+\sin 3C=-4\cos\frac{3}{2}A\cos\frac{3}{2}B\cos\frac{3}{2}C$。

推论 3　$\sin 4A+\sin 4B+\sin 4C=-4\sin 2A\sin 2B\sin 2C$。

推论 4　$\sin 6A+\sin 6B+\sin 6C=4\sin 3A\sin 3B\sin 3C$。

分别有 4 种、3 种、1 种教科书提到推论 2、推论 3、推论 4，但都位于习题部分，并未给出具体证明。

推论 5　$\sin 2nA+\sin 2nB+\sin 2nC=(-1)^{n-1}4\sin nA\sin nB\sin nC$。

Davison (1919)给出了推论 5，它实质上是对前面几个推论的推广，证明如下：

$$\begin{aligned}&\sin 2nA+\sin 2nB+\sin 2nC\\=&2\sin nA\cos nA+2\sin(nB+nC)\cos(nB-nC)\\=&2\sin nA\cos[n\pi-(nB+nC)]+2\sin(n\pi-nA)\cos(nB-nC)\\=&\begin{cases}2\sin nA\cos(nB+nC)-2\sin nA\cos(nB-nC),\ n\text{ 为偶数},\\-2\sin nA\cos(nB+nC)+2\sin nA\cos(nB-nC),\ n\text{ 为奇数}\end{cases}\end{aligned}$$

$$=(-1)^{n-1}2\sin nA[\cos(nB-nC)-\cos(nB+nC)]$$
$$=(-1)^{n-1}4\sin nA\sin nB\sin nC。$$

推论 6 $\sin\frac{A}{2}+\sin\frac{B}{2}+\sin\frac{C}{2}=1+4\sin\frac{B+C}{4}\sin\frac{C+A}{4}\sin\frac{A+B}{4}$。

有 3 种教科书提到了推论 6,其中 Nixon (1892)利用和差化积公式和倍角公式给出了证明:

$$\begin{aligned}
&\sin\frac{A}{2}+\sin\frac{B}{2}+\sin\frac{C}{2}\\
&=\cos\left(\frac{\pi}{2}-\frac{A}{2}\right)+2\sin\frac{B+C}{4}\cos\frac{B-C}{4}\\
&=1-2\sin^2\frac{\pi-A}{4}+2\sin\frac{\pi-A}{4}\cos\frac{B-C}{4}\\
&=1+2\sin\frac{\pi-A}{4}\left[\cos\frac{B-C}{4}-\cos\left(\frac{\pi}{2}-\frac{B+C}{4}\right)\right]\\
&=1+4\sin\frac{\pi-A}{4}\sin\frac{\pi-B}{4}\sin\frac{\pi-C}{4}\\
&=1+4\sin\frac{B+C}{4}\sin\frac{C+A}{4}\sin\frac{A+B}{4}。
\end{aligned}$$

21.5.2 正弦和与差的恒等式及其推论

20 种教科书给出了正弦和与差的恒等式④,其中,Shute, Shink & Forter (1942)借助和差化积公式和倍角公式给出了如下证明:

$$\begin{aligned}
&\sin A+\sin B-\sin C\\
&=2\sin\frac{A+B}{2}\cos\frac{A-B}{2}-\sin(A+B)\\
&=2\sin\frac{A+B}{2}\cos\frac{A-B}{2}-2\sin\frac{A+B}{2}\cos\frac{A+B}{2}\\
&=2\sin\frac{A+B}{2}\left(\cos\frac{A-B}{2}-\cos\frac{A+B}{2}\right)\\
&=2\cos\frac{C}{2}\left[-2\sin\frac{A}{2}\sin\left(-\frac{B}{2}\right)\right]\\
&=4\sin\frac{A}{2}\sin\frac{B}{2}\cos\frac{C}{2}。
\end{aligned}$$

推论 $\sin 2A+\sin 2B-\sin 2C=4\cos A\cos B\sin C$。

有 8 种教科书给出了上述推论，其中 Chauvenet (1850)、Conant (1909)分别给出了证法 1 和证法 2，证法分别与正弦和恒等式的推论 1 的证法 1 和证法 3 类似。

证法 1 构造法

构造如下 4 个等式：

$$\begin{aligned}&\sin(A+B-C)=\sin(\pi-2C)=\sin 2C,\\&\sin(A+B+C)=0,\\&\sin(A-B+C)=\sin(\pi-2B)=\sin 2B,\\&\sin(-A+B+C)=\sin(\pi-2A)=\sin 2A,\end{aligned}$$

将后两个等式之和减去前两个等式之和，即可得

$$\begin{aligned}&\sin 2A+\sin 2B-\sin 2C\\&=\sin(-A+B+C)+\sin(A-B+C)-\sin(A+B-C)-\sin(A+B+C),\end{aligned}$$

展开，即得所证。

证法 2 利用和差化积公式和倍角公式

证明如下：

$$\begin{aligned}&\sin 2A+\sin 2B-\sin 2C\\&=2\sin(A+B)\cos(A-B)-2\sin C\cos C\\&=2\sin C\cos(A-B)+2\sin C\cos(A+B)\\&=2\sin C[\cos(A-B)+\cos(A+B)]\\&=2\sin C(2\cos A\cos B)\\&=4\cos A\cos B\sin C。\end{aligned}$$

21.5.3 正弦平方和的恒等式及其推论

10 种教科书给出了正弦平方和的恒等式⑤，其中有 2 种教科书给出了如下证明：令 $S=\sin^2 A+\sin^2 B+\sin^2 C$，从而有

$$\begin{aligned}2S&=2\sin^2 A+2\sin^2 B+2\sin^2 C\\&=2\sin^2 A+1-\cos 2B+1-\cos 2C\\&=2\sin^2 A+2-2\cos(B+C)\cos(B-C)\\&=4-2\cos^2 A-\cos(B+C)\cos(B-C),\end{aligned}$$

因此

$$S=2+\cos A[\cos(B+C)+\cos(B-C)]=2+2\cos A\cos B\cos C。$$

推论 1 $\sin^2 2A+\sin^2 2B+\sin^2 2C=2-2\cos 2A\cos 2B\cos 2C$。

推论 2 $\sin^2\frac{A}{2}+\sin^2\frac{B}{2}+\sin^2\frac{C}{2}=1-2\sin\frac{A}{2}\sin\frac{B}{2}\sin\frac{C}{2}$。

分别有 2 种、8 种教科书在习题中给出了推论 1 和推论 2。

21.5.4 正弦平方和与差的恒等式及其推论

5 种教科书涉及正弦平方和与差的恒等式⑥。4 种教科书给出了其半角形式的推论如下：

推论 $\sin^2\frac{A}{2}+\sin^2\frac{B}{2}-\sin^2\frac{C}{2}=1-2\cos\frac{A}{2}\cos\frac{B}{2}\sin\frac{C}{2}$。

上述两式在教科书中均位于习题部分，故未给出具体证明。

21.6 与余弦相关的三角恒等式

21.6.1 余弦和的恒等式及其推论

35 种教科书给出了余弦和的恒等式⑦，其中有 6 种教科书借助和差化积公式和倍角公式对其作了证明：

$$\begin{aligned}
&\cos A+\cos B+\cos C\\
&=2\cos\frac{A+B}{2}\cos\frac{A-B}{2}+\cos C\\
&=2\sin\frac{C}{2}\cos\frac{A-B}{2}+\left(1-2\sin^2\frac{C}{2}\right)\\
&=1+2\sin\frac{C}{2}\left(\cos\frac{A-B}{2}-\sin\frac{C}{2}\right)\\
&=1+2\sin\frac{C}{2}\left(\cos\frac{A-B}{2}-\cos\frac{A+B}{2}\right)\\
&=1+2\sin\frac{C}{2}\cdot 2\sin\frac{A}{2}\sin\frac{B}{2}\\
&=1+4\sin\frac{A}{2}\sin\frac{B}{2}\sin\frac{C}{2}。
\end{aligned}$$

推论 1　$\cos 2A+\cos 2B+\cos 2C=-4\cos A\cos B\cos C-1$。

有 20 种教科书给出了推论 1,其中 Chauvenet (1850)、Wells (1883)分别给出了如下证明。

证法 1　构造法

构造如下 4 个等式:

$$\cos(A+B-C)=\cos(\pi-2C)=-\cos 2C,$$
$$\cos(A+B+C)=\cos\pi=-1,$$
$$\cos(A-B+C)=\cos(\pi-2B)=-\cos 2B,$$
$$\cos(-A+B+C)=\cos(\pi-2A)=-\cos 2A,$$

将上面 4 个等式全部相加后展开,即得所证。

证法 2　利用和差化积公式和倍角公式

$$\begin{aligned}&\cos 2A+\cos 2B+\cos 2C\\=&2\cos^2 A-1+2\cos(B+C)\cos(B-C)\\=&-1-2\cos A\cos(B+C)-2\cos A\cos(B-C)\\=&-1-2\cos A[\cos(B+C)+\cos(B-C)]\\=&-1-2\cos A\cdot 2\cos B\cos C\\=&-1-4\cos A\cos B\cos C。\end{aligned}$$

Davison(1919)在习题部分给出了

推论 2　$\cos 4A+\cos 4B+\cos 4C=-1+4\cos 2A\cos 2B\cos 2C$;

推论 3　$\cos 2nA+\cos 2nB+\cos 2nC=-1+(-1)^n 4\cos nA\cos nB\cos nC$。

其证明与正弦和恒等式的推论类似。

有 6 种教科书给出了半角余弦和恒等式,可归纳为下面的

推论 4　$\cos\frac{A}{2}+\cos\frac{B}{2}+\cos\frac{C}{2}=4\cos\frac{\pi+A}{4}\cos\frac{\pi+B}{4}\cos\frac{\pi+C}{4}$,

或　$\cos\frac{A}{2}+\cos\frac{B}{2}+\cos\frac{C}{2}=4\cos\frac{\pi-A}{4}\cos\frac{\pi-B}{4}\cos\frac{\pi-C}{4}$,

或　$\cos\frac{A}{2}+\cos\frac{B}{2}+\cos\frac{C}{2}=4\cos\frac{B+C}{4}\cos\frac{C+A}{4}\cos\frac{A+B}{4}$。

21.6.2 余弦和与差的恒等式及其推论

13 种教科书给出了余弦和与差的恒等式⑧，其中有 4 种教科书利用和差化积公式和倍角公式对其作了证明：

$$\begin{aligned}&\cos A+\cos B-\cos C\\=&\cos A+(\cos B-\cos C)\\=&2\cos^2\frac{A}{2}-1+2\sin\frac{B+C}{2}\sin\frac{C-B}{2}\\=&2\cos^2\frac{A}{2}-1+2\cos\frac{A}{2}\sin\frac{C-B}{2}\\=&2\cos\frac{A}{2}\left(\cos\frac{A}{2}+\sin\frac{C-B}{2}\right)-1\\=&2\cos\frac{A}{2}\left(\sin\frac{B+C}{2}+\sin\frac{C-B}{2}\right)-1\\=&4\cos\frac{A}{2}\cos\frac{B}{2}\sin\frac{C}{2}-1。\end{aligned}$$

有 8 种教科书给出了二倍角余弦和与差的恒等式，即

推论 1 $\cos 2A+\cos 2B-\cos 2C=4\sin A\sin B\cos C-1$。

其中 Chauvenet (1850)仍用构造法对该等式进行了证明：

$$\begin{aligned}&\cos(A+B-C)=\cos(\pi-2C)=-\cos 2C,\\&\cos(A+B+C)=\cos\pi=-1,\\&\cos(A-B+C)=\cos(\pi-2B)=-\cos 2B,\\&\cos(-A+B+C)=\cos(\pi-2A)=-\cos 2A,\end{aligned}$$

用后两个等式之和减去前两个等式之和，展开，即得所证。

Wells(1883)在习题中给出了半角余弦和与差的恒等式，即

推论 2 $\cos\frac{A}{2}+\cos\frac{B}{2}-\cos\frac{C}{2}=4\cos\frac{\pi+A}{4}\cos\frac{\pi+B}{4}\cos\frac{\pi-C}{4}$。

21.6.3 余弦平方和的恒等式及其推论

有 12 种教科书给出了余弦平方和的恒等式⑨，其中，Hann (1854)、Nixon (1892)、Davison (1919)、Hobson (1891)分别给出了如下证明。

证法 1　构造法

由 $\triangle ABC$ 中的角度关系可知

$$\cos A=-\cos(B+C)=-\cos B\cos C+\sin B\sin C,$$
$$\cos B=-\cos(A+C)=-\cos A\cos C+\sin A\sin C,$$

在上面两式两端分别乘以 $\cos A$、$\cos B$，可构造出

$$\cos^2 A=-\cos A\cos B\cos C+\cos A\sin B\sin C,$$
$$\cos^2 B=-\cos A\cos B\cos C+\sin A\cos B\sin C,$$

将上面两式相加，得

$$\begin{aligned}&\cos^2 A+\cos^2 B\\=&-2\cos A\cos B\cos C+\sin C(\cos A\sin B+\sin A\cos B)\\=&-2\cos A\cos B\cos C+\sin C\sin(A+B)\\=&-2\cos A\cos B\cos C+\sin^2 C\\=&-2\cos A\cos B\cos C+1-\cos^2 C,\end{aligned}$$

移项，即得所证。

证法 2　转化法

由 $\triangle ABC$ 中的角度关系，将角 C 用角 A 和 B 表示，即

$$\begin{aligned}&\cos^2 A+\cos^2 B+\cos^2 C\\=&\cos^2 A+\cos^2 B+\cos^2(A+B)\\=&\cos^2 A+\cos^2 B+(\cos A\cos B-\sin A\sin B)^2\\=&\cos^2 A+\cos^2 B+\cos^2 A\cos^2 B+(1-\cos^2 A)(1-\cos^2 B)-2\cos A\cos B\sin A\sin B\\=&1+2\cos^2 A\cos^2 B-2\cos A\cos B\sin A\sin B\\=&1+2\cos A\cos B(\cos A\cos B-\sin A\sin B)\\=&1+2\cos A\cos B\cos(A+B)\\=&1-2\cos A\cos B\cos C。\end{aligned}$$

证法 3　利用倍角公式与和差化积公式

$$\begin{aligned}&\cos^2 A+\cos^2 B+\cos^2 C\\=&\frac{1}{2}(1+\cos 2A+1+\cos 2B)+\cos^2 C\end{aligned}$$

$=1+\cos(A+B)\cos(A-B)+\cos^2 C$

$=1+\cos(\pi-C)\cos(A-B)+\cos C\cos[\pi-(A+B)]$

$=1-\cos C[\cos(A-B)+\cos(A+B)]$

$=1-2\cos A\cos B\cos C$。

证法 4 利用射影公式

将射影公式

$$a=b\cos C+c\cos B,$$
$$b=c\cos A+a\cos C,$$
$$c=a\cos B+b\cos A$$

的 3 个等式联立成以 a、b、c 为未知数的方程组

$$\begin{cases} -a+(\cos C)b+(\cos B)c=0, \\ (\cos C)a-b+(\cos A)c=0, \\ (\cos B)a+(\cos A)b-c=0, \end{cases}$$

方程组有解对应于其系数行列式等于 0,即

$$\begin{vmatrix} -1 & \cos C & \cos B \\ \cos C & -1 & \cos A \\ \cos B & \cos A & -1 \end{vmatrix}=0,$$

将其展开,即得恒等式⑨。

个别教科书还在习题中给出了二倍角和半角余弦平方和恒等式,即

推论 1 $\cos^2 2A+\cos^2 2B+\cos^2 2C=1+2\cos 2A\cos 2B\cos 2C$;

推论 2 $\cos^2\frac{A}{2}+\cos^2\frac{B}{2}+\cos^2\frac{C}{2}=2+2\sin\frac{A}{2}\sin\frac{B}{2}\sin\frac{C}{2}$;

推论 3 $\cos^2\frac{A}{2}+\cos^2\frac{B}{2}+\cos^2\frac{C}{2}=2\left(\sin\frac{A}{2}\cos\frac{B}{2}\cos\frac{C}{2}+\cos\frac{A}{2}\sin\frac{B}{2}\cos\frac{C}{2}+\cos\frac{A}{2}\cos\frac{B}{2}\sin\frac{C}{2}\right)$。

21.6.4 余弦平方和与差的恒等式

4 种教科书在习题中给出了余弦平方和与差的恒等式⑩,其证明不再赘述。

21.7 其余三角恒等式

从56种教科书的正文及习题中，共整理归纳出60余种不同形式的三角恒等式，除了上面介绍的与正切、正弦、余弦相关的常见三角恒等式，还有以下几个出现不止1次的三角恒等式，现将其呈现如下：

恒等式1 $(\sin A+\sin B+\sin C)(\sin B+\sin C-\sin A)(\sin C+\sin A-\sin B)(\sin A+\sin B-\sin C)=4\sin^2 A\sin^2 B\sin^2 C$；

恒等式2 $\dfrac{\sin 2A+\sin 2B+\sin 2C}{\sin A+\sin B+\sin C}=8\sin\dfrac{A}{2}\sin\dfrac{B}{2}\sin\dfrac{C}{2}$；

恒等式3 $\sin(B+C-A)+\sin(C+A-B)+\sin(A+B-C)=4\sin A\sin B\sin C$；

恒等式4 $\sin(B+2C)+\sin(C+2A)+\sin(A+2B)=4\sin\dfrac{B-C}{2}\sin\dfrac{C-A}{2}\sin\dfrac{A-B}{2}$；

恒等式5 $\dfrac{\sin A+\sin B-\sin C}{\sin A+\sin B+\sin C}=\tan\dfrac{A}{2}\tan\dfrac{B}{2}$；

恒等式6 $\dfrac{1+\cos A-\cos B+\cos C}{1+\cos A+\cos B-\cos C}=\tan\dfrac{B}{2}\cot\dfrac{C}{2}$。

其中，Nixon (1892)利用恒等式③和④直接证明了恒等式1：

$$
\begin{aligned}
&(\sin A+\sin B+\sin C)(\sin B+\sin C-\sin A)(\sin C+\sin A-\sin B)(\sin A+\sin B-\sin C)\\
=&4\cos\frac{A}{2}\cos\frac{B}{2}\cos\frac{C}{2}\cdot 4\cos\frac{A}{2}\sin\frac{B}{2}\sin\frac{C}{2}\cdot 4\sin\frac{A}{2}\cos\frac{B}{2}\sin\frac{C}{2}\cdot 4\sin\frac{A}{2}\sin\frac{B}{2}\cos\frac{C}{2}\\
=&4\sin^2 A\sin^2 B\sin^2 C。
\end{aligned}
$$

21.8 若干启示

综上所述，美英早期三角学教科书中所呈现的三角形中的10个常见三角恒等式和推论及其证明方法，绘制出了三角形中三角恒等式较为完整的知识框架，为今日与三角恒等式相关的教学提供了诸多启示。

第一，建立知识联系。三角形中的三角恒等式大多是利用基本三角恒等式以及三角形中三角和的性质进行变换而来，需要学生掌握并熟练运用和角公式、和差化积公式、倍角公式、半角公式、射影公式、正弦定理、余弦定理等知识。通过三角恒等式的证明，可以建立起不同知识点之间的联系，例如，图 21－3 呈现了正弦平方和、余弦平方和与二倍角余弦和的知识关联图。

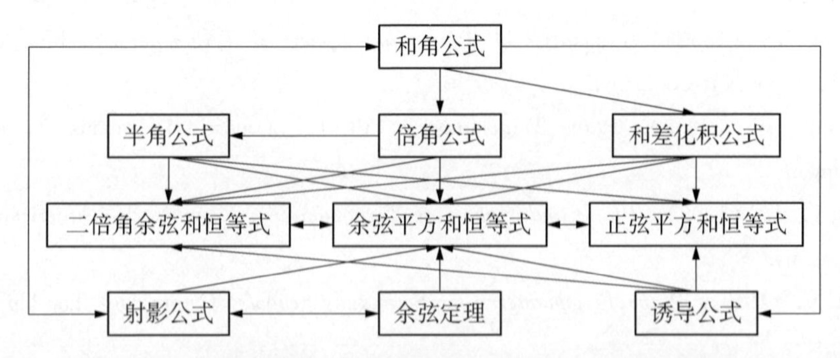

图 21－3　正弦平方和、余弦平方和与二倍角余弦和的知识关联图

第二，探求多元方法。三角形中的常见三角恒等式的证明方法可以总结为以下几种主流方法：利用和角公式、利用和差化积公式、构造法、代换法、利用倍角公式等，利用这些方法可以解决绝大多数三角恒等式问题。

第三，提炼数学思想。从三角恒等式的证明中可见，无论是从基本三角恒等式到复杂三角恒等式，还是从正弦相关的三角恒等式到余弦相关的三角恒等式，都蕴含着类比与转化的数学思想。鉴于三角形中的三角恒等式在我国现有教科书中的应用较少，该部分内容可设计为拓展课教学，教师可以引导学生领悟基本三角恒等式与复杂三角恒等式之间的类比与转换思想，提升知识迁移能力。

第四，尝试推陈出新。教师可以引导学生在经过方法总结后进行类比推理创造单角、半角、二倍角或多倍角的更高次形式，如

$$\cos^2 2A+\cos^2 2B+\cos^2 2C=1+2\cos 2A\cos 2B\cos 2C,$$

等等，并用不同方法加以证明，这不仅可以促进学生对数学知识、方法与思想的理解，提升学生逻辑推理、数学运算等核心素养，还能使学生增强数学自信心，并体会到历史上数学家创造新知的过程，以增强学生的创新能力和自主探索能力。

参考文献

中华人民共和国教育部(2020). 普通高中数学课程标准(2017 年版 2020 年修订). 北京:人民教育出版社.

Chauvenet, W. (1850). *A Treatise on Plane and Spherical Trigonometry*. Philadelphia: J. B. Lippincott Company.

Colenso, J. W. (1859). *Plane Trigonometry* (Pt. 1). London: Longmans, Green, & Company.

Conant, L. L. (1909). *Plane and Spherical Trigonometry*. New York: American Book Company.

Davison, C. (1919). *Plane Trigonometry for Secondary Schools*. Cambridge: The University Press.

Hann, J. (1854). *The Elements of Plane Trigonometry*. London: John Weale.

Hobson, E. W. (1891). *A Treatise on Plane Trigonometry*. Cambridge: The University Press.

Loney, S. L. (1893). *Plane Trigonometry*. Cambridge: The University Press.

Nixon, R. C. J. (1892). *Elementary Plane Trigonometry*. Oxford: The Clarendon Press.

Pendlebury, C. (1895). *Elementary Trigonometry*. London: George Bell & Sons.

Shute, W. G., Shirk, W. W. & Forter, G. F. (1942). *Plane Trigonometry*. Boston: D. C. Heath & Company.

Wells, W. (1883). *A Practical Textbook on Plane and Spherical Trigonometry*. Boston & New York: Leach, Shewell & Sanborn.

Whitaker, H. C. (1898). *Elements of Trigonometry*. Philadelphia: D. Anson Partridge.

Young, J. R. (1833). *Elements of Plane and Spherical Trigonometry*. London: John Souter.

22 其他三角恒等式

姚 瑶*

22.1 引 言

平面三角学中，除了同角三角函数关系、三角形中的三角恒等式以外，还有其他很多恒等式。这些恒等式的形式较为复杂，在教科书中较为少见，但能通过简单常用的三角恒等式推导得出，是三角恒等式知识网络的拓展与补充。

《普通高中数学课程标准(2017 年版 2020 年修订)》要求学生能运用常见三角恒等式进行简单的恒等变换，推导出其他三角恒等式；要求教师在三角恒等变换的教学中，可以采用不同的方式得到三角恒等式。(中华人民共和国教育部，2020)“其他三角恒等式”中的部分推导与应用也属于课程标准中对学生的要求，且研究“其他三角恒等式”可以丰富和完善教师的知识体系。

现行教科书中，苏教版教科书在“问题与探究”板块介绍了利用辅助角将 $a\cos x + b\sin x$ 化成 $A\cos(x+\theta)$ 或 $A\sin(x+\theta)$ 的形式，进而介绍其在物理学中的广泛应用；人教版 A 版教科书将上述辅助角方法中的化归思想融入具体例题中，并应用该思想求解三角函数的最值问题；沪教版教科书则在例题中直接要求将 $a\cos x + b\sin x$ 进行转化。

在教学实践中，三角恒等式 $a\cos x + b\sin x = A\cos(x+\theta)$ 常用于求解函数的最值问题，而其他较为复杂的三角恒等式则对学生的逻辑思维能力有更高要求，可能会出现在数学归纳法的应用题或数学竞赛题中。本章对美英早期三角学教科书进行考察，试图对其中的三角恒等式及其证明进行梳理和分析，以期为今日课堂教学提供素材和思想启迪。

* 华东师范大学教师教育学院硕士研究生。

22.2 教科书的选取

从相关数据库中选取19世纪至20世纪中叶出版的108种美英三角学教科书进行考察，发现其中仅有21种教科书涉及除同角三角函数、三角形中的三角恒等式以外的其他三角恒等式。以40年为一个时间段进行统计，这些涉及其他三角恒等式的教科书的时间分布情况如图22-1所示。

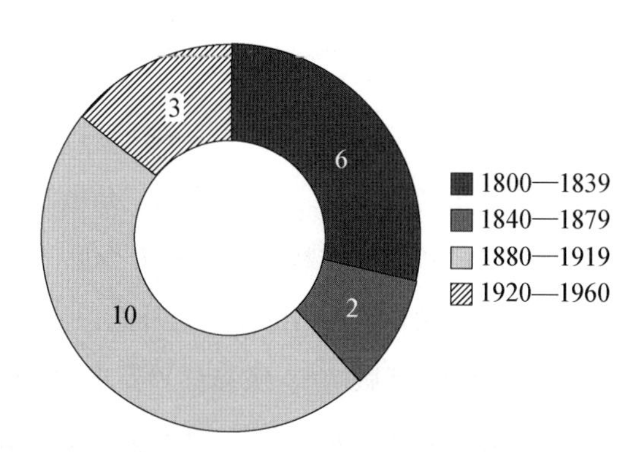

图22-1 涉及其他三角恒等式的21种美英早期教科书的出版时间分布

对21种教科书中的其他三角恒等式及其证明进行分类和分析，以回答本章的研究问题。

22.3 正弦函数与余弦函数的叠加

有4种教科书利用辅助角方法将 $a\cos x+b\sin x$ 进行转化，具体过程如下：

当 $a^2+b^2\neq 0$ 时，有

$$a\cos x+b\sin x=\sqrt{a^2+b^2}\left(\frac{a}{\sqrt{a^2+b^2}}\cos x+\frac{b}{\sqrt{a^2+b^2}}\sin x\right),$$

如图22-2，存在 $\theta\in[0, 2\pi)$，使得 $\frac{a}{\sqrt{a^2+b^2}}=\cos\theta$，$\frac{b}{\sqrt{a^2+b^2}}=\sin\theta$，从而有

$$a\cos x+b\sin x=\sqrt{a^2+b^2}\cos(x-\theta)。$$

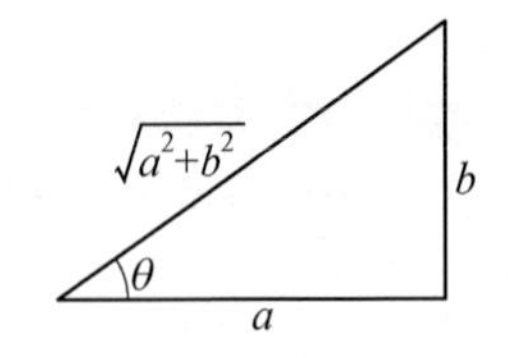

图 22-2 辅助角方法之一

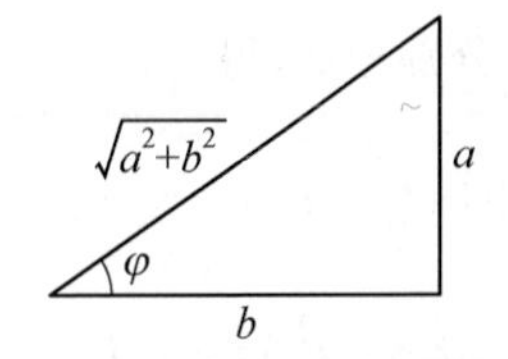

图 22-3 辅助角方法之二

或者如图 22-3,存在 $\varphi\in[0,\ 2\pi)$,使得 $\dfrac{a}{\sqrt{a^2+b^2}}=\sin\varphi$,$\dfrac{b}{\sqrt{a^2+b^2}}=\cos\varphi$,从而有

$$a\cos x+b\sin x=\sqrt{a^2+b^2}\sin(x+\varphi)。$$

有 14 种教科书运用了上述等式,有的教科书涉及方程 $a\cos x+b\sin x=0$ 的求解,也有教科书通过具体例子体现三角函数中的转化思想。

22.4 构成等差数列的角的正弦求和

22.4.1 系数均为 1 的情形

13 种教科书给出了构成等差数列的角的正弦求和恒等式,即

公式 1 $$\sin\alpha+\sin(\alpha+\beta)+\sin(\alpha+2\beta)+\cdots+\sin(\alpha+n\beta)=\frac{\sin\left(\alpha+\frac{n}{2}\beta\right)\sin\frac{n+1}{2}\beta}{\sin\frac{\beta}{2}},$$

其中有 12 种教科书给出了如下证明:

利用积化和差公式,得

$$2\sin\frac{\beta}{2}\sin\alpha=\cos\left(\alpha-\frac{\beta}{2}\right)-\cos\left(\alpha+\frac{\beta}{2}\right),$$

$$2\sin\frac{\beta}{2}\sin(\alpha+\beta)=\cos\left(\alpha+\frac{\beta}{2}\right)-\cos\left(\alpha+\frac{3\beta}{2}\right),$$

$$2\sin\frac{\beta}{2}\sin(\alpha+2\beta)=\cos\left(\alpha+\frac{3\beta}{2}\right)-\cos\left(\alpha+\frac{5\beta}{2}\right),$$

……

$$2\sin\frac{\beta}{2}\sin(\alpha+n\beta)=\cos\left(\alpha+\frac{2n-1}{2}\beta\right)-\cos\left(\alpha+\frac{2n+1}{2}\beta\right)。$$

将各等式两边分别相加,得

$$\begin{aligned}&2\sin\frac{\beta}{2}[\sin\alpha+\sin(\alpha+\beta)+\sin(\alpha+2\beta)+\cdots+\sin(\alpha+n\beta)]\\&=\cos\left(\alpha-\frac{\beta}{2}\right)-\cos\left(\alpha+\frac{2n+1}{2}\beta\right)\\&=2\sin\left(\alpha+\frac{n\beta}{2}\right)\sin\frac{n+1}{2}\beta,\end{aligned}$$

从而当 $2\sin\frac{\beta}{2}$ 不为 0 时,两边同除以 $2\sin\frac{\beta}{2}$,即得公式 1。

12 种教科书由公式 1 得出

推论 1 $\sin\alpha+\sin2\alpha+\sin3\alpha+\cdots+\sin n\alpha=\dfrac{\sin\frac{n}{2}\alpha\sin\frac{n+1}{2}\alpha}{\sin\frac{\alpha}{2}}$。

其中有 7 种教科书给出了共 3 种不同的证明。

证法 1 利用公式 1 直接推导

有 6 种教科书采用此法。在公式 1 中,将 $n+1$ 换成 n,并令 $\beta=\alpha$,即得推论 1。

证法 2 利用积化和差公式

Woodhouse (1819)由于没有给出公式 1,故将每项乘以 $2\sin\frac{\alpha}{2}$,利用积化和差公式,裂项相加得推论 1。

证法 3 利用复数的三角形式

Snowball (1891)利用复数的三角形式和棣莫弗公式来推导求和公式。

设 $x=\cos\alpha+i\sin\alpha$,则 $\frac{1}{x}=\cos\alpha-i\sin\alpha$,于是有

$$2\sqrt{-1}\sin\alpha=x-\frac{1}{x},$$

$$2\sqrt{-1}\sin2\alpha=x^2-\frac{1}{x^2},$$

$$2\sqrt{-1}\sin3\alpha=x^3-\frac{1}{x^3},$$

……

$$2\sqrt{-1}\sin n\alpha=x^n-\frac{1}{x^n}。$$

两边分别相加，可得

$$
\begin{aligned}
&2\sqrt{-1}(\sin\alpha+\sin 2\alpha+\sin 3\alpha+\cdots+\sin n\alpha)\\
&=x+x^2+x^3+\cdots+x^n-\left(\frac{1}{x}+\frac{1}{x^2}+\frac{1}{x^3}+\cdots+\frac{1}{x^n}\right)\\
&=x\frac{x^n-1}{x-1}-\frac{1}{x}\frac{\frac{1}{x^n}-1}{\frac{1}{x}-1}=\frac{x^{n+1}+\frac{1}{x^n}-x-1}{x-1}\\
&=\frac{\left(x^{n+\frac{1}{2}}+\frac{1}{x^{n+\frac{1}{2}}}\right)-\left(x^{\frac{1}{2}}+\frac{1}{x^{\frac{1}{2}}}\right)}{x^{\frac{1}{2}}-\frac{1}{x^{\frac{1}{2}}}}\\
&=\frac{2\cos\frac{2n+1}{2}\alpha-2\cos\frac{\alpha}{2}}{2\sqrt{-1}\sin\frac{\alpha}{2}}\\
&=-\frac{2\sin\frac{n}{2}\alpha\sin\frac{n+1}{2}\alpha}{\sqrt{-1}\sin\frac{\alpha}{2}},
\end{aligned}
$$

整理即得推论 1。

6 种教科书给出了

推论 2 $\sin\alpha+\sin 3\alpha+\sin 5\alpha+\cdots+\sin(2n-1)\alpha=\dfrac{\sin^2 n\alpha}{\sin\alpha}$,

其中有 5 种教科书通过在公式 1 中令 $\beta=2\alpha$，证明了推论 2。Thomson (1825)则采用与公式 1 类似的方法，每项乘 $2\sin\alpha$ 并利用积化和差公式裂项相加。

Rothrock(1910)在习题中给出

推论 3 $\sin 2\alpha+\sin 4\alpha+\sin 6\alpha+\cdots+\sin 2n\alpha=\dfrac{\sin(n+1)\alpha\sin n\alpha}{\sin\alpha}$。

该恒等式可通过推论 1 直接得到。

3 种教科书在习题中给出了

推论 4 $\sin^2\alpha+\sin^2(\alpha+\beta)+\sin^2(\alpha+2\beta)+\cdots+\sin^2[\alpha+(n-1)\beta]$

$$=\frac{n}{2}-\frac{\cos[2\alpha+(n-1)\beta]\sin n\beta}{2\sin\beta}。$$

Rothrock (1910)指出了该恒等式的证明思路，即利用倍角公式先降幂，再利用余弦和公式(即下文公式 4)相加即可。

在公式 1 中，令 $\beta=\frac{2k\pi}{n}$，且取 n 项，则有

推论 5 $\sin\alpha+\sin\left(\alpha+\frac{2k\pi}{n}\right)+\sin\left(\alpha+\frac{2\times 2k\pi}{n}\right)+\cdots+\sin\left[\alpha+\frac{(n-1)\times 2k\pi}{n}\right]=0$

($k\in\mathbf{N}^*$，且 k 不被 n 整除)。

3 种教科书给出了推论 5。若当 $\alpha=0$ 时，可得到一个更具体的恒等式，即

$$\sin\frac{2k\pi}{n}+\sin\frac{2\times 2k\pi}{n}+\sin\frac{3\times 2k\pi}{n}+\cdots+\sin\frac{(n-1)\times 2k\pi}{n}=0$$

($k\in\mathbf{N}^*$，且 k 不被 n 整除)。

Davison (1919)给出推论 5 在几何上的一个具体应用：如图 22－4，A_1，A_2，…，A_n 是一个圆内接正 n 边形的顶点，求这些点到直径 PQ 的垂直距离①之和，其中设 $\angle POA_1=\alpha$，半径长为 a 且 $A_rN_r\perp PQ(r=1,2,\cdots,n)$。

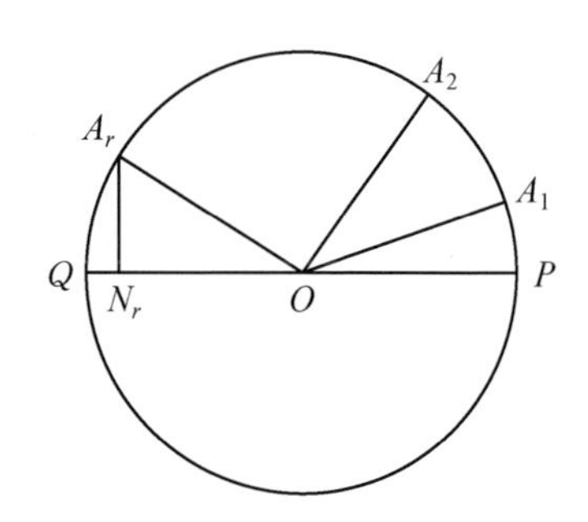

图 22－4 公式 1 的推论 5 之几何应用

由题意可知 A_1A_2、A_2A_3、…… 对应的角度均为 $\frac{2\pi}{n}$，故 $\angle POA_r=\alpha+(r-1)\frac{2\pi}{n}$，从而 $N_rA_r=a\sin\left[\alpha+(r-1)\frac{2\pi}{n}\right]$，因此这些点到直径的垂直距离之和为

$$\sum_{r=1}^{n}N_rA_r=a\left[\sin\alpha+\sin\left(\alpha+\frac{2\pi}{n}\right)+\sin\left(\alpha+2\frac{2\pi}{n}\right)+\cdots+\sin\left(\alpha+(n-1)\frac{2\pi}{n}\right)\right]$$

$$=\frac{a\sin\left[\alpha+(n-1)\frac{\pi}{n}\right]\sin\pi}{\sin\frac{\pi}{n}}=0。$$

此外，Thomson (1825)对公式 1 进行推广，得到了下列更一般的恒等式：

① 在今天看来，“距离”是非负值，因此，此处的“距离”之说并不准确。实际上，若以 O 为原点、OP 所在直线为 x 轴建立平面直角坐标系，则 A_1，A_2，…，A_n 的纵坐标之和为零。

$$\sin m\alpha+\sin(m+r)\alpha+\sin(m+2r)\alpha+\cdots+\sin[m+(n-1)r]\alpha$$
$$=\frac{\sin\frac{nr\alpha}{2}\sin\left[m+\frac{1}{2}(n-1)r\right]\alpha}{\sin\frac{r\alpha}{2}}。$$

4 种教科书给出了

公式 2 $\sin\alpha-\sin(\alpha+\beta)+\sin(\alpha+2\beta)+\cdots+(-1)^{n-1}\sin[\alpha+(n-1)\beta]$

$$=\frac{\sin\left[\alpha+\frac{n-1}{2}(\beta+\pi)\right]\sin\frac{n}{2}(\beta+\pi)}{\cos\frac{\beta}{2}},$$

其中 Wilson (1831)通过每项乘 $2\cos\frac{\beta}{2}$ 并利用积化和差公式来推导，而另外 3 种教科书直接利用公式 1 对其进行证明：

将等式左边改写为

$$\sin\alpha+\sin[\alpha+(\beta+\pi)]+\sin[\alpha+2(\beta+\pi)]+\cdots+\sin[\alpha+(n-1)(\beta+\pi)],$$

就可以直接利用公式 1，即用 $\beta+\pi$ 代替 β，得

$$\sin\alpha-\sin(\alpha+\beta)+\sin(\alpha+2\beta)+\cdots\pm\sin[\alpha+(n-1)\beta]$$
$$=\sin\alpha+\sin[\alpha+(\beta+\pi)]+\sin[\alpha+2(\beta+\pi)]+\cdots+\sin[\alpha+(n-1)(\beta+\pi)]$$
$$=\frac{\sin\left[\alpha+\frac{n-1}{2}(\beta+\pi)\right]\sin\frac{n}{2}(\beta+\pi)}{\sin\frac{\beta+\pi}{2}}$$
$$=\frac{\sin\left[\alpha+\frac{n-1}{2}(\beta+\pi)\right]\sin\frac{n}{2}(\beta+\pi)}{\cos\frac{\beta}{2}}$$
$$=\begin{cases}-\dfrac{\cos\left(\alpha+\frac{n-1}{2}\beta\right)\sin\frac{n\beta}{2}}{\cos\frac{\beta}{2}}, & n\text{ 为偶数},\\[2ex] \dfrac{\sin\left(\alpha+\frac{n-1}{2}\beta\right)\cos\frac{n\beta}{2}}{\cos\frac{\beta}{2}}, & n\text{ 为奇数}。\end{cases}$$

Lardner (1826)和 Wilson (1831)在公式 2 中令 $\beta=\alpha$，得到

推论 $\sin\alpha-\sin2\alpha+\sin3\alpha+\cdots+(-1)^{n-1}\sin n\alpha=\begin{cases}-\dfrac{\cos\dfrac{(n+1)\alpha}{2}\sin\dfrac{n\alpha}{2}}{\cos\dfrac{\alpha}{2}}, & n\text{ 为偶数}, \\ \dfrac{\sin\dfrac{(n+1)\alpha}{2}\cos\dfrac{n\alpha}{2}}{\cos\dfrac{\alpha}{2}}, & n\text{ 为奇数}。\end{cases}$

22.4.2 有特定系数的情形

2 种教科书给出了

公式 3 $x\sin(\alpha+\beta)+x^2\sin(\alpha+2\beta)+\cdots+x^n\sin(\alpha+n\beta)$

$$=\frac{x\sin(\alpha+\beta)-x^2\sin\alpha-x^{n+1}\sin[\alpha+(n+1)\beta]+x^{n+2}\sin(\alpha+n\beta)}{1-2x\cos\beta+x^2},$$

其中 Wilson (1831)给出了如下证明：

将等式左边的 n 项和记为 S_n，由和差化积公式可知

$$\sin(\alpha+n\beta+\beta)+\sin(\alpha+n\beta-\beta)=2\sin(\alpha+n\beta)\cos\beta,$$

从而有

$$2x^{n+1}\sin(\alpha+n\beta)\cos\beta=x^{n+1}\sin(\alpha+n\beta+\beta)+x^{n+1}\sin(\alpha+n\beta-\beta)。$$

分别用 1, 2, 3, …, n 代入上式中的 n，并将这 n 个等式相加，可得

$$\begin{aligned}2xS_n\cos\beta=&S_n-x\sin(\alpha+\beta)+x^{n+1}\sin[\alpha+(n+1)\beta]\\&+x^2S_n+x^2\sin\alpha-x^{n+2}\sin(\alpha+n\beta),\end{aligned}$$

将含 S_n 的项合并整理，即得。

同样，令 $\alpha=0$，可得

推论 1 $x\sin\beta+x^2\sin2\beta+\cdots+x^n\sin n\beta=\dfrac{x\sin\beta-x^{n+1}\sin(n+1)\beta+x^{n+2}\sin n\beta}{1-2x\cos\beta+x^2}$。

3 种教科书给出了

推论 1′（无穷形式） $x\sin\beta+x^2\sin2\beta+x^3\sin3\beta+\cdots$

$$=\frac{x\sin\beta}{1-2x\cos\beta+x^2}(|x|<1),$$

其中，De Morgan (1837)给出了该恒等式的两种证法。

证法 1　利用和差化积公式

将等式左边记为 S，在和差化积公式 $\sin(n+1)\beta+\sin(n-1)\beta=2\sin n\beta\cos\beta$ 中依次令 $n=1, 2, 3, \cdots$，得

$$x\sin 2\beta+0=2x\sin\beta\cos\beta,$$
$$x^2\sin 3\beta+x^2\sin\beta=2x^2\sin 2\beta\cos\beta,$$
$$x^3\sin 4\beta+x^3\sin 2\beta=2x^3\sin 3\beta\cos\beta,$$
$$\cdots\cdots$$

全部相加，得 $\dfrac{S-x\sin\beta}{x}+xS=2S\cos\beta$，故

$$S=\frac{x\sin\beta}{1-2x\cos\beta+x^2}(|x|<1)。$$

证法 2　利用复数的三角形式

令 $2\sqrt{-1}\sin\beta=z-\dfrac{1}{z}$，从而 $2\sqrt{-1}\sin 2\beta=z^2-\dfrac{1}{z^2}$，…，故有

$$\begin{aligned}
&x\sin\beta+x^2\sin 2\beta+x^3\sin 3\beta+\cdots\\
&=\frac{1}{2\sqrt{-1}}\left[x\left(z-\frac{1}{z}\right)+x^2\left(z^2-\frac{1}{z^2}\right)+x^3\left(z^3-\frac{1}{z^3}\right)+\cdots\right]\\
&=\frac{1}{2\sqrt{-1}}(xz+x^2z^2+\cdots)-\frac{1}{2\sqrt{-1}}\left(\frac{x}{z}+\frac{x^2}{z^2}+\cdots\right)\\
&=\frac{1}{2\sqrt{-1}}\frac{xz}{1-xz}-\frac{1}{2\sqrt{-1}}\frac{xz^{-1}}{1-xz^{-1}}\\
&=\frac{1}{2\sqrt{-1}}\frac{xz-xz^{-1}}{1-(z+z^{-1})x+x^2}\\
&=\frac{x}{1-(z+z^{-1})x+x^2}\frac{z-z^{-1}}{2\sqrt{-1}}\\
&=\frac{x\sin\beta}{1-2x\cos\beta+x^2}。
\end{aligned}$$

此外,Davison (1919)还利用复数的三角形式来证明推论 1′,具体见下文公式 6 的推论 1′ 的证明。

22.5 构成等差数列的角的余弦求和

22.5.1 系数均为 1 的情形

14 种教科书给出了

公式 4 $\cos\alpha+\cos(\alpha+\beta)+\cos(\alpha+2\beta)+\cdots+\cos(\alpha+n\beta)$

$$=\frac{\cos\left(\alpha+\frac{1}{2}n\beta\right)\sin\frac{n+1}{2}\beta}{\sin\frac{\beta}{2}},$$

其中有 10 种教科书通过乘 $2\sin\frac{\beta}{2}$ 并利用积化和差公式、4 种教科书通过在公式 1 中用 $\frac{\pi}{2}+\alpha$ 代替 α,分别对公式进行了证明。此外,Wilson (1831)指出该恒等式也可从带系数的余弦和恒等式推导出,即在下文公式 6 中令 $x=1$ 即可。

由公式 4,可得

推论 1 $\cos\alpha+\cos2\alpha+\cos3\alpha+\cdots+\cos n\alpha=\dfrac{\sin\frac{n}{2}\alpha\cos\frac{n+1}{2}\alpha}{\sin\frac{\alpha}{2}}$。

12 种教科书给出了推论 1,其中有 5 种教科书利用公式 4 进行转换,将 $n+1$ 项求和改写成 n 项求和,并令 $\beta=\alpha$,由此得出结论。此外,Hann (1854)和 Snowball (1891)还利用复数的三角形式和棣莫弗公式进行证明:

令 $\cos\alpha+\sqrt{-1}\sin\alpha=x$,则 $2\cos\alpha=x+\frac{1}{x}$,因此,$\cos\alpha+\cos2\alpha+\cos3\alpha+\cdots+\cos n\alpha$ 等价于

$$\frac{1}{2}(x+x^2+x^3+\cdots+x^n)+\frac{1}{2}\left(\frac{1}{x}+\frac{1}{x^2}+\frac{1}{x^3}+\cdots+\frac{1}{x^n}\right)$$

$$=\frac{1}{2}\left[\frac{x^{n+1}-x}{x-1}+\frac{x^n-1}{x^n(x-1)}\right]$$

$$=\frac{1}{2}\,\frac{(x^n-1)(x^{n+1}+1)}{x^n(x-1)}$$

$$=\frac{1}{2}\frac{\left(x^{\frac{n}{2}}-\frac{1}{x^{\frac{n}{2}}}\right)\left(x^{\frac{n+1}{2}}+\frac{1}{x^{\frac{n+1}{2}}}\right)}{x^{\frac{1}{2}}-\frac{1}{x^{\frac{1}{2}}}},$$

此时，

$$\frac{x^{\frac{n}{2}}-\frac{1}{x^{\frac{n}{2}}}}{\sqrt{x}-\frac{1}{\sqrt{x}}}=\sqrt{\left(\frac{x^{\frac{n}{2}}-\frac{1}{x^{\frac{n}{2}}}}{\sqrt{x}-\frac{1}{\sqrt{x}}}\right)^2}=\sqrt{\frac{\left(x^{\frac{n}{2}}+\frac{1}{x^{\frac{n}{2}}}\right)^2-4}{\left(\sqrt{x}+\frac{1}{\sqrt{x}}\right)^2-4}}=\sqrt{\frac{\left(2\cos\frac{n\alpha}{2}\right)^2-4}{\left(2\cos\frac{\alpha}{2}\right)^2-4}}$$

$$=\sqrt{\frac{1-\cos^2\frac{n\alpha}{2}}{1-\cos^2\frac{\alpha}{2}}}=\frac{\sin\frac{n\alpha}{2}}{\sin\frac{\alpha}{2}},$$

代入上式即得。

4 种教科书给出了

推论 2 $\cos\alpha+\cos 3\alpha+\cos 5\alpha+\cdots+\cos(2n-1)\alpha=\frac{\sin n\alpha\cos n\alpha}{\sin\alpha}$，

其中 Thomson (1825)采用与公式 4 类似的证法，每项乘 $2\sin\alpha$ 并利用积化和差公式裂项相加。

Rothrock (1910)在习题中给出

推论 3 $\cos 2\alpha+\cos 4\alpha+\cos 6\alpha+\cdots+\cos 2n\alpha=\frac{\cos(n+1)\alpha\sin n\alpha}{\sin\alpha}$；

推论 4 $\cos^2\alpha+\cos^2(\alpha+\beta)+\cos^2(\alpha+2\beta)+\cdots+\cos^2[\alpha+(n-1)\beta]$

$$=\frac{n}{2}+\frac{\cos[2\alpha+(n-1)\beta]\sin n\beta}{2\sin\beta}。$$

5 种教科书给出了

推论 5 $\cos\alpha+\cos\left(\alpha+\frac{2k\pi}{n}\right)+\cos\left(\alpha+2\,\frac{2k\pi}{n}\right)+\cdots+\cos\left[\alpha+(n-1)\,\frac{2k\pi}{n}\right]=0$

（$k\in\mathbf{N}^*$，且 k 不被 n 整除），

其中有 4 种教科书均在习题部分呈现了上述推论，仅 Wilczynski (1914)给出了证明。当 $\beta=\frac{2k\pi}{n}$ 时，有 $\sin\frac{1}{2}n\beta=\sin k\pi=0$，由公式 4 即得推论 5。当 $\alpha=0$ 时，Loney (1893)

和 Wilczynski (1914)给出了一个更具体的恒等式，即

$$1+\cos\frac{2k\pi}{n}+\cos\frac{2\times 2k\pi}{n}+\cos\frac{3\times 2k\pi}{n}+\cdots+\cos\frac{(n-1)\times 2k\pi}{n}=0$$

$(k\in\mathbf{N}^*$，且 k 不被 n 整除$)$，

若 k 是 n 的倍数，则等式右边等于 n。

此外，Thomson (1825)对公式 4 进行推广，得到了下列更一般的恒等式：

$$\cos m\alpha+\cos(m+r)\alpha+\cos(m+2r)\alpha+\cdots+\cos[m+(n-1)r]\alpha$$

$$=\frac{\sin\frac{nr\alpha}{2}\cos\left[m+\frac{1}{2}(n-1)r\right]\alpha}{\sin\frac{r\alpha}{2}}。$$

2 种教科书给出了

公式 5 $\cos\alpha-\cos(\alpha+\beta)+\cos(\alpha+2\beta)+\cdots+(-1)^{n-1}\cos[\alpha+(n-1)\beta]$

$$=\begin{cases}\dfrac{\sin\left(\alpha+\frac{n-1}{2}\beta\right)\sin\frac{n\beta}{2}}{\cos\frac{\beta}{2}},\ n\text{ 为偶数},\\[2ex] \dfrac{\cos\left(\alpha+\frac{n-1}{2}\beta\right)\cos\frac{n\beta}{2}}{\cos\frac{\beta}{2}},\ n\text{ 为奇数},\end{cases}$$

其中 Wilson (1831)通过将每项乘以 $2\cos\frac{\beta}{2}$ 并利用积化和差公式加以推导，而 Lardner (1826)直接利用公式 2 对其进行了证明，即在公式 2 中用 $\frac{\pi}{2}+\alpha$ 代替 α。此外，该恒等式也可从带系数的余弦和恒等式推出，即在下文公式 6 中令 $x=-1$。

在公式 5 中令 $\beta=\alpha$，可得

推论 $\cos\alpha-\cos 2\alpha+\cos 3\alpha-\cdots+(-1)^{n-1}\cos n\alpha$

$$=\begin{cases}\dfrac{\sin\frac{(n+1)\alpha}{2}\sin\frac{n\alpha}{2}}{\cos\frac{\alpha}{2}},\ n\text{ 为偶数},\\[2ex] \dfrac{\cos\frac{(n+1)\alpha}{2}\cos\frac{n\alpha}{2}}{\cos\frac{\alpha}{2}},\ n\text{ 为奇数}。\end{cases}$$

22.5.2 有特定系数的情形

2 种教科书给出了

公式 6 $x\cos(\alpha+\beta)+x^2\cos(\alpha+2\beta)+\cdots+x^n\cos(\alpha+n\beta)$

$$=\frac{x^2\cos\alpha-x\cos(\alpha+\beta)+x^{n+1}\cos[\alpha+(n+1)\beta]-x^{n+2}\cos(\alpha+n\beta)}{1-2x\cos\beta+x^2},$$

其中 Wilson (1831)给出了两种证法。证法 1 与公式 3 的证法类似;证法 2 只需在得到公式 3 的基础上,用 $\frac{\pi}{2}+\alpha$ 代替 α 即可。

同样,令 $\alpha=0$, 可得

推论 1 $x\cos\beta+x^2\cos 2\beta+\cdots+x^n\cos n\beta$

$$=\frac{x^2-x\cos\beta+x^{n+1}\cos(n+1)\beta-x^{n+2}\cos n\beta}{1-2x\cos\beta+x^2};$$

推论 1′ (无穷形式) $x\cos\beta+x^2\cos 2\beta+x^3\cos 3\beta+\cdots$

$$=\frac{x\cos\beta-x^2}{1-2x\cos\beta+x^2}(|x|<1)。$$

Davison (1919)利用复数的三角形式来证明推论 1′:

令

$$1+x\cos\alpha+x^2\cos 2\alpha+x^3\cos 3\alpha+\cdots=C,$$
$$x\sin\alpha+x^2\sin 2\alpha+x^3\sin 3\alpha+\cdots=S,$$

则

$$\begin{aligned}C+\mathrm{i}S&=1+x(\cos\alpha+\mathrm{i}\sin\alpha)+x^2(\cos 2\alpha+\mathrm{i}\sin 2\alpha)+\cdots+x^n(\cos n\alpha+\mathrm{i}\sin n\alpha)+\cdots\\&=1+x(\cos\alpha+\mathrm{i}\sin\alpha)+x^2(\cos\alpha+\mathrm{i}\sin\alpha)^2+\cdots+x^n(\cos\alpha+\mathrm{i}\sin\alpha)^n+\cdots\end{aligned}$$

是收敛的,由级数知识可知

$$\begin{aligned}C+\mathrm{i}S&=\frac{1}{1-x(\cos\alpha+\mathrm{i}\sin\alpha)}=\frac{1}{1-x\cos\alpha-\mathrm{i}x\sin\alpha}\\&=\frac{1-x\cos\alpha+\mathrm{i}x\sin\alpha}{(1-x\cos\alpha)^2-(\mathrm{i}x\sin\alpha)^2}=\frac{1-x\cos\alpha+\mathrm{i}x\sin\alpha}{1-2x\cos\alpha+x^2},\end{aligned}$$

从而

$$C=\frac{1-x\cos\alpha}{1-2x\cos\alpha+x^2},$$

$$S=\frac{x\sin\alpha}{1-2x\cos\alpha+x^2}。$$

22.6 其他三角恒等式

22.6.1 正、余弦混合情形

Wilczynski (1914)给出了正、余弦混合情形的几种三角恒等式。记

$$S_k=\sin\frac{2k\pi}{n}+\sin\frac{2\times 2k\pi}{n}+\sin\frac{3\times 2k\pi}{n}+\cdots+\sin\frac{(n-1)\times 2k\pi}{n},$$

$$C_k=1+\cos\frac{2k\pi}{n}+\cos\frac{2\times 2k\pi}{n}+\cos\frac{3\times 2k\pi}{n}+\cdots+\cos\frac{(n-1)\times 2k\pi}{n},$$

现考虑 $\frac{2k\pi}{n}$ 和 $\frac{2l\pi}{n}$ 两个角的形式,可得公式 7~9。

公式 7 $$C_{kl}=1+\cos\frac{2k\pi}{n}\cos\frac{2l\pi}{n}+\cos\frac{2\times 2k\pi}{n}\cos\frac{2\times 2l\pi}{n}+\cdots+\cos\frac{(n-1)\times 2k\pi}{n}\cos\frac{(n-1)\times 2l\pi}{n}=\frac{1}{2}(C_{k-l}+C_{k+l});$$

公式 8 $$S_{kl}=\sin\frac{2k\pi}{n}\sin\frac{2l\pi}{n}+\sin\frac{2\times 2k\pi}{n}\sin\frac{2\times 2l\pi}{n}+\cdots+\sin\frac{(n-1)\times 2k\pi}{n}\sin\frac{(n-1)\times 2l\pi}{n}=\frac{1}{2}(C_{k-l}-C_{k+l});$$

公式 9 $$(S_k, C_l)=\sin\frac{2k\pi}{n}\cos\frac{2l\pi}{n}+\sin\frac{2\times 2k\pi}{n}\cos\frac{2\times 2l\pi}{n}+\cdots+\sin\frac{(n-1)\times 2k\pi}{n}\cos\frac{(n-1)\times 2l\pi}{n}=\frac{1}{2}(S_{k-l}+S_{k+l})。$$

上述 3 个恒等式可根据 $k-l$、$k+l$ 是否被 n 整除分类讨论求得具体值，可利用积化和差公式以及 S_k、C_k 的结论来推导，现只对公式 7 加以证明：

由 $\cos\alpha\cos\beta=\frac{1}{2}[\cos(\alpha-\beta)+\cos(\alpha+\beta)]$，可得

$$
\begin{aligned}
C_{kl}=&\ \frac{1}{2}(1+1)+\frac{1}{2}\left[\cos\frac{2(k-l)\pi}{n}+\cos\frac{2(k+l)\pi}{n}\right]+\frac{1}{2}\left[\cos\frac{2\times2(k-l)\pi}{n}\right.\\
&\left.+\cos\frac{2\times2(k+l)\pi}{n}\right]+\cdots+\frac{1}{2}\left[\cos\frac{(n-1)\times2(k-l)\pi}{n}\right.\\
&\left.+\cos\frac{(n-1)\times2(k+l)\pi}{n}\right]\\
=&\ \frac{1}{2}\left[1+\cos\frac{2(k-l)\pi}{n}+\cos\frac{2\times2(k-l)\pi}{n}+\cdots+\cos\frac{(n-1)\times2(k-l)\pi}{n}\right]\\
&+\frac{1}{2}\left[1+\cos\frac{2(k+l)\pi}{n}+\cos\frac{2\times2(k+l)\pi}{n}+\cdots+\cos\frac{(n-1)\times2(k+l)\pi}{n}\right]\\
=&\ \frac{1}{2}(C_{k-l}+C_{k+l})。
\end{aligned}
$$

22.6.2　正、余弦高次幂和情形

Loney (1893)在习题部分给出了形如 $\cos^3\alpha+\cos^3 2\alpha+\cos^3 3\alpha+\cdots+\cos^3 n\alpha$ 的求和问题，通常可用降幂的方法进行求解，即利用 $4\cos^3\alpha=3\cos\alpha+\cos 3\alpha$ 将其转化为一次形式的和，再利用公式 4 即可。同样，该方法可用于计算其他类似的高次幂和情形。

Nixon (1892)对该结论进行了总结讨论，得到了新的命题：

当 $m<n$ 时，序列

$$\cos^m\alpha+\cos^m\left(\alpha+\frac{2\pi}{n}\right)+\cdots+\cos^m\left[\alpha+\frac{(n-1)\times2\pi}{n}\right]$$

与 α 无关；同理可知

$$\sin^m\alpha+\sin^m\left(\alpha+\frac{2\pi}{n}\right)+\cdots+\sin^m\left[\alpha+\frac{(n-1)\times2\pi}{n}\right]$$

也与 α 无关。

22.6.3 其他三角函数和

5 种教科书给出了

公式 10 $\frac{1}{2}\tan\frac{\alpha}{2}+\frac{1}{4}\tan\frac{\alpha}{4}+\frac{1}{8}\tan\frac{\alpha}{8}+\cdots+\frac{1}{2^n}\tan\frac{\alpha}{2^n}=\frac{1}{2^n}\cot\frac{\alpha}{2^n}-\cot\alpha$,

其中有 3 种教科书对其进行了证明：

根据二倍角的正切公式 $\tan 2\alpha=\frac{2\tan\alpha}{1-\tan^2\alpha}$，可得

$$\cot 2\alpha=\frac{1-\tan^2\alpha}{2\tan\alpha}=\frac{1}{2\tan\alpha}-\frac{\tan\alpha}{2}=\frac{1}{2}\cot\alpha-\frac{1}{2}\tan\alpha。$$

则将 α 和 $\frac{\alpha}{2}$、$\frac{\alpha}{2}$ 和 $\frac{\alpha}{4}$ 、……替代上式中的 2α 和 α，可得

$$\frac{1}{2}\cot\frac{\alpha}{2}-\cot\alpha=\frac{1}{2}\tan\frac{\alpha}{2},$$

$$\frac{1}{4}\cot\frac{\alpha}{4}-\frac{1}{2}\cot\frac{\alpha}{2}=\frac{1}{4}\tan\frac{\alpha}{4},$$

……

$$\frac{1}{2^n}\cot\frac{\alpha}{2^n}-\frac{1}{2^{n-1}}\cot\frac{\alpha}{2^{n-1}}=\frac{1}{2^n}\tan\frac{\alpha}{2^n},$$

将上述等式全部相加，即得公式 10。

Davison (1919)利用类似的方法得到

推论 $\tan\alpha+2\tan 2\alpha+2^2\tan 2^2\alpha+\cdots+2^{n-1}\tan 2^{n-1}\alpha=\cot\alpha-2^n\cot 2^n\alpha$。

5 种教科书给出了

公式 11 $\csc\alpha+\csc 2\alpha+\csc 4\alpha+\cdots+\csc 2^{n-1}\alpha=\cot\frac{\alpha}{2}-\cot 2^{n-1}\alpha$,

其中 Hann (1854)和 Nixon (1892)利用等式 $\csc\alpha=\cot\frac{\alpha}{2}-\cot\alpha$ 对其作了证明。

Lardner (1826)利用类似的方法得到

推论 $\csc\alpha+\csc 2\alpha+\csc 4\alpha+\cdots+\csc 2(n-1)\alpha=\cot\frac{\alpha}{2}-\cot 2(n-1)\alpha$。

22.6.4 乘积形式的三角恒等式

Lardner (1826)还指出了一种乘积形式的恒等式，即

公式 12 $2^n\cos\frac{x}{2}\cos\frac{x}{2^2}\cos\frac{x}{2^3}\cdot\cdots\cdot\cos\frac{x}{2^n}=\frac{\sin x}{\sin\frac{x}{2^n}}$。

事实上，由二倍角公式可知 $\sin mx=2\sin\frac{mx}{2}\cos\frac{mx}{2}$，故有等式

$$\frac{\sin mx}{\sin\frac{mx}{2}}=2\cos\frac{mx}{2}。$$

在上述等式中分别用 $1,\frac{1}{2},\frac{1}{2^2},\frac{1}{2^2},\cdots,\frac{1}{2^{n-1}}$ 代替 m，并将这 n 个等式相乘，即得。

在公式 12 中，当 $n\to\infty$ 时，有 $2^n\sin\frac{x}{2^n}\to x$，从而得

推论（无穷形式） $\cos\frac{x}{2}\cos\frac{x}{2^2}\cos\frac{x}{2^3}\cdot\cdots=\frac{\sin x}{x}$。

22.7 若干启示

综上可知，美英早期三角学教科书中的求和恒等式主要分为正、余弦的叠加转化和三角函数 n 项求和恒等式，本章将教科书中除同角三角函数关系、三角形中的三角恒等式以外的重要三角恒等式进行整理，为今日三角恒等式的教学提供了诸多启示。

第一，抓住解题本质，提炼一般形式。当前高中数学三角函数习题中，解三角方程问题和三角函数的最值问题属于学生基本知识技能的运用，而这两个问题的本质都是正弦函数和余弦函数的叠加转化问题。若抓住这两类题型的本质，则一般问题就可以迎刃而解，从而培养学生的数学抽象、逻辑推理等素养。

第二，总结归纳方法，贯彻转化思想。三角恒等式中，三角函数 n 项求和恒等式的推导方法大致可以总结为两种，一种是先乘一项式子，利用积化和差公式裂项，另一种是利用三角函数的指数形式进行转化；正、余弦的叠加恒等式则是利用辅助角实现转化。通过对三角恒等式推导方法的总结归纳，培养学生举一反三的能力，将类似的方法应用于其他三角函数求和问题。

第三，增加数学探索，拓宽数学思维。虽然正、余弦的叠加转化和三角函数 n 项求和恒等式在其他三角恒等式这一课题中出现的频率较高，但仍有很多三角恒等式未经整理归纳，并且三角函数求和恒等式还有许多更深层次的结论可以探索。这就需要教

师在要求学生掌握并熟练运用基本三角恒等式的情况下，拓宽学生的数学思维，带领学生阅读数学史素材，探索教科书以外的其他三角恒等式，共同提升创新能力。

参考文献

中华人民共和国教育部(2020). 普通高中数学课程标准(2017年版2020年修订). 北京:人民教育出版社.

Davison, C. (1919). *Plane Trigonometry for Secondary Schools*. Cambridge: The University Press.

De Morgan, A. (1837). *Elements of Trigonometry and Trigonometry Analysis*. London: Taylor & Walton.

Hann, J. (1854). *The Elements of Plane Trigonometry*. London: John Weale.

Lardner, D. (1826). *An Analytic Treatise on Plane and Spherical Trigonometry*. London: John Taylor.

Loney, S. L. (1893). *Plane Trigonometry*. Cambridge: The University Press.

Nixon, R. C. J. (1892). *Elementary Plane Trigonometry*. Oxford: The Clarendon Press.

Rothrock, D. A. (1910). *Elements of Plane and Spherical Trigonometry*. New York: The Macmillan Company.

Snowball, J. C. (1891). *The Elements of Plane and Spherical Trigonometry*. London: Macmillan & Company.

Thomson, J. (1825). *Elements of Plane and Spherical Trigonometry*. Belfast: Joseph Smyth.

Wilczynski, E. J. (1914). *Plane Trigonometry and Applications*. Boston: Allyn & Bacon.

Wilson, R. (1831). *A System of Plane and Spherical Trigonometry*. Cambridge: J. & J. J. Deighton, T. Stevenson & R. Newby.

Woodhouse, R. (1819). *A Treatise on Plane and Spherical Trigonometry*. Cambridge: J. Deighton & Sons.

23 复数三角形式的若干应用

石　城*

23.1 引　言

复数的三角形式 $z=r(\cos\theta+\mathrm{i}\sin\theta)$（其中 r 为复数 z 的模，θ 为其辐角）不仅是初等数学中的重要知识，还为高等数学的许多分支打下基础，对理论物理学的研究也是不可或缺的(Moritz, 1915, p. 285)。它沟通了复数与平面向量、三角函数、方程之间的联系，一方面帮助学生加深对复数的认识，为解决三角函数、平面几何相关问题和高次方程求根问题提供了一种重要途径，同时还是学习复变函数、解析数论等课程的必备理论(章建跃，2021)。

《普通高中数学课程标准(2017 年版 2020 年修订)》要求：了解复数的三角表示，了解复数的代数表示与三角表示之间的关系，了解复数乘、除运算的三角表示及其几何意义。沪教版高中数学教科书在正文部分给出了三角形式下复数的运算，在课后阅读部分给出了复数三角形式在三次方程求根公式上的应用。

以往由于高考对复数的要求不高，教师在实际课堂教学中，对于复数三角形式往往蜻蜓点水般地一带而过，导致很多学生的认识不够清晰，易将“伪三角形式”混淆成“真三角形式”。为了更深刻地理解高中数学新课程中复数三角形式的合理性和必要性，本章对 100 余种美英早期三角学教科书进行考察，并选取其中的典型教科书，从代数、三角、几何三个方面对复数三角形式的应用进行梳理，试图为今日教学提供参考。

* 华东师范大学教师教育学院硕士研究生。

23.2 复数三角形式在代数学中的应用

Moritz (1915)推导了一般三次方程 $a_0x^3+3a_1x^2+3a_2x+a_3=0$ 的求根公式为

$$x=u-\frac{H}{u},$$

其中 $u=\sqrt[3]{\frac{-G+\sqrt{G^2+4H^3}}{2}}$，$H=a_0a_2-a_1^2$，$G=a_0^2a_3-3a_0a_1a_2+2a_1^3$。当 $G^2+4H^3<0$ 时,称之为“不可约情形”,此时,利用复数的三角形式能简单、快捷地找到对应的三个根:设

$$u^3=\frac{-G+\mathrm{i}\sqrt{-(G^2+4H^3)}}{2}=r(\cos\theta+\mathrm{i}\sin\theta),$$

其中 $r=\sqrt{x^2+y^2}$，$\cos\theta=\frac{x}{r}$，x 和 y 分别为 u^3 的实部和虚部,则有

$$r=\sqrt{\frac{G^2-(G^2+4H^3)}{4}}=\sqrt{-H^3},$$

$$\cos\theta=\frac{-G}{2\sqrt{-H^3}},$$

$$u=r^{\frac{1}{3}}\left(\cos\frac{\theta}{3}+\mathrm{i}\sin\frac{\theta}{3}\right)=\sqrt{-H}\left(\cos\frac{\theta}{3}+\mathrm{i}\sin\frac{\theta}{3}\right)。$$

从而三次方程的三个根可以表示为

$$x_0=u-\frac{H}{u}=2\sqrt{-H}\cos\frac{\theta}{3},$$

$$x_1=\omega u-\frac{H}{\omega u}=2\sqrt{-H}\cos\frac{\theta+2\pi}{3},$$

$$x_2=\omega^2u-\frac{H}{\omega^2u}=2\sqrt{-H}\cos\frac{\theta+4\pi}{3},$$

其中 $\omega=\cos\frac{2\pi}{3}+\mathrm{i}\sin\frac{2\pi}{3}=-\frac{1}{2}+\frac{\sqrt{3}}{2}\mathrm{i}$。

对比之下,若使用复数的代数形式求负数的三次方根,则需要设

$$u^3=\frac{-G+\mathrm{i}\sqrt{-(G^2+4H^3)}}{2}=(x+y\mathrm{i})^3,$$

等式右边由二项式定理得到 $x^3+3x(y\mathrm{i})^2+3x^2y\mathrm{i}+(y\mathrm{i})^3$，即 $x^3-3xy^2+(3x^2y-y^3)\mathrm{i}$。再把等式两边的实部和虚部对应相等，则需要求解下面这个复杂的方程组：

$$\begin{cases}-\dfrac{G}{2}=x^3-3xy^2,\\ \dfrac{\sqrt{-(G^2+4H^3)}}{2}=3x^2y-y^3,\end{cases}$$

这大大增加了计算难度。

23.3 复数三角形式在三角学中的应用

23.3.1 等式证明

Davison (1919)利用复数的三角形式证明：如果 $\cos\alpha+\cos\beta+\cos\gamma=0$，$\sin\alpha+\sin\beta+\sin\gamma=0$，那么

$$\cos 3\alpha+\cos 3\beta+\cos 3\gamma=3\cos(\alpha+\beta+\gamma),$$
$$\sin 3\alpha+\sin 3\beta+\sin 3\gamma=3\sin(\alpha+\beta+\gamma)。$$

证明如下：

令 $a=\cos\alpha+\mathrm{i}\sin\alpha$，$b=\cos\beta+\mathrm{i}\sin\beta$，$c=\cos\gamma+\mathrm{i}\sin\gamma$，由已知条件，可得 $a+b+c=0$，故有

$$a^3+b^3+c^3-3abc=(a+b+c)(a^2+b^2+c^2-ab-bc-ca)=0,$$

即

$$a^3+b^3+c^3=3abc。$$

于是得

$$\begin{aligned}&(\cos\alpha+\mathrm{i}\sin\alpha)^3+(\cos\beta+\mathrm{i}\sin\beta)^3+(\cos\gamma+\mathrm{i}\sin\gamma)^3\\=&3(\cos\alpha+\mathrm{i}\sin\alpha)(\cos\beta+\mathrm{i}\sin\beta)(\cos\gamma+\mathrm{i}\sin\gamma),\end{aligned}$$

即

$$(\cos 3\alpha+\cos 3\beta+\cos 3\gamma)+\mathrm{i}(\sin 3\alpha+\sin 3\beta+\sin 3\gamma)$$
$$=3\cos(\alpha+\beta+\gamma)+3\mathrm{i}\sin(\alpha+\beta+\gamma)。$$

比较等式两边的实部和虚部,即得所证结论。

23.3.2 数列求和

Clarke (1888)利用复数的三角形式求得以下两个三角数列的和:

(1) $\sum_{k=1}^{n}\cos k\alpha=\cos\alpha+\cos 2\alpha+\cdots+\cos n\alpha$;

(2) $\sum_{k=1}^{n}\sin k\alpha=\sin\alpha+\sin 2\alpha+\cdots+\sin n\alpha$。

设 $z=\cos\alpha+\mathrm{i}\sin\alpha$,则根据棣莫弗公式,有

$$\begin{aligned}&\sum_{k=1}^{n}\cos k\alpha+\mathrm{i}\sum_{k=1}^{n}\sin k\alpha\\&=\sum_{k=1}^{n}(\cos k\alpha+\mathrm{i}\sin k\alpha)=\sum_{k=1}^{n}z^{k}\\&=\frac{z\ (1-z^{n})}{1-z}=\frac{z^{\frac{n}{2}+1}\left(z^{\frac{n}{2}}-\frac{1}{z^{\frac{n}{2}}}\right)}{z^{\frac{1}{2}}\left(z^{\frac{1}{2}}-\frac{1}{z^{\frac{1}{2}}}\right)}=\frac{z^{\frac{n+1}{2}}\left(z^{\frac{n}{2}}-\frac{1}{z^{\frac{n}{2}}}\right)}{\left(z^{\frac{1}{2}}-\frac{1}{z^{\frac{1}{2}}}\right)}\\&=\frac{\sin\frac{n}{2}\alpha}{\sin\frac{\alpha}{2}}\left(\cos\frac{n+1}{2}\alpha+\mathrm{i}\sin\frac{n+1}{2}\alpha\right)。\end{aligned}$$

比较等式两边的实部和虚部,可知

$$\sum_{k=1}^{n}\cos k\alpha=\frac{\sin\frac{n}{2}\alpha}{\sin\frac{\alpha}{2}}\cos\frac{n+1}{2}\alpha,$$

$$\sum_{k=1}^{n}\sin k\alpha=\frac{\sin\frac{n}{2}\alpha}{\sin\frac{\alpha}{2}}\sin\frac{n+1}{2}\alpha。$$

Snowball (1891)则利用棣莫弗公式证明了上述结果,具体可参阅第 22 章 22.4 节。

De Morgan (1837)和 Davison (1919)利用上述方法给出了更一般的无穷级数形式的结论：

$$\sum_{k=1}^{\infty} x^k \sin k\alpha = \frac{x\sin\alpha}{1-2x\cos\alpha+x^2}(x<1),$$

$$\sum_{k=1}^{\infty} x^k \cos k\alpha = \frac{x\cos\alpha - x^2}{1-2x\cos\alpha+x^2}(x<1)。$$

这里涉及分析学中的极限和级数理论，不再展开叙述。

23.3.3 倍角公式

n 倍角公式可以分为两种形式，一种是将用单角的正、余弦来表示多倍角的正、余弦，如 $\cos 3\alpha = 4\cos^3\alpha - 3\cos\alpha$；另一种是用多倍角的正、余弦来表示单角的正、余弦的幂，如 $\cos^3\alpha = \dfrac{3\cos\alpha + \cos 3\alpha}{4}$。它们可由棣莫弗公式和欧拉公式分别给出。

（一）形式一的推导

Hall & Frink (1910)利用棣莫弗公式推导出了 n 倍角公式，以三倍角公式为例：

$$\cos 3\alpha + \mathrm{i}\sin 3\alpha = (\cos\alpha + \mathrm{i}\sin\alpha)^3 = \cos^3\alpha + 3\mathrm{i}\cos^2\alpha\sin\alpha - 3\cos\alpha\sin^2\alpha - \mathrm{i}\sin^3\alpha,$$

比较等式两边的实部和虚部，可得三倍角公式：

$$\cos 3\alpha = \cos^3\alpha - 3\cos\alpha\sin^2\alpha = 4\cos^3\alpha - 3\cos\alpha,$$

$$\sin 3\alpha = 3\cos^2\alpha\sin\alpha - \sin^3\alpha = 3\sin\alpha - 4\sin^3\alpha。$$

对于一般的 n 倍角情形，只需将棣莫弗公式

$$(\cos\theta + \mathrm{i}\sin\theta)^n = \cos n\theta + \mathrm{i}\sin n\theta$$

的左边用二项式定理展开，然后比较等式两边的实部和虚部即可。这种方法与用和差角公式不断展开对比，更简洁美观。

（二）形式二的推导

Moritz (1915)利用欧拉公式证明了二倍角公式：

$$\sin 2\theta = \frac{\mathrm{e}^{2\mathrm{i}\theta} - \mathrm{e}^{-2\mathrm{i}\theta}}{2\mathrm{i}} = 2\,\frac{\mathrm{e}^{\mathrm{i}\theta} - \mathrm{e}^{-\mathrm{i}\theta}}{2\mathrm{i}}\,\frac{\mathrm{e}^{\mathrm{i}\theta} + \mathrm{e}^{-\mathrm{i}\theta}}{2\mathrm{i}} = 2\sin\theta\cos\theta,$$

$$\cos 2\theta = \frac{\mathrm{e}^{2\mathrm{i}\theta} + \mathrm{e}^{-2\mathrm{i}\theta}}{2} = \frac{(\mathrm{e}^{\mathrm{i}\theta} + \mathrm{e}^{-\mathrm{i}\theta})^2 - 2}{2} = 2\left(\frac{\mathrm{e}^{\mathrm{i}\theta} + \mathrm{e}^{-\mathrm{i}\theta}}{2}\right)^2 - 1 = 2\cos^2\theta - 1,$$

对于一般的 n 倍角情形，以余弦函数为例，由二项式定理可知

$$(e^{i\theta}+e^{-i\theta})^n=2^n\cos^n\theta=e^{in\theta}+ne^{i(n-2)\theta}+\frac{n(n-1)}{2!}e^{i(n-4)\theta}$$
$$+\cdots+\frac{n(n-1)}{2!}e^{-i(n-4)\theta}+ne^{-i(n-2)\theta}+e^{-in\theta},$$

将等式右边的第一项与最后一项、第二项与倒数第二项、……两两配对，得到

$$2^n\cos^n\theta=(e^{in\theta}+e^{-in\theta})+n(e^{i(n-2)\theta}+e^{-i(n-2)\theta})+\frac{n(n-1)}{2!}(e^{i(n-4)\theta}+e^{-i(n-4)\theta})+\cdots$$
$$=2\cos n\theta+2n\cos(n-2)\theta+\frac{n(n-1)}{2!}2\cos(n-4)\theta+\cdots,$$

从而得到一般的 n 倍角公式的第二种形式。

此外，Moritz (1915)还利用欧拉公式推导了诱导公式、积化和差公式等。

23.4 复数三角形式在几何学中的应用

23.4.1 向量分解

实际生活中，我们常常需要将一个已知的向量分解成两个方向已知但长度未知的向量之和，当两个向量相互垂直时，表达式较为简单。但对于任意两个向量，往往束手无策。以下使用复数三角形式给出了另一种较为形象的方法。

如图 23-1，设 $\overrightarrow{OP}$ 为平面内一个已知长度为 r、与实轴 OX 夹角为 θ 的向量，OA 和 OB 为平面内两条与实轴 OX 夹角分别为 α 和 β 的射线。为了将 $\overrightarrow{OP}$ 分解到 OA 和 OB 方向上，作 $PN/\!/OB$ 交 OA 于点 N，则 $\overrightarrow{OP}=\overrightarrow{ON}+\overrightarrow{NP}$。

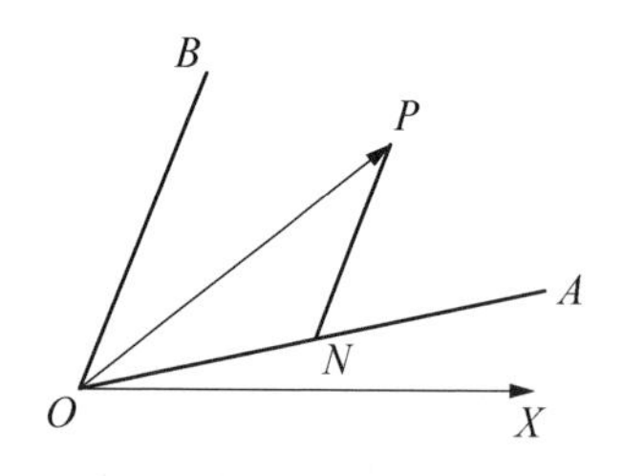

图 23-1　向量分解的复数求法

设 r_1、r_2 分别为 $\overrightarrow{ON}$、$\overrightarrow{NP}$ 的模，根据复数三角形式与向量的对应关系，可以得到

$$r(\cos\theta+i\sin\theta)=r_1(\cos\alpha+i\sin\alpha)+r_2(\cos\beta+i\sin\beta)。$$

由上式的实部和虚部对应相等，有

$$\begin{cases}r\cos\theta=r_1\cos\alpha+r_2\cos\beta,\\ r\sin\theta=r_1\sin\alpha+r_2\sin\beta,\end{cases}$$

解这个方程组，得

$$r_1=\frac{r\sin(\beta-\theta)}{\sin(\beta-\alpha)},\ r_2=\frac{r\sin(\theta-\alpha)}{\sin(\beta-\alpha)},$$

这样就求得了 $\overrightarrow{ON}$ 和 $\overrightarrow{NP}$ 的模。(Levett & Davison，1892，pp. 398 - 419)

23.4.2　欧拉公式

欧拉公式使两个最著名的超越数结伴而行，将实数与虚数熔于一炉，被誉为“整个数学中最卓越的公式之一”(彭翕成，2017)。它对于三角学研究也具有划时代的意义，Davis & Chambers (1933)称“欧拉公式开拓了不从角来研究三角函数的分析化进程”。

早期教科书中对欧拉公式的证明方法多种多样，一种是借助幂级数展开法，一种是利用分离变量积分法，还有利用棣莫弗公式和极限法。其中最形象的莫过于下面的几何法。

如图 23 - 2，在平面直角坐标系中，以原点 O 为圆心、$OA=1$ 为半径作圆弧 $\overset{\frown}{AB}$，设其所对的圆心角 $\angle AOB=\theta$。过点 A 作 OA 的垂线，在垂线上取点 P，使得 $AP=\theta$。再将线段 AP 进行 n 等分，其中 $AP_1=\frac{1}{n}AP=\frac{\theta}{n}$。根据复数的几何意义，有 $OA+\mathrm{i}AP_1=1+\frac{\theta}{n}\mathrm{i}$。以 OP_1 为直角边作相似于 Rt△OAP_1 的 Rt△OP_1P_2，类似地，依次以前一个直角三角形的斜边为直角边，作与之相似的直角三角形，得到 Rt△OP_1P_2，Rt△OP_2P_3，…，$OP_{n-1}P_n$，于是有

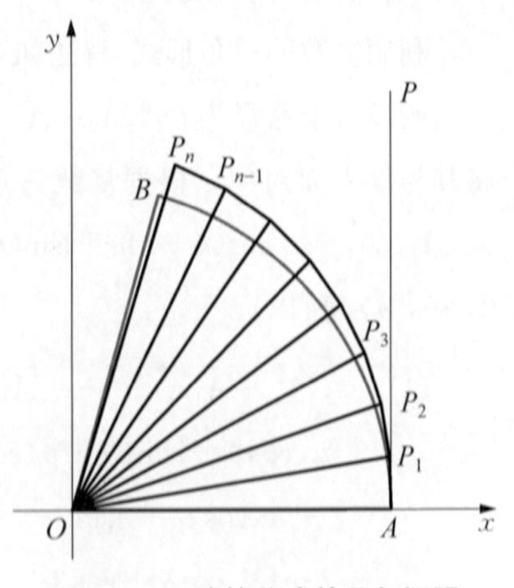

图 23 - 2　欧拉公式的几何证明

$$OP_2:OP_1=OP_1:OA，即\ OP_2=OP_1^2\ (因为\ OA=1),$$

$$OP_3:OP_2=OP_2:OP_1，即\ OP_3=\frac{OP_2^2}{OP_1}=OP_1^3,$$

……

$$OP_n:OP_{n-1}=OP_{n-1}:OP_{n-2}，即\ OP_n=\frac{OP_{n-1}^2}{OP_{n-2}}=OP_1^n,$$

从而$\overrightarrow{OP_1}=1+\frac{\theta}{n}\mathrm{i}$，$\overrightarrow{OP_2}=\left(1+\frac{\theta}{n}\mathrm{i}\right)^2$，…，$\overrightarrow{OP_n}=\left(1+\frac{\theta}{n}\mathrm{i}\right)^n$。当$n$无限增大时，线段$AP_1$的长度越来越短。当$n\to\infty$时，线段$AP_1$，$P_1P_2$，$P_2P_3$，…都近似相等，折线$AP_1P_2\cdots P_n\to\overset{\frown}{AB}$，$\overrightarrow{OP_n}\to\overrightarrow{OB}$。

因为$\overrightarrow{OB}=\cos\theta+\mathrm{i}\sin\theta$，所以$\lim\limits_{n\to\infty}\left(1+\frac{\theta}{n}\mathrm{i}\right)^n=\cos\theta+\mathrm{i}\sin\theta$，又因$\lim\limits_{n\to\infty}\left(1+\frac{\theta}{n}\mathrm{i}\right)^n=\mathrm{e}^{\mathrm{i}\theta}$，故有$\mathrm{e}^{\mathrm{i}\theta}=\cos\theta+\mathrm{i}\sin\theta$。（Moritz，1915，pp. 279 - 305）

23.4.3 步行问题

有这样一个有趣的数学问题：如图 23 - 3，当一个人在平面上沿着直线行走，他每走过a千米，都要将行进方向逆时针旋转角度α，当他走过na千米时，请问他距离出发点O多少千米？

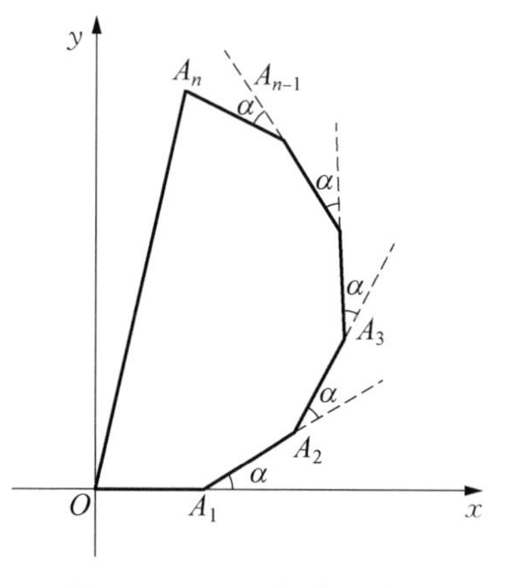

图 23 - 3 平面行走示意图

利用复数的三角形式，解法如下。

假设行走路径为$OA_1A_2\cdots A_n$，取Ox为实轴，将其与复平面对应。根据复数三角形式的几何意义，$\overrightarrow{A_{k-1}A_k}=a[\cos(k-1)\alpha+\mathrm{i}\sin(k-1)\alpha]$（$k=1$，$2$，…，$n$），所以

$$
\begin{aligned}
\overrightarrow{OA_n}&=\overrightarrow{OA_1}+\overrightarrow{A_1A_2}+\cdots+\overrightarrow{A_{n-1}A_n}\\
&=a(\cos 0+\mathrm{i}\sin 0)+a(\cos\alpha+\mathrm{i}\sin\alpha)\\
&\quad+a(\cos 2\alpha+\mathrm{i}\sin 2\alpha)+\cdots+a[\cos(n-1)\alpha+\mathrm{i}\sin(n-1)\alpha]\\
&=a\ [1+\cos\alpha+\cos 2\alpha+\cdots\cos(n-1)\alpha]\\
&\quad+\mathrm{i}a[\sin\alpha+\sin 2\alpha+\cdots+\sin(n-1)\alpha]\\
&=a\sum_{k=0}^{n-1}\cos k\alpha+\mathrm{i}a\sum_{k=0}^{n-1}\sin k\alpha,
\end{aligned}
$$

利用上文得到的有关结果，可得

$$
\overrightarrow{OA_n}=a\frac{\cos(n-1)\frac{\alpha}{2}\sin\frac{n\alpha}{2}}{\sin\frac{\alpha}{2}}+\mathrm{i}a\frac{\sin(n-1)\frac{\alpha}{2}\sin\frac{n\alpha}{2}}{\sin\frac{\alpha}{2}},
$$

从而他距离出发点 O 的距离为 $|\overrightarrow{OA_n}|=\dfrac{a\sin\dfrac{n\alpha}{2}}{\sin\dfrac{\alpha}{2}}$ 千米。(Levett & Davison，1892，pp. 398 - 419)

复数的三角形式在几何中的应用还有很多，如验证实数域中的运算律在复数中是否成立，探索圆的棣莫弗性质和几何上判定复级数收敛情况。(Levett & Davison，1892)三角形式不仅仅在理解复数的乘法、除法、乘方和开方等运算的几何意义方面发挥着独一无二的作用，还是解决平面向量问题的有利工具。

23.5 教学启示

本章总结了复数三角形式在代数学、三角学与几何学中的应用。这些应用不但对三角公式起到巩固作用，并使求 n 倍角、解高次方程、数列求和、平面向量等知识得到发展与深化，其中不仅蕴含了丰富的学科知识和技能，更有许多重要的思想方法和精神，为今日课堂教学提供了宝贵素材和思想启迪。

首先，提供教学素材，构建知识联系。概念教学并不是一蹴而就，而是由浅入深、由表及里的过程。对于复数的三角形式这一陌生概念，教师归纳出“模非负，角相同，余弦前，加号连”的口诀，不如在课堂上留白，让学生自主运用概念解决问题，如完成著名的欧拉公式的证明，寻找高次方程解法的简化，利用欧拉公式推导诱导公式、和角公式、差角公式、倍角公式、和差化积公式、积化和差公式，这样不仅有助于学生把握复数三角形式的本质，理解学习的必要性，更能培养学生数学应用的意识。引入应用后，复数三角形式不再是孤立的知识点，而是串联起向量、三角、方程等知识的桥梁。

其次，巧用矛盾对立，优化问题设计。高次方程解法中繁与简的对立，欧拉公式证明中有限和无限的对立，n 倍角公式中升角降幂与升幂降角的对立，这一组组矛盾都可以激发学生的探究欲和求知欲。教师借助这些应用设置成问题串，围绕三角形式，由代数问题到几何问题，再到三角问题，引导学生从辩证法的角度理性看待事物，培养他们的理性精神。通过这些简洁优美的公式和精妙绝伦的方法，教师可以让学生认识数学的统一性、简洁性、奇异性等美学特性，更深刻地理解丰富的数学文化。

第三，发展核心素养，落实立德树人。三角形式的应用涉及广泛，所提出的问题都颇具挑战性。这些问题既需要学生经历分析、归纳、抽象、概括的逻辑推理过程，也锻炼计算推理和归纳证明的能力，因而复数的三角形式成为培养学生数学抽象、逻辑推理素养的理想载体。

最后，考虑到教学时间有限，教师可将选学的复数三角形式作为校本课程的内容，既解决了课时紧张的困难，又强调了学习三角形式的必要性，向未来有志于学习高等数学的学生讲授三角形式的诸多应用，可以为今后的复变函数、微积分课程打下基础。

参考文献

彭翕成(2017). 欧拉公式沟通代数与三角. 数学教学，(8)：19－20.

章建跃(2021). 加强知识的综合联系发展学生的理性思维——复数的内容分析与教学思考. 数学通报，60(01)：11－17.

中华人民共和国教育部(2020). 普通高中数学课程标准(2017 年版 2020 年修订). 北京：人民教育出版社，2020：22.

Clarke, J. B. (1888). *Manual of Trigonometry*. Oakland: Pacific Press.

Davis, H. A. & Chambers, L. H. (1933). *Brief Course in Plane and Spherical Trigonometry*. New York: American Book Company.

Davison, C. (1919). *Plane Trigonometry for Secondary Schools*. Cambridge: The University Press.

De Morgan, A. (1837). *Elements of Trigonemetry and Trigonometry Analysis*. London: Taylor & Walton.

Hall, A. G. & Frink, F. G. (1910). *Plane and Spherical Trigonometry*. New York: Henry Holt & Company.

Levett, R. & Davison, C. (1892). *The Elements of Plane Trigonometry*. London: Macmillan & Company.

Moritz, R. E. (1915). *Elements of Plane Trigonometry*. New York: John Wiley & Sons.

Snowball, J. C. (1891). *The Elements of Plane and Spherical Trigonometry*. London: Macmillan & Company.

定理篇

24 正弦定理

汪晓勤*

24.1 引 言

三角学的原意为“三角形的测量”，在角的概念被推广之前，解三角形始终是平面三角学的核心内容。Harris (1706)称：“三角学是测量三角形或计算任意三角形边长的艺术。”Maseres (1760)指出：“三角学，顾名思义，指的是三角形的测量，其目的是已知三角形的边，求角；或已知三角形的角，求边或边的比；或已知三角形的边和角，求其他边和角。”Young (1833)称：“平面三角学是纯数学的一个分支，其目的是已知平面三角形的若干部分，求其余部分。”正弦定理是解三角形所需要的最重要的定理之一，主要用于“角角边”“角边角”和“边边角”三种情形，其中第三种情形的解不唯一。

正弦定理有着悠久的历史，可以上溯至公元 2 世纪的托勒密时代，中世纪阿拉伯著名天文学家阿尔·比鲁尼已经知道该定理。13 世纪阿拉伯数学家纳绥尔丁(Nasir Eddin al-Tusi，1201—1274)、15 世纪德国数学家雷吉奥蒙塔努斯、16 世纪法国数学家韦达、17 世纪中国数学家梅文鼎(1633—1721)等相继都给出了各自的证明，这些证明建立在正弦函数的线段定义的基础之上；而随着三角函数比值定义的普遍运用，正弦定理的证明相应也发生了变化。本章作者曾对正弦定理的历史作过考察(汪晓勤，2017)，但并未呈现所有的推导方法，且并未对推导方法的历史演进过程作出深入分析。

本章聚焦正弦定理，对 1706—1855 年间在英国、法国、美国和加拿大出版的 151 种三角学教科书(见本书附录)进行考察(其中 1 种未涉及正弦定理)，尽量全面地梳理

* 华东师范大学教师教育学院教授、博士生导师。

各种证明方法,并分析不同证明方法的演进规律。

24.2　正弦定理的证明

24.2.1　单高法

117 种教科书采用了单高法,即以三角形的高为桥梁,建立高及其对角的正弦之间的关系。如图 24-1,作$\triangle ABC$ 的底边AB 上的高CD,$BC=a$,$AC=b$,$AB=c$ [①],取圆的半径为R,则

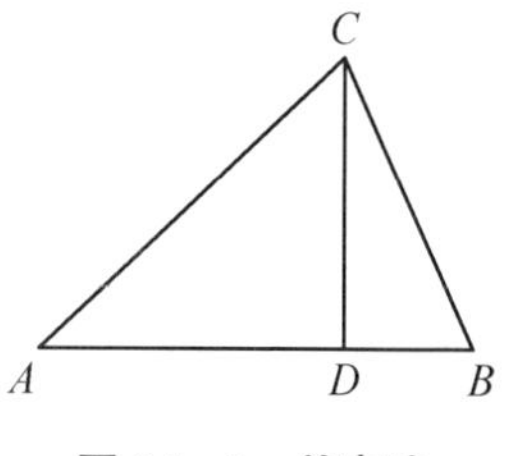

图 24-1　单高法

$$\frac{a}{R}=\frac{CD}{\sin B},\ \frac{b}{R}=\frac{CD}{\sin A},$$

于是

$$\frac{a}{b}=\frac{\sin A}{\sin B}。\tag{1}$$

在所考察的三角学教科书中,Harris (1706)最早采用了这种方法(图 24-2)。

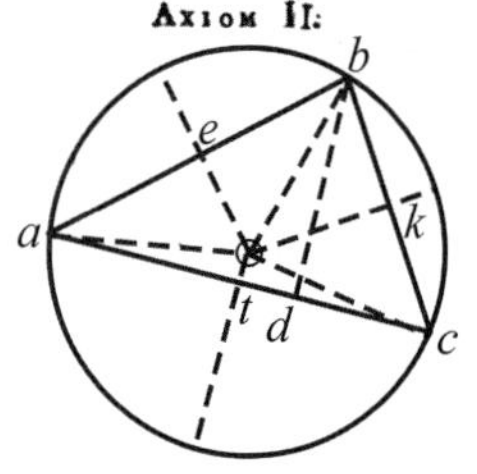

图 24-2　Harris (1706)书影

这种证明方法不再将纳绥尔丁和雷吉奥蒙塔努斯等径法中的半径显性化,而是直接利用直角三角形中的边角关系。若取圆的半径$R=1$,则有

$$\sin A=\frac{CD}{b},\ \sin B=\frac{CD}{a},$$

或

$$CD=b\sin A,\ CD=a\sin B,$$

于是得(1)。同理可得

$$\frac{b}{c}=\frac{\sin B}{\sin\angle ACD},\ \frac{a}{c}=\frac{\sin A}{\sin\angle ACD}。$$

① 本章下文均采用这一记号。

19 世纪以后,采用比值定义的教科书无非就是利用这种方法来呈现单高法的。

24.2.2 外接圆法

第一种外接圆法利用了同弧所对的圆心角和圆周角之间的关系,最早为韦达所用。共有 37 种教科书采用了该方法。如图 24-3,$\odot O$ 为$\triangle ABC$ 的外接圆,过圆心 O 分别作三边的垂线,垂足为点 D、E 和 F,根据《几何原本》命题 Ⅲ. 20(在同一个圆内,同弧上的圆心角等于圆周角的二倍),有 $\angle BOD=\angle A$, $\angle COE=\angle B$, $\angle AOF=\angle C$。若采用正弦函数的比值定义,设外接圆半径为 R,则有

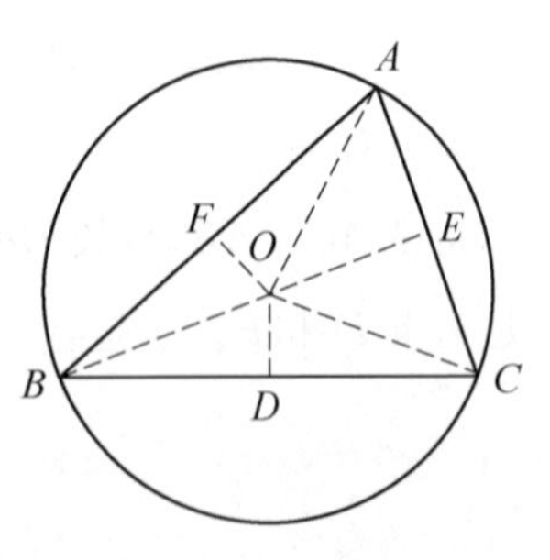

图 24-3 外接圆法之一

$$a=2BD=2R\sin\angle BOD=2R\sin A,$$
$$b=2CE=2R\sin\angle COE=2R\sin B,$$
$$c=2AF=2R\sin\angle AOF=2R\sin C,$$

故得

$$\frac{a}{\sin A}=\frac{b}{\sin B}=\frac{c}{\sin C}。$$

在所考察的教科书中,Harris (1706)最早采用了该方法(图 24-2)。

第二种外接圆法是作辅助直径,利用了同弧所对的圆周角之间的关系。共有 8 种教科书采用了该方法。如图 24-4,连结 AO 并延长,交⊙O 于点 D,连结 BD 和 CD,于是

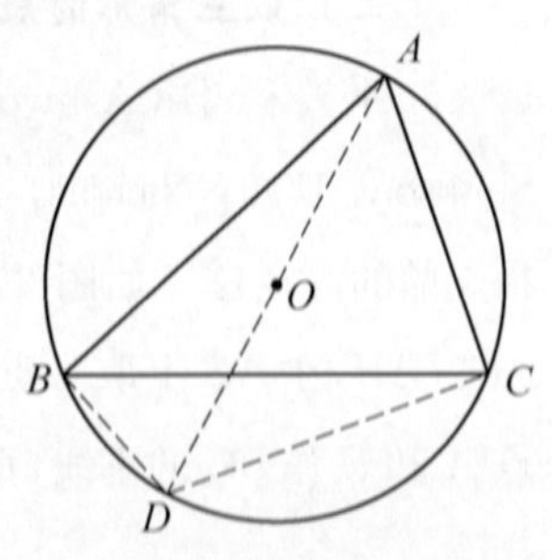

图 24-4 外接圆法之二

$$\frac{\sin\angle ABC}{\sin\angle ACB}=\frac{\sin\angle ADC}{\sin\angle ADB}=\frac{\frac{b}{2R}}{\frac{c}{2R}}=\frac{b}{c},$$

同理可得

$$\frac{\sin\angle BAC}{\sin\angle ABC}=\frac{a}{b},\ \frac{\sin\angle BAC}{\sin\angle ACB}=\frac{a}{c}。$$

在所考察的教科书中,Rothrock (1910)最早给出了该方法。

24.2.3 等径法

等径法建立在正弦函数的线段定义基础之上，最早由纳绥尔丁给出，后世数学家雷吉奥蒙塔努斯、梅文鼎等相继作出改进。该方法可分成 3 种情形。

（一）以三角形的长腰为半径

只有 Heynes (1716)采用了雷吉奥蒙塔努斯的等径法。如图 24 - 5，在$\triangle ABC$中，不妨设$AC>AB$，延长BA至点E，使得$BE=AC$，分别过点A和E作BC的垂线，垂足为点D和F。于是有

$$\frac{\sin B}{\sin C}=\frac{EF}{AD}=\frac{EB}{AB}=\frac{AC}{AB}=\frac{b}{c}。$$

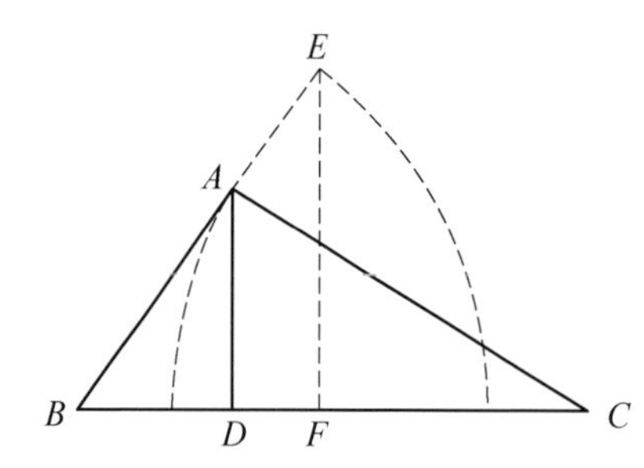

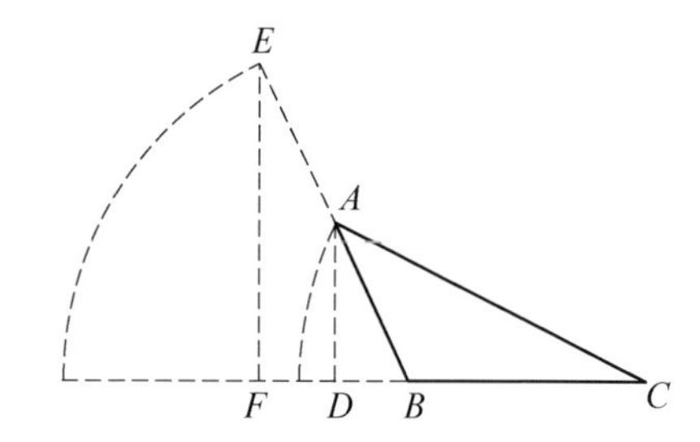

图 24 - 5　等径法之一

（二）以三角形的短腰为半径

5 种教科书（Ashworth，1766；Donne，1775；Simpson，1799；Nichols，1811；Lewis，1844）采用了梅文鼎的等径法。如图 24 - 6，在$\triangle ABC$中，不妨设$AC>AB$，在AC上取一点E，使得$CE=AB$，分别过点A和E作BC的垂线，垂足为点D和F。于是

$$\frac{\sin B}{\sin C}=\frac{AD}{EF}=\frac{AC}{EC}=\frac{AC}{AB}=\frac{b}{c}。$$

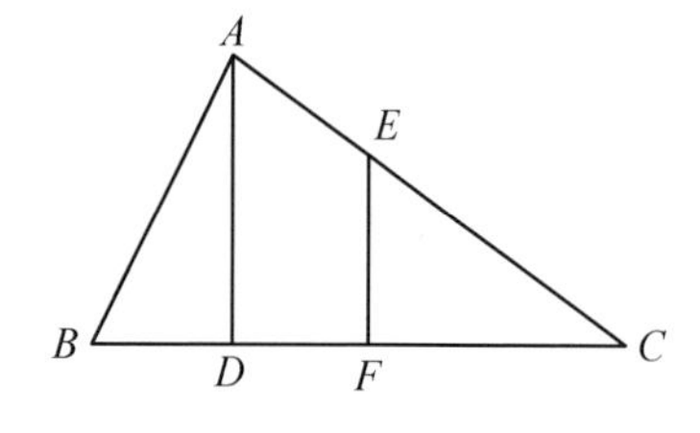

图 24 - 6　等径法之二

（三）以小于三角形两腰的线段为半径

只有 Gregory (1816)采用小于两腰的线段作为圆的半径。如图 24 - 7，以点B为圆心作半圆，交AB于点D。过点D作AC的平行线，交BC于点F，过点B作AC的平行线，交$\odot B$于点G。分别过点D和G作BC的垂线，垂足为点E和H。于是有

$$\frac{b}{c}=\frac{DF}{DB}=\frac{DF}{GB}=\frac{DE}{GH}=\frac{\sin\angle ABC}{\sin\angle GBH}=\frac{\sin\angle ABC}{\sin C}。$$

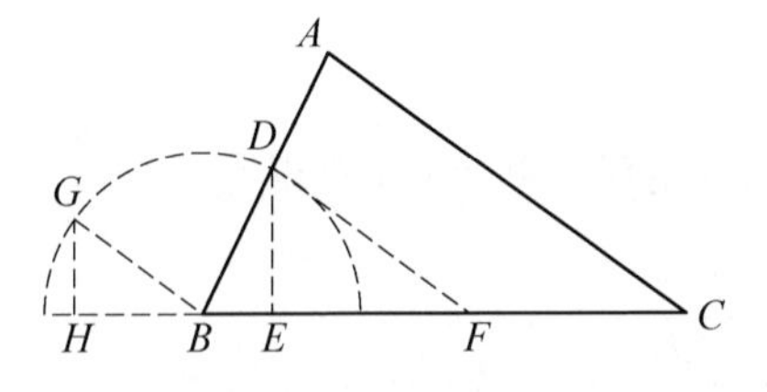

图 24-7 等径法之三

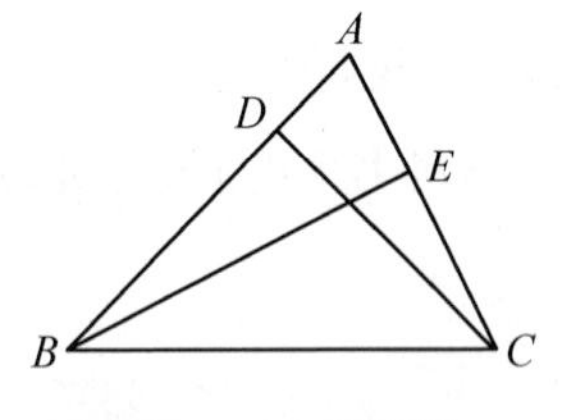

图 24-8 双高法

24.2.4 双高法

Emerson (1749)和 Macgregor (1792)采用了双高法。如图 24-8,在$\triangle ABC$中,分别在AB和AC上作高CD和BE,则由 Rt$\triangle AEB$和 Rt$\triangle ADC$的相似性,得

$$\frac{AB}{AC}=\frac{BE}{CD}=\frac{\sin\angle ACB}{\sin\angle ABC}。$$

24.2.5 等角法

只有 Wright (1772)采用了等角法。如图 24-9,以点B为圆心、BA为半径作圆弧,过点B作AC的平行线,交$\odot B$于点D,分别过点A和D作BC的垂线,垂足为点E和F。于是$AE=\sin\angle ABC$, $DF=\sin\angle DBF=\sin C$。因$\triangle AEC\backsim\triangle DFB$,故有

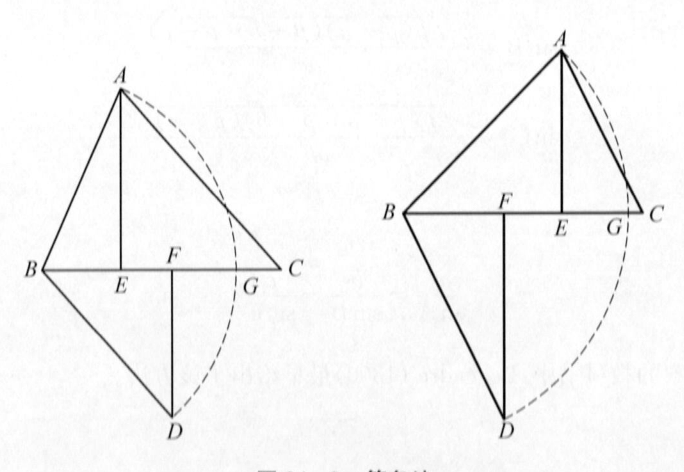

图 24-9 等角法

$$\frac{AC}{AB}=\frac{AC}{DB}=\frac{AE}{DF}=\frac{\sin\angle ABC}{\sin C}。$$

24.2.6 余弦定理

15 种教科书采用了余弦定理来推导正弦定理。由余弦定理得

$$\cos A=\frac{b^2+c^2-a^2}{2bc},$$

故得

$$1-\cos A=\frac{a^2-(b-c)^2}{2bc}=\frac{(a+c-b)(a+b-c)}{2bc}=\frac{2(p-b)(p-c)}{bc},$$

$$1+\cos A=\frac{(b+c)^2-a^2}{2bc}=\frac{(a+b+c)(b+c-a)}{2bc}=\frac{2p(p-a)}{bc},$$

于是得

$$\sin^2 A=\frac{4p(p-a)(p-b)(p-c)}{b^2c^2},$$

即

$$\sin A=\frac{2\sqrt{p(p-a)(p-b)(p-c)}}{bc}。$$

同理可得

$$\sin B=\frac{2\sqrt{p(p-a)(p-b)(p-c)}}{ac},$$

$$\sin C=\frac{2\sqrt{p(p-a)(p-b)(p-c)}}{ab}。$$

因此得

$$\frac{a}{\sin A}=\frac{b}{\sin B}=\frac{c}{\sin C}。$$

在所考察的教科书中，Legendre (1800)最早给出了该方法。

24.2.7 余弦定理与射影公式

只有 Bellows (1874)同时用余弦定理和射影公式来证明正弦定理。因

$$a^2 = b^2 + c^2 - 2bc\cos A,$$
$$b^2 = a^2 + c^2 - 2ac\cos B,$$

故

$$a^2 - b^2 = b^2 - a^2 + 2c(a\cos B - b\cos A),$$

即

$$a^2 - b^2 = c(a\cos B - b\cos A)。$$

又由射影公式,得

$$c = a\cos B + b\cos A,$$

所以

$$a^2 - b^2 = (a\cos B + b\cos A)(a\cos B - b\cos A)。$$

于是得

$$a^2 - b^2 = a^2\cos^2 B - b^2\cos^2 A,$$

即

$$a^2\sin^2 B = b^2\sin^2 A,$$
$$a\sin B = b\sin A。$$

同理可得

$$a\sin C = c\sin A,$$
$$b\sin C = c\sin B。$$

24.2.8 射影公式与和角公式

3 种教科书(Seaver, 1889; Hobson, 1891; Pendlebury, 1895)同时利用射影公式与和角公式来证明正弦定理。

Seaver (1889)由射影公式得

$$a = b\cos C + c\cos B,$$
$$c = a\cos B + b\cos A,$$

从而得

$$a = b\cos C + (a\cos B + b\cos A)\cos B,$$

即

$$\begin{aligned} a\sin^2 B &= b(\cos C + \cos A\cos B) \\ &= b[-\cos(A+B) + \cos A\cos B] \\ &= b\sin A\sin B, \end{aligned}$$

故得

$$a\sin B = b\sin A。$$

类似可得其他等式。

Hobson (1891)则将射影公式写成方程组

$$\begin{cases} a - b\cos C = c\cos B, \\ -a\cos C + b = c\cos A, \end{cases}$$

分别消去 b 和 a，得

$$a = \frac{c(\cos B + \cos A\cos C)}{\sin^2 C} = \frac{c\sin A}{\sin C},$$
$$b = \frac{c(\cos A + \cos B\cos C)}{\sin^2 C} = \frac{c\sin B}{\sin C},$$

故得

$$\frac{a}{\sin A} = \frac{b}{\sin B} = \frac{c}{\sin C}。$$

24.2.9 三角形面积公式

只有 Wilczynski (1914)利用三角形的面积公式来推导正弦定理。$\triangle ABC$ 的面积为

$$S = \frac{1}{2}ab\sin C = \frac{1}{2}ac\sin B = \frac{1}{2}bc\sin A,$$

由此易得正弦定理。

24.2.10 坐标法

Holmes (1951)和 Vance (1954)利用坐标法来证明正弦定理,但该方法不过是单高法的另一种形式而已。

如图 24-10,以$\triangle ABC$的顶点A为原点、AB所在直线为x轴,建立平面直角坐标系,则顶点C的纵坐标为$b\sin A$。若以顶点B为原点、AB所在直线为x轴,建立平面直角坐标系,则顶点C的纵坐标为$a\sin(\pi-B)=a\sin B$,由于点C的纵坐标与原点的选取无关,故得

$$b\sin A=a\sin B。$$

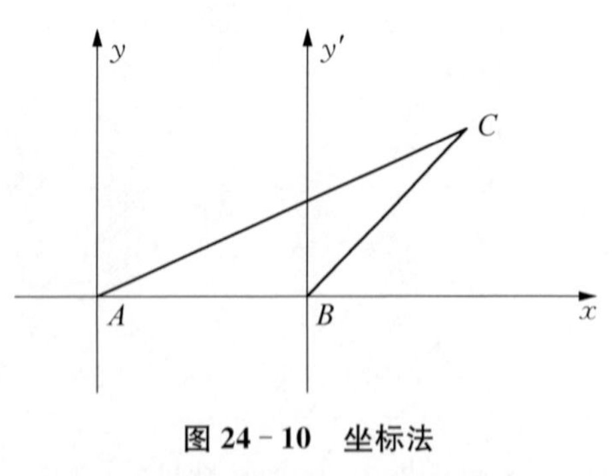

图 24-10 坐标法

24.3 正弦定理证明方法的演变

图 24-11 给出了各种证明方法的时间分布情况。

由图可见,在两个半世纪里,三角学教科书编者关于正弦定理的证明有以下特点。

(1) 不同时期有其主流方法。

18 世纪的大部分时间里,韦达的外接圆法占主导地位;18 世纪末直到 20 世纪,单高法一枝独秀。前一种方法是对历史的传承;后一种方法则是三角函数比值定义取代旧的线段定义的结果。18 世纪末以后,外接圆法仍然不绝如缕。

(2) 不同定理或公式之间的关系逐渐受到关注。

1780 年之前,三角学完全依赖几何学,相应地,正弦定理的证明离不开几何方法。1780 年之后,分析方法逐渐登上历史舞台,部分三角学教科书开始关注三角学不同定理或公式之间的相互联系,并运用余弦定理、射影公式或和角公式来证明正弦定理(或运用正弦定理、射影公式或和角公式来证明余弦定理,参阅第 25 章)。

(3) 等径法由盛而衰,最终销声匿迹。

等径法是三角函数线段定义的产物,它源于纳绥尔丁,被早期数学家广泛采用。

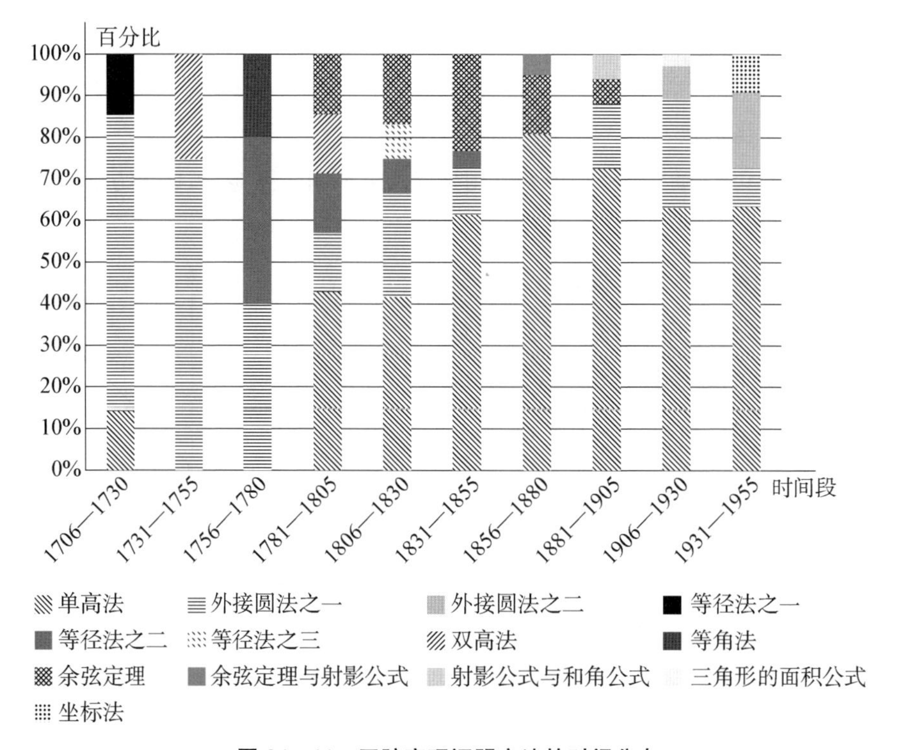

图 24－11　正弦定理证明方法的时间分布

从 18 世纪中叶到 19 世纪上半叶，部分教科书沿用了这种历史悠久的方法，但随着三角函数比值定义的广泛采用，等径法在教科书中不再有立足之地。

（4）推广的正弦定理姗姗来迟。

所谓推广的正弦定理指的是 $\frac{a}{\sin A}=\frac{b}{\sin B}=\frac{c}{\sin C}=2R$。正弦定理在早期教科书中的呈现形式大多为 $a:b:c=\sin A:\sin B:\sin C$，而不是 $a:\sin A=b:\sin B=c:\sin C$，因此，即使教科书采用了外接圆法，也不太会去关心 $\frac{a}{\sin A}$ 的值。直到 20 世纪 50 年代，才开始有教科书采用第二种外接圆法，即利用辅助直径。此时，三角形的边与其对角正弦值之比才昭然若揭。

24.4　教学启示

绵延两个半世纪的 150 种三角学教科书汇聚了不同时空编者的聪明才智，也体现了他们的创新精神。正弦定理的证明方法丰富多彩,为今日教学提供了思想启迪。

其一,关注数学思想。

正弦定理的几何证明中,等径法、双高法、等角法都体现了转化思想:通过构造相似直角三角形,将三角形两边之比转化为相似比,再转化为对角正弦之比。外接圆法则是对角进行转化,从而建立边与对角正弦之间的关系。

其二,运用多元方法。

历史上,随着三角函数比值定义的兴起,等径法、双高法、等角法等逐渐被人们抛弃,但这并不意味着这些方法没有意义了。事实上,所有基于线段定义的证明方法都可用于今日教学。例如,按照正弦函数的比值定义,在第二种等径法(梅文鼎方法,图24-6)中有

$$\frac{\sin B}{\sin C}=\frac{\frac{AD}{AB}}{\frac{EF}{EC}}=\frac{\frac{AD}{AB}}{\frac{EF}{AB}}=\frac{AD}{EF}=\frac{AC}{EC}=\frac{b}{c};$$

在双高法(图24-8)中有

$$\frac{b}{c}=\frac{AC}{AB}=\frac{CD}{BE}=\frac{\frac{CD}{BC}}{\frac{BE}{BC}}=\frac{\sin\angle ABC}{\sin\angle ACB}。$$

与今天仍普遍采用的单高法不同,等径法、双高法和等角法可以让学生更加直观地看到边长之比与对角正弦之比的转化过程。

其三,建立知识联系。

三角学的不同定理和公式并非彼此独立的知识碎片,而是密切相关的(图24-12)。等径法、双高法、等角法等几何方法通过相似直角三角形性质在边长之比和对角

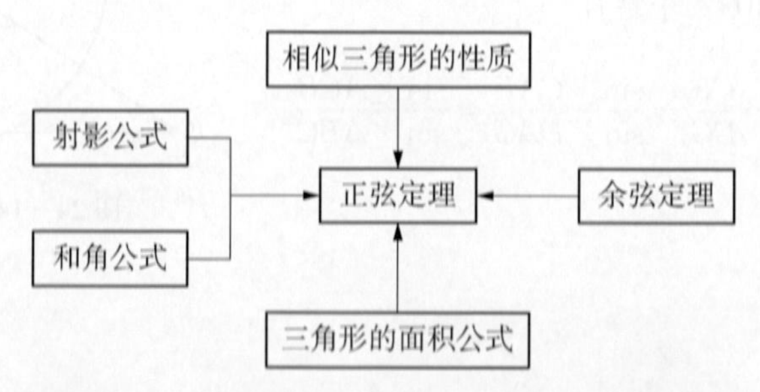

图 24-12 正弦定理与其他几何或三角知识的联系

正弦之比之间建立联系;而分析的方法则在余弦定理、射影公式、和角公式、三角形的面积公式等知识之间建立联系,只有将不同知识点联系起来形成模块,学生在三角学的学习中才达到了更高层次的关系性理解。

其四,尝试推陈出新。

早期教科书给出的方法当然不可能穷尽正弦定理的一切证明方法。借鉴已有的方法,我们还可以探索出新方法。例如,受 Wright (1772)等角法的启示,在$\triangle ABC$底边BC的同一侧作等角,也同样可以证明正弦定理。如图 24-13,以点B为圆心、BA为半径作圆,在BC上作$\angle CBD=\angle C$,终边交圆于点D。分别过点A和D作BC的垂线,垂足为点E和F。于是,由$\mathrm{Rt}\triangle DFB$与$\mathrm{Rt}\triangle AEC$的相似性,得

$$\frac{AC}{AB}=\frac{AC}{DB}=\frac{AE}{DF}=\frac{\sin\angle ABC}{\sin\angle DBF}=\frac{\sin\angle ABC}{\sin C}。$$

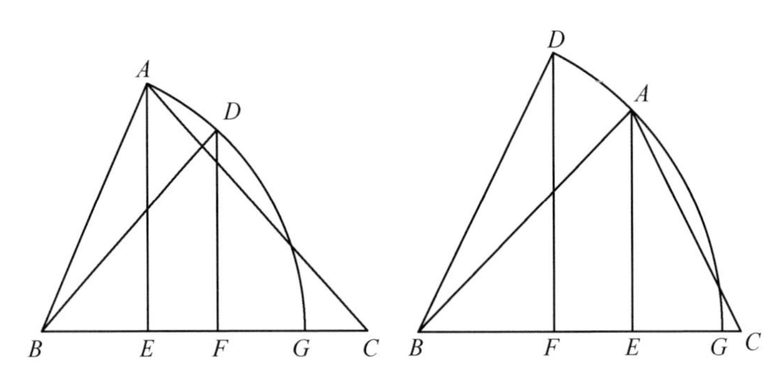

图 24-13 新的等角法

如图 24-14,以点A为圆心、AC为半径作圆,延长BA,交$\odot A$于点D,连结CD,过点A作BC的平行线,交CD于点E,分别过点C和D作AE的垂线,垂足为点F和G。于是有

$$\frac{AB}{AC}=\frac{AB}{AD}=\frac{CE}{ED}=\frac{CF}{DG}=\frac{\sin\angle CAF}{\sin\angle DAG}=\frac{\sin\angle ACB}{\sin\angle ABC}。$$

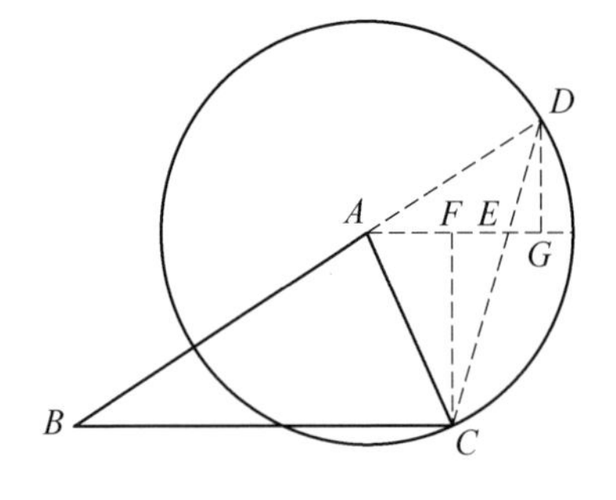

图 24-14 辅助圆法

参考文献

汪晓勤(2017). HPM:数学史与数学教育. 北京:科学出版社.

Ashworth, C. (1766). *An Easy Introduction to the Plane Trigonometry*. Salop: J. Eddowas.

Bellows, C. F. (1874). *A Treatise on Plane and Spherical Trigonometry*. New York: Sheldon & Company.

Donne, B. (1775). *An Essay on the Elements of Plane Trigonometry*. London: B. Law & J. Johnson.

Emerson, W. (1749). *The Elements of Trigonometry*. London: W. Innys.

Gregory, O. (1816). *Elements of Plane and Spherical Trigonometry*. London: Baldwin, Cradock & Joy.

Harris, J. (1706). *Elements of Plane and Spherical Trigonometry*. London: Dan Midwinter.

Heynes, S. (1716). *A Treatise of Trigonometry, Plane and Spherical, Theoretical and Practical*. London: R. & W. Mount & T. Page.

Hobson, E. W. (1891). *A Treatise on Plane Trigonometry*. Cambridge: The University Press.

Holmes, C. T. (1951). *Trigonometry*. New York: McGraw-Hill Book Company.

Legendre, A. M. (1800). *Éléments de Géométrie*. Paris: Firmin Didot.

Lewis, E. (1844). *A Treatise on Plane and Spherical Trigonometry*. Philadelphia: H. Orr.

Macgregor, J. (1792). *A Complete Treatise on Practical Mathematics*. Edinburgh: Bell & Bradsute.

Maseres, F. (1760). *Elements of Plane Trigonometry*. London: T. Parker.

Nichols, F. (1811). *A Treatise on Plane and Spherical Trigonometry*. Philadelphia: F. Nichols.

Pendlebury, C. (1895). *Elementary Trigonometry*. London: George Bell & Sons.

Rothrock, D. A. (1910). *Elements of Plane and Spherical Trigonometry*. New York: The Macmillan Company.

Seaver, E. P. (1889). *Elementary Trigonometry, Plane and Spherical*. New York & Chicago: Taintor Brothers & Company.

Simpson, T. (1799). *Trigonometry, Plane and Spherical*. London: F. Wingrave.

Vance, E. P. (1954). *Trigonometry*. Cambridge: Addison-Wesley Publishing Company.

Wilczynski, E. J. (1914). *Plane Trigonometry and Applications*. Boston: Allyn & Bacon.

Wright, J. (1772). *Elements of Trigonometry, Plane and Spherical*. Edinburgh: A. Murray & J. Cochran.

Young, J. R. (1833). *Elements of Plane and Spherical Trigonometry*. London: John Souter.

25 余弦定理

汪晓勤*

25.1 引 言

余弦定理是作为勾股定理的推广而诞生的，最早以几何命题的形式（本章称之为“欧氏命题”）出现于《几何原本》第 2 卷中。16 世纪，法国数学家韦达给出了另一种几何形式（本章称之为“韦达定理”）——“三角形底边与两腰之和的比，等于两腰之差与底边被高线所分的两条线段之差的比”，并首次给出余弦定理的三角形式。（汪晓勤，2017）17—18 世纪，为了解决“已知三角形的三边，求角”问题，人们普遍采用了韦达定理。到了 19 世纪，随着三角学对几何学的依赖程度逐渐减弱，余弦定理的三角形式完全取代了几何形式。本章将韦达定理和余弦定理的三角形式统称为“余弦定理”。

对 1706—1955 年间在美国、英国、法国、加拿大四国出版的 151 种三角学教科书（见本书附录）进行考察，发现其中 150 种都给出并证明了余弦定理，其中有 26 种各给出了 2 种证明，有 2 种各给出了 3 种证明。有 1 种聚焦球面三角学，没有给出余弦定理。

本章对给出并证明了余弦定理的 150 种教科书中的 178 种证明进行分类，并以 25 年为一个时间段，对不同证明在不同时间段的分布加以分析。

25.2 余弦定理的证明

25.2.1 圆幂定理

（一）割线定理

17 种教科书利用割线定理来证明余弦定理的几何形式。如图 25 - 1，在$\triangle ABC$

* 华东师范大学教师教育学院教授、博士生导师。

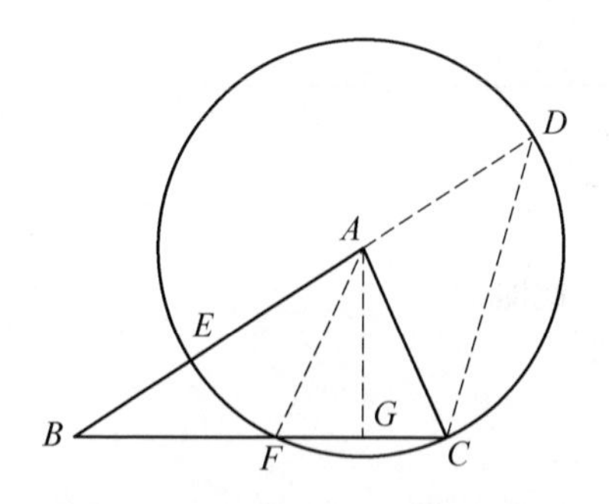

图 25-1 利用割线定理证明余弦定理的几何形式

中，$AB > AC$，AG 是底边 BC 上的高。以顶点 A 为圆心、短腰 AC 为半径作圆，分别交 AB 和 BC 于点 E 和 F，延长 BA，交$\odot A$ 于点 D，连结 CD。于是，由割线定理可得

$$BE \times BD = BF \times BC,$$

或

$$\frac{BC}{BD} = \frac{BE}{BF},$$

设 $BC = a$，$AC = b$，$AB = c$ ①，则上面的等式即为

$$\frac{a}{c+b} = \frac{c-b}{BG-GC}。 \tag{1}$$

根据(1)，已知 a、b 和 c，就能求出 $BG - GC$，从而可分别求出 BG 和 GC，进而求得 $\angle B$ 和 $\angle ACB$。因

$$BG - GC = a - 2GC = a - 2b\cos C,$$

或

$$BG - GC = 2BG - a = 2c\cos B - a,$$

分别代入(1)得

$$c^2 = a^2 + b^2 - 2ab\cos C,$$

或

$$b^2 = a^2 + c^2 - 2ac\cos B。$$

（二）相交弦定理

9 种教科书利用相交弦定理来证明余弦定理的几何形式。如图 25-2，以顶点 A 为圆心、长腰 AB 为半径作圆，分别交 CA、AC、BC 的延长线于点 D、E 和 F。于是，由相交弦定理得

$$DC \times CE = BC \times CF,$$

① 本章下文均采用这一记号。

或

$$\frac{BC}{DC}=\frac{CE}{CF},$$

此即

$$\frac{a}{c+b}=\frac{c-b}{GF-GC}=\frac{c-b}{BG-GC}。$$

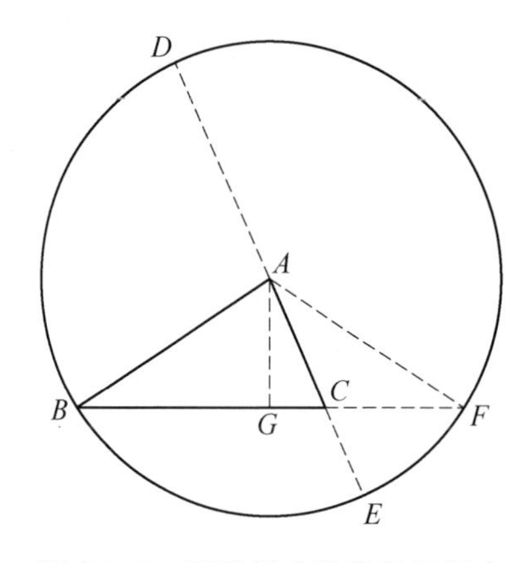

图 25-2 利用相交弦定理证明余弦定理的几何形式

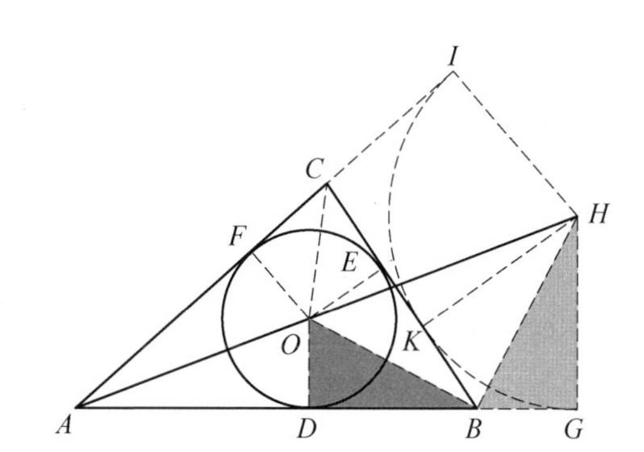

图 25-3 正切半角公式的几何证明

（三）余弦定理的替代定理

早在 16 世纪，韦达就已经给出了余弦定理的三角形式，但 18 世纪的多数教科书只采用几何形式，个别教科书，如 Emerson (1749)给出了韦达的比例形式：

$$2ab:(a^2+b^2-c^2)=1:\cos C,$$

还有个别教科书用半角公式来替代余弦定理的三角形式。如 Hawney (1725)利用三角形的内切圆和旁切圆推导了半角的正切公式。如图 25-3，作$\triangle ABC$ 的内切圆$\odot O$，切点为 D、E、F。延长 AB 至点G，使得 $BG=CF$。于是 $AG=p=\frac{a+b+c}{2}$。延长 AC 至点 I，使得 $AI=AG$，即 $CI=DB$，分别过点 G 和 I 作 AG 和 AI 的垂线，交于点 H。易证 $\mathrm{Rt}\triangle ODB\backsim\mathrm{Rt}\triangle BGH$。于是有 $OD:DB=BG:HG$，即 $HG\times r=(p-b)(p-c)$。于是

$$\tan\frac{A}{2}=\frac{OD}{AD}=\frac{r}{p-a},$$

$$\tan\frac{A}{2}=\frac{HG}{AG}=\frac{HG}{p},$$

故得

$$p(p-a):HG\times r=1:\tan^2\frac{A}{2},$$

即

$$p(p-a):(p-b)(p-c)=1:\tan^2\frac{A}{2}。$$

Audierne (1756)则用半角的正弦公式来替代余弦定理的三角形式。如图25-4,作$\triangle ABC$的内切圆$\odot N$,延长AN,交BC于点O,过点B作AO的垂线,垂足为点I,交AC于点H。过点C作AO的垂线,垂足为点G。过点I作AC的平行线,交BC于点L,交CG于点K。以点L为圆心、LI为半径作圆,交BC于点P,易证$\odot L$经过点G、K和F,交AO于点G。因

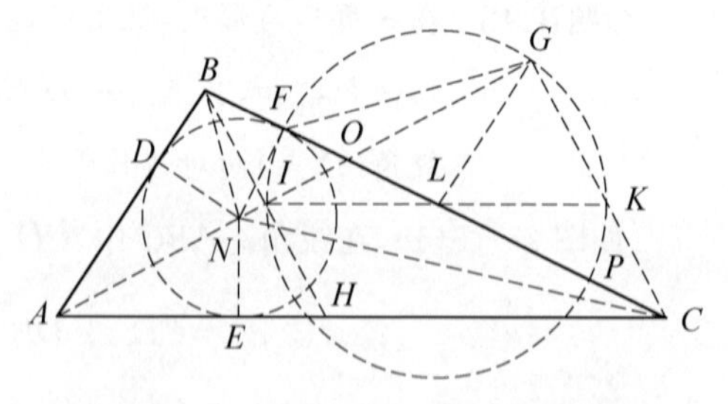

图25-4　半角正弦公式的几何证明

$$AB:BI=AN:NE,\ AC:CG=AN:NE,$$

故

$$(AB\times AC):(BI\times CG)=AN^2:NE^2。$$

再证明

$$BI\times CG=CK\times CG=CP\times CF=BF\times CF,$$

于是有

$$(AB\times AC):(BF\times CF)=AN^2:NE^2,$$

即

$$bc:[(p-b)(p-c)]=1:\sin^2\frac{A}{2}。$$

用今天的眼光看，这种舍近求远、舍易求难的做法是不足取的。

25.2.2 勾股定理与欧氏命题

欧几里得在《几何原本》第2卷中分别给出钝角和锐角三角形三边之间的关系：

命题Ⅱ.12 在钝角三角形中，钝角对边上的正方形面积大于两锐角对边上的正方形面积之和，其差为一矩形的两倍，该矩形由一锐角的对边和从该锐角（顶点）向对边延长线作垂线，垂足到钝角（顶点）之间的一段所构成。

命题Ⅱ.13 在锐角三角形中，锐角对边上的正方形面积小于该锐角两边上的正方形面积之和，其差为一矩形的两倍，该矩形由另一锐角的对边和从该锐角（顶点）向对边作垂线，垂足到原锐角（顶点）之间的一段所构成。

如图25-5(1)，在锐角$\triangle ABC$中，CD为AB上的高。由勾股定理，得

$$\begin{aligned} a^2 &= CD^2 + DB^2 \\ &= CD^2 + (c - AD)^2 \\ &= (CD^2 + AD^2) + c^2 - 2c \times AD, \end{aligned}$$

故有

$$a^2 = b^2 + c^2 - 2c \times AD。 \tag{2}$$

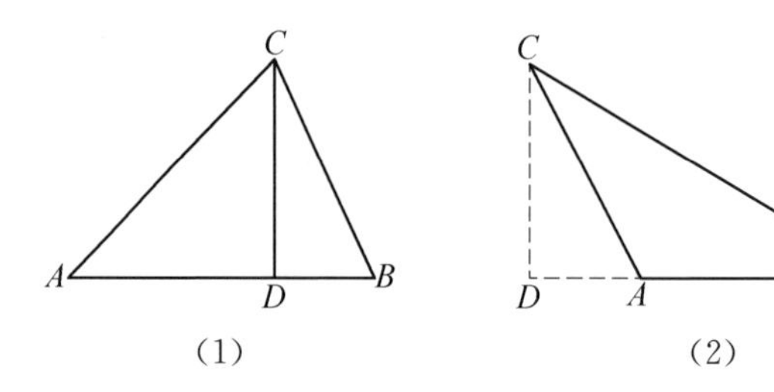

图25-5 《几何原本》中的命题Ⅱ.12和Ⅱ.13

如图25-5(2)，在钝角$\triangle ABC$中，CD为AB上的高。由勾股定理，得

$$\begin{aligned} a^2 &= CD^2 + DB^2 \\ &= CD^2 + (c + AD)^2 \\ &= (CD^2 + AD^2) + c^2 + 2c \times AD, \end{aligned}$$

故有

$$a^2=b^2+c^2+2c\times AD。\tag{3}$$

55 教科书直接利用(2)和 $AD=b\cos A$ 以及(3)和 $AD=b\cos(\pi-A)$，得到余弦定理的三角形式，而 67 种教科书则重新利用勾股定理来推导余弦定理。

此外，18 世纪教科书 Wright (1772)放弃圆幂定理，而直接用勾股定理来证明余弦定理的几何形式。仍如图 25-5(1)，利用勾股定理，得

$$b^2-a^2=AD^2-DB^2=c(AD-DB),$$

即

$$\frac{c}{b+a}=\frac{b-a}{AD-DB}。$$

25.2.3 射影公式

17 种教科书利用射影公式来证明余弦定理。其中，有 16 种教科书在等式

$$a=b\cos C+c\cos B,$$
$$b=a\cos C+c\cos A,$$
$$c=a\cos B+b\cos A$$

两边分别乘以 a、b 和 c，得

$$a^2=ab\cos C+ac\cos B,$$
$$b^2=ab\cos C+bc\cos A,$$
$$c^2=ac\cos B+bc\cos A,$$

于是有

$$b^2+c^2-a^2=2bc\cos A,$$
$$a^2+c^2-b^2=2ac\cos B,$$
$$a^2+b^2-c^2=2ab\cos C。$$

在所考察的教科书中，Gregory (1816)最早采用了该方法。而 Nixon (1892)则将三个射影公式联立成关于 $\cos B$ 和 $\cos C$ 的方程组

$$\begin{cases} c\cdot\cos B+b\cdot\cos C-a=0,\\ 0\cdot\cos B+a\cdot\cos C-(b-c\cos A)=0,\\ a\cdot\cos B+0\cdot\cos C-(c-b\cos A)=0,\end{cases}$$

由于其中一个方程必可由另两个方程导出,故有

$$\begin{vmatrix} c & b & -a\\ 0 & a & c\cos A-b\\ a & 0 & b\cos A-c\end{vmatrix}=0,$$

展开得

$$2abc\cos A-ac^2-ab^2+a^3=0,$$

故得

$$a^2=b^2+c^2-2bc\cos A。$$

类似地,考虑关于 $\cos A$ 和 $\cos C$ 或 $\cos A$ 和 $\cos B$ 的方程组,相应可得另两个等式。

25.2.4 和角公式与正弦定理

3 种教科书(De Morgan, 1837; Deslie & Gerono, 1851; Twisden, 1860)同时利用和角公式与正弦定理来证明余弦定理,分 3 种情形。

(一) 先平方,后用正弦定理

该方法见于 De Morgan (1837)。因

$$\sin C=\sin(A+B)=\sin A\cos B+\cos A\sin B,$$

故得

$$\begin{aligned}\sin^2 C&=\sin^2 A\cos^2 B+\cos^2 A\sin^2 B+2\sin A\sin B\cos A\cos B\\&=\sin^2 A+\sin^2 B+2\sin A\sin B(\cos A\cos B-\sin A\sin B)\\&=\sin^2 A+\sin^2 B+2\sin A\sin B\cos(A+B)\\&=\sin^2 A+\sin^2 B-2\sin A\sin B\cos C。\end{aligned}$$

于是有

$$1=\frac{\sin^2 A}{\sin^2 C}+\frac{\sin^2 B}{\sin^2 C}-\frac{2\sin A\sin B}{\sin^2 C}\cos C。$$

利用正弦定理，上式变成

$$1=\frac{a^2}{c^2}+\frac{b^2}{c^2}-\frac{2ab}{c^2}\cos C,$$

即

$$c^2=a^2+b^2-2ab\cos C。$$

同理可得另两个等式。

（二）先用正弦定理，后平方

该方法见于 Deslie & Gerono (1851)。因

$$\sin C=\sin A\cos B+\cos A\sin B,$$

由正弦定理，得 $\sin C=\frac{c}{a}\sin A$，$\sin B=\frac{b}{a}\sin A$，代入上式，得

$$\frac{c\sin A}{a}=\pm\sin A\sqrt{1-\frac{b^2\sin^2 A}{a^2}}+\frac{b\sin A\cos A}{a},$$

整理得

$$c=\pm\sqrt{a^2-b^2\sin^2 A}+b\cos A,$$

于是

$$(c-b\cos A)^2=a^2-b^2\sin^2 A,$$

故得

$$a^2=b^2+c^2-2bc\cos A。$$

（三）先推导射影公式，再平方

该方法见于 Twisden (1860)。因

$$\sin C=\sin A\cos B+\cos A\sin B,$$

故

$$1=\frac{\sin A}{\sin C}\cos B+\frac{\sin B}{\sin C}\cos A,$$

由正弦定理，得

$$1=\frac{a}{c}\cos B+\frac{b}{c}\cos A,$$

于是

$$a\cos B+b\cos A=c。$$

又因

$$a\sin B-b\sin A=0,$$

故得

$$c^2=(a\cos B+b\cos A)^2+(a\sin B-b\sin A)^2=a^2+b^2-2ab\cos C。$$

（四）以正弦代换三边

Lock (1882)由 $a=2R\sin A$、$b=2R\sin B$ 和 $c=2R\sin C$，得

$$\begin{aligned}
&\frac{a^2+b^2-c^2}{2ab}\\
=&\frac{\sin^2 A+\sin^2 B-\sin^2 C}{2\sin A\sin B}\\
=&\frac{\sin^2 A+\sin^2 B-(\sin A\cos B+\cos A\sin B)^2}{2\sin A\sin B}\\
=&\frac{2\sin^2 A\sin^2 B-2\sin A\sin B\cos A\cos B}{2\sin A\sin B}\\
=&\sin A\sin B-\cos A\cos B\\
=&-\cos(A+B)\\
=&\cos C。
\end{aligned}$$

Davison (1919)则由 $a=2R\sin A$、$b=2R\sin B$ 和 $c=2R\sin C$，得

$$\begin{aligned}
&b^2+c^2-a^2\\
=&4R^2(\sin^2 B+\sin^2 C-\sin^2 A)\\
=&4R^2[\sin^2 B+\sin(C+A)\sin(C-A)]^{①}\\
=&4R^2\sin B[\sin(C+A)+\sin(C-A)]\\
=&8R^2\sin B\sin C\cos A
\end{aligned}$$

① 这里，编者利用了公式 $\sin(\alpha+\beta)\sin(\alpha-\beta)=\sin^2\alpha-\sin^2\beta$。

$$=2bc\cos A。$$

25.2.5 射影公式与正弦定理

6 种教科书同时采用射影公式和正弦定理来证明余弦定理。Cirodde (1847)由

$$c=a\cos B+b\cos A,$$

得

$$c-b\cos A=a\cos B。$$

两边平方,得

$$c^2+b^2\cos^2 A-2bc\cos A=a^2\cos^2 B,$$

即

$$c^2+b^2\cos^2 A-2bc\cos A=a^2(1-\sin^2 B)。$$

由正弦定理,得

$$a^2\sin^2 B=b^2\sin^2 A,$$

于是

$$c^2+b^2\cos^2 A-2bc\cos A=a^2-b^2\sin^2 A,$$

故得

$$a^2=b^2+c^2-2bc\cos A。$$

Chauvenet (1850)、Onley (1870)、Wood (1885)、Clarke (1888) 和 Crockett (1896)均给出了类似的证明:

由

$$a\cos B=c-b\cos A$$

和

$$a\sin B=b\sin A,$$

两边各平方,再求和,即得所证。

25.2.6 距离公式

3种教科书(Holmes, 1951; Vance, 1954; Wylie, 1955)利用解析几何中的距离公式来证明余弦定理。

如图25-6,以顶点A为原点、AB所在直线为x轴,建立平面直角坐标系,则顶点B和C的坐标分别为$(c, 0)$和$(b\cos A, b\sin A)$,于是得

$$a^2=(b\cos A-c)^2+(b\sin A)^2=b^2+c^2-2bc\cos A。$$

上述方法与勾股定理方法实际上是等价的。

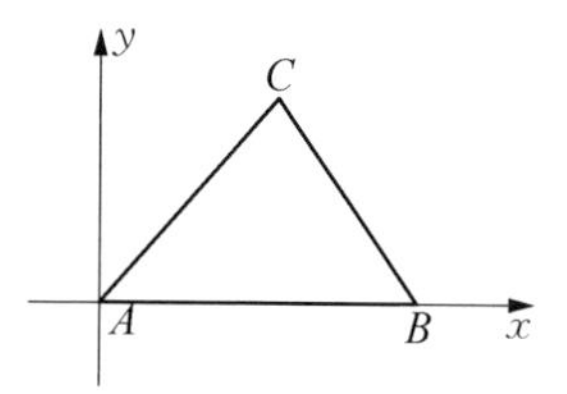

图25-6 利用距离公式证明余弦定理

25.3 余弦定理证明方法的演变

图25-7给出了各种证明方法的时间分布情况。

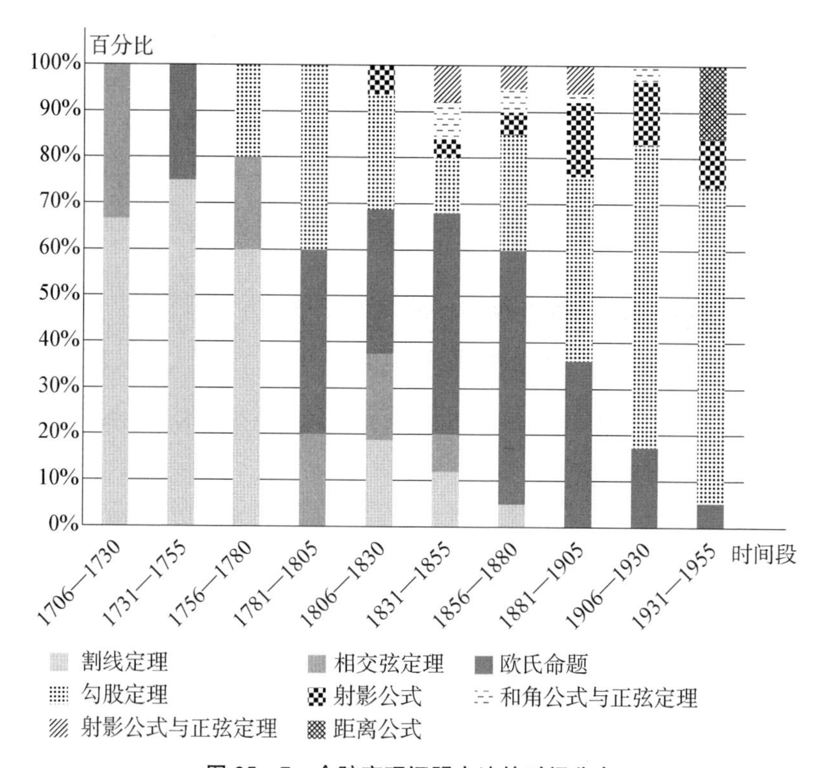

图25-7 余弦定理证明方法的时间分布

由图可见，在 18 世纪的大部分时间里，三角学被视为几何学的分支，三角学公式或定理的推导离不开几何方法，余弦定理主要以几何形式出现，因而以割线定理或相交弦定理占主导地位。18 世纪 80 年代之后，余弦定理的三角形式逐渐取代了几何形式，运用《几何原本》命题Ⅱ.12 和Ⅱ.13 或命题Ⅰ.47(勾股定理)成了应用最广泛的方法。到了 20 世纪，直接利用《几何原本》命题Ⅱ.12 和Ⅱ.13 的教科书占比逐渐减小，利用《几何原本》命题Ⅰ.47 的方法受到编者的普遍青睐。

随着三角学对几何学依赖程度的逐渐降低，代数方法登上历史舞台，余弦定理与正弦定理、射影公式、和角公式之间的关系进入教科书编者的视野(参阅第 24 章)。但在多数教科书中，利用射影公式、正弦定理与和角公式的方法并未取代几何方法，而是与后者并存。

25.4 教学启示

以上我们看到，关于余弦定理，150 种教科书呈现了丰富多彩的方法，这些方法为今日教学提供了素材和思想启迪。

其一，运用多元方法。

教师在课堂上可以引导学生从几何、代数、解析几何等视角来探究余弦定理的证明，并对学生的方法与历史上的方法进行对照，从而让他们有机会与数学家进行“跨越时空的思想交流”。

其二，建立知识间的联系。

在几何上，余弦定理可由圆幂定理、勾股定理导出；在三角中，余弦定理与正弦定理、射影公式与和角公式息息相关，如图 25-8 所示。在三角学的复习课中，教师有必要建立不同定理之间的联系，以促进学生的理解。

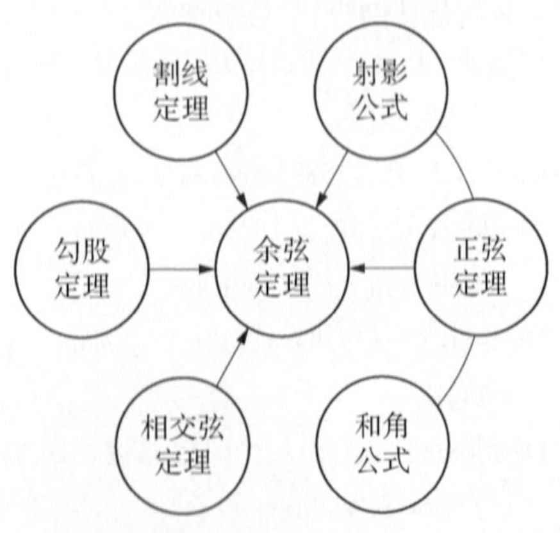

图 25-8 余弦定理与其他几何或三角知识的联系

其三，尝试推陈出新。

借鉴早期教科书证明余弦定理的方法，我们还可以探索出新方法。例如，结合射影公式和割线定理，可得到一种新证明：

如图 25－9，在$\triangle ABC$中，作三边上的高AD、BE和CF，则有

$$c=a\cos B+b\cos A$$
$$=a\times\frac{BD}{c}+b\times\frac{AE}{c},$$

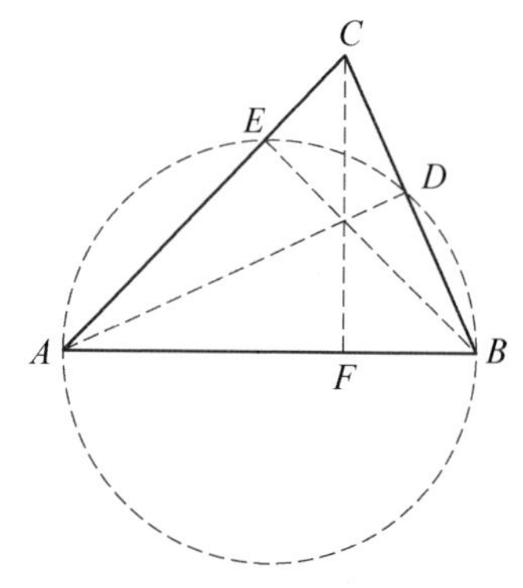

图 25－9　余弦定理新证法

于是得

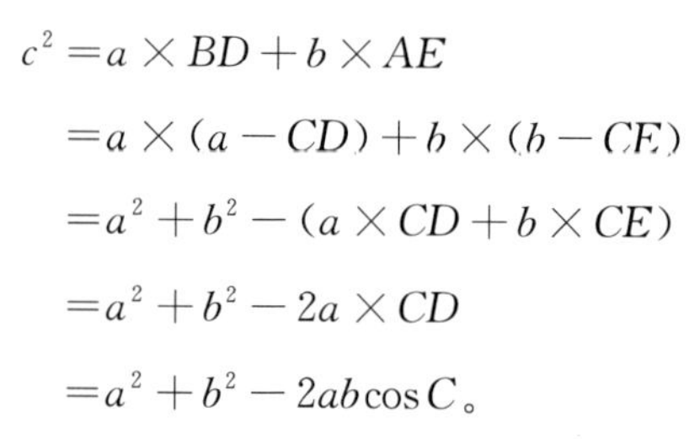

$$c^2=a\times BD+b\times AE$$
$$=a\times(a-CD)+b\times(b-CE)$$
$$=a^2+b^2-(a\times CD+b\times CE)$$
$$=a^2+b^2-2a\times CD$$
$$=a^2+b^2-2ab\cos C。$$

同理可证另两个等式。

参考文献

汪晓勤(2017). HPM:数学史与数学教育. 北京:科学出版社.

Audierne, J. (1756). *Traité Complet de Trigonométrie*. Paris: Claude Herissant.

Chauvenet, W. (1850). *A Treatise on Plane and Spherical Trigonometry*. Philadelphia: J. B. Lippincott Company.

Cirodde, P. L. (1847). *Eléments de Trigonométrie Rectiligne et Sphérique*. Paris: L. Hachette et Cie.

Clarke, J. B. (1888). *Manual of Trigonometry*. Oakland: Pacific Press.

Crockett, C. W. (1896). *Elements of Plane and Spherical Trigonometry*. New York: American Book Company.

Davison, C. (1919). *Plane Trigonometry for Secondary Schools*. Cambridge: The University Press.

De Morgan, A. (1837). *Elements of Trigonometry and Trigonometry Analysis*. London: Taylor & Walton.

Deslie & Gerono (1851). *Eléments de Trigonométrie Rectiligne et Sphérique*. Paris: Bachelier.

Emerson, W. (1749). *The Elements of Trigonometry*. London: W. Innys.

Gregory, O. (1816). *Elements of Plane and Spherical Trigonometry*. London: Baldwin, Cradock & Joy.

Hawney, W. (1725). *The Doctrine of Plane and Spherical Trigonometry*. London: J. Darby et al.

Holmes, C. T. (1951). *Trigonometry*. New York: McGraw-Hill Book Company.

Lock, J. B. (1882). *A Treatise on Elementary Trigonometry*. London: Macmillan & Company.

Nixon, R. C. J. (1892). *Elementary Plane Trigonometry*. Oxford: The Clarendon Press.

Onley, E. (1870). *Elements of Trigonometry, Plane and Spherical*. New York: Sheldon & Company.

Twisden, J. F. (1860). *Plane Trigonometry, Mensuration and Spherical Trigonometry*. London: Richard Griffin & Company.

Vance, E. P. (1954). *Trigonometry*. Cambridge: Addison-Wesley Publishing Company.

Wood, D. V. (1885). *Trigonometry, Analytical, Plane and Spherical*. New York: John Wiley & Sons.

Woodhouse, R. (1819). *A Treatise on Plane and Spherical Trigonometry*. Cambridge: J. Deighton & Sons.

Wright, J. (1772). *Elements of Trigonometry, Plane and Spherical*. Edinburgh: A. Murray & J. Cochran.

Wylie, C. R. (1955). *Plane Trigonometry*. New York: McGraw-Hill Book Company.

26 正切定理

汪晓勤*

26.1 引 言

所谓正切定理,指的是三角形中两边及其对角之间所满足的关系

$$\frac{a+b}{a-b}=\frac{\tan\frac{A+B}{2}}{\tan\frac{A-B}{2}},$$

$$\frac{b+c}{b-c}=\frac{\tan\frac{B+C}{2}}{\tan\frac{B-C}{2}},$$

$$\frac{a+c}{a-c}=\frac{\tan\frac{A+C}{2}}{\tan\frac{A-C}{2}}。$$

该定理用于解"边角边"的情形,例如,已知 a、b 及其夹角 C,由于 $A+B=\pi-C$ 已知,故由上述定理可求出 $A-B$,进而求出 A 和 B。

正切定理最早由丹麦数学家芬克(T. Fincke, 1561—1656)在其《圆形几何》(*Geometria Rotundi*, 1583)中给出,其现代形式则由法国数学家韦达给出。在18—19世纪的三角学教科书中,正切定理的地位与正弦定理、余弦定理是完全平等的,分别被用来解决不同已知条件下的三角形。但随着时间的推移,"边角边"问题逐渐由余弦定理来解决,因而正切定理逐渐退出了历史舞台,在今天的教科书中,已完全不见其踪影。

* 华东师范大学教师教育学院教授、博士生导师。

虽然正切定理是一个“被废弃”的定理，但其证明方法却丰富多彩，甚至远远超过正弦定理和余弦定理，因而对于今日三角学教学仍有参考价值。本章拟聚焦该定理，对1706—1855年间在英国、法国、美国和加拿大出版的145种三角学教科书进行考察[①]，尽量全面地梳理各种证明方法，并分析证明方法的演进规律。

由正弦定理可知，正切定理中的三个等式分别等价于

$$\frac{\sin A+\sin B}{\sin A-\sin B}=\frac{\tan\dfrac{A+B}{2}}{\tan\dfrac{A-B}{2}},$$

$$\frac{\sin B+\sin C}{\sin B-\sin C}=\frac{\tan\dfrac{B+C}{2}}{\tan\dfrac{B-C}{2}},$$

$$\frac{\sin A+\sin C}{\sin A-\sin C}=\frac{\tan\dfrac{A+C}{2}}{\tan\dfrac{A-C}{2}}。$$

因此，本章也涉及上述等式的几何证明。

在所考察的145种教科书中，有99种采用正弦定理与和差化积公式来证明正切定理，1种采用射影公式来证明正切定理，本章不作赘述。有57种教科书（见本章参考文献）采用了几何方法来证明正切定理，其中有5种同时采用了两种几何方法，13种同时采用了几何方法和代数方法。为了便于阅读，本章在各种几何证明的叙述中，不再采用早期教科书中的线段定义，而采用今天读者所熟悉的比值定义。

26.2 正切定理的几何证明

26.2.1 外角平分线法

所谓“外角平分线法”，指的是延长三角形的一条腰，使延长部分等于另一条腰，然后作辅助线构造相似三角形，进而证明正切定理。有9种教科书采用了该方法，其中构造相似三角形的方法有2种。

① 在本书附录所列的151种三角学教科书中，有6种未涉及正切定理。

（一）第一种构造法

如图 26－1，延长 BA 至点 D，使得 $AD=AC$，连结 CD。过点 A 作 CD 的垂线（或 $\angle CAD$ 的平分线），垂足为点 E。过点 A 和 E 作 BC 的平行线，分别交 CD 和 BA（或 BA 的延长线）于点 G 和 F。于是

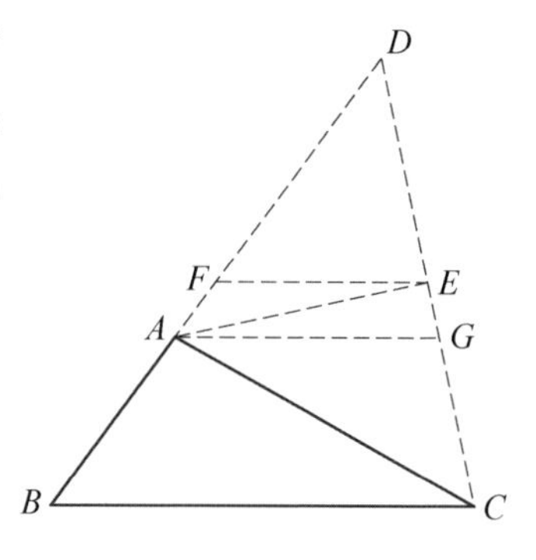

图 26－1　外角平分线法之一

$$\angle DAE=\angle CAE=\frac{B+C}{2},$$

$$\angle EAG=\angle DAG-\angle DAE=\frac{B-C}{2},$$

$$FD=\frac{b+c}{2},\ AF=AD-FD=\frac{b-c}{2}。$$

因为

$$\frac{FD}{AF}=\frac{ED}{GE}=\frac{\tan\angle DAE}{\tan\angle GAE},$$

所以

$$\frac{\frac{b+c}{2}}{\frac{b-c}{2}}=\frac{b+c}{b-c}=\frac{\tan\frac{B+C}{2}}{\tan\frac{B-C}{2}}。$$

Legs of any Triangle cut by Lines Parallel to the Base being Proportional, *eb. ea* :: *cd. d.g* ; That is in

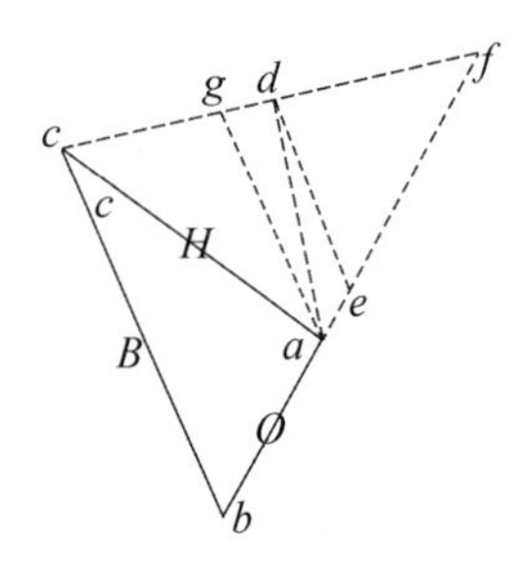

words, *Half the Sum of the Legs is to half their Difference* :: *as the Tangent of ½ the Sum of the opposite Angle, is to the Tangent of ½ their Difference*; but Wholes are as their Halves: Wherefore

图 26－2　Harris（1706）书影

18 世纪教科书 Harris（1706）、Wells（1714）、Hawney（1725）、Rivard（1747）、Delagrive（1754）和 19 世纪教科书 Keith（1810）均采用了该方法（图 26－2）。

（二）第二种构造法

如图 26－3，延长 BA 至点 D，使得 $AD=AC$，连结 CD。在 AD 上取点 I，使 $AI=AB$。分别过点 A 和 I 作 BC 的平行线，交 CD 于点 F 和 G。又过点 A 作 CD 的垂线，垂足为点 E。

取 $DH=CF$，于是 $DH=CF=FG$，故得 $DG=FH=2EF$，于是有

$$\frac{BD}{ID}=\frac{CD}{GD}=\frac{2ED}{2EF}=\frac{ED}{EF}=\frac{\tan\angle DAE}{\tan\angle FAE},$$

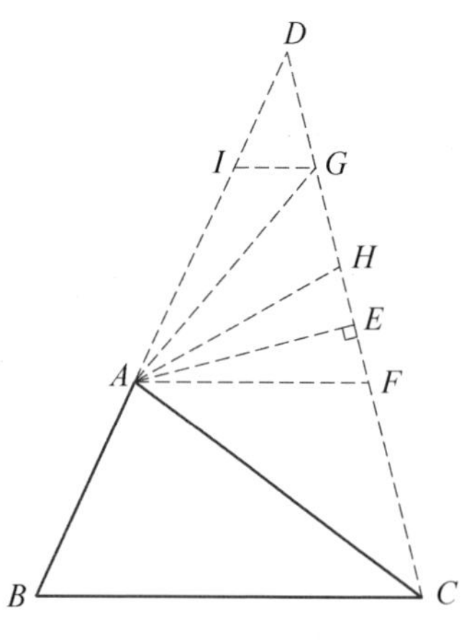

图 26－3　外角平分线法之二

即

$$\frac{b+c}{b-c}=\frac{\tan\dfrac{B+C}{2}}{\tan\dfrac{B-C}{2}}。$$

18 世纪教科书 Keil (1726)、Martin (1736)和 Maseres (1760)采用了该方法。

26.2.2　内角平分线法

所谓"内角平分线法",指的是作三角形顶角的平分线,然后作辅助线构造相似三角形,进而证明正切定理。有 4 种教科书采用了该方法,其中相似三角形的构造方法分为 3 种。

(一)　第一种构造法

如图 26-4,作 $\angle BAC$ 的平分线 AD,过点 B 作 AD 的垂线,垂足为点 F,交 AC 于点 E。又过点 F 作 BC 的平行线,交 AC 于点 G。于是有

$$AE=c,\ EG=GC=\frac{b-c}{2},$$

$$\angle ABE=\angle AEB=\frac{B+C}{2},\ \angle EBC=\frac{B-C}{2}。$$

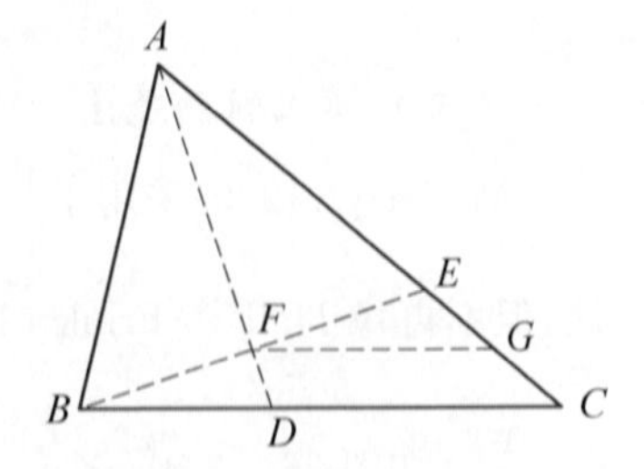

图 26-4　内角平分线法之一

因为

$$\frac{AG}{GC}=\frac{AF}{FD}=\frac{\tan\angle ABF}{\tan\angle DBF},$$

所以

$$\frac{\dfrac{b+c}{2}}{\dfrac{b-c}{2}}=\frac{b+c}{b-c}=\frac{\tan\dfrac{B+C}{2}}{\tan\dfrac{B-C}{2}}。$$

18 世纪教科书 Heynes (1716)和 Emerson (1749)采用了该方法。

(二)　第二种构造法

Hall & Frink (1910)构造了另一对相似直角三角形,利用比例性质来证明正切定理。如图 26-5,作$\angle A$ 的平分线 AD,分别过点 B 和 C 作 AD 的垂线,垂足为点 E 和

F。于是有

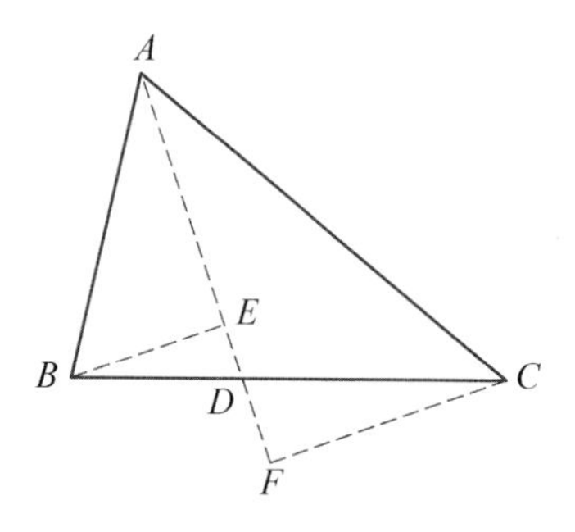

图 26-5　内角平分线法之二

$$\tan\angle DBE=\tan\frac{B-C}{2}=\frac{DE}{BE}=\frac{DF}{CF}=\frac{DE+DF}{BE+CF}$$

$$=\frac{AF-AE}{BE+CF}=\frac{(b-c)\cos\frac{A}{2}}{(b+c)\sin\frac{A}{2}}$$

$$=\frac{b-c}{b+c}\cot\frac{A}{2}=\frac{b-c}{b+c}\tan\frac{B+C}{2},$$

故得

$$\frac{b+c}{b-c}=\frac{\tan\frac{B+C}{2}}{\tan\frac{B-C}{2}}。$$

（三）第三种构造法

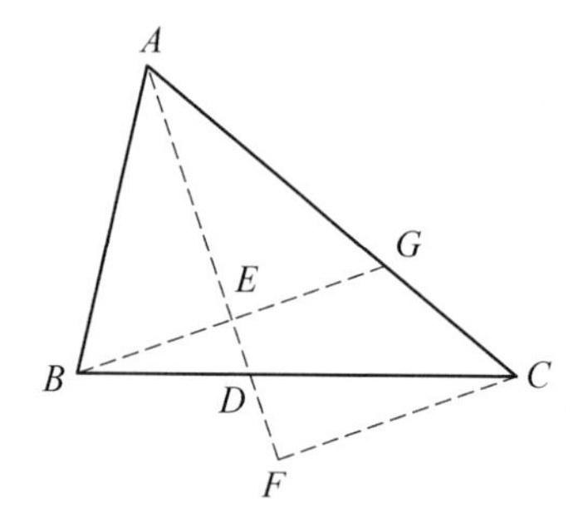

图 26-6　内角平分线法之三

McCarty (1920)采用了与第二种构造法类似的方法,但不再像 Hall & Frink (1910)那样借助 $\sin\frac{A}{2}$ 和 $\cos\frac{A}{2}$。如图 26-6,作 $\angle A$ 的平分线 AD,过点 B 作 AD 的垂线,垂足为点 E,交 AC 于点 G。过点 C 作 AD 延长线的垂线,垂足为点 F。由 Rt$\triangle BED$ 和 Rt$\triangle CFD$ 的相似性,得

$$\frac{DF}{DE}=\frac{CD}{BD}=\frac{b}{c},$$

故得

$$\frac{DF}{EF}=\frac{b}{b+c}。$$

又由 $EG\,/\!/\,FC$,得

$$\frac{AF}{AE}=\frac{AC}{AG}=\frac{b}{c},$$

故得

$$\frac{AF}{EF}=\frac{b}{b-c}。$$

于是有

$$\frac{AF}{DF}=\frac{b+c}{b-c}。$$

另一方面，

$$\frac{AF}{DF}=\frac{\tan\angle ACF}{\tan\angle DCF}=\frac{\tan\frac{B+C}{2}}{\tan\frac{B-C}{2}},$$

故得正切定理的结论。

26.2.3 长径单圆法

以三角形的长腰为半径作圆，再通过辅助线构造相似三角形，进而证明正切定理，我们称之为“长径单圆法”。有 13 种教科书采用了该方法。在长径单圆法中，有 4 种不同的构造相似三角形的方法，还有教科书运用了正弦定理。

（一）第一种构造法

Heynes (1716)和 Maseres (1760)采用了第一种构造法。如图 26－7，在$\triangle ABC$中，不妨设$AC>AB$[①]，以点A为圆心、长腰AC长为半径作圆，分别交BA和AB的延长线于点D和E，连结DC和EC，又过点B作EC的平行线，交DC于点F，易知$BF\perp DC$。于是有

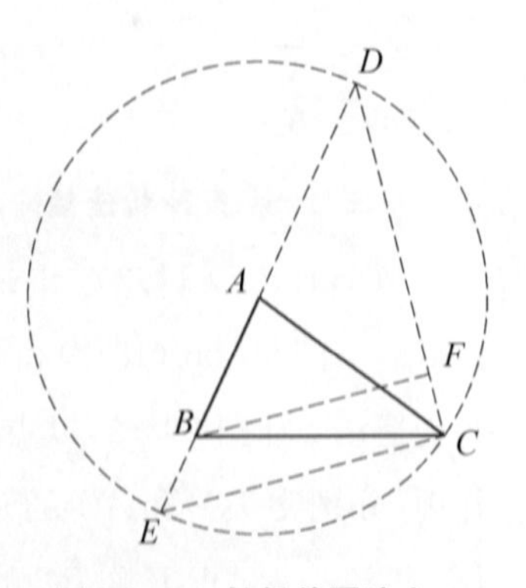

图 26－7 长径单圆法之一

$$BD=b+c,\ BE=b-c,$$

$$\angle DBF=\angle E=\frac{B+C}{2},\ \angle CBF=\frac{B-C}{2}。$$

因为

$$\frac{DB}{BE}=\frac{DF}{FC}=\frac{\tan\angle DBF}{\tan\angle CBF},$$

① 本章下文中，对于两腰不相等的情形，都作同样的假设，不再说明。

所以

$$\frac{b+c}{b-c}=\frac{\tan\frac{B+C}{2}}{\tan\frac{B-C}{2}}。$$

（二）第二种构造法

Vlacq & Ozanam（1720）、Ashworth（1766）和Hobson（1891）采用了第二种构造法。如图26-8，过点E作CD的平行线，交CB的延长线于点F，则有

$$\angle DEC=\frac{B+C}{2},\ \angle ECF=\frac{B-C}{2}。$$

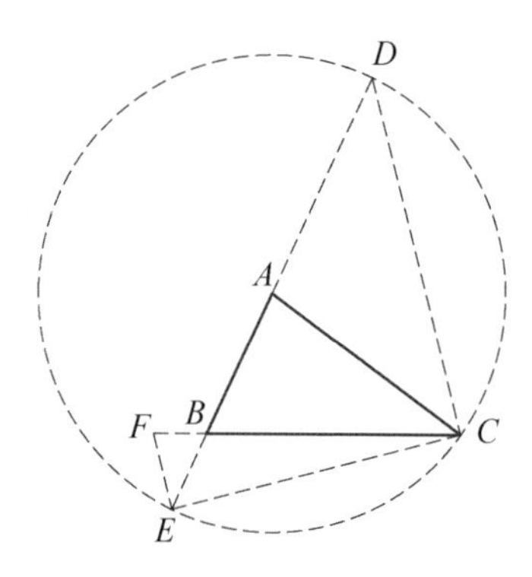

图26-8 长径单圆法之二

由$\triangle BDC\backsim\triangle BEF$，得

$$\frac{DB}{BE}=\frac{DC}{EF}=\frac{\tan\angle DEC}{\tan\angle ECF},$$

于是得

$$\frac{b+c}{b-c}=\frac{\tan\frac{B+C}{2}}{\tan\frac{B-C}{2}}。$$

（三）第三种构造法

Macgregor（1792）、Leslie（1811）、Bonnycastle（1813）、Thomson（1825）和Lewis（1844）采用了第三种构造法。如图26-9，以点A为圆心、AC长为半径作圆，分别交BA和AB的延长线于点D和E，连结DC和EC，又过点E作BC的平行线，交DC的延长线于点F，易知$EC\perp DF$。于是有

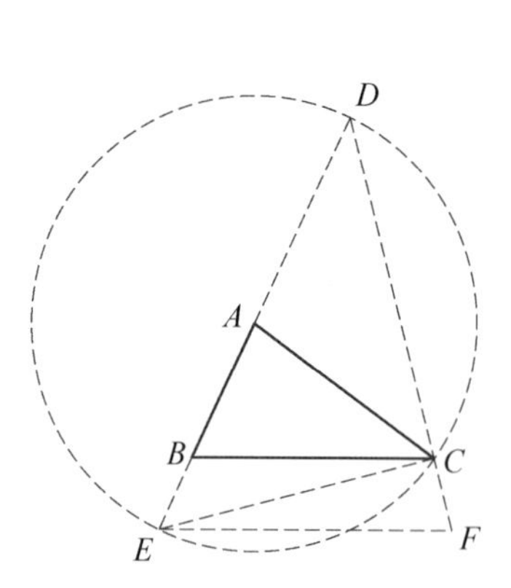

图26-9 长径单圆法之三

$$\frac{DB}{BE}=\frac{DC}{CF}=\frac{\tan\angle DEC}{\tan\angle FEC},$$

即

$$\frac{b+c}{b-c}=\frac{\tan\frac{B+C}{2}}{\tan\frac{B-C}{2}}。$$

（四）第四种构造法

Griffin (1875)给出了第四种构造法。如图 26-10,以点 A 为圆心、AC 长为半径作圆,分别交 BA 和 AB 的延长线于点 D 和 E,延长 CB,交$\odot A$ 于点 H,连结 DH。分别过点 D 和 E 作 HC 的垂线,垂足为点 F 和 G。易知 $\angle DHF=\angle DEC=\frac{B+C}{2}$，$\angle ECG=\frac{B-C}{2}$，$HG=CF$，$HF=CG$。于是有

$$\frac{DB}{BE}=\frac{DF}{EG}=\frac{\tan\angle DHF}{\tan\angle ECG},$$

即得正切定理的结论。

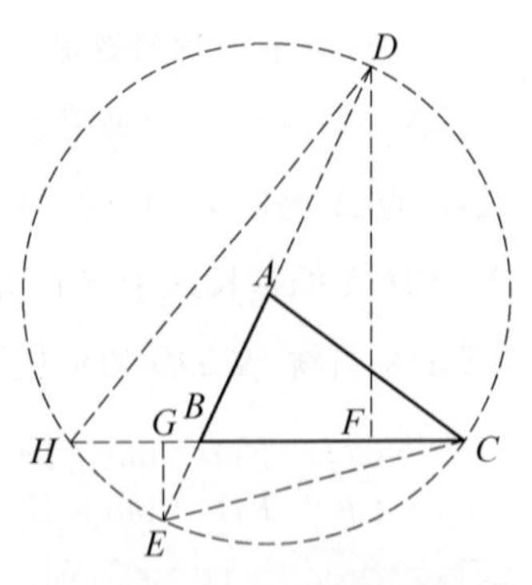

图 26-10 长径单圆法之四

（五）利用正弦定理

Harding & Turner (1915)和 Dickson (1922)抛弃相似三角形的构造,转而借助正弦定理来完成证明。如图 26-11,以点 A 为圆心、AC 长为半径作圆,交 AB 和 BA 的延长线于点 D 和 E。于是,在$\triangle BEC$ 和$\triangle BDC$ 中分别有

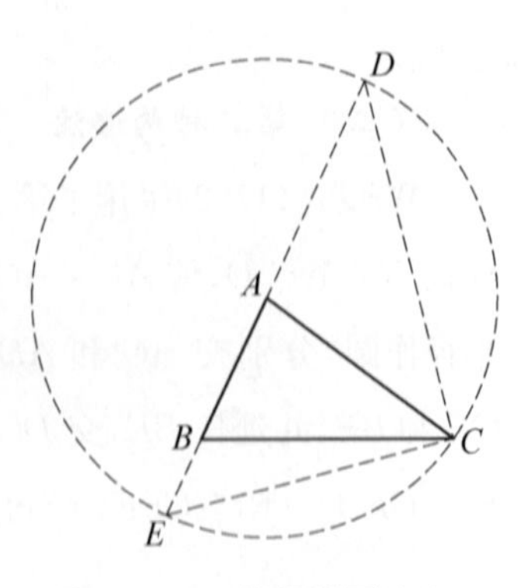

图 26-11 长径单圆法之五

$$\frac{b-c}{a}=\frac{\sin\frac{B-C}{2}}{\sin\frac{B+C}{2}},$$

$$\frac{b+c}{a}=\frac{\sin\left(\frac{\pi}{2}-\frac{B-C}{2}\right)}{\sin\left(\frac{\pi}{2}-\frac{B+C}{2}\right)}=\frac{\cos\frac{B-C}{2}}{\cos\frac{B+C}{2}},$$

等式两边各相除,即得正切定理的结论。

26.2.4 短径单圆法

以三角形的短腰为半径作圆，再通过辅助线构造相似三角形，进而证明正切定理，我们称之为“短径单圆法”。有 18 种教科书采用了该方法。在短径单圆法中，有 3 种不同的构造相似三角形的方法，还有教科书运用了正弦定理。

（一）第一种构造法

Audierne (1756)采用了第一种构造法。如图 26－12，以点 A 为圆心、短腰 AB 长为半径作圆，分别交 AC 和 CA 的延长线于点 E 和 D，连结 BE，过点 C 作 BE 的平行线，交 DB 的延长线于点 F。于是

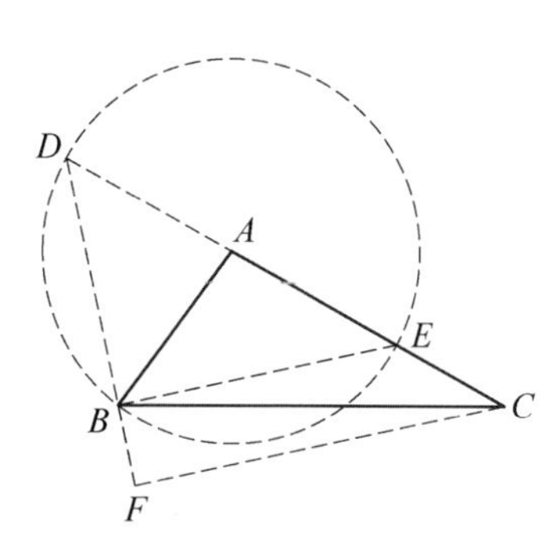

图 26－12　短径单圆法之一

$$\frac{CD}{CE}=\frac{FD}{FB}=\frac{\tan\angle DCF}{\tan\angle BCF}=\frac{\tan\angle AEB}{\tan\angle BEF},$$

即

$$\frac{b+c}{b-c}=\frac{\tan\dfrac{B+C}{2}}{\tan\dfrac{B-C}{2}}。$$

（二）第二种构造法

Wright (1772)采用了第二种构造法。如图 26－13，延长 BA 至点 D，使 $AD=AC$，以点 A 为圆心、AB 长为半径作圆，分别交 AC 和 AD 于点 E 和 G。连结 DC、GE 和 BE，并延长 BE，交 DC 于点 F。易知 $BF\perp DC$，$\text{Rt}\triangle DFB\backsim\text{Rt}\triangle CFE$，故得

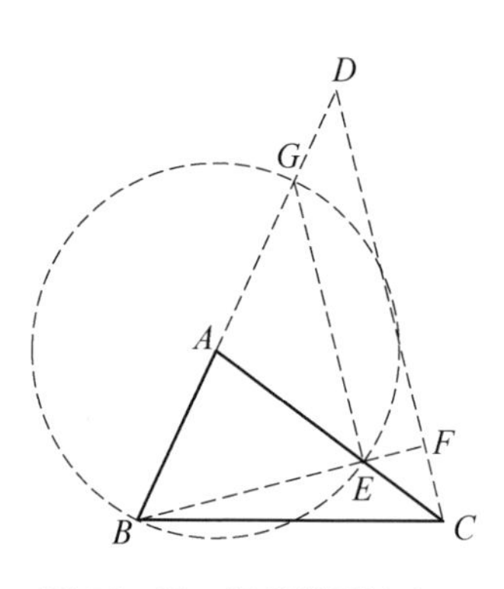

图 26－13　短径单圆法之二

$$\frac{DB}{CE}=\frac{DF}{CF}=\frac{\tan\angle DBF}{\tan\angle CBF},$$

即

$$\frac{b+c}{b-c}=\frac{\tan\dfrac{B+C}{2}}{\tan\dfrac{B-C}{2}}。$$

（三）第三种构造法

有13种教科书采用了第三种构造方法（Donne，1775；Simpson，1799；Vince，1810；Nichols，1811；Todhunter，1866；Schuyler，1875；Morrison，1880；Seaver，1889；Birchard，1892；Levett & Davison，1892；Moritz，1915；Young & Morgan，1919；Davison，1919）。如图26-14，以点A为圆心、AB长为半径作圆，分别交CA的延长线和AC于点D和E。连结DB和BE，过点E作BD的平行线，交BC于点F，则$EF\perp BE$，于是有

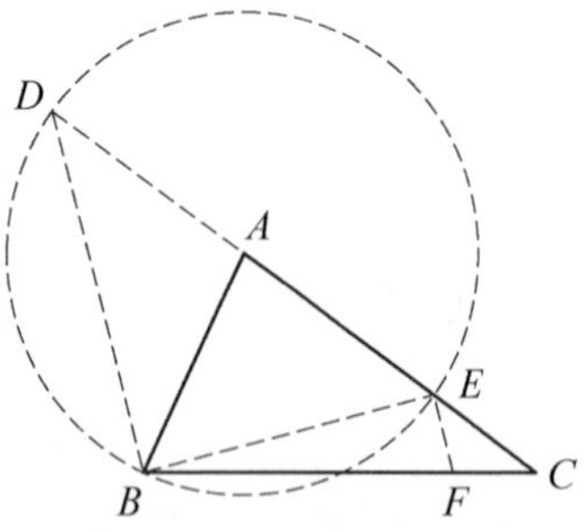

图26-14　短径单圆法之三

$$\frac{DC}{EC}=\frac{DB}{EF}=\frac{\tan\angle DEB}{\tan\angle EBF},$$

即

$$\frac{b+c}{b-c}=\frac{\tan\dfrac{B+C}{2}}{\tan\dfrac{B-C}{2}}。$$

（四）利用正弦定理

Whitaker（1898）、Wilczynski（1914）和Rider & Davis（1923）放弃相似三角形的构造，转而采用正弦定理来得出正切定理的结论。如图26-15，以点A为圆心、AB长为半径作圆，分别交CA和它的延长线于点E和D，连结BD。在$\triangle BCE$中，由正弦定理，得

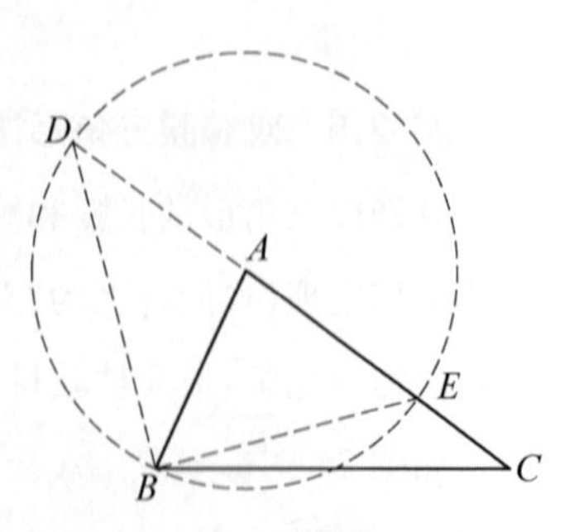

图26-15　短径单圆法之四

$$\frac{a}{\sin\left(\pi-\dfrac{B+C}{2}\right)}=\frac{b-c}{\sin\dfrac{B-C}{2}},$$

即

$$\frac{b-c}{a}=\frac{\sin\dfrac{B-C}{2}}{\sin\dfrac{B+C}{2}}。\tag{1}$$

在$\triangle BCD$中，由正弦定理，得

$$\frac{a}{\sin\left(\frac{\pi}{2}-\frac{B+C}{2}\right)}=\frac{b+c}{\sin\left(\frac{\pi}{2}+\frac{B-C}{2}\right)},$$

即

$$\frac{b+c}{a}=\frac{\cos\frac{B-C}{2}}{\cos\frac{B+C}{2}}。\tag{2}$$

(2)和(1)两边各相除，即得正切定理的结论。该方法实际上同时证明了摩尔维德公式①

$$\frac{b-c}{a}=\frac{\sin\frac{B-C}{2}}{\cos\frac{A}{2}},$$

$$\frac{b+c}{a}=\frac{\cos\frac{B-C}{2}}{\sin\frac{A}{2}}。$$

26.2.5 双等腰三角形法

分别以三角形的长腰和短腰为腰，作两个等腰三角形，得到一对相似三角形，以此证明正切定理，我们称之为“双等腰三角形法”。该方法实际上是 Wright (1772)短径单圆法的简化版，被 6 种教科书所采用。

如图 26-16，延长 BA 至点 D，使得 $AD=AC$。在 AC 上取点 E，使 $AE=AB$，连结 BE 并延长，交 AC 于点 F。由$\angle D=\angle ACD$，$\angle ABE=\angle AEB=\angle CEF$，得$\angle DFB=\angle CFE$，$BF\perp DC$，且 $\mathrm{Rt}\triangle DFB\backsim\mathrm{Rt}\triangle CFE$，于是得$\frac{DB}{CE}=\frac{DF}{CF}$，从而得到正切定理的结论。Day (1815)、Loomis (1848)、Bradbury (1873)、Welsh (1894)、Durell (1910)采用了该方法。

① 参阅第 30 章。

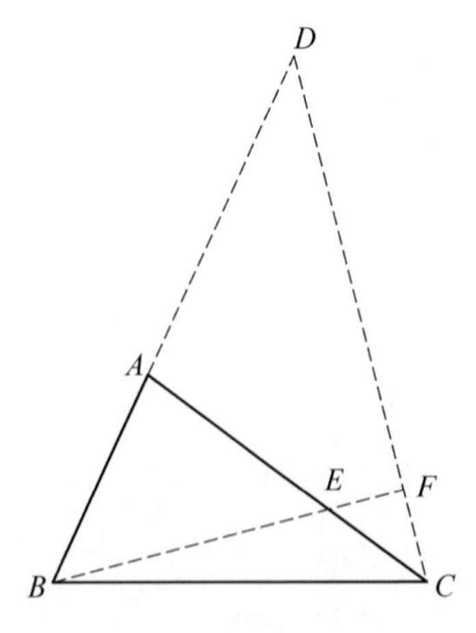

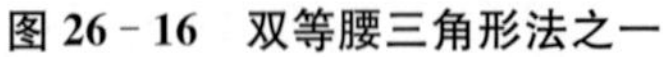
图 26－16 双等腰三角形法之一

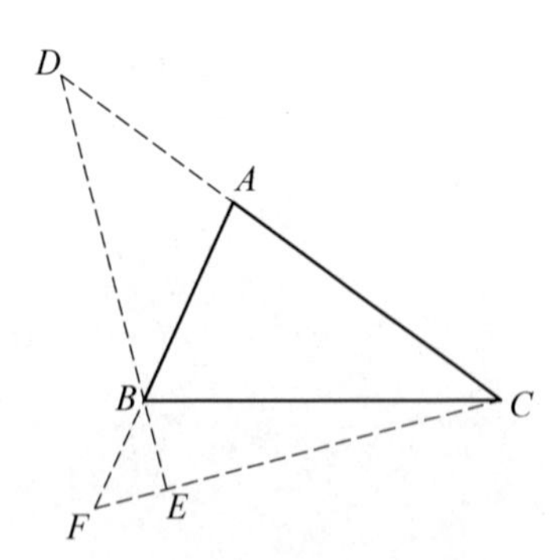

图 26－17 双等腰三角形法之二

Richards (1878)构造了另一对等腰三角形。如图 26－17，延长 CA 至点 D，使得 $AD=AB$，延长 AB 至点 F，使得 $AF=AC$，连结 DB 并延长，交 CF 于点 E。易证 $DE\perp CF$，于是，由 Rt$\triangle DEC$ 和 Rt$\triangle BEF$ 的相似性，得

$$\frac{DC}{BF}=\frac{DE}{BE}=\frac{\tan\angle DCE}{\tan\angle BCE}=\frac{\tan\dfrac{B+C}{2}}{\tan\dfrac{B-C}{2}}。$$

26.2.6 双圆法

Kenyon & Ingold (1913)构造两个圆，得到和角与差角的一半。如图 26－18，以点 B 为圆心、BA 长为半径作圆，交 CB 及其延长线于点 D 和 E。过点 C 作 BC 的垂线，交 EA 的延长线于点 F。以 DF 为直径作圆，该圆过点 A 和 C。于是

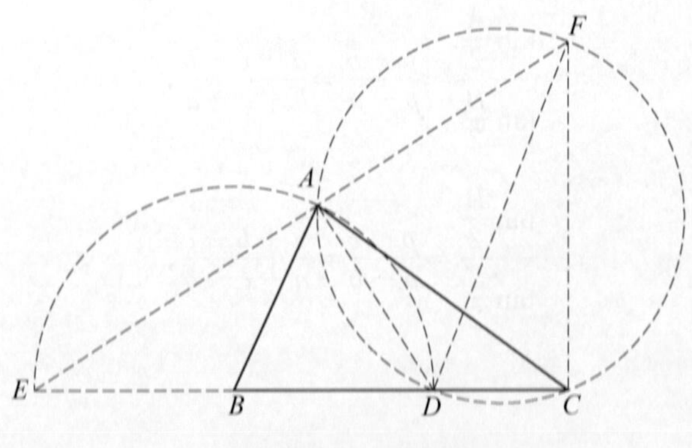

图 26－18 双圆法

$$\angle EFC = \angle ADE = \frac{A+C}{2},$$

$$\angle DFC = \angle DAC = \frac{A-C}{2}。$$

因此得

$$\frac{a+c}{a-c} = \frac{\frac{a+c}{CF}}{\frac{a-c}{CF}} = \frac{\tan\angle EFC}{\tan\angle DFC} = \frac{\tan\frac{A+C}{2}}{\tan\frac{A-C}{2}}。$$

26.2.7　利用半角的正切公式

Kenyon & Ingold (1913)和 Carson (1943)先推导三角形中的半角正切公式,再由半角正切公式,得出正切定理的结论。如图 26－19,O 为$\triangle ABC$ 的内心,$\triangle ABC$ 的内切圆半径 $OD=OE=OF=r$,$\triangle ABC$ 的半周长为 p,则

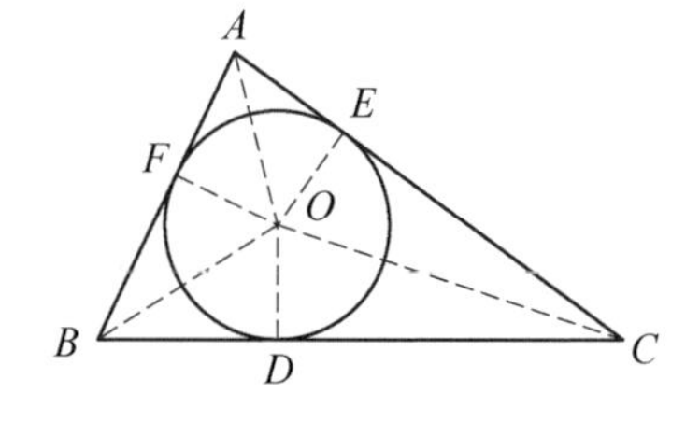

图 26－19　推导半角的正切公式

$$\tan\frac{A}{2} = \frac{r}{p-a},$$

$$\tan\frac{B}{2} = \frac{r}{p-b},$$

$$\tan\frac{C}{2} = \frac{r}{p-c},$$

故得

$$\frac{\tan\frac{A}{2}}{\tan\frac{B}{2}} = \frac{p-b}{p-a} = \frac{a+c-b}{b+c-a},$$

$$\frac{\tan\frac{B}{2}}{\tan\frac{C}{2}} = \frac{p-c}{p-b} = \frac{a+b-c}{a+c-b},$$

$$\frac{\tan\frac{A}{2}}{\tan\frac{C}{2}}=\frac{p-c}{p-a}=\frac{a+b-c}{b+c-a}。$$

如图 26-20，作 BC 的垂直平分线，交 BA 的延长线于点 D，连结 DC，设 $CD=c'$，则 $AD=c'-c$。于是，在 $\triangle ADC$ 中，有

$$\frac{\tan\frac{\pi-A}{2}}{\tan\frac{B-C}{2}}=\frac{\tan\frac{B+C}{2}}{\tan\frac{B-C}{2}}=\frac{b+c'-(c'-c)}{b+(c'-c)-c'}=\frac{b+c}{b-c}。$$

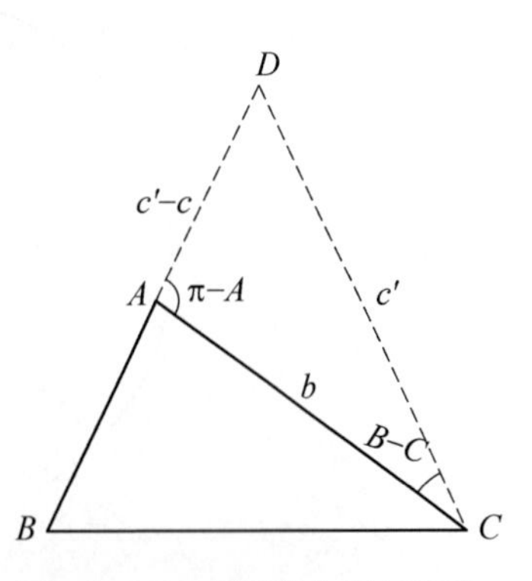

图 26-20　利用半角的正切公式证明正切定理

26.2.8　圆心角法

9 种教科书通过构造圆心角来证明正切定理的等价形式，其中有 6 种利用了同弧所对圆心角和圆周角的关系(Lacroix, 1803; Gregory, 1816; Smyth, 1834; Cirodde, 1847; Robinson, 1873; Wood, 1885)。如图 26-21，在单位圆 O 中，$\angle AOB=\alpha$，$\angle AOC=\beta$，分别过点 B 和 C 作 OA 的垂线，垂足为点 D 和 E，延长 BD，交⊙O 于点 F，连结 OF；又过点 C 作 BD 的垂线，垂足为点 G，交⊙O 于点 H，连结 BH 和 FH。于是

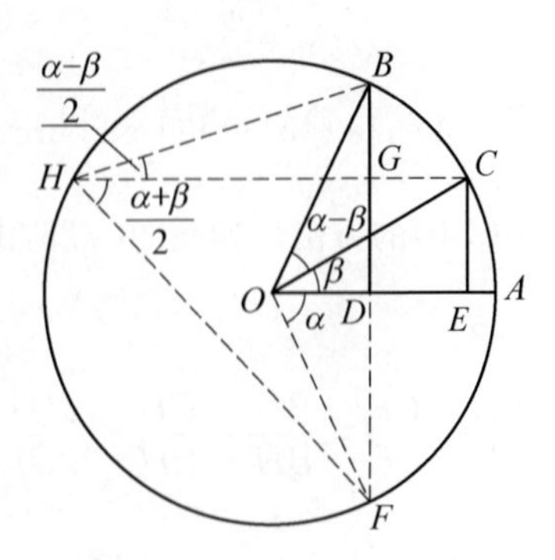

图 26-21　利用圆心角与圆周角的关系

$$\frac{\sin\alpha+\sin\beta}{\sin\alpha-\sin\beta}=\frac{BD+CE}{BD-CE}=\frac{DF+GD}{BD-GD}=\frac{GF}{BG}=\frac{\tan\frac{\alpha+\beta}{2}}{\tan\frac{\alpha-\beta}{2}}。$$

Keith (1810)直接构造圆心角，而不借助圆周角。如图 26-22，在单位圆 O 中，$\angle AOB=\alpha$，$\angle AOC=\beta$，过圆心 O 作 BC 的垂线 OG，垂足为点 I，分别过点 B 和 C 作 OA 的垂线，垂足为点 D 和 E，延长 CE，交⊙O 于点 K，连结 OK。过点 K 作 OA 的平行线，分别交 BD 和 BH 的延长线于点 J 和 L。易知 $BI=IC$，$CE=EK$，$CH=HL$。于是有

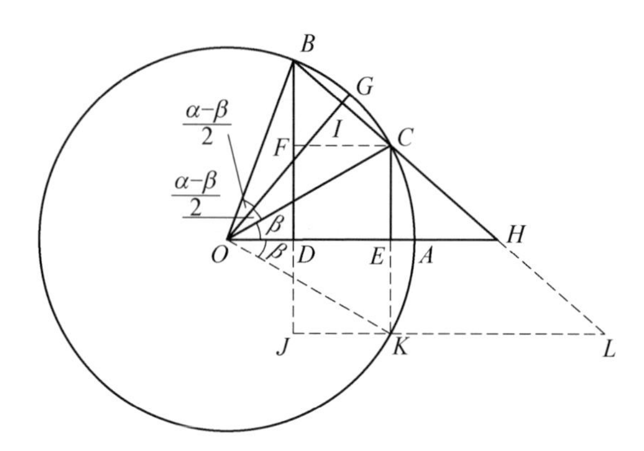

图 26-22　圆心角法

$$\frac{\sin\alpha+\sin\beta}{\sin\alpha-\sin\beta}=\frac{BD+CE}{BD-CE}=\frac{BJ}{BF}=\frac{BL}{BC}=\frac{2HI}{2BI}=\frac{HI}{BI}=\frac{\tan\frac{\alpha+\beta}{2}}{\tan\frac{\alpha-\beta}{2}}。$$

Leslie (1811)和 De Fourcy (1836)简化了 Keith (1810)的方法。如图 26-23,由 $\frac{BD}{CE}=\frac{BH}{CH}$,得

$$\frac{BD+CE}{BD-CE}=\frac{BH+CH}{BH-CH}=\frac{2HI}{2BI}=\frac{HI}{BI}=\frac{\tan\frac{\alpha+\beta}{2}}{\tan\frac{\alpha-\beta}{2}}。$$

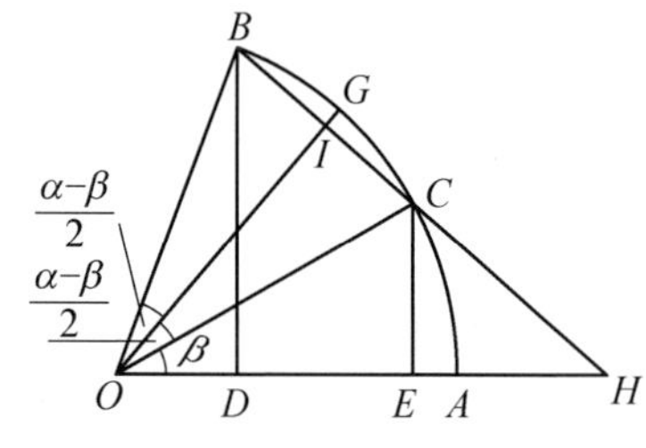

图 26-23　圆心角法的简化

26.3　正切定理证明方法的演变

图 26-24 给出了各种证明方法的时间分布情况。

由图可见,1780 年以前,几何方法一统天下,其中外角平分线法和单圆法最受青睐。1781 年之后,开始出现代数方法,到了 1831 年之后,代数方法占据主流地位。从 19 世纪开始直到 20 世纪 30 年代,证明方法呈现多元化的特点,但到了 20 世纪 30 年代之后,证明方法趋向单一。

几何方法中,内角平分线法于 1756 年之后基本消失,外角平分线法于 1781 年之后基本消失;20 世纪 30 年代以前,长径单圆法和短径单圆法不绝如缕,但短径单圆法逐渐后来居上;圆心角法和双等腰三角形法主要出现在 19 世纪,之后完全被抛弃;双

圆法昙花一现。

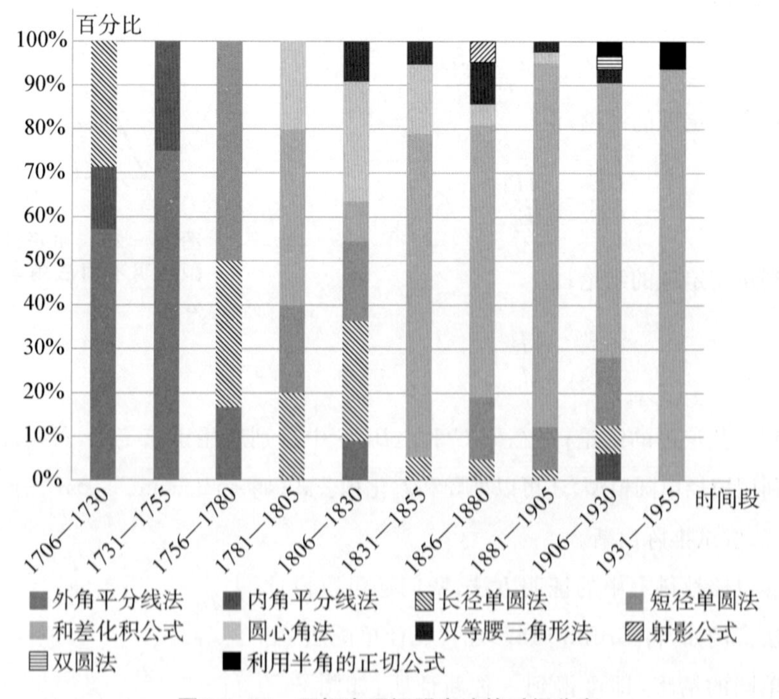

图 26-24 正切定理证明方法的时间分布

26.4 教学启示

以上我们看到,144 种三角学教科书呈现了关于正切定理的丰富多彩的证明方法,这些方法为今日三角公式的教学提供了思想启迪。

其一,关注数学思想。

与正弦定理类似,正切定理的几何证明主要运用了转化思想,即利用辅助线(圆、延长线、角平分线、平行线等),构造三角形两边之和与差(或和与差的一半),再利用相似三角形或具有公共直角边的直角三角形,将和与差(或半和与半差)之比转化为两边对角半和与半差的正切之比。

其二,构造几何模型。

虽然今日教科书中已不见正切定理的踪影,但早期教科书中关于该定理的几何证明却可以帮助我们为三角学不同定理或公式建立共同的几何模型。例如,在图 26-25

所示的短径单圆模型中，$EH \perp BE$，$AI \perp BC$，$EJ \perp AI$。于是，由

$$CE \times CD = CG \times CB,$$

可以得到余弦定理的结论；由

$$\frac{CE}{CD} = \frac{EH}{DB},$$

可以得到正切定理的结论；由

$$\frac{AE}{AC} = \frac{AJ}{AI},$$

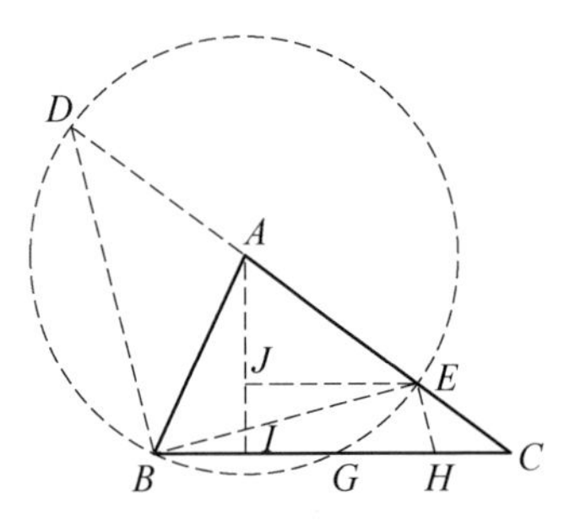

图 26－25　用短径单圆模型证明不同三角学定理或公式

可以得到正弦定理的结论；在$\triangle BEC$和$\triangle BDC$中分别应用正弦定理，可得摩尔维德公式。利用短径单圆模型，还可以推导和差化积公式（如 $\sin B - \sin C$，$\cos B + \cos C$）等。

其三，尝试推陈出新。

借鉴早期教科书中的证明方法，我们还可以设计新的方法。例如，将 Griffin (1875)的“长径单圆法”用于短径单圆的情形，即可得到一种新证明：如图 26－26，以点 A 为圆心、AB 长为半径作圆，交 CA 及其延长线于点 E 和 D，交 BC 于点 G。连结 BE 和 DG，分别过点 E 和 D 作 CB 及其延长线的垂线，垂足为点 F 和 H，易证 $HG = BF$。于是，

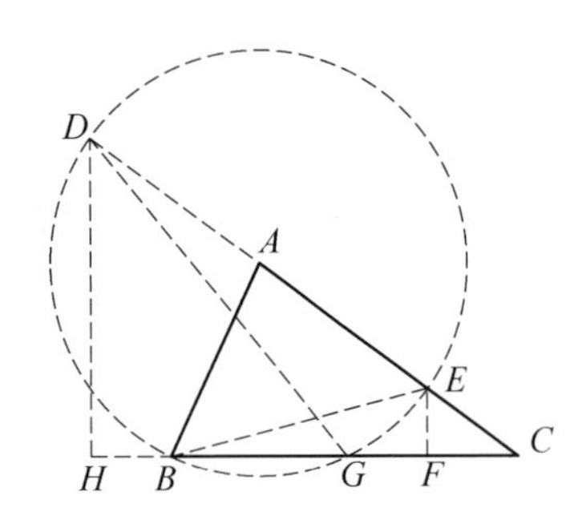

图 26－26　短径单圆法之五

$$\frac{CD}{CE} = \frac{DH}{EF} = \frac{\frac{DH}{HG}}{\frac{EF}{BF}} = \frac{\tan\angle DGH}{\tan\angle EBF} = \frac{\tan\angle DEB}{\tan\angle EBF} = \frac{\tan\frac{B+C}{2}}{\tan\frac{B-C}{2}}。$$

我们有理由相信，正切定理的历史必将启迪人们获得更多的证明方法。

其四，思索历史变迁。

20 世纪中叶以前，正切定理与正弦定理、余弦定理一样，在三角学教科书中始终占有一席之地，为什么后来它会“下岗”呢？我们知道，自从纳皮尔(J. Napier，1550—1617)发明对数后，对数成了解三角形不可或缺的工具。正弦定理、余弦定理（由三边求角）和正切定理都是以比的形式出现的，利用对数可以简化计算。若用余弦定理来解

“边角边”问题，则对数就派不上用场了。随着时间的推移，三角学教科书逐渐抛弃了对数，此时，面对“边角边”问题，正切定理的劣势就显现出来了，最终，历史选择了余弦定理。

参考文献

Ashworth, C. (1766). *An Easy Introduction to the Plane Trigonometry*. Salop: J. Eddowas.

Audierne, J. (1756). *Traité Complet de Trigonométrie*. Paris: Claude Herissant.

Birchard, I. J. (1892). *Plane Trigonometry*. Toronto: William Briggs.

Bonnycastle, J. (1813). *A Treatise on Plane and Spherical Trigonometry*. London: C. Law, Cadell & Davies et al.

Bradbury, W. F. (1873). *Elementary Trigonometry*. Boston: Thompson, Bigelow & Brown.

Carson, A. B. (1943). *Plane Trigonometry Made Plain*. Chicago: American Technical Society.

Cirodde, P. L. (1847). *Eléments de Trigonométrie Rectiligne et Sphérique*. Paris: L. Hachette et Cie.

Davison, C. (1919). *Plane Trigonometry for Secondary Schools*. Cambridge: The University Press.

Day, J. (1815). *A Treatise of Plane Trigonometry*. New Haven: Howe & Spalding.

De Fourcy, L. (1836). *Elémens de Trigonométrie*. Paris: Bachelier.

Delagrive, J. (1754). *Manuel de Trigonométrie Pratique*. Paris: H. L. Guerin & L. F. Delatour.

Dickson, L. E. (1922). *Plane Trigonometry*. Chicago: Benj H. Sanborn & Company.

Donne, B. (1775). *An Essay on the Elements of Plane Trigonometry*. London: B. Law & J. Johnson.

Durell, F. (1910). *Plane and Spherical Trigonometry*. New York: Merrill.

Emerson, W. (1749). *The Elements of Trigonometry*. London: W. Innys.

Gregory, O. (1816). *Elements of Plane and Spherical Trigonometry*. London: Baldwin, Cradock & Joy.

Griffin, W. N. (1875). *The Elements of Algebra and Trigonometry*. London: Longmans, Green & Company.

Hall, A. G. & Frink, F. G. (1910). *Plane and Spherical Trigonometry*. New York: Henry Holt & Company.

Harding, A. M. & Turner, J. S. (1915). *Plane Trigonometry*. New York: G. P. Putnam's Sons.

Harris, J. (1706). *Elements of Plane and Spherical Trigonometry*. London: Dan Midwinter.

Hawney, W. (1725). *The Doctrine of Plane and Spherical Trigonometry*. London: J. Darby et al.

Heynes, S. (1716). *A Treatise of Trigonometry, Plane and Spherical, Theoretical and Practical*. London: R. & W. Mount & T. Page.

Hobson, E. W. (1891). *A Treatise on Plane Trigonometry*. Cambridge: The University Press.

Keil, J. (1726). *The Elements of Plane and Spherical Trigonometry*. Dublin: W. Wilmot.

Keith, T. (1810). *An Introduction to the Theory and Practice of Plane and Spherical Trigonometry*. London: T. Davison.

Kenyon, A. M. & Ingold, L. (1913). *Trigonometry*. New York: The Macmillan Company.

Lacroix, S. F. (1803). *Traité Elémentaire de Trigonométrie*. Paris: Courcier.

Leslie, J. (1811). *Elements of Geometry, Geometrical Analysis, and Plane Trigonometry*. Edinburgh: J. Ballantyne & Company.

Levett, R. & Davison, C. (1892). *The Elements of Plane Trigonometry*. London: Macmillan & Company.

Lewis, E. (1844). *A Treatise on Plane and Spherical Trigonometry*. Philadelphia: H. Orr.

Loomis, E. (1848). *Elements of Plane and Spherical Trigonometry*. New York: Happer & Brothers.

Macgregor, J. (1792). *A Complete Treatise on Practical Mathematics*. Edinburgh: Bell & Bradsute.

Martin, B. (1736). *The Young Trigonometer's Compleat Guide* (Vol. 1). London: J. Noon.

Maseres, F. (1760). *Elements of Plane Trigonometry*. London: T. Parker.

McCarty, R. J. (1920). *Elements of Plane Trigonometry*. Chicago: American Technical Society.

Moritz, R. E. (1915). *Elements of Plane Trigonometry*. New York: John Wiley & Sons.

Morrison, J. (1880). *An Elementary Treatise on Plane Trigonometry*. Toronto: Canada Publishing Company.

Nichols, F. (1811). *A Treatise on Plane and Spherical Trigonometry*. Philadelphia: F. Nichols.

Richards, E. L. (1878). *Elements of Plane Trigonometry*. New York: D. Appleton & Company.

Rider, P. R. & Davis, A. (1923). *Plane Trigonometry*. New York: D. Van Nostrand Company.

Rivard, F. (1747). *Trigonométrie Rectiligne et Sphérique*. Paris: Ph. N. Lottin & J. H. Butard.

Robinson, H. N. (1873). *Elements of Plane and Spherical Trigonometry*. New York & Chicago: Ivison, Blakeman, Taylor & Company.

Schuyler, A. (1875). *Plane and Spherical Trigonometry and Mensuration*. New York: American Book Company.

Seaver, E. P. (1889). *Elementary Trigonometry, Plane and Spherical*. New York & Chicago: Taintor Brothers & Company.

Simpson, T. (1799). *Trigonometry, Plane and Spherical*. London: F. Wingrave.

Smyth, W. (1834). *Elements of Plane Trigonometry*. Boston: Lilly, Wait, Colman, & Holden.

Thomson, J. (1825). *Elements of Plane and Spherical Trigonometry*. Belfast: Joseph Smyth.

Todhunter, I. (1866). *Trigonometry for Beginners*. London & Cambridge: Macmillan & Company.

Vince, S. (1810). *A Treatise on Plane and Spherical Trigonometry*. Cambridge: J. Deighton and J. Nicholson.

Vlacq, A. & Ozanam, J. (1720). *La Trigonométrie Rectiligne et Sphérique*. Paris: Claude Jombert.

Wells, E. (1714). *The Young Gentleman's Trigonometry, Mechanicks, and Opticks*. London: James Kuapton.

Welsh, A. H. (1894). *Plane and Spherical Trigonometry*. New York: Silver, Burdett & Company.

Whitaker, H. C. (1898). *Elements of Trigonometry*. Philadelphia: D. Anson Partridge.

Wilczynski, E. J. (1914). *Plane Trigonometry and Applications*. Boston: Allyn & Bacon.

Wood, D. V. (1885). *Trigonometry, Analytical, Plane and Spherical*. New York: John Wiley & Sons.

Wright, J. (1772). *Elements of Trigonometry, Plane and Spherical*. Edinburgh: A. Murray & J. Cochran.

Young, J. W. & Morgan, F. M. (1919). *Plane Trigonometry*. New York: The Macmillan Company.

文 化 篇

27 高度与距离的测量

周天婷[*]　汪晓勤[**]

18 世纪之前，三角学为测量之学，今天，虽然它已成为一门抽象的学科，但测量应用仍是其不可分割的一部分内容。《普通高中数学课程标准（2017 年版 2020 年修订）》就要求学生掌握余弦定理、正弦定理；能用余弦定理、正弦定理解决简单的实际问题。在人教版、沪教版等高中数学教科书中，"解三角形"章的最后一节都是以有关解三角形的实际应用而收尾。解三角形的高考题也大多是带有实际背景的应用题，要求学生利用所学的相关知识去解决实际问题。

解三角形的应用问题可以在问题解决的过程中培养学生的数学建模、数学抽象、数据分析、数学运算等核心素养。翻阅美英早期三角学教科书，三角学是和测量紧密结合在一起的，例如测量物体的高度、不可直接测量的两点之间的距离、土地面积、航海问题，等等，三角学的应用性特点在早期三角学教科书中体现得非常明显。

本章聚焦高度与距离测量问题，对 1700—1930 年间出版的美英部分三角学教科书进行考察，对问题进行分类，以期为今日三角学教学提供素材和思想启迪。

27.1　基于 1 个三角形的测量问题

27.1.1　测高问题

构造 1 个三角形来解决实际问题的应用是最简单的，主要分为 3 类。

第一类为直接通过解直角三角形来求物体（塔、石碑、山、树、云、气球等）的高度和两点之间的距离。典型的问题是：

---

* 上海市南洋模范初级中学教师。

** 华东师范大学教师教育学院教授、博士生导师。

问题 H1 如图 27－1，先测量∠C，设为 52°30′；再测量距离 AC，设为 85 英尺，求塔 AB 的高度。(Hawney, 1725, p. 224)

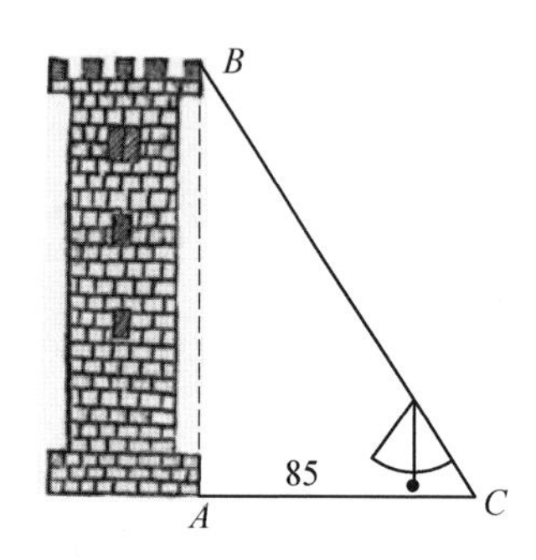

图 27－1 基于 1 个三角形的测高问题之一

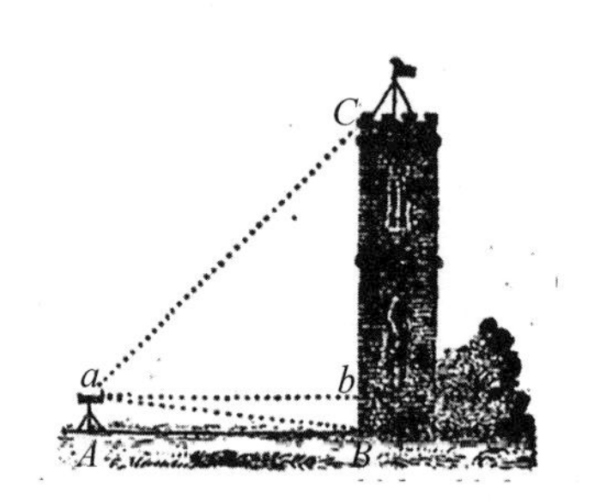

图 27－2 基于 1 个三角形的测高问题之二

类似的问题是已知高 AB，求距离 AC 的问题。在实践中，很难直接从地面测量角度，因此，也有一些教科书将测角仪的高度考虑在内，如图 27－2 所示。(Keith, 1810, p. 71) 当然也有一些教科书直接从实际情境中抽象出直角三角形作为插图。(Twisden, 1860, p. 367)

第二类为通过解斜三角形来求高度。常见的问题是：

问题 H2 如图 27－3，高为 160.43 英尺的塔坐落在一座小山丘上，在距离塔底 B 600 英尺(即 AB 的长度)的山脚观测塔，视角(即∠CAB)为 8°40′，求点 A 到塔顶的距离(即 AC)。(Crockett, 1896, p. 113.)

也有教科书直接将实际情境抽象成几何图形。(Griffin, 1875, p. 281)这里不再赘述。

第三类为与圆有关的测高问题。典型的问题是：

问题 H3 如图 27－4，假设特纳利夫岛的高 AB 为 2 英里，地球半径为 3979 英里，求从海上一点 C 处到特纳利夫岛顶 A 处的距离，即求 AC 的距离。(Bonnycastle, 1813, p. 57)

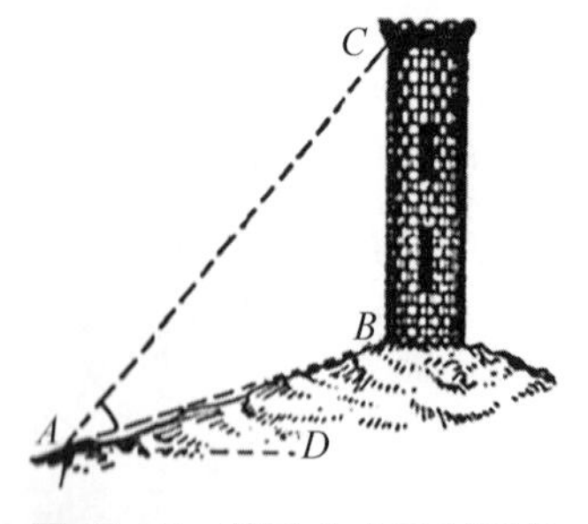

图 27－3 基于 1 个三角形的测高问题之三

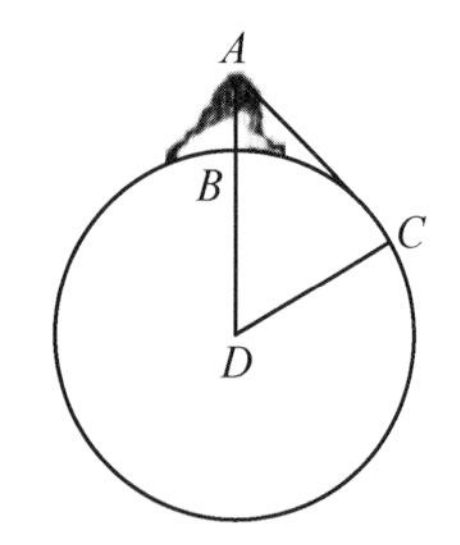

图 27－4 基于 1 个三角形的测高问题之四

27.1.2　测距问题

最简单的测距问题是构造 1 个三角形，利用余弦定理或正弦定理来求不可达的两地之间的距离或观测点与不可达某地之间的距离，如：

问题 D1　如图 27－5，从观测点 C 处测望 A 和 B 处的物体，测得 $CA=300$ 码，$CB=450$ 码，$\angle ACB=58°20'30''$，求 AB。(Galbraith, 1863, p. 83)

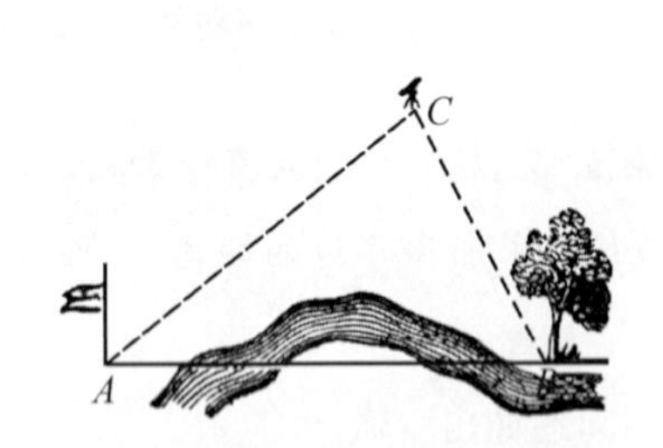

图 27－5　基于 1 个三角形的测距问题之一

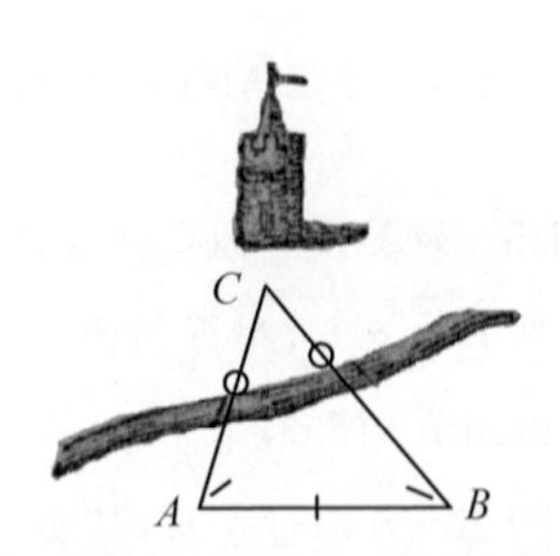

图 27－6　基于 1 个三角形的测距问题之二

问题 D2　如图 27－6，从观测点 A 和 B 处测望河对岸 C 处的物体，测得 $AB=500$ 码，$\angle CAB=74°14'$，$\angle CBA=49°23'$，求 AC 和 BC。(Keith, 1810, p. 56)

27.2　基于 2 个三角形的测量问题

27.2.1　测高问题

现实情境中，由于河流、灌木丛、沼泽地等的阻隔，观测点与建筑物之间的距离无法直接测得，此时，构造 1 个三角形已不足以求得建筑物的高度，于是，人们想到了构造 2 个三角形来求高度。在早期三角学教科书中，这种情形大致分为 5 类。

第一类为在水平面上作一根基线，构造 2 个三角形。典型的问题是：

问题 H4　如图 27－7，欲知塔高，但塔的一边有一些树木，另一边的土地凹凸不平，因此，在点 D 处测得 $\angle CDB=51°30'$，在点 A 处测得 $\angle CAB=26°30'$，又测得 $AD=75$ 英尺，求塔高。(Keith, 1810, p. 72)

一些教科书还会考虑测角仪的高度。还有反过来设问，即已知塔高，求 AD。另外，还有一类典型问题如下：

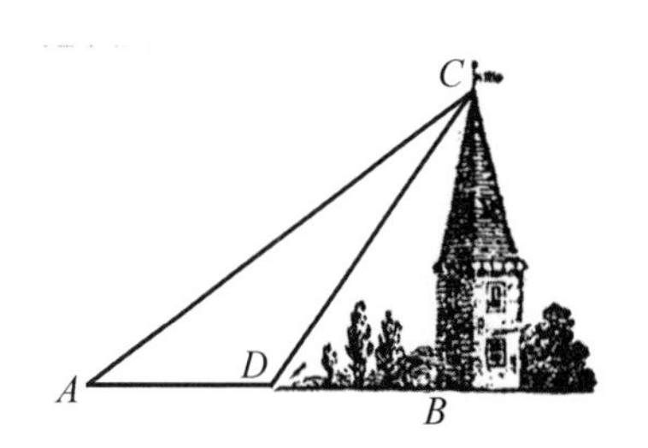

图 27-7 基于 2 个三角形的测高问题之一

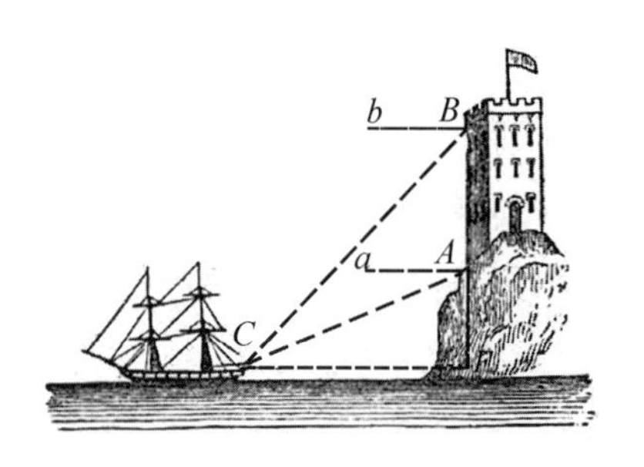

图 27-8 基于 2 个三角形的测距问题

问题 H5 如图 27-8，已知塔高，两个观察点 A、B 在同一竖直平面内，从 A、B 处分别观察船上的点 C，测得俯角 $\angle aAC$ 和 $\angle bBC$，求船离岸边的距离。(Keith，1810，p. 73；Galbraith，1863，p. 80)

若将图 27-8 横过来看，其实与上述塔高问题如出一辙。

第二类为在竖直平面上作一根基线，构造 2 个三角形。典型的问题是：

问题 H6 如图 27-9，从一扇离房屋底部很近的窗户 A 看一个教堂的顶部，测得仰角 $\angle CAD=40°21'$，从另一扇在窗户 A 竖直上方 20 英尺的窗户 B 看这个教堂的顶部，测得仰角 $\angle CBE=37°36'$，求教堂的高度。(Bonnycastle，1813，p. 68)

19 世纪末，有教科书将其抽象成几何图形。(Hobson & Jessop，1896，p. 190)还有一些问题，如已知高塔的高度求低塔的高度或柱高，也是大同小异。

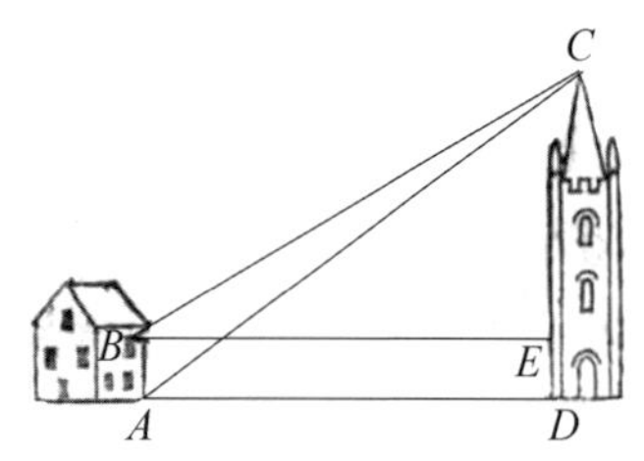

图 27-9 基于 2 个三角形的测高问题之二

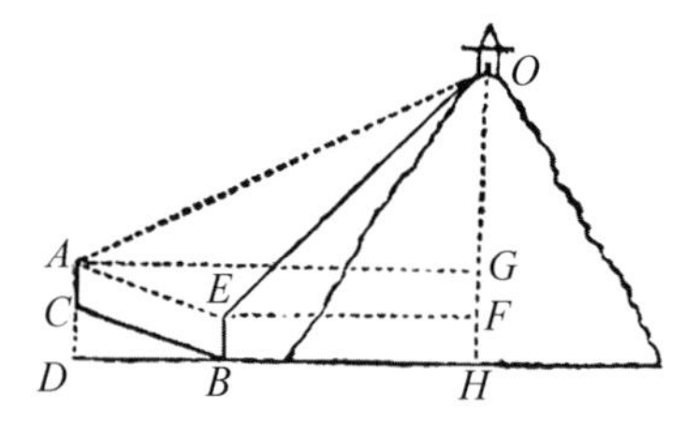

图 27-10 基于 2 个三角形的测高问题之三

第三类为在同一平面内以任意角度作一条基线，构造 2 个三角形。典型的问题是：

问题 H7 如图 27-10，物体 O 放置在山顶，从基地 B 开始在斜坡上测量基线 BC 为 130 码，在 B 处竖直放置一根竿子 BE，其长度与测角仪 AC 的长度均为 1 码。在基地 A 处测得仰角 $\angle OAG=27°10'$，俯角 $\angle GAE=8°45'$，在基地 B 处测得仰角

$\angle OEF=39°40'$。求山高 OH。(Bonnycastle, 1813, p. 72)

第四类为在不同平面内作一条基线,构造 2 个三角形构成立体图形。典型的问题是:

问题 H8　如图 27-11,物体 B 在山顶上,欲知 BC 的高度。现在假设不方便测量水平基线,于是在任意方向作了一根基线 AB' 并加以测量,接着测量 $\angle CB'A$、$\angle CAB'$ 和 $\angle BAC$。求山高。(Greeanleaf, 1876, p. 62)

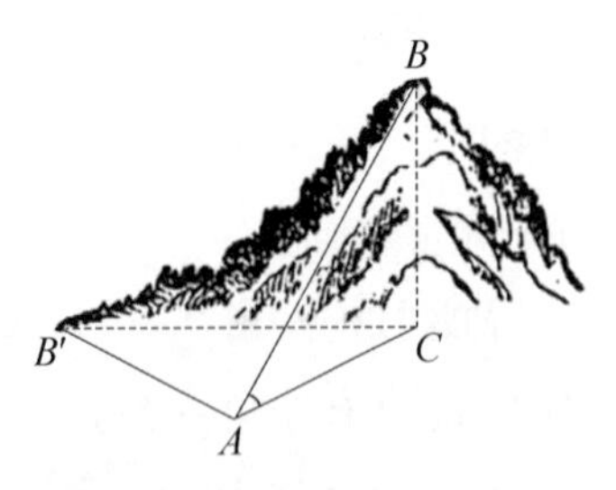

图 27-11　基于 2 个三角形的测高问题之四

也有教科书直接将实际情境抽象成几何图形,发现可以通过测量不同角度来解决问题,如图 27-12 所示。可以先测量底面三角形的两个角,再测量任意一个竖直的三角形在地面的仰角(Bowser, 1892, p. 99),抑或先测量地面基线与顶点所构成的三角形的两个角,再与前一种方法一样测量任意一个竖直的三角形在地面的仰角即可(Nixon, 1892, p. 287)。

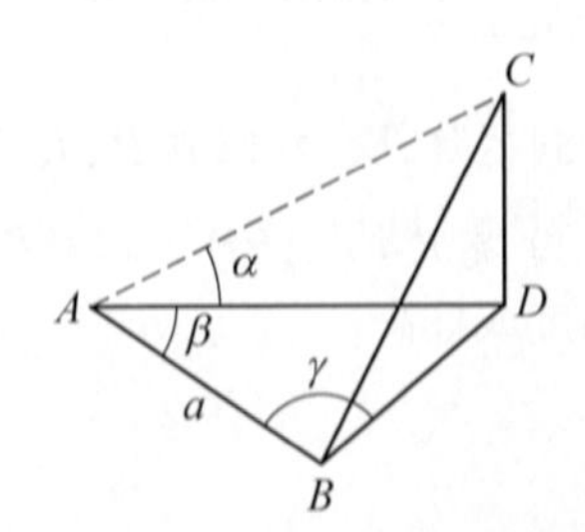

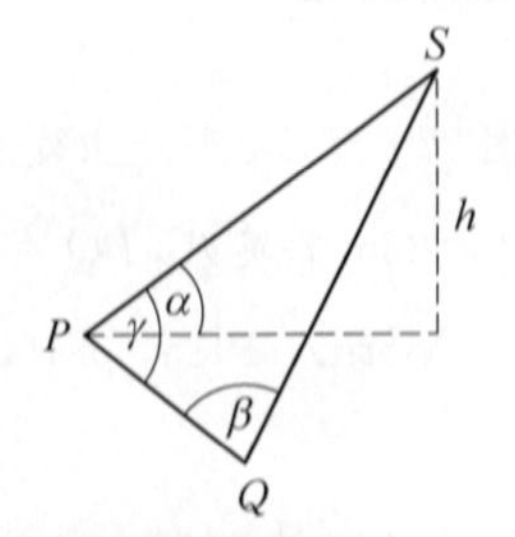

图 27-12　基于 2 个三角形的测高问题之五

第五类为物体在斜坡上,无法直接通过一个直角三角形来求高度,故构造 2 个三角形来求解。典型的问题是:

问题 H9　如图 27-13,欲知斜坡上的方尖碑的高度,从其底部测量 CD 的距离为 40 英尺,在点 C 处测得视角 $\angle ACD=41°$,沿着直线 DC 继续测量 $CB=60$ 英尺,在点 B 处测得视角 $\angle ABD=23°45'$,求方尖碑的高度。(Keith, 1810, p. 74; Nichols, 1811, p. 44)

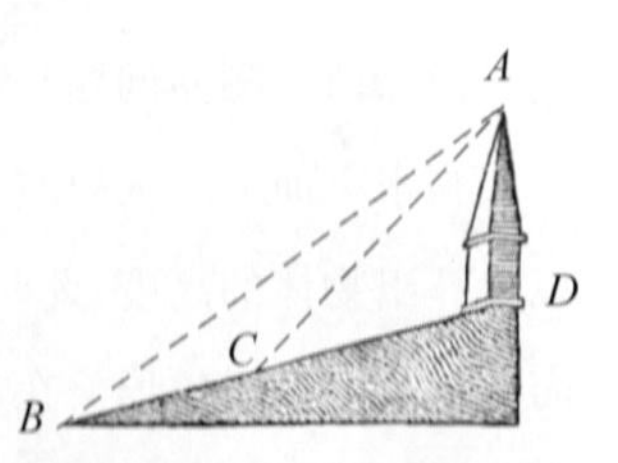

图 27-13　基于 2 个三角形的高度测量问题之六

27.2.2 测距问题

为了测得两地之间的距离，可构造具有公共边的 2 个三角形，使连结两地的线段为其中一个三角形的一边（非公共边），从一个三角形中求出公共边，进而再解出另一个三角形。

问题 D3 如图 27－14，从 A 地出发不可到达 B 地。选取两个观测点 C 和 D，点 C 与点 A、B 位于同一条直线上，测得 $CD=549.36$ 码，$\angle ACD=57°$，$\angle CDA=14°$，$\angle ADB=41°30'$，求 AB。(Gregory, 1816, p. 71)

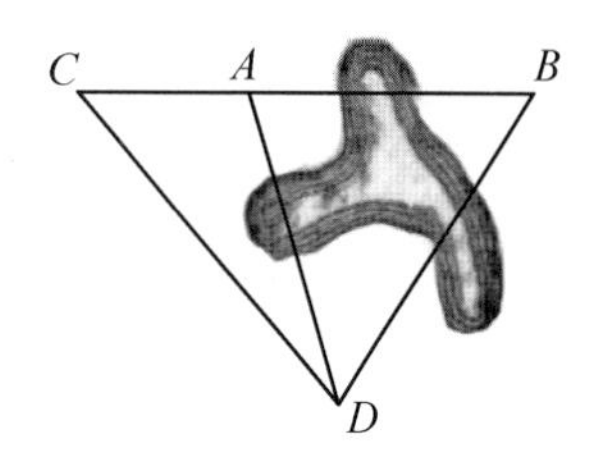

图 27－14 基于 2 个三角形的测距问题之一

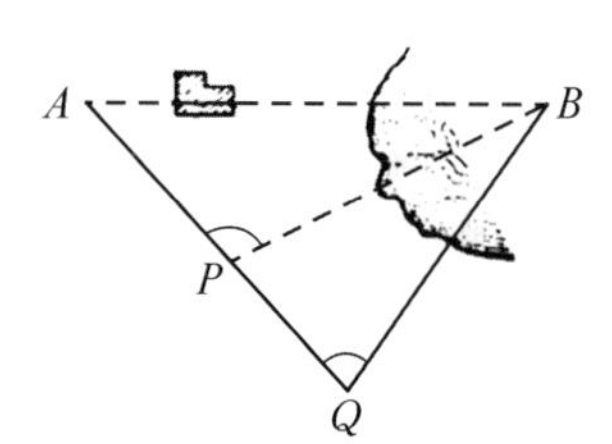

图 27－15 基于 2 个三角形的测距问题之二

问题 D4 如图 27－15，从 A 地出发不可到达 B 地。观测点 P、Q 与点 A 位于同一条直线上，且 $AP=236.7$ 英尺，$PQ=215.9$ 英尺，$\angle APB=142°37.3'$，$\angle AQB=76°13.8'$，求 AB。(Moritz, 1915, p. 165)

27.3 基于 3 个三角形的测量

27.3.1 测高问题

当水平面上的人要测量坐落于一座山上的物体高度时，构造 2 个三角形已经不足以计算出物体的高度，此时需要构造 3 个三角形来解决问题，还有其他类型的问题也需要构造 3 个三角形。在美英早期三角学教科书中大致出现了 5 类问题。

第一类问题为测量坐落于一座山上的物体的高度，而且在山的一边有空地便于测量。典型的问题是：

问题 H10 如图 27－16，塔 CF 坐落在一座小山上，观察者在点 D 测量仰角 $\angle CDB$、$\angle FDB$，在位于 BD 延长线上的点 A 处测量仰角 $\angle CAB$，并测量距离 AD，求塔高。(Keith, 1810, p. 73; Peirce, 1835, p. 54)

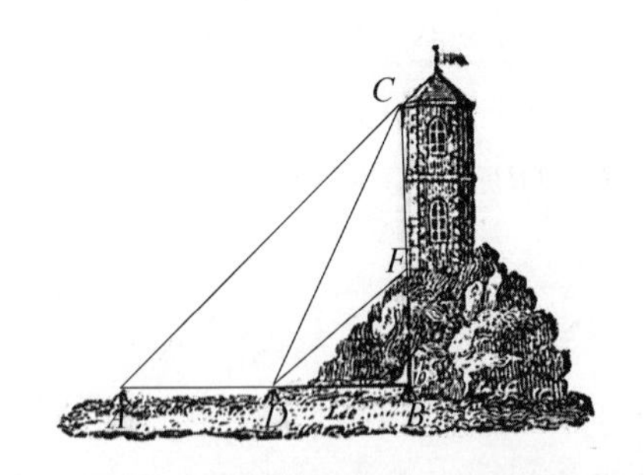

图 27-16 基于 3 个三角形的测高问题之一

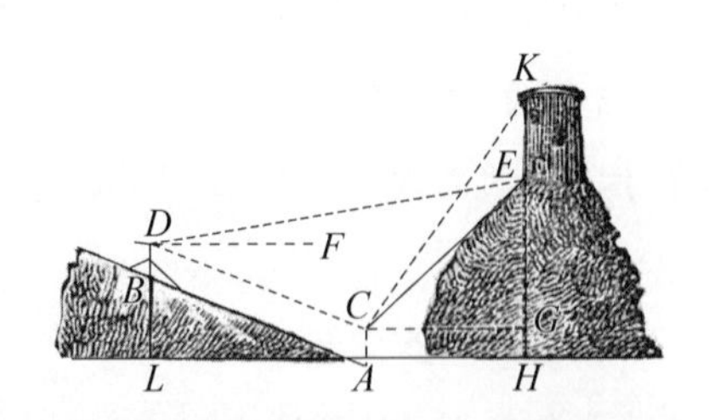

图 27-17 基于 3 个三角形的测高问题之二

第二类问题为在山的一侧为斜坡因而无法获得水平基线的情况下测高。典型的问题是：

问题 H11 如图 27-17，一塔坐落于山顶，观测者在点 C 处测望塔的顶部和底部，分别测得仰角 $\angle GCK=3°38'$，$\angle GCE=2°43'$。又测得斜坡长 $AB=1\,809.5$ 英尺（四点 K、E、C、B 共面），在点 D 处分别测望点 C 和塔底 E，测得俯角 $\angle FDC=1°54'$，仰角 $\angle FDE=1°33'$，求塔高 EK 和山高 HE。(Keith, 1810, p. 75; Peirce, 1835, p. 54)

第三类问题为在斜坡上无法获得与塔在同一平面上的基线的情形下测高，需要在不同平面内构造三角形。典型的问题是：

问题 H12 如图 27-18，城堡 CE 坐落在山顶上，观测者在点 D 处测得 $\angle CDB=58°$，$\angle CDE=25°$，因观测者不能直接往后退至点 F，故另外确定了一个观测点 A，测得 $\angle ADC=72°10'$，$\angle DAC=64°30'$，$AD=52$ 码，分别求城堡和山的高度。(Keith, 1810, p. 75; Griffin, 1875, p. 295)

第四类问题为在斜坡上构造不在同一平面内的三角形以求高度。典型的问题是：

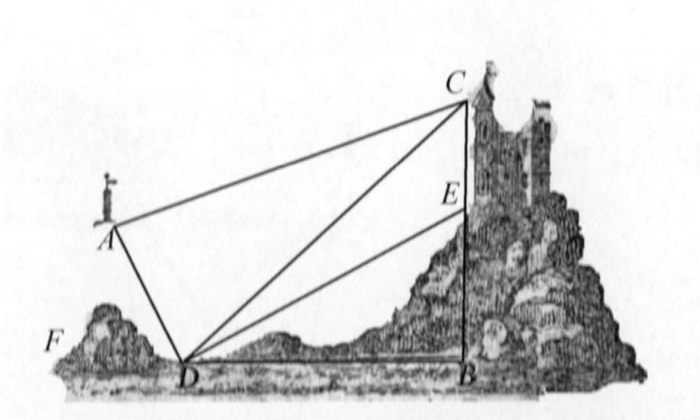

图 27-18 基于 3 个三角形的测高问题之三

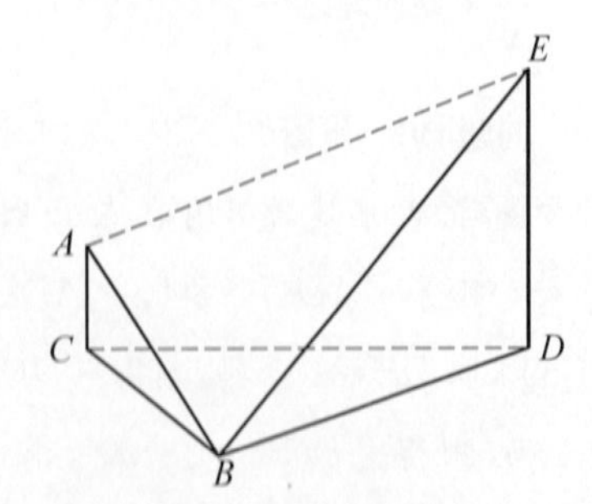

图 27-19 基于 3 个三角形的测高问题之四

问题 H13 如图 27－19，欲知竿子 ED 的高度，测得基线 $AB=250$ 英尺，点 A 比点 B 高出 12 英尺，即 $AC=12$ 英尺。BC 和 BD 均为水平线，在点 B 处测望竿子顶端，测得仰角 $\angle DBE=12°24'$。在水平面上，测得 $\angle DBC=35°15'$，$\angle DCB=27°51'$。求竿子 ED 的高度。(Wood, 1885, p. 79)

27.3.2 测距问题

为了测出不可达两地之间或观测点到不可达点之间的距离，可构造 3 个三角形，利用测量数据，先解出其中 2 个三角形，再根据所求得的边或角，解出第三个三角形。如：

问题 D5 如图 27－20，一位测量员欲测出两个观测点 A 和 B 到不可达点 O 的距离，但手头没有测角仪。点 O、A、A' 和点 O、B、B' 分别位于同一条直线上，测得 $AA'=150$ 英尺，$BB'=250$ 英尺，$AB=279.5$ 英尺，$BA'=395.8$ 英尺，$A'B'=498.7$ 英尺。求 AO 和 BO。(Moritz, 1915, p. 165)

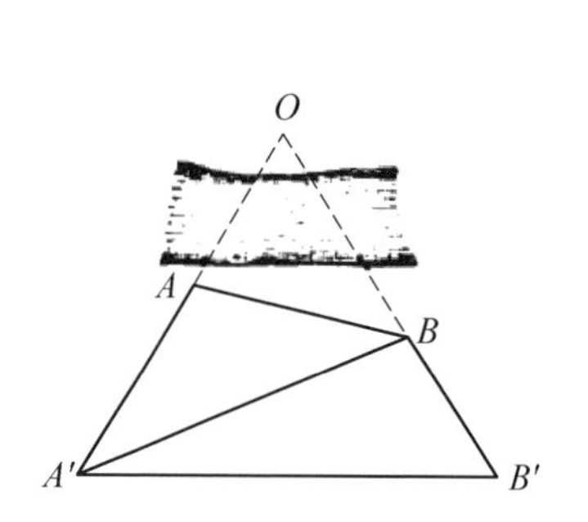

图 27－20 基于 3 个三角形的测距问题之一

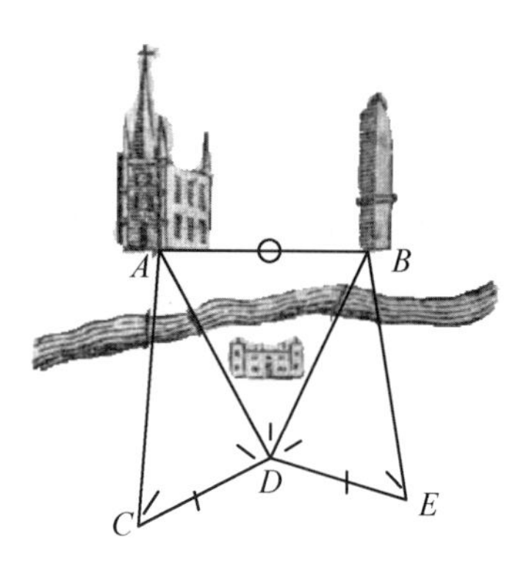

图 27－21 基于 3 个三角形的测距问题之二

问题 D6 如图 27－21，在河对岸 A 处有教堂，B 处有方尖碑，两座建筑只有在点 D 处能够同时看到。在点 D 处，测得 $\angle ADC=89°$，$\angle ADB=72°30'$，$\angle BDE=54°30'$，取 $DE=200$ 码，测得 $\angle DEB=88°30'$，又取 $DC=200$ 码，测得 $\angle DCA=53°30'$，求两座建筑之间的距离 AB。(Keith, 1810, p. 60)

问题 D7 如图 27－22，A、B 两地不可直达，取基线 $CD=300$ 码。在点 C 处测得 $\angle ACB=37°$，$\angle BCD=$

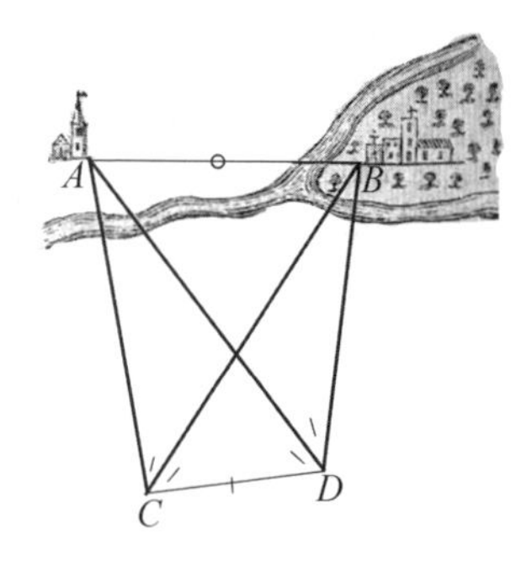

图 27－22 基于 3 个三角形的测距问题之三

$58°20'$，在点 D 处测得 $\angle ADC = 53°30'$，$\angle ADB = 45°15'$，求两地之间的距离 AB。(Keith, 1810, p. 60)

27.4 基于4个及以上三角形的测量问题

27.4.1 测高问题

构造4个及以上三角形在早期教科书中较为少见，通过在地面作一根基线，再测量基线的两个端点以及基线上一点对所测物体的仰角来计算物体高度的问题十分典型，如：

问题H14 如图27－23，在1784年的布莱克希思有一个卢纳迪热气球，为了测量这个热气球的高度，在地上测量了一根长为1英里的基线 BC，在点 B 处测量这个热气球的仰角为 $\angle OBA = 46°10'$，在点 C 处测量这个热气球的仰角为 $\angle OCA = 54°30'$，在基线 BC 上的一点 P 处测量这个热气球的仰角为 $\angle OPA = 55°8'$。求这个热气球的高度 OA。(Hann, 1854, p. 96)

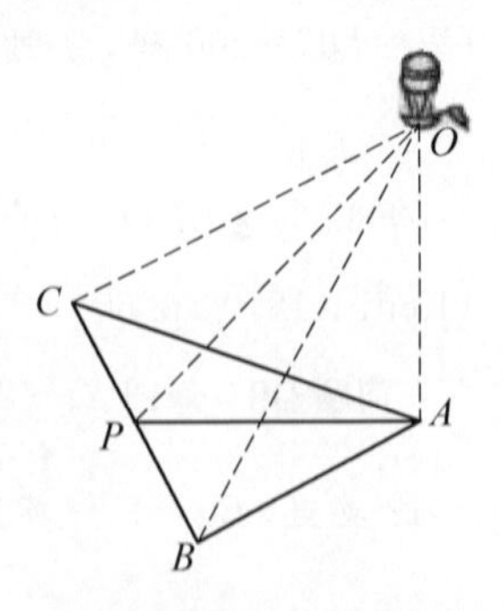

图27－23 基于多个三角形的测高问题之一

一些教科书还讨论了当点 P 取为基线中点时的情况。(Hackley, 1852, p. 110)

20世纪教科书编者进一步设计了更为复杂的斜坡上的建筑高度问题，这类问题需要借助4个以上的三角形来求解。如：

问题H15 如图27－24，一塔坐落于山坡之上，山高 $CD = 550$ 英尺。从地面上的点 B 处测望山峰，人目、塔顶和山峰三点共线。从点B处望塔底和塔顶，仰角分别为 $\angle ABF = 15°30'$、$\angle ABE = 29°27'$。点 B 距山脚 A 600英尺。求塔高以及塔底 F 到山脚 A 的距离。(Moritz, 1915, p. 167)

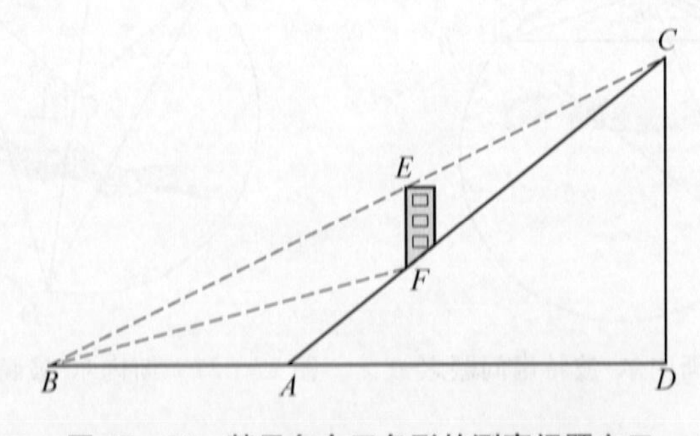

图27－24 基于多个三角形的测高问题之二

27.4.2 测距问题

少数教科书还呈现了更复杂的测距问题：为求从某一个观测点不能同时观测到的两地之间的距离，或分别求观测点到三地的距离，需要构造 4 个或更多个三角形，依次解各个三角形，直到求出解最后一个三角形所需的条件，进而解出所求的距离。

问题 D8 如图 27－25，河对岸有 A、B 两地，不能同时观测到。选定两个观测点 C、D，从点 C 处可观测到 A，从点 D 处可观测到 B，测得 $CD=200$ 码。取 $CF=DE=200$ 码，分别测得 $\angle AFC=83°$，$\angle ACF=54°31'$，$\angle ACD=53°30'$，$\angle CDB=156°25'$，$\angle BDE=54°30'$，$\angle BED=88°30'$。求 A、B 两地的距离。(Keith, 1810, p. 60)

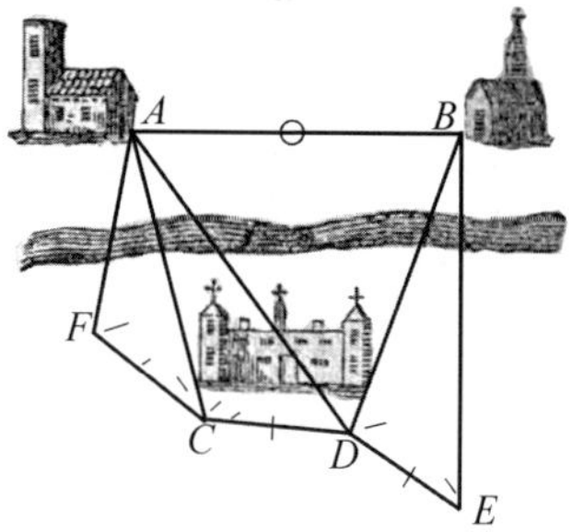

图 27－25 基于 4 个三角形的测距问题

问题 D9 如图 27－26，有三地 A、B、C，已知 $AB=12$ 英里，$BC=7\frac{1}{5}$ 英里，$AC=8$ 英里。在观测点 D 处(位于 $\triangle ABC$ 外部)，分别测得 $\angle ADC=19°$，$\angle BDC=25°$，求点 D 到三地 A、B、C 的距离。(Keith, 1810, p. 61)

问题 D10 如图 27－27，有三地 A、B、C，已知 $AB=12$ 英里，$AC=8$ 英里，$BC=7\frac{1}{5}$ 英里。在观测点 D 处(位于 $\triangle ABC$ 外部)，分别测得 $\angle ADC=19°$，$\angle BDC=25°$，求点 D 到三地 A、B、C 的距离。(Keith, 1810, p. 62)

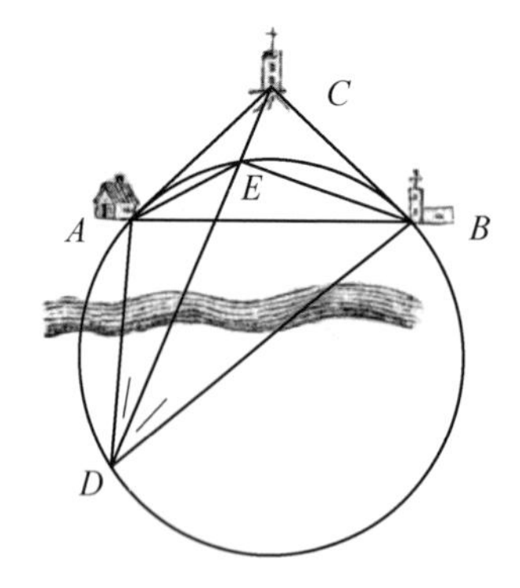

图 27－26 斯内尔-波特诺问题之一

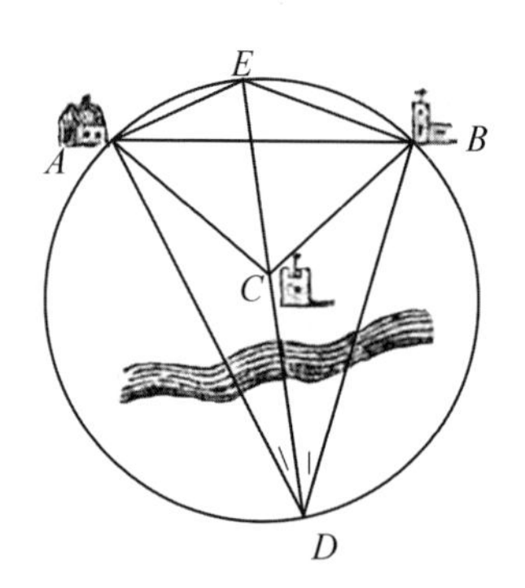

图 27－27 斯内尔-波特诺问题之二

问题 D9 和 D10 即为斯内尔-波特诺问题。Keith (1810)给出的解法如下：

作△*ABD* 的外接圆，交 *DC* 或 *DC* 的延长线于点 *E*。按照以下步骤求解：

(1) 在△*ABC* 中，利用余弦定理求出∠*BAC* 和∠*ABC*；

(2) 在△*ABE* 中，利用正弦定理求出 *AE* 和 *BE*；

(3) 在△*AEC* 和△*BEC* 中，分别利用余弦定理和正弦定理求出∠*ACE* 和∠*BCE*；

(4) 在△*ADC* 和△*BDC* 中，分别利用正弦定理求出 *DA*、*DC* 和 *DB*。

上述过程中，先后用到 6 个三角形。

编者还给出了上述问题的变式。

问题 D11 如图 27－28，有三地 *A*、*B*、*C*，已知 *AB*＝12 英里，*AC*＝9 英里，*BC*＝6 英里。观测点 *D* 位于△*ABC* 内部，分别测得∠*ADB*＝123°45′，∠*CDB*＝132°22′，∠*ADC*＝103°53′，求点 *D* 到三地 *A*、*B*、*C* 的距离。(Keith, 1810, p. 62)

问题 D12 如图 27－29，有三地 *A*、*B*、*C* 位于同一条直线上，已知 *AB*＝12 英里，*AC*＝3.626 英里，*BC*＝8.374 英里。在观测点 *D* 处可以同时看到三地，分别测得∠*ADC*＝19°，∠*BDC*＝25°，求点 *D* 到三地 *A*、*B*、*C* 的距离。(Keith, 1810, p. 64)

解法与 D9 和 D10 类似。

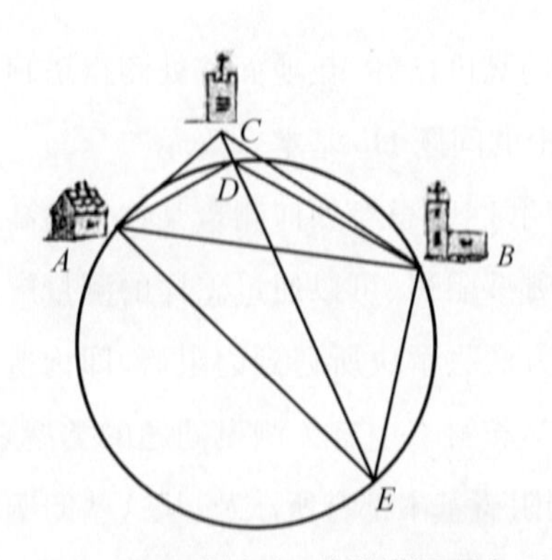

图 27－28 斯内尔-波特诺问题之三

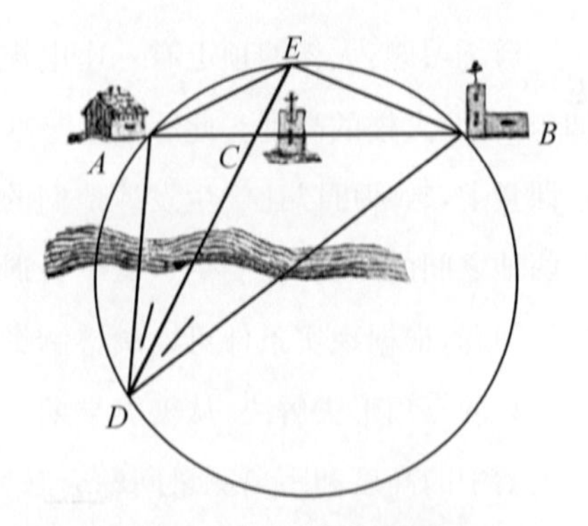

图 27－29 斯内尔-波特诺问题之四

27.5 教学启示

美英早期三角学教科书中，几乎每一种教科书都有解三角形的实际应用问题，这从侧面证实了三角学是“测量之学”的定位。而从实际问题出发，让学生通过阅读题目，构造三角形，抽象成已知一些边、角的值去求所需的边、角的解三角形问题，提高学生解决实际问题的能力的同时，也培养了学生数学建模、数学抽象、直观想象等核心素养。当然，抽象成解三角形的问题之后，也需要学生进行思考、计算，如问题 H14 在测得基线长度、基线上在端点处的仰角以及基线上的中点或任意一点处的仰角后去计算热气球的高度，这并非易事。需要利用热气球的高度来表示基线上三个观测点到热气球的竖直下方的距离，再利用水平面上两个三角形的内角互补、余弦值互为相反数的特点，通过余弦定理用边进行表示，再代入计算才能得到最终结果。解决问题的过程中总共构造了 5 个三角形，不仅需要思考如何解三角形，还需要比较复杂的运算，解决问题的同时培养学生数据分析、数学运算等核心素养。

再从有关高度和距离测量的问题来看，与高度和距离有关的测量问题远不止现行教科书中所呈现的少数几种情况。二期课改沪教版高一年级第二学期数学教科书在第五章中设计了一道高度测量的例题：在金茂大厦底部同一水平线上的 B 处和 C 处分别测得金茂大厦顶部 A 的仰角，并知道 B、C 之间的距离，求金茂大厦的高度（图 27－30）。此例题与本章中的问题 H4 如出一辙。又设计了一道练习题：大楼的顶上有一座电视塔的高度已知，在地面某处测得塔顶和塔底的仰角，求此大楼的高度。此练习题与本章中的问题 H5 基本一致。

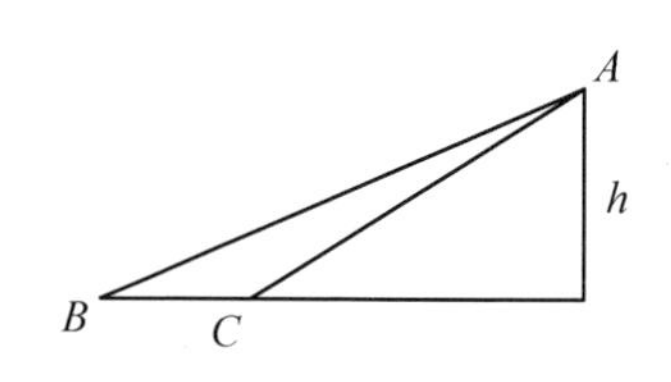

图 27－30　金茂大厦的高度测量问题

在课堂上，教师可以让学生发挥他们的聪明才智，思考如何测量某物体的高度和不可达两地之间的距离、在测量过程中会遇到哪些阻碍、可以通过怎样的测量解决可能的实际问题，根据现实条件可以调整测量的方法去解决所遇到的阻碍，即构造不同形状和个数的三角形去解决；从美英早期三角学教科书中有关测量问题的类型来看，在实际生活中的高度和距离测量问题会遇到的阻碍基本都有所涉及；从这些问题的特点来看，从简单到复杂、从平面到立体、从具体到抽象、从构造 1 个三角形到构造 4 个及以上三角形去解决相关问题的过程，符合学生的认知规律。

早期教科书为问题设计提供了很多很好的思路，如 2014 年四川高考题："如图所示，从气球 A 上测得正前方的河流的两岸 B、C 的俯角分别为 75°、30°，此时气球的高是 60 m，则河流的宽度 BC 为多少？"（图 27－31）与本章中的问题 H5 大同小异。可见，在编制解三角形应用问题时，早期教科书为我们提供了良好的素材。

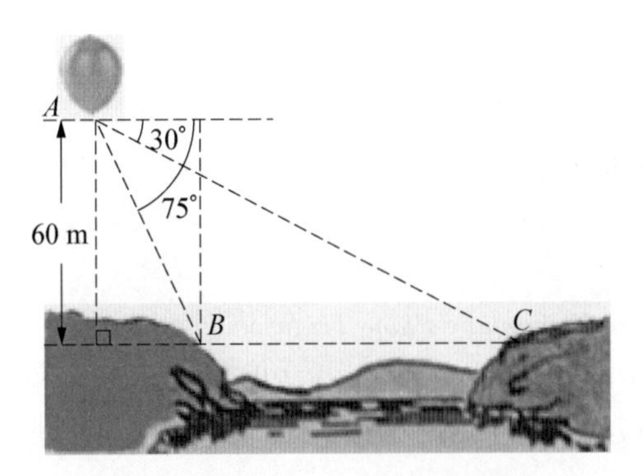

图 27-31 河宽测量问题

参考文献

Bonnycastle, J. (1813). *A Treatise on Plane and Spherical Trigonometry*. London: C. Law, Cadell & Davies et al.

Bowser, E. A. (1892). *Elements of Plane and Spherical Trigonometry*. Boston: D. C. Heath & Company.

Crockett, C. W. (1896). *Elements of Plane and Spherical Trigonometry*. New York: American Book Company.

Galbraith, J. A. (1863). *Manual of Plane Trigonometry*. London: Cassell, Petter & Galpin.

Greeanleaf, B. (1876). *Elements of Plane and Spherical Trigonometry*. Boston: Robert S. Davis & Company.

Gregory, O. (1816). *Elements of Plane and Spherical Trigonometry*. London: Baldwin, Cradock & Joy.

Griffin, W. N. (1875). *The Elements of Algebra and Trigonometry*. London: Longmans, Green, & Company.

Hackley, C. W. (1852). *A Treatise on Trigonometry, Plane and Spherical*. New York: George P. Putnam.

Hann, J. (1854). *The Elements of Plane Trigonometry*. London: John Weale.

Hawney, W. (1725). *The Doctrine of Plane and Spherical Trigonometry*. London: J. Darby et al.

Hobson, E. W. & Jessop, C. M. (1896). *An Elementary Treatise on Plane Trigonometry*. Cambridge: The University Press.

Keith, T. (1810). *An Introduction to the Theory and Practice of Plane and Spherical Trigonometry*. London: T. Davison.

Moritz, R. E. (1915). *Elements of Plane Trigonometry*. New York: John Wiley & Sons.

Nichols, F. (1811). *A Treatise on Plane and Spherical Trigonometry*. Philadelphia: F. Nichols.

Nixon, R. C. J. (1892). *Elementary Plane Trigonometry*. Oxford: The Clarendon Press.

Peirce, B. (1835). *An Elementary Treatise on Plane Trigonometry*. Cambridge & Boston: James Munroe & Company.

Twisden, J. F. (1860). *Plane Trigonometry, Mensuration and Spherical Trigonometry*. London: Richard Griffin & Company.

Wood, D. V. (1885). *Trigonometry, Analytical, Plane and Spherical*. New York: John Wiley & Sons.

28 三角学在航海、物理和天文学中的应用

石　城*

28.1 引　言

众所周知，三角学一开始是作为天文学的工具而诞生的。15世纪，雷吉奥蒙塔努斯著《论各种三角形》，使三角学成为几何学的分支。16世纪，由于航海业的繁荣，三角学广泛应用于航海和实地测量。18世纪以后，欧拉将三角学从静态研究三角形解法的狭隘天地中解放出来，三角函数成为三角学的主要研究对象。伴随着三角学的分析化，三角学开始在物理领域崭露头角，如傅里叶应用三角级数解决了物理学中的弦振动和热传导问题。

现行教科书（如人教版A版、苏教版和沪教版）在三角学的应用方面主要是利用三角函数研究物理学中的周期现象，如匀速圆周运动、简谐运动、交变电流等；利用正、余弦定理解决力学、运动学、电学、测量学、天文学问题，如三力平衡、曲柄连杆装置的位移、流星是否为地球蒸发物等。人教版A版教科书还在"阅读与思考"栏目介绍了三角学与天文学的密切联系。

三角学是在实践中产生、发展和完善的学科。要想充分发挥数学的应用价值，需要有三角学应用更为细致的分类和全面的介绍，才能帮助学生体会三角学的魅力。

本章拟聚焦三角学在航海、物理、天文中的应用，对1800—1955年间出版的103种美英三角学教科书进行考察，以试图回答以下问题：早期教科书呈现了三角学在航海、物理、天文学方面的哪些应用？有关应用问题有何特点？对今日三角学教学有何启示？

* 华东师范大学教师教育学院硕士研究生。

28.2 三角学在航海学中的应用

在航海学中，确定一艘船的航行轨迹需要考虑两个量——角度和距离，三角学主要是通过理想化的建模，将航行过程简化为直线或者弧线，把航向、距离等所需的量都转化为直角三角形的边和角，运用解三角形的知识来求解相关问题。航迹计算的目的有两个，一是根据航行起、始点的经、纬度和船舶的航向、航程求出到达点的经、纬度；二是根据起航点和到达点的经、纬度确定航向和航程。

28.2.1 基本概念介绍

如果将地球看为半径为 R 的球体，球心为 O，点 P 为北极点，如图 28-1。当一艘船从 A 地驶向 B 地，AC 为两地的纬度差(the difference of latitude)，即航行的南北距离；CB 为两地之间的横向距离，简称横向距(departure)，即航行的东西距离；$\angle CAB$ 为航向(course)；AB 为航距(distance)。

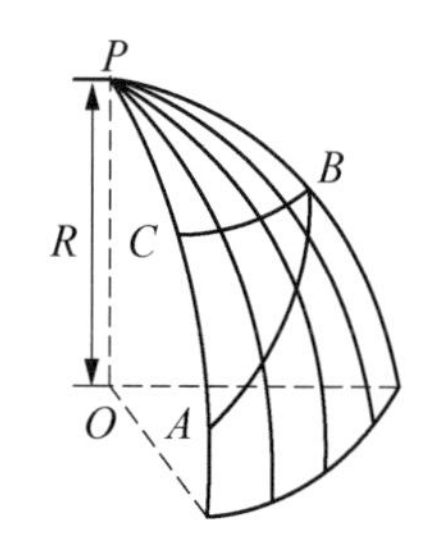

图 28-1 航行示意图

28.2.2 航海学常用术语和符号

为了方便讨论，本章参考国家制定的“航海学常用术语和符号”(中华人民共和国交通部，2005)，将航海学所用符号整理成表格，具体见表 28-1。

表 28-1 航海学常用术语和符号

中文	英文	符号
纬度	latitude	φ
经度	longitude	λ
纬度差	the difference of latitude	$\Delta\varphi$
经度差	the difference of longitude	$\Delta\lambda$
横向距	departure	d
航向	course	C
航距	distance	D

续 表

中文	英文	符号
起点的纬度	the latitude of starting point	φ_s
终点的纬度	the latitude of destination	φ_d
中纬度	the latitude of midline	φ_m
纬度渐长率	meridional difference of latitude	φ_M

28.2.3 平面航行

平面航行是将地球凹凸不平的表面当作平面，运用平面直角三角形的知识来求解相关问题(Granville, 1909, pp. 174 - 175)。如图 28 - 2，Wentworth (1902)介绍了“平面航行三角形”，因此有

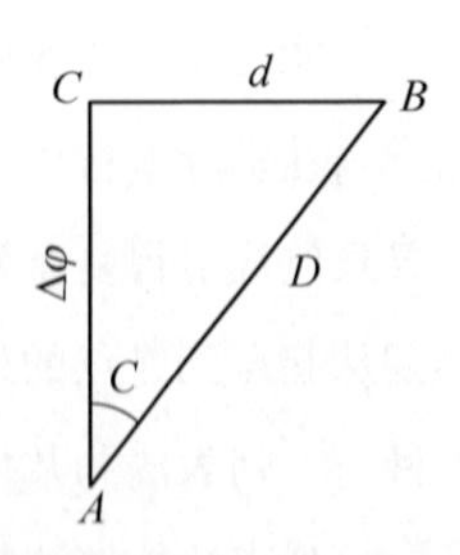

图 28 - 2　平面航行三角形

$$d = D \times \sin C,$$
$$\Delta\varphi = D \times \cos C,$$
$$\tan C = \frac{d}{\Delta\varphi}。$$

在三角形三边和三角中，已知三个量就可以求得剩下的量，即“知三求三”。平面航行三角形中由于已知 $\angle ACB$ 是直角，故在横向距、纬度差、航向、航距四个量中只需其中两个，就可以求得剩下的量。

当航程较长时，平面航行产生的误差会很大，这时可以采用将航线 AB 不断分解成较小的距离，这时就可以忽略地球表面的弯曲程度(Peirce, 1835, pp. 57 - 69)。

如图 28 - 3，Loomis (1848)将 AB 分为 AC、CD、DF、FG、GB，再过分点分别作出经线和与之垂直的纬线。由于航向不变，所以 $\angle HAC = \angle ICD = \angle JDF = \angle KFG = \angle LGB$。在每个小直角三角形中仍可以按照解平面航行三角形的方法求解，如图 28 - 4 所示，最后整个航行过程中的纬度差表示为 $AH + CI + DJ + FK + GL$，横向距为 $HC + ID + JF + KG + LB$。

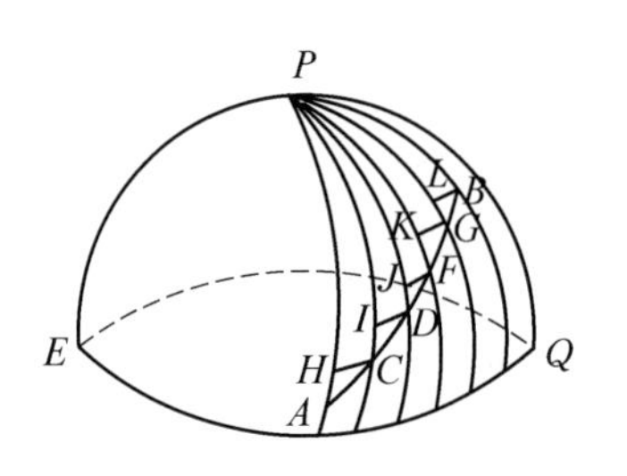

图 28-3　平面航行分解示意图

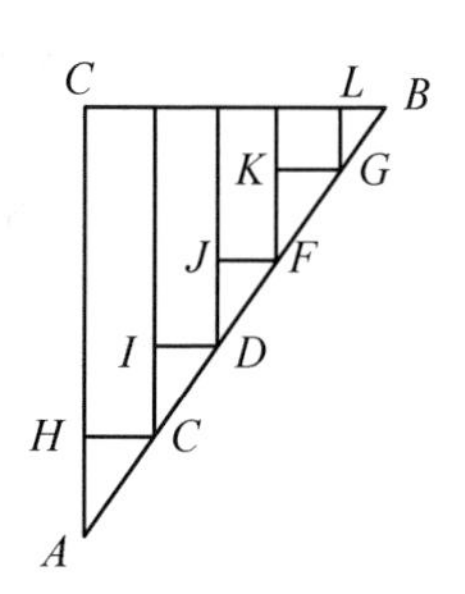

图 28-4　平面航行三角形分解

28.2.4　曲线航行

在实际航行中，船只往往需要不断改变航向，通过几条连续的航线最终到达终点，导致航线显得复杂繁琐。曲线航行的目的是将一艘船的几条连续航线减少到一条，找到从起点到终点的最短航道（Young，1833，pp. 108-130）。这类问题的求解方式有两种——列表法和几何法。

列表法能够清晰直观地呈现每一段航行的航向、航距，方便计算最终的横向距和纬度差，从而得出最终的航向和航距。一般航行会将东、南、西、北四个方向的航距和航向都测算出来，但根据精度的需要，有些会制作扩展的表格，将每隔 45°方向的变化都表示出来（Young，1833，pp. 108-130）。

Peirce (1835)假设一艘船从点 A 出发，途径点 B、C、D、E、F、G，到达点 H，那么每一段都可以视为平面航行，通过列表计算的方式找到点 A 直达点 H 的方位和距离（如表 28-2）。从而得到本次航行的纬度差和横向距，在平面航行三角形中可以通过 $\tan C=\dfrac{d}{\Delta\varphi}$，求出航向，再利用 $d=D\sin C$ 求出直线航距。

表 28-2　曲线航行表

序号	航向	航距	北	南	东	西
1	北偏东 45°	23	16.26		16.26	
2	南偏东 67°30′	45		17.22	41.57	
3	北偏东 78°45′	34	6.63		33.35	
4	北	29	29.00			

续 表

序号	航向	航距	北	南	东	西
5	北偏西 11°15′	31	30.40			6.05
6	北偏东 22°30′	17	15.71		6.51	
各列求和		179	98.00	17.22	97.69	6.05
			17.22		6.05	
		纬度差	=80.78N	横向距	=91.64E	

但在实际航海中，由于航线的曲折和航海数据的复杂，导致计算过程需要取对数、查函数表、取近似值、估算误差等，航海家往往会采用几何法。先选取合适的单位长度，画出单位圆，再利用指南针测量航向，把所有航向标在单位圆上，然后按比例画出每一段的航距，最终连结起点和终点。测量该线段的长度可以得到航距，通过直线与单位圆的交点可以测量方向（Young, 1833, pp. 108 - 130）。如图 28 - 5，以起点 A 为圆心画出单位圆后，标出南北方向。按照顺序，依次标出每一段航行的航向，如 AB 段对应单位圆上的 1，BC 对应 2，CD 对应 3，……最后的 EF 对应 5。确定好方向后只需根据比例尺，将每一段航距画在图中，最终连结 AF 就可以得到所求的最短直线航距。

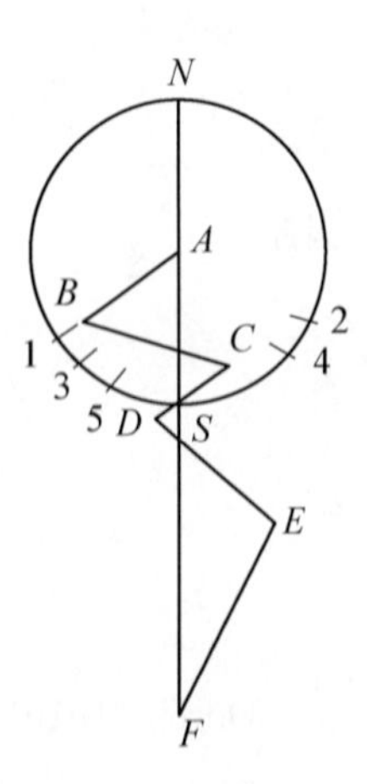

图 28 - 5　几何法

28.2.5　同纬度航行

同纬度航行不同于平面航行和曲线航行，这时地球表面不再是平面，而是曲面。航线也不再是直线，而是弧线。因此同纬度航行对于确定船只位置较为困难，但仍可以通过三角函数的关系表示。在同纬度航行中，船只只能向正东或者正西方向航行，因此纬度不变，$\Delta\varphi=0$。为了确定目的地的经度，就要找两地的经度差，经度差是指从极点发出的两条经过两地的经线所形成的角度 $\angle EOQ$（可以用赤道上的弧线 $\overset{\frown}{EQ}$ 来表示），如图 28 - 6 所示。而在一般的区域寻找经度差使用如下方法（Granville, 1909, pp. 173 - 177）：

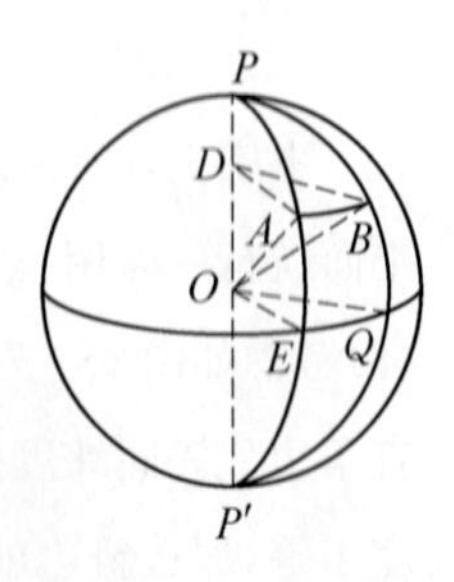

图 28 - 6　同纬度航行模型

在 Rt$\triangle ODA$ 中，$\angle AOD = 90^\circ - \angle AOE = 90^\circ - \varphi$，因此

$$\frac{DA}{OA} = \sin(90^\circ - \varphi) = \cos\varphi, \tag{1}$$

又因为 $\triangle DAB \backsim \triangle OEQ$，从而得到

$$\frac{DA}{OE} = \frac{DA}{OA} = \frac{AB}{EQ}。 \tag{2}$$

由(1)、(2)知

$$\cos\varphi = \frac{AB}{EQ},$$

因此

$$EQ = \frac{AB}{\cos\varphi} = AB\sec\varphi,$$

即

$$\Delta\lambda = d\sec\varphi。 \tag{3}$$

Durell (1910)给出了更为简单的推导：

因为

$$\Delta\lambda : d = \overset{\frown}{EQ} : \overset{\frown}{AB} = OE : DA = OA : DA = \frac{OA}{DA} : 1 = \sec\varphi : 1,$$

所以

$$\Delta\lambda : d = \sec\varphi : 1。$$

事实上，同纬度航行中的三个关键量 $\Delta\lambda$、d、φ 也可以像平面航行一样用三角形的边和角来表示。Loomis (1848)根据(3)考虑如图 28 - 7 所示的三角形：如果一个直角三角形的一条直角边代表同纬度航行中的航距，与之相邻的锐角的度数与纬度相等，那么斜边就代表两地的经度差，已知其中两个就可以求得第三个量。

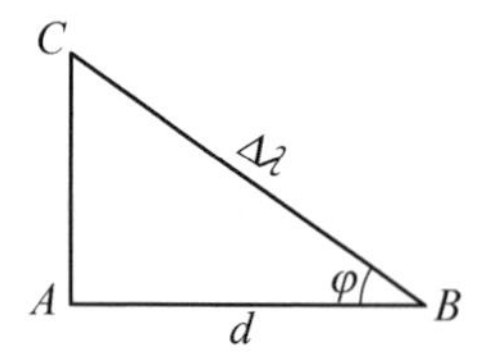

图 28 - 7 同纬度航行三角形

28.2.6　中纬度航行

由于同纬度航行属于较为特殊的纬度不变的情况，一般的航行中经、纬度往往都要改变。因此在同纬度航行的基础上，中纬度航行给出另外一个估算经度差的方法。在中纬度航行中，起点和终点的纬度不一致，这时采用两条纬线中间的纬线度数来衡量，如图 28－8 中的 EF。这种方法使用于纬度差较小的情况，除了极高的纬度地区和长途航行情况，误差是很小的(Granville, 1909, pp. 173－177)。

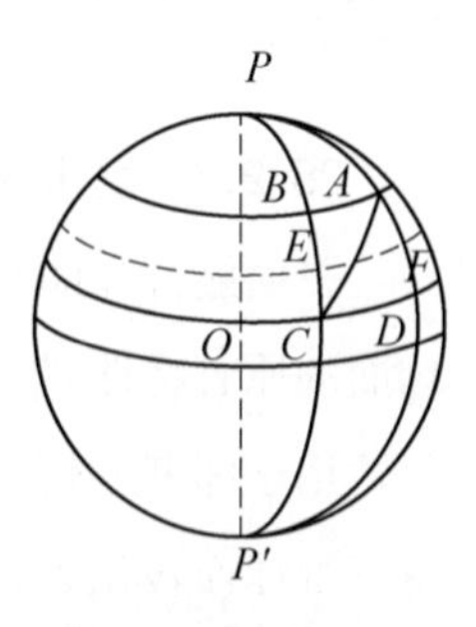

图 28－8　中纬度航行模型

用 φ_s 表示起点的纬度，φ_d 表示终点的纬度，φ_m 表示中间线的维度，则有

$$\varphi_m = \frac{\varphi_s + \varphi_d}{2}。$$

假定纬度一直保持为中间线的纬度，则中纬度模型使用同纬度航行中计算经度差的办法，同样可以得到

$$\Delta\lambda = d \sec \varphi_m。$$

在中纬度航行中，经度差是从经线距延伸出来的概念，同样也可以用三角形中的元素来表示。如果把同纬度航行三角形和平面航行三角形相结合，就可以得到中纬度航行三角形(如图 28－9)。

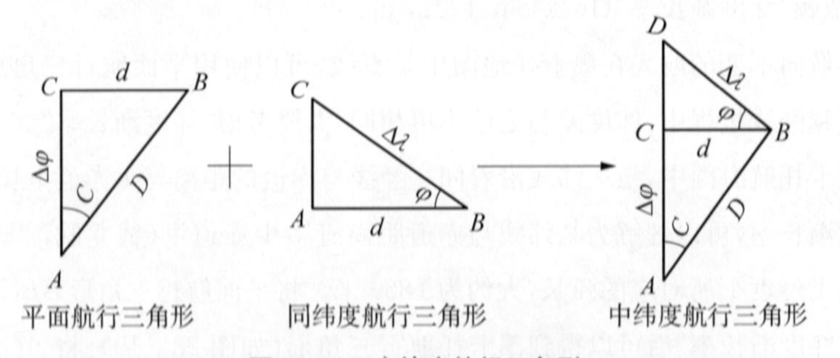

图 28－9　中纬度航行三角形

在实际应用中，中纬度航行常常运用于船位推算。航海家先通过指南针测出航向 C，通过测程线或螺旋桨的转速测出航速，从而得到航距 D，然后将船只起始位置标在地图上，再用中纬度航行三角形计算经度差 $\Delta\lambda$ 和纬度差 $\Delta\varphi$，用初始位置的经纬度，

加上经度差和纬度差，得到当前船位（Curtiss & Moulton，1942，pp. 146－152）。

28.2.7 墨卡托航行

平面航行和曲线航行将地球表面直接看成平面，虽然简化了计算，但丢失了很多球面的原有特性，带来了较大的误差。同纬度航行和中纬度航行虽然航线为弧线，但只适用于纬度差较小、航程较短的情况。而墨卡托（G. Mercator，1512－1594）给出了将三维球面转化为二维平面的投影方法，建立了一套完整的航海图（Hearley，1942，pp. 129－138）。时至今日，绝大多数航海图仍采用墨卡托航海图。

墨卡托通过投影把地球投影到平面上，制成世界地图。在航海中，常常使用的航海图有高斯投影航海图、墨卡托航海图、大圆航海图和平面航海图。一般的平面航海图中，只有在地图中间区域，横向距才是准确的，其他区域的横向距不是偏大就是偏小，特别是在长距离航行或高纬度航行中，会产生很大的误差。因此当时的航海家非常不愿意在南北纬35°以外的地区使用平面航海图导航，在茫茫大海中迷失方向无异于自杀（Young，1833，pp. 108－130）。为了弥补这点，墨卡托航海图中经线不再汇聚于两极，而是相互平行，这意味着除了赤道，经线间的距离都被拉大，纬线的度数都适当地扩大。因此，只要航向不变，每一条航程线在墨卡托航海图上都可以用线段来表示，这大大简便了航海的路线规划。

墨卡托航行根据墨卡托航海图的原则给出了全新的计算经度差的方法，不需要任何提前的假设，这种方法相较于之前的方法都更加准确。缺点是经纬度换算公式较为复杂，常依赖“纬度渐长率”（Dickson，1922，pp. 59－79）。

虽然航向不变的航线在墨卡托地图中是直线，可以使用平面航行三角形模型，但在不断穿越经线过程中，纬度差与之前不再相同，需要考虑“纬度渐长率”。

在墨卡托航海图中，某一纬线沿着同一经线与赤道的距离与1赤道里长度的比值称为纬度渐长率，可以理解为某纬线与赤道距离有多少赤道里（钱立胜，2000）。赤道里指赤道上经度1′所对应的弧长，大约为1852米。将平面航行三角形ABC加以修改后，考虑“纬度渐长率”后可以得到墨卡托航行三角形（如图28－10）：将AC延长至点E，使$AE=\varphi_M$，则$DE=\Delta\lambda$，由此可以得到$\Delta\lambda=\tan C\times\varphi_M$。通过查表可知纬度渐长率的值，从而得到经度差，进行航位推算。

事实上，船舶大洋航行还有大圆航行、恒向线航行、等纬圈航行和混合航行等，本章不再赘述。

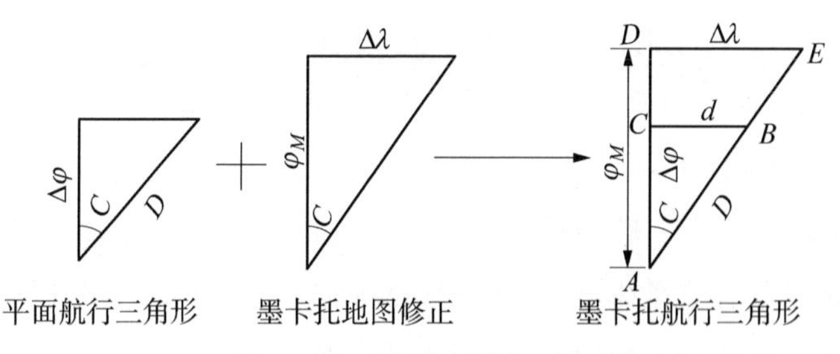

图 28－10 墨卡托航行三角形

28.2.8 小结

以上介绍的5个航海模型先进行合理化假设，再进行理想化建模，最后利用平面三角学的知识进行求解，每个模型有各自使用的条件和优缺点。平面航行虽然简便，但误差较大；曲线航行在平面航行的基础上，将曲折路线转化为连结起点和终点的一条航线，化繁为简，但计算复杂且仍然造成较大误差；在同纬度航行中，虽然不再假定航线是直线，但船只只能向东或西行驶，属于特例，使用范围狭窄；中纬度航行不再局限于东西行驶，常常用于船位推算，但对于极高纬度地区和长途航行并不适用；最后的墨卡托航行是最为科学完善的模型，它基于墨卡托投影理论和沿用至今的墨卡托航海图，对平面航行进行修正，得到了最为精确的结果，但缺点是根据纬度渐长率，经纬度换算很繁琐。

航海学是一门研究船只如何安全又经济到达港口的实用性学科。所有的航海学理论都为航海学的最终目标——选择航线和确定船位服务。而航线的选择和船位推算还要考虑诸多因素（王志明，2004）。

(1) 地球形状。首先，地球是一个表面凹凸不平的椭球体，选择航行路线时要考虑海域内水面和水底情况，避免撞上暗礁、冰山等障碍物。

(2) 船只类型。Pendlebury (1895)提到大型船只和小型船只在航向和路线选择上不同。由于大型船只一般由大量钢铁制成，笨重而不灵活，在转向时操作复杂，全速行驶时需要绕一个半英里的大圆才能转弯，并且发出的噪声大，浓烟多，容易造成污染，因而在航向上只能作微小的改变，这就需要精确的指南针和较为固定的航线选择。

(3) 环境因素。气象、洋流、风向、流速都会对实际航线产生影响，因此环境因素要提前纳入规划。如图28－11，根据向量合成，实际航行的轨迹并非与之前设定的航向完全重合，而需要我们通过解三角形得到实际速度和实际方向。

(4) 海陆差异。由于海洋和陆地的不同，在没有GPS定位的时代，如何确定航船自身位置对后续航行也有很大影响。Loomis (1848)提到："有两种方法确定茫茫大海中一艘船的位置，一种是通过天文观测确定目前的经纬度，另外一种是根据测量航线和航行时间来推测。由于实际航行中航向和航程不易测出，在长途旅程中运用之前的5个模型往往并不准确。这时一些独立于船只本身的数据就显得更客观可靠，因为通过天文学观测更为准确，这涉及航海天文学的相关知识。

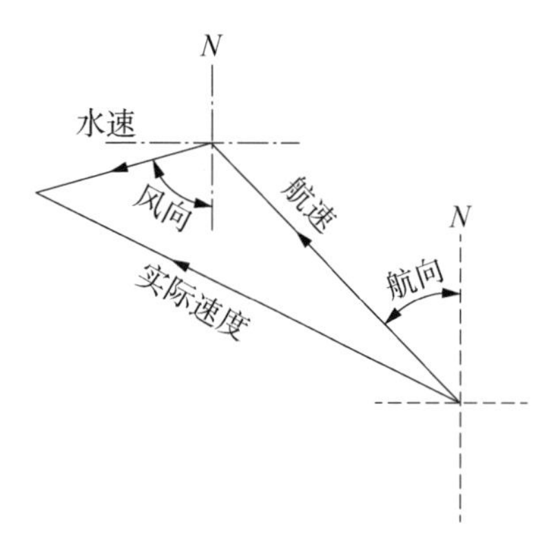

图 28-11　实际航行图

28.3　三角学在物理学中的应用

三角学以其几何作图的形象性和算术计算的精准性推动着物理学各分支的进步，在运动学、力学、声学、光学等领域都作出了杰出贡献。

28.3.1　三角学在运动学中的应用

物理学中存在大量周而复始的运动，如单摆、潮汐、电磁波、音叉振动、交流电等，而三角函数是刻画周期现象最典型的数学模型，一般周期现象都可以用正、余弦函数来表示。

简谐运动是最简单的周期运动，Bohannan (1904)利用正弦型函数刻画了简谐运动，分析物体在不同时刻的位置和振动的频率。Wilczynski (1914)运用实例介绍了简谐曲线 $y=A\sin(\omega t+\phi)$。如图28-12，一根细绳一端系在振动的音叉上，另一端同钢笔固定在烟色玻璃上。如果玻璃不动，那么钢笔 P 画出的运动轨迹是一条直线。而如果玻璃匀速向右运动，则 P 会呈现波浪式的轨迹，这就是简谐运动的轨迹，可以看作是简谐曲线的图像。

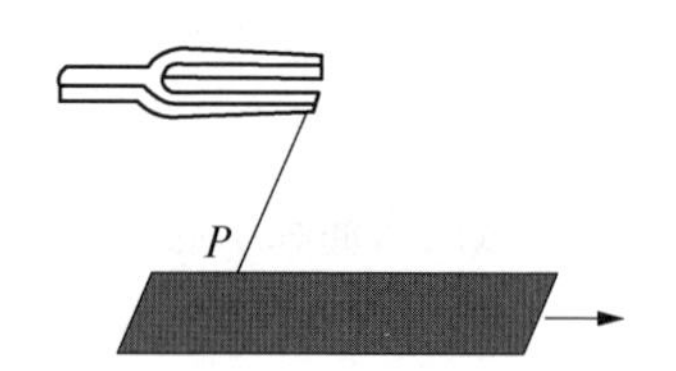

图 28-12　简谐曲线实例

三角函数不仅仅可以刻画简谐运动，还可以描述一般的谐波运动，如小提琴、钢琴和人产生的声波。它们都可以用频率成倍增加的正弦型曲线的叠加来表示：

$$y=a_1\sin\left(\frac{2\pi t}{T}+\alpha_1\right)+a_2\sin\left(\frac{4\pi t}{T}+\alpha_2\right)+a_3\sin\left(\frac{6\pi t}{T}+\alpha_3\right)+\cdots。\tag{4}$$

根据和差角公式

$$a_i\sin\left(\frac{2i\pi t}{T}+\alpha_i\right)=a_i\sin\frac{2i\pi t}{T}\cos\alpha_i+a_i\cos\frac{2i\pi t}{T}\sin\alpha_i,\ i=1,\ 2,\ 3,\ \cdots,$$

用 A_i 和 B_i，$i=1, 2, 3, \cdots$ 来表示常数，即 $A_i=a_i\sin\alpha_i$，$B_i=a_i\cos\alpha_i$，则(4)变为

$$\begin{aligned}y=&A_1\cos\frac{2\pi t}{T}+A_2\cos\frac{4\pi t}{T}+A_3\cos\frac{6\pi t}{T}+\cdots\\&+B_1\sin\frac{2\pi t}{T}+B_2\sin\frac{4\pi t}{T}+B_3\sin\frac{6\pi t}{T}+\cdots。\end{aligned}\tag{5}$$

如果把 $y=\frac{1}{2}A_0$ 当作平衡位置，用 $x=\frac{2\pi t}{T}$ 作代换，那么就得到了一般谐波曲线

$$\begin{aligned}y=&\frac{1}{2}A_0+A_1\cos x+A_2\cos 2x+A_3\cos 3x+\cdots\\&+B_1\sin x+B_2\sin 2x+B_3\sin 3x+\cdots。\end{aligned}\tag{6}$$

该曲线同样可以用实例来表示：将细绳一端固定在金属细线上，一端固定在钢笔上，当烟色玻璃匀速向右运动时，钢笔画出一条波浪式的曲线，这就是一般谐波曲线(Wilczynski, 1914, pp. 226 - 230)。

由上面的分析可知，许多不同的简谐曲线可以组成一般谐波曲线。但是反过来，一条给定曲线，如气温计、气压表上的数据画出的曲线，如果有周期性，是否可以认为是由若干条简谐曲线合成的呢？该问题的解决过程就是调和分析的主要内容，在基础数学和应用数学领域有着相当重要的地位。

首先在数学中，可以使用三角插值，利用计算数学中的逼近思想来求解，过程如下：

第一步：将所给的周期性曲线划分为以 2π 为最小正周期的若干个分支。如果该曲线的最小正周期大于或者小于 2π，都可以通过拉伸或者收缩成一个以 2π 为最小正周期的曲线。这样可以简化接下来的讨论。

第二步：取一个周期的曲线，将其分为 $2m+1$ 段。如图 28 - 13，曲线被分为了 7 段，对应的分点为 P_1，P_2，P_3，…，P_7，设对应的纵坐标为 y_0，y_1，y_2，y_3，…，y_6。

第三步：在一般谐波曲线

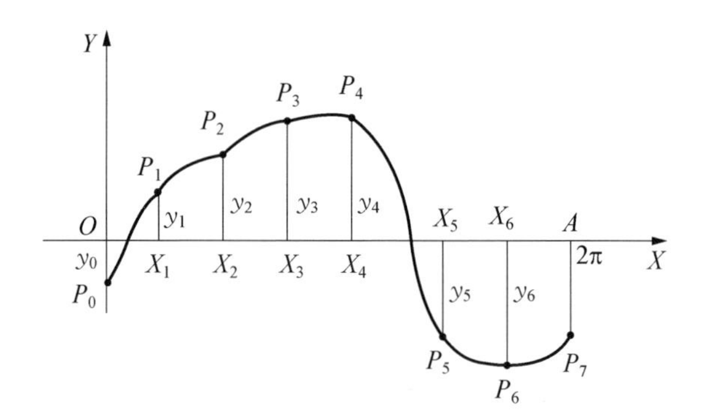

图 28-13　周期性曲线分解

$$y=\frac{1}{2}A_0+A_1\cos x+A_2\cos 2x+\cdots+A_m\cos mx$$
$$+B_1\sin x+B_2\sin 2x+\cdots+B_m\sin mx$$

中共有 $2m+1$ 个参数 A_0，A_1，A_2，…，A_m，B_1，B_2，…，B_m 需要确定，如果让该曲线通过 $2m+1$ 个分点，就得到线性方程组

$$\begin{cases}y_1=\frac{1}{2}A_0+A_1\cos\frac{2\pi}{2m+1}+A_2\cos\frac{4\pi}{2m+1}+\cdots+A_m\cos\frac{2m\pi}{2m+1}\\ \qquad +B_1\sin\frac{2\pi}{2m+1}+B_2\sin\frac{4\pi}{2m+1}+\cdots+B_m\sin\frac{2m\pi}{2m+1},\\ \cdots\cdots\\ y_{2m}=\frac{1}{2}A_0+A_1\cos\frac{2m\pi}{2m+1}+A_2\cos\frac{4m\pi}{2m+1}+\cdots+A_m\cos\frac{2m^2\pi}{2m+1}\\ \qquad +B_1\sin\frac{2m\pi}{2m+1}+B_2\sin\frac{4m\pi}{2m+1}+\cdots+B_m\sin\frac{2m^2\pi}{2m+1},\end{cases}\tag{7}$$

利用线性代数的知识进行消元，求解所有参数，从而确定该曲线。

如果所给曲线足够光滑，划分足够细致，则上述方法求得的一般谐波曲线则会非常接近原先所给的周期性曲线。正是这种将任何周期函数用正弦函数和余弦函数构成的无穷级数来表示，将复杂过程看成简单模式叠加的想法成了傅里叶级数理论建立的基础，后者在热学、光学、电磁学、声学等领域都有广泛的应用，对物理学作出了划时代的贡献。

28.3.2　三角学在力学中的应用

Dickson (1922)提到:"当冰雹垂直下落时对整个城市造成的损失很小,但如果斜落可能会打破窗玻璃。"因此考虑力的作用效果,不仅需要计算力的大小,而且要考虑方向,因而用有向线段表示力。

对于两个力的合成,Hall & Frink (1910)利用平行四边形法则,将力 AB 和 AC 合成为力 AD。同时 AC 和 AB 可以看成是力 AD 分解在两个不同方向上的分量。因为力是矢量,为了求出合力的大小和方向,需要使用解三角形的相关知识:

如图 28-14,由于 $\cos\angle ABD = -\cos\phi$,$BD = AC$,则在 $\triangle ABD$ 中,根据余弦定理可知

$$AD = \sqrt{AB^2 + AC^2 + 2AB \times AC\cos\phi},$$

可以求得合力的大小,如果需要表示合力的方向,还需要使用正弦定理

$$\sin\angle DAB = DB \times \frac{\sin\angle ABD}{AD}。$$

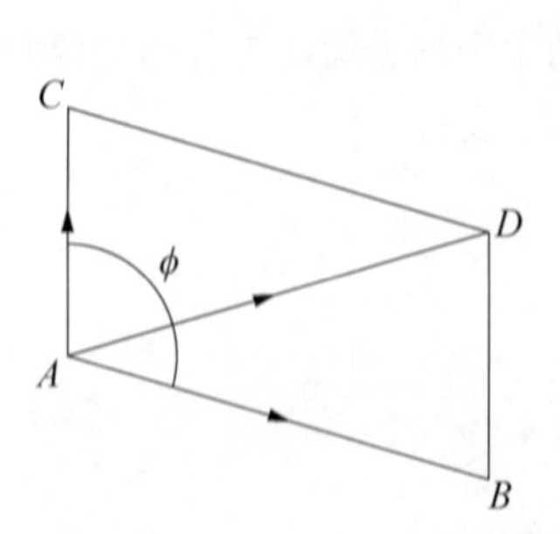

图 28-14　力合成的平行四边形法则

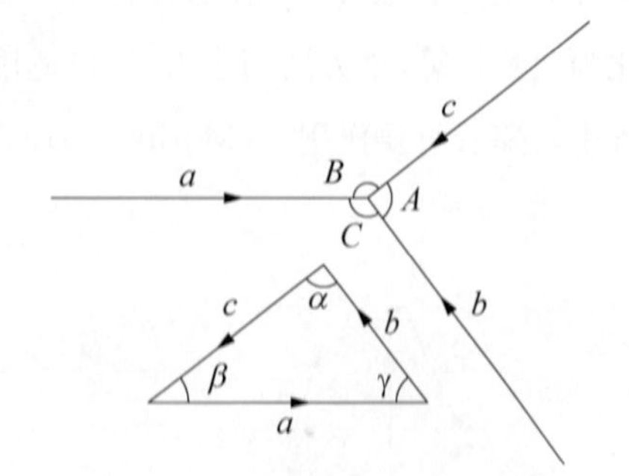

图 28-15　力的合成三角形法则

Hardy (1938)给出了另外一种方法:如图 28-15,两个力 a、b[①] 作用在同一个点,两个力互成角度 C,将两个力平移到一个三角形内作为三角形的两边,则有

$$\gamma = 180° - C,$$

根据力的矢量三角形,第三边即为合力,记合力为 c,与另外两个力的夹角分别为 A、B,有 $\alpha = 180° - A$,$\beta = 180° - B$。因而 $\sin\alpha = \sin A$,$\sin\beta = \sin B$,$\sin\gamma = \sin C$,根

① 当时的教科书尚未引入向量概念和向量符号。

据正弦定理，得到

$$\frac{a}{\sin A}=\frac{b}{\sin B}=\frac{c}{\sin C}。$$

由 $\frac{a}{\sin A}=\frac{b}{\sin(\pi-C-A)}$，求出 A，得到合力的方向。再由 $\frac{a}{\sin A}=\frac{c}{\sin C}$，得到合力的大小。

更为一般地，如果有两个以上的力作用于同一点 P，那么合力可以按照复数的加法来运算：如图 28－16，假设 4 个力 f_i，$i=1, 2, 3, 4$ 作用在点 P，r_i 和 θ_i（$i=1, 2, 3, 4$）分别表示每个力的大小和方向，则每个力可以用复数和三角函数表示为

$$f_i=r_i(\cos\theta_i+\mathrm{i}\sin\theta_i), i=1, 2, 3, 4。$$

按照复数的运算法则，将 f_i（$i=1, 2, 3, 4$）的实部和虚部对应相加，得

$$\begin{aligned}F=&(r_1\cos\theta_1+r_2\cos\theta_2+r_3\cos\theta_3+r_4\cos\theta_4)+\mathrm{i}(r_1\sin\theta_1+r_2\sin\theta_2+r_3\sin\theta_3+r_4\sin\theta_4)\\=&R(\cos\phi+\mathrm{i}\sin\phi),\end{aligned}$$

其中 R 表示合力的长度，ϕ 表示合力与 x 轴所成的夹角。引入复数将原来的矢量运算转化为代数运算，不光适用于力学，也适用于运动学中的合运动与分运动，因而在理论物理中发挥着重要作用。（Moritz, 1915, pp. 260－289）

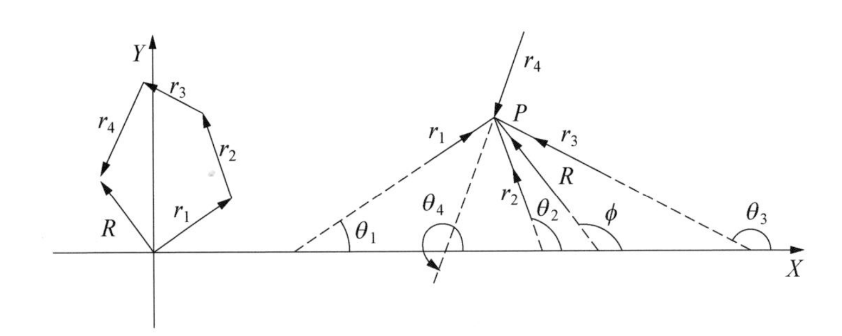

图 28－16　利用复数加法求合力

28.3.3　三角学在光学中的应用

Wilczynski (1914)介绍了光的反射和折射，由于光在同种介质中沿直线传播，从而有反射定律：入射角等于反射角。但在光的折射中，情况就大不相同。如图 28－17，假设一束光线 AO 从空气中射入玻璃，入射角为 i。由于大部分光进行了反射，因此只

有小部分光进行了折射，在玻璃中的光路为 OB，与法线 NN' 的夹角为 r，称为折射角。

荷兰数学家斯内尔通过大量实验发现 $\frac{\sin i}{\sin r}$ 为常数，它的大小与介质有关，称 $\frac{\sin i}{\sin r}=n$ 为折射率。这就是折射定律，又称斯内尔定律。Dickson (1922)指出，利用该定律可以解决如下实际问题：若一人的视角与竖直方向所成角度为 5°，看水池底部 4 英尺深处的鹅卵石距离水面有多远？

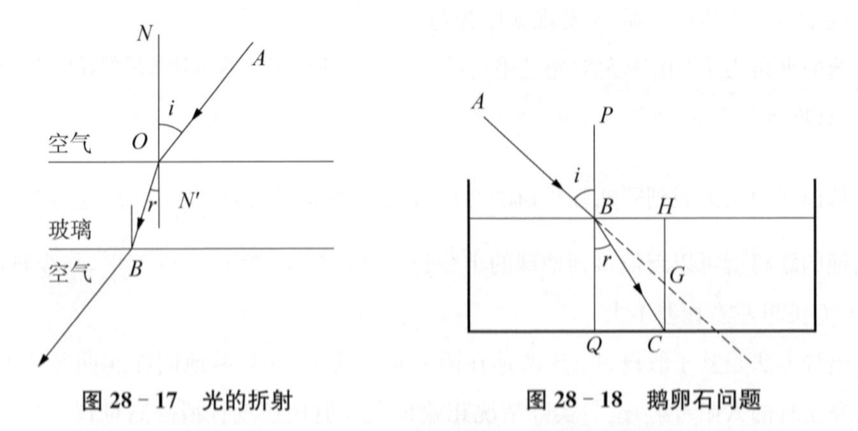

图 28-17　光的折射　　图 28-18　鹅卵石问题

如图 28-18，人眼以为光在不同介质中仍沿直线传播，看到的鹅卵石在点 G 处，问题所求即 GH 的长度。由于光路的可逆性，光路 CBA 可以看成人眼看到水底鹅卵石的光路。入射角为 5°，折射率为 $\frac{3}{4}$，则 $\frac{\sin r}{\sin 5^\circ}=\frac{3}{4}$，得到折射角 $r=3^\circ 45'$。在 $\triangle QBC$ 中，$QB=4$，则

$$BH=QC=BQ\tan r=4\tan 3^\circ 45'\approx 0.262,$$

又在 $\triangle GBH$ 中，$\angle GBH=90^\circ-i=85^\circ$，最后得到 $GH=BH\tan 85^\circ\approx 3$，即为所求。

28.4　三角学在天文学中的应用

Emerson (1749)指出："没有三角学，乌拉尼亚(Urania，掌管天文的缪斯女神)的儿子们将丢弃他们的工具、书和表，人们将对这个美丽的世界一无所知。"可见三角学对于天文学的重要性。平面三角学在天文学中的应用体现在计算天体的大小和天体之间的距离。

28.4.1 计算天体的大小

如图 28-19，Hearley (1942)介绍了古希腊数学家埃拉托色尼(Eratosthenes，约前275—前194年)测算地球半径的方法：在古希腊的阿斯旺小镇 A，埃拉托色尼观察到正午太阳正好在他的头顶上，同一时间另一名观察者在亚历山大城 B 发现太阳光与垂直线的夹角为 7°，由于太阳光是平行的，故 $\angle AOB = 7^\circ$。

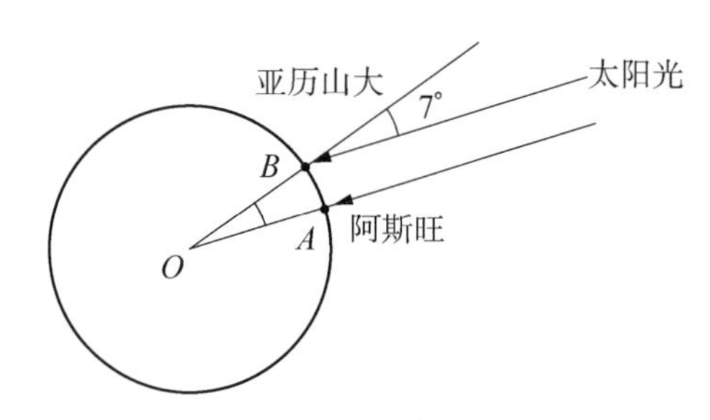

图 28-19　埃拉托色尼测算地球半径

从而亚历山大城到阿斯旺小镇的距离大约是地球周长的 $\frac{7}{360}$，因此通过测量 A、B 两地的距离就可以近似得到地球的半径长。测出的结果为 4 800 英里，与今日测量的 4 000 英里左右相差不大。

这种方法是基于假设 A、B 两地在同一条经线上，并且两地同在北回归线上，才能有夏至日的太阳直射，这与实际情况相差很大。但是在没有精密测量仪器的 2 000 多年前，人们对于地球外面的世界一无所知，这样的发现已经是一个奇迹，充分反映了数学家的智慧。

如图 28-20，Gregory (1816)假设观察者站在一个 3 英里高的山峰 AB，测得视线与竖直线的夹角 $\angle A = 87^\circ 46' 33''$，$C$ 为地球中心，BE 和 AT 都与地球表面相切。在 $\mathrm{Rt}\triangle ABE$ 中，$BE = AB\tan A$，$AE = AB\sec A$。

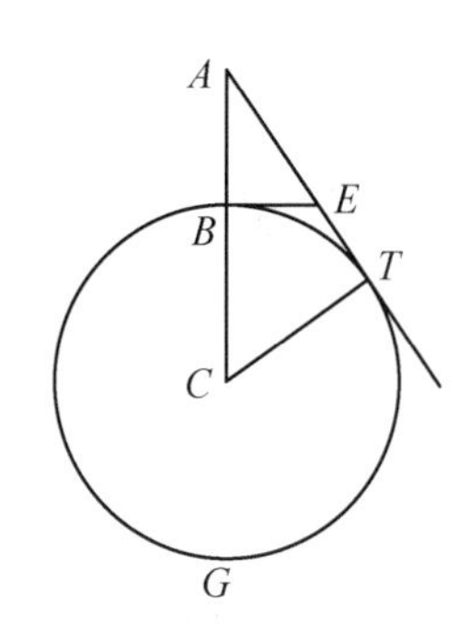

图 28-20　山顶测算地球半径

同理，在 $\mathrm{Rt}\triangle ACT$ 中，有 $CT = AT\tan A$，而根据切线长定理，得 $BE = ET$，故地球半径 R 可以通过山峰高度 AB 和 $\angle A$ 表示为

$$\begin{aligned} R &= CT = AT\tan A \\ &= (AE + ET)\tan A \\ &= (AE + EB)\tan A \\ &= (AB\sec A + AB\tan A)\tan A \\ &= AB\tan\left(\frac{\pi}{4} + \frac{A}{2}\right)\tan A. \end{aligned}$$

再运用对数的运算法则，得

$$\begin{aligned}\lg R &= \lg AB + \lg\tan\left(\frac{\pi}{4}+\frac{A}{2}\right)+\lg\tan A\\ &= \lg 3 + \lg 88°53'16.5'' + \lg 87°46'33'' - 20\\ &\approx 3.5997903,\end{aligned}$$

查常用对数表可知 R 对应为 3 979.15 英里。这种方法相较于之前的方法准确了不少，但在实际问题中因为角度测量不准确，并不常用。

28.4.2　计算天体之间的距离

如图 28－21，Durell (1910)介绍了测量日地距离的方法：先取一条与地球直径大致相等的线段 AB 作为基准线，确定一个方便观测的行星 P 的位置，从 A、B 两点观测 P，连结 AP、BP，观测 $\angle ABP$ 和 $\angle BAP$ 的度数，由此可以求出地球到行星 P 的距离。利用天文学定律可以求出日地距离与地球到行星距离之比，结合已求得的地球到行星 P 的距离，就可以求出日地距离。

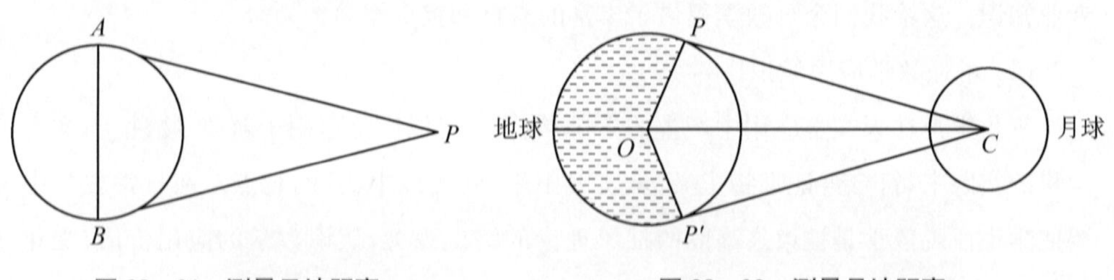

图 28－21　测量日地距离　　图 28－22　测量月地距离

如图 28－22，Hearley (1942)介绍了测量月地距离的方法，在某一特定时间，从月球观察地球，有一些区域无法被观测到。CP 和 CP' 与地球相切，阴影部分无法被观测，此时月球的中心与地球赤道平行，$\angle COP$ 即为点 P 的纬度。在 Rt$\triangle COP$ 中，

$$OC=\frac{OP}{\cos\angle COP}=\frac{3959}{0.01659}\approx 239000(\text{英里}),$$

这与今日所测的 238 000 英里左右已经非常接近。

如图 28－23，Olney (1870)建立了测量任意一颗行星到地球距离的模型：假设两个天文观察台 N 和 N' 在同一条经线上，点 P 为行星，测量 $\angle ZNP$ 和 $\angle Z'N'P$，当地球半

径 CN 和 CN'已知，通过 $\overset{\frown}{NN'}$ 的长度可以计算出 $\angle NCN'$，在 $\triangle CNN'$ 中，已知 $\angle NCN'$、CN 和 CN'，可以利用正、余弦定理求出 NN'、$\angle CNN'$ 和 $\angle CN'N$。在 $\triangle PNN'$ 中，已知 $\angle PNN'$、$\angle PN'N$ 和 NN'，可以求得 PN 和 PN'。最后在 $\triangle PNC$ 中可以解得 PC 的长度，即该行星到地球中心的距离。

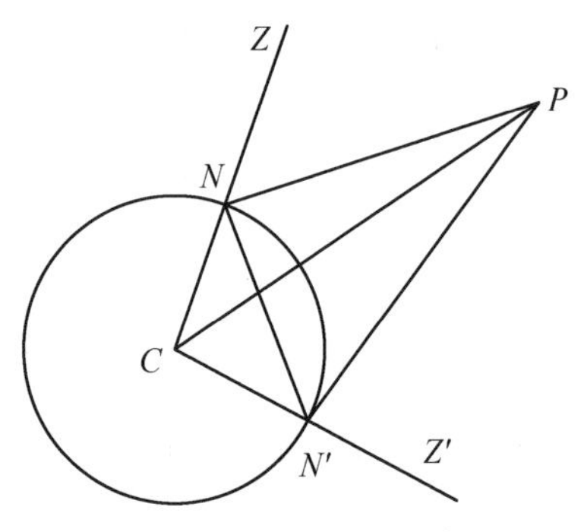

图 28－23　测量行星到地球的距离

28.5　教学启示

早期教科书中三角学的应用十分丰富。从知识上看，三角学的应用将三角学与复数、对数、圆、方程等知识紧密结合；从数学思想方法上看，三角学的应用中渗透了数形结合、归纳推理、分类讨论等数学思想方法；从核心素养上看，三角学的应用对发展学生数学抽象、逻辑推理、数学建模等素养有较大帮助。三角学的应用不仅涉及数学的诸多分支，如计算数学、应用数学、代数学和几何学，还涵盖航海、物理、天文等方面的专业知识。这给我们今日教学提供了丰富的素材和宝贵经验。

（1）增强数学应用意识。

三角学是在天文学应用中产生的学科，最终又可以广泛运用于航海、物理、天文等学科的实践中，符合辩证唯物主义“从实践中来，到实践中去”的观点。在日常教学中要使学生摆脱数学是被束之高阁的抽象理论的错误观念，认识数学的应用价值、文化价值和科学价值。在课堂教学中可以使用现代化的教育技术，如 VR，播放教育科普短片，让学生身临其境地体会到三角学在社会生产中发挥的作用。同时教师可以创设贴近实际的问题情境，让学生分角色扮演航海家、物理学家和天文学家，运用所学知识解决曾困扰古人数百年的问题，如地球到底有多大、如何确定船只位置等。

（2）培养数学建模能力。

在中学课堂学习和学业考试中，往往问题和数据都是给定的，学生只需解决问题，而不关注问题的产生。而《普通高中数学课程标准（2017 年版 2020 年修订）》提出：“数学建模的过程包括在实际情境中从数学的视角发现问题、提出问题，分析问题、建立模型，确定参数、计算求解，检验结果、改进模型，最终解决实际问题。”（中华人民共和国教育部，2020）学生缺乏对全过程的体会，就缺失了数学实践的经验。早期教科书提供了大量素材可供学生思考和实践,如测量月地距离、日地距离,预测日食、月食。在与前人建立的天文模型的比较中体会到"探究之乐",完善自己的模型,培养理性精神和批判性思维。

(3) 开展 STEM 教育。

为了使还未步入社会的学生提前适应社会的新变化和新需求,开展 STEM 教育显得尤其重要。而三角学巧妙地将科学、技术、工程和数学联系起来,并且只运用学生在中学阶段所学的基础知识,而不涉及更深的专业理论。无论是在天文、地理,还是物理、航海领域,都可以被 STEM 教育整合,从而发挥"整体大于部分之和"的作用。关键在于创新能力的培养离不开问题解决的情境性和真实性,与只给一个三角形的图形不同,三角学的应用有了实际背景和需求,更能建立起学科与学科之间自然的联系。

参考文献

钱立胜(2000). 谈纬度渐长率. 航海技术,(03):18 - 19.

王志明(2004). 论中纬度航区远洋航线的选择. 航海技术,(06):10 - 11.

中华人民共和国教育部(2020). 普通高中数学课程标准(2017 年版 2020 年修订). 北京:人民教育出版社.

中华人民共和国交通部(2005). 航海常用术语及其代(符)号:GB/T 4099 - 2005.

Bohannan, R. D. (1904). *Plane Trigonometry*. Boston: Allyn & Bacon.

Curtiss, D. R. & Moulton, E. J. (1942). *Essentials of Trigonometry* with Applications. Boston: D. C. Heath & Company.

Dickson, L. E. (1922). *Plane Trigonometry with Practical Applications*. Chicago: Benj H. Sanborn & Company.

Durell, F. (1910). *Plane and Spherical Trigonometry*. New York: Merrill.

Emerson, E. (1749). *The Elements of Trigonometry*. London: W. Innys.

Granville, W. A. (1909). *Plane and Spherical Trigonometry*. Boston: Ginn & Company.

Gregory, O. (1816). *Elements of Plane and Spherical Trigonometry*. London: Baldwin, Cradock & Joy.

Hall, A. G. & Frink, F. G. (1910). *Plane and Spherical Trigonometry*. New York: Henry Holt & Company.

Hardy, J. G. (1938). *A Short Course in Trigonometry*. New York: The Macmillan Company.

Hearley, M. J. G. (1942). *Modern Trigonometry*. New York: The Ronald Press Company.

Loomis, E. (1848). *Elements of Plane and Spherical Trigonometry*. New York: Happer & Brothers.

Moritz, R. E. (1915). *Elements of Plane Trigonometry*. New York: John Wiley & Sons.

Olney, E. (1870). *Elements of Trigonometry, Plane and Spherical*. New York & Chicago: Sheldon & Company.

Peirce, B. (1835). *An Elementary Treatise on Plane Trigonometry*. Cambridge & Boston: James Munroe & Company.

Pendlebury, C. (1895). *Elementary Trigonometry*. London: George Bell & Sons.

Young, J. R. (1833). *Elements of Plane and Spherical Trigonometry*. London: John Souter.

Wentworth, G. A. (1902). *Plane Trigonometry*. Boston: Ginn & Company.

Wilczynski, E. J. (1914). *Plane Trigonometry and Applications*. Boston: Allyn & Bacon.

29 三角学的教育价值

刘思璐[*]　沈中宇[**]

29.1 引 言

算术的本质是处理数,代数的本质是执行算术运算的一种简写语言,几何学研究的是图形的形状与测量,而三角学在数学诸分支中可能是最有趣的,它既使用着其他数学分支,又应用于数学所有分支。如果没有三角学,物理、航海、测量、工程、大地测绘等其他学科都难以为继。(Wentworth & Smith, 1938, pp. 1 - 2)

三角学的历史表明,三角学发展的动力离不开它的实际应用。古希腊天文学家喜帕恰斯是观测天文学的创始人,他建立了三角学作为天文学的工具。之后,托勒密在其著作《天文学大成》中专门用一章讲述三角学,并改进了弦表。直到15世纪,德国数学家雷吉奥蒙塔努斯在其《论各种三角形》中才把三角学从天文学中分离出来,并将其作为几何学的一部分。而三角学成为一门独立学科要归功于欧拉,是他使三角学成了数学的一个独立分支。(Rider & Davis, 1923, p. 2)

立德树人是当今教育的重要目标与理念。《普通高中数学课程标准(2017年版2020年修订)》要求"引导学生感悟数学的科学价值、应用价值、文化价值和审美价值"(中华人民共和国教育部,2020)。三角学是一个重要的数学主题,在其教学中不仅要让学生学习相关的知识内容,还要让学生明白为什么要学三角学,而这需要教师先了解三角学的教育价值(张海强,2018)。对于三角学的教学研究,目前主要有教科书中三角内容的分析研究(陈月兰,2013;付钰 & 张景斌,2018;刘冰楠 & 代钦,2015)、学生对三角知识理解的实证研究(佘丹,2016;何忆捷等,2016)和教师探索三角主题的教

* 华东师范大学教师教育学院博士研究生。
** 苏州大学数学科学学院博士后。

学研究(张龙军等,2021;沈威 & 曹广福,2017)。然而,对于三角学教育价值的研究,目前国内外并不多见,仅有个别研究关注了三角函数的科学价值(沈威 & 曹广福,2017)以及三角学教科书中的数学文化(彭思维 & 汪晓勤,2020)。对于三角学教育价值的探讨,早期西方三角学教科书已有涉及。本章从数学教育史角度归纳19世纪初至20世纪中叶美英三角学教科书中的三角学教育价值观,以期为今日教学提供思想启迪。

29.2 研究方法

本章采用质性文本分析的主题分析法,分析过程包括选取重要文本、创建主要类别、初步编码数据、整理各类文本、决定二级类别、再次编码数据、主题分析与结果呈现(Kuckartz, 2014, p. 70)。

29.2.1 文本选取

在有关数据库中搜索美英两国的三角学教科书,阅读其前言与第一章,筛选出论及三角学价值的教科书,最终确定1810—1959年间出版的89种三角学教科书作为研究对象,其中包括69种美国教科书和20种英国教科书。经分析发现,有55种教科书在前言中提出了三角学教育价值的观点,有26种教科书在第一章中介绍了三角学的教育价值,有8种教科书在前言和第一章中都阐明了三角学的教育价值。以10年为一个时间段进行统计,这些教科书的出版时间分布情况如图29-1所示。

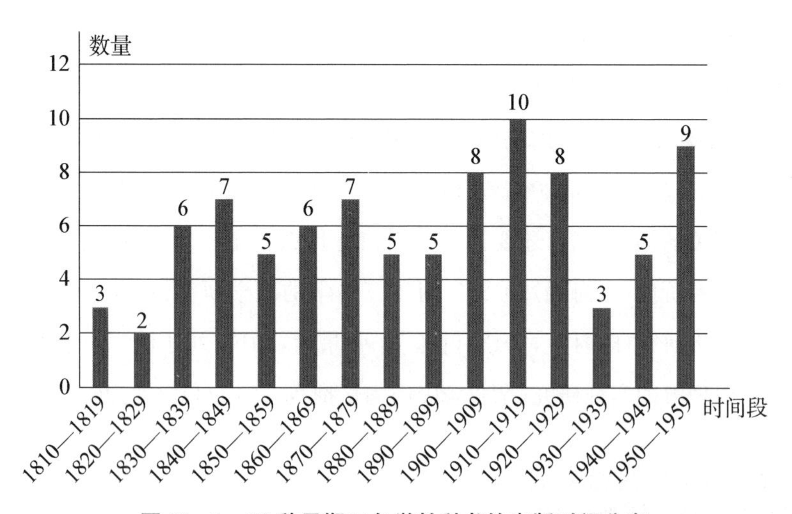

图29-1　89种早期三角学教科书的出版时间分布

29.2.2　数据分析

根据主题分析法，研究者先在研究对象中选取重要文本，即摘录并翻译其中论及三角学教育价值的相关文本内容作为一个独立的记录单元。接着，通读所有记录单元，通过归纳，初步建立三角学教育价值分类框架的主要类别，包括学科基础、现实应用、能力培养、科学精神、情感熏陶和学科优势6类。然后，根据6个主要类别初步编码所有的记录单元。其次，整理每个主要类别的记录单元内容，产生主要类别的二级类别，比如学科基础的二级类别包括数学学科基础和其他学科基础。至此，完成分类框架的建立。

两位研究者根据类别框架对所有记录单元进行独立编码，对于编码不一致的记录单元进行再讨论，直至全部一致。共讨论了27条编码不同的编码带，占总编码数的16.2%。例如，对于“三角学的应用非常广泛，如在航海、测量、天文学等领域”，第一位研究者编码到了学科基础类，第二位研究者编码到了现实应用类，两位研究者讨论其核心思想是表达三角在各个领域的应用，故最终决定编码到现实应用类；再如，对于“人们相信，对三角学的历史发展，以及对不同时代、不同种族的人帮助推进这一学科的一些了解，将会使那些正在从事这一学科研究的人产生兴趣并受到鼓舞”，第一位研究者起初认为这是在描述三角学的历史价值故未纳入编码带，第二位研究者认为这段话描述了情感熏陶类的价值，讨论后最终决定将其编码到情感熏陶类。

29.3　三角学教育价值观

美英早期三角学教科书所提出的三角学教育价值主要包括学科基础、现实应用、能力培养、科学精神、情感熏陶和学科优势6类，每个主要类别都有其二级类别，详见表29-1。

表29-1　三角学教育价值的分类框架

主要类别	二级类别
学科基础	数学学科基础、其他学科基础
现实应用	天体测量、航海测量、土地测量、距离测量、职业需求
能力培养	逻辑思维能力、数学运算能力、数学建模能力、数学抽象能力

续 表

主要类别	二 级 类 别
情感熏陶	兴趣激发、自信提升、文化价值
学科优势	问题解决
科学精神	独立思想、严谨细致、不畏困难、坚持不懈、追求真理、不畏牺牲、批判能力

有的三角学教科书会涉及多类教育价值，故 89 种三角学教科书的记录单元共有 167 条编码带，其分布如图 29 - 2 所示。其中 40 种教科书涉及 1 类教育价值(即这 40 种教科书只有 1 条编码带)，27 种教科书涉及 2 类教育价值，15 种教科书涉及 3 类教育价值，7 种教科书涉及 4 类教育价值。

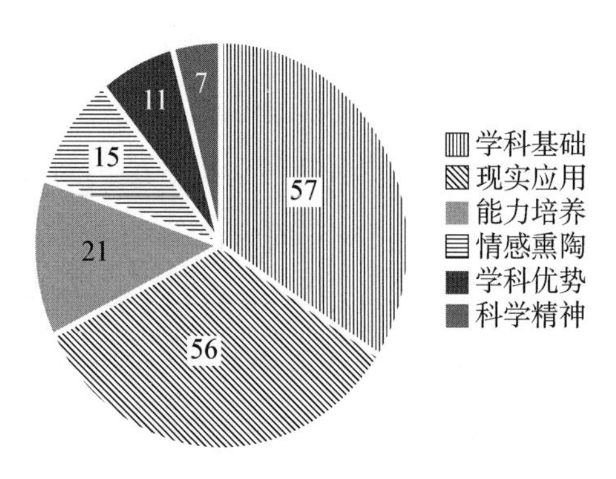

图 29 - 2　三角学教育价值的分布

由图可见，教科书中提到三角学教育价值最多的类别是学科基础和现实应用，之后依次是能力培养、情感熏陶、学科优势和科学精神。

29.3.1　学科基础

共有 57 种教科书(64.0%)提及三角学知识作为学科基础的价值，具体可分为数学学科基础和其他学科基础，有的教科书甚至会同时论及这两类学科价值。根据统计，有 37 种教科书(41.6%)论及三角学作为数学学科基础的价值，包括三角学可以作为几何、解析几何、微积分等高等数学其他内容的基础；有 41 种教科书(46.1%)指明三角学作为其他实用学科基础的价值，包括三角学可作为天文学、地理学、航海术、物理、测量等其他科学的基础；有 2 种教科书并未直说是哪门学科的基础，只断言“对大多数学生来说，三角学只不过是达到更高境界的垫脚石”(Wheeler, 1877, pp. iii—

iv)。表 29－2 列举了三角学作为学科基础的代表性观点。

表 29－2　学科基础的代表性观点

类别	具体观点	代表性教科书
数学学科基础	如果没有三角函数知识，学生就无法熟练掌握数学的高级分支。	Nichols (1811)
	本课程的直接目标之一是为以后的解析几何和微积分的学习做准备。	Holmes (1951)
其他学科基础	行星到太阳的距离及它们的运动、日食和其他现象都是用三角学计算出来的，地球上各个地方的距离和位置以及它们的经度和纬度也是用三角学计算的。因此，它可以被认为是天文学和地理学的基础。	Keith (1810)
	三角学主要研究三角形中某些线的关系，并形成测量的基础，用于测量、工程、力学、大地测量学和天文学。	Wentworth & Smith (1914)
数学学科基础＋其他学科基础	如果没有它，像物理、航海、测量、工程、大地测绘以及几乎各种各样的测量等重要学科，会变得极其困难。学习三角函数，你将有机会学习更广泛的数学领域，以及数学在自然科学研究中的应用。	Wentworth & Smith (1938)
	三角学这门学科最初发展起来是因为它在间接测量角度和距离方面很有用，尤其是在测量和天文学方面。三角函数是工程和物理科学中必不可少的工具。三角学的理论在纯数学和许多应用领域中都是不可或缺的。	Hart (1954).

29.3.2　现实应用

Day (1848)是这样总结三角在现实应用方面的价值的："很少有数学分支比三角学更重要、应用更广泛了。通过它，军舰在海上按自己的路径游弋；地理学家测定各地的经纬度、各国的幅员和地理位置、山高、河道等；天文学家计算天体的远近与大小，预测日食、月食，度量恒星的光的运行。"可见三角学对各种实际测量工作有着极其重要的价值。共有 56 种教科书(62.9％)描述了三角学在各种实际测量问题和工作需要方面的价值，具体包括天体测量、土地测量、距离测量、航海测量和职业需求，表 29－3 给出了其代表性观点。

表 29－3　现实应用的代表性观点

类别	具体观点	代表性教科书
天体测量	通过三角学，我们可以确定地球和行星的大小以及恒星之间的相对位置，通过这些位置，我们可以用一个小罗盘来描绘天空的样子。	Keith (1810)

续 表

类别	具 体 观 点	代表性教科书
天体测量	它(三角学)为确定地面和天体的距离和高度提供了基本规则。如果没有这门科学的帮助,地球的形状和大小,天体的大小、距离、运动和日食将是完全未知的。	Nichols (1811)
	利用三角函数,我们能够知道其他星球的巨大质量和速度,帮助我们描绘这些天体数世纪以来的运行轨迹,并预测其未来的运动。	Rider & Davis (1923)
航海测量	本书还专门介绍了航海和航海天文学的原理,提出了一种非常简便的计算月距的方法,以确定海上经度。	Young & Davies (1848)
土地测量	逐步引导学习者经历从比较简单的田亩测量,到运河和铁路路线的测量、公共土地的测量,在纸上显示地球表面的等高线,市镇、县的地图的准备等,最后到确定地球周长的过程。	Smyth (1852)
	埃及人利用某些三角函数规则在尼罗河沿岸重新建立每年被洪水冲毁的边界线。	Sharp (1958)
距离测量	三角学研究的最初目的是在不方便或不可能直接测量的情况下,用间接方法测量角度和距离。比如山的高度和水平宽度的确定,跨越的距离,山谷、河流或崎岖不平、无法通行的土地边界的长度。	Kenyon & Ingold (1921)
	三角学的重要用途之一是找出无法方便测量的距离和高度。这样的距离可以是河流的宽度,可以是拟建隧道的长度,也可以是塔楼的高度。	Rosenbach, Whitman & Moskovitz (1937)
职业需求	学生将毫无困难地预见这些计算方法对测量员、航海家和天文学家是多么不可或缺。	Hudson (1862)
	三角学在培训陆军和海军某些部门军官和专家的理论指导上是头等重要的。在工业上,不仅仅是工程师,还有各类技术工人,都会发现三角学的用途。	Hart & Hart (1942)

29.3.3 能力培养

联系今天的课程标准提出的高中数学核心素养,发现共有 18 种教科书(20.2%)表明了三角学在培养学生部分数学核心素养的价值,主要集中在培养学生的逻辑推理能力和数学运算能力,部分教科书编者还指出三角学可以培养学生解决实际问题的能力,例如 Newcomb (1898)写道:"三角学的目的不仅在于测试学生对常用计算方法的知识,还在于测试学生掌握这些方法并将它们在实际应用中以各种形式表现出来的能力。"Todhunter (1874)认为:"希望他们(学生)学习全面的平面三角学知识,同时还能随时应用这些知识解决问题。"这些说明学习三角知识的另一个目标是培养学生解决实际应用的能力，从而隐含了三角学问题的解决过程中还有助于学生数学建模能力和数学抽象能力的培养。表 29-4 给出了培养逻辑推理能力和数学运算能力的代表性观点。

表 29-4 能力培养的代表性观点

类别	具体观点	代表性教科书
逻辑推理能力	三角学是数学科学的一个重要分支，其思辨的部分，就像欧几里得《几何原本》一样，使人习惯于仔细的、有理有据的推理。	Keith (1810)
	它(三角学)应该培养清晰而准确思考的能力。它可以用来发展准确性、快速性和整洁性。准确，因为这是所有数学的基础；快速，是因为它为得出结论和结果提供了捷径；整洁——没有整洁，其他优点常常化为乌有，因为在安排问题的解决方案时需要有序的形式。	Rider & Davis (1923)
数学运算能力	在编写本书的过程中，编者有两个目的：首先，给予学生三角学的基本知识；第二，让他们习得计算的艺术。由于许多学生对近似数字的计算没有其他经验，因此这方面的问题得到了特别的重视。	Durfee (1900)
	本课程的直接实际目标是在计算和数表的使用方面发展一定的能力，并为以后的解析几何和微积分的学习做准备。	Holmes (1951)

29.3.4 情感熏陶

共有 15 种教科书(16.9%)认为，三角学知识的学习过程有助于学生的兴趣激发和自信提升，而且具有无与伦比的文化价值。表 29-5 给出了情感熏陶的代表性观点。

表 29-5 情感熏陶的代表性观点

类别	具体观点	代表性教科书
兴趣激发	编者和教师都必须顺应时代的要求，明智地把抽象与具体、理论与实践结合起来，使学生感到他们起初可能付出艰苦努力所学到的东西，将来可能会有重要的应用……他们将受到鼓励，作出新的更大的努力，并最终获得一种对研究的喜爱。	Robinson (1860)
	这些实际应用提供了最好的手段以推动三角学的原则，并使这门学科真正至关重要。学生将在任何时候都明白他们为什么要做他们正在做的事情，将真正尊重这个学科，并将对它产生真正的兴趣。	Dickson (1922)

续 表

类别	具体观点	代表性教科书
自信提升	研究这类工作会明显有增加学习者对自己有信心的趋势，这种信心会随着学习者的进步而增强，并激励学习者继续数学研究，以便获得这些原理和方法，其影响和应用也会扩展到在生活中的事物……在他们未来的所有追求中，都是一个无穷无尽的资源和指南。	Abbatt (1841)
文化价值	它理应在课程中占据最重要的位置，这不仅是因为它具有强烈的实用价值，还因为它具有无与伦比的文化价值。	Moritz (1915)

29.3.5 学科优势

共有 11 种教科书(12.4%)表达了三角学作为一门特殊学科的优势，而三角学这门学科的优势主要集中在对实际问题解决的应用性和便捷性。

例如，Hudson (1862)提到："三角学在其发展的早期阶段，专门用于测量三角形，并建立与三角形直接相关的命题。然而，它的方法现在得到了扩展和一般化，使它成为高等数学中最有价值的分析工具。在数学科学的所有基本分支中，它也许是实用、效用最明显的一个分支。"这强调了三角在所有学科中无与伦比的实用价值。再如，Palmer (1918)指出："通过三角学，可以发现角度和边长。可以给出许多这样的例子，说明三角学是比代数或几何更强大的工具。"这说明了三角作为工具在解决三角形问题时，比代数和几何更有效。还有，Sharp (1958)告诉读者："数学的基本目的之一是提供一种符号语言，通过这种语言，可以简明而优美地描述物理世界中的事件。因此，寻找一种可以表示周期运动的数学方案是很自然的。我们可能已经熟悉的代数思想并不很适合描述周期运动。随着这门学科的发展，三角函数表达式将特别适合于此目的。"这揭示了三角学在研究周期运动方面更有优势。

29.3.6 科学精神

我国著名学者任鸿隽先生于 1916 年在其文章中首次创用中文"科学精神"一词，指出"科学精神者何，求真理是已"，归纳其文所述之科学精神，为"追求真理"，为"崇实""贵确"，发扬重实践、求创造、敢质疑之风气(任鸿隽，2015)。张奠宙先生则将科学素养与理性精神相联系，强调不迷信权威，要独立思考；不感情用事，要据理判断；不随波逐流，要坚持真理(张奠宙等，2007，pp. 4－7)。结合以上论述，故将三角学教科书中对于独立思想、严谨细致、不畏困难、坚持不懈、追求真理、不畏牺牲、批判能力等内容的描述归纳为三角学在科学精神培养方面的价值。共有7种教科书(7.9%)涉及该类教育价值，表29－6给出了描述科学精神的代表性观点。

表29－6　科学精神的代表性观点

类别	具体观点	代表性教科书
独立思想 严谨细致	努力培养学生的独立思想和精神主动性……在实际应用中，对图解法和计算方法都给予了特别的重视。前一种方法是对后一种方法的一种检查，并提供了整洁和仔细绘图的练习题。	Murray (1899)
不畏困难 坚持不懈	它们对学生具有真正的价值。提前预见困难，学习者的思想就会更容易克服它们。相关的公式是分组的，并总是通过练习应用它们来解决。这种处理方法增加了学生在解决三角函数中最大的难题——恒等式时的能力，因为他们已经获得了必要的技巧，一点一点地，运用他们所学的公式。	Robbins (1909)
追求真理 不畏牺牲	当学生思考那些把科学发展到目前完美境界的大师们毕生自我牺牲的努力时，思考那些耗尽一生却没有得到金钱补偿，也没有得到大众掌声的人们，只为分享建立抽象真理殿堂的成果时，会对真理本身有更好的认识，并在一定程度上有助于实现人类奋斗的更高目标。	Moritz (1915)
批判能力	如果所处理的问题能够激发一些学生的批判能力，并培养他们对更深入分析的渴望，我将很高兴。	Dresden (1921)

29.3.7　三角学教育价值观的时间分布

以10年为一个时间段，对上述三角学的6类教育价值进行统计，得到1810—1959年6类教育价值的时间分布情况，如图29－3所示。

由图可见，首先，学科基础和现实应用这两类教育价值基本上一直是三角学重要且基本的教育价值；其次，核心能力的培养是教科书编者一直关心的价值之一；再次，情感熏陶、学科优势和科学精神是部分时期三角学重要的教育价值。总体来看，各类三角学教育价值基本上都较为稳定地出现在各个时期。

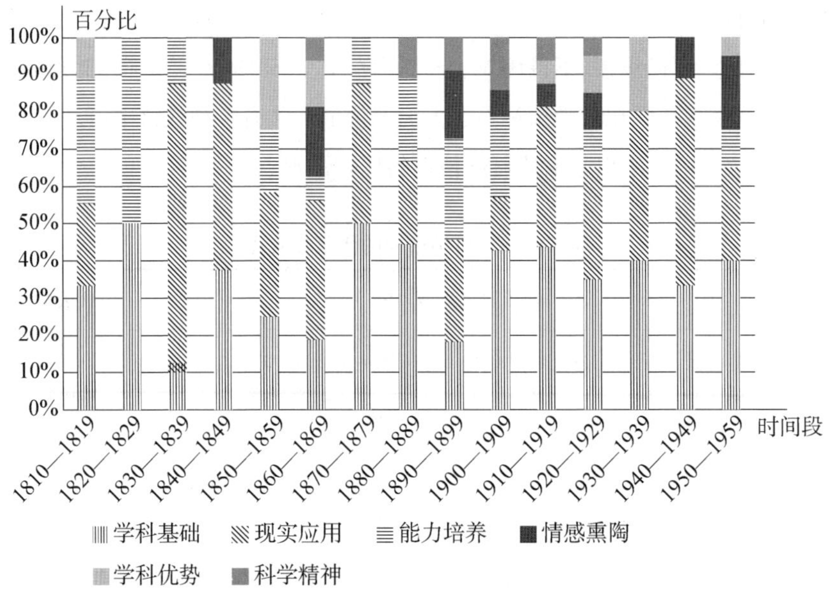

图 29-3 89 种早期教科书中三角学教育价值的时间分布

29.4 若干启示

早期教科书所提出的三角学教育价值对今天的三角教学和教科书编写具有一定的启示。

(1) 巩固学科基础,重视实际应用。

许多美英早期三角学教科书都强调了三角学是数学学科和其他学科的基础,因此教师可以在教学中将三角与解析几何等知识联系起来,设计物理学、地理学等学科整合取向 STEM 教学(张博,2022)。而三角知识在实际生活中的应用也是大多数早期教科书关注的价值,这提醒今日的数学教师和教科书编者,在设计三角的教学内容和编写教科书时也应体现其应用价值,例如在引入和练习等环节加入具有文化价值的实际问题。

(2) 培养核心素养,养成科学精神。

早期教科书还指出了三角知识的学习过程对数学核心素养的培养具有重要作用,教师应重视三角公式的推导、三角函数的计算,教科书也可设计三角在数学建模中应用的相关内容(汪飞飞,张维忠,2022),从而培养学生逻辑推理能力、数学运算能力和数学建模能力等。早期教科书中三角学的历史蕴含了数学家所具有的科学精神，同样今天的数学教师和教科书编者可通过介绍三角学的历史培养学生追求真理的科学精神。

(3) 发挥学科优势，激发学习兴趣。

早期教科书提到了三角学解决问题时具有不同于几何方法与代数方法的独特优势，今天的教师和教科书编者也可设计数学任务，让学生在问题解决过程中体会三角学在间接测量上的有效性和便捷性。另外，三角学的推理和运算往往以枯燥乏味著称，为摆脱此困境，教科书可介绍三角学历史上有趣的测量问题和数学家在三角方面的数学成就（王嵘，2022），教师也应在教学中落实学科德育，对学生进行适当地引导与鼓励，让其明白三角学的价值，从而培养学生的学习兴趣和数学自信心。

参考文献

陈月兰(2013). 中日三角比内容比较——以上海教育出版社和数研出版社出版的教科书为例. 数学教育学报，22(03)：57-62.

付钰，张景斌(2018). 中美数学教材三角函数习题的比较研究. 数学教育学报，27(03)：14-18.

何忆捷，彭刚，熊斌(2016). 高中生三角公式理解的实证研究——以上海为例. 数学教育学报，25(01)：51-56.

刘冰楠，代钦(2015). 民国时期国人自编三角学教科书中"三角函数"变迁. 数学教育学报，24(03)：81-85.

彭思维，汪晓勤(2020). 美英早期三角学教材中的数学文化. 中国数学教育，(Z4)：89-96.

任鸿隽(2015). 科学精神论. 科学，67(06)：13-14.

佘丹(2016). 高中三角函数内容深度的实证研究——基于大学数学专业的学习. 数学教育学报，25(06)：85-87，92.

沈威，曹广福(2017). 高中三角函数教育形态的重构. 数学教育学报，26(06)：14-21，71.

汪飞飞，张维忠(2022). 中国中学数学建模研究的历程与论题及其启示. 数学教育学报，31(02)：63-68.

王嵘(2022). 数学文化融入中学教科书的内容与方法. 数学教育学报，31(01)：19-23.

张博(2022). 国际STEM教育研究进展与启示——基于SSCI期刊《国际STEM教育期刊》载文的内容分析. 数学教育学报，31(02)：58-62，81.

张奠宙，马岷兴，陈双双，胡庆玲(2007). 数学学科德育——新视角·新案例. 北京：高等教育出版社.

张海强(2018). 基于HPM的《三角学序言课》教学设计. 数学通报，57(08)：23-26.

张龙军,熊莉莉,张景中,李兴贵,饶永生(2021). 教育数学在农村初中首轮实验的探索与思考——"重建三角"在成都市青白江区祥福中学实验分析. 数学教育学报,30(05):33-38,65.

中华人民共和国教育部(2020). 普通高中数学课程标准. 北京:人民教育出版社.

Abbatt, R. (1841). *The Elements of Plane and Spherical Trigonometry*. London: Thomas Ostell & Company.

Davison, C. (1919). *Plane Trigonometry for Secondary Schools*. London: Cambridge University Press.

Day, J. (1848). *A Treatise of Plane Trigonometry*. New York: M. H. Newman & Company.

Dickson, L. E. (1922). *Plane Trigonometry with Practical Applications*. Chicago: B. H. Sanborn & Company.

Dresden, A. (1921). *Plane Trigonometry*. New York: John Wiley & Sons.

Durfee, W. P. (1900). *The Elements of Plane Trigonometry*. Boston: Ginn & Company.

Hart, W. L. (1954). *Trigonometry*. Boston: D. C. Heath & Company.

Hart, W. W. & Hart, W. L. (1942). *Plane Trigonometry, Solid Geometry and Spherical Trigonometry*. Boston: D. C. Heath & Company.

Holmes, C. T. (1951). *Trigonometry*. New York: McGraw-Hill Book Company.

Hudson, T. P. (1862). *Elementary Trigonometry*. Cambridge: Deighton, Bell, & Company.

Keith, T. (1810). *An Introduction to the Theory and Practice of Plane and Spherical Trigonometry*. London: Printed for the author.

Kenyon, A. M. & Ingold, L. (1921). *Elements of Plane Trigonometry*. New York: The Macmillan Company.

Kuckartz, U. (2014). *Qualitative Text Analysis: A Guide to Methods, Practice and Using Software*. California: Sage Publications Ltd.

McCarty, R. J. (1921). *Elements of Plane Trigonometry*. Chicago: American Technical Society.

Moritz, R. E. (1915). *Elements of Plane Trigonometry*. New York, John Wiley & Sons.

Murray, D. A. (1899). *Plane Trigonometry for Colleges and Secondary School*. New York: Longmans, Green, & Company.

Newcomb, S. (1898). *Elements of Plane and Spherical Trigonometry*. New York: Henry Holt & Company.

Nichols, F. (1811). *A Treatise of Plane and Spherical Trigonometry*. Philadelphia: F. Nichols.

Palmer, C. I. (1918). *Practical Mathematics* (part IV): *Trigonometry and Logarithms*. New York: McGraw-Hill Book Company.

Perlin, I. E. (1955). *Trigonometry*. Scranton: International Textbook Company.

Rider, P. R. & Davis, A. (1923). *Plane Trigonometry*. New York: D. Van Nostrand Company.

Robbins, E. R. (1909). *Plane Trigonometry*. New York: American Book Company.

Robinson, H. N. (1860). *Elements of Geometry, and Plane and Spherical Trigonometry*. New York: Ivison, Phinney & Company.

Rosenbach, J. B., Whitman, E. A. & Moskovitz, D. (1937). *Plane Trigonometry*. Boston: Ginn & Company.

Sharp, H. (1958). *Elements of Plane Trigonometry*. Englewood Cliffs, N. J.: Prentice-Hall.

Smyth, W. (1852). *Elements of Plane Trigonometry*. Portland: Sanborn & Carter.

Todhunter, I. (1874). *Plane Trigonometry for the Use of Colleges and Schools*. London: Macmillan & Company.

Wentworth, G. & Smith, D. E. (1914). *Plane Trigonometry*. Boston: Ginn & Company.

Wentworth, G. & Smith, D. E. (1938). *Plane and Spherical Trigonometry*. Boston: Ginn & Company.

Wheeler, H. N. (1877). *The Elements of Plane Trigonometry*. Boston: Ginn & Heath.

Young, J. R. & Davies, T. S. (1848). *Elements of Plane and Spherical Trigonometry*. Philadelphia: E. H. Butler & Company.

Young, J. W. & Morgan, F. M. (1919). *Plane Trigonometry and Numerical Computation*. New York: The Macmillan Company.

30 三角学的历史

汪晓勤*

30.1 引 言

虽然在众多早期三角学教科书中只有少数关注三角学的历史，但所涉及的历史知识却较为丰富，包括学科通史、术语来历、概念演变、定理归属、公式起源等。Murray (1899)在前言中指出："人们相信，了解三角学的历史发展以及促进该学科发展的不同时代、不同民族的数学家的贡献，将激发初学者的兴趣，并对他们产生激励作用。" Durell (1911)在前言中断言："通过三角学历史一章，本教科书的内容更生动、更有活力、更人性化。"Rosenbach, Whitman & Moskovitz (1937)在前言中也强调，书中的多处历史注解"有助于将三角学的学习与有趣的历史背景联系起来"。可见，让教科书内容人性化、激发学生的学习兴趣，是编者运用历史素材的目的。

本章对 12 种早期教科书(Bonnycastle, 1813; Snowball, 1891; Murray, 1899; Bohannan, 1904; Durell, 1910; Moritz, 1915; Passano, 1918; Rider & Davis, 1923; Rosenbach, Whitman & Moskovitz, 1937; Wentworth & Smith, 1938; Hart & Hart, 1942; Perlin, 1955)中的三角学历史内容进行梳理，以期为今日教学提供参考。

30.2 历史概述

一些教科书，如 Bonnycastle (1813)、Murray (1899)、Durell (1910)、Passano (1918)、Rider & Davis (1923)、Rosenbach, Whitman & Moskovitz (1937)、Wentworth & Smith (1938)、Perlin (1955)等，在引言、正文开篇或正文之后简要概述

* 华东师范大学教师教育学院教授、博士生导师。

了三角学的历史。

Wentworth & Smith (1938)在全书正文之后附加了一节“三角学简史”,在历史概述之前,编者呈现了16世纪德国数学家雅各布(S. Jacob, ? —1564)所撰写的一部商业算术书(出版于1565年)扉页中的木版画,如图30-1所示。画中坐着的两位数学家分别在研究几何和算术,站着的三位数学家分别在使用四分仪和十字杆测距及测高。

图30-1 雅各布商业算术书(1565)扉页中的木版画

整篇概述由编者之一、美国著名数学史家D·E·史密斯(D. E. Smith, 1860-1944)撰写,内容简短而精辟,以下是全文:

你正在学习的科目,对你而言是新的,而对于世界来说却是古老的。它是数学最古老的分支,它的古老不在于名称,而在于它在测量高、深、广、远、面积等方面的应用。

在早期,甚至远在数千年以前,人们习惯用直立的竿子、树木或岩石的日影来确定一年的季节和一天的时辰。古希腊人将测影计时用的竿子或其他竖直放置物体称为“圭表”(gnomon),圭表的影子称为“阴影”(umbra)(图30-2)。一年中,正午时分阴影最长时,太阳(S)位于南方最远处,这一天就是冬至;当阴影最短时,这一天就是夏至。

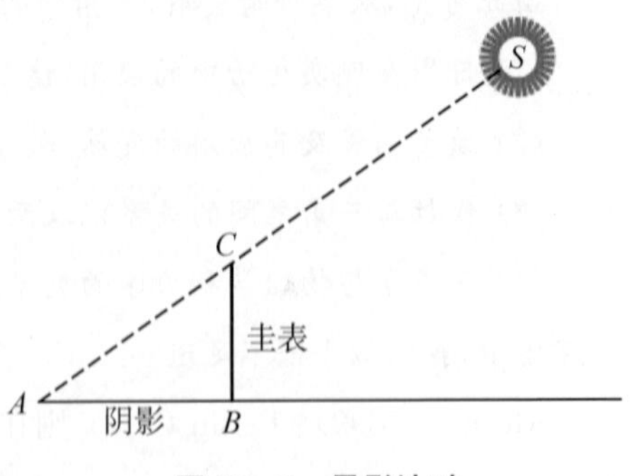

图30-2 晷影计时

所有这些只是原始的天文学应用的粗浅例子而已。“三角学”一词蕴含了其自身的历史,因为它来自古希腊的“tri”(三)、“gonia”(角)和“metron”或“metrein”(测量)。因此,在“三角测量”这个词中,我们发现了三角学最早的踪迹之一。三角学在测量中的应用的其他证据见于圭表,一个世纪以前我们国家还经常使用,一些东方国家还沿用至今。

作为测量的工具,三角学似乎很早就在印度、巴比伦、埃及和中国得到发展,一些迹象出现于近4000年以前,如土地丈量、水渠设计、建筑(如埃及金字塔)测高、圭表制作等。

然而，作为一门科学，三角学的诞生要归功于古希腊人，他们一度是地中海地区最有学问的人。喜帕恰斯和托勒密不仅研究平面三角，还研究球面三角。他们知道许多公式，甚至知道 $\sin^2\theta+\cos^2\theta=1$，只不过是不知道或没有使用我们今天的名称和符号，而是用弦(AC)来代替正弦(半弦 AB)(图 30－3)。

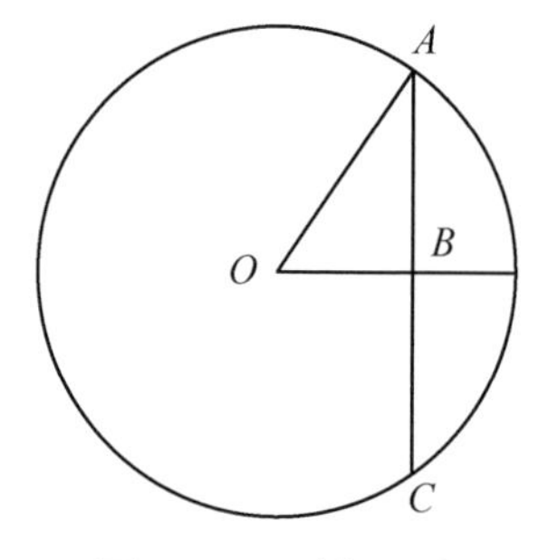

图 30－3　弦与正弦

我们今天所用的三角学主要来自17世纪。这个时期，三角学和代数学一样，在意大利、德国、法国、英国和邻近国家得到了显著的改善，特别是在符号方面。

至于研究球面图形的球面三角学，梅涅劳斯对其进行了科学的研究。梅涅劳斯于公元100年左右生活在亚历山大和罗马，他在平面和球面三角学领域的工作为后人所熟知，甚至传播到远东。

由此可见，从某种角度看，三角学的历史在以下几个方面乃是世界的历史：

(1) 日影在现实生活中的应用，诸如计时和确定季节；

(2) 随着测量及其应用的发展，数学符号也得到了完善；

(3) 代数与三角之间的关系以及两者与测量和天文学的关系；

(4) 三角学与物理学和力学的关系以及与近年来宇宙研究巨大进步的关系，在整个宇宙中，我们似乎微不足道。

Murray (1899)、Perlin (1955)则在历史概述中详细介绍了三角学历史上重要数学家的贡献：

- 喜帕恰斯

三角学的创始人，将三角学发展成为天文学的重要组成部分，制作弦表。

- 托勒密

以三角学为天文学研究的工具，著《天文学大成》。1300年间，该书一直被视为天文学之圣经。法国天文学家德兰贝尔(J. B. J. Delambre, 1749—1822)曾经说过，尽管托勒密体系被推翻了，但喜帕恰斯和托勒密的定理却永远是三角学的基础。

- 阿耶波多

发现与半径相等的弧长等于 $3\,438'$，使用半弦。

- 阿尔·巴塔尼

创造正弦一词。

- 阿布·韦发

首次引入正切,制作正切表。

- 雷吉奥蒙塔努斯

1464 年著《论各种三角形》(1533 年出版),该书是近代平面与球面三角学最早的系统论述,使三角学脱离天文学,而成为几何学的一部分。

- 雷提库斯

引入正割和余割,创用三角函数的比值定义,不再将三角函数与圆弧联系在一起。

- 毕蒂克斯

1595 年著《三角学》,创用"trigonometriae"(英文 trigonometry)一词,给出和角与差角的正、余弦公式。

- 罗曼努斯(A. Romanus, 1561—1625)

在欧洲,最早发现和角的正弦公式。

- 韦达

最早将代数方法用于三角学,在《角的分割》中,给出了 n 倍角的正、余弦公式。

- 纳皮尔

发现球面三角学中的重要公式,发明对数,大大减少了天文学和三角学中的计算工作,开创了这些学科的新时代。

- 约翰·伯努利(John Bernoulli, 1667—1748)

最早将三角学视为分析学的分支,最早使用复数获得重要结果,引入反三角函数,推导 n 倍角的正切公式。

- 棣莫弗

利用虚数,发现"棣莫弗公式"。

- 欧拉

将三角学作为分析学的分支来处理,使三角学知识系统化,将三角函数定义为比值,使三角函数成为角(而非弧)的函数;最早证明了指数函数与三角函数之间的关系(欧拉公式)。

30.3 名词来历

Murray (1899)在三角函数线段定义之后,追溯了"正弦"的历史:"古希腊人用整条弦，而非半弦（正弦），如托勒密在其《天文学大成》中给出了一张弦表。印度人使用了半弦（ardhajya 或 jiva）。阿拉伯天文学家阿尔·巴塔尼在其《星学》中利用半弦（jaib[①]）来定角（半径取 1）。12 世纪，《星学》被译成拉丁文，'正弦'（sinus）一词进入三角学。15 世纪，印度正弦最终在欧洲被采用，取代了古希腊的整弦。"

而关于余弦的来历，Hart & Hart (1942)指出："在中世纪，人们一开始习惯于将 cosine 称为 complementi sinus，意为'余角（弧）的正弦'。最终，complementi cosinus 简写为 cosinus。"

Murray (1899)还在历史注解中介绍了 6 种三角函数名称在欧洲的起源，见表 30－1。

表 30－1　三角函数名称与符号在欧洲的起源

三角函数	符号	创用术语的欧洲数学家（国家/年份）	创用符号的欧洲数学家（国家/年份）
正弦(sine)	sin	雷吉奥蒙塔努斯(德国/不详)	吉拉德(荷兰/1626)
正切(tangent)	tan	芬克(丹麦/1583)	吉拉德(荷兰/1626)
正割(secant)	sec	芬克(丹麦/1583)	吉拉德(荷兰/1626)
余弦(cosine)	cos	冈特(英国/不详)	奥特雷德(英国/1657)
余切(cotangent)	cot	冈特(英国/不详)	奥特雷德(英国/1657)
余割(cosecant)	cosec	雷提库斯(奥地利/不详)	不详

30.4　概念演变

在三角学的早期历史上，三角函数是以线段来定义的，雷提库斯最早引入直角三角形边长比值定义，但并未被其他数学家所采用。直到 18 世纪，欧拉再次采用了比值定义，并将其视为纯粹的数值。

在我们所考察的三角学教科书中，1826 年之前出版的教科书均采用线段定义[②]。

---

① 意为"海湾"。

② 在 18 世纪的三角学文献中，三角函数还包括正矢 $(1-\cos\theta)$ 和余矢$(1-\sin\theta)$。

1826 年，美国数学家哈斯勒在《平面与球面解析三角学》中采用了比值定义[①]（图 30 - 4）。Bohannan (1904)将比值定义称为“哈斯勒定义”，并指出，在美国，弗吉尼亚大学伯尼卡斯特(Bonnycastle)教授率先使用了这种新定义。Bohannan (1904)还对三角函数的单位圆定义与终边定义的优劣进行了比较，指出前者的两点不足：其一，在单位圆定义中，“单位”是任取的，因而相应的三角函数值也是任意的；其二，从单位圆到半径为 r 的圆的转变，不易为人们所接受。

§ 7. To these properties of a right angled triangle, given in elementary geometry, trigonometry adds the expressions that denote the *ratios* of the several sides; or rather, it gives to each of these *ratios* a specific name, as follows, viz:

The ratio,	or the quotient,	is called	A
$AC:BC$,	$\frac{d}{h}$	$=$sine $B=$cosine $(90°-B)=$cosine C	1
$AB:BC$,	$\frac{k}{h}$	$=$cosine $B=$sine $(90°-B)=$sine C	2
$CA:BA$,	$\frac{d}{k}$	$=$tangent $B=$cotangent$(90°-B)=$cotangent C	3
$BA:CA$,	$\frac{k}{d}$	$=$cotangent $B=$tangent $(90°-B)=$tangent C	4
$BC:AB$,	$\frac{h}{k}$	$=$secant $B=$cosecant$(90°-B)=$cosecant C	5
$BC:AC$,	$\frac{h}{d}$	$=$cosecant $B=$secant$(90°-B)=$secant C	6

It is evident from inspection, that the prefix, co, before the names sine, tangent, secant, show that the relations of the quantities are the same when they are referred to the complementary angle, as when with their simple names, they are considered in relation to the angle itself.

图 30 - 4 哈斯勒《平面与球面分析三角学》书影

30.5 定理溯源

Moritz (1915)、Rosenbach, Whitman & Moskovitz (1937)、Hart (1942)等都对重要的三角公式或定理作了历史注解，让读者了解这些主题的最早发现者或应用者。

表 30 - 2 给出了 Rosenbach, Whitman & Moskovitz (1937)的历史注解内容。

① 实际上，稍早于哈斯勒，已有德国数学家在其三角学著作中采用过比值定义。

表 30-2　关于平面三角公式或定理的历史注解

主题	内容	历史注解
正弦定理	$\dfrac{a}{\sin A}=\dfrac{b}{\sin B}=\dfrac{c}{\sin C}$	托勒密已知道该定理，纳绥尔丁最早明确提出并作证明，雷吉奥蒙塔努斯给出了准确的表述。
余弦定理	$a^2=b^2+c^2-2bc\cos A$， $b^2=a^2+c^2-2ac\cos B$， $c^2=a^2+b^2-2ab\cos C$	定理的几何形式即为欧几里得《几何原本》命题Ⅱ.12和Ⅱ.13。韦达最早给出了三角形式。
正切定理	$\dfrac{a+b}{a-b}=\dfrac{\tan\dfrac{A+B}{2}}{\tan\dfrac{A-B}{2}}$	芬克在《圆形几何》(1583)中最早给出了正切定理。韦达给出了其现代形式。
摩尔维德定理	$\dfrac{a-b}{c}=\dfrac{\sin\dfrac{A-B}{2}}{\cos\dfrac{C}{2}}$， $\dfrac{a+b}{c}=\dfrac{\cos\dfrac{A-B}{2}}{\sin\dfrac{C}{2}}$	该定理以德国数学家和天文学家摩尔维德(K. Mollweide，1774—1825)命名，但实际上英国数学家辛普森在其《三角学》(1748)中已证明了该定理。①
三角形面积公式Ⅰ	$S=\dfrac{1}{2}bc\sin A$	荷兰数学家斯内尔最早给出公式：$1:\sin A=bc:2S$。②
平方关系	$\sin^2\alpha+\cos^2\alpha=1$， $1+\tan^2\alpha=\sec^2\alpha$， $1+\cot^2\alpha=\csc^2\alpha$	由毕达哥拉斯定理导出，故称为毕达哥拉斯关系。
倒数关系与商数关系	$\cot\alpha=\dfrac{1}{\tan\alpha}$， $\sec\alpha=\dfrac{1}{\cos\alpha}$， $\csc\alpha=\dfrac{1}{\sin\alpha}$， $\tan\alpha=\dfrac{\sin\alpha}{\cos\alpha}$	韦达(1579)给出以下比例关系： $1:\sec\alpha=\cos\alpha:1=\sin\alpha:\tan\alpha$； $1:\csc\alpha=\sin\alpha:1=\cos\alpha:\cot\alpha$； $1:\tan\alpha=\cot\alpha:1=\csc\alpha:\sec\alpha$。

① 摩尔维德在发表于1808年的一篇三角学论文中运用了该定理，但作者在文中提到该定理出自意大利数学家卡诺里(A. Cagnoli，1743—1816)的《平面与球面三角学专论》(Cagnoli，1786)。事实上，在辛普森之前，该定理已出现在英国数学家牛顿的《通用算术》(1707)中。

② 实际上，雷吉奥蒙塔努斯在《论各种三角形》中已经给出三角形式的三角形面积公式。

续 表

主题	内容	历史注解
和角与差角公式	$\sin(\alpha\pm\beta)=\sin\alpha\cos\beta\pm\cos\alpha\sin\beta$, $\cos(\alpha\pm\beta)=\cos\alpha\cos\beta\mp\sin\alpha\sin\beta$	和角的正弦公式已为托勒密(约公元150)所知(以弦来表达),纳绥尔丁(1250)最早清晰地提出相关命题①,雷吉奥蒙塔努斯第一个给出准确的表述②。
倍角公式	$\sin 2\alpha=2\sin\alpha\cos\alpha$, $\cos 2\alpha=\cos^2\alpha-\sin^2\alpha$	韦达已熟悉3倍角的余弦公式,并将其用于三次方程的求解。韦达还利用45倍角的正弦公式来解45次方程,但忽略了负根。
半角公式	$\sin\frac{\alpha}{2}=\pm\sqrt{\frac{1-\cos\alpha}{2}}$, $\cos\frac{\alpha}{2}=\pm\sqrt{\frac{1+\cos\alpha}{2}}$	托勒密在制作弦表时运用了半角公式,其过程等价于由圆内接n边形的边长a_n求圆内接$2n$边形的边长a_{2n}。
三角形中的半角公式	$\sin\frac{A}{2}=\sqrt{\frac{(s-b)(s-c)}{bc}}$, $\cos\frac{A}{2}=\sqrt{\frac{s(s-a)}{bc}}$, $\tan\frac{A}{2}=\sqrt{\frac{(s-b)(s-c)}{s(s-a)}}$ (s为三角形半周长)	约在1568年,半角的正切公式已为奥地利数学家雷提库斯所知。而半角的正、余弦公式最早见于英国数学家奥特雷德(W. Oughtred, 1574—1660)的《三角学》(1657)一书中。
三角形面积公式Ⅱ	$A=\sqrt{s(s-a)(s-b)(s-c)}$ (s为三角形半周长)	三角形的面积公式由古希腊数学家海伦③(Heron)证明。
圆周率公式	$4\arctan\frac{1}{5}-\arctan\frac{1}{239}=\frac{\pi}{4}$	1706年,英国数学家马青(J. Machin, 1680—1751)利用该公式计算π至100位小数;1874年,英国数学家桑克斯(W. Shanks, 1812—1882)利用该公式计算π至707位④小数。
棣莫弗公式	$(\cos\theta+i\sin\theta)^n=\cos n\theta+i\sin n\theta$	该公式以法国数学家棣莫弗命名。棣莫弗一生大部分时间居住于伦敦,它是牛顿的朋友、英国皇家学会会员。

表30-2包含了今日三角学教科书中的所有定理和公式,这些主题背后的历史却很少见于今日教科书。

① 实际上,9世纪阿拉伯数学家阿布·韦发已经给出了和角正弦公式的几何证明。

② Murray (1899)在历史注解中称:比利时数学家罗曼努斯最早证明了和角的正弦公式,德国数学家毕蒂克斯在《三角学》中最早给出了差角的正弦公式与和角的余弦公式。

③ 生卒年不详,不同教科书给出的年代出入较大,有的标注公元50年,有的标注公元前150年。

④ 从第528位开始是错误的。

30.6 数表春秋

Bonnycastle (1813)、Durell (1910)等较为详细地追溯了三角函数表的历史，见表30－3。

表30－3 三角函数表的历史

时间	数学家	三角函数表	小数位数
公元前2世纪	喜帕恰斯	弦表(失传)	
公元2世纪	托勒密	0°～90°之间每隔0.5°的弦表	相当于5位小数(将直径等分成120份，每1份分成60分，每1分分成60秒)
10世纪	阿布·韦发	0°～90°之间每隔0.5°的正弦、正切和余切表	
15世纪	佩尔巴赫 (G. Peurbach, 1423—1461)	0°～90°之间每隔10′的正弦表	相当于6位小数(将r等分成600 000份)
15世纪	雷吉奥蒙塔努斯	0°～90°之间每隔1′的正弦表	相当于7位小数(取$r=10^7$)
		0°～90°之间每隔1′的正切表	相当于5位小数(取$r=10^5$)
1543年	哥白尼 (N. Copernicus, 1473—1543)	0°～90°之间每隔10′的正弦表	相当于5位小数(取$r=10^5$)
1579年	韦达	0°～90°之间每隔1′的正弦、正切、正割表	相当于5位小数(取$r=10^5$)
1591年	兰斯伯格 (P. van Lansberge, 1561—1632)	0°～90°之间的正切、正割表	相当于7位小数(取$r=10^7$)
1595年	毕蒂克斯	六种三角函数表	相当25位小数(取$r=10^{25}$)
1596年	雷提库斯	0°～90°之间每隔10″的正弦、正切和正割表	相当于10位小数(取$r=10^{10}$)
		0°～90°之间每隔10′的正弦、余弦表	相当于15位小数(取$r=10^{15}$)

续 表

时间	数学家	三角函数表	小数位数
1596 年	奥托(V. Otho)	0°～90°之间每隔 10″的正弦、正切、正割表	10 位小数
1612 年	克拉维斯(C. Clavius, 1538—1612)	0°～90°之间每隔 1′的正弦、正切、正割表	7 位小数
1614 年	纳皮尔	0°～90°之间每隔 1′的正弦、正切、正割对数表	7 位小数
1619 年	斯内尔	正弦、正切、正割表	
1627 年	舒腾(F. van Schooten, 1615—1660)	0°～90°之间每隔 1′的正弦、正切、正割表	7 位小数
1627 年	弗拉克(A. Vlacq, 1600—1667)	0°～90°之间每隔 1′的正弦、正切、正割对数表	10 位小数
1633 年	弗拉克	0°～90°之间每隔 0.01°的正弦表	15 位小数
		0°～90°之间每隔 0.01°的正切、正割表	10 位小数
		0°～90°之间每隔 10″的正弦、正切对数表	10 位小数
1658 年	约翰·牛顿(John Newton)	0°～90°之间每隔 0.01°的正弦、正切对数表	8 位小数
1742 年	谢尔温(Henry Sherwin)①	0°～90°之间每隔 10″的正弦、正切对数表	7 位小数
1792 年	泰勒(Taylor)	0°～90°之间每隔 1″的正弦、正切对数表	7 位小数

Durell (1910)还总结了历史上三角函数表的制作方法。托勒密利用托勒密定理(相当于和角与差角的正弦公式)、半角公式来制作弦表;雷吉奥蒙塔努斯利用和角与差角的正弦公式、半角公式来制作弦表。而 16 世纪德国数学家利用了以下方法。

首先,利用 $\lim\limits_{x\to 0}\dfrac{\sin x}{x}=1$ ②可得(保留 10 位小数)

① 早在 1706 年,谢尔温已出版 0°～90°之间每隔 1′的正弦、正切、正割及其对数表(7 位小数)。
② 实际上当时并没有极限概念,为了准确表达和便于理解,我们采用今天的记号。

$$\sin 1' = \sin \frac{\pi}{10\,800} \approx \frac{\pi}{10\,800} \approx 0.000\,290\,888\,2,$$

于是得

$$\cos 1' = \sqrt{1-\sin^2 1'} \approx 0.999\,999\,957\,7。$$

再利用

$$\sin(\alpha + 3\beta) = 2\sin(\alpha + 2\beta)\cos\beta - \sin(\alpha + \beta),$$
$$\cos(\alpha + 3\beta) = 2\cos(\alpha + 2\beta)\cos\beta - \cos(\alpha + \beta),$$

得

$$\sin(\alpha + 3') = 2\sin(\alpha + 2')\cos 1' - \sin(\alpha + 1'),$$
$$\cos(\alpha + 3') = 2\cos(\alpha + 2')\cos 1' - \cos(\alpha + 1')。$$

分别令 $\alpha = -1', 0', 1', 2', \cdots$,得每隔 $1'$ 的正弦值

$$\sin 2' = 2\sin 1'\cos 1',$$
$$\sin 3' = 2\sin 2'\cos 1' - \sin 1',$$
$$\sin 4' = 2\sin 3'\cos 1' - \sin 2',$$
$$\cdots\cdots$$

和余弦值

$$\cos 2' = 2\cos 1'\cos 1' - 1,$$
$$\cos 3' = 2\cos 2'\cos 1' - \cos 1',$$
$$\cos 4' = 2\cos 3'\cos 1' - \cos 2',$$
$$\cdots\cdots。$$

Durell (1910)指出:“学生应常常意识到,他能够完成所做的事情,是因为在他之前已有某个人计算过每个斜边为 1 的直角三角形的直角边,或一条直角边为 1 时其余边的大小,并将结果制作成表;他只是利用相似三角形的几何原理,使用了这些结果。”编者想表达的正是“前人种树,后人乘凉”的道理。

30.7 命题证明

早期教科书在证明三角公式或定理时,往往采用历史上的方法。如,在证明余弦

定理的几何形式时，18 世纪的教科书采用了韦达或斯内尔的方法；在证明余弦定理的三角形式时，19 世纪的许多教科书直接利用了《几何原本》中的命题；等等（见第 13、22 和 23 章）。

欧拉在《无穷分析引论》中利用无穷乘积

$$\frac{\sin x}{x}=\left(1-\frac{x^2}{\pi^2}\right)\left(1-\frac{x^2}{4\pi^2}\right)\left(1-\frac{x^2}{9\pi^2}\right)\cdots \qquad (1)$$

和幂级数

$$\frac{\sin x}{x}=1-\frac{x^2}{3!}+\frac{x^4}{5!}-\frac{x^6}{7!}+\cdots,$$

得到自然数平方倒数之和为

$$1+\frac{1}{4}+\frac{1}{9}+\frac{1}{16}+\cdots=\frac{\pi^2}{6}。$$

Snowball (1891)对(1)作了补充证明：

因为方程 $\sin x=0$ 有根 $0, \pm\pi, \pm 2\pi, \pm 3\pi, \cdots$，所以

$$\sin x=ax(x-\pi)(x+\pi)(x-2\pi)(x+2\pi)\cdots,$$

即

$$\sin x=\pm ax(\pi-x)(\pi+x)(2\pi-x)(2\pi+x)\cdots。$$

于是得

$$\frac{\sin x}{x}=\pm a\pi^2(2\pi)^2\cdots\left(1-\frac{x^2}{\pi^2}\right)\left(1-\frac{x^2}{4\pi^2}\right)\cdots,$$

令 $x\to 0$，两边取极限，得

$$\pm a\pi^2(2\pi)^2(3\pi)^2\cdots=1,$$

故得(1)，或

$$\sin x=x\left(1-\frac{x^2}{\pi^2}\right)\left(1-\frac{x^2}{4\pi^2}\right)\left(1-\frac{x^2}{9\pi^2}\right)\cdots。 \qquad (2)$$

同理可得

$$\cos x=\left(1-\frac{4x^2}{\pi^2}\right)\left(1-\frac{4x^2}{9\pi^2}\right)\left(1-\frac{4x^2}{25\pi^2}\right)\cdots。$$

利用(2),可得

$$1=\frac{\pi}{2}\left(1-\frac{1}{4}\right)\left(1-\frac{1}{16}\right)\left(1-\frac{1}{36}\right)\left(1-\frac{1}{64}\right)\cdots,$$

由此可得 17 世纪英国数学家沃利斯(J. Wallis, 1616—1703)的圆周率无穷乘积表达式

$$\frac{\pi}{2}=\frac{2^2}{1\times 3}\times\frac{4^2}{3\times 5}\times\frac{6^2}{5\times 7}\times\frac{8^2}{7\times 9}\times\cdots。\tag{3}$$

关于欧拉公式,Moritz (1915)利用两种方法加以证明。第一种方法利用了指数函数、正弦函数和余弦函数的幂级数展开式,第二种方法则是对欧拉方法的改编。由棣莫弗公式可知

$$\left(\cos\frac{\theta}{n}+\mathrm{i}\sin\frac{\theta}{n}\right)^n=\cos\theta+\mathrm{i}\sin\theta,$$

但

$$\begin{aligned}&\lim_{n\to\infty}\left(\cos\frac{\theta}{n}+\mathrm{i}\sin\frac{\theta}{n}\right)^n\\=&\lim_{n\to\infty}\left(1+\frac{\mathrm{i}\theta}{n}\right)^n\\=&\lim_{m\to\infty}\left[\left(1+\frac{1}{m}\right)^m\right]^{\mathrm{i}\theta}\\=&\mathrm{e}^{\mathrm{i}\theta},\end{aligned}$$

故得欧拉公式

$$\mathrm{e}^{\mathrm{i}\theta}=\cos\theta+\mathrm{i}\sin\theta。$$

Moritz (1915)还用几何方法对上述极限进行了证明(参阅第 23 章)。

30.8 问题设计

Durell (1910)在练习题中专门设置了一些数学史问题。如:

- 何人何时将角的正弦定义为两条线段之比？给出此前人们采用的不同的正弦定义。为什么比值定义更具优越性？
- 试解释 sine 一词的起源和字面意义。
- 何人何时发明了其他三角比？
- 哪个国家最早使用恒等式 $\sin^2 A + \cos^2 A = 1$ 和 $\tan x = \dfrac{\sin x}{\cos x}$ ？
- 哪个国家最先使用半角的正弦公式？
- 何人何时最先发表差角的正、余弦公式？

个别教科书还利用数学史料来编制三角学问题。如 Durell (1910)设计了流星测量问题(图 30-5)："地球上两地相距 200 英里，在两地同时观测到一颗流星，已知两地观察流星的仰角分别为 27°和 63°，流星与观测点和地心位于同一平面内。设地球半径为 3 956 英里，求流星离大地的高度。"该问题源于 10 世纪阿拉伯天文学家阿尔·库希(al-Kuhi)的流星测量方案。

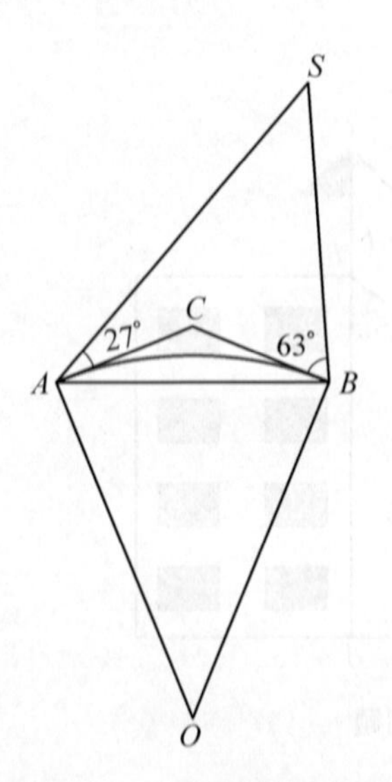

图 30-5 流星测量问题

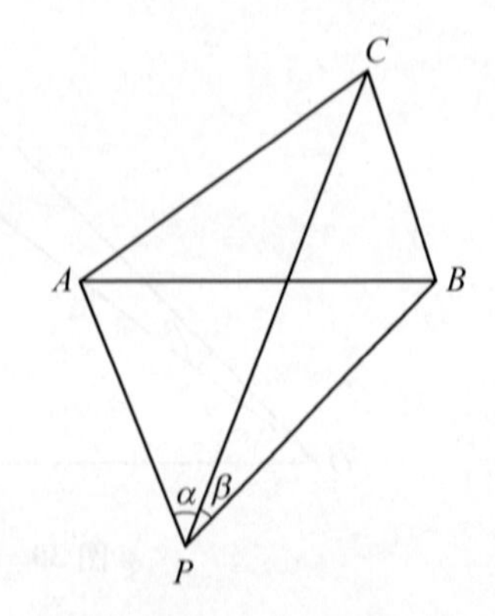

图 30-6 斯内尔-波特诺问题

Moritz (1915)、Rider & Davis (1923)等在习题中引入"斯内尔-波特诺问题"和"斯内尔-汉森问题"。

问题 1 如图 30-6，已知三点 A、B、C 两两之间的距离，$\angle APC = \alpha$，$\angle BPC = \beta$，求 PA、PB 和 PC。

该问题(参阅第 27 章 27.4.2 节)早在 1617 年就为荷兰数学家斯内尔所解决,1692 年,法国数学家波特诺(L. Pothenot, 1650—1732)讨论了求点 P 的位置问题,故后人以两者的名字对其加以命名。

问题 2 如图 30-7,在四边形 $ABCD$ 中,已知 $AB=c$, $\angle BAD=\alpha$, $\angle CAD=\alpha'$, $\angle ABC=\beta$, $\angle DBC=\beta'$, 求 CD。

该问题早在 1627 年就被荷兰数学家斯内尔所解决,后再度由数学家汉森(Hansen)解决,后人亦以两者的名字对其加以命名。

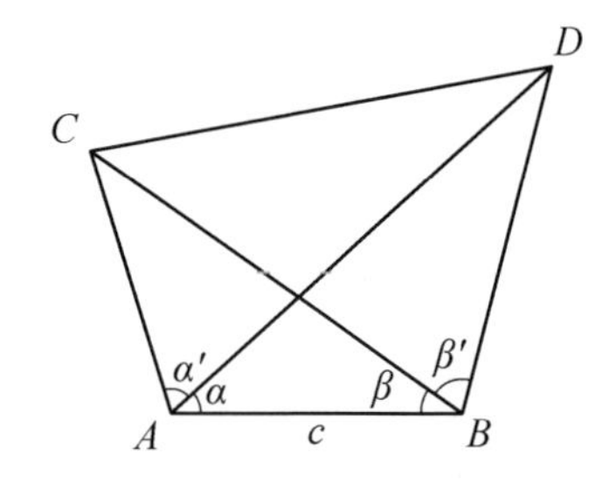

图 30-7 斯内尔-汉森问题

Wylie (1955)设计的一道例题源于雷吉奥蒙塔努斯的最大视角问题(图 30-8):"长为 b 英尺的旗杆,直立于高为 a 英尺的建筑之顶。问:在地面上何处观测时,旗杆与建筑的视角相等?"雷吉奥蒙塔努斯原问题是求竖直悬挂的竿子(两端到地面的距离已知)的最大视角,编者改变已知条件,将其改编成相等视角问题。

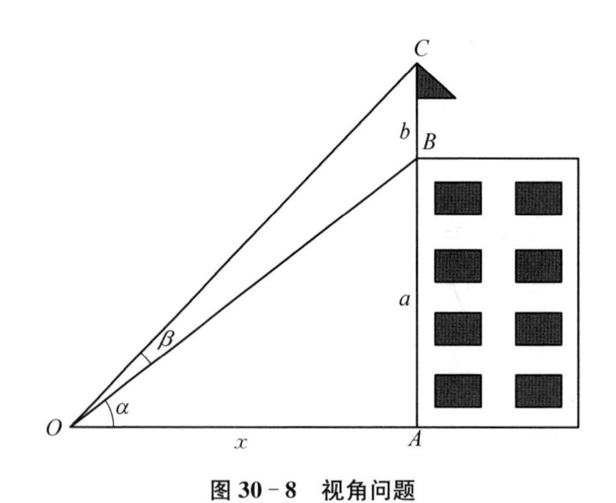

图 30-8 视角问题

30.9 结论与启示

以上我们看到,从 19 世纪开始,已有少数三角学教科书运用了较为丰富的数学史料,涉及学科通史、主要人物以及概念、符号、公式、定理的源流,还有基于史料的数学问题，但史料的运用方式主要局限于附加式，个别教科书在设计数学问题时采用了复制式和顺应式。

早期教科书中的数学史为今日三角学教学设计提供了诸多思想启迪。

其一，正本清源，促进理解。

6 种三角函数的名称和符号都有其源流，只有了解其前世今生，才能更好地理解其内涵。“正弦”是“角所正对的弦”吗？“余弦”是“剩余的弦”吗？如果望文生义，必会产生误解。实际上，数学史告诉我们，sine 这个词经历了以下的传播过程：梵文 jiva(半弦)→阿拉伯文 jiba(音译，无实际意义)→改造后的阿拉伯文 jaib(海湾)→拉丁文 sinus(海湾)→英文 sine(海湾)→中文“正弦”。可见，正弦的原意是“半弦”，故清代数学家梅文鼎在其《平三角举要》中称：“正弦，半弦也。”而“余弦”不过是“余角的正弦”的简称，也就是说，余弦名称本身就蕴含了诱导公式 $\sin\left(\frac{\pi}{2}-\alpha\right)=\cos\alpha$。

其二，以史为线，串联知识。

早期三角学的历史，乃是解三角形的历史，而要解三角形，就需要知道任意角的三角函数值，因此，编制三角函数表，是三角学中十分重要的课题，大多数三角公式，如和角、差角、半角、倍角、和差化积公式等，均因造表的需要而诞生。因此，可以通过三角函数表来建立各种知识之间的联系，图 30 - 9 所示是正弦表制作过程中涉及的三角知识。

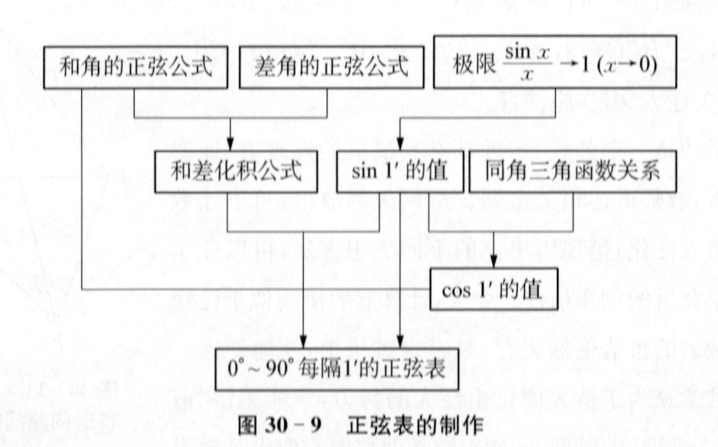

图 30 - 9　正弦表的制作

其三，编制问题，助力探究。

三角学史料丰富多彩，教师可以有关史料为情境，编制新的数学问题。例如，根据

图 30 - 8,可以提出许多新的问题:

问题 1　已知 $\alpha=60^\circ$, 求 $\tan\beta$。

问题 2　x 为多少(用 a 和 b 来表示)时, β 最大?

问题 3　已知 $a=b$, $\alpha=2\beta$, 求 x。

问题 4　改变旗杆在建筑顶部的位置,如图 30 - 10,建筑的高度 AB、宽度 BC、旗杆长度 CD 分别为 a、b 和 c,已知 $a=2b=2c$。问:是否存在地面上的观测点 O,使得旗杆的视角 $\beta=30^\circ$?

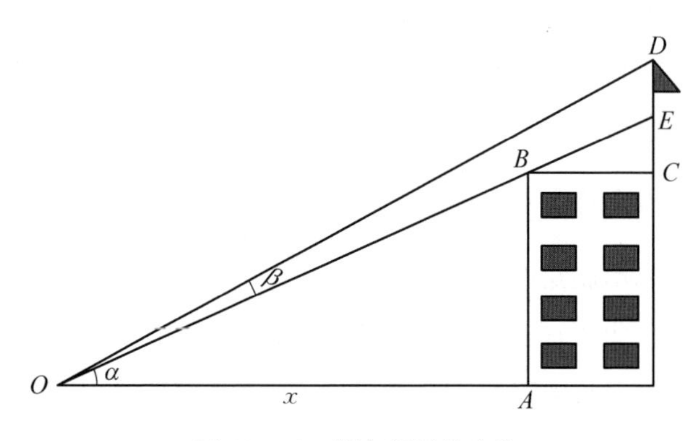

图 30 - 10　视角问题的改编

再如,改变斯内尔-波特诺问题的条件,也可以得到新的数学问题。如图 30 - 11,已知 $PA=a$, $PB=b$, $AB=c$, $\angle APC=\alpha$, $\angle BPC=\beta$, $BC \parallel PA$, 求 AC、BC 和 PC。

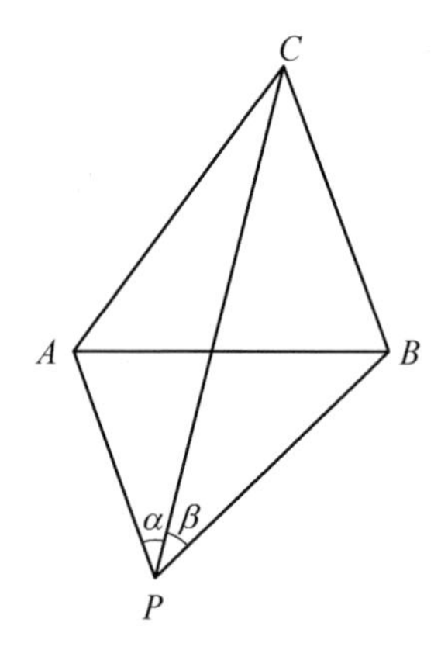

图 30 - 11　斯内尔-波特诺问题的改编

其四,关注人文,实施德育。

三角学的每一个公式、定理都有其最早的发现者、证明者和运用者,教师讲述相关主题背后的人物故事,可以让数学课堂变得人性化;呈现历史上的不同思想方法,可以让学生感悟数学背后的创新精神。今天,计算器的使用似乎已经让三角函数表的价值荡然无存,只有走进历史,才能知道一代又一代数学家为了造表而付出巨大的努力,才能感悟"前人种树,后人乘凉"的道理,才能对数学课程中看似平凡甚至枯燥的知识抱有敬畏之心。

参考文献

Bonnycastle, J. (1813). *A Treatise on Plane and Spherical Trigonometry*. London: C. Law, Cadell & Davies et al.

Bohannan, R. D. (1904). *Plane Trigonometry*. Boston: Allyn & Bacon.

Cagnoli, M. (1786). *Traité de Trigonométrie Rectiligne et Sphérique*. Paris: Didot.

Durell, F. (1910). *Plane and Spherical Trigonometry*. New York: Merrill.

Hart, W. W. & Hart, W. L. (1942). *Plane Trigonometry, Solid Geometry and Spherical Trigonometry*. Boston: D. C. Heath & Company.

Moritz, R. E. (1915). *Elements of Plane Trigonometry*. New York: John Wiley & Sons.

Murray, D. A. (1899). *Plane Trigonometry for Colleges and Secondary Schools*. New York: Longmans, Green, & Company.

Hassler, F. R. (1826). *Elements of Analytic Trigonometry, Plane and Spherical*. New York: James Bloomfield.

Passano, L. M. (1918). *Plane and Spherical Trigonometry*. New York: The Macmillan Company.

Perlin, I. E. (1955). *Trigonometry*. Scranton: International Textbook Company.

Rider, P. R. & Davis, A. (1923). *Plane Trigonometry*. New York: D. Van Nostrand Company.

Rosenbach, J. B., Whitman, E. A. & Moskovitz, D. (1937). *Plane Trigonometry*. Boston: Ginn & Company.

Snowball, J. C. (1891). *The Elements of Plane and Spherical Trigonometry*. London: Macmillan & Company.

Wentworth, G. A. & Smith, D. E. (1938). *Plane and Spherical Trigonometry*. Boston: Ginn & Company.

Wylie, C. R. (1955). *Plane Trigonometry*. New York: McGraw-Hill Book Company.

附录　151种西方早期三角学教科书

18世纪

[1] Harris, J. (1706). *Elements of Plane and Spherical Trigonometry*. London: Dan Midwinter.

[2] Wells, E. (1714). *The Young Gentleman's Trigonometry, Mechanicks, and Opticks*. London: James Kuapton.

[3] Heynes, S. (1716). *A Treatise of Trigonometry, Plane and Spherical, Theoretical & Practical*. London: R. & W. Mount & T. Page.

[4] Vlacq, A. & Ozanam, J. (1720). *La Trigonométrie Rectiligne et Sphérique*. Paris: Claude Jombert.

[5] Hawney, W. (1725). *The Doctrine of Plane and Spherical Trigonometry*. London: J. Darby et al.

[6] Keil, J. (1726). *The Elements of Plane and Spherical Trigonometry*. Dublin: W. Wilmot.

[7] Martin, B. (1736). *The Young Trigonometer's Compleat Guide* (Vol. 1). London: J. Noon.

[8] Rivard, F. (1747). *Trigonométrie Rectiligne et Sphérique*. Paris: Ph. N. Lottin & J. H. Butard.

[9] Emerson, W. (1749). *The Elements of Trigonometry*. London: W. Innys.

[10] Delagrive, J. (1754). *Manuel de Trigonométrie Pratique*. Paris: H. L. Guerin & L. F. Delatour.

[11] Audierne, J. (1756). *Traité Complet de Trigonométrie*. Paris: Claude Herissant.

[12] Maseres, F. (1760). *Elements of Plane Trigonometry*. London: T. Parker.

[13] Ashworth, C. (1766). *An Easy Introduction to the Plane Trigonometry*. Salop: J. Eddowas.

[14] Mauduit, A.-R. (1768). *A New and Complete Treatise of Spherical Trigonometry*. London: W. Adlard.

[15] Wright, J. (1772). *Elements of Trigonometry, Plane and Spherical*. Edinburgh: A. Murray & J. Cochran.

[16] Donne, B. (1775). *An Essay on the Elements of Plane Trigonometry*. London: B. Law & J. Johnson.

[17] Cagnoli, M. (1786). *Traité de Trigonométrie Rectiligne et Sphérique*. Paris: Didot.

[18] Macgregor, J. (1792). *A Complete Treatise on Practical Mathematics*. Edinburgh: Bell & Bradsute.

[19] Simpson, T. (1799). *Trigonometry, Plane and Spherical*. London: F. Wingrave.

19世纪

[20] Legendre, A. M. (1800). *Éléments de Géométrie*. Paris: Firmin Didot.

[21] Lacroix, S. F. (1803). *Traité Elémentaire de Trigonométrie*. Paris: Courcier.

[22] Keith, T. (1810). *An Introduction to the Theory, Practice of Plane and Spherical Trigonometry*. London: T. Davison.

[23] Vince, S. (1810). *A Treatise on Plane and Spherical Trigonometry*. Cambridge: J. Deighton and J. Nicholson.

[24] Leslie, J. (1811). *Elements of Geometry, Geometrical Analysis and Plane Trigonometry*. Edinburgh: J. Ballantyne & Company.

[25] Nichols, F. (1811). *A Treatise on Plane and Spherical Trigonometry*. Philadelphia: F. Nichols.

[26] Bonnycastle, J. (1813). *A Treatise on Plane and Spherical Trigonometry*. London: C. Law, Cadell & Davies et al.

[27] Day, J. (1815). *A Treatise of Plane Trigonometry*. New Haven: Howe & Spalding.

[28] Gregory, O. (1816). *Elements of Plane and Spherical Trigonometry*. London: Baldwin, Cradock & Joy.

[29] Woodhouse, R. (1819). *A Treatise on Plane and Spherical Trigonometry*. Cambridge: J. Deighton & Sons.

[30] Thomson, J. (1825). *Elements of Plane and Spherical Trigonometry*. Belfast: Joseph Smyth.

[31] Luby, T. (1825). *An Elementary Treatise on Trigonometry*. Dublin: Hodges & Marthur.

[32] Hassler, F. R. (1826). *Elements of Analytic Trigonometry, Plane and Spherical*. New York: James Bloomfield.

[33] Lardner, D. (1826). *An Analytic Treatise on Plane and Spherical Trigonometry*. London: John Taylor.

[34] Wilson, R. (1831). *A System of Plane and Spherical Trigonometry*. Cambridge: J. & J. J. Deighton, T. Stevenson & R. Newby.

[35] Young, J. R. (1833). *Elements of Plane and Spherical Trigonometry*. London: John Souter.

[36] Hopkins, W. (1833). *Elements of Trigonometry*. London: Baldwin & Cradock.

[37] Smyth, W. (1834). *Elements of Plane Trigonometry*. Boston: Lilly, Wait, Colman, & Holden.

[38] Peirce, B. (1835). *An Elementary Treatise on Plane Trigonometry*. Cambridge & Boston: James Munroe & Company.

[39] De Fourcy, L. (1836). *Elémens de Trigonométrie*. Paris: Bachelier, 1836.

[40] De Morgan, A. (1837). *Elements of Trigonometry and Trigonometry Analysis*. London: Taylor & Walton.

[41] Hackley, C. W. (1838). *Elements of Trigonometry, Plane and Spherical*. New York: Wiley & Putnam; Collins, Keese & Company.

[42] Hymers, J. (1841). *A Treatise on Trigonometry*. Cambridge: The University Press.

[43] Abbatt, R. (1841). *The Elements of Plane and Spherical Trigonometry*. London: Thomas Ostell & Company.

[44] Lewis, E. (1844). *A Treatise on Plane and Spherical Trigonometry*. Philadelphia: H. Orr.

[45] Scholfield, N. (1845). *Higher Geometry and Trigonometry*. New York: Collins, Brother & Company.

[46] Cirodde, P. L. (1847). *Eléments de Trigonométrie Rectiligne et Sphérique*. Paris: L. Hachette et Cie.

[47] Loomis, E. (1848). *Elements of Plane and Spherical Trigonometry*. New York: Happer & Brothers.

[48] Serret, J. A. (1850). *Traité de Trigonométrie*. Paris: Bachelier.

[49] Chauvenet, W. (1850). *A Treatise on Plane and Spherical Trigonometry*. Philadelphia: J. B. Lippincott Company.

[50] Deslie & Gerono (1851). *Eléments de Trigonométrie Rectiligne et Sphérique*. Paris: Bachelier.

[51] Hann, J. (1854). *The Elements of Plane Trigonometry*. London: John Weale.

[52] Airy, G. B. (1855). *A Treatise on Trigonometry*. London & Glasgow: Richard Griffin & Company.

[53] Tarnier, E. A. (1859). *Eléments de Trigonométrie, Théorique et Pratique*. Paris: L. Hachette et Cie.

[54] Gulmin A. (1859). *Cours Elémentaire de Trigonométrie Rectiligne*. Paris: Auguste Durand.

[55] Colenso, J. W. (1859). *Plane Trigonometry* (Pt. 1). London: Longmans, Green & Company.

[56] Twisden, J. F. (1860). *Plane Trigonometry, Mensuration and Spherical Trigonometry*. London: Richard Griffin & Company.

[57] Todhunter, I. (1860). *Plane Trigonometry*. Cambridge: Macmillan & Company.

[58] Galbraith, J. A. (1863). *Manual of Plane Trigonometry*. London: Cassell, Petter & Galpin.

[59] Olney, E. (1870). *Elements of Trigonometry, Plane and Spherical*. New York: Sheldon & Company.

[60] Jeans, H. W. (1872). *Plane and Spherical Trigonometry* (Part 2). London: Longmans, Green, & Company.

[61] Robinson, H. N. (1873). *Elements of Plane and Spherical Trigonometry*. New York & Chicago: Ivison, Blakeman, Taylor & Company.

[62] Bradbury, W. F. (1873). *Elementary Trigonometry*. Boston: Thompson, Bigelow & Brown.

[63] Bellows, C. F. (1874). *A Treatise on Plane and Spherical Trigonometry*. New York: Sheldon & Company.

[64] Griffin, W. N. (1875). *The Elements of Algebra and Trigonometry*. London: Longmans, Green, & Company.

[65] Schuyler, A. (1875). *Plane and Spherical Trigonometry and Mensuration*. New York: American Book Company.

[66] Greenleaf, B. (1876). *Elements of Plane and Spherical Trigonometry*. Boston: Robert S. Davis & Company.

[67] Wheeler, H. N. (1877). *The Elements of Plane Trigonometry*. Boston: Ginn & Heath.

[68] Richards, E. L. (1878). *Elements of Plane Trigonometry*. New York: D. Appleton & Company.

[69] Morrison, J. (1880). *An Elementary Treatise on Plane Trigonometry*. Toronto: Canada Publishing Company.

[70] Oliver, J. E., Wait, L. A. & Jones, G. W. (1881). *A Treatise on Trigonometry*. Ithaca: Finch & Apgar.

[71] Lock, J. B. (1882). *A Treatise on Elementary Trigonometry*. London: Macmillan & Company.

[72] Wentworth, G. (1882). *Plane and Spherical Trigonometry*. Boston: Ginn & Company.

[73] Newcomb, S. (1882). *Elements of Plane and Spherical Trigonometry*. New York: Henry Holt & Company.

[74] Wells, W. (1883). *A Practical Textbook on Plane and Spherical Trigonometry*. Boston

& New York: Leach, Shewell & Sanborn.

[75] Wood, D. V. (1885). *Trigonometry, Analytical, Plane and Spherical*. New York: John Wiley & Sons.

[76] Wells, W. (1887). *The Essentials of Plane and Spherical Trigonometry*. Boston & New York: Leach, Shewell & Sanborn.

[77] Blakslee, T. M. (1888). *Academic Trigonometry, Plane and Spherical*. Boston: Ginn & Company.

[78] Clarke, J. B. (1888). *Manual of Trigonometry*. Oakland: Pacific Press.

[79] Seaver, E. P. (1889). *Elementary Trigonometry, Plane and Spherical*. New York & Chicago: Taintor Brothers & Company.

[80] Wheeler, H. N. (1890). *Plane and Spherical Trigonometry*. Boston: Ginn & Company.

[81] Crawley, E. S. (1890). *Elements of Plane and Spherical Trigonometry*. Philadelphia: J. B. Lippincott Company.

[82] Snowball, J. C. (1891). *The Elements* of *Plane and Spherical Trigonometry*. London: Macmillan & Company.

[83] Wentworth, G. A. (1891). *Plane Trigonometry*. Boston: Ginn & Company.

[84] Miller, E. (1891). *A Treatise on Plane and Spherical Trigonometry*. Boston: Leach, Shewell & Sanborn.

[85] Brooks, E. (1891). *Plane and* Spherical *Trigonometry*. Philadelphia: Christopher Sower Company.

[86] Hobson, E. W. (1891). *A Treatise on Plane Trigonometry*. Cambridge: The University Press.

[87] Birchard, I. J. (1892). *Plane Trigonometry*. Toronto: William Briggs.

[88] Bowser, E. A. (1892). *Elements of Plane and Spherical Trigonometry*. Boston: D. C. Heath & Company.

[89] Nixon, R. C. J. (1892). *Elementary Plane Trigonometry*. Oxford: The Clarendon Press.

[90] Levett, R. & Davison, C. (1892). *The Elements of Plane Trigonometry*. London: Macmillan & Company.

[91] Loney, S. L. (1893). *Plane Trigonometry*. Cambridge: The University Press.

[92] Hall, H. S. & Knight, S. R. (1893). *Elementary Trigonometry*. London: Macmillan & Company.

[93] Welsh, A. H. (1894). *Plane and Spherical Trigonometry*. New York: Silver, Burdett & Company.

[94] Pendlebury, C. (1895). *Elementary Trigonometry*. London: George Bell & Sons.

[95] Hobson, E. W. & Jessop, C. M. (1896). *An Elementary Treatise on Plane Trigonometry*. Cambridge: The University Press.

[96] Crockett, C. W. (1896). *Elements of Plane and Spherical Trigonometry*. New York: American Book Company.

[97] Anderegg, F. & Roe, E. D. (1896). *Trigonometry*. Boston: Ginn & Company.

[98] Whitaker, H. C. (1898). *Elements of Trigonometry*. Philadelphia: D. Anson Partridge.

[99] Nicholson, J. W. (1898). *Elements* of *Plane and Spherical Trigonometry*. New York: The Macmillan Company.

[100] Murray, D. A. (1899). *Plane Trigonometry for Colleges and Secondary Schools*. New York: Longmans, Green, & Company.

[101] Lyman, E. A. & Goddard, E. C. (1899). *Plane Trigonometry*. Boston: Allyn & Bacon.

20 世纪

[102] Durfee, W. P. (1900). *The Elements of Plane Trigonometry*. Boston: Ginn & Company.

[103] Ashton, C. H. & Marsh, W. R. (1902). *Plane and Spherical Trigonometry*. New York: Charles Scribner's Sons.

[104] Taylor, J. M. (1904). *Plane Trigonometry*. Boston: Ginn & Company.

[105] Loney, S. L. (1904). *The Elements of Trigonometry*. Cambridge: The University Press.

[106] Bohannan, R. D. (1904). *Plane Trigonometry*. Boston: Allyn & Bacon.

[107] Lambert, P. A. & Foering, H. A. (1905). *Plane and Spherical Trigonometry*. New York: The Macmillan Company.

[108] Wells, W. (1906). *Complete Trigonometry*. Boston: D. C. Heath & Company.

[109] Granville, W. A. (1909). *Plane and Spherical Trigonometry*. Boston: Ginn & Company.

[110] Conant, L. L. (1909). *Plane and Spherical Trigonometry*. New York: American Book Company.

[111] Durell, F. (1910). *Plane and Spherical Trigonometry*. New York: Merrill.

[112] Rothrock, D. A. (1910). *Elements of Plane and Spherical Trigonometry*. New York: The Macmillan Company.

[113] Hall, A. G. & Frink, F. G. (1910). *Plane and Spherical Trigonometry*. New York: Henry Holt & Company.

[114] Hun, J. G. & MacInnes, C. R. (1911). *The Elements of Plane and Spherical Trigonometry*. New York: The Macmillan Company.

[115] Kenyon, A. M. & Ingold, L. (1913). *Trigonometry*. New York: The Macmillan Company.

[116] Wilczynski, E. J. (1914). *Plane Trigonometry and Applications*. Boston: Allyn & Bacon.

[117] Bocher, M. & Gaylord, H. D. (1914). *Trigonometry*. New York: Henry Holt & Company.

[118] Wentworth, G. A. & Smith, D. E. (1914). *Plane Trigonometry*. Boston: Ginn & Company.

[119] Palmer, C. I. & Leigh, C. W. (1914). *Plane Trigonometry*. New York: McGraw-Hill Book Company.

[120] Moritz, R. E. (1915). *Elements of Plane Trigonometry*. New York: John Wiley & Sons.

[121] Harding, A. M. & Turner, J. S. (1915). *Plane Trigonometry*. New York: G. P. Putnam's Sons.

[122] Palmer, C. I. & Leigh, C. W. (1916). *Plane and Spherical Trigonometry*. New York: McGraw-Hill Book Company.

[123] Brenke, W. C. (1917). *Elements of Trigonometry*. New York: The Century Company.

[124] Bauer, G. N. & Brooke, W. E. (1917). *Plane and Spherical Trigonometry*. Boston: D. C. Heath & Company.

[125] Barker, E. H. (1917). *Plane Trigonometry*. Philadelphia: P. Blakiston's Son & Company.

[126] Passano. L. M. (1918). *Plane and Spherical Trigonometry*. New York: The Macmillan Company.

[127] Young, J. W. & Morgan, F. M. (1919). *Plane Trigonometry*. New York: The Macmillan Company.

[128] Davison, C. (1919). *Plane Trigonometry for Secondary Schools*. Cambridge: The University Press.

[129] McCarty, R. J. (1920). *Elements of Plane Trigonometry*. Chicago: American Technical Society, 1920.

[130] Dresden, A. (1921). *Plane Trigonometry*. New York: John Wiley & Sons.

[131] Bullard, J. A. & Kiernan, A. (1922). *Plane and Spherical Trigonometry*. Boston: D. C. Heath & Company.

[132] Dickson, L. E. (1922). *Plane Trigonometry*. Chicago: Benj H. Sanborn & Company.

[133] Rider, P. R. & Davis, A. (1923). *Plane Trigonometry*. New York: D. Van Nostrand Company.

[134] Phillips, A. W. & Strong, W. M. (1926). *Elements of Trigonometry, Plane and Spherical*. New York: American Book Company.

[135] Davis, H. A. & Chambers, L. H. (1933). *Brief Course in Plane and Spherical Trigonometry*. New York: American Book Company.

[136] Gay, H. J. (1935). *Plane and Spherical Trigonometry*. Ann Arbor: Edwards Brothers.

[137] Rosenbach, J. B., Whitman, E. A. & Moskovitz, D. (1937). *Plane Trigonometry*. Boston: Ginn & Company.

[138] Wentworth, G. A. & Smith, D. E. (1938). *Plane and Spherical Trigonometry*. Boston: Ginn & Company.

[139] Hardy, J. G. (1938). *A Short Course in Trigonometry*. New York: The Macmillan Company.

[140] Hearley, M. J. G. (1942). *Modern Trigonometry*. New York: The Ronald Press Company.

[141] Sprague, A. H. (1942). *Essentials of Plane and Spherical Trigonometry*. New York: Prentice-Hall.

[142] Curtiss, D. R. & Moulton, E. J. (1942). *Essentials of Trigonometry*. Boston: D. C. Heath & Company.

[143] Shute, W. G., Shirk, W. W. & Forter, G. F. (1942). *Plane Trigonometry*. Boston: D. C. Heath & Company.

[144] Hart, W. W. & Hart, W. L. (1942). *Plane Trigonometry, Solid Geometry and Spherical Trigonometry*. Boston: D. C. Heath & Company.

[145] Carson, A. B. (1943). *Plane Trigonometry Made Plain*. Chicago: American Technical Society.

[146] Hart, W. L. (1951). *College Trigonometry*. Boston: D. C. Heath & Company.

[147] Holmes, C. T. (1951). *Trigonometry*. New York: McGraw-Hill Book Company.

[148] Smail, L. L. (1952). *Trigonometry, Plane and Spherical*. New York: McGraw-Hill Book Company.

[149] Vance, E. P. (1954). *Trigonometry*. Cambridge: Addison-Wesley Publishing Company.

[150] Wylie, C. R. (1955). *Plane Trigonometry*. New York: McGraw-Hill Book Company.

[151] Perlin, I. E. (1955). *Trigonometry*. Scranton: International Textbook Company.